北大社·“十四五”普通高等教育本科规划教材
高等院校机械类专业“互联网+”创新规划教材

工程材料及成形技术基础

（第 3 版）

主　编　丁　旭

内容简介

本书是根据教育部最新颁布的普通高等学校工程材料及机械制造基础系列课程的教学基本要求编写的。本书以培养学生使用和选择工程材料及成形工艺的能力为主要目的，系统、全面地阐述了机械工程材料及成形技术，针对机械类专业的教学要求精选材料及工艺方面内容。

本书共 11 章，主要内容包括零部件对材料性能的要求，材料的内部结构、组织与性能，改变材料性能的主要途径，常用金属材料，非金属材料及新型工程材料，金属材料的液态成形技术，金属固态塑性成形技术，固态材料的连接成形技术，有机高分子材料的成形技术，粉末压制和常用复合材料成形，机械零件材料及成形工艺选择。本书内容主要针对机械类及近机械类专业的教学要求，突出工程材料及成形工艺的选择及应用。

本书可作为高等院校机械类专业的教材，也可作为有关工程技术人员的学习和参考用书。

图书在版编目(CIP)数据

工程材料及成形技术基础/丁旭主编. —3 版. —北京：北京大学出版社，2023.9

高等院校机械类专业“互联网+”创新规划教材

ISBN 978-7-301-33907-7

Ⅰ.①工… Ⅱ.①丁… Ⅲ.①工程材料—成型—高等学校—教材 Ⅳ.①TB3

中国国家版本馆 CIP 数据核字(2023)第 061243 号

书　　名　工程材料及成形技术基础（第 3 版）
GONGCHENG CAILIAO JI CHENGXING JISHU JICHU (DI-SAN BAN)
著作责任者　丁　旭　主编
策 划 编 辑　童君鑫
责 任 编 辑　孙　丹　童君鑫
数 字 编 辑　蒙俞材
标 准 书 号　ISBN 978-7-301-33907-7
出 版 发 行　北京大学出版社
地　　址　北京市海淀区成府路 205 号　100871
网　　址　http://www.pup.cn　新浪微博：@北京大学出版社
电 子 邮 箱　编辑部 pup6@pup.cn　总编室 zpup@pup.cn
电　　话　邮购部 010-62752015　发行部 010-62750672　编辑部 010-62750667
印 刷 者　河北文福旺印刷有限公司
经 销 者　新华书店
787 毫米×1092 毫米　16 开本　24.75 印张　618 千字
2023 年 9 月第 1 版　2023 年 9 月第 1 次印刷
定　　价　69.80 元

第 3 版前言

“工程材料及成形技术基础”是机械类专业学生必修的一门综合性技术基础课。本书是按教育部面向 21 世纪机械类专业人才培养模式改革要求编写的。

与对材料及成形专业学生的要求不同，机械类专业的学生需要掌握与工程设计制造紧密相关的材料及成形工艺知识，建立材料及成形加工工艺与其在工业中的应用的联系，具有合理选用材料及成形工艺方法、合理安排加工工艺路线的能力。

目前，部分同类教材内容过于简单，无法达到本科学生的知识水平要求。本书在第 2 版的基础上，针对机械类专业的教学要求及学时变化，对教材内容进行了精选、调整及补充，保留了必要的理论基础及部分专业知识细节，适当增加了部分有机高分子材料及成形技术，尽量保证本科机械类专业学生全面掌握材料及成形技术知识，减少其在材料及成形工艺方面的知识盲区，同时增强相关专业工程能力并助于专业入门。本书采用新国家标准，突出材料选择及成形工艺的应用，以培养学生使用和选择工程材料及成形工艺的能力为主要目的。

由于篇幅有限，且新材料、新工艺不断出现，因此，本书只能介绍常用机械工程材料及成形技术的基础知识，建议读者具体应用时参考相关资料或网页。

本书由贵州大学丁旭教授任主编，参加编写工作的还有贵州大学的肖华强、林波、王莹、梅益、傅广、陈之奇、彭和宜、姜云、罗宁康、熊伟，贵州师范大学的李荣、王莉霞，贵州理工学院的吴鲁淑、路芳。在编写过程中，编者参考及采用了相关教材、专著中的图表及文字资料，在此向相关作者致以衷心的感谢！

由于编者水平有限，不妥之处在所难免，恳请希望广大读者批评指正。

编　者

2023 年 4 月

目　录

绪论

1. 工程材料及成形技术的地位

材料是人类生产和社会发展的重要物质基础，也是日常生活的重要资源。人类最早使用的材料有石头、树枝、泥土、兽皮等天然材料。火的应用使人类发明了自然界没有的材料——陶瓷及其制作技术，其后冶炼出青铜和铁，并发明了相应的制造加工技术，推动了人类文明发展的进程。材料及其制造加工技术与人类的文明及发展密切相关，在人类文明史上还曾以材料为划分时代的标志，如石器时代、青铜器时代、铁器时代等。由于材料对社会、经济、技术发展有巨大的影响，因此 20 世纪 60 年代，人们把材料、能源、信息称为现代技术和现代文明的三大支柱，70 年代又把新型材料、信息技术和生物技术列为新技术革命的主要标志。

人们用各种材料制作所需物质产品的过程称为制造加工，材料应用与材料成形加工是机械制造加工过程的重要组成部分。材料只有经过制作加工（如成形、改性、机加工、连接等）形成产品，才能体现功能和价值。

作为重要基础工业，机械制造业为其他行业提供机械装备，所有机械装备都是由性能不同的机械工程材料经机械制造加工而成的零件装配成的。机械制造加工过程的总流程如图 0.1 所示。

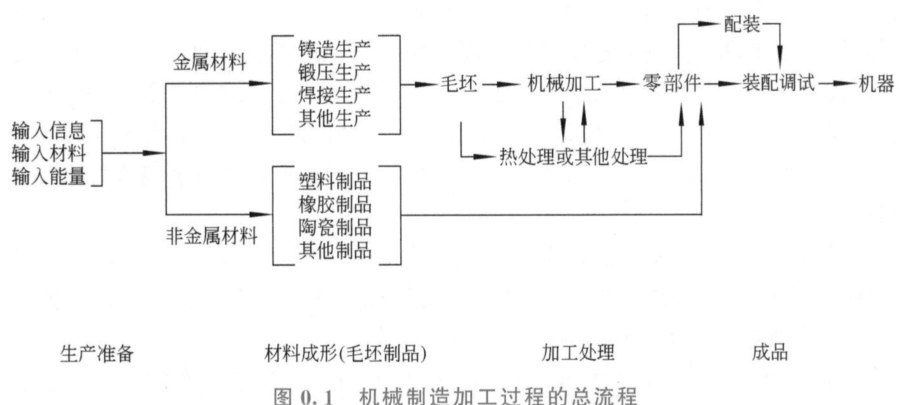

图 0.1　机械制造加工过程的总流程

对不同的零件（产品），应选择不同的材料，只有采用适当的成形方法及加工处理过程，才能满足零件的性能和技术要求。因为制造加工技术的突破往往成为新产品问世、新技术产生的关键，所以新材料、新技术、新工艺通常是关联的。在现代生产中，机械制造

（加工）系统流程是由信息流、能量流、物质流联系起来的，其中信息流主要是指计划、管理、设计、工艺等信息；能量流主要是指动力能源系统；物质流主要是指原材料经毛坯制造、加工处理、装配成为成品的过程。

选择合适的材料与成形工艺是机械零件获得所需性能的重要保证。由于原材料本身的性能是使机械零件的使用性能达到设计要求的基本保证，因此，对于有不同性能要求的零件（产品），首先选用不同的材料；其次，材料的成形技术是机械制造加工业的关键技术，不仅是使零件或毛坯获得一定形状和尺寸的制造加工方法，还是使零件或毛坯获得具有一定内部组织和性能的重要途径。例如，采用液态成形技术铸造的铸件，其形状尺寸符合设计要求是由铸造成形工艺决定的，而金属铸件的性能除与合金类型、成分有关外，在很大程度上还取决于铸造成形的工艺方法。因此，材料的选用及成形工艺的选择也是保证产品质量的前提。

工程材料及成形技术与人类社会有密不可分的关系。工程材料及成形技术的地位和作用超出了技术经济的范畴。高新技术的发展、资源和能源的有效利用、通信技术的进步、工业产品质量和环境保护的改善、人们生活水平的提高等，都与其密切相关。从材料的设计、制备、加工处理、检测，到器件（零件、部件、装备）的制造、使用，再到回收利用，形成了一个巨大的社会循环。

2. 工程材料及成形技术的发展

（1）先进工程材料及其应用。

新材料技术在信息、能源、军事等领域的用途十分广泛，可使各类装备升级换代，大大提高性能。世界范围内的新材料正朝着高功能化、超高性能化、复合轻量和智能化的方向发展。

① 结构材料。高性能结构材料是支撑航空航天、交通运输、电子信息、能源动力及国家重大基础工程建设等领域的重要物质基础，是国际上竞争激烈的高技术新材料领域。

在传统材料改性优化方面，通过对钢铁凝固和结晶控制等基础理论研究，发现冶金过程晶粒细化调控可大大提高钢材强度，被国内冶金界认为是推动钢铁行业结构调整、产品更新换代、提高钢铁行业技术水平的一次“革命”。

导弹弹体和卫星都要使用质量小、强度高、刚度好、耐高温、弹性强的新型复合结构材料。例如，改用石墨纤维复合材料后，美国火箭发动机的金属壳体质量减小了38000kg；采用碳铝复合结构材料制造卫星的波导管，不仅满足了轴向刚度、低膨胀系数和导电性能等方面的要求，而且质量减小了30%；将高密度钨合金与贫铀材料用于制造穿甲弹，可以提高穿甲侵彻力；等等。

② 功能材料。功能材料是指利用声、光、电、磁、热、化、生化等效应，把能量从一种形式转变成另一种形式的材料，如计算机的记忆元件、红宝石激光器的红宝石棒、声呐振荡器的压电陶瓷，以及超导材料、光学塑料、热电材料、光敏材料等。

如形状记忆合金材料，由于它可以在温度变化的情况下恢复原有的形状，在设计人造卫星天线时采用的Ni-Ti形状记忆合金材料，在卫星发射前可将天线折叠起来，卫星升空后经太阳照射，天线可以自动打开，从而免去了一套烦琐的机构及自动开启装置。

现代隐形技术，除了外形设计上采用先进方法，进行热红外线和自身电磁隐性外，主要是使用新型吸收波材料，即在飞机表面涂覆能大量吸收雷达波的新型介质材料，它吸收雷达电磁波，使雷达无法发现。

③ 生态环境材料。生态环境材料是具有满意的使用性能同时又被赋予优异的环境协调性的材料。这类材料的特点是消耗的资源和能源少，对生态和环境污染小，再生利用率高，而且从材料制造、使用、废弃直到再生循环利用的整个寿命过程，都与生态环境相协调。这类材料主要包括：环境相容材料，如纯天然材料（木材、石材等）、仿生物材料（人工骨、人工器脏等）、绿色包装材料（绿色包装袋、包装容器）、生态建材（无毒装饰材料等）。

（2）先进成形技术的发展及应用。

材料成形加工是先进制造技术的重要组成部分，是保证装备质量的基础技术。现代材料成形技术是集多种学科于一体的综合技术，是最能代表国家制造技术水平的重要方面。在现代装备研制中，材料成形技术的发展与应用主要表现在以下方面。

① 新的成形工艺方法发展迅速，如单晶空心叶片精铸、粉末高温合金涡轮盘超塑性锻造、搅拌摩擦焊接、喷射沉积成形和隔热涂层技术等。

② 大幅度减轻装备质量，降低制造成本。采用先进成形技术制造的大型精密锻、铸件，采用先进焊接工艺制造的整体结构件，可减轻约20%的质量、降低约30%的成本，同时提高了设计人员的设计灵活性。

③ 常规成形加工逐步被现代技术改造。传统的锻、铸、焊、热处理及表面处理等工艺引进了计算机、真空和高能束等技术，被改造为高新技术，可采用多向模锻、真空热处理、表面镀镉钛和喷丸及挤压强化处理等先进工艺制造高要求零件。

④ 组合或复合成形工艺得到应用，如超塑性成形/扩散连接、形变热处理技术及电弧与激光复合热源焊接等。

⑤ 成形工艺过程的模拟技术发展迅速，如铸件凝固过程的数值模拟、锻件和铸件缺陷形成及预测的数值模拟、焊接热效应的数值模拟等。

⑥ 成形技术与新结构、新材料并行发展，如摩擦焊接，热等静压和液相扩散焊等成形技术分别与整体涡轮转子、整体叶盘结构和大型夹芯结构风扇叶片及对开叶片等新结构并行发展；等等。

成形技术是显著提高装备性能、大幅度减轻结构质量、降低制造成本和提高装备使用寿命及可靠性的关键技术，朝着优质、高效、精密、大型和低污染的方向发展。

3. 本课程的性质、任务和基本要求

“工程材料及成形技术基础”是机械工程类专业的重要技术基础课。

在机械工程领域，无论工程技术人员的工作性质侧重于设计还是侧重于制造、管理、运行、维护等，都必然要面对工程材料及成形工艺的选择、使用等问题，零件或产品的设计、选材及成形制造工艺都是紧密相关的，因而必须掌握工程材料及成形工艺的基本理论、基本专业知识。

本课程的基本要求如下。

（1）基本理论方面。掌握材料三要素（成分、结构、微观组织）与使用性能的关系，材料改性及表面强化工艺与材料成分、性能间的关系，材料成形原理与材料组织、性能的关系，等等。这些关系也可以简化为材料的成分、改性工艺及成形工艺对零件结构、微观组织、性能影响的规律，这些规律是制造、开发材料及确定改性与成形工艺的理论基础。

（2）基本知识方面。基本知识包括下列五类问题：①机械工程材料的特点及选用，主要包括金属材料、工程陶瓷材料、高分子材料、复合材料；②材料改性工艺的过程及特点，主要是热处理工艺及表面改性工艺；③成形工艺过程及特点，包括液态凝固成形技术、固态塑性成形技术、连接成形技术、颗粒态材料成形技术及高分子材料成形技术等，以金属材料的铸造、塑性加工及焊接工艺为主；④零件或毛坯质量的控制，包括质量检验标准、检验项目及方法；⑤新材料的发展及现代改性与成形工艺的进展。

（3）工程应用方面。熟悉常用工程材料的应用，材料成形工艺的应用，合理安排材料改性与成形工艺在工艺流程中的位置，熟悉材料及其加工中图样和技术条件的标注方法，了解成形零件的结构工艺性，了解材料质量检验方法与分析方法，具有对工程材料和性能改性及成形工艺的分析能力，等等。

学习本课程可为后续课程——专业基础课、生产实习、课程设计、毕业设计打下坚实的基础。

第1章 零部件对材料性能的要求

本章学习目标与要求

▲ 了解零部件承受的负荷。

▲ 掌握工程材料的力学性能、理化性能、加工工艺性能；认识并能解释表征材料的各种力学性能指标的物理意义。

▲ 熟悉工程材料的主要特征。

1.1 零部件承受的负荷

工程构件与机械零件（以下分别简称构件与零件）在工作条件下可能受到力学负荷、热负荷或环境介质的作用，有时只受到一种负荷的作用，有时受到多种负荷的作用。在力学负荷的作用下，零件将产生变形，甚至断裂；在热负荷的作用下，零件的尺寸和体积将改变，并产生热应力，同时随着温度的升高，零件的承载能力下降；环境介质的主要作用表现为使零件表面产生化学腐蚀、电化学腐蚀、摩擦磨损等。

1.1.1 力学负荷

载荷按随时间变化的情况分为静载荷和动载荷。缓慢地由零增大到一定值后保持不变或变动不显著的载荷称为静载荷。随时间变化的载荷称为动载荷。按随时间变化的方式，动载荷又分为交变载荷和冲击载荷。交变载荷是随时间呈周期性变化的载荷，例如齿轮转动时，作用于每个齿上的力都是随时间呈周期性变化的；冲击载荷是由物体的运动瞬时发生变化引起的载荷，例如紧急制动时飞轮的轮轴、锻造时汽锤的锤杆等都受到冲击载荷的作用。

作用在机械零件上的静载荷有拉伸载荷、压缩载荷、弯曲载荷、剪切载荷、扭转载荷等，如图 1.1 所示。

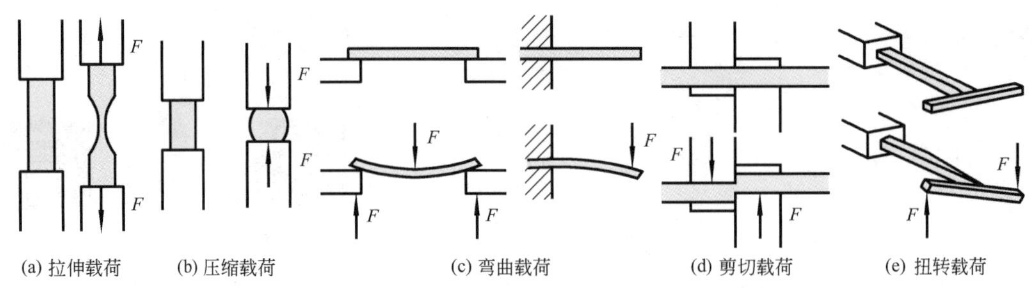

图 1.1　作用在机械零件上的静载荷

1. 拉伸载荷和压缩载荷

拉伸载荷和压缩载荷是由大小相等、方向相反、作用线与杆件轴线重合的一对力引起的，可使杆件伸长或缩短。起吊重物的钢索、桁架的杆件、液压缸的活塞杆等工作时，都受到拉伸载荷或压缩载荷的作用，产生拉伸变形或压缩变形。

2. 弯曲载荷

弯曲载荷是由垂直于杆件轴线的横向力或由作用于包含杆轴的纵向平面内的一对大小相等、方向相反的力偶引起的。弯曲载荷使杆件轴线由直线变为曲线，即发生弯曲。在工程中，杆件受弯曲载荷的作用是常见情况。桥式吊车的大梁、各种心轴及车刀等都受到弯曲载荷的作用，产生弯曲变形。

3. 剪切载荷

剪切载荷是由大小相等、方向相反、作用线垂直于杆轴且距离很小的一对力引起的。剪切载荷使受剪杆件的两部分沿外力作用方向产生相对错动。常用连接件（如键、销钉、螺栓等）都受到剪切载荷的作用，产生剪切变形。

4. 扭转载荷

扭转载荷是由大小相等、方向相反、作用面垂直于杆轴的一对力偶引起的。扭转载荷可使杆件的任意两个横截面产生绕轴线的相对转动。汽车传动轴、电机和水轮机的主轴等都受到扭转载荷的作用，产生扭转变形。

很多零件工作时，同时承受多种载荷的作用。例如，车床主轴同时承受弯曲载荷、扭转载荷与压缩载荷的作用；钻床立柱同时承受拉伸载荷与弯曲载荷的作用，可能产生组合变形。

1.1.2　热负荷

有些零件和结构是在高温条件下工作的，高温使材料的力学性能下降，并可能产生一系列热影响。

首先，在高温下，材料的抗拉强度随温度的升高而降低，随加载时间的延长而降低（在低温下，材料的强度不受加载时间的影响）。例如，20 钢试样在 450℃下的短时抗拉强度为 330MPa，如果试样仅承受 230MPa 的应力，则在该温度下持续工作 300h 会发生断裂；如果将应力降至 120MPa，则持续 10000h 会发生断裂。

其次，一些材料在长时间的高温作用下，即使应力小于屈服强度也会慢慢产生塑性变形，这种现象称为高温蠕变。一般来说，只有当温度超过 $0.3T_m$（T_m 为材料的熔点，单位为 K）时，才出现较明显的蠕变。

再次，要求一些材料尤其是金属材料在高温下具有抗氧化的能力。

最后，一些零件在不断变化的温度条件下工作，若加热或冷却较快，则零件将受到热冲击作用，例如将 Al_2O_3 陶瓷管直接放入 1200℃的盐浴会立即发生爆裂。由于零件各部分加热（或冷却）不均匀引起的膨胀量（或收缩量）不一致，因而零件内部产生应力，此应力称为热应力。热应力会使零件产生热变形，或者降低零件的实际承载能力。温度交替变化使热应力交替变化，从而引起材料的热疲劳。

1.1.3 环境介质的作用

环境介质对金属零件的主要作用表现为腐蚀和摩擦磨损；环境介质对高分子材料零件的主要作用表现为老化。

1. 腐蚀作用

由于金属材料的化学性质相对活泼，因此容易受到环境介质的腐蚀作用。根据腐蚀过程和腐蚀机理，腐蚀可分为化学腐蚀、电化学腐蚀和物理腐蚀三大类。化学腐蚀是指材料与环境介质直接发生化学反应，但反应过程中不产生微电流的腐蚀过程；电化学腐蚀是指金属与电解液接触时发生电化学反应，反应过程中产生微电流的腐蚀过程；物理腐蚀是指由单纯的物理溶解产生的腐蚀。

2. 摩擦磨损作用

机器运转时，在接触状态下发生相对运动的零件（如轴与轴承、活塞环与气缸套、十字头与滑块、齿轮与齿轮等）之间都会发生摩擦。在摩擦过程中，零件表面发生尺寸变化和物质耗损的现象称为磨损。磨损的类型很多，常见的有黏着磨损、磨粒磨损、腐蚀磨损、接触疲劳（麻点磨损）、微动磨损等。

3. 老化作用

在高分子材料的加工、储存和使用过程中，受环境因素（温度、日光、电、辐射、化学介质等）的影响，高分子材料的性能逐渐变差，以致丧失使用价值的现象称为老化。例如，农用薄膜经日晒雨淋而变色、变脆、透明度下降；玻璃钢制品长期暴露在大气中，其表面逐渐露出玻璃纤维（起毛），且变色、失去光泽、强度下降；汽车轮胎和自行车轮胎在储存或使用过程中发生龟裂；等等。

1.2 工程设计与加工工艺所需的材料性能

1.2.1 整机性能、零部件性能与材料性能的关系

机器是零部件间有确定的相对运动，用来转换或利用机械能的机械。由于机器由零部件组成，因此机器的整机性能除与机器构造、制造加工等因素有关外，还取决于零部件的结构与性能，尤其是关键件的性能。

金属切削机床主轴的刚度、强度或韧性不足，导轨磨损，传动齿轮破损或失效都会影响机床的正常工作，甚至导致机床无法进行切削加工。因此，可以认为，在合理、优质的设计与制造的基础上，机器的主要性能由零部件的强度及其他相关性能决定，而零部件的性能又主要取决于所用材料的性能。

机械零件的强度一般表现为短时承载能力和长期使用寿命。它是由许多因素决定的，其中结构因素、加工处理因素和材料因素起主要作用。此外，使用因素也对使用寿命起很大作用。在结构因素和加工处理因素正确、合理的条件下，大多数零件的体积、质量、性能和使用寿命主要由材料因素（材料的强度等力学性能）决定。

设计机械产品时，主要根据零件失效的方式来正确选择的材料的强度等力学性能判据指标进行定量计算，以确定产品的结构和零件的形状尺寸。

1.2.2 材料的使用性能

机械性能

材料的使用性能是指材料在使用过程中具有的性能，包括力学性能和理化性能。

1. 材料的力学性能

材料的力学性能（也称机械性能）是指材料抵抗各种外力的能力，是材料在不同环境因素（如温度、介质等）下，承受外加载荷作用时表现的行为，这种行为通常表现为变形和断裂。因此，材料的力学性能也可以理解为材料抵抗外加载荷而引起变形和断裂的能力。当外加载荷的性质、温度与介质等外在因素不同时，要求材料具备的力学性能不同。在室温下，常用力学性能有弹性、刚度、强度、塑性、黏弹性、硬度、冲击韧性、疲劳强度、断裂韧性、高温力学性能、耐磨性等。

（1）拉伸试验和应力-延伸率曲线。

材料力学性能的主要测定方法是拉伸试验，采用拉伸试验机对标准试样两端缓慢施加拉伸载荷，试样受轴向拉力作用而产生变形伸长，直至拉断。图 1.2 所示为退火低碳钢试样拉伸前后及应力-延伸率曲线。

在图 1.2 中，应力 $R=F/S_0$，F 为外力，S_0 为试样原始横截面面积；S_u 为试样断裂处的最小横截面面积；延伸率 $e=(L-L_0)/L_0$，L 为实际轴向拉力下试样标距长度，L_0 为原始标距；L_u 为断后标距；A 为断后伸长率；A_g 为最大力塑性延伸率；A_a 为颈部塑性延伸率；Of 为断裂时的总延伸率；gf 为对应 k 点弹性延伸率。

在图 1.2 所示的应力-延伸率曲线上，Op 段为斜直线，延伸率与应力始终成比例，因为 p 点处的应力值为应力与延伸率成比例所对应的最大应力值，所以 p 点的应力 R_p 称为比例极限，一般设计弹簧秤及火炮炮管时采用比例极限，以保证产品的工作精度。pe 段为弧线，应力与延伸率不成比例。在 Oe 段，随着应力的增大，试样的延伸率增大；若去除应力，则变形完全恢复，这种变形称为弹性变形，此时材料处于弹性变形阶段，e 点的应力值 R_e 称为弹性极限（一般规定残余延伸率为 0.01%时的应力值为规定弹性极限），是材料在完全卸载后不产生任何微量永久变形时可承受的最大应力值，是弹性零件的设计依据。

GB/T 228.1—2021《金属材料 拉伸试验第 1 部分：室温试验方法》中，标准拉伸试样可制成圆形试样或矩形试样等（仅原材料为板材和带材时做成矩形试样）。部分新、旧

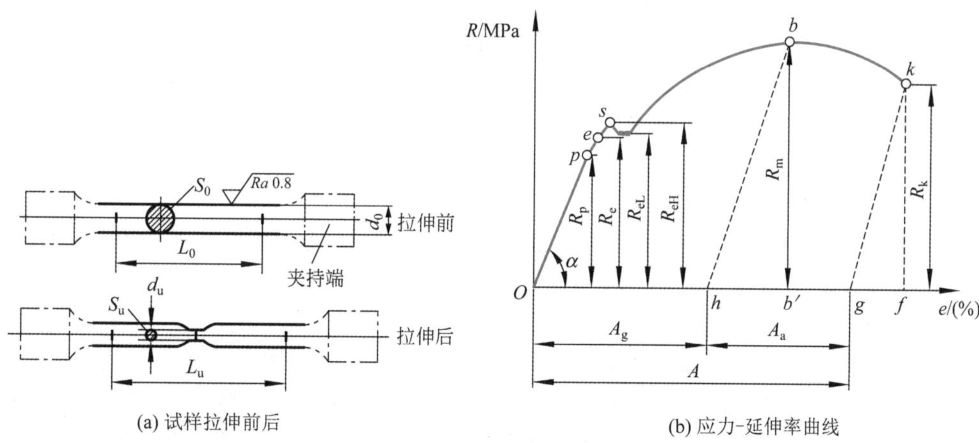

(a) 试样拉伸前后

(b) 应力-延伸率曲线

S_0—试样原始横截面面积；S_u—试样断裂处的最小横截面面积；L_0—原始标距；L_u—断后标距；d_0—拉伸前厚度；d_u—拉伸后厚度；A—断后伸长率；A_g—最大力塑性延伸率；A_a—颈部塑性延伸率；R_p—比例极限；R_e—弹性极限；R_{eL}—下屈服强度；R_{eH}—上屈服强度；R_m—抗拉强度；R_k—弹性延伸强度

图 1.2 退火低碳钢试样拉伸前后及应力-延伸率曲线

标准的力学性能名称和符号见表 1-1。

表 1-1 部分新、旧标准的力学性能名称和符号

GB/T 228.1—2021			GB 228—1987	
性能名称		符 号	性能名称	符 号
应力		R	应力	σ
屈服点	上屈服强度	R_{eH}	屈服点	σ_s
	下屈服强度	R_{eL}		
抗拉强度		R_m	抗拉强度	σ_b
规定残余延伸强度		R_r，$R_{r0.2}$	规定残余伸长应力	σ_r，$\sigma_{r0.2}$
屈服点延伸率		A_e	屈服点伸长率	δ_s
断后伸长率		A，$A_{11.3}$，A_{xmm}	断后伸长率	δ_5，δ_{10}，δ_{xmm}
断面收缩率		Z	断面收缩率	ψ
延伸率		e	应变	ε

(2) 弹性和刚度。

材料在弹性范围内，应力与延伸率的比值（R/e）称为弹性模量 E（在曲线上表现为 Op 段的斜率）。

$$E=\tan\alpha=R/e$$

弹性模量 E 反映了材料抵抗弹性变形的能力，即材料刚度，是刚度的度量指标。高弹性极限、低弹性模量的材料具有较好的弹性，其发生弹性变形时，吸收的最大弹性变形功较大（弹性比功较大）。金属材料的弹性模量主要取决于材料本身，与显微组织关系较小，

一些加工处理方法（如热处理，冷、热加工，合金化等）对其影响很小。零件或构件工作时不允许产生过量的弹性变形，否则不能保证精度。提高零件刚度的方法是增大横截面面积或改变截面形状。金属的弹性模量随温度的升高而减小。弹性模量 E 与密度 ρ 的比值（E/ρ）称为比刚度或比模量，比刚度大的材料（如铝合金、钛合金、碳纤维增强复合材料）在航空航天领域得到了广泛应用。

（3）强度、塑性和黏弹性。

① 强度。强度是材料在外力作用下抵抗永久变形和断裂的能力。根据外力的作用方式，强度指标有抗拉强度、抗弯强度、抗剪强度、抗压强度等，其中以拉伸试验得到的抗拉强度应用最广泛。

在图 1.2 中，当应力 R 超过 e 点时，试件除产生弹性变形外，还产生微量塑性变形，材料处于弹-塑性变形阶段，若去除应力，则试样不能完全恢复原状；在 s 点附近，应力几乎不增大，但延伸率仍明显增大的现象称为屈服，此时试样产生明显的塑性变形，对应的应力称为材料的屈服强度 $\boldsymbol{R}_{\mathrm{e}}$，其又分为上屈服强度 $\boldsymbol{R}_{\mathrm{eH}}$ 和下屈服强度 $\boldsymbol{R}_{\mathrm{eL}}$。下屈服强度 R_{eL} 是指不计初始瞬时效应时的最小应力。由于材料的下屈服强度 R_{eL} 数值比较稳定，因此常作为材料对塑性变形抗力的指标。

因为有些塑性材料（如高碳钢、球墨铸铁）不会发生明显的屈服现象，所以用规定残余延伸强度 $\boldsymbol{R}_{\mathrm{r}}$、规定塑性延伸强度 $\boldsymbol{R}_{\mathrm{p}}$ 作为相应的屈服强度指标。例如，$\boldsymbol{R}_{\mathrm{r0.2}}$ 表示规定残余延伸率为 0.2%时的应力（在图 1.3 中卸除应力后，试样将近似沿平行于 Op 的直线返回点）；$R_{\mathrm{p0.2}}$ 表示规定塑性延伸率为 0.2%时的应力。屈服强度表示材料由弹性变形阶段过渡到弹-塑性变形阶段的临界应力，即材料抵抗微量塑性变形的抗力。此外，还有规定总延伸强度 R_{t}，例如 $\boldsymbol{R}_{\mathrm{t0.5}}$ 表示规定总延伸率为 0.5%时的应力。由于很多零件工作时不允许产生塑性变形，因此屈服强度是设计零件的主要依据，也是材料的重要强度指标。在工程上，对于没有屈服强度或有规定使用要求的，可设定规定塑性延伸强度 R_{p} 或者设定规定残余延伸强度 R_{r}；碳素结构钢、碳素铸钢、焊接结构用铸钢等材料的屈服强度多用 R_{eH}、$R_{\mathrm{p0.2}}$；优质碳素结构钢、多数合金钢和合金铸铁等的屈服强度用 R_{eL}、$R_{\mathrm{p0.2}}$。

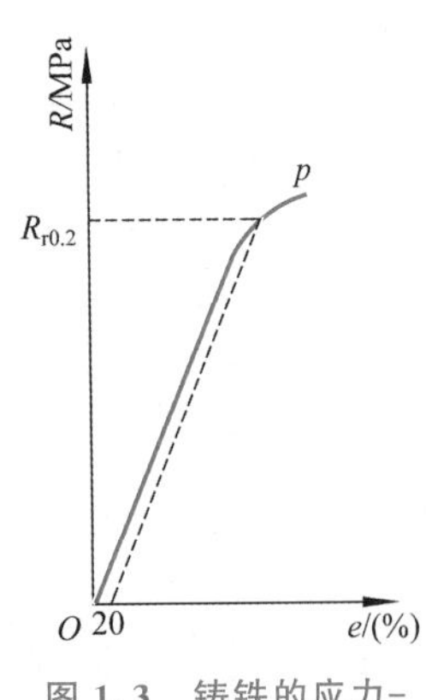

图 1.3　铸铁的应力-延伸率曲线

材料产生屈服后直到 b 点，试样延伸率的增大依赖应力的增大，产生比较均匀的塑性变形，材料进入强化阶段（称为加工硬化），应力在 b 点达到最大值 R_{m}（若卸除应力，则试样沿平行于 Op 的直线返回 h 点）。R_{m} 是材料抵抗均匀变形和断裂所能承受的最大应力，称为抗拉强度。

在 b 点后，试样在某个局部的截面发生明显收缩，出现颈缩现象，产生不均匀变形；由于试样横截面面积锐减，因此维持变形所需的应力明显减小，并在 k 点处发生断裂。

R_{m} 也是设计零件和评定材料的重要强度指标。R_{m} 测量方便，如果单从使零件不发生断裂的角度考虑，或者用低塑性材料或脆性材料制造零件，则可用 R_{m} 作为设计依据，但安全系数需取较大值。绳类产品可用 R_{m} 作为设计依据。

在航空航天及汽车领域，为了减小零件的质量，在产品和零件设计时经常采用比强度的概念。材料的抗拉强度与密度的比值（R_{m}/ρ）称为比强度。当抗拉强度相等时，材料的密度越小（质量越轻），比强度越大。

② 塑性。塑性是材料在外力作用下产生塑性变形（外力去除后不能恢复的变形）而不断裂的能力。材料的常用塑性指标有断后伸长率 A 和断面收缩率 Z。

试样断裂后，标距的残余伸长（$L_u - L_0$）与原始标距（L_0）之比称为断后伸长率，用 A 表示：

$$A=\frac{L_u-L_0}{L_0}\times 100\%$$

试样断裂后，横截面面积的最大缩减量（S_0-S_u）与原始横截面面积（S_0）之比称为断面收缩率，用 Z 表示：

$$Z=\frac{S_0-S_u}{S_0}\times 100\%$$

同一材料的标准试样长度不同，测得的断后伸长率略有不同（长试样的断后伸长率用 $A_{11.3}$，短试样的断后伸长率用 A）。考虑到材料塑性变形时可能有颈缩行为，故断面收缩率能较真实地反映材料的塑性（但不能直接用于工程计算）。通常认为 $A<5\%$的材料为脆性材料，$A\geqslant 5\%$的材料为塑性材料。

若零件具有良好的塑性，则可降低应力集中，使应力松弛，吸收冲击能，产生形变强化，提高零件的可靠性，有利于压力加工，对工程应用和材料加工都有重大意义。

③ 黏弹性。理想的弹性材料加载应力（不超过材料的弹性极限）时立即产生弹性变形，卸载应力时变形立即消失，延伸率和应力同步发生。但实际上，工程材料尤其是高分子材料加载应力时，延伸率不是立即达到平衡值的，卸载应力时，变形也不是立即消失的，延伸率总是滞后于应力，这种延伸率滞后于应力的现象称为黏弹性（或滞弹性、弹性滞后）。具有黏弹性的材料，其延伸率不仅与应力有关，而且与加载速度和保持载荷的时间有关。黏弹性好的材料可用于制造工程上的消振结构。

室温下典型材料的应力-延伸率曲线如图 1.4 所示。

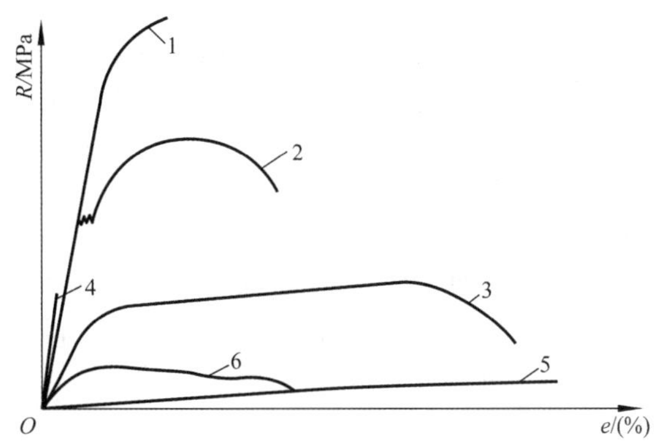

1—高碳钢；2—低合金结构钢；3—黄铜；4—陶瓷、玻璃；5—橡胶；6—工程塑料

图 1.4　室温下典型材料的应力-延伸率曲线

（4）硬度。

硬度是反映材料软硬程度的性能指标，表示材料表面局部区域抵抗变形或断裂的能力。测定硬度的方法有压入法、刻划法、回跳法等，其中压入法较常用。

① 布氏硬度。布氏硬度的试验原理、方法与条件在 GB/T 231.1—2018《金属材料 布氏硬度试验 第 1 部分：试验方法》中有详细说明。其试验原理是对一定直径 D 的碳化钨

硬度测试

合金球施加试验力 F 并压入试样表面，经规定保持时间后，卸除试验力，测量试样表面的压痕直径 d，查表计算出压痕表面积，进而得到试样压痕承受的平均应力，即布氏硬度，记作 **HBW**（旧标准中用淬火钢球压头时记作 HBS 或 HB)，单位为 N/mm²。

进行试验时，应根据材料硬度及厚度不同，查表选择相应的试验力 F、球直径 D 和保持时间，按试验规范进行操作。硬度值可根据压痕平均直径 d，按已知的试验力 F、球直径 D 查表求得。如 600HBW1/30/20 表示用直径为 1mm 的碳化钨合金球在 30kgf（294.2N）试验力下保持 20s 测定的布氏硬度为 600；350HBW5/750 表示用直径为 5mm 的碳化钨合金球在 750kgf（7355N）试验力下保持 10～15s 测定的布氏硬度为 350（试验力保持时间为 10～15s 时不标注）。

布氏硬度试验的优点是压痕面积大，测量结果误差小，且与强度之间有较好的对应关系，具有代表性和重复性；缺点是因压痕面积大而不适用于成品零件及薄且小的零件，主要用于铸铁、非铁金属及合金，以及退火、正火及调质后的钢材。

② 洛氏硬度。GB/T 230.1—2018《金属材料 洛氏硬度试验 第 1 部分：试验方法》中详细说明了洛氏硬度的试验原理、方法与条件。洛氏硬度是采用一定规格的压头，在规定的载荷作用下压入试样表面，测定压痕的残余深度来计算并表示硬度值，记为 **HR**。洛氏硬度试验原理如图 1.5 所示，可直接从硬度计表盘上读取硬度值，十分方便。

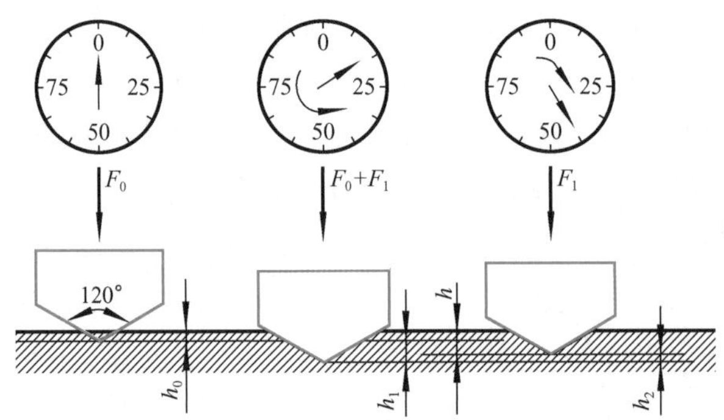

图 1.5　洛氏硬度试验原理

为测定不同材料与工件的硬度，采用不同的压头（不同的压头材料与压头形状尺寸）和载荷的组合可获得不同的洛氏硬度标尺。表示方法为“硬度值＋HR＋标尺”，如 60HRA、50HRC。例如，70HREW 表示使用碳化钨合金球形压头（末尾加 W）的 E 标尺的洛氏硬度值为 70。常用洛氏硬度标尺的适用范围见表 1-2。

表 1-2　常用洛氏硬度标尺的适用范围

洛氏硬度	压头类型	总试验力	适用范围	应用举例
HRA	金刚石圆锥	588.4N	20～95HRA	渗碳淬火表面、硬质合金
HRBW	直径 1.5875mm 球	980.7N	10～100HRBW	软钢、灰铸铁、有色金属
HRC	金刚石圆锥	1.471kN	20～70HRC	淬火硬化钢、调质钢

洛氏硬度试验是最迅速、最简便、最经济的机械性能试验方法，压痕较小，对工件损伤小，应用很广；但代表性、重复性较差，数据分散度较大。

③ 其他硬度。为了测试一些特殊对象的硬度，工程上还有一些其他硬度试验方法。

A. 维氏硬度（HV）。试验原理与布氏硬度的相同，不同点是压头为正四棱锥体金刚石压头（图 1.6），试验力较小且可在较大范围内调整，主要用于薄工件或薄表面硬化层的硬度试验，试验过程参考 GB/T 4340.1—2009《金属材料 维氏硬度试验 第 1 部分：试验方法》。

B. 显微硬度（HM）。显微硬度其实是小负荷的维氏硬度，用于测定材料微区硬度（如单个晶粒、夹杂物、某种组成相等）、表面硬化层硬度及脆性材料硬度。

C. 莫氏硬度。莫氏硬度是一种以材料抵抗刻划的能力为衡量指标，用于测定陶瓷和矿物的硬度。莫氏硬度标尺是选定 10 种矿物，从软到硬将莫氏硬度分为 10 级（或更多），如金刚石硬度对应莫氏硬度 10 级，滑石硬度对应莫氏硬度 1 级。

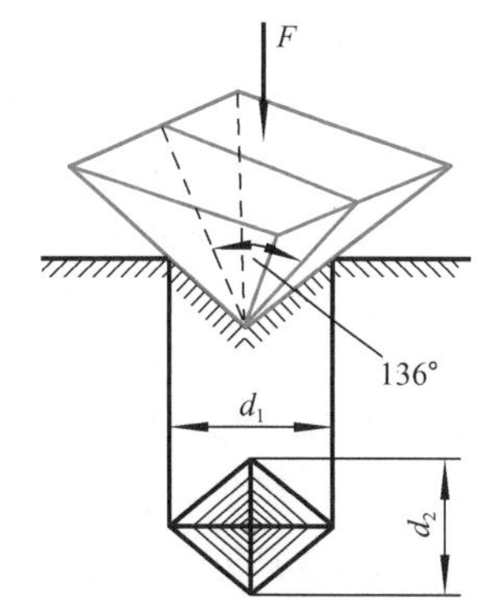

F—试验力；d_1，d_2—压痕对角线长度

图 1.6 维氏硬度试验原理

D. 邵氏硬度（HS）。邵氏硬度是在规定的试验条件下，用标准弹簧压力将邵氏硬度计上的钝形压针压入试样，指针表示的硬度（0～100HA）。邵氏硬度主要分为 A 型、C 型和 D 型，其体积小，便于携带，特别适合现场测定橡胶和塑料成品的硬度。

E. 里氏硬度（HL）。里氏硬度试验参照 GB/T 17394.1—2014《金属材料 里氏硬度试验 第 1 部分：试验方法》。试验时，用规定质量的冲击体在弹簧力作用下以一定速度垂直冲击试样表面，以冲击体在距试样表面 1mm 处的回弹速度（v_R）与冲击速度（v_A）的比值来表示里氏硬度。里氏硬度计是一种小型便携式硬度计，操作方便，适合现场测定有一定尺寸工件的硬度。

F. 努氏硬度（HK）。用规定的试验力将两相对棱边之间的夹角分别为 172.5°和 130°的菱面锥体金刚石压头压入试样表面，经一定的保持时间后，卸除试验力，测量压痕的对角线长度并换算成压痕投影面积，试验力除以试样表面的压痕投影面积的值为努氏硬度。努氏硬度试验适用于测定极薄表层硬度和薄件的硬度，也可测定玻璃、矿石等脆性材料的硬度，精度较高。

由于各种硬度试验的条件不同，因此相互间没有理论换算关系。但通过实践发现，在一定条件下存在某种粗略的经验换算关系。如在 200～600HBW 条件下，HRC≈1/10HBW；在小于 450HBW 的条件下，1HBW≈1HV，为设计选材与质量控制提供了方便。

硬度试验有以下优点：①试验设备简单，操作迅速、方便；②试验时，一般不破坏成品零件，无须加工专门的试样，测试对象可以是各种工程材料和各种尺寸的零件；③硬度作为一种综合的性能参量，与其他力学性能（如强度、塑性、耐磨性）关系密切，特别是可按硬度估算塑性材料的强度，且不用进行复杂的拉伸实验（要求强韧性高时除外）；④材料的硬度与工艺性能（如塑性加工性能、切削加工性能和焊接性能等）有关，可作为评定材料工艺性能的参考；⑤硬度能较敏感地反映材料的成分与组织结构的变化，可用来检验原材料和控制冷、热加工制品的质量要求。

在很多情况下，硬度试验可以完成其他机械性能试验不能完成的工作，应用广泛。

（5）冲击韧性。

在一定温度下，材料在冲击载荷作用下抵抗破坏的能力称为冲击韧性，是强度和塑性的综合指标，反义为脆性。冲击试验原理如图 1.7 所示，冲击韧性常采用摆锤冲击试验一次性冲断标准缺口试样需要的吸收能量 K（旧标准用 A_K）评价。GB/T 229—2020《金属材料 夏比摆锤冲击试验方法》规定，将规定几何形状（V 形和 U 形）的缺口试样置于试验机的两个支座之间，缺口背向打击面放置，用摆锤一次打击试样，测定试样的吸收能量 K。用字母 V 和 U 表示缺口的几何形状，用下角标 2 和 8 表示摆锤刀刃半径，如 KU_8 表示 U 形缺口试样在 8mm 摆锤刀刃下的吸收能量。旧标准用 A_k 除以试样缺口处截面面积 F_0 得到冲击韧性 α_k，当试样为 U 形缺口（梅氏试样）时，可记为 α_{ku}；当试样为 V 形缺口时，可记为 α_{kv}。吸收能量 K 对材料的夹杂物等缺陷及晶粒尺寸十分敏感。一般把冲击韧性低的材料称为脆性材料，冲击韧性高的材料称为韧性材料。脆性材料断裂前无明显塑性变形，韧性材料断裂前有明显塑性变形。反映在图 1.2 中，表现为应力-延伸率曲线与横坐标包围的面积越大，材料的韧性越好。

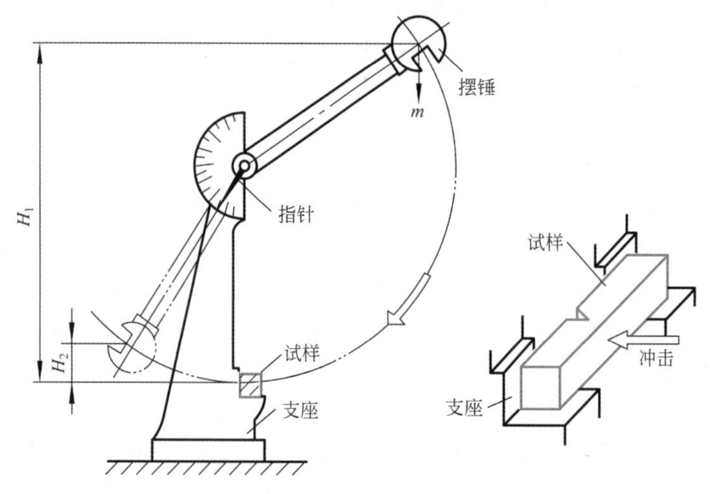

m—摆锤质量；H_1、H_2—摆锤冲击前、后高度

图 1.7 冲击试验原理

有的材料（如低碳钢）在室温及室温以上处于韧性状态，具有很高的冲击韧性；而在低温下冲击韧性急剧下降，即出现韧性-脆性转变现象，其特征温度称为韧脆转变温度或冷脆转变温度 T_k，如图 1.8 所示。一般金属的韧性随加载速度的提高、温度的降低、应力集中的加剧及材料缺陷的增加而降低。

试验得到的吸收能量不可直接用于零件的设计与计算，但可用于判断材料的韧脆倾向和不同材质的韧性比较，以及评定材料在大能量冲击下的缺口敏感性。

（6）疲劳强度。

轴、齿轮、轴承、叶片、弹簧等零件工作时，各点的应力随时间呈周期性变化，这种应力称为交变应力（也称循环应力）。在交变应力作用下，虽然零件承受的应力低于材料的屈服强度，但经过较长时间的工作，可能产生裂纹或突然发生完全断裂，此过程称为材料的疲劳。零件承受的交变应力 R 与零件断裂前承受的交变应力的循环次数 N（疲劳寿

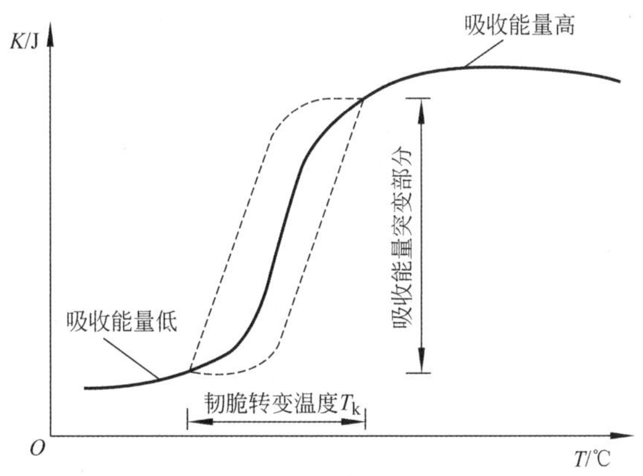

图 1.8 韧脆转变温度

命）的关系可用疲劳曲线表示，如图 1.9（a）所示。零件承受的交变应力越大，断裂时应力的循环次数 N 越小。当交变应力低于一定值时，零件可以经受无限周期循环且不破坏，此应力称为材料的疲劳强度（也称疲劳极限）。对称循环交变应力的疲劳强度用 R_{-1}（或 σ_{-1}）表示（下角标称为应力循环对称因素，其值是循环交变应力中最小应力值与最大应力值的比值）。实际上，零件不可能做无限次交变应力试验，对于黑色金属，一般将交变应力循环［图 1.9（b）］取 10^7 周次且不断裂的最大应力称为疲劳强度（有色金属、不锈钢的交变应力循环取 10^8 周次）。

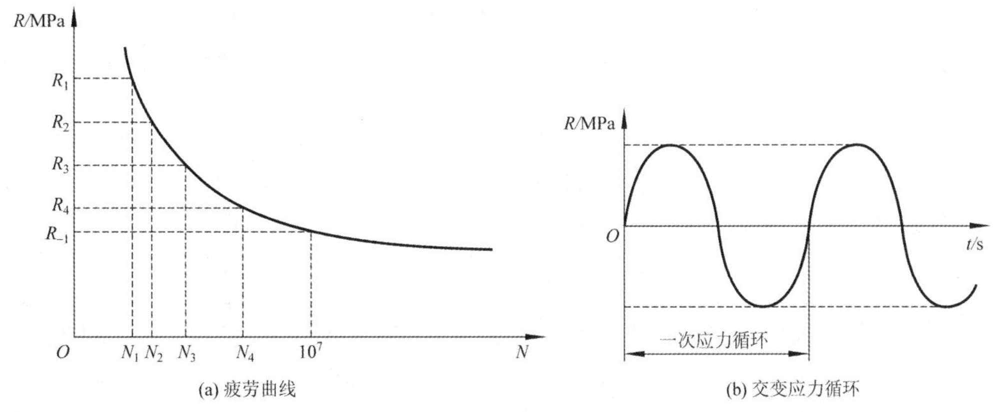

图 1.9 疲劳曲线和对称循环交变应力

疲劳断裂属于低应力脆断，断裂应力远低于材料静载荷下的 R_m 值甚至 R_{eL} 值，断裂前无明显塑性变形，极危险。其断口一般存在裂纹源、裂纹扩展区和最后断裂区。

一般而言，钢铁材料的 R_{-1} 值约为 R_m 值的一半，钛合金及高强度钢的疲劳强度较高，而塑料、陶瓷的疲劳强度较低。

金属的疲劳强度受很多因素的影响，主要有工作条件（温度、介质及载荷类型），表面状态（表面粗糙度、应力集中、硬化程度等）、材质、残余内应力等。对于塑性材料，一般 R_m 值越大，相应的 R_{-1} 值越大。改善零件的结构形状、降低零件表面粗糙度及采取表面强化方法，都可提高零件的疲劳强度。

（7）断裂韧性。

桥梁、船舶、高压容器、转子等大型构件有时会发生低应力脆断，其名义断裂应力低于材料的屈服强度。尽管设计时保证了足够的延伸率、韧性和屈服强度，但仍可能发生破坏。因为构件或零件内部存在裂纹和类似于裂纹的缺陷（如气孔、夹渣等），裂纹在应力作用下会发生失稳扩展，导致机件发生低应力脆断。材料抵抗裂纹失稳扩展而断裂的能力称为**断裂韧性**。

假设一个很大的板件内有一个长度为 $2a$ 的贯通裂纹，受垂直裂纹面的外应力拉伸时，裂纹尖端是一个应力集中点，形成应力分布特殊的应力场（图 1.10）。裂纹尖端的应力场可用**应力场强度因子 K_{I}** 描述，单位为 MPa·m$^{1/2}$。

$$K_{\mathrm{I}}=YR\sqrt{a}$$

式中，Y 为与裂纹形状、加载方式及试样几何尺寸有关的量，可查手册得到；R 为垂直于裂纹的外应力；a 为裂纹半长。

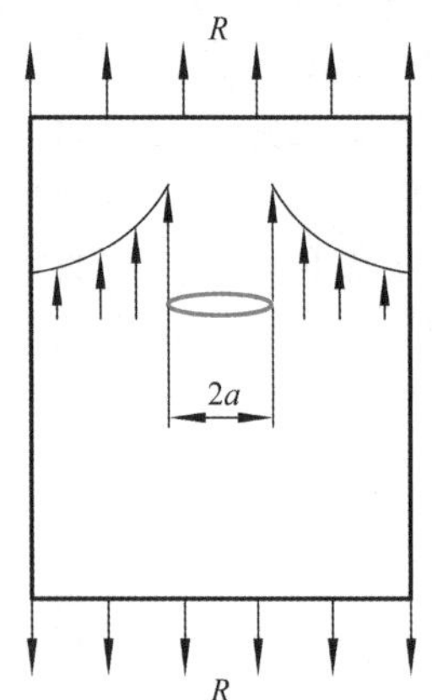

图 1.10 应力分布特殊的应力场

随着外应力 R 的增大，应力场强度因子 K_{I}不断增大，当增大到临界值时，裂纹前沿区域的内应力大到足以使材料分离，导致裂纹扩展，板件断裂。裂纹扩展的临界状态对应的应力场强度因子称为临界应力场强度因子，即**断裂韧度**，用 K_{Ic}表示，单位为 MPa·m$^{1/2}$，表征材料的断裂韧性。

断裂韧度 K_{Ic}是材料本身的特性，由材料的成分、组织状态决定，与裂纹的尺寸、形状及外应力无关。应力场强度因子 K_{I} 与外应力和裂纹尺寸有关。当 $K_{\mathrm{I}}>K_{\mathrm{Ic}}$时，裂纹失稳扩展，发生断裂。由此可知，当裂纹尺寸 $2a$ 一定，外应力 $R>K_{\mathrm{Ic}}/Y\sqrt{a}$时，裂纹失稳扩展。当外应力 R 一定，裂纹半长 $a>(K_{\mathrm{Ic}}/YR)^2$ 时，裂纹失稳扩展。因此，可以根据工作应力确定允许存在的最大裂纹，也可以根据裂纹长度估算工件允许的最大工作应力。常用材料的断裂韧度见表 1-3。

表 1-3 常用材料的断裂韧度

材　　料	K_{Ic}/(MPa·m$^{1/2}$)	材　　料	K_{Ic}/(MPa·m$^{1/2}$)
纯塑性金属（Cu、Al）	95～340	中碳钢	<50
压力容器钢	<155	铸铁	6～20
高强钢	47～150	高碳工具钢	<20
低碳钢	<140	尼龙	<3
钛合金（Ti_6Al_4V）	50～120	聚苯乙烯	<2
玻璃纤维复合材料	20～56	聚碳酸酯	0.9～2.8
铝合金	22～43	Al_2O_3 陶瓷	2.8～4.7

（8）高温力学性能。

在高温下，材料力学性能的一个重要特点是发生蠕变。**蠕变**是指材料在较高的恒定温度下，当外应力低于屈服强度时，材料随时间逐渐发生缓慢的塑性变形甚至断裂的现象。

蠕变的另一种表现形式是应力松弛，是指材料受力变形后产生的应力随时间逐渐衰减的现象。高温紧固件出现应力松弛时，会紧固失效。常用的材料蠕变性能指标有蠕变极限和持久强度极限。

蠕变极限是指在给定温度 T 下和规定时间 t 内，试样产生一定的蠕变延伸率 e 所能承受的最大应力，如 $R_{0.2/1000}^{800}=60\text{MPa}$，表示试样在 800℃下，持续 1000h 产生 0.2%变形量所能承受的最大应力为 60MPa。对于电站锅炉、汽轮机叶片等精度要求高的零件，常以蠕变极限为设计、选材的依据。

持久强度极限是指材料在高温载荷的长期作用下抵抗断裂的能力，是在规定试验温度下经一定试验时间（蠕变断裂时间 t_u）引起断裂的应力，例如 $R_{u1000}^{800}=300\text{MPa}$ 表示在 800℃下，持续 1000h 引起的最大断裂应力为 300MPa。对高温下只需一定寿命、对变形量要求不高的零件（如锅炉管道），可用持久强度极限评定。

（9）耐磨性。

由摩擦引起的材料表面逐渐损伤（表现为表面尺寸变化和物质耗损）的现象称为磨损，磨损根据机件表面的破坏机理分为黏着磨损（主要由摩擦副接触面局部发生黏着、扩散引起）、磨粒磨损（主要由硬凸物在接触表面的微切削引起）、表面疲劳磨损（接触疲劳）和腐蚀磨损（包括微损、气蚀、液体冲蚀磨损等）。材料抵抗磨损的能力称为耐磨性，它分为相对耐磨性和绝对耐磨性，常用一定行程或一定时间内产生的磨损深度或耗损质量（磨损量）评定，并按照测试技术标准，用相应的摩擦磨损试验机测定。磨损率是指磨损试验中，单位时间试样的质量磨损量或单位摩擦距离的质量磨损量。

为减小磨损量，可采取减小摩擦因数（对黏着磨损更重要）、增大表面硬度（对磨粒磨损更重要）等措施。

2. 材料的理化性能

材料的理化性能是指物理性能和化学性能。

（1）物理性能。

物理性能表征材料固有的物理特征，如密度、熔点、热膨胀性、导电性、导热性、磁学性能、光学性能等。

① 密度。密度是指单位体积物质的质量。一般把密度小于 3.5g/m^3 的金属称为轻金属，反之称为重金属。抗拉强度与密度之比称为比强度。对于飞机、车辆等要求减小自重的机械，采用密度小的金属材料制造很有必要。

② 熔点。固体的物态由固态转变（熔化）为液态的温度称为熔点。金属材料的铸造与焊接要利用熔点。熔点低的合金（易熔合金）可用于制造焊锡、熔丝（铅、锡、铋、镉的合金）、铅字（铅与锑的合金）等；熔点较高的合金（难熔合金，如钨、钼、钒等的合金）可用于制造重要机械零件、结构件与耐热零件。

③ 热膨胀性。材料随温度变化膨胀、收缩的特性称为热膨胀性，用线胀系数 α_l 和体胀系数 α_V 表示。对各向同性材料，有 $\alpha_V=3\alpha_l$，且有

$$\alpha_l=\frac{l_2-l_1}{l_1\Delta t}$$

式中，l_1、l_2 分别为膨胀前、后试样的长度；Δt 为温度变化量，单位为 K 或℃。

柴油机活塞与气缸套之间的间隙很小，既要允许活塞在气缸套内做往复运动，又要保证气密性，因此活塞与气缸套材料的热膨胀性应相近，以免两者卡住或漏气。

④ 导电性。材料传导电流的能力称为导电性，用电阻率 ρ（单位为 Ω·m）衡量。一般合金的导电性比纯金属的差。纯银、纯铜、纯铝的导电性好，可用作电线；Ni-Cr 合金、Fe-Mn-Al 合金、Fe-Cr-Al 合金的导电性差且电阻率较高，可用作电阻丝。一般而言，塑料、橡胶、陶瓷的导电性很差，它们常用作绝缘体，但部分陶瓷为半导体，少数在特定条件下为超导体。

⑤ 导热性。表征材料热传导性能的指标有导热系数（热导率）λ［单位为 W/（m·K）］和传热系数 k［单位为 W/（m^2·K）］。在金属中，银和铜的导热性最好，其次是铝，而非金属的导热性差。纯金属的导热性比合金好。用来制造散热器、热交换器与活塞等材料的导热性较好。导热性对制定金属的加热工艺很重要，如合金钢的导热性比碳钢的差，其加热就慢一些。

⑥ 磁学性能。磁学性能是指材料被外界磁场磁化或吸引的能力。金属材料可分为铁磁性材料（能在外磁场中强烈地磁化，如铁、钴、镍等）、顺磁性材料（只能在外磁场中微弱地磁化，如锰、铬等）和抗磁性材料（能抗拒或削弱外磁场对材料本身的磁化作用，如锌、铜、银、铝、奥氏体钢，以及高分子材料、玻璃等）三类。铁磁性材料可用于制造变压器、电动机、测量仪表中的铁芯等；避免电磁场干扰的零件、结构（如航海罗盘）应选用抗磁性材料制造。当铁磁性材料的温度升高到一定值（居里点）时，磁畴破坏，铁磁材料变为顺磁性材料。

⑦ 光学性能。光学性能是指材料辐射、吸收、透射、反射、折射光的能力。某些材料可以产生激光，玻璃纤维可用作光通信的传输介质。此外，还有用于光电转换的光电材料。

（2）化学性能。

化学性能表征材料抗介质侵蚀的能力，如耐酸性、耐碱性、耐蚀性、抗氧化性等。

金属材料的常见腐蚀形态有均匀腐蚀、电偶腐蚀、小孔腐蚀（点蚀）、缝隙腐蚀、晶间腐蚀、应力腐蚀、腐蚀疲劳、磨损腐蚀、氢损伤（氢腐蚀）等。金属和合金抵抗周围介质（如大气、水汽）及电解液侵蚀的能力称为耐蚀性，与化学介质接触的零件和容器都要考虑腐蚀问题。在高温条件下，材料的耐蚀性称为抗氧化性。耐蚀性和抗氧化性统称化学稳定性，高温下的化学稳定性称为热稳定性。

任一材料在不同浓度、不同温度的不同介质环境中甚至不同的应力作用下，其耐蚀性都可能不同，有时相差很大。耐蚀材料是指在常见介质中具有一定耐蚀性的材料。

评定材料耐蚀性的方法很多，如质量法、表面观察法、电化学测试法等。对均匀腐蚀而言，通常用材料表面一年的腐蚀深度评定。我国金属耐蚀性的四级标准见表 1-4。此外，可用腐蚀前后机械性能的变化、腐蚀产生的时间、腐蚀的孔数、腐蚀失重率等评价耐蚀性。

表 1-4　我国金属耐蚀性的四级标准

级　别	腐蚀速率/（mm/a）	耐蚀性评价
1	<0.05	优良
2	0.05～0.5	良好
3	0.5～1.5	可用，腐蚀较重
4	>1.5	不适用，腐蚀严重

注：工程上也有用三级标准、十级标准的。

1.2.3 工程材料的加工工艺性能

加工工艺性能是指制造工艺过程中材料适应加工处理的性能，反映材料加工处理的难易程度。

1. 金属材料的加工工艺性能

（1）铸造性。铸造性是指材料适应铸造工艺的能力，如液态金属的流动性、凝固过程中的收缩、偏析倾向（合金凝固后化学成分的不均匀性称为偏析）、熔点等。流动性好的金属充满铸型的能力强，如铸铁比钢的流动性好，能浇注较薄、较复杂的铸件。若收缩小，则铸件中产生缩孔、缩松、变形、裂纹等缺陷的倾向较小；若偏析小，则铸件各部位的成分和组织较均匀；若熔点低，则铸件易熔化，并且模具使用寿命较长。采用流动性好、收缩小、偏析小的金属，可在铸造工艺中保证铸件质量。

（2）可锻性。可锻性是指材料在锻造过程中经受塑性变形不开裂的能力。可锻性主要包括金属本身的塑性与变形抗力两个方面。若材料塑性强或变形抗力小，锻压所需外力小，允许的变形量大，则可锻性好。低碳钢的可锻性比中碳钢、高碳钢好。

（3）可焊性。可焊性是指金属在一定的焊接工艺（包括焊接方法、焊接材料、焊接规范及焊接结构形式等）条件下，获得优良焊接接头的难易程度。可焊性好的材料可用一般的焊接方法和工艺施焊，施焊时不易形成裂纹、气孔、夹渣等缺陷，焊接接头强度与母材接近。低碳钢具有优良的可焊性，中碳钢的可焊性较差，高碳钢和铸铁的可焊性更差。

（4）热处理工艺性。热处理工艺性是指材料接受热处理的难易程度和产生热处理缺陷的倾向，可用淬透性、淬硬性、回火脆性、氧化脱碳倾向、变形开裂倾向等指标评价。

（5）切削加工性。切削加工性是指金属切削加工的难易程度。切削加工性好的金属在切削加工中消耗的功率小，刀具的使用寿命长，切屑易折断脱落，切削后的表面粗糙度低。灰铸铁具有良好的切削加工性。碳钢硬度适中时具有较好的切削加工性。

2. 塑料和陶瓷材料的加工工艺性能

塑料工业包含树脂生产和塑料制品生产（塑料成形加工）两个系统。塑料制品的加工方法有注塑、挤出、压延、浇铸、吹塑等，也可进行切削加工、焊接成形、表面处理等。塑料的成形方法和材料不同，要求的加工工艺性能也不同，如流动性、结晶性、吸湿性、热敏性、收缩性、塑料状态与稳定的关系等。与其他材料相比，高聚物容易成形，其加工工艺性能也较好。

陶瓷材料成形主要采用可塑法、注浆法、压制法等，都采用粉末原料配制、室温预成型、高温常压或高压烧结制成。陶瓷材料的成形方法和材料不同，要求的加工工艺性能不同，如可塑性、收缩性、压制性、烧结性、流动性等。陶瓷材料硬且脆，不便于切削及焊接。

1.3 工程材料的类型及主要特征

1.3.1 工程材料的分类

工程材料种类繁多，有许多分类方法，如按零件在机械或机器中实现的功能，零件材

料可分为结构材料和功能材料，用于制造实现运动和传递动力的零件材料称为**结构材料**，用于制造实现其他功能（如电、磁、光、声、热等）的零件或产品的材料称为**功能材料**。

在机械工程中，工程材料应用广泛，按化学成分分类如图 1.11 所示。

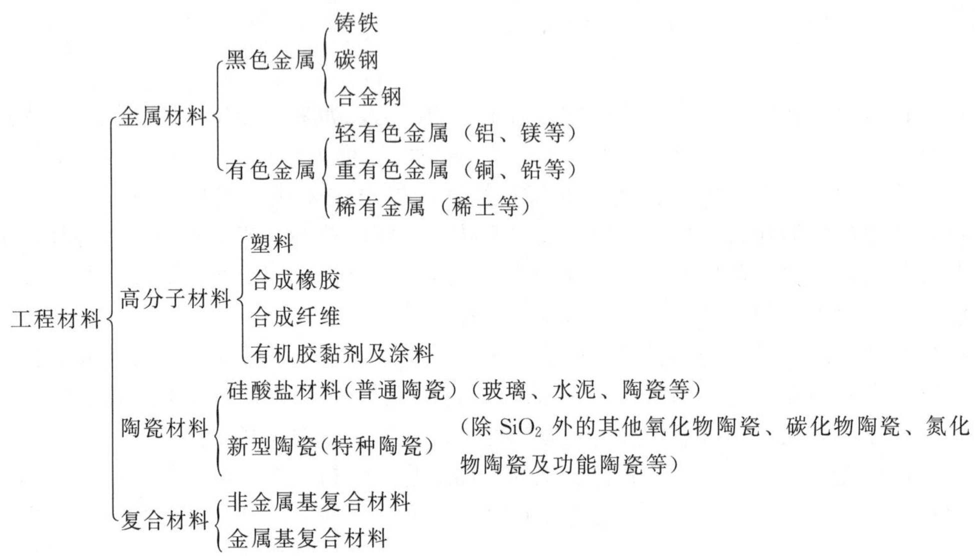

图 1.11　工程材料按化学成分分类

金属材料、高分子材料和陶瓷材料的性能各有优劣。复合材料集多种材料的优异性能于一体，可充分发挥各类材料的潜力。

1.3.2　工程材料的主要特征

1. 金属材料的主要特征

金属材料因具有**金属键**（个别含有一定量的共价键）而具有特别的性能（强度、塑性、导电性、导热性、金属光泽等），应用广泛。

金属中存在自由电子，只要在金属两端施加很小的电压，就可使自由电子向正极流动，从而形成电流，这便是金属导电性强的原因。同理，金属也具有良好的导热性。对金属施加很大的外力时，正离子沿着一定的方向发生相对移动，自由电子随之移动，离子间仍保持牢固的结合，金属能在一定外力作用下发生永久变形且不致破裂，这就是金属塑性强的原因，可对金属进行各种塑性加工。当温度升高时，金属中的正离子振动增强，电子运动受阻，电阻增大，金属的电阻温度系数是正值。由于不同金属的原子结合强度相差很大，因此强度、熔点等也相差较大。

金属材料种类很多，其性能存在较大差异，部分可用作结构材料，部分可用作功能材料。用作结构材料的金属具有较好的力学性能和加工工艺性能，且易通过热处理及表面改性大幅度改变性能，应用十分广泛。

2. 高分子材料的主要特征

高分子是由许多小分子单体经聚合反应（以共价键结合）形成的。高分子材料（也称高聚物）一般是以相对分子质量大于 5000 的高分子化合物为主要组分的材料，其中每个分子都含有几千个、几万个甚至几十万个原子。

高分子材料具有大分子主链内原子间的强共价键及大分子链间的弱分子键的结合特征，具有如下特点：密度小，强度低（但比强度高，甚至高于钢铁），弹性模量小，弹性强，绝缘性优良，减摩性、耐磨性、自润滑性、耐蚀性优良（甚至好过一般的不锈钢），透光性、隔热性、隔音性优良，可加工性好（可用各种方法成形及加工），可制成不同的使用状态，如液态的涂料及胶黏剂、固态的塑料等，在工业中得到广泛应用；但绝对强度、刚度低，不耐热（一般低于300℃），可燃，易老化。

3. 陶瓷材料的主要特征

陶瓷是一种人工制备的无机非金属化合物材料，是由一种或多种金属和非金属元素组成的具有强离子键或共价键的化合物，由传统硅酸盐材料演变而来。其熔点高、硬度高、化学稳定性好，弹性模量极大，具有耐高温、耐腐蚀、耐磨损、绝缘、热膨胀系数小等优点，在现代工业中得到越来越广泛的应用。部分陶瓷还可制成压电材料、磁性材料、生物陶瓷等功能材料。但陶瓷抗压不抗拉，质脆，不易加工成形，应用受到一定限制。

4. 复合材料的主要特征

复合材料是指由两种或两种以上物理性质和化学性质不同的物质，经人工组合的兼具各组成物性能的多相固体材料，具有单一组成物不具备的性能，且各组成物间保持一定的界面。

复合材料能充分发挥各组成物的优势，且在一定程度上克服了它们的弱点，可较大范围地人为调整设计成分、性能，并且材料的合成与产品的成形大多同时进行，一次完成，如常见的钢筋混凝土、沥青路面、汽车轮胎、玻璃钢制品、硬质合金刀片等。根据基体的不同，复合材料分为树脂基复合材料、金属基复合材料、陶瓷基复合材料三类，具有广阔的应用前景。

习　题

一、简答题

1－1　机械零件工作时可能承受哪些负荷？这些负荷分别对零件产生什么作用？

1－2　整机性能、机械零件的性能和制造零件所用材料的力学性能之间有什么关系？

1－3　可由低碳钢拉伸试验曲线得到哪些主要力学性能指标？

1－4　什么是材料的冲击韧性？冲击韧性有哪些工程应用？冲击韧性与断裂韧性的异同点是什么？

1－5　什么是材料的工艺性能？工艺性能对零件的制造加工有什么影响？

二、思考题

工程材料的力学性能有四大指标（强度、硬度、塑性和韧性），在机械零件设计图上，为什么只在技术要求中标注硬度值？如何选用硬度试验方法？

第2章 材料的内部结构、组织与性能

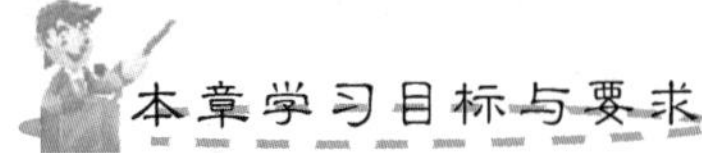

▲ 熟悉材料的内部结构与性能的关系，以及机械工程材料的结构特征。

▲ 熟悉合金的结构和特点、铁-碳合金相图。

▲ 熟悉相与组织的概念、二元相图的类型和特征。

▲ 了解晶体结构的概念。

材料的种类很多，性能各不相同。影响材料性能的内在因素有如下两个：一是化学成分；二是原子或分子的结合或排列方式，即内部结构或组织［材料内拥有的结构类型及其数量、形状、大小、分布，其他物质（如夹杂物等）和现象（如气孔、缩孔、微裂纹等）的存在状况］。通常，材料的理化性能主要取决于成分，力学性能和加工工艺性能取决于成分和组织。

2.1 材料的内部结构

绝大多数工程材料的使用状态为固态，固态材料的内部结构为构成材料的原子（或离子、分子）在三维空间的结合和排列状况（聚集状态），可分为三个层次：一是单个原子结构（金属键、离子键、共价键、分子键），如图 2.1（a）所示；二是原子的空间排列，如图 2.1（b）所示；三是宏观组织与微观组织，如图 2.1（c）和图 2.1（d）所示。材料的性能除与组成原子或分子的种类有关外，还取决于聚集状态，即材料的内部结构。

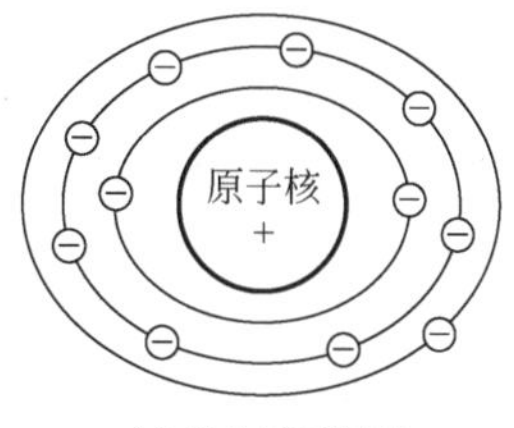

(a) 单个原子结构

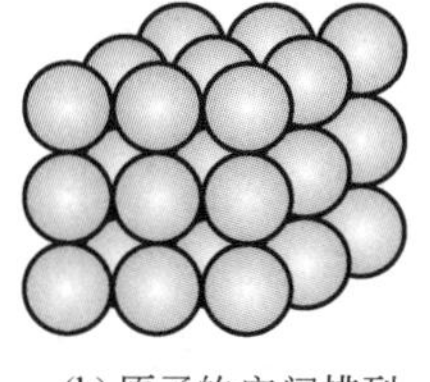
(b) 原子的空间排列

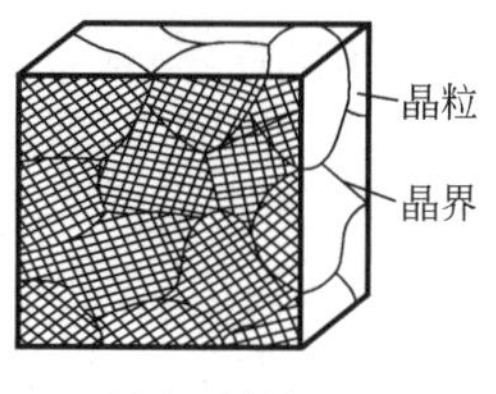

(c) 宏观组织

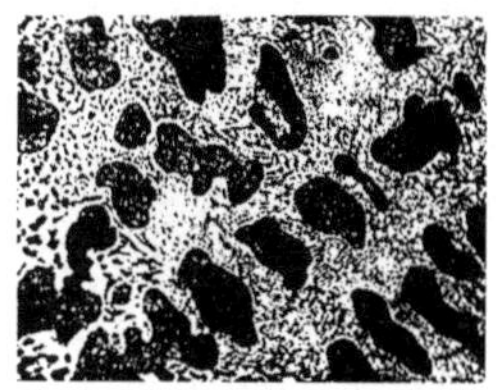
(d) 微观组织

图 2.1 材料内部结构的三个层次

2.1.1 金属的结构

1. 晶体与非晶体

固态物质按原子（或分子）排列的规则性分类，可分为晶体和非晶体两大类。固态物质内部的原子（或分子）呈周期性规则排列的称为晶体，如水晶、天然金刚石、食盐等；否则为非晶体，如石蜡、松香等。大部分液态物质凝固时，黏度很小，原子或分子易扩散聚集成稳定的晶体状态，如金属材料；黏度大的“熔体”凝固时常形成非晶体，如多数高聚物及玻璃材料。晶体具有固定熔点、各向异性（指单晶）等特征；非晶体无固定熔点，其在一个温度范围内熔化，各方向上原子的聚集密度大致相等，表现为各向同性。在非晶体结构中，原子排列不具有规则的周期性，即从总体上是无规则的（远程无序），但近邻原子的排列是有一定规律的（近程有序）。例如，非晶硅的每个原子都为四价共价键，与最邻近原子构成四面体，具有规律性；而总体原子排列不具有规则的周期性，呈玻璃态物质。晶体与非晶体在一定条件下可以相互转化。图 2.2 所示是简单立方晶格与晶胞示意，原子按简单立方体的方式堆垛，构成简单立方晶体结构。自然界的固态物质尤其是金属大多属于晶体，具有特定的晶体结构。晶体的性能在很大程度上由晶体结构（原子、离子或分子的排列方式）决定。

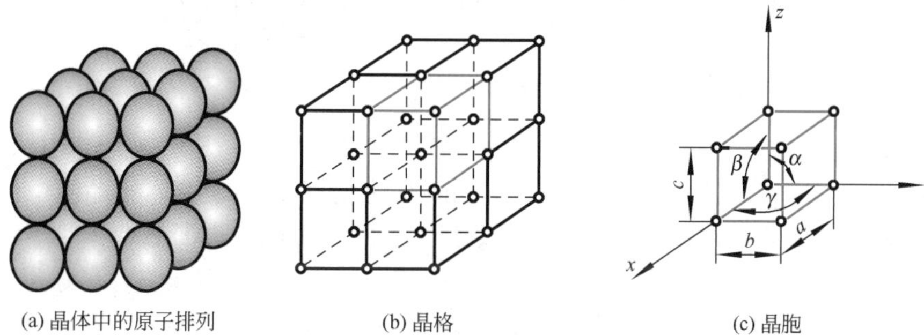

(a) 晶体中的原子排列 (b) 晶格 (c) 晶胞

图 2.2 简单立方晶格与晶胞示意

为了研究和分析晶体中原子排列的规律，通常将晶体中的原子或正离子看作刚性球体，假设晶体是由许多刚性球体按一定几何规律紧密堆垛而成的［图 2.2（a）］。为了分析堆垛的规律，将原子或正离子抽象为一个几何点，其位置代表原子中心位置，用假想的直线将所有代表原子的几何点连接起来，构成三维空间的几何晶格架［图 2.2（b）］。这种描述原子在晶体中排列形成的空间格子，称为晶格；构成晶格的各连线的交点称为节点。

显然，节点是一个几何点，表示一个原子中心的位置。

由图 2.2 可以看出，晶格形状特征反映其中原子排列形式的规律。组成晶格的、能反映晶格特征的最基本的几何单元称为晶胞［图 2.2（c）］，晶胞在三维空间重复排列构成晶格，并形成晶体。组成晶胞的各棱边的尺寸 a、b、c 称为晶格常数，金属的晶格常数为 1～7Å（1Å$=10^{-10}$m）；各相邻棱边之间的夹角分别用 α、β、γ 表示。通常，取晶胞左下方后面的节点作为坐标原点 O，取晶胞中交于点 O 的三个棱边为 x、y、z 坐标轴，晶胞的形状可以由 a、b、c、α、β、γ 六个参数确定。参数不同，晶格的类型不同，例如在图 2.2 中，$a=b=c$，$\alpha=\beta=\gamma=90°$，这种晶胞称为简单立方晶胞，其晶格为简单立方晶格。在晶体学中，通过晶体中原子中心的某个方位的原子面称为晶面，通过原子中心的某个方向的原子列称为晶向。金属的晶体结构可用 X 射线晶体结构分析技术测定。

2. 纯金属的晶体结构

由于金属晶体中的原子是由金属键结合的，具有趋于紧密排列的倾向，因此常形成多种高度对称的、几何形状简单的晶格。在元素周期表中，90％以上的金属元素的晶体都具有以下三种晶格。

（1）体心立方晶格。

如图 2.3 所示，体心立方晶格的晶胞是由 8 个处于顶角节点位置的原子构成的立方体，在其中心位置有一个原子，晶胞参数 $a=b=c$，$\alpha=\beta=\gamma=90°$，属于立方晶系。在该晶胞中，体对角线方向上的原子排列紧密接触，可以求出原子半径 r 与 a 的关系为 $r=\sqrt{3}/4a$。由于每个顶角上的原子都为周围相邻 8 个晶胞共有，每个晶胞都只占 1/8，而体心位置的原子为该晶胞独有，因此，一个体心立方晶格的晶胞中有 2×（1/8×8＋1）个原子。

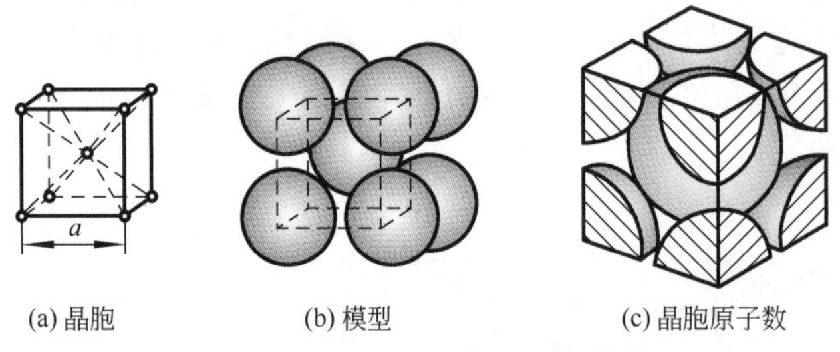

(a) 晶胞　(b) 模型　(c) 晶胞原子数

图 2.3　体心立方晶格的晶胞

原子排列的紧密程度通常用晶格的致密度和配位数表示。致密度是指晶胞中的原子实际占有的体积与该晶胞的体积之比。配位数是指晶格中任一原子周围最近邻的等距离的原子数（或紧密接触的原子数）。配位数越大，原子排列越紧密。由图 2.3 可知，8 个顶角原子与体心原子紧密接触且距离相等，体心立方晶格的配位数为 8。

具有体心立方晶格的金属有铁（α-Fe）、锰（Mn）、钛（Ti）、铬（Cr）、钨（W）、钒（V）、钼（Mo）等，大多具有较高的熔点、硬度及强度，但塑性和韧性一般，且有冷脆性倾向。

（2）面心立方晶格。

如图 2.4 所示，面心立方晶格属于立方晶系，在晶胞每个构成面的中心位置都有一个原子。在每个构成面的对角线方向上，各原子都彼此接触，原子半径$r=\frac{\sqrt{2}}{4}a$。面心立方晶格是原子排列较紧密的结构，其致密度约为0.74。面心立方晶格中有4个原子，因为每个对角线上的原子都为8个相邻晶胞共有，而每个面心位置的原子都为2个相邻晶胞共有，所以配位数为12。

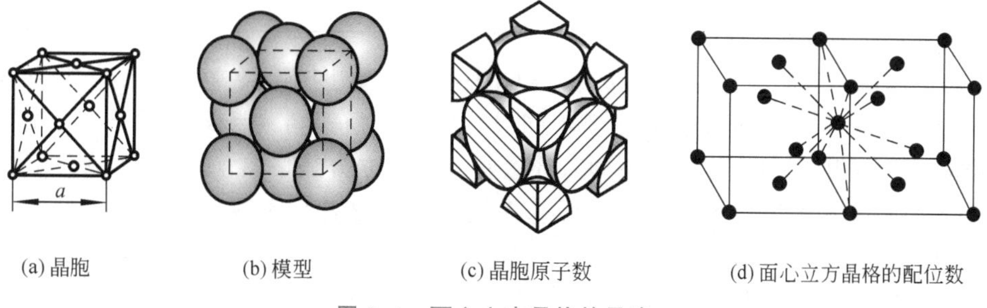

(a) 晶胞　(b) 模型　(c) 晶胞原子数　(d) 面心立方晶格的配位数

图2.4　面心立方晶格的晶胞

具有面心立方晶格的金属有铁（γ-Fe）、铝（Al）、铜（Cu）、锰、镍（Ni）、铅（Pb）、钴（Co）、银（Ag）、铂（Pt）等，大多具有较强的塑性、没有冷脆性倾向、不具有磁性。

（3）密排六方晶格。

如图2.5所示，密排六方晶格的晶胞的12个原子占据简单六方体的12个顶角位置，其上、下两个正六边形面的中心位置都有1个原子，且中心有3个原子。其晶胞参数 $a=b\neq c$，其中 c/a（称为轴比）≈1.633，每个晶胞内都有6个原子。密排六方晶格是原子排列较紧密的结构，其致密度和配位数与面心立方晶格相同，分别为0.74和12。

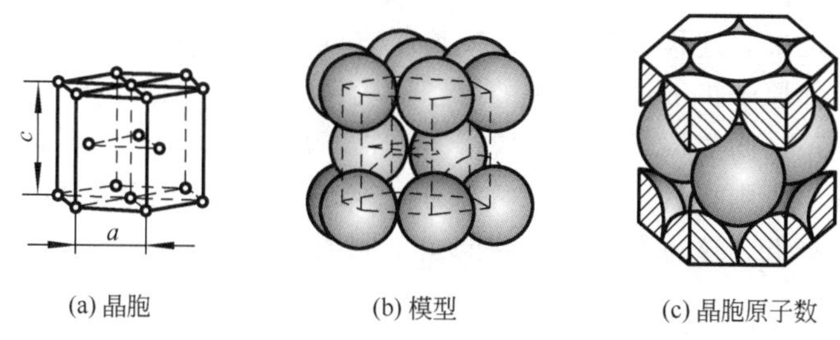

(a) 晶胞　(b) 模型　(c) 晶胞原子数

图2.5　密排六方晶格的晶胞

具有密排六方晶格的金属有镁（Mg）、钛、锌（Zn）、铬、铍（Be）、钴等，石墨也具有密排六方晶体结构，大多没有冷脆性倾向，但机械性能不突出，较少单独用作结构材料。

少数金属（如铁、锰、钛等）处于晶态时，晶格类型随外界条件（温度、压力）的变化而变化。常压下常用金属的晶格类型见表2-1。

表2-1　常压下常用金属的晶格类型

晶格类型	Fe	Al	Cu	Mn	Mg	Ti	Zn	Cr	Ni	W	V	Mo	Pb	Be	Co	Ag	Pt
体心立方晶格	√	—	—	√	—	√	—	√	—	√	√	√	—	—	—	—	—
面心立方晶格	√	√	√	√	—	—	—	—	√	—	—	—	√	—	√	√	√

续表

晶格类型	Fe	Al	Cu	Mn	Mg	Ti	Zn	Cr	Ni	W	V	Mo	Pb	Be	Co	Ag	Pt
密排立方晶格	—	—	—	—	√	√	√	√	—	—	—	—	—	√	√	—	—

对某个元素，当从一种晶格变为另一种晶格时，致密度不同，必然导致体积变化，如α-Fe$\rightleftharpoons$γ-Fe；当同一元素的晶格类型不同时，原子半径不同（因假想原子为紧密接触的刚性球体），原子排列的对称性也不同，导致具有面心立方晶格的γ-Fe比具有体心立方晶格的α-Fe空隙半径大，溶入碳的能力强。人们可利用这种现象改变晶体结构及特性（如钢的热处理），以改变材料性能。

此外，从上述晶格的几何特征可以看出，不同晶面及晶向上的原子排列方式和密度不同，原子间的结合力也不同，必然产生相应的性能差异，即理想晶体的各向异性。金属的许多性能及金属中发生的许多现象都与金属晶体中的晶面和晶向有密切关系。

3. 实际金属的晶体结构

实际金属晶体内部的原子排列不像理想晶体那样规则和完整，总是存在一些原子偏离理想规则排列的区域，即晶体缺陷，使得晶体不完整，并对金属和含有晶体相的材料的许多性能产生重要影响。晶体缺陷有如下三种。

（1）空位、间隙原子和置换原子。

晶体中的原子在平衡位置上做热振动，振动能量与晶体温度有关，温度越高，振动能量越大。但各原子的能量不完全相等，而是呈统计分布且经常变化，一些高能量的原子可能脱离原来的平衡位置，迁移到晶体表面或原子之间的间隙中，使原来的位置空着，称为空位，空位利于内部原子扩散；间隙中的原子称为间隙原子；在原来平衡位置的异类原子称为置换原子。空位、间隙原子和置换原子（图2.6）都破坏了晶格的规则性，造成晶体缺陷，它们呈点状不规则排列，三维尺寸很小，又统称晶体的点缺陷，导致金属的强度、电阻等增大，塑性降低，这也是固溶强化的主要原因。

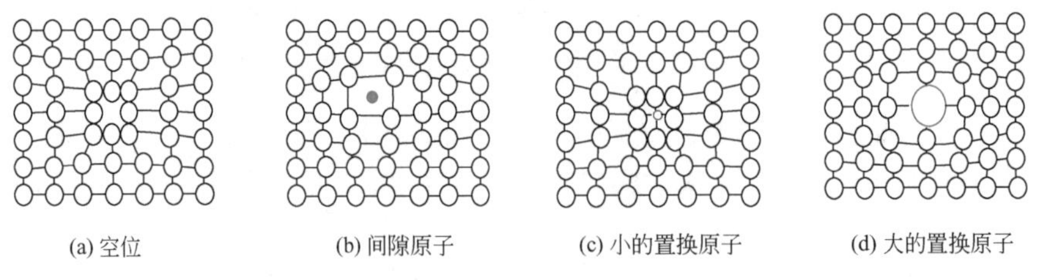
(a) 空位　(b) 间隙原子　(c) 小的置换原子　(d) 大的置换原子

图2.6　晶体的点缺陷

（2）位错。

位错又称线缺陷，是晶体中原子呈线状排列不规则的现象，由晶体中原子面的错动引起。位错的常见形式有刃型位错和螺型位错，如图2.7所示。

刃型位错如图2.7（a）所示，是指晶体的一部分相对于另一部分出现一个多余的半原子面，它像切入晶体的刀片，刀片的刃口线附近（此微小区域的原子排列不规则）是位错线的位置。

螺型位错如图2.7（b）所示，是指晶体右边上部的点相对于下部的点向后错动一个原子距离，用线连接错动区的原子，形成的曲面具有螺旋特征。

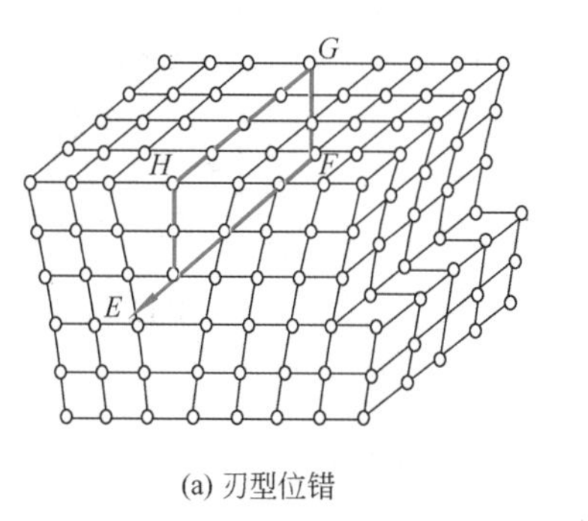

(a) 刃型位错

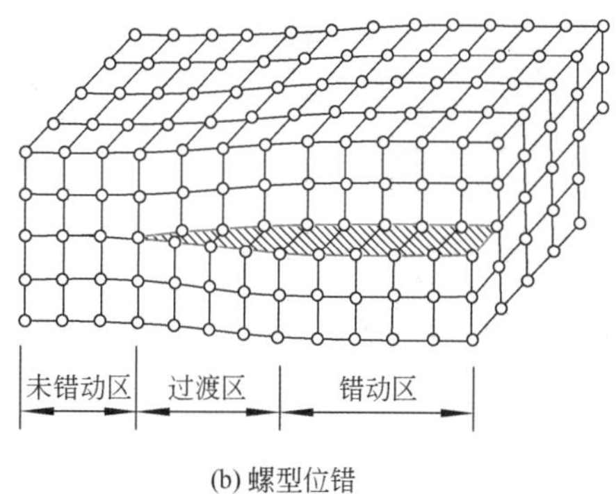

(b) 螺型位错

图 2.7 位错类型

晶体中位错的数量通常用位错密度表示。位错密度是指单位体积晶体中包含位错线的总长度，一般用 ρ 表示，单位是 cm/cm^3 或 cm^{-2}。金属晶体的位错密度与状态有关，不含位错（位错密度=0）的理想单晶体金属的强度很高。在退火状态下，金属的位错密度为 $10^6 \sim 10^8$cm^{-2}，强度、硬度低，而塑性强；在经受冷变形的金属中，位错密度为$10^{11} \sim 10^{12}$cm^{-2}，强度、硬度大大提高，而塑性明显降低。

在位错线上，多余原子面处于左、右晶格节点临界位置，具有易动性。在不大的切应力 τ 作用下，位错易向左或向右移动到另一个稳定位置，直到从晶体移出，使得晶体上、下相互产生一个原子间距的相对滑动（称为滑移）。无数位错滑移使得晶体产生宏观塑性变形，这就是金属固态塑性变形的实质。

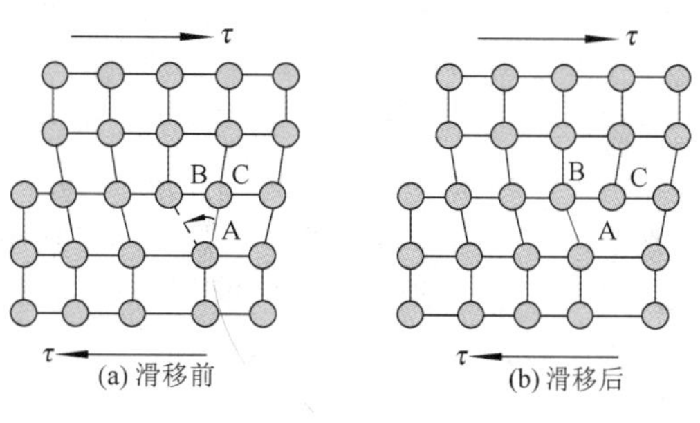

τ—切应力

图 2.8 位错滑移

（3）晶界。

若一个晶体内部的晶格位向完全一致，则该晶体为单晶体。多数金属是由无数晶格位向不同的单晶体组成的多晶体，此时单晶体又称晶粒。多晶体结构如图 2.9 所示。金属与陶瓷通常是多晶体，由于各晶粒的位向不同，因此晶界处原子排列的规律性不同，必须从一种排列取向过渡到另一种排列取向。晶界就是不同位向晶粒之间的过渡层，如图 2.10（a）所示，其宽度约为几个原子的长度，原子排列不规则。晶界处还存在许多缺陷，如杂质原子、空位、位错等。此外，在一个晶粒内部存在一些位向稍有差别的小晶块，称为亚结构或亚晶，它们之间的界面称为亚晶界，如图 2.10（b）所示。晶界与亚晶界是具有缺陷的界面，统称面缺陷。

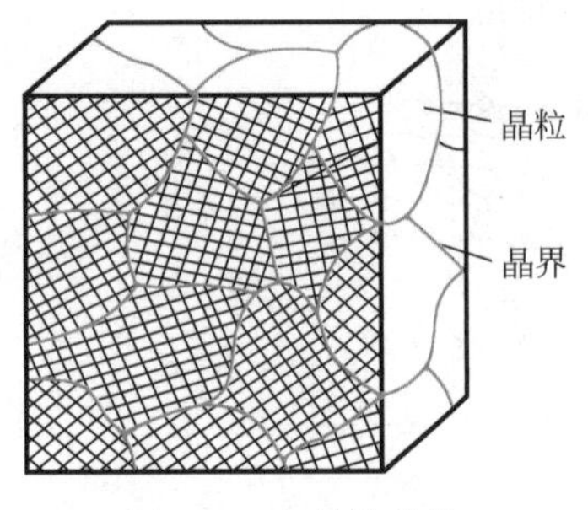

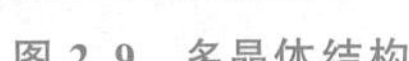

图 2.9　多晶体结构

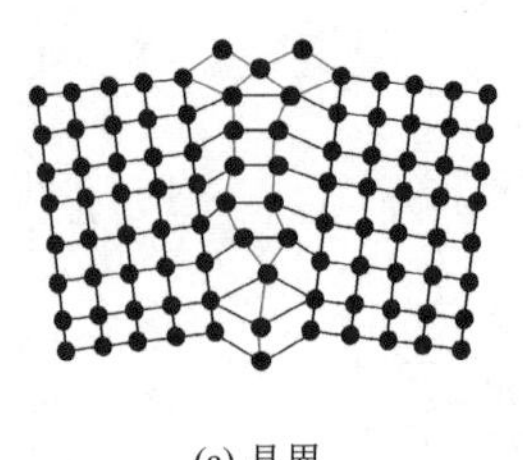

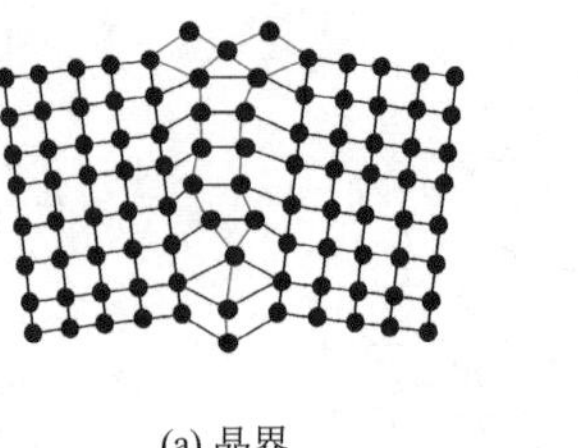

(a) 晶界

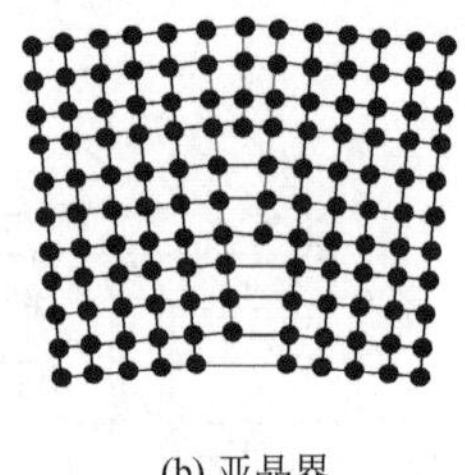

(b) 亚晶界

图 2.10　面缺陷

由于晶界处能量较高、稳定性较差，因此熔点较低、易受腐蚀。但常温下，晶界对位错的滑移有阻碍作用，晶体的塑性变形主要靠无数位错的滑移。显然，相同金属材料在相同变形条件下，晶粒越细（相当于晶粒细化），晶界越多，晶界对塑性变形的抗力越大，晶粒的变形越均匀，强度、硬度越高，塑性、韧性越强。因此，对于在常温下使用的金属材料，通常晶粒尺寸越小越好。但晶界在高温下的稳定性差，晶粒尺寸越小，高温性能越差。面缺陷的增加是细晶强化的主要原因，位错密度增大、亚结构细化是加工硬化的主要原因。

晶体中的点缺陷、线缺陷、面缺陷都可导致晶格畸变，使晶体缺陷处于高能量的不稳定状态。

4. 合金的相结构

纯金属具有较好的导电性、导热性等理化性能，但机械性能较低，且价格较高，冶炼较难，在工业上很少用作结构材料。零件（构件）一般使用由两种或两种以上元素组成的具有金属特性的材料——合金。组成合金的独立的、最基本的单元称为组元，组元可以是元素或稳定化合物。例如，铁碳合金中的纯铁和碳都是组元；黄铜中的铜和锌都是组元；陶瓷材料中的组元多为化合物，如 SiO_2、Al_2O_3 等。组元不同或组元相同但质量分数不同可构成一系列合金，称为合金系，如铁碳合金（系）、铝硅合金（系）等。

合金中具有同一化学成分、同一晶体结构或同一原子聚集状态，且有界面分隔的均匀组成部分称为相。化学成分相同、晶体结构与性质相同的物质，无论其形状是否相同、分布是否相同，都统称为一个相。例如，当铁碳合金结晶时，如固态与液态同时存在，则是两个相或三个相（如共晶结晶）。

合金中可形成不同数量、形态、尺寸和分布的相。固态合金可由单一相或多个相组成，即常说的单相组织或多相组织（组织是指用肉眼或显微镜观察的合金中不同组成相的数量、形态、尺寸和分布的组合状态）。

根据结构特点的不同，合金中的相分为固溶体和金属化合物（又称中间相）两大类。

(1) 固溶体。

固溶体是溶质原子溶入主组元（溶剂组元）的晶格中且仍保持溶剂组元晶格类型的固态物质（固体组）。根据溶质原子在溶剂组元结构中的分布形式，固溶体可分为置换固溶体和间隙固溶体。

① 置换固溶体。如图 2.11 (a) 所示，溶质原子置换了溶剂组元晶格中的一些溶剂原子，形成置换固溶体。当两组元在固态呈无限溶解时，所形成的固溶体称为连续固溶体或无限固溶体（此时量多者为溶剂）；当两组元在固态呈有限溶解时，只能形成有限固溶体。

② 间隙固溶体。将有些原子半径很小的非金属元素［如氢（0.46Å）、硼（0.97Å）、碳（0.77Å）、氮（0.71Å）和氧（0.61Å）等］溶入过渡族金属晶格间隙，形成间隙固溶体［图 2.11（b）］。此外，当以化合物为溶剂时，也能形成间隙固溶体，如将 Ni 溶入 NiSb。

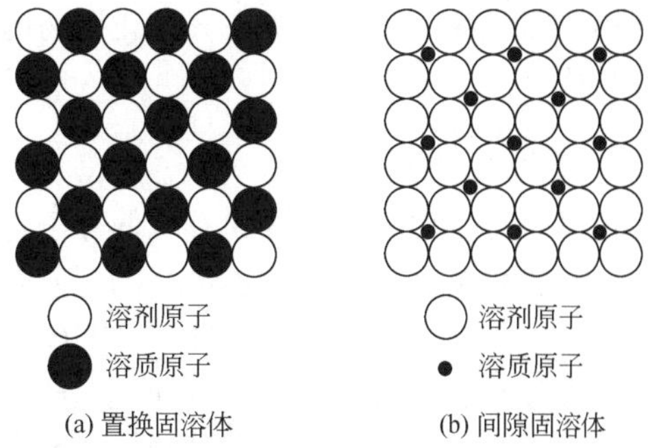

图 2.11 固溶体的两种类型示意

当两组元的原子半径和电化学特性接近、晶格类型相同时，易形成置换固溶体，且可能形成无限固溶体；当两组元的原子半径相差较大时，易形成间隙固溶体。间隙固溶体都是有限固溶体，其溶质分布一般是无序的，因此也称无序固溶体。

在有限固溶体中，溶质在固溶体中的极限溶解度称为固溶度。通常，在高温下达到饱和的固溶体，随着温度的降低，溶质原子从固溶体中析出而形成新相。

虽然固溶体的晶体结构与溶剂组元的相同，但溶入的溶质原子改变了晶格参数，形成点缺陷并导致晶格畸变，位错滑移阻力增大，合金的强度、硬度、电阻增大，塑性降低。这种通过加入溶质原子形成固溶体，使合金的强度和硬度增大的现象称为固溶强化。适当控制溶质原子的数量，可以在显著提高合金强度的同时，保持较强的塑性和韧性。因此，对综合力学性能要求高的零件，大多采用以固溶体为基体的合金制造。

三元或三元以上合金可能兼具置换固溶体和间隙固溶体。

（2）金属化合物。

金属化合物是金属与金属元素之间或金属与类金属（及部分非金属）元素之间相互作用形成的具有金属特征的化合物。金属化合物的晶体结构与组元的晶体结构完全不同，部分金属化合物的成分可在某个范围内变化，从而兼具固溶体的特征。金属化合物中除有离子键或共价键外，还有部分金属键，使金属化合物具有一定的金属特性，如导电性、金属光泽等。

金属化合物的类型很多，一般分为正常价化合物（如 Mg_2Si、MnS、Mg_2Sn 等）、电子化合物（如 CuZn、Cu_3Al 等）和间隙化合物（如 Fe_4N、VC、WC、TiN、Fe_3C、$Cr_{23}C_6$ 等）。它们的晶体结构除有前述三种常见晶格外，还有复杂晶体结构，如铁碳合金中的渗碳体（Fe_3C）是由铁元素和碳元素组成的具有复杂结构的间隙化合物。

金属化合物一般具有较高的熔点、高的硬度和较强的脆性。金属化合物可提高合金的强度、硬度和耐磨性，但塑性降低。适当数量与分布的金属化合物可作为强化相，如在固溶体基体上弥散分布适当的金属化合物是合金材料产生弥散强化（或沉淀强化）的原因。

由两种或两种以上固溶体或金属化合物形成的多相固体组织称为机械混合物，如铁碳合金中的珠光体（P）、莱氏体（Le）等，其性能取决于各组元的种类、数量、形态、尺寸和分布状况。

2.1.2 有机高分子材料的结构

虽然有机高分子材料的相对分子质量大且结构复杂多变，但组成高分子的大分子链都是由一种或多种简单的有机低分子化合物以共价键重复连接而成，就像一根链条是由很多链环连接而成的一样。有机高分子化合物的结构可分为单个大分子链结构和大分子间的聚集态结构。

1. 单个大分子链结构

可以聚合生成大分子链的有机低分子化合物称为单体，如聚氯乙烯可看作由足够多的低分子氯乙烯聚合而成，氯乙烯（$CH_2═CHCl$）就是聚氯乙烯的单体，写成反应式：

$$n(CH_2═CHCL)\longrightarrow[CH_2—CHCl]_n$$

式中，大分子链中的重复结构单元$[CH_2—CHCl]$为链节；—Cl 为取代基；n 为一个大分子链中链节的重复次数，即聚合度。聚合度越高，分子链越长，分子链的链节越多。聚合度反映大分子链的长度和相对分子质量，但由于各分子的聚合度不同，因此一般所说的高聚物分子量为平均分子量。分子量的分散性对高聚物性能有一定的影响。

大分子链中的原子或原子团在空间的排列形式称为空间构型。乙烯类聚合物的空间构型如图 2.12 所示。若取代基在大分子主链上的排列顺序不同，或在大分子主链两侧排列的位置不同，则会对高聚物性能产生影响。若取代基—CH_3 在主链两侧呈不规则分布的无规立构聚丙烯在室温下为液体，而取代基—CH_3 全部在主链一侧的全同立构聚丙烯可用于制造塑料和纤维。此外，主链侧取代基的大小和极性均会对材料性能产生影响。

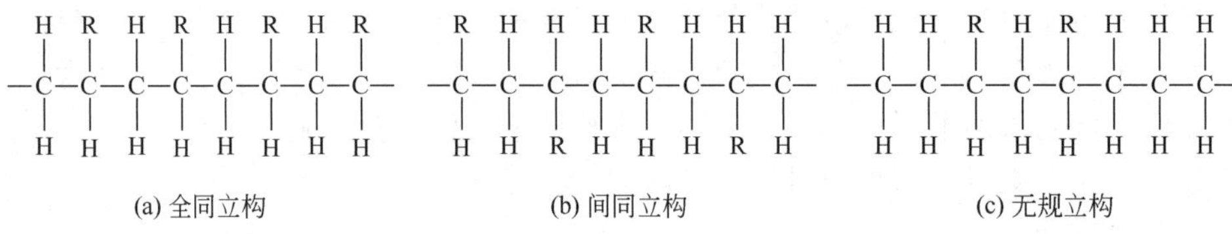

图 2.12　乙烯类聚合物的空间构型

将低分子化合物合成高分子化合物的反应称为聚合反应。聚合反应分为加聚和缩聚两种。

2. 大分子链的形态

大分子链的形态如图 2.13 所示。

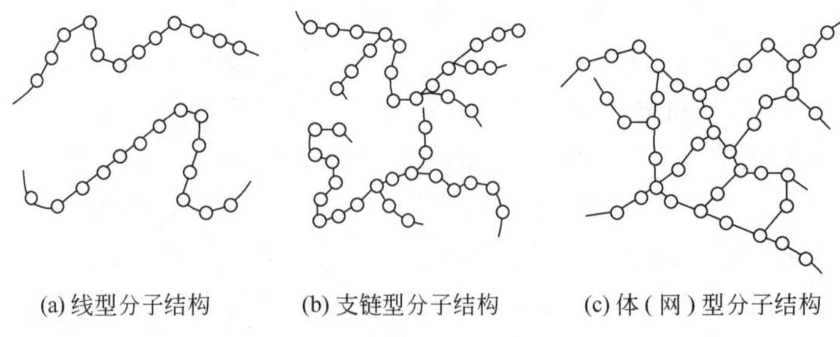

图 2.13　大分子链的形态

（1）线型分子结构。线型分子结构是指由许多链节组成长链，通常呈卷曲线形。具有线型分子结构的高聚物弹性、塑性好，硬度较低，可被某些溶剂溶解和受热熔化，即“可溶可熔”，属于热塑性塑料；易加工成型；可反复回收使用。

（2）支链型分子结构。支链型分子结构的主链上有支链，支链使分子链不易形成规则排列，分子之间的作用力较小，分子链易卷曲，从而提高了高聚物的弹性和塑性，降低了结晶度、成型加工温度及强度。

(3) 体（网）型分子结构。分子链之间的许多链节以共价键连接，形成网状大分子。具有体（网）型分子结构的高聚物硬度高，具有一定的耐热性及化学稳定性，脆性大，不具有弹性（橡胶除外）和塑性，常具有“不溶不熔特性”，属于热固性塑料，只能在网状分子形成之前进行成形加工，不能反复回收使用。

3. 大分子链中单键内旋转和链的柔顺性

大分子链的主链都是通过共价键连接的。共价键有一定的键长和键角，如 C—C 键的键长为 0.154nm，键角为 109°28′，在保持键长和键角不变的情况下，共价键可以任意旋转，这就是单键内旋转。C—C 键内旋转如图 2.14 所示。

单键内旋转的结果是原子排列位置不断变化。大分子链很长，受热运动的影响，每个单键都在内旋转，而且频率很高，使得大分子链的微观形态瞬息万变。这种由单键内旋转引起的原子在空间占据不同位置所构成的分子链的各种形象，称为大分子链的构象。大分子链的空间形象变化频繁、构象多，就像一团随便卷在一起的细钢丝一样，对外力的适应性很强，受力时可以表现出很强的伸缩能力。大分子链因单键内旋转而改变构象，获得不同卷曲程度的特性称为大分子链的柔顺性，这也是聚合物具有弹性的原因。

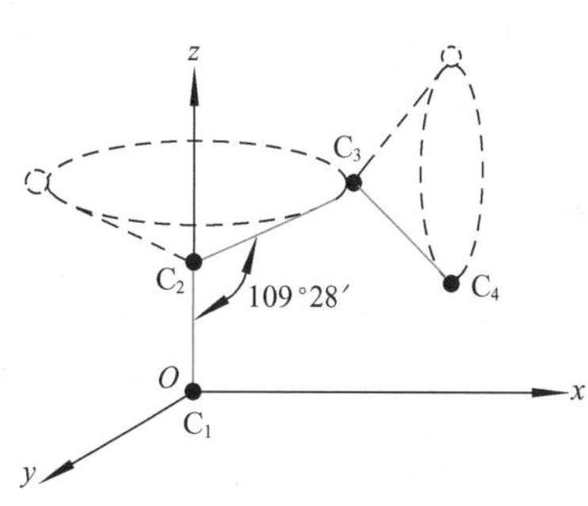

图 2.14 C—C 键内旋转

当大分子链全部由单键组成，含有芳杂环或主链侧的侧基极性大、体积大时，柔顺性差；当温度升高时，分子热运动加剧，柔顺性好。

4. 高分子的聚集状态

线型高分子在分子间力作用下的聚集状态有非晶态（分子链在空间无规则排列，像棉花团，也称玻璃态或无定形态）、部分晶态（分子链在空间局部规则排列）和晶态（分子链在空间呈折叠状或平行状规则排列，形成有序的片晶、球晶的区域，像把棉花团拉直的平行纤维状等）三种，如图 2.15 所示。通常线型聚合物在一定条件下可以形成晶态或部分晶态，而体型聚合物只能为非晶态（只是一个体网型大分子，无聚集状态可言）。在实际生产中，很难获得完全晶态的聚合物，大多数聚合物都是非晶态聚合物或部分晶态聚合物。通常用聚合物中晶态区域的质量分数或体积分数（结晶度）表示聚合物的结晶程度。聚合物的结晶度变化范围很大，为 30%～90%，在特殊情况下可达 98%。一个大分子链

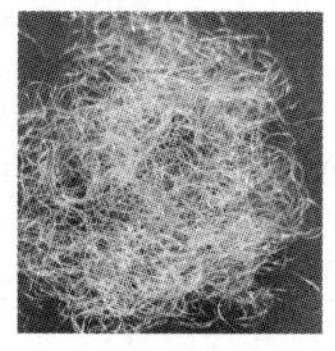

(a) 非晶态

(b) 部分晶态

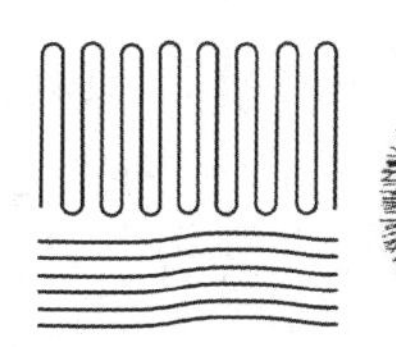
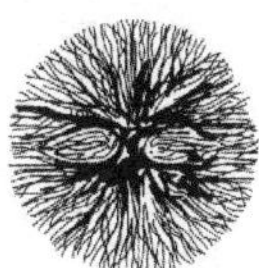

(c) 晶态

图 2.15 高分子的聚集状态

可以同时穿过多个晶区和非晶区。

一般情况下，结晶度高的高聚物，其强度、硬度、密度、耐热性、耐蚀性均较高，但弹性、塑性、透明性较差。主链的结构、侧基的体积和极性、受定向拉伸及熔体的冷却速度均对结晶度有影响。

因为高聚物分子量很大，所以各分子链之间的分子间力的合力远大于主链共价键力，高聚物极易凝固成固体或高温熔体，而不存在气态，若温度过高，则直接分解。

2.1.3　陶瓷材料的结构

一般陶瓷材料为多元系，其组成相可分为固溶体和化合物两大类。

1. 陶瓷材料的相组成

陶瓷材料中除晶体相（也称晶相）外，还有非晶体的玻璃相和气相，如图 2.16 所示。

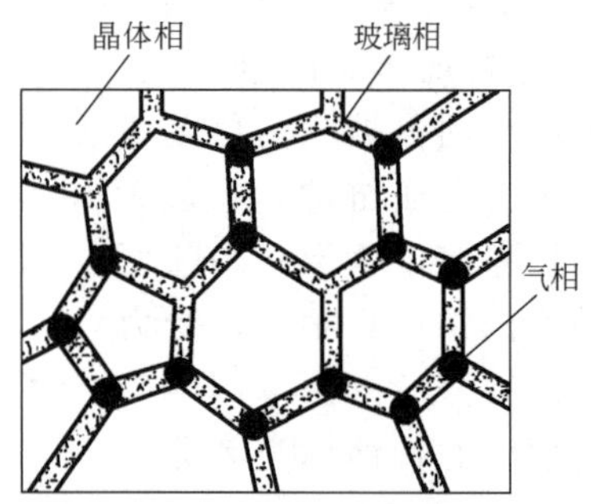

图 2.16　陶瓷材料的组织结构

（1）晶体相。

与金属材料相似，陶瓷材料通常由多种晶体组成，如主晶相（量多的晶相）、次晶相及第三晶相等。部分晶相在不同温度下还会发生同素异晶转变。不同成分、不同工艺得到的陶瓷材料的组织结构各不相同。主晶相的性能往往表征陶瓷材料的理化性能。陶瓷材料中的晶体相常为硅酸盐、氧化物和非氧化物。

（2）玻璃相。

陶瓷材料内各种组分和混入的杂质在高温烧成时发生物理反应和化学反应，形成低熔点或高黏度的液相，冷却后以玻璃相（非晶态）形式出现。玻璃相的主要作用是在瓷坯中起黏结作用，把分散的晶相黏结在一起；起填充气孔空隙作用，使瓷坯致密化；降低烧结温度；抑制晶粒长大；等等。玻璃占陶瓷材料的 20%～40%，若玻璃相过多，则陶瓷材料的熔点将降低。

（3）气相。

气相是指陶瓷组织内部残留的孔洞。通常陶瓷的残留气孔量为 5%～10%，特种陶瓷的残留气孔量小于 5%。陶瓷材料的性能与气孔的含量、形状、分布有着密切的关系。

2. 陶瓷材料的分子结构特点

氧化物结构与硅酸盐结构是较重要的两种陶瓷晶体结构。大多数氧化物结构是氧离子排列成简单立方、面心立方和密排六方晶体结构，正离子在间隙中，它们主要是以离子键结合的晶体。图 2.17 所示为 MgO 与 Al_2O_3 的晶体结构。

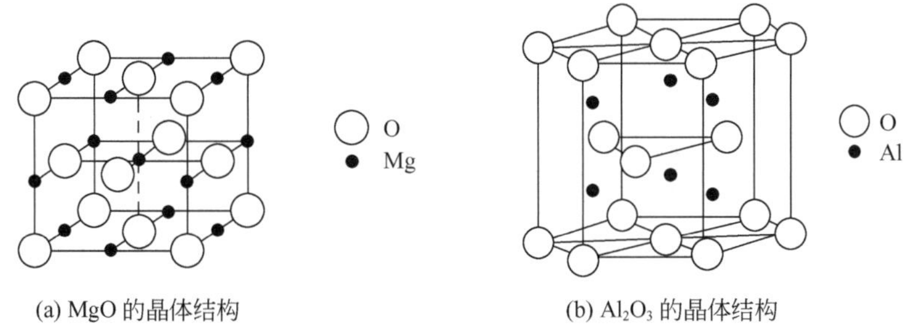

(a) MgO 的晶体结构　　(b) Al_2O_3 的晶体结构

图 2.17　MgO 与 Al_2O_3 的晶体结构

硅酸盐结构是以硅氧四面体（SiO_4）为基本结构单元组成的，以共价键结合，并具有离子键的特征。硅氧四面体结构如图 2.18（a）和图 2.18（b）所示，硅原子位于氧四面体正中央，其以共用顶点的 O 原子连接成岛状、链状、层状、骨架状等硅酸盐结构大分子形态，若它们规则排列，则形成晶体，否则形成玻璃体，如图 2.18（c）和图 2.18（d）所示。若含有不同的粒子或离子，则可派生出性能不同的陶瓷或玻璃。

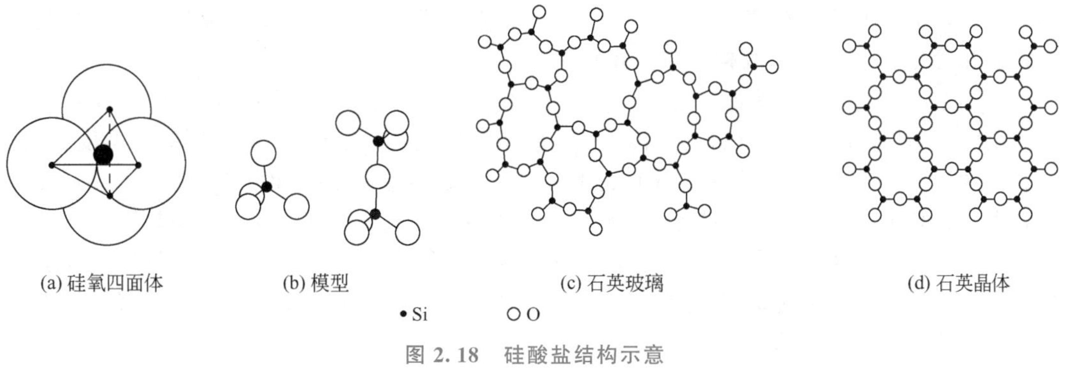

(a) 硅氧四面体　　(b) 模型　　(c) 石英玻璃　　(d) 石英晶体

• Si　　○ O

图 2.18　硅酸盐结构示意

2.2　金属材料的相图与组织形成

组成相同的晶体材料在不同温度和压力条件下，可以得到不同的相结构，形成不同的组织，使得性能不同。

2.2.1　金属凝固

1. 纯金属结晶

（1）纯金属结晶的过冷现象。

把液态纯金属放入坩埚冷却，每隔一定时间测量一次温度，将试验数据绘制在温度-时间坐标系中，得到图 2.19 所示的纯金属结晶的冷却曲线。

由图 2.19 可以看出，在液相开始结晶前，温度持续下降；当从液相中结晶出晶体时，释放热量（结晶潜热），使金属的温度保持不变，在冷却曲线中形成温度平台（因为放出

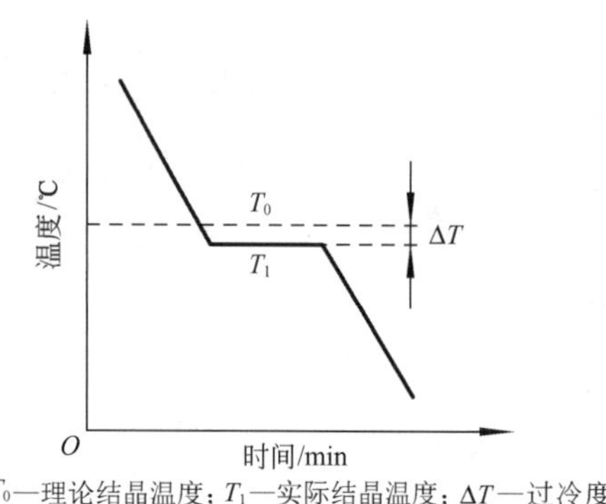

T_0—理论结晶温度；T_1—实际结晶温度；ΔT—过冷度

图 2.19 纯金属结晶的冷却曲线

的结晶潜热完全补偿了金属向环境散热引起的温度下降）；结晶完成后，温度继续下降。

试验证明，所有纯金属在结晶过程中的冷却曲线都是相似的，其差别在于平台温度 T_0 不同。在冷却十分缓慢的条件下，T_0 是金属熔点，也是理论结晶温度。由热力学第一定律可知，在 T_0 下液相和固相的自由能相等，液相结晶成固相的速度等于固相溶化成液相的速度，液相和固相处于动态平衡状态，可长期共存；在 T_0 以下，液相处于不稳定状态，固相处于稳定状态，液相将向固相转变——结晶。

实际上，当液态金属冷却至理论结晶温度时不能立即结晶，只有冷却至 T_0 以下的实际结晶温度 T_1 才开始结晶，这种现象称为过冷现象。理论结晶温度 T_0 和实际结晶温度 T_1 之差 ΔT 称为过冷度。过冷度越大，液相越不稳定，即液相与固相的自由能差越大，结晶驱动力越大，结晶越快。实际金属结晶时，必须存在过冷度，它是金属结晶的必要条件。

所有纯金属的理论结晶温度都是恒定的，实际结晶温度因受到某些条件的影响而会发生变化。因此，金属结晶时的过冷度也是变化的。同一种金属，冷却越快，金属的纯度越高，结晶时的过冷度越大。

（2）金属结晶的过程。

液态金属冷却至理论结晶温度以下时，不立即出现固相晶体，而是在此温度下停留一段时间，在液相中形成第一批尺寸极小、原子规则排列的小晶体，即晶核（此时散乱的液态原子聚集成紧密规则排列的晶体，放出结晶潜热，晶体处于稳定的低能量状态），这段时间称为孕育期；结晶时的过冷度越大，所需的孕育期就越短；形成的晶核向液相不断长大，直至与相邻晶体相遇或者液相消耗完毕，如图 2.20 所示。由液相中的一个晶核长大形成的晶体称为晶粒，每个晶粒的形成都经历形核和长大两个阶段。对整个液体来说，结晶过程是一个不断形成晶核和晶粒不断长大的过程。

金属结晶

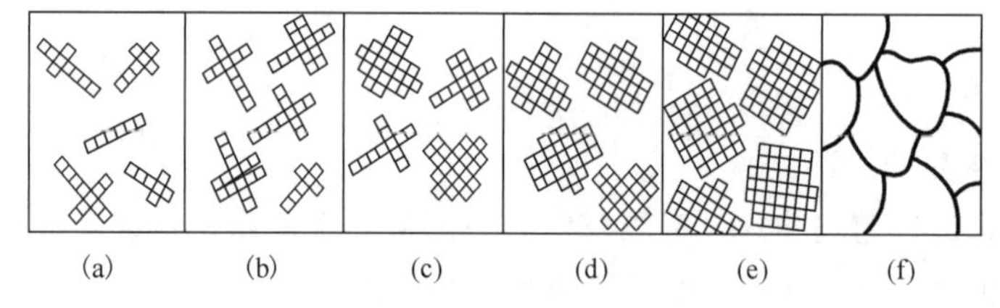

图 2.20 结晶过程

金属材料在一般条件下结晶时，液相中会形成很多晶核，这些晶核的位向是不一致的，当这些晶核长大时，液相中的其他地方可能出现新的晶核；如此不断形成晶核、不断长大，结晶结束时会形成许多位向不同、尺寸不同、形状不规则的晶粒——多晶体。如果在结晶过程中控制液态金属的结晶条件，只允许一个晶核长大，同时液相中不出现新的晶核，则结晶结束时获得的材料仅由一个晶粒构成，称为单晶体，单晶体材料在半导体工业占据着十分重要的地位。

金属的结晶速度取决于形核率和晶体长大速度。在单位时间内，在单位体积液相中形成的晶核数目称为形核率；晶体表面在单位时间内向液相推进的垂直距离称为晶体长大速度。结晶时的形核率和晶体长大速度主要取决于液相的过冷度。

(3) 晶核的形成。

上述晶核是由液体中近程有序的规则排列的原子团形成的，称为自发形核（也称均质形核）。在一般工业生产的凝固条件下，晶核依附于液相中高熔点固相杂质粒子和铸型表面形成，即晶核是以非自发形核（也称异质形核）方式形成的。非自发形核所需的过冷度约为金属熔点的 2%，比自发形核小得多。

(4) 晶核的长大。

液相中形成稳定晶核后，晶核长大时的过冷度比形核时的过冷度小得多。液相中只要有 10^{-4}～10^{-3}℃的微小过冷，就能维持晶体长大。

在实际生产条件下，因为冷却速度较高，且液态金属中常有杂质，所以金属结晶时晶体的主要长大方式是枝晶长大，即晶体像树枝一样向液相中伸展长大，如图 2.21 (a) 所示，每个枝晶都长成一个晶粒（可看作一个单晶体）。晶体的长大速度与过冷度有关。一般情况下，随着过冷度的增大，晶体的长大速度提高。

在冷却速度极低的情况下，纯金属主要以晶体表面向前平行推移的方式长大，即平面长大，如图 2.21 (b) 所示。

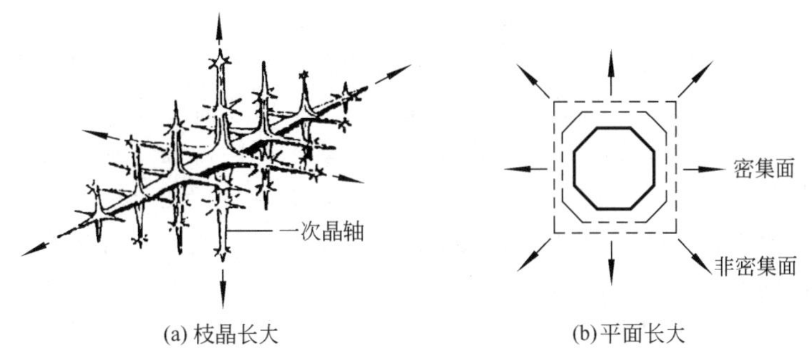

图 2.21 晶体长大示意

2. 金属的同素异构转变

大多数金属在晶态下只有一种晶格类型，且不随温度改变。少数金属（如铁、锡、钛等）在晶态下的晶格类型随温度改变，这种现象称为同素异构（或异晶）转变。其中，从液态变为晶态的过程称为结晶（一次结晶），从一种晶态变为另一种晶态的过程称为重结晶（二次结晶或三次结晶）。一般情况下，材料的相变是一种形核、长大的原子扩散或聚集的过程，且伴有相变潜热的产生或吸收及体积的变化。纯铁冷却曲线及重结晶的组织示意如图 2.22 所示，其中磁性转变仅改变晶格尺寸，不改变晶格类型。

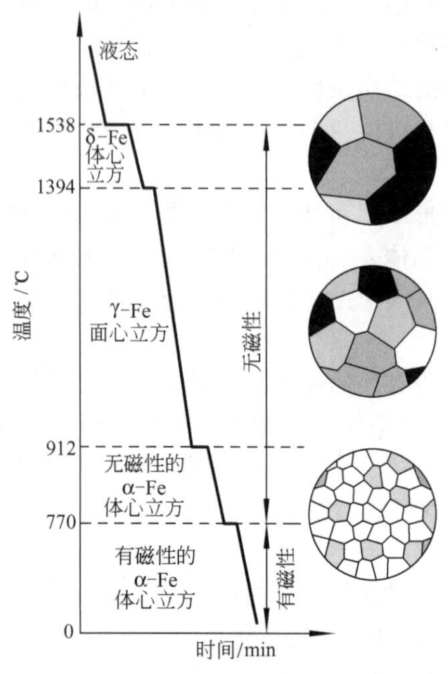

图 2.22　纯铁冷却曲线及重结晶的组织示意

纯铁在不同温度下的相变示意如下：

$$液态 \underset{}{\overset{1538℃}{\rightleftharpoons}} \underset{(体心立方)}{\delta-Fe} \overset{1394℃}{\rightleftharpoons} \underset{(面心立方)}{\gamma-Fe} \overset{912℃}{\rightleftharpoons} \underset{(体心立方)}{\alpha-Fe}$$

2.2.2　二元合金结晶相图

合金结晶的一般规律与纯金属相似，结晶时要求液相中存在一定过冷度，结晶过程同样经历形核和长大两个阶段。但是，合金受自身成分的影响，在结晶过程中表现出一些与纯金属不同的特点，其结晶过程及结晶产物复杂得多，常用合金相图分析其结晶过程。

相图（也称状态图或平衡图）是用图解的方式表示不同温度、压力及成分下，合金系中各相的平衡关系。平衡是指在一定条件下，合金系中参与相变过程的各相成分和相对质量不再变化的一种状态，此时合金系的状态稳定，不随时间改变。合金在极其缓慢冷却条件下的结晶过程也可看作平衡的结晶过程。在常压下，由于二元合金的相状态取决于温度和成分，因此二元合金相图可用温度-成分坐标系的平面图表示。

1. 二元相图的建立

二元相图是以试验数据为依据，以温度为纵坐标，以组成材料的成分为横坐标绘制的线图。下面以 Cu-Ni 合金相图为例进行介绍。

先通过热分析法，画出 100%Cu、20%Ni+80%Cu、40%Ni+60%Cu、60%Ni+40%Cu、80%Ni+20%Cu、100%Ni（质量分数）各金属和合金在极其缓慢冷却条件下的冷却曲线，如图 2.23（a）所示，再将各冷却曲线中的结晶开始温度［上临界点（图中空心点）］和结晶终了温度［下临界点（图中实心点）］在温度-成分坐标系中对应各合金的成分线取点，分别连接各上临界点和下临界点，得到两条曲线（此时可以看出，加入合金使结晶温度变为一个范围)，坐标与两条曲线构成的平面图就是 Cu-Ni 合金相图，如图 2.23（b）所示。

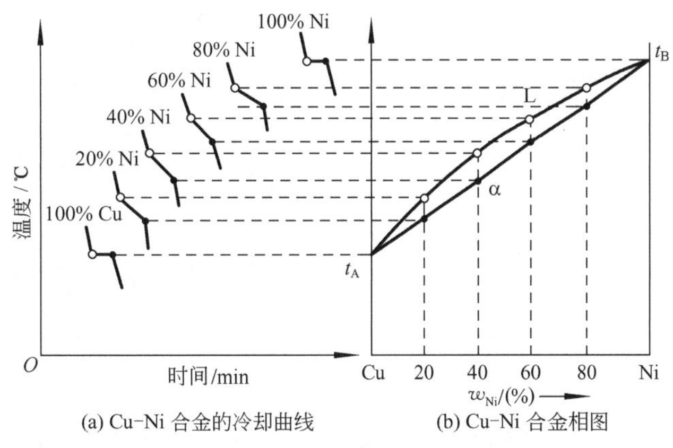

(a) Cu-Ni 合金的冷却曲线　(b) Cu-Ni 合金相图

图 2.23　Cu-Ni 合金相图的测定与绘制

图 2.23 是一种简单的合金相图，实际上，许多材料的合金相图都是比较复杂的，但建立方法都是相同的。分析统计表明，相图由多种基本类型的相图组合而成，主要有匀晶相图、共晶相图和包晶相图。

2. 二元相图的类型

(1) 二元匀晶相图。

当二元系中的两个组元在液态和固态下均能无限互溶时，构成的相图称为二元匀晶相图。二元合金中的 Cu-Ni、Au-Ag、Fe-Ni、W-Mo 等都具有二元匀晶相图。下面以 Cu-Ni 匀晶相图为例进行分析。

① 相图分析。

图 2.24（a）中只有两条曲线，其中曲线 AL_1B 称为液相线，是各种成分的 Cu-Ni 合金冷却时开始结晶或加热时合金完全熔化终了温度的连接线；曲线 $A\alpha_4B$ 称为固相线，是各种成分的合金冷却时结晶终了或加热时开始熔化温度的连接线。显然，液相线以上全为液相 L，称为液相区；固相线以下全为固相 α（由铜、镍组成的无限固溶体），称为固相区；液相线与固相线之间为液-固两相（L+α）区。A 为铜的熔点（1083℃），B 为镍的熔点（1453℃）。

② 合金的结晶过程。

下面以合金 I 为例，讨论合金的结晶过程。

结晶过程如图 2.24（b）所示。当合金温度自高温液态缓慢冷却至液相线上 T_1（1 点）时，开始从液相中结晶出固溶体 α，此时 α 的成分为 α_1（含镍量高于合金的含镍量）；放出的结晶潜热弥补了部分冷却散热，使冷却速度降低，冷却曲线出现拐点 1；随着温度的下降，固溶体 α 逐渐增加，剩余的液相 L 逐渐减少；当温度冷却至 T_2 时，固溶体的成分为 α_2，液相的成分为 L_2（含镍量低于合金的含镍量）；当温度冷却至 T_3 时，固溶体的成分为 α_3，液相的成分为 L_3；当温度冷却至 T_4（2 点）时，最后一点成分为 L_4 的液相转变为固溶体，完成结晶（因无结晶潜热放出而出现拐点 2），此时固溶体成分为合金的成分 α_4，直到室温 3 点时都不再变化。可见，在结晶过程中，液相的成分沿液相线向低含镍

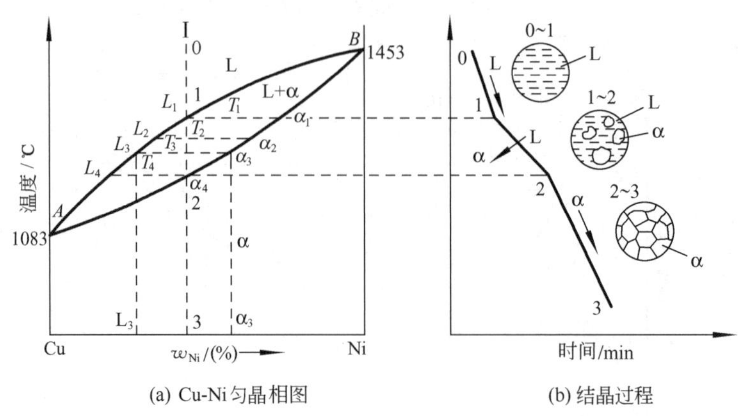

(a) Cu-Ni匀晶相图　　(b) 结晶过程

图 2.24　Cu-Ni 匀晶相图及结晶过程

量的方向变化（$L_1 \rightarrow L_2 \rightarrow L_3 \rightarrow L_4$）；固溶体的成分沿固相线由高含镍量向低含镍量变化（$\alpha_1 \rightarrow \alpha_2 \rightarrow \alpha_3 \rightarrow \alpha_4$）。液相和固相在结晶过程中的成分之所以能在不断的变化中逐步一致，是因为在极其缓慢冷却的条件下，不同成分的液相与液相、液相与固相及先后析出的固相与固相之间，原子充分扩散，以达到平衡状态。

综上所述，Cu－Ni 合金的结晶过程是在一个温度区间内进行的，合金中各相的成分及其相对量不断变化。由图 2.24 可知，当合金 L 在 T_3 温度保持不变时，由 L 和 α 两个平衡相组成；通过 T_3 温度作水平线，与液相线的交点 L_3 为 L 相的成分（含镍量为 $L_3\%$）；与固相线的交点 α_3 为 α 相的成分（含镍量为 $\alpha_3\%$），此时成分为 α_3 的 α 相与成分为 L_3 的 L 相平衡共存，处于热力学平衡状态，其自由能相等。

在整个结晶过程中合金相的变化可由下式表示：

$$L \longrightarrow L+\alpha \longrightarrow \alpha$$

由上述可知，结晶过程只有在极其缓慢冷却的条件下，才能得到成分均匀的 α 固溶体。但在实际生产中，由于冷却不是缓慢进行的，使得扩散过程落后于结晶过程，因此，在一个晶粒中出现先结晶晶轴（枝干）成分和后结晶晶轴（分枝）成分的差异，即先结晶的枝干（或晶内）含较多高熔点组元，后结晶的分枝（或晶外）含较少高熔点组元，这种现象称为枝晶偏析（也称晶内偏析或成分偏析）。在同一铸件中，表面和中心、上层和下层的化学成分可能不均匀，这种较大尺寸范围内出现的偏析称为宏观偏析或区域偏析。

③ 杠杆定律。

在两相区内，当温度一定时，两相处于动态平衡状态，两相的质量比及成分是一定的。如图 2.25 所示，设合金的总质量为 Q，当温度为 T_1 时，成分（含 Ni 组元的量）为 x 的合金液相 L 的成分为 x_L，其质量（或相对质量）为 Q_L；固相 α 的成分为 x_α，其质量（或相对质量）为 Q_α。由质量守恒定律可知，满足关系 $Q_L x_L + Q_\alpha x_\alpha = Qx$，$Q_L + Q_\alpha = Q$，可推出：

$$\frac{Q_L}{Q_\alpha}=\frac{x\,x_\alpha}{x_L\,x}$$

此时，$x_L x$、$x x_\alpha$ 演变为图中的线段长度。显然，液相与固相的相对质量关系如同力学中的杠杆定律，其中杠杆的两个端点为给定温度下两相的成分点，支点为合金的“总”成分点。

（2）二元共晶相图。

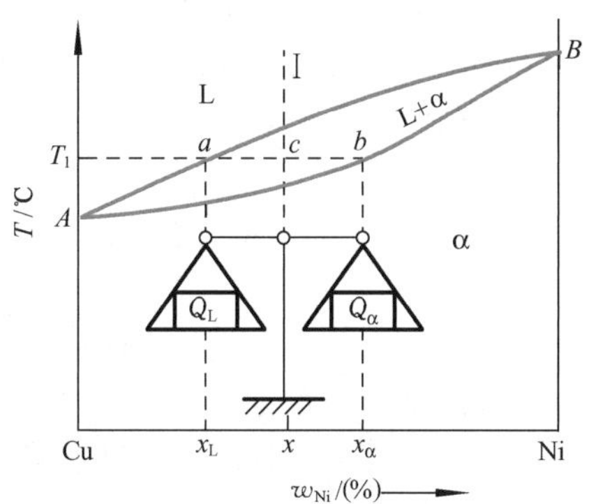

图 2.25 两相区杠杆定律示意

当两个组元液态无限互溶，而固态只能有限互溶且发生共晶反应时，构成的相图称为二元共晶相图。Pb-Sb、Al-Si、Pb-Sn、Ag-Cu 等二元合金均具有二元共晶相图。下面以 Pb-Sn 共晶相图为例进行分析。

① 相图分析。

图 2.26 所示为一般共晶型的 Pb－Sn 相图。图中有 α、β、L 三种相，其中，α 是以 Pb 为溶剂，以 Sn 为溶质的有限固溶体；β 是以 Sn 为溶剂，以 Pb 为溶质的有限固溶体。

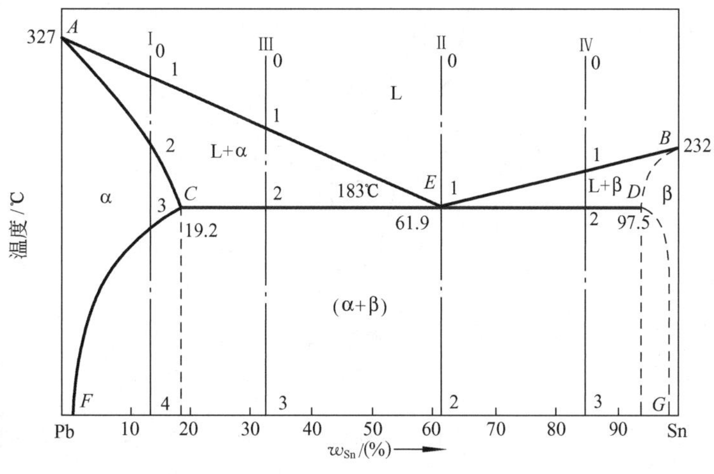

图 2.26 Pb-Sn 共晶相图

图 2.26 中包含 α、β、L 三个单相区及 L＋α、L＋β、α＋β 三个双相区。根据液相和固相的存在区域可知，*AEB* 为液相线，*ACEDB* 为固相线，*A* 为铅的熔点（327℃），*B* 为锡的熔点（232℃）。183℃有一条水平线 *CED*，此线为共晶反应线，*E* 为共晶点。冷却到 183℃时，浓度为 *E* 的 L 相同时与 *AE* 线、*BE* 线接触，结晶出浓度为 *C* 的 α 相和浓度为 *D* 的 β 相，即

$$L_E \xrightleftharpoons{183℃} (\alpha_C + \beta_D)$$

这种反应称为共晶反应，反应得到的两相混合物称为共晶组织（或共晶体）。由图 2.26 可知，成分在 *C* 与 *D* 之间的合金在结晶过程中都会在 183℃下发生共晶反应。

由上述可知，如在共晶温度下保持绝热，则 α_C、β_D、L_E 三相平衡共存；随着散热的

进行，在恒温共晶反应过程中，三相的量是变化的，但各相的成分（浓度）都是不变的。

图 2.26 中的 *CF* 线和 *DG* 线分别为 α 固溶体和 β 固溶体的固溶线，也就是各自溶解溶质的饱和浓度线，其固溶浓度随温度的降低而降低。

② 合金的结晶过程。

下面分别阐述合金Ⅰ（含 13%Sn）、合金Ⅱ（含 61.9%Sn）、合金Ⅲ（含 32%Sn）、合金Ⅳ（含 84%Sn）的结晶过程。

A. 合金Ⅰ的结晶过程。由图 2.26 可知，合金Ⅰ缓慢冷却到 3 点温度前，完全是按匀晶相图反应进行的，从液相中结晶出来的 α 称为一次晶。匀晶结晶完成后，在 2 点与 3 点之间的合金为均匀的 α 单相组织，处于欠饱和状态；当温度降到 3 点时，接触到 α 固溶体的固溶线——*CF* 线，α 固溶体中固溶的 Sn 刚好达到饱和；温度继续下降，溶解度下降，α 固溶体的浓度处于过饱和状态，从 α 相中把多余的 Sn 以细粒状 β 相的形式析出（以达到平衡稳定状态，放出的结晶潜热弥补了部分冷却散热，使冷却缓慢，冷却曲线出现拐点），称为二次晶，记作 β_{II}，其数量随着温度的下降而增大，而 α 相减少。由于二次晶析出温度较低，不易长大，因此一般比较细小。

由此可见，合金Ⅰ在结晶过程中的反应为匀晶反应＋二次析出，其室温下的组织为 $\alpha+\beta_{\text{II}}$。图 2.27 所示为合金Ⅰ的冷却曲线及组织变化示意。

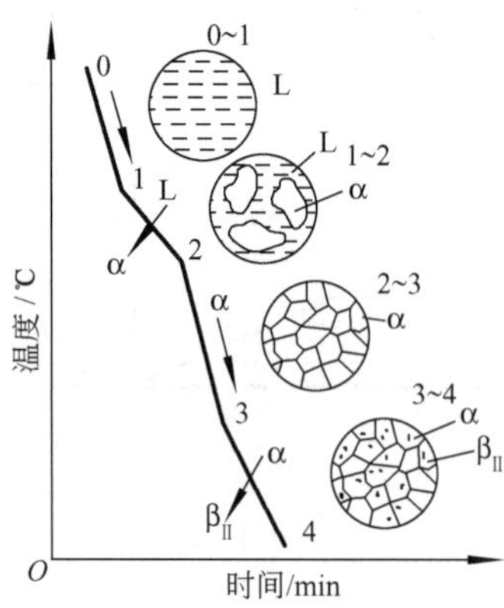

图 2.27　合金Ⅰ的冷却曲线及组织变化示意

B. 合金Ⅱ的结晶过程。合金Ⅱ具有共晶成分 *E*（61.9%Sn），其冷却曲线及组织变化示意如图 2.28 所示。

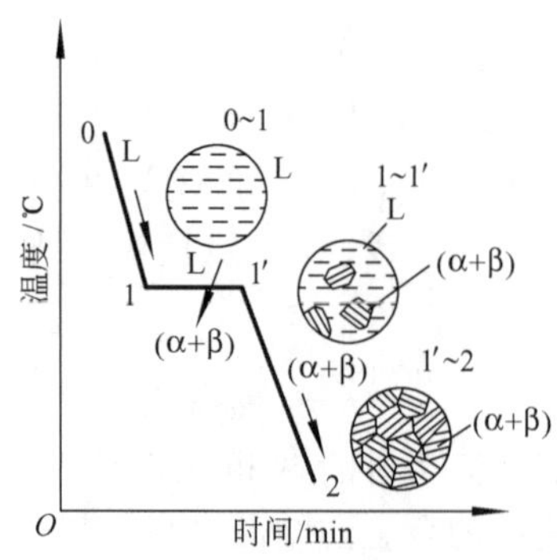

图 2.28　合金Ⅱ的冷却曲线及组织变化示意

对照图 2.26 与图 2.28，合金Ⅱ缓慢冷却至 1 点温度（共晶温度）时同时接触 3 条线：接触 AE 线析出 α_C，接触 BE 线析出 β_D，接触 CED 固相线结晶终了，即在恒温下（放出的结晶潜热完全弥补了冷却散热，冷却曲线出现平台），成分为 E 的液相 L 发生共晶转变，同时交替结晶出成分为 C 的 α 相及成分为 D 的 β 相，转变终了时获得 α+β 的共晶组织，即

$$L_E \xrightleftharpoons{183℃} (\alpha_C + \beta_D)$$

共晶转变完成后，在温度继续下降的过程中，由于 α 相和 β 相的固溶度分别沿 CF 线和 DG 线不断变化，因此要从 α 相中析出二次晶 $\beta_{Ⅱ}$，从 β 相中析出二次晶 $\alpha_{Ⅱ}$。但由于析出温度较低，因此 $\alpha_{Ⅱ}$ 和 $\beta_{Ⅱ}$ 较少，并且在组织中不易分辨，常忽略不计，仍表示为 (α+β)。

由此可见，合金Ⅱ在结晶过程中的反应为共晶反应＋二次析出，其室温组织为 (α+β)。Pb-Sn 共晶合金组织如图 2.29 所示。

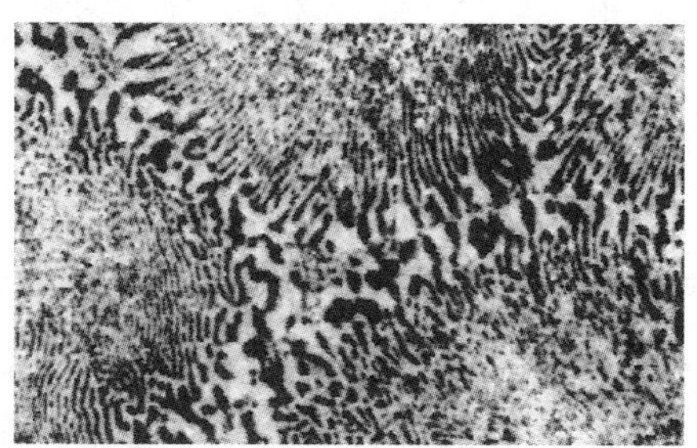

图 2.29　Pb-Sn 共晶合金组织

C. 合金Ⅲ的结晶过程。合金Ⅲ的成分在 C 点与 E 点之间，称为亚共晶合金。图 2.30 所示为合金Ⅲ的冷却曲线及组织变化示意。结合图 2.26 与图 2.30，当合金Ⅲ缓慢冷却到 1 点温度时，开始结晶出初次晶 α 固溶体；在 1 点与 2 点温度之间为匀晶反应过程，其中液相和固相共存。随着温度的不断下降，固相 α 不断增加，其成分沿 AC 线向 C 点变化，而液相 L 不断减少，其成分沿 AE 线向 E 点变化；当温度降到 2 点温度（共晶温度）时，先析出的 α 相变为 α_C，剩余的液相 L 变为共晶成分 E，同时发生共晶反应：

$$L_E \xrightleftharpoons{183℃} (\alpha_C + \beta_D)$$

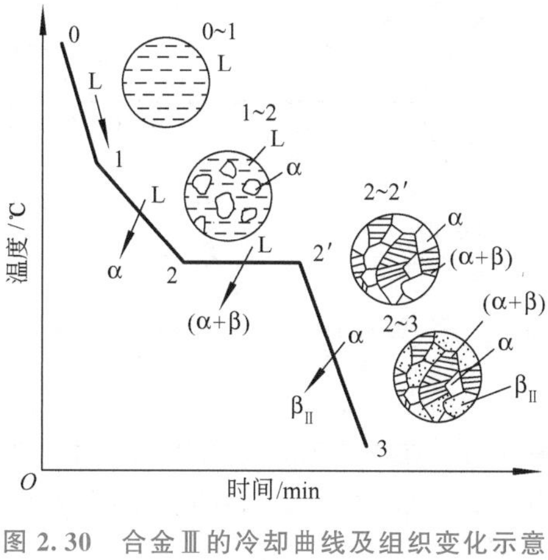

图 2.30　合金Ⅲ的冷却曲线及组织变化示意

共晶反应发生后，随着温度的下降，α 相的成分沿 CF 线变化，此时匀晶和共晶中的 α 相都析出 $\beta_{Ⅱ}$（如前述共晶中析出的 $\alpha_{Ⅱ}$ 和 $\beta_{Ⅱ}$ 忽略），其室温组织为 $\alpha+\beta_{Ⅱ}+(\alpha+\beta)$。

由此可见，合金Ⅲ在结晶过程中的反应为匀晶反应＋共晶反应＋二次析出。

D. 合金Ⅳ的结晶过程。合金Ⅳ多于共晶，称为过共晶合金。图 2.31 所示为合金Ⅳ的冷却曲线及组织变化示意。

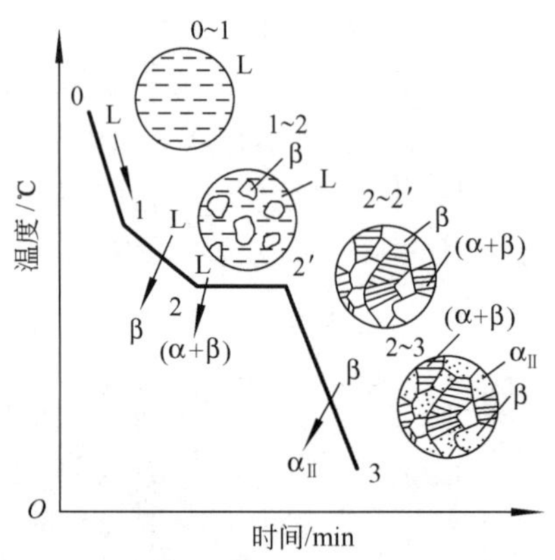

图 2.31　合金Ⅳ的冷却曲线及组织变化示意

由图 2.31 可知，合金Ⅳ的结晶过程与合金Ⅲ（亚共晶合金）的结晶过程相似，其反应也是匀晶反应＋共晶反应＋二次析出。不同的是，匀晶反应的初次晶为 β，二次晶为 $\alpha_{Ⅱ}$，室温组织为 $(\alpha+\beta)+\beta+\alpha_{Ⅱ}$。

综上所述，从相的角度来说，Pb-Sn 合金的结晶产物只有 α 相和 β 相，α 相和 β 相称为相组成物。

上述各合金结晶所得组织均只有两相，但在显微镜下可以看到其具有一定的组织特征，称为组织组成物。组织不同，性能也不同。用组织组成物填写的 Pb-Sn 相图如图 2.32 所示，填写的合金组织与显微镜看到的金相组织一致。

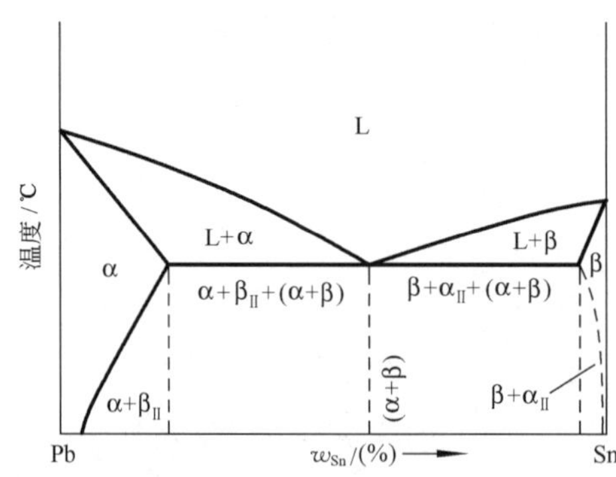

图 2.32　用组织组成物填写的 Pb-Sn 相图

（3）二元包晶相图。

当两组元在液态时无限互溶，在固态时形成有限固溶体且发生包晶反应时，构成的相图称为二元包晶相图。常用的 Fe－C、Cu－Zn、Cu－Sn 合金相图中均包括二元包晶相图。下面以 Fe-Fe_3C 包晶相图为例进行分析。

图 2.33 所示为二元包晶相图，由三个局部的匀晶相图（包括一个固相转变为另一种固相的匀晶相图）和一条水平线组成。匀晶部分与前述相同，可按两侧单相区进行分析。

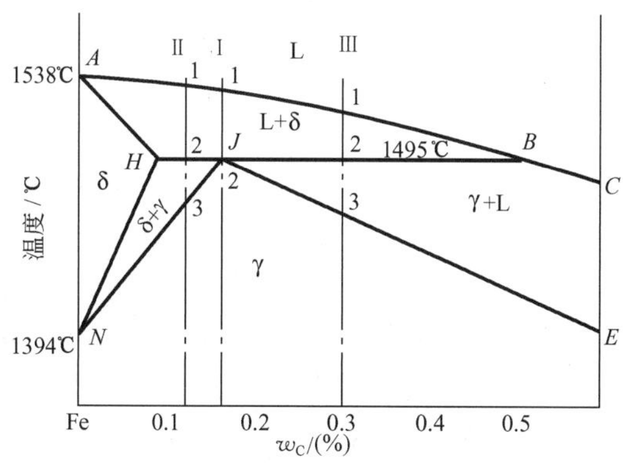

图 2.33 二元包晶相图

包晶水平线上发生的反应与共晶水平线上发生的共晶反应完全不同，共晶反应是由液相中同时结晶出两种固相，包晶水平线上的反应特征是成分与该水平线相交的合金，在1495℃发生包晶反应：

$$L_B + \delta_H \rightleftharpoons \gamma_J$$

即成分为 B（0.53%C）的液相 L_B 与成分为 H（0.09%C）的初晶 δ_H 相互作用，形成成分为 J（0.17%C）的 γ_J 固溶体。包晶反应在恒温下进行，其中 J 点为包晶点，当成分为 J 点的合金冷却到 J 点时，L 相与 δ 相正好全部消耗完，形成百分之百的 J 点成分的 γ 相。

包晶反应过程如图 2.34 所示，反应产物 γ 在液相 L 与固相 δ 的交界面上形核、成长：形成一层 γ 相外壳，此时三相共存，而且新相 γ 对外不断消耗液相，向液相中长大，对内不断“吃掉”δ 相，向内扩张，直到液相和固相任一方或双方消耗完为止，包晶反应结束。由于是一相包着另一相进行反应，因此称为“包晶反应”。

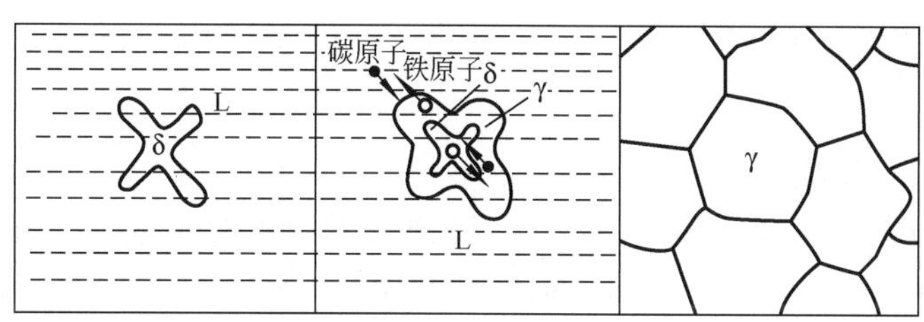

图 2.34 包晶反应过程

2.2.3 铁-碳合金相图与铁碳合金

碳钢和铸铁是工业中应用范围较广的金属材料，它们都是以铁和碳为基本组元的合金，通常称为铁-碳合金。铁是铁-碳合金的基本成分，碳是影响铁-碳合金性能的主要成分。

1. 铁-碳合金相图的组元

铁-碳合金的含碳量不超过5%，否则合金会变得很脆，不具有实用价值。铁-碳合金相图左侧的组元为Fe，右侧的组元为Fe_3C（$w_C=6.69\%$）。铁-碳合金相图实际上就是Fe-Fe_3C相图。

（1）纯铁及其固溶体。

固态铁在不同温度下有不同的晶体结构，从高温到低温依次有δ-Fe、γ-Fe、α-Fe三种相（图2.22），不同晶体结构的铁与碳可以形成不同的固溶体，Fe-Fe_3C相图上的固溶体都是间隙固溶体。体心立方晶格的α-Fe只能溶解微量的碳，最大碳质量分数为0.0218%（727℃下），室温下的碳质量分数仅为0.0008%，这种间隙固溶体称为铁素体，用符号“**F**”或“**α**”表示，其力学性能与晶粒尺寸和杂质含量有关，有一定的变动范围，$R_m=180\sim280$MPa，$A=30\%\sim50\%$，$R_{eL}=100\sim170$MPa，$K=128\sim160$J，HBW$=50\sim80$。可见，铁素体是一种强度和硬度较低、塑性和韧性较好的相。

面心立方晶格的γ-Fe可溶解较多碳，最大碳质量分数为2.11%（1148℃下），这种间隙固溶体称为奥氏体，用符号“**A**”或“**γ**”表示。奥氏体的力学性能与溶碳量和晶粒度有关，HBW$=170\sim220$，$A=40\%\sim50\%$。可见，奥氏体是一种塑性很好的相。

δ-Fe为体心立方晶格，溶入间隙原子碳后称为高温铁素体，仅在高温下存在，在实际工程中没有应用意义。

（2）渗碳体。

渗碳体是具有复杂晶格的间隙化合物，Fe/C=3/1，用Fe_3C表示，渗碳体的碳质量分数为6.69%。渗碳体的分解点为1227℃，硬度很高（800HBW），脆性大，塑性几乎为零，$R_m\approx30$MPa。渗碳体在钢和铸铁中一般以片状、网状或球粒状存在，它的形状、尺寸和分布对钢铁的性能影响很大，是铁-碳合金的重要强化相。

渗碳体是一种亚稳定化合物，在一定条件下分解为石墨状的游离碳：

$$Fe_3C \longrightarrow 3Fe + C(石墨)$$

该反应对铸铁有重要意义。另外，渗碳体中的铁可置换为其他元素原子，形成合金渗碳体，如$(Fe,Mn)_3C$等。

2. 铁-碳合金相图的组成

（1）Fe-Fe_3C相图概述。

铁-碳合金相图只研究Fe-Fe_3C部分，以相组成物表示的铁-碳合金相图和以组织组成物表示的Fe-Fe_3C相图分别如图2.35和图2.36所示，显然，其形状可看成前述几个简单相图的组合。

由图2.35可知，Fe-Fe_3C相图中有五个基本相，即液相L、铁素体相F、高温铁素体相δ、奥氏体相A及渗碳体相Fe_3C。这五个基本相形成五个单相区，得出图中的七个两相区。

Fe-Fe_3C相图中特性点的说明见表2-2。

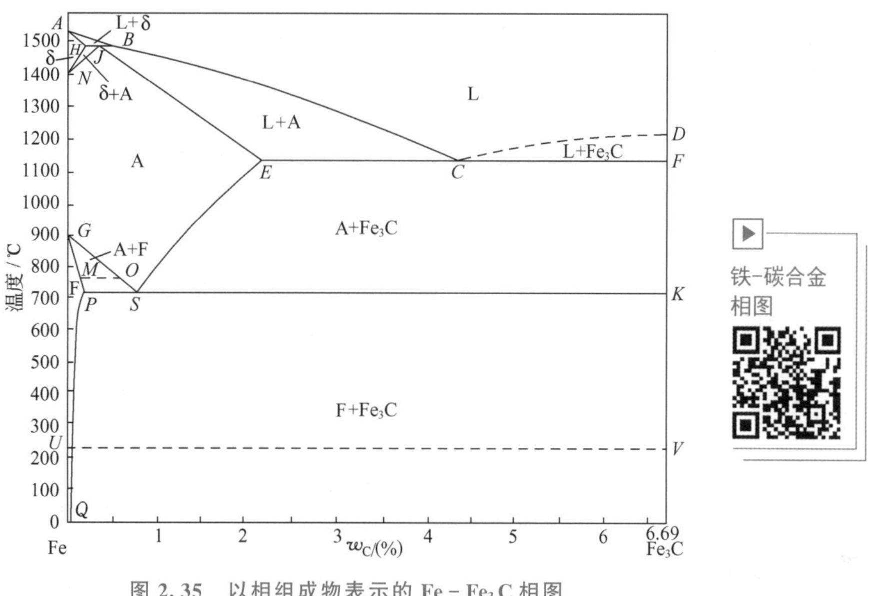

图 2.35 以相组成物表示的 Fe－Fe_3C 相图

铁-碳合金相图

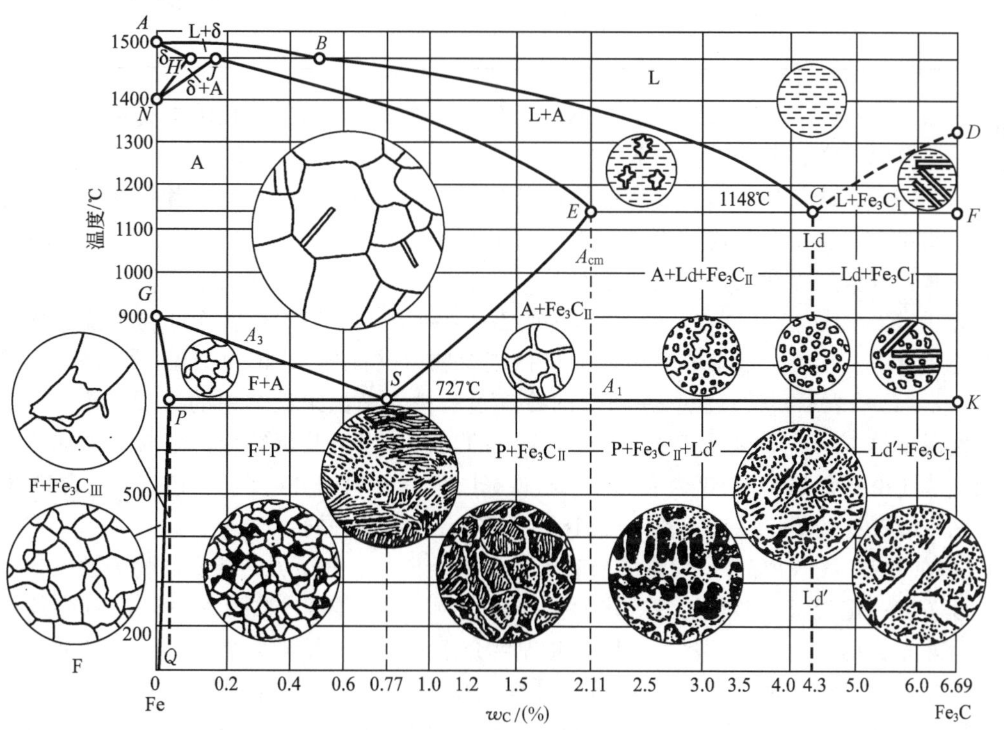

图 2.36 以组织组成物表示的 Fe－Fe_3C 相图

表 2-2　$Fe-Fe_3C$ 相图中特性点的说明

点的符号	温度/℃	碳质量分数 w_C/(%)	说　明
A	1538	0.00	纯铁熔点
B	1495	0.53	包晶反应时液态合金的成分
C	1148	4.30	共晶点，$L_C \rightleftharpoons A_E + Fe_3C$
D	1227	6.69	渗碳体分解点
E	1148	2.11	碳在 γ-Fe 中的最大溶解度
F	1148	6.69	渗碳体的成分
G	912	0.00	$\alpha-Fe \rightleftharpoons \gamma-Fe$ 同素异构转变点(A_3 点)
H	1495	0.09	碳在 δ-Fe 中的最大溶解度
J	1495	0.17	包晶点，$L_B + \delta_H \rightleftharpoons A_J$
K	727	6.69	渗碳体的成分
N	1394	0.00	$\gamma-Fe \rightleftharpoons \delta-Fe$ 同素异构转变点(A_4 点)
P	727	0.0218	碳在 α-Fe 中的最大溶解度
S	727	0.77	共析点 $A_S \rightleftharpoons F_P + Fe_3C$
Q	600	0.0057	600℃下碳在 α-Fe 中的最大溶解度，室温时为 0.0008%

图 2.36 中，*ABCD* 为液相线，*AHJECF* 为固相线。$Fe-Fe_3C$ 相图中有包晶、共晶和共析三种恒温转变，分别说明如下。

① 在 *HJB* 线（1495℃）发生包晶转变 $L_{0.53} + \delta_{0.09} \rightleftharpoons A_{0.17}$，式中各相的下角标为含碳量。此转变仅发生在含碳量为 0.09%～0.53% 的 $Fe-Fe_3C$ 合金中，转变产物为奥氏体。此转变对工程应用无意义，一般不考虑。

② 在 *ECF* 线（1148℃）发生共晶转变 $L_{4.3} \rightleftharpoons A_{2.11} + Fe_3C$，转变产物为渗碳体。基体上分布着一定形态、数量的奥氏体的机械混合物（共晶体），称为**高温莱氏体**，用符号“**Ld**”或“**Le**”表示，硬且脆。在随后的冷却过程中，高温莱氏体中的奥氏体沿 *ES* 线析出二次渗碳体 Fe_3C_{II}；到达 *PSK* 线时，余下的奥氏体发生共析转变，生成珠光体，使高温莱氏体 Ld（或 Le）转变为**低温莱氏体 Ld′**或 **Le′**（$P + Fe_3C_{II} + Fe_3C$）。含碳量为 2.11%～6.69% 的 $Fe-Fe_3C$ 合金在 1148℃下都会发生该共晶转变。

③ 在 *PSK* 线（727℃）发生共析转变 $A_{0.77} \rightleftharpoons F_{0.0218} + Fe_3C$，转变产物为铁素体。基体上分布着一定数量、形态的渗碳体的机械混合物（共析体），称为**珠光体**，用符号“**P**”表示。珠光体的强度较高，塑性、韧性和硬度介于渗碳体与铁素体之间。共析转变是指从一种固相中同时析出两种成分的固相的过程，相图类似于共晶相图，但因为在固态下进行，原子扩散较困难，过冷度大，所以组织比共晶细得多。当冷却速度过高时，共析反应被抑制。含碳量超过 0.0218% 的 $Fe-Fe_3C$ 合金在 727℃下都会发生该共析转变。共析转变温度又称 **A_1** 线。

此外，$Fe-Fe_3C$ 相图中，还有如下三条重要的固态转变线。

① GS 线（A_3 线）：冷却时，当奥氏体开始析出铁素体或加热时，铁素体全部溶入奥氏体的转变温度线。

② ES 线（A_{cm} 线）：碳在奥氏体中的溶解限度线（固溶线）。在 1148℃下，碳的最大溶解度为 2.11%。随着温度的降低，溶解度减小，在 727℃下碳的溶解度为 0.77%。所以，含碳量大于 0.77%的 Fe-Fe_3C 合金从 1148℃冷却至 727℃时，由于奥氏体中碳的溶解度减小，因此会从奥氏体中沿晶界析出渗碳体（呈网状）。为了区别于从液体中直接结晶的一次渗碳体（$Fe_3C_Ⅰ$），一般将这种固相中的二次析出物称为**二次渗碳体**（$Fe_3C_Ⅱ$）。

③ PQ 线：碳在铁素体中的溶解限度线（固溶线）。在 727℃下，碳的溶解度最大，为 0.0218%；随着温度的降低，溶解度减小，室温下碳的溶解度为 0.0008%。一般 Fe-Fe_3C 合金从 727℃冷却至室温时，由铁素体中析出的渗碳体称为**三次渗碳体**（$Fe_3C_Ⅲ$），因析出量极小，故在含碳量较高的钢铁中可以忽略不计。但因为工业纯铁及低碳钢会析出 $Fe_3C_Ⅲ$ 而降低塑性，所以要重视 $Fe_3C_Ⅲ$ 的存在和分布。

MO 线（A_2 线）为铁素体的磁性转变温度线，UV 线（A_0 线）为渗碳体的磁性转变温度线。

综上所述，根据生成条件的不同，渗碳体可分为 $Fe_3C_Ⅰ$、$Fe_3C_Ⅱ$、$Fe_3C_Ⅲ$、共晶 Fe_3C 及共析 Fe_3C，它们有不同的形态与分布，对 Fe－Fe_3C 合金性能有不同的影响。

（2）Fe－Fe_3C 合金的平衡结晶过程。

Fe－Fe_3C 相图可看成前述几个简单相图的组合。简化的 Fe-C 相图如图 2.37 所示，在图中作待分析合金的成分垂线，交相图于 1～5 点，以便分析。

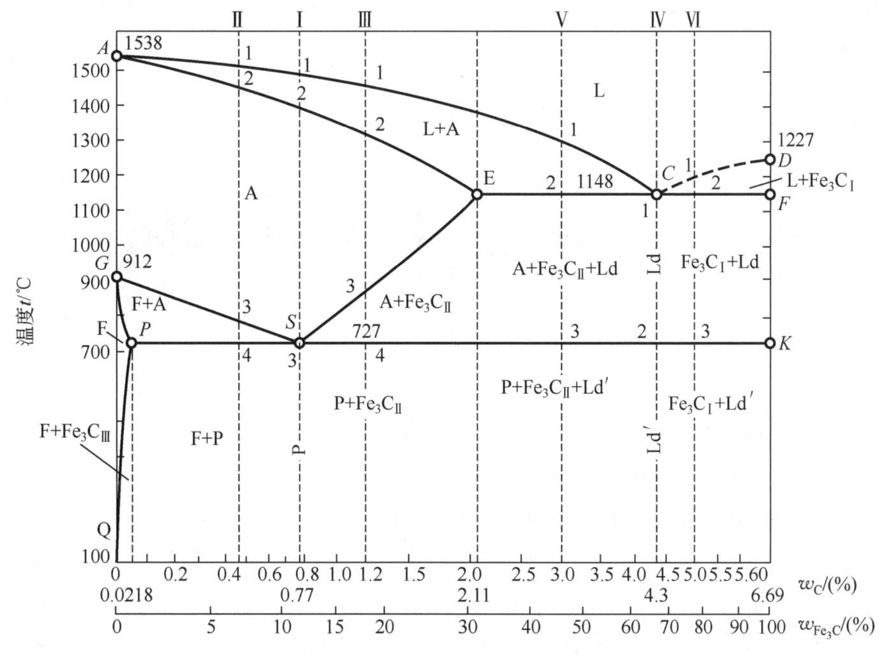

图 2.37 简化的 Fe－Fe_3C 相图

① w_C＝0.77%的共析钢（图 2.37 中的合金Ⅰ）结晶过程。图 2.37 中的合金Ⅰ为共析钢，其结晶过程如图 2.38 所示。共析钢在 1 点以上为液相，温度缓慢降低至 1 点时，开始从液相中结晶出奥氏体 A；温度降低至 2 点时，余下液相全部结晶为奥氏体，转变过

程同前述匀晶转变；2～3 点之间奥氏体的成分没有变化，处于欠饱和稳定状态，随着温度的降低，其饱和程度及不稳定性均增强；温度继续缓慢冷却至 3 点时，S 点成分的奥氏体 A_S 同时接触 3 条线：接触 GS 线转变为成分为 P 点的 F_P，接触 ES 线析出成分为 K 点的 Fe_3C，接触 PSK 共析线转变终了，即在恒温下（如同共晶转变，放出的结晶潜热完全弥补冷却散热，冷却曲线出现平台），成分为 S 点的奥氏体发生共析转变，即 $A_S \longrightarrow P(F_P+Fe_3C)$，同时在奥氏体晶粒内部交替析出由层片状的 F_P 和 Fe_3C 两相组成的机械混合物，形成珠光体 P（$F_{0.0218}+Fe_3C$），其中铁素体 F 量大，作为基体；温度继续冷却至室温，珠光体中的铁素体中析出极少量 $Fe_3C_{Ⅲ}$，可忽略不计。

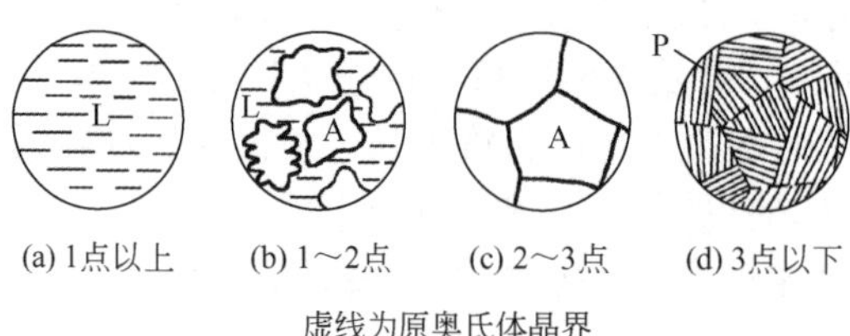

(a) 1点以上　(b) 1～2点　(c) 2～3点　(d) 3点以下

虚线为原奥氏体晶界

图 2.38　共析钢的结晶过程

② w_C＝0.4％的亚共析钢（图 2.37 中的合金Ⅱ）结晶过程。图 2.37 中的合金Ⅱ为亚共析钢，其结晶过程如图 2.39 所示。3 点以上温度的结晶过程与共析钢Ⅰ相同；温度缓慢冷却到 3 点的 GS 线时，奥氏体 A 中开始结晶析出铁素体 F，转变过程同前述匀晶转变；随着温度的降低，奥氏体不断减少，奥氏体的成分沿 GS 线不断变化，同时铁素体不断增加，其成分沿 GP 线变化。当温度降到 4 点时，余下奥氏体的成分达到共析点 S 点（w_C＝0.77％），温度达到共析温度 727℃，奥氏体发生共析转变，生成珠光体 P，而先析出相铁素体不变。温度继续冷却到室温，先析出的铁素体及珠光体中的铁素体都将析出微量 $Fe_3C_{Ⅲ}$，可忽略不计，最终组织为铁素体＋珠光体（F＋P）。

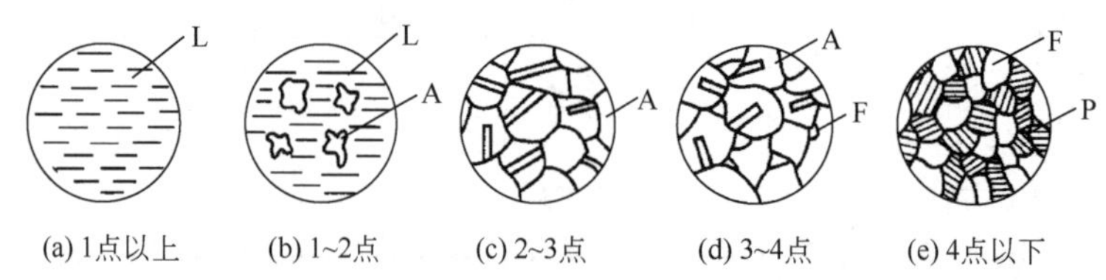

(a) 1点以上　(b) 1~2点　(c) 2~3点　(d) 3~4点　(e) 4点以下

图 2.39　亚共析钢的结晶过程

③ w_C＝1.2％的过共析钢（图 2.37 中的合金Ⅲ）结晶过程。如图 2.37 中的合金Ⅲ为过共析钢，其冷却曲线及组织转变示意如图 2.40 所示。3 点以上温度的结晶过程与共析钢Ⅰ相同。随着温度的降低，处于欠饱和状态的奥氏体 A 冷却到固溶线 ES 的 3 点温度，奥氏体刚好处于饱和的临界状态；如温度稍低于 3 点温度，则奥氏体处于不稳定的过饱和状态，奥氏体晶粒会以网状 $Fe_3C_{Ⅱ}$ 的形式析出多余溶质，温度越低，析出的溶质（$Fe_3C_{Ⅱ}$）越多、越粗，奥氏体的含碳量沿固溶线 ES 降低，奥氏体随之减少；温度冷却到 4 点温度时，不再析出 $Fe_3C_{Ⅱ}$，余下奥氏体的成分变为 S 点的共析钢成分，温度达到共析转变温度，同样发生前述合金Ⅰ的共析转变，生成层片状的珠光体 P。

在继续冷却过程中，$Fe_3C_{Ⅱ}$（网状）不再变化，珠光体中的铁素体 F 沿 PQ 线析出 $Fe_3C_{Ⅲ}$，但析出量小，常忽略不计，最终得到珠光体 P＋网状 $Fe_3C_{Ⅱ}$ 的室温组织。

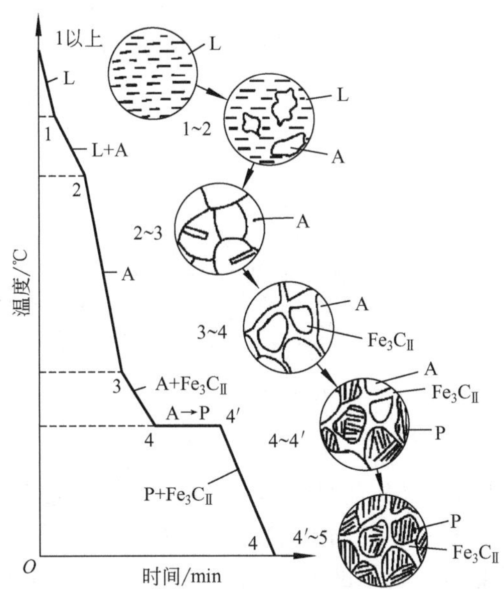

图 2.40　过共析钢的冷却曲线及组织转变示意

④ $w_C=4.3\%$的共晶白口铁（图 2.37 中的合金Ⅳ）结晶过程。如图 2.37 中的合金Ⅳ为共晶白口铁，其结晶过程如图 2.41 所示。如同前述图 2.28 分析，当合金Ⅳ冷却到 1 点（C 点）温度（共晶温度）时，同时接触三条线，即恒温下成分为 C 点的液相 L_C 发生共晶转变，同时交替结晶出成分为 E 点的奥氏体 A_E 及成分为 F 点的共晶 Fe_3C 两相机械混合物，发生共晶反应，即 $L_C \longrightarrow Ld\ (A_E+Fe_3C)$，形成高温莱氏体 Ld（$A_{2.11}+Fe_3C$）。高温莱氏体中共晶 Fe_3C 含量大，作为基体，并一直保持到室温。随着温度的降低，高温莱氏体中奥氏体 A 的含碳量沿固溶线 ES 线变化且不断析出网状 $Fe_3C_{Ⅱ}$，同样进行同前述合金Ⅲ过共析钢的冷却结晶过程，直到室温下奥氏体全部转变为类似于过共析钢的组织——珠光体 P＋网状 $Fe_3C_{Ⅱ}$。最终共晶白口铁在室温下得到组织（珠光体 P＋网状 $Fe_3C_{Ⅱ}$）＋Fe_3C，称为低温莱氏体 Ld′。

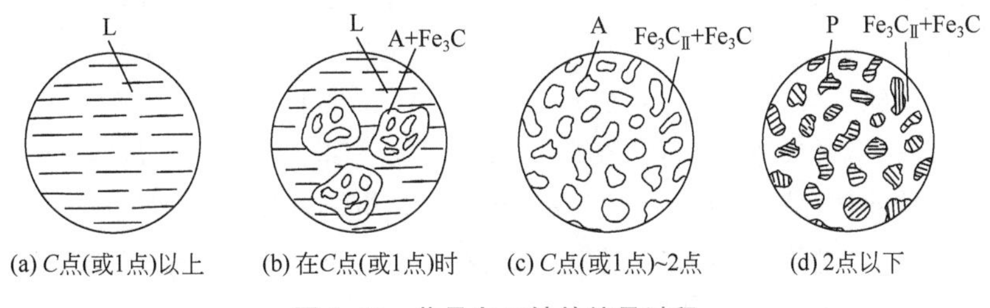

图 2.41　共晶白口铁的结晶过程

⑤ 亚共晶白口铁及过共晶白口铁的结晶过程。图 2.37 中的合金Ⅴ为 $w_C=3\%$的亚共晶白口铁，其结晶过程如图 2.42 所示。合金温度在 1 点与 2 点之间时发生匀晶反应，液相 L 和固相奥氏体 A 共存。随着温度的降低，固相奥氏体不断增加，其成分沿 AE 线向 E 点变化；液相 L 不断减少，其成分沿 AC 线向 C 点变化；当温度降到 2 点温度（共晶温度）时，先析出的奥氏体变为 A_E，剩余液相 L 转变为共晶成分 L_C 并发生前述共晶反应，

形成高温莱氏体 Ld（$A_{2.11}+Fe_3C$）。在随后的继续冷却过程中，先析出的 A_E 按前述过共析钢（合金Ⅲ）的结晶过程转变，得到珠光体 P＋网状 $Fe_3C_{Ⅱ}$；高温莱氏体 Ld 按上述共晶白口铁（合金Ⅳ）的结晶过程转变成低温莱氏体 Ld′。亚共晶白口铁室温下的组织为珠光体 P＋网状 $Fe_3C_{Ⅱ}$＋Ld′（可近似看作在 Ld′基体上分布一定数量的小块状过共析钢组织）。

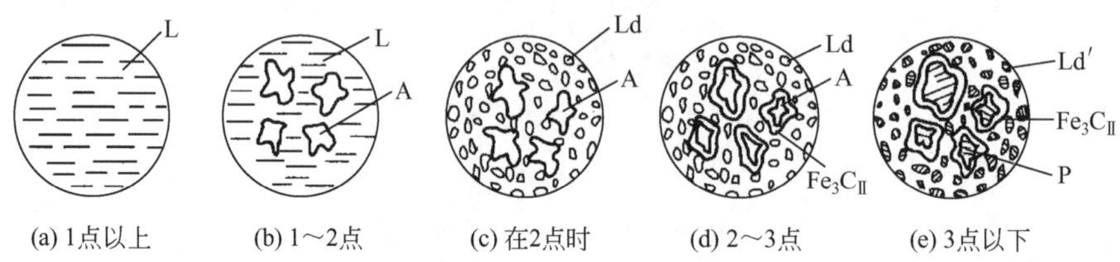

图 2.42　亚共晶白口铁的结晶过程

图 2.37 中的合金Ⅵ为 $w_C=5\%$的过共晶白口铁，其结晶过程如图 2.43 所示。当温度在 1 点与 2 点之间发生匀晶反应，结晶出针状的 $Fe_3C_Ⅰ$，并一直保持到室温；余下的液体在 2 点温度满足共晶反应的成分及温度条件，进行前述共晶白口铁的转变过程。最终室温组织为针状 $Fe_3C_Ⅰ$＋低温莱氏体 Ld′。

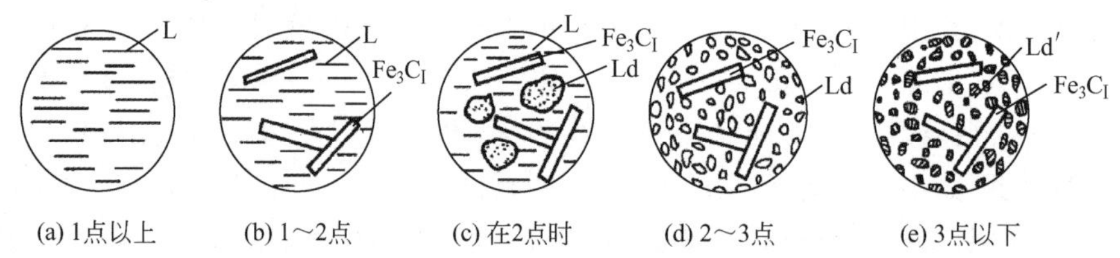

图 2.43　过共晶白口铁的结晶过程

3. 铁-碳合金分类及室温组织

根据 Fe-Fe_3C 相图，铁-碳合金可分为以下几类。

① 工业纯铁：$w_C\leqslant0.0218\%$，　　组织为 F＋微量 $Fe_3C_Ⅲ$

② 钢
- 亚共析钢：$0.0218\%<w_C<0.77\%$，　　组织为 F＋P（F＋Fe_3C）
- 共析钢：$w_C=0.77\%$，　　组织为 P（F＋Fe_3C）
- 过共析钢：$0.77\%<w_C<2.11\%$，　　组织为 P＋$Fe_3C_Ⅱ$（网状）

③（白口）铸铁
- 亚共晶（白口）铸铁：$2.11\%<w_C<4.3\%$，组织为 P＋$Fe_3C_Ⅱ$＋Ld′
- 共晶（白口）铸铁：$w_C=4.3\%$，组织为 Ld′（P＋Fe_3C）
- 过共晶（白口）铸铁：$4.3\%<w_C<6.69\%$，组织为 Ld′＋$Fe_3C_Ⅰ$

典型铁-碳合金的显微组织如图 2.44 所示。

虽然碳钢和铸铁都是铁-碳合金，但性能不同，可以从铁-碳合金相图中得到充分的解释：不同成分的合金在不同温度或压力下的相及其相对含量和成分，以及温度变化时可能发生转变。掌握这些相转变的基本规律，可以知道合金的组织状态，预测合金的性能，也可以根据要求研制新的合金。

在生产实践中，相图可用来预测合金的性能，也可根据要求研制新的合金，还可作为制定合金铸造时熔化及浇注温度、锻造时的加热温度、合金进行热处理的可能性及制定合

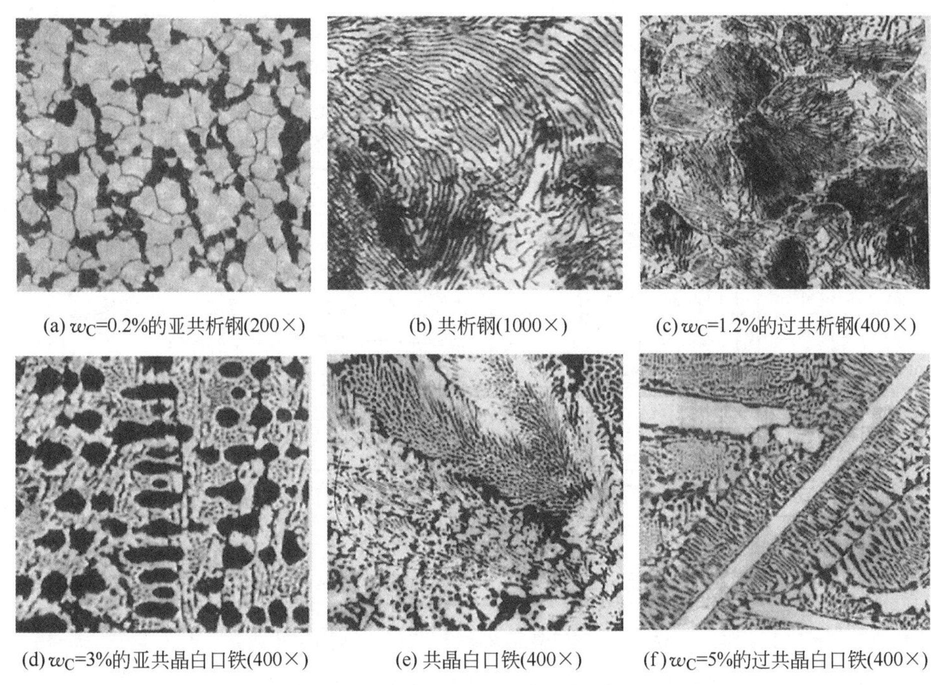

(a) w_C=0.2%的亚共析钢(200×)
(b) 共析钢(1000×)
(c) w_C=1.2%的过共析钢(400×)
(d) w_C=3%的亚共晶白口铁(400×)
(e) 共晶白口铁(400×)
(f) w_C=5%的过共晶白口铁(400×)

图 2.44 典型铁-碳合金的显微组织

理热处理工艺的方法等。

应用 $Fe-Fe_3C$ 相图时应注意以下两点：$Fe-Fe_3C$ 相图只反映 $Fe-Fe_3C$ 合金中的平衡状态，如含有其他元素，则相图将发生变化；当冷却或加热较快时，$Fe-Fe_3C$ 的组织转变不能只用相图分析。

2.2.4 金属材料的组织与性能

铁-碳合金是工程上的主要金属材料，其组织与力学性能之间存在紧密联系。

结合前述相图分析及杠杆定律应用，得到图 2.45 所示的铁-碳合金的成分、组织及性能变化规律。

(1) 合金成分对平衡组织及力学性能的影响。

从图 2.45 可知不同含碳量的铁-碳合金在室温下的组织组成物及各相相对量，而且不同含碳量的铁-碳合金中两相结合的形态（合金的组织）随之变化，尤其是渗碳体的形态（微小点片状、球粒状、片状、网状、针状及作为基体等）和分布对合金的性能有很大影响。随着含碳量的增大，硬脆相 Fe_3C 呈线性增加，铁素体减少，导致硬度呈线性增大（说明硬度指标对组织形态不敏感），同时塑性及韧性明显下降。其中，珠光体先随着含碳量的增大而增加，当 $w_C=0.77\%$ 时全部转变为珠光体；随着含碳量的增大，析出网状 Fe_3C_{II}，出现强度先增大再减小的现象，可见网状 Fe_3C_{II} 对钢的强度影响很大。在工程设计中，塑性好的材料可选含碳量偏小的铁-碳合金；韧性较强的材料可选含碳量中等的铁-碳合金；硬度大且耐磨的材料可选含碳量大的铁-碳合金，如高碳钢、白口铸铁等。

(2) 合金成分与工艺性的关系。

① 铸造性。合金的铸造性与流动性、收缩性、熔点等有关。在铁-碳相图中，合金的

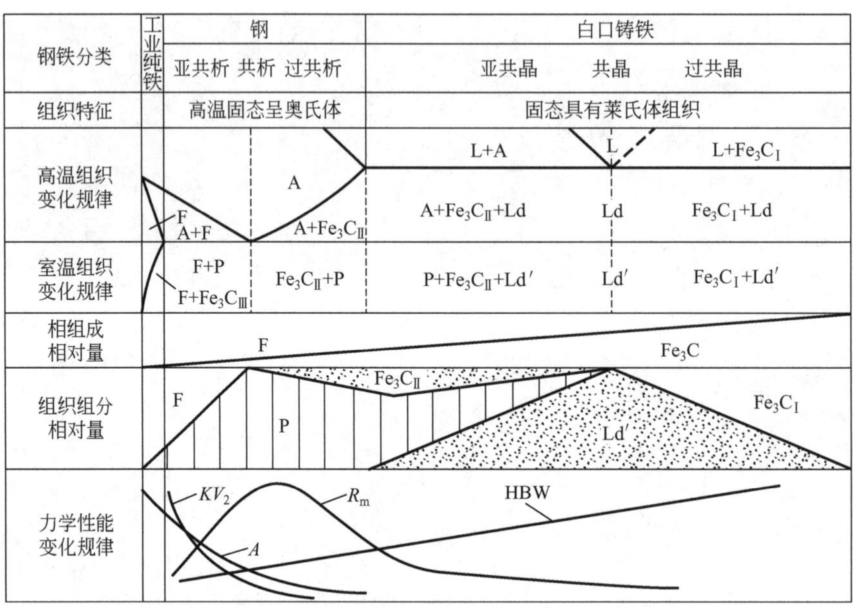

图 2.45 铁-碳合金的成分、组织及性能变化规律

液相线与固相线的垂直距离和水平距离越大，形成枝晶偏析的倾向性大，同时先结晶出的枝晶阻碍结晶液体的流动，降低其流动性，呈糊状凝固，越易形成分散缩孔（缩松）；纯金属及共晶成分合金结晶时，液-固界面光滑，逐层凝固，流动阻力小，流动性较好，但易形成集中缩孔。由铁-碳合金相图可知，当 $w_C=2.11\%$时，结晶间隔最大，铸造性最差；当 $w_C=4.3\%$时，结晶间隔最小，熔点最低，铸造性最好。纯铁及低碳钢的熔点高，总收缩量较大，铸造性较差。

② 锻造性及焊接性。低碳钢和钢处于单相奥氏体状态时，塑性好、变形抗力小，便于锻造成形。因此，热轧、锻造钢材时，要加热到单相奥氏体区。双相组织的合金（如珠光体）变形能力差，组织中存在较多硬脆化合物相时更是如此。白口铸铁无论是在低温还是在高温下，组织中都有大量硬且脆的渗碳体，不能锻造。对熔化焊接，焊接性主要是由焊缝出现裂纹倾向评判的，塑性好的固溶体合金比含有硬脆化合物的合金焊接性好，所以铁-碳合金中低碳钢的焊接性好，应用最广。

（3）合金的组织与性能。

合金在固态下由一个固相组成时称为单相合金，由两个以上固相组成时称为多相合金。受多相组织间性能的协调性和互补性的影响，多相组织合金比单相组织合金具有更高的综合力学性能。若合金为由固溶体和金属化合物组成的多相组织，则金属化合物的形态（微小点片状、球粒状、片状、网状、针状等）和分布对合金的性能有很大影响。

综上所述，晶粒或组织的细化可增加晶界，使常温下合金的强度和硬度增大（但高温强度会因晶界能高而减小）；同时，细晶粒的应力集中减小，变形更均匀，塑性更好，这就是细晶强化。

此外，当合金处于非晶态的组织、过冷的组织、过饱和的组织、加工硬化组织（晶粒破碎拉长、晶格严重歪扭）及极细化组织等非平衡组织状态时，性能与平衡状态明显不同；当合金处于不稳定状态时，有向稳定状态转化的趋势，且因能量高而在高温下不稳定。

显然，若合金的成分相同而组织不同，则性能相差很大；若化学成分不同，则显微组织改变，力学性能发生明显变化，说明成分、组织、性能之间存在相互依赖、相互影响的关系。

习　题

一、简答题

2-1　常见的金属晶格有哪几种？各有什么特性？

2-2　线型高分子与体型高分子材料的性能特点分别是什么？

2-3　晶体缺陷有哪几种？可导致哪些强化？

2-4　与固溶体相比，金属间化合物的结构和性能分别有什么特点？

2-5　控制液体结晶时晶粒尺寸的方法有哪些？

2-6　共晶相图和共析相图有什么异同之处？

2-7　陶瓷材料中有哪几种相？分别对陶瓷的性能有什么影响？

2-8　铁-碳合金中主要有哪几种相？可能产生几种平衡组织？它们的性能分别有什么特点？

二、思考题

2-9　铁-碳相图反映了平衡状态下铁-碳合金的成分、温度、组织之间的关系。

(1) 随着含碳量的增大，铁-碳合金的硬度和塑性是增强还是降低？为什么？

(2) 在过共析钢中，网状渗碳体对强度和塑性分别有什么影响？

(3) 为什么钢具有塑性，而白口铁几乎不具有塑性？

(4) 哪个区域的铁-碳合金熔点最低？哪个区域的塑性最好？

2-10　简述 $w_C=0.4\%$ 的钢从液态冷却到室温时的结晶过程及组织转变。

第3章 改变材料性能的主要途径

- ▲ 掌握热处理工艺，工件经热处理后的组织、性能及应用。
- ▲ 熟悉金属的合金化改性。
- ▲ 了解金属材料形变强化的原理，冷、热塑性变形对金属组织与性能的影响。
- ▲ 了解细晶强化、高分子材料和陶瓷材料的改性、材料的表面改性技术。

材料的性能是由化学成分和内部组织结构决定的，改变材料的成分或采用不同的加工处理工艺来改变组织结构是工程上改变材料性能的主要途径。

3.1 金属的热处理

热处理是一种通过加热和冷却固态金属的方法改变内部组织结构，以获得所需性能的工艺。

由于金属材料（尤其是钢）在加热与冷却过程中，内部组织结构会发生各种变化，可以用热处理方法较大幅度地调整或改变工件的使用性能和工艺性能，而且热处理是提高加工质量、延长工件和刀具使用寿命、节约材料、降低成本的重要手段，因此，大多数机器零部件和一些工程构件都需要用热处理方法提高性能。

热处理是一种重要的金属改性工艺，可分为对工件进行整体穿透性加热，以改善整体组织性能的整体热处理；仅对工件表层进行热处理，以改变表层组织性能的表面热处理；在一定温度和介质环境下渗入某些元素，以改变表层成分和组织性能的化学热处理。

虽然热处理方法很多，但所有热处理都是由加热、保温和冷却三个阶段组成的。因此，热处理可以用温度-时间曲线表示，如图 3.1 所示。

热处理与其他热加工工艺（如铸造、压力加工等）的区别是，热处理不改变工件的形

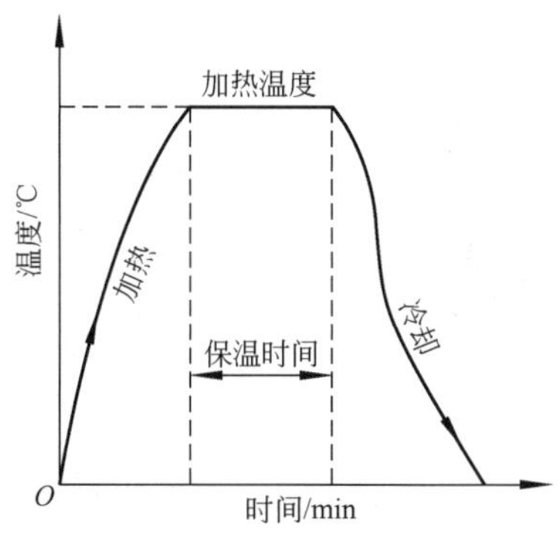

图 3.1 温度-时间曲线

状，而是通过改变内部组织结构来改变性能。一般而言，热处理只适用于固态下可相变、溶解度可变，或处于不稳定的结构状态，或表面可渗入其他元素的金属材料。

此外，热处理根据在零件生产工艺流程中的位置和作用的不同分为赋予零件最终使用状态及性能的最终热处理、为改善毛坯或半成品件的组织性能或为其他终加工处理做好组织准备的预备热处理等。

在金属材料中，钢是机械装备上的重要结构材料，下面主要介绍钢的热处理。

3.1.1 钢的热处理

1. 钢的热处理原理

钢的热处理原理主要揭示钢在加热和冷却时组织变化的基本规律，根据这些基本规律和要求确定加热温度、保温时间和冷却介质等有关参数，以达到改善钢的性能的目的。

（1）钢在加热时的组织变化。

① 奥氏体的形成过程。以共析碳钢为例，其室温平衡组织珠光体 P 由铁素体 F 和渗碳体 Fe_3C 两个相组成，由 Fe-Fe_3C 相图可知，将共析钢加热到共析线 A_1 以上温度后，珠光体处于不稳定状态，将发生如下转变：

$$\begin{array}{ccc} \mathrm{P(F} & +\ \mathrm{Fe_3C)} & \longrightarrow \mathrm{A} \\ 0.02\%\mathrm{C} & 6.69\%\mathrm{C} & 0.77\%\mathrm{C} \\ \text{体心立方} & \text{复杂晶格} & \text{面心立方} \end{array}$$

共析钢奥氏体的形成（又称奥氏体化）过程如图 3.2 所示。该过程是新相形核、长大的过程，也是共析转变的逆转变过程。

首先，在铁素体与渗碳体的交界处发生奥氏体形核［图 3.2（a）］，F-Fe_3C 相界面上的原子排列不规则、碳浓度不均匀，为优先形核提供了成分条件及结构条件，既有利于铁素体 F 的晶格由体心立方变为面心立方，又有利于渗碳体 Fe_3C 的溶解及碳向新生相的扩散；其次，发生奥氏体长大［图 3.2（b）］，即发生 α-Fe$\longrightarrow$$\gamma$-Fe 的连续转变和 Fe_3C 向奥氏体的不断溶解；再次，在奥氏体长大的过程中，铁素体比渗碳体先消失，因此形成奥氏体后，还有残余渗碳体不断溶入奥氏体［图 3.2（c）］，直到渗碳体全部消失；最后，继续加热或保温，奥氏体逐渐均匀化［图 3.2（d）］，得到晶粒细小、成分均匀的奥氏体。

(a) 奥氏体形核

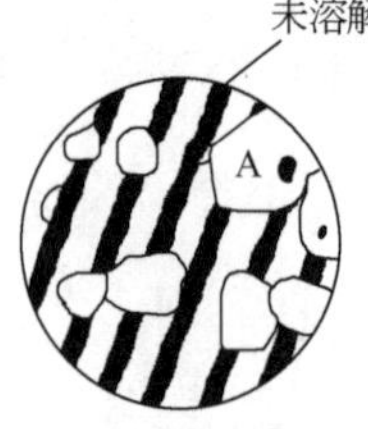

(b) 奥氏体长大

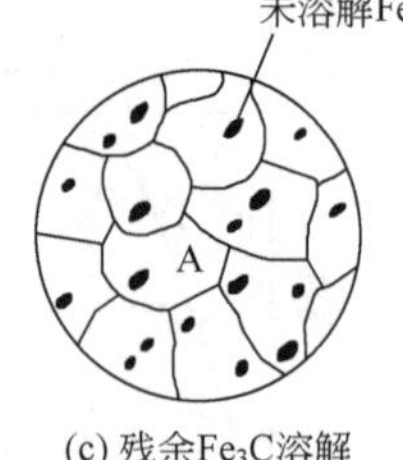

(c) 残余Fe_3C溶解

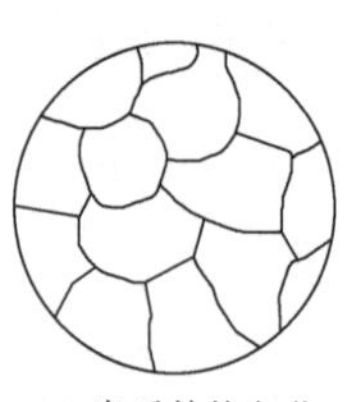
(d) 奥氏体均匀化

图 3.2　共析钢奥氏体的形成过程

在大多数钢的热处理中，加热或保温的目的是使工件内产生晶粒细小、成分均匀的奥氏体。

对于亚共析钢（F＋P）和过共析钢（P＋$Fe_3C_{Ⅱ}$），当加热到 A_1 以上温度时，其中的珠光体转变为奥氏体，在温度继续升高的过程中，余下铁素体或二次渗碳体继续向奥氏体转变或溶解，只有加热温度超过 A_3 或 A_{cm} 才全部转变或溶入奥氏体。特别是过共析钢，当加热到 A_{cm} 以上温度全部转变为奥氏体时，因为温度较高且含碳量大，所以得到的奥氏体晶粒粗大。

② 影响奥氏体转变的因素及晶粒尺寸的控制。在 Fe-Fe_3C 相图中，A_1、A_3、A_{cm} 是平衡状态的转变温度（称为临界点）线。在实际生产中，由于加热比较快，因此相变的临界点稍高，分别用 A_{c1}、A_{c3}、A_{ccm} 表示，其差值称为过热度；同理，冷却时，相变的临界点分别用 A_{r1}、A_{r3}、A_{rcm} 表示，其差值称为过冷度，如图 3.3 所示。加热越快，转变温度越高；冷却越快，转变温度越低。

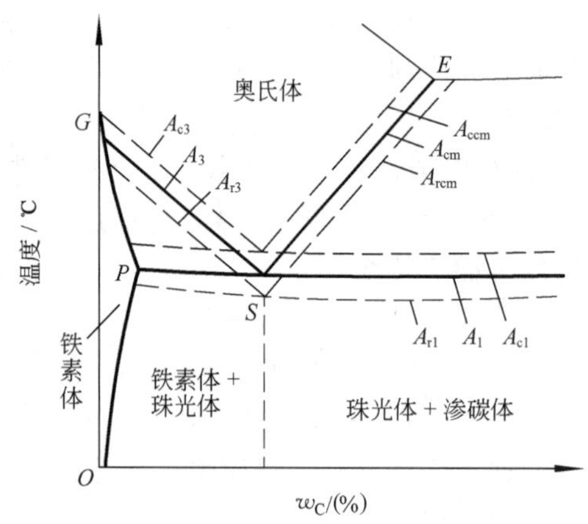

图 3.3　加热和冷却时 Fe-Fe_3C 相图上临界点的位置

当珠光体向奥氏体的转变刚完成时，奥氏体的晶粒比较细小，此时晶粒尺寸称为起始晶粒度。由于晶粒长大是晶界能降低的过程，符合能量最低的原理，因此高温下奥氏体晶粒长大是一个自发的过程。如果在奥氏体形成后温度继续升高或者延长保温时间，就会得到晶粒进一步长大的奥氏体。在高温下，奥氏体的晶粒尺寸（实际晶粒度）直接影响冷却后金属材料的组织及性能：奥氏体晶粒越粗大，冷却后的组织越粗大，钢的力学性能尤其是冲击韧性越差。

由于在相变温度 A_1 以上，奥氏体的形成过程是通过铁原子和碳原子的扩散进行的，是一种扩散型相变，因此影响原子扩散的因素都会影响奥氏体的形成过程。

A. 加热温度越高，原始晶粒越细小（晶界越多），奥氏体的形成和长大越快，晶粒越粗大。

B. 加热越快，转变时的过热度越大，奥氏体形核越快，得到的起始晶粒度越小。

C. 含有 Cr、Mo、V、Ti、Nb 等碳化物形成元素，阻碍扩散，转变减慢，阻碍长大。

D. 钢中的渗碳体多且细，渗碳体与铁素体的相界面多，利于奥氏体的形核和长大。

E. 保温时间延长，晶粒不断长大，但长大得越来越慢。

③ 奥氏体转变的应用。在工程上，奥氏体化是对钢进行多种热处理的必要步骤。例如，钢锻造必须在高温奥氏体区（950～1150℃）进行；要通过热处理强化零件，就要加热到奥氏体相区；为便于切削加工中、高碳钢，常采用奥氏体化＋缓慢冷却工艺；为使某些元素（如 C、N、B 等）渗入钢表层，多在奥氏体相区进行；采用高频感应电流快速加热，只需几秒即可形成奥氏体，且晶粒明显细化。

（2）钢在冷却时的组织变化。

通常在常温下使用钢，钢经上述加热或保温后需冷却，以获得所需组织及性能。

钢的常温性能不仅与加热时获得的奥氏体晶粒尺寸、化学成分均匀程度有关，而且与奥氏体冷却转变后的最终组织有关。冷却有如下两种方式：一种是将奥氏体急冷到 A_1 以下某温度，并进行等温转变，再冷却到室温；另一种是在连续冷却条件下转变奥氏体。无论采用哪种冷却方式，关键都是奥氏体在什么温度下进行什么样的组织转变。

① 共析钢的奥氏体等温转变。当奥氏体过冷到临界点 A_1（共析线）以下时，转变成不稳定状态的过冷奥氏体。过冷度 ΔT 不同，过冷奥氏体将发生三种组织转变。共析钢的奥氏体等温转变曲线（C 曲线或 TTT 曲线）如图 3.4 所示。

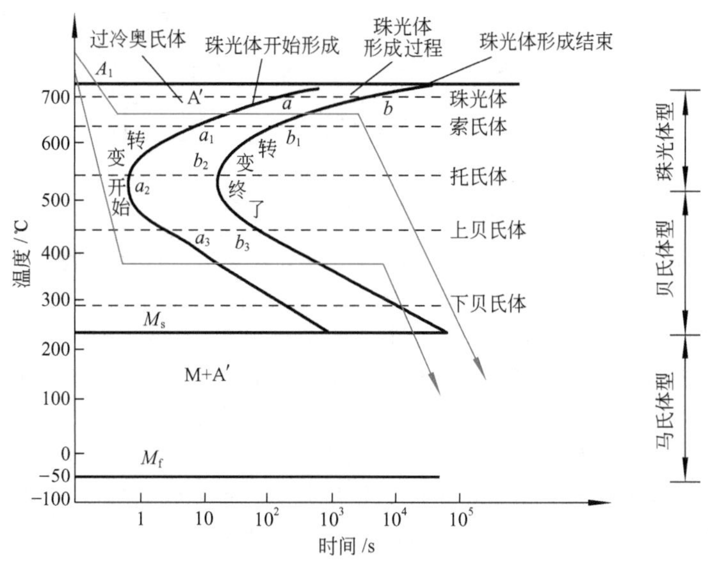

图 3.4 共析钢的奥氏体等温转变曲线

奥氏体等温转变曲线综合反映了转变产物与转变温度、时间之间的关系。在图 3.4 中，两条 C 曲线将过冷奥氏体转变分成三个区域：转变开始曲线左侧为未转变的过冷奥氏体区，此曲线到温度坐标的距离对应不同温度下过冷奥氏体的孕育期；两曲线之间为过冷奥氏体转变区（或过冷奥氏体和转变产物的共存区）；转变终了曲线意味着过冷奥氏体转变结束，其右侧对应不同的转变产物，其中 M_s 和 M_f 分别是过冷奥氏体转变为马氏体的开始温度和终止温度。

图 3.4 中的 550℃处俗称 C 曲线的“鼻尖”，其形状特征是不同过冷度下原子扩散难易程度与奥氏体不稳定趋势（相变驱动力）综合作用的结果。

A. 珠光体型转变。A_1～550℃为珠光体型转变区（P 区）。当 A_1 温度以上的平衡奥氏体急冷到 A_1～550℃等温时，转变成过冷奥氏体 A′，过冷奥氏体经过一段时间的孕育期后接触转变开始曲线，过冷奥氏体开始分解为铁素体和渗碳体相间的片层状组织珠光体 P；随着时间的增加，过冷奥氏体不断转变为珠光体，直到接触转变终了曲线时，过冷奥氏体全部转变为珠光体。珠光体是在奥氏体晶粒内沿晶界靠铁原子与碳原子长距离扩散迁移，铁素体和渗碳体交替形核、长大而形成的，为**全扩散型转变**，如图 3.5 所示。稍低于 A_1 的等温转变产物的片层间距较大，随着转变温度的下降（过冷度增大），原子扩散减慢，但过冷奥氏体的稳定性下降，孕育期缩短，导致形核率增大，转变产物变细。P 区的产物按转变温度分别称为**珠光体 P**（A_1～650℃）、**索氏体 S**（650～600℃）和**托氏体 T**（600～550℃），它们的片层厚度不同，但无本质差异。片层越薄，硬度、强度越大，它们统称为珠光体类型转变组织。

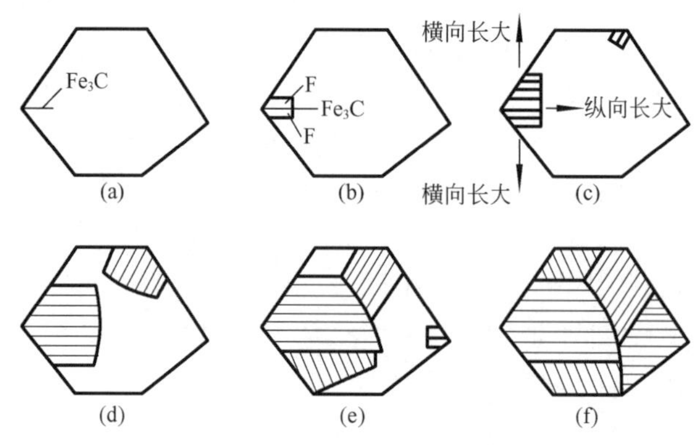

图 3.5　珠光体的形成过程

B. 贝氏体型转变。在 550℃～M_s 下，过冷奥氏体发生贝氏体型转变（B 区）。由于等温转变温度较低，铁原子几乎不扩散，仅碳原子短距离扩散，因此转变产物的形态、性能及转变过程都与珠光体不同，是含过饱和碳的铁素体和渗碳体的非片层状混合物，属于**半扩散型转变**。按组织形态的不同，贝氏体可分为**上贝氏体（$B_上$）**和**下贝氏体（$B_下$）**。

共析钢的上贝氏体在 550～350℃形成，是自原奥氏体晶界向晶内生长的稍过饱和铁素体板条，具有羽毛状的金相特征，条间有片状 Fe_3C，如图 3.6（a）所示；在 350～240℃形成下贝氏体，其典型形态是呈一定角度的针片状更过饱和铁素体与内部沉淀的超细小不完全碳化物（$Fe_{2.4}C$）片粒，在光学显微镜下呈黑色针状。

下贝氏体的铁素体针片细小，如图 3.6（b）所示，过饱和度更大，碳化物弥散度大，韧性更强，硬度更大。

C. 马氏体型转变。C 曲线低温区的两条水平线 M_s 与 M_f 之间是马氏体型转变区（M 区）。由于转变温度低，铁原子与碳原子均不能迁移，因此只能进行**无扩散型相变**，母相成分不变，得到马氏体组织，相变极快。马氏体实际上是含有大量过饱和碳的 α 固溶体

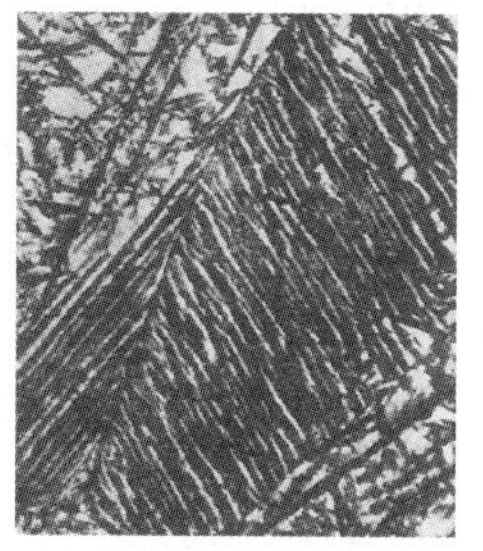
(a) 上贝氏体的形态

(b) 下贝氏体的形态

图 3.6 上贝氏体和下贝氏体的形态

(也可近似看成含碳极度过饱和的针状或条状铁素体)，可产生很强的固溶强化。

马氏体型转变是在一定的温度范围内进行的，共析钢的马氏体转变温度为 240～－50℃。随着温度的不断降低，马氏体转变量不断增大，但是即使冷却到马氏体转变终了温度 M_f，也不能使所有奥氏体都转变成马氏体，总是有少量剩余，称为残余奥氏体（或残留奥氏体，用 A_r 或 A'表示）。钢的含碳量越大，残余奥氏体越多，共析钢的残余奥氏体含量为 5%～8%。马氏体组织中的少量残余奥氏体（≤10%）不会明显降低钢的硬度，反而会改善钢的韧性。

钢中的马氏体有板条马氏体和针状马氏体两种（图 3.7）。马氏体的形态主要取决于含碳量 w_C，当 w_C<0.2%时，为板条马氏体，也称低碳马氏体或位错马氏体，大多较强韧；当 w_C>1.0%时，为针状马氏体，也称高碳马氏体或孪晶马氏体，大多硬且脆；当 0.2%≤w_C≤1.0%时，为板条马氏体和针状马氏体的混合组织。显然，钢的含碳量越大，得到的马氏体硬度越大，但残余奥氏体越多。试验表明，合金元素对马氏体的硬度影响不大，但可增大强度。

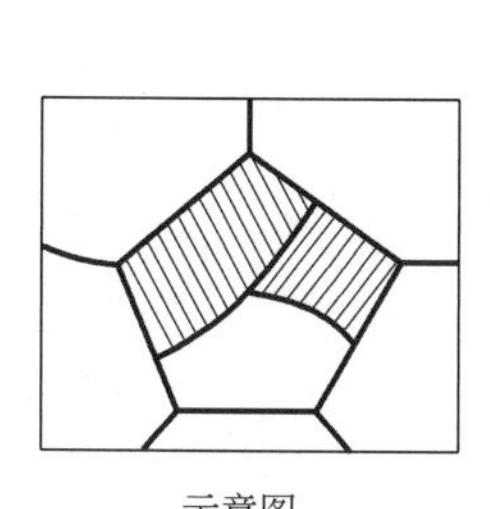
示意图

光学显微组织

(a) 板条马氏体

示意图

光学显微组织

(b) 针状马氏体

图 3.7 马氏体的两种形态

马氏体是一种铁磁相，奥氏体是一种顺磁相。当奥氏体转变为马氏体时，体积增大，产生较大的相变应力。

马氏体强化又称相变强化，是固溶强化、细晶强化、位错强化的综合结果。

共析钢不同组织及性能的比较见表 3－1。

表 3-1 共析钢不同组织及性能的比较

参数	珠光体	索氏体	托氏体	上贝氏体	下贝氏体	马氏体
形成温度/℃	A_1～650	650～600	600～550	550～350	350～M_f	M_s～M_f
扩散难易程度	长距全扩散	中距全扩散	短距全扩散	仅碳原子在晶间扩散	仅碳原子在晶内扩散	铁、碳原子均不扩散
Fe_3C 状态	粗	较粗	细	细且少	析出不完全细小碳化物 ε	不析出
F 状态	粗、平衡态	较粗、平衡态	细、平衡态	稍过饱和的条束	更过饱和的针	超过饱和的针、条
片层间距/μm 或组织描述	>0.4 粗层片的 F+Fe_3C	0.4～0.2 细层片的 F+Fe_3C	<0.2 极细层片的 F+Fe_3C	稍过饱和的 F 条+条间 Fe_3C 细粒，羽毛状	更过饱和的 F 针+F 针内分布的 ε 相，针状	超过饱和的 α 相，针状
硬度/HRC	5～20	25～35	35～40	40～45	50～60	60～65

② 影响奥氏体等温转变及 C 曲线的因素。

A. 含碳量。对于亚共析钢，随着奥氏体含碳量的增大，奥氏体的稳定性增强，C 曲线右移。对于过共析钢，加热到 A_{c1} 以上不高的温度时，随着钢中含碳量的增大，奥氏体含碳量不增大，而未溶渗碳体增加并作为结晶核心，促进奥氏体分解，使 C 曲线左移。过共析钢只有在加热到 A_{ccm} 以上，渗碳体完全溶解时，含碳量的增大才使奥氏体稳定性增强，使 C 曲线右移。亚共析钢和过共析钢的 C 曲线形状与共析碳钢相似，但“鼻尖”位置左移（奥氏体的稳定性下降），且在 C 曲线上部多出一条先共析铁素体或先共析渗碳体的析出线。另外，随着过冷度的增大，先析出相（F 或 Fe_3C_{II}）减少，直到被抑止为止。因此，在一般热处理条件下，共析钢中的奥氏体最稳定，C 曲线最靠右。亚共析钢、共析钢及过共析钢的 C 曲线比较如图 3.8 所示。

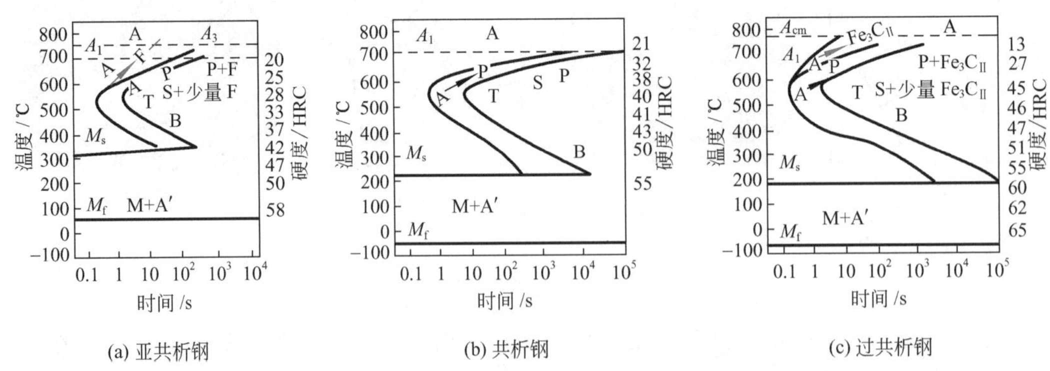

图 3.8 亚共析钢、共析钢及过共析钢的 C 曲线比较

B. 合金元素。合金元素是影响 C 曲线形状和位置的重要因素，其规律如下：除 Co 外，所有溶入奥氏体的合金元素都能阻碍铁、碳扩散，延缓过冷奥氏体的分解，增强过冷奥氏体的稳定性，使 C 曲线右移。其中，非碳化物形成元素 Ni、Si、Cu、B 等和弱碳化物

形成元素 Mn 只改变 C 曲线的位置，对 C 曲线的形状影响不大；碳化物形成元素 Cr、Mo、W、V、Ti 等溶入奥氏体，不但使 C 曲线右移，而且使珠光体转变温度范围上移，贝氏体转变温度范围下移，曲线呈双 C 形状，中间为奥氏体亚稳定区。多种合金元素的综合影响更复杂。

与碳相同，合金元素只有溶入奥氏体才能增强过冷奥氏体的稳定性，而未溶合金碳化物因有利于奥氏体的分解而降低过冷奥氏体的稳定性。

C. 加热温度和保温时间。钢的加热温度越高，保温时间越长，碳化物溶解越完全，奥氏体成分越均匀，晶粒越粗大，晶界面积越小，利于降低奥氏体分解的形核率，延长转变的孕育期，使 C 曲线右移。

③ 过冷奥氏体在连续冷却条件下的转变。在实际生产中，过冷奥氏体的转变大多在连续冷却条件下进行，得到**连续冷却转变（Continue Cooling Tranformation，CCT）曲线**，该曲线比 C 曲线复杂。在钢的连续冷却过程中，只要过冷度与等温转变的过冷度相同，得到的组织与性能就是相似的。因此，生产中常采用在 C 曲线上叠加连续冷却转变曲线的方法，分析钢在连续冷却条件下的组织，如图 3.9 所示。图中，P_s 线和 P_f 线分别为过冷奥氏体 A′向珠光体转变的转变开始线和转变终了线，KK'线为**过冷奥氏体的转变中止线**。如采用油冷（曲线 v_3），冷却转变曲线进入转变开始线，则过冷奥氏体开始转变为托氏体 T；温度越低，托氏体 T 越多，过冷奥氏体 A′越少，直到冷却到 KK'线时，过冷奥氏体停止转变为托氏体 T。当混合组织（A′+T）冷却到 M_s 线时，过冷奥氏体开始转变为马氏体 M，但马氏体转变具有不完全性，仍有微量过冷奥氏体保留下来，所以最终组织为（M+A′+T）。

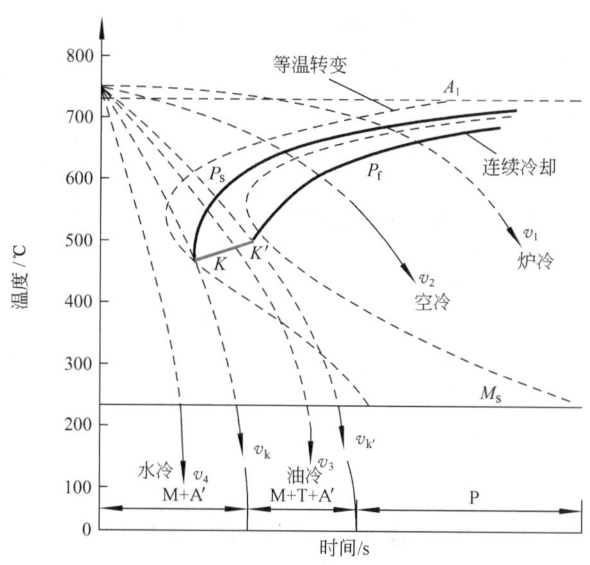

图 3.9 在 C 曲线上叠加连续冷却转变曲线

从曲线 v_1、曲线 v_2 相应得到珠光体、索氏体。曲线 v_4 为水冷，冷却速度高于与“鼻尖”相切的临界冷却速度 v_k，避开了珠光体 P 区的转变，过冷到 M_s～M_f 转变为马氏体和少量过冷奥氏体。就碳钢而言，连续冷却难以得到贝氏体，这是珠光体转变、贝氏体转变与马氏体转变相互竞争的结果；虽然曲线 v_3 与 C 曲线的 B 区相割，但高温区的连续冷却没有为贝氏体转变创造足够的条件，温度降低至 M_s 以下，实现了马氏体转变。某些合金钢具有特殊的 C 曲线，连续冷却时可能得到贝氏体。

奥氏体转变曲线具有重要的实用价值，常用钢材的等温转变曲线和连续冷却转变曲线可在有关手册中查到。

退火与正火

2. 钢的热处理工艺

钢的热处理工艺有退火、正火、淬火及回火。

（1）退火。

退火是将金属或合金件加热到适当的温度后保持一定时间，再缓慢冷却（通常为随炉冷却）的热处理工艺。退火后，得到接近平衡状态的组织。碳钢的退火、正火加热温度范围及工艺曲线如图 3.10 所示。其中，在 A_{c1} 以上的退火会因发生相变而改变钢中的珠光体、铁素体、渗碳体的形态及分布，从而改变其性能，如降低硬度、增强塑性、细化晶粒及消除内应力和成分偏析等；在 A_{c1} 以下的退火，材料不发生相变，除仅针对加工硬化材料的再结晶退火会发生晶粒形态变化而改变性能外，不改变晶粒形态，仅降低晶格的畸变程度或溶解的过饱和氢的浓度、消除内应力等。

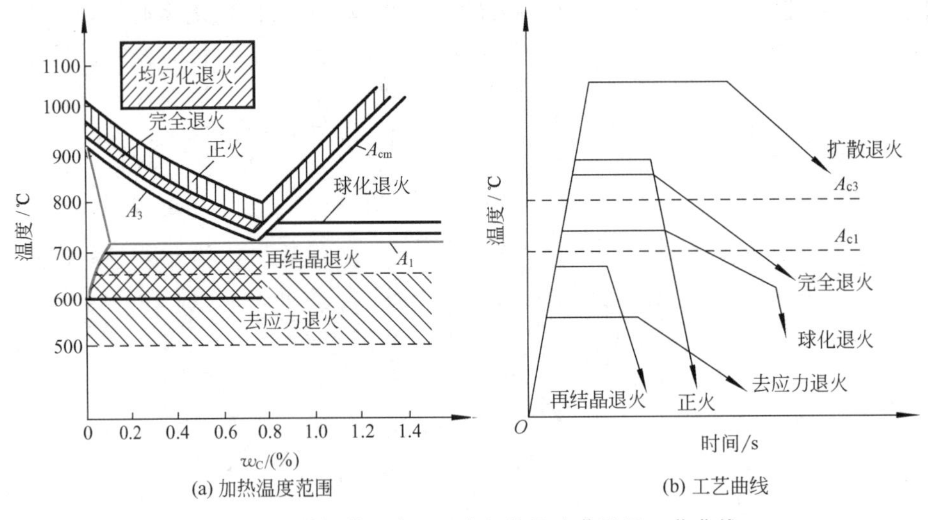

(a) 加热温度范围　　(b) 工艺曲线

图 3.10　碳钢的退火、正火加热温度范围及工艺曲线

钢的常用退火方法及分类如图 3.11 所示。

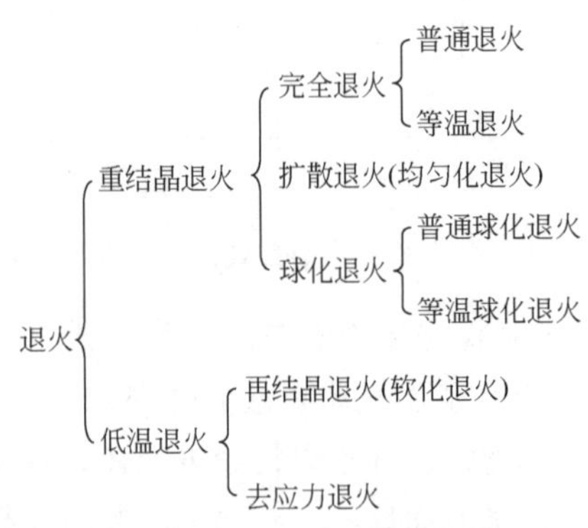

图 3.11　钢的常用退火方法及分类

① 完全退火。为了改善热锻、热轧、焊接或铸造过程中由温度过高导致钢件内出现不良组织，如粗晶、魏氏组织（伴随粗晶出现的呈方向性长大的粗大铁素体）或带状组织等，使晶粒细化，提高力学性能，并减小应力和硬度，需采用完全退火。完全退火的加热温度为 A_{c3} +(20～50℃)，通常在 830～880℃下加热，保温 2～5h 后进行炉冷。完全退火适用于亚共析钢的碳素结构钢和合金结构钢。

等温退火工艺曲线如图 3.12 所示。将加热好的钢件较快地冷却到珠光体转变区，进行等温转变后进行空冷，以节省时间。等温退火主要用于 C 曲线明显右移的合金钢大型铸件、锻件。

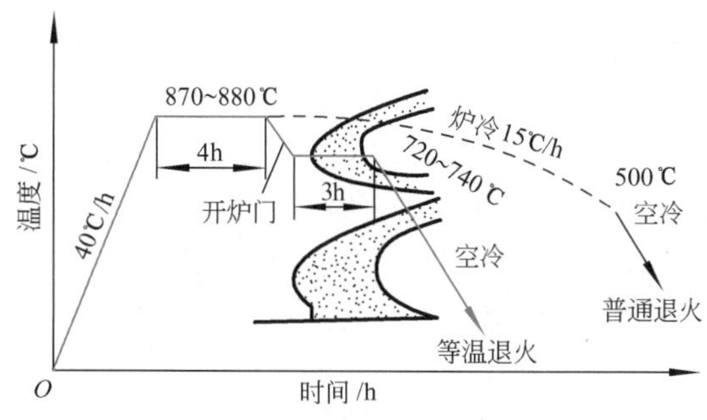

图 3.12 等温退火工艺曲线

② 扩散退火（均匀化退火）。为减少金属铸锭、铸件或锻坯的化学成分，降低组织的不均匀性，加热到高温并长时间保温，使其中的元素充分扩散的工艺称为扩散退火。钢的扩散退火过程如下：加热到 A_{c3} 以上 150～125℃（常用 1050～1150℃），保温 10～15h 后进行炉冷。由于扩散退火的加热周期长、温度高，因此，尽管钢的成分均匀，但钢的组织严重过热，晶粒剧烈长大，韧性、塑性较差，还需经历一次完全退火或正火来细化晶粒。扩散退火耗能大，材料烧损严重，多用于对质量要求较高的合金钢锭及铸坯件、锻坯件。

③ 球化退火。球化退火用于使 Fe_3C_{II} 及珠光体中的 Fe_3C 球状化，以降低硬度、增强塑性、改善切削加工性等；或用于获得均匀的组织，为随后的热处理（淬火）做好组织准备。球化退火的加热温度稍高于 A_{c1}，以保留较多未溶碳化物粒子或奥氏体中碳浓度分布的不均匀性，促进球状碳化物的形成。当进行炉冷却或等温冷却时，未溶碳化物粒子或碳的高浓度区作为核心吸收碳原子，长大成球粒状组织。如果亚共析钢在 A_{c3} 以上或过共析钢在 A_{ccm} 以上完全退火，则由于完全奥氏体化，因此冷却后的亚共析钢只能得到片层状组织，而过共析钢得到网状 Fe_3C 组织。有时在稍低于 A_{c1} 的温度长时间保温，也可使片状 Fe_3C 断开，再聚集成球粒状，获得球化效果。如原始组织中有网状 Fe_3C_{II}，则球化效果差。过共析钢球化退火后的显微组织如图 3.13 所示。

球化退火适用于共析钢、过共析钢的碳钢和合金钢的锻件、轧件，以及挤压、冷镦等成形的钢件。

④ 再结晶退火（软化退火）。再结晶退火用于冷变形过程的中间退火，主要用于恢复变形前的组织与性能，消除加工硬化，恢复塑性，以便继续变形。再结晶退火广泛用于冷变形加工（如冷挤、冷拔、冷轧、冷弯等）和冷成形加工（如拉伸件等）。再结晶退火的加热温度为 $T_{再}$ +（150～250℃），大部分钢件在 600～700℃下保温 1～4h 后进行空冷。

⑤ 去应力退火。去应力退火的原理是将零件加热到适当温度后缓慢冷却，以消除铸

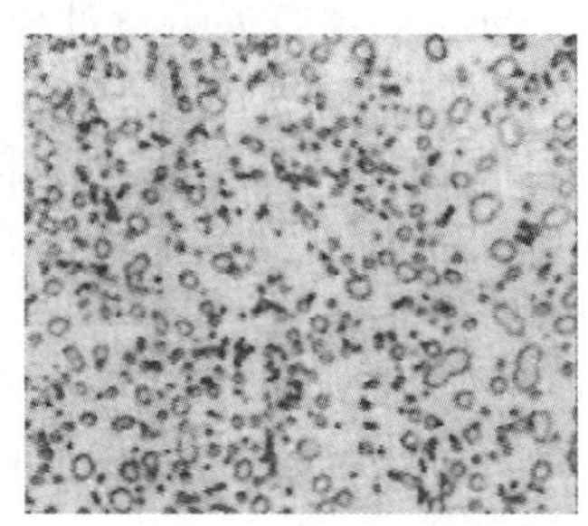

图 3.13　过共析钢球化退火后的显微组织

件、锻件、热轧件、冷拉件等的内应力。进行去应力退火时，原子只做短距离运动，没有组织变化。

不同材料的去应力退火温度稍有差别，铸铁为 500～600℃，碳钢及低合金钢为 550～600℃，高合金钢为 600～700℃。对机加工件及精密件进行去应力退火时，在 400～450℃下保温 1～2h。对需要保留加工硬化效果的零件（如冷卷弹簧），去应力退火温度为 250～300℃。黄铜拉延件经 260℃去应力退火，可避免在使用过程中开裂。

（2）正火。

正火是将钢加热到 A_{c3} 或 A_{ccm} 以上 30～50℃，钢完全奥氏体化后，从炉中取出进行空冷的热处理工艺。正火与退火的主要区别在于冷却速度不同，由冷却曲线［图 3.10（b）］可知，由于冷却较快，因此部分先析出相转变被抑制，正火得到的组织比退火得到的组织细，韧性更强，塑性、韧性稍有下降或保持不变。

当 $w_C<0.6\%$时，正火组织为铁素体＋索氏体，且铁素体的量小于退火后的量，这是由于较快冷却抑制了部分先共析铁素体的形成。对过共析钢较快冷却抑制了网状 Fe_3C_{II} 的析出，使珠光体增加并细化；当 $w_C\geqslant0.6\%$时，正火组织几乎全为索氏体。

如果过共析钢锻造时的终锻温度过高且冷却缓慢（如堆放或坑冷），就会在原奥氏体晶界上形成粗的碳化物网格。此外，对过共析钢进行完全退火也会得到网状渗碳体，不仅难以切削加工，而且淬火时极易变形、开裂，力学性能极差。消除碳化物网格的有效方法是进行正火，加热到 A_{ccm} 以上 40～60℃，保温 0.5～2h 后进行空冷，必要时可进行风冷或喷雾冷却。

因此，正火可以在一定程度上提高钢的力学性能。正火工艺简单、易行、省时、节能，有时可以作为最终热处理。正火主要用于要求不高的低碳钢零件和中碳钢零件，改善中碳钢和低碳钢铸件、锻件的性能，尤其是淬火效果不好的大截面普通零件或有淬裂危险的复杂碳钢件，改善焊接件热影响区的组织和性能等，并可改善低碳钢的切削性能。在正火可能造成变形、开裂（如形状十分复杂的零件）或者需要彻底消除应力的情况下，可采用退火作为最终热处理。制造低碳钢工程构件（建筑、桥梁、管道、压力容器等）时，大多采用正火或退火处理；制造机器零件时，大多采用淬火与回火处理。

（3）淬火。

将钢加热至高温奥氏体状态后快速冷却，使奥氏体过冷到 M_s 点以下，获得高硬度马氏体的工艺称为淬火。钢中的马氏体和下贝氏体都是典型的硬化组织，马氏体强化是有效的、经济的强化手段。由于淬火后进行适当的回火处理可以调整钢的性能，因此许多钢都要进行淬火处理。

① 淬火原则与淬透性。

一般而言，淬火应遵循以下原则：一是淬硬，获得尽量完全的马氏体组织；二是淬透，零件由表及里都有马氏体组织，避免形成非马氏体组织（尤其是索氏体、托氏体）；三是在保证淬硬的条件下，尽量使用缓和的冷却介质，以防温差过大而导致开裂。为了获得马氏体，使钢在400～650℃下快速冷却（$v>v_k$，如图3.9所示），避免接触C曲线的“鼻尖”而发生珠光体转变；但应在400℃以下缓慢冷却，以减轻零件的淬火变形与开裂。

不同钢材、不同尺寸的零件，接受淬火（以获得马氏体）的能力不同。淬透性是钢材的一种属性，是指奥氏体化的材料接受淬火时得到马氏体的能力（或在相同条件下得到较大深度淬火马氏体的能力）。C曲线越向右，过冷奥氏体越稳定，钢的淬透性越好。淬透性可以用在某冷却介质中钢材中心处刚好得到50%马氏体时的试样尺寸（临界淬透直径）衡量，有助于判断工件热处理后的淬透程度，对制订合理的热处理工艺及选材有指导意义。

淬硬（透）层深度是指在具体条件下淬火时，工件表面马氏体区到工件内部刚好有50%马氏体处的深度，与钢的淬透性、淬火介质、零件尺寸有关。淬硬性是指淬火后钢的硬度，主要取决于马氏体的含碳量，而合金元素的影响不大，但可使钢的强度增大。

尺寸相同、淬透性不同的零件，其截面的力学性能存在很大差别。淬透性对调质后钢的力学性能的影响如图3.14所示。

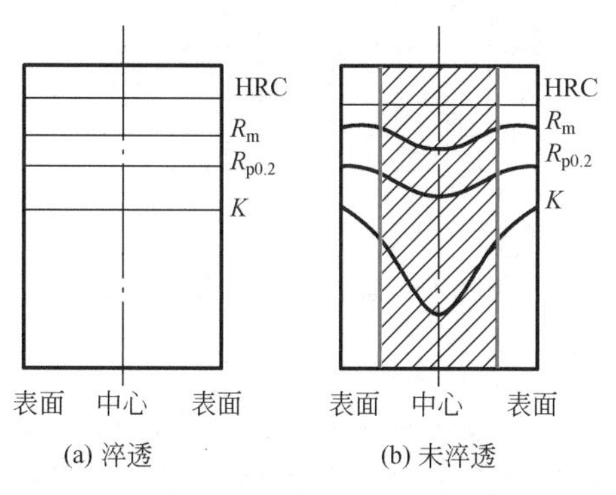

图3.14 淬透性对调质后钢的力学性能的影响

由相同材料制成的不同尺寸的零件，在相同介质中冷却后接受淬火的能力不同。截面面积越大，热容量越大，热量自钢件内部传导至表面并被淬火介质吸收、冷却的时间越长，即钢件的冷却速度越低。钢件截面尺寸对淬透层深度的影响如图3.15所示，小型钢件的整个截面可以完全淬透，但大型钢件的表面都可能不能淬硬。

② 淬火工艺。

A. 淬火温度。碳钢的淬火温度范围如图3.16所示，亚共析钢采用完全淬火［淬火温度为A_{c3}+（30～50℃）］，避免因A_{c3}以下存在铁素体而显著降低钢的硬度。

由于过共析钢需要保留预先热处理球化组织中的部分碳化物，得到“细小马氏体+粒状碳化物+少量残余奥氏体”的组织，因此采用不完全淬火［淬火温度为A_{c1}+（30～50℃）］，得到的高温奥氏体晶粒细小且含碳量不高（$w_C\approx0.77\%$），转变后的马氏体也细小且含碳量降低，从而降低了马氏体的脆性。此外，还减少了残余奥氏体。粒状碳化物有利于进一步提高钢的硬度与耐磨性。若过共析钢也采用温度高于A_{ccm}的完全淬火，则得到

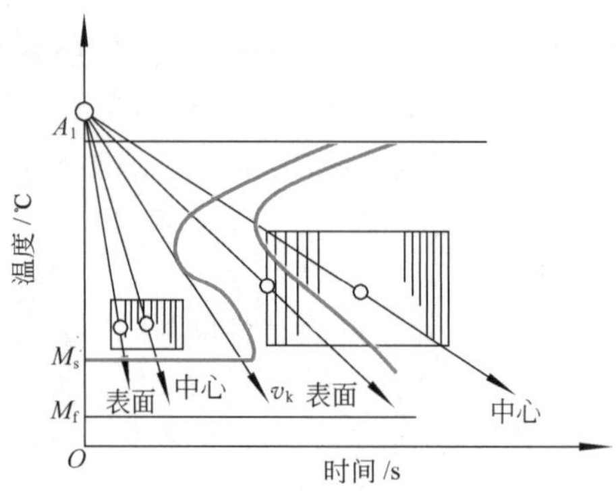

图 3.15　钢件截面尺寸对淬透层深度的影响

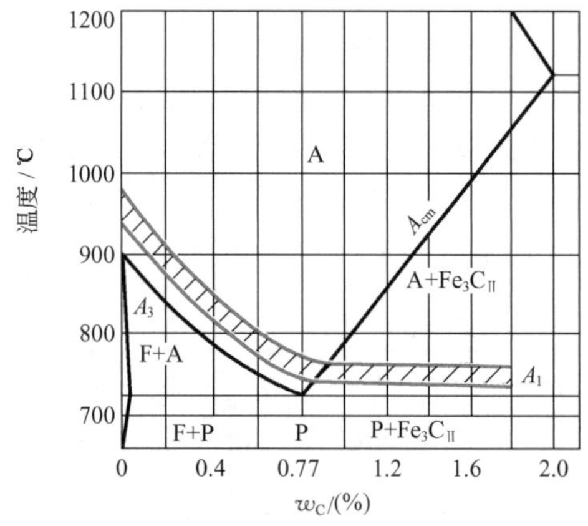

图 3.16　碳钢的淬火温度范围

粗大、片状的高碳马氏体，使变形开裂倾向急剧增大。

B. 淬火介质及淬火方法。淬火介质主要有水（含盐水）、油、碱浴和盐浴。水的价格低廉，冷却能力强，但易使钢件因表里温差大而开裂、变形；油（如锭子油、变压器油等）的冷却能力差，利于减小钢件开裂及变形，但只适合过冷奥氏体较稳定的合金钢或尺寸较小的碳钢件，否则淬不透；碱浴和盐浴的沸点高，冷却能力介于水与油之间，常用于形状复杂、尺寸较小、变形要求小的工具的分级淬火和等温淬火。

淬火方法有单介质淬火、双介质淬火、分级淬火和等温淬火，如图 3.17 所示。一般碳钢件（淬透性低）用水淬，合金钢件（淬透性高）及尺寸为 3～10mm 的小碳钢件用油淬。双介质淬火是指先水淬后油冷或先水淬后空冷（均连续进行），适用于直径较大的简单碳钢件或容易产生淬火缺陷的复杂碳钢件。分级淬火是指将奥氏体化后的钢件迅速淬入温度稍高于 M_s 的液体介质（盐浴或碱浴），并适当保温（一般为数分钟，使钢件内外温度均匀）后空冷，以有效减小淬火应力，常用于尺寸不大的零件（如合金钢刀具）。等温淬火是指在 250～400℃的盐浴中保温 0.5～2h 后进行空冷，以获得韧性良好的下贝氏体，适用于处理形状复杂、要求变形小或韧性强的合金钢零件；但周期长，生产率低。

为了进一步提高钢的硬度、耐磨性和尺寸稳定性，可采用冷处理，即将淬火钢从室温冷却到 0℃以下，如－60～－80℃（冷却介质为干冰）或更低温度（常称深冷处理，

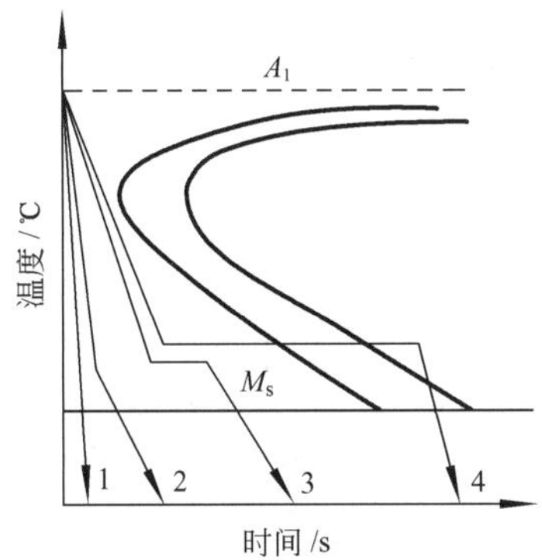

1—单介质淬火；2—双介质淬火；3—分级淬火；4—等温淬火

图 3.17 淬火方法

如－196℃液氮处理)，使组织中的残余奥氏体继续转变为马氏体。冷处理对精密量具、模具、精密偶件等有重要意义。

(4) 回火。

回火是指将淬火后的钢重新加热到 A_1 以下某温度，保温后冷却到室温的热处理工艺，是零件淬火后必不可少的工序。

① 回火的目的。淬火钢一般不能直接使用，原因如下：零件处于高应力状态（300～500MPa)，在室温下放置或使用时容易发生变形和开裂；淬火态（M＋A′）是亚稳定状态，在使用过程中，组织、性能和尺寸会发生变化；淬火组织中的片状马氏体硬且脆，不能满足零件的使用要求。

通常钢淬火得到的马氏体和残余奥氏体都是极端非平衡组织，都具有向稳定组织（F＋Fe_3C）转变的趋势。但是这种转变必须依靠铁原子与碳原子的扩散实现。在室温下，原子扩散困难，淬火钢的组织基本不发生变化。升高温度并持续一段时间后，原子的移动性增强，为淬火组织的转变提供了条件，这就是回火过程。因此，淬火钢必须及时回火，以减小或消除淬火应力，并获得所需的组织和性能。

② 回火的组织转变过程。过共析钢淬火组织为高碳针片状马氏体＋少量残余奥氏体，进行低温回火时，铁原子与碳原子可轻微移动或扩散：一方面淬火马氏体中弥散析出不完全的且与母相马氏体共格的 $Fe_{2.4}C$（ε 相）薄片，降低马氏体饱和度，但马氏体形态不变(近似为保持马氏体形态的过饱和针状铁素体 F)；另一方面，残余奥氏体与马氏体一样，也会分解成类似的产物（或按照 C 曲线规律转变为下贝氏体)，得到的混合组织称回火马氏体（$M_{回}$）。回火马氏体可近似看作保持原马氏体形态的过饱和针（条）状铁素体和与其共格的弥散 $Fe_{2.4}C$ 薄片的混合组织，此时内应力大大减小、脆性降低，而强度和硬度变化不大。

进行中温回火时，铁原子与碳原子容易扩散，使马氏体的过饱和现象消失，与母相马氏体共格的 $Fe_{2.4}C$ 薄片脱离共格并集聚变为极细颗粒状 $Fe_{2.4}C$，得到保持原马氏体形态的铁素体针（条）之间分布细粒状 Fe_3C 的混合组织，称为回火托氏体（$T_{回}$），此时塑性增强，强度和硬度下降。

进行高温回火时，铁原子与碳原子充分扩散，针（条）状铁素体收缩且聚集合并，细粒状 Fe_3C 合并长大，得到在多边形铁素体基体上分布细球状 Fe_3C 的完全平衡态混合物，称为回火索氏体（$S_回$），此时塑性、强度及硬度都较好，即综合力学性能较好。

淬火钢回火时的转变如图 3.18。共析钢的回火组织如图 3.19 所示。

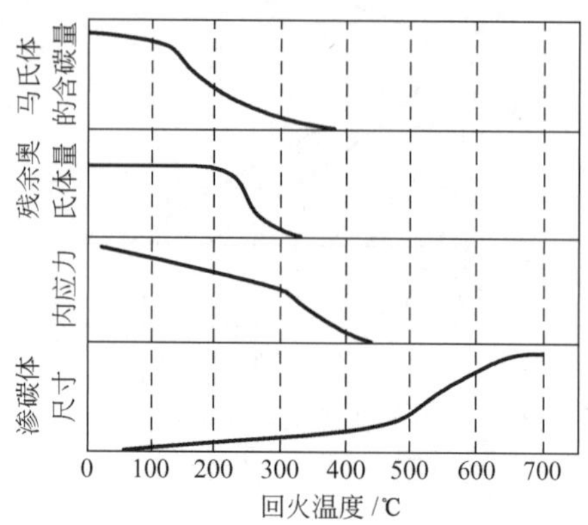

图 3.18　淬火钢回火时的转变

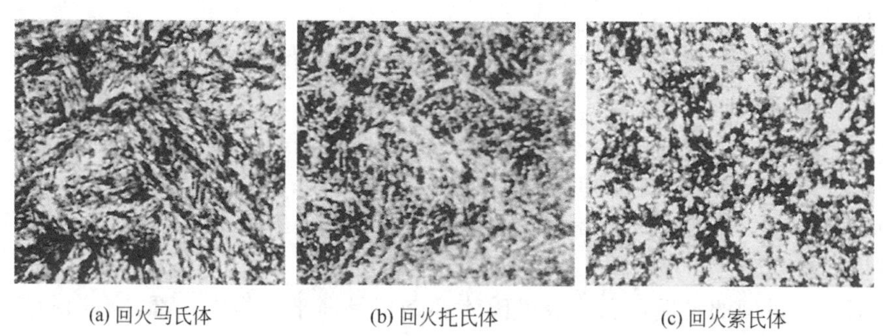

(a) 回火马氏体　(b) 回火托氏体　(c) 回火索氏体

图 3.19　共析钢的回火组织

回火组织与连续冷却组织或等温冷却组织不同。连续冷却或等温冷却得到的托氏体与索氏体具有片层状结构；而回火托氏体与回火索氏体的粒状渗碳体分布于铁素体基体上，其组织细小，第二相处于均匀、细小的弥散状态，强度和韧性更好。另外，低碳钢的板条马氏体本身处于强韧组织状态，只需采用在 200℃以下回火（甚至不回火），就可保持韧性。

添加合金元素的合金钢淬火后的回火规律与碳钢类似，但大多数合金元素会阻碍铁原子与碳原子扩散，使各回火阶段温度更高，尤其是含强碳化物形成元素的合金钢，如高速钢在 560℃下回火后的组织仍是回火马氏体。

③ 回火的种类与应用。回火的种类见表 3-2。

表 3-2　回火的种类

类　别	回火温度/℃	组　织	硬度/HRC	回火目的	应用举例
低温回火	150～250	回火马氏体	58～64	保持高硬度、高耐磨性，消除应力，降低脆性	冲模、量具、渗碳件、表面淬火件、轴承
中温回火	350～500	回火托氏体	35～50	获得高的屈服强度和弹性极限	弹簧、弹簧夹头、模锻锤杆、热作模具

续表

类 别	回火温度/℃	组 织	硬度/HRC	回火目的	应用举例
高温回火	500～650	回火索氏体	25～35	获得高的综合力学性能	连杆、轴、齿轮等重要结构件

随着淬火钢回火温度的升高，组织由不稳定状态向稳定状态转变，晶粒逐渐增大，强度及硬度下降，塑性及韧性增强；弹性极限在中温回火区间达到最大值，韧性在高温回火区最好，耐磨性在低温回火区最好。

通常不在250～350℃下进行回火，以避免沿马氏体片边界析出脆性薄壳状碳化物，导致韧性下降（低温回火脆性）。钢的回火性能主要取决于回火温度，还与回火时间有关（生产过程中的回火时间为1～3h），一般回火后需进行空冷。某些合金钢（如Cr-Ni钢、Si-Mn钢等）为了防止出现高温回火脆性（在450～650℃下回火后缓慢冷却，韧性突然下降的现象），需要快速冷却（水冷或油冷），以抑止有害元素P、As、Sb、Sn等向原奥氏体晶界偏聚，使晶界弱化变脆。

淬火＋高温回火后得到的回火索氏体（$S_{回}$）的性能明显优于奥氏体直接分解的索氏体（片状）。由于在外力作用下，片状Fe_3C的尖端因应力集中而形成微裂纹，导致零件过早破坏；回火索氏体中的Fe_3C呈细小球粒状，既有强化的效果，又不易引起应力集中，综合力学性能好，常用于受冲击较大的结构件。在生产过程中，淬火＋高温回火称为调质处理。

某些高合金钢（如高速钢）需要进行2～3次回火，使组织充分转变，以获得优良性能。为获得低碳马氏体或进行高频表面淬火时，可以采取淬火时冷却到200～300℃后进行空冷的自回火（空冷过程中利用余热使形成的马氏体获得部分回火），而不专门进行回火。

某些中碳合金结构钢（如30CrMnSi、38CrMoAl等）的奥氏体稳定性强，退火时间长，当零件较小时，常用正火＋高温回火（650～680℃）代替完全退火，以提高生产率。

表3-3给出了45钢铸造、锻造、退火、正火与调质后的组织和性能。

表3-3 45钢铸造、锻造、退火、正火与调质后的组织和性能

状 态	R_m/MPa	A/(%)	K/(J/cm²)	硬度/HBW	组 织
铸造	500～600	2～5	12～20	＜200	疏松，晶粒粗大，成分不均匀
锻造	600～700	5～10	20～40	＜230	致密，晶粒较粗，成分较均匀
退火（830℃）	650～700	25～30	40～60	＜180	组织均匀，较细片状晶
正火（830℃）	700～800	15～20	50～80	＜220	组织均匀，更细片状晶
调质（830℃水冷，520℃回火）	900～980	20～25	80～120	＜250	细粒状Fe_3C均匀分布在F基体上

5. 热处理新技术

近些年出现一些最终热处理的新技术，如真空热处理、形变热处理等，既满足了各类零件对材料日益提高的性能要求，又提高了生产率、节约能源、减少环境污染。

（1）真空热处理。真空热处理是指在低于一个标准大气压下加热的热处理工艺。如钢件经真空热处理后，其表面不发生氧化、不脱碳、表面光洁、变形小，起到真空脱气（脱出溶解的有害气体）、表面净化（真空下材料表面油脂及氧化物的分解）的作用，可显著提高耐磨性、疲劳强度，延长使用寿命。硅钢片经真空热处理后，去除了大部分气体和杂质化合物，消除内应力和晶格畸变，显著提高磁感应强度、降低磁滞损耗。真空热处理除用于各种钢材外，还用于与气体亲和力强的钛、铌、钼、锆等，主要工艺有真空淬火（水淬、油淬及惰性气体气冷）和真空退火；在化学热处理领域也有应用，如真空渗碳、真空渗铬等。但在真空中加热缓慢，设备复杂且昂贵，仅用于性能要求高的工具、结构件和精密零件。

（2）形变热处理。形变热处理是指结合钢的热塑性变形和热处理，以提高钢件力学性能的复合工艺。变形可使奥氏体晶粒碎化，产生大量晶体缺陷，并在随后的淬火中保留下来；还可使组织和亚结构细化等，产生显著的强韧化效果。形变热处理可以利用锻、轧加工的余热淬火实现，可降低能耗，具有显著经济效益。形变热处理主要有高温形变淬火和中温形变淬火，分别利用在高温奥氏体稳定区（亚共析钢、过共析钢分别在 A_{c3}、A_{c1} 以上）和过冷奥氏体稳定区（如合金钢双C曲线的550～600℃区域）进行一定程度的变形后淬火并回火。与普通淬火相比，高温形变热处理可使零件的强度提高10%～30%、塑性提高49%～50%，用于加工量不大的锻件，如连杆、曲轴、弹簧、叶片等；中温形变热处理的强化效果更加明显，但对钢的淬透性有一定要求，工艺实践较难，主要用于弹簧、钢丝、轴承、刀具、飞机起落架等。

形变热处理

6. 钢的表面淬火与化学热处理

很多机器零件（如齿轮、转轴等）在弯曲、冲击、疲劳等动载荷和摩擦条件下工作，要求表面具有高的硬度和耐磨性以避免产生磨损或裂纹，而心部要具有足够的韧性以抵抗冲击破坏，即要求“表硬心韧”。显然，选择单一性能的材料及整体热处理不能满足要求，可采用表面淬火、化学热处理等表面强化技术。

（1）表面淬火。

表面淬火是指对钢件表层进行快速加热，使之奥氏体化后迅速冷却，获得表面淬火组织，以提高表面硬度与耐磨性，而工件内部仍保持原有组织与性能。常用的表面淬火方式有感应加热表面淬火、火焰表面淬火、电接触表面淬火、激光表面淬火、电子束表面淬火等。

① 感应加热表面淬火。图3.20所示为感应加热表面淬火示意，在感应线圈中通交流电，在感应线圈周围产生与电流频率相等的交变磁场，而在感应线圈内或附近的钢件产生频率相等、方向相反的感应电流（也称涡流）。受集肤效应的影响，钢件表面的电流密度高，数秒达到800～1000℃的高温，而工件内部的电流密度近似为零，几乎不受影响。钢件表面温度达到淬火温度后，立即喷淋冷却剂淬硬。感应电流透入工件表层的厚度 δ（从表层100%涡流强度到内部37%涡流强度的厚度）与电流频率有关［$\delta=(500\sim600)f^{-1/2}$］，频率越高，厚度越小，加热层越薄。选用不同的电流频率，并配合一定的加热功率及加热时间，可得到不同的淬硬层厚度。

感应加热表面淬火按交变电流的频率分为：高频（**200～300kHz**）感应加热，淬硬层厚度为0.5～2.0mm，用于中小模数齿轮及中小尺寸轴类零件的表面淬火；超音频（**30～**

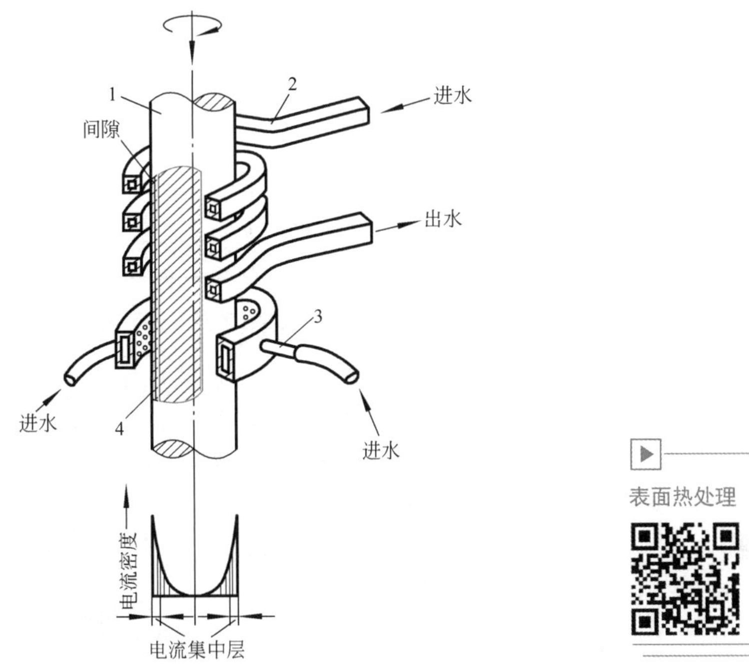

1—工件；2—感应线圈；3—淬火喷水管；4—加热淬火层

图 3.20 感应加热表面淬火示意

60kHz）感应加热，淬硬层厚度为 2.5～3.5mm，用于齿轮（模数 m=3～6mm）、花键轴表面轮廓淬火，以及凸轮轴、曲轴等表面淬火；**中频（2～8kHz）感应加热**，淬硬层厚度为 2～10mm，用于较大尺寸轴和大中模数齿轮等的表面淬火；**工频（50Hz）感应加热**，淬硬层厚度为 10～15mm，适用于较大直径零件的穿透加热及大直径零件（如轧辊、火车车轮等）的表面淬火。淬火介质以水为主，有时也用油、聚合物水溶液或压缩空气。

与普通淬火相比，感应加热表面淬火的特点如下：加热快，热效率高；淬火组织细小，淬火硬度比普通淬火硬度高 2～3HRC；变形小，氧化脱碳少；具有良好的冲击韧性、疲劳强度及耐磨性；表面存在有利的压应力；工艺过程易控制，易实现机械化和自动化。感应加热表面淬火多用于机器齿轮、轴等零件。

感应加热表面淬火一般用于中碳钢和中碳低合金钢（如 45 钢、40Cr、40MnB 等），经正火或调质热处理后进行表面淬火，达到“表硬心韧”；有时也用于受较小冲击和承受交变负荷的高碳钢零件（如量具、刃具等）及铸铁件。进行感应加热表面淬火后，应进行低温（180～200℃）回火或自回火。

② 火焰表面淬火和电接触表面淬火。用高温火焰（3000℃以上，常用乙炔-氧火焰或煤气-氧火焰）加热表面，然后喷水冷却，如图 3.21 所示，火焰烧嘴相对于工件移动，调节烧嘴位置和移动速度可以获得不同厚度的淬硬层。火焰表面淬火的设备简单，成本低，灵活性强，适用钢种较广，但质量控制比较困难，主要用于单件、小批量及大型零件的表面淬火。进行火焰表面淬火后，应及时回火。

机床导轨电接触表面淬火示意如图 3.22 所示。电接触表面淬火的原理是通入低电压的大电流，利用滚轮电极或其他接触器与工件间的接触电阻热，使工件表面迅速加热并奥

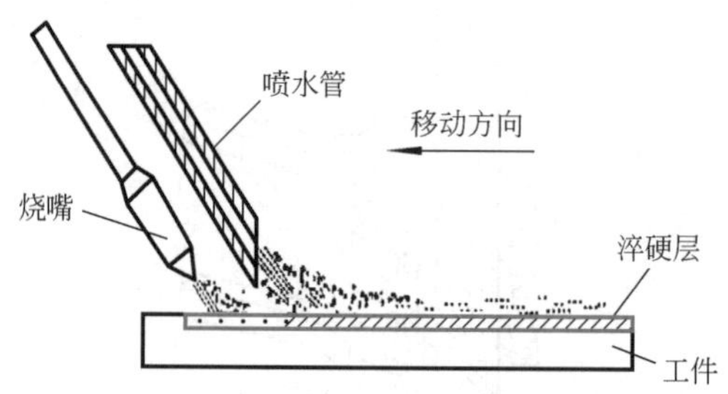

图 3.21　火焰表面淬火示意

氏体化，移走滚轮电极后，靠自身未加热部分的热传导达到激冷淬火（无须回火）。电接触表面淬火的设备费用及工艺费用很低，操作方便，工件变形小，能显著提高工件的耐磨性，适用于机床导轨、气缸套等；但淬硬层厚度较小（0.15～0.30mm），组织与硬度的均匀性差，不适用于形状复杂的工件。

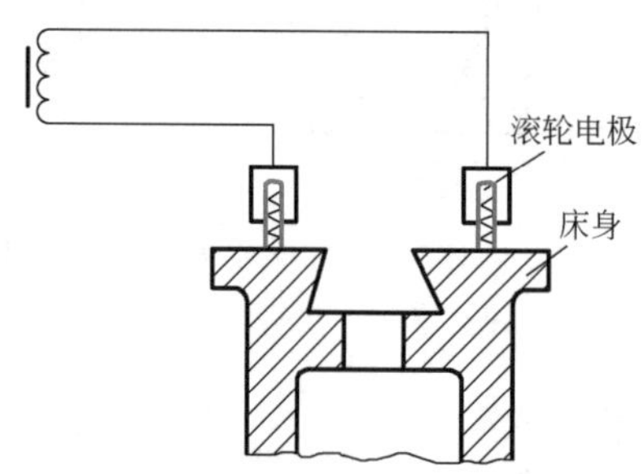

图 3.22　机床导轨电接触表面淬火示意

③ 激光表面淬火和电子束表面淬火。利用高能量密度的激光或加速的电子束辐照、轰击工件表面，使工件表面加热到奥氏体区甚至熔化，激光或电子束移过后，依靠工件热传导迅速自冷淬火。这两种淬火的加热速度高于感应加热与火焰加热，对工件基体的热影响极小，淬火后表层硬度极高，可获得很薄且不宜剥落的硬化层，所得晶粒超细且变形极小。激光表面淬火已投入应用，如气缸套内壁的硬化处理等，是一项很有发展前途的技术。

（2）化学热处理。

化学热处理是指将工件放在活性介质中加热到一定温度，使一种或多种元素渗入表面，以改变化学成分、组织和性能的热处理工艺。化学热处理和表面淬火都属于表面热处理，但是表面淬火只是通过改变工件表层组织来改变性能，而化学热处理同时改变化学成分和组织，能更有效地提高工件表层性能（但成本较高）。化学热处理与一些表面处理方法（如电镀、磷化、氧化处理等）完全不同，它是通过渗入元素向内扩散，渗层与金属基体呈紧密的冶金结合，无明显分界面，在外力作用下不易剥落，因而工件具有高硬度、高耐磨性和高疲劳强度。

化学热处理由如下三个基本过程组成：①在高温下介质（渗剂）的化合物分子分解出渗入元素的活性原子，例如 $CH_4 \rightarrow 2H_2 + [C]$，$2NH_3 \rightarrow 3H_2 + 2[N]$；②零件表面吸收活性原子，进入固溶体或形成化合物；③表面富集的高浓度渗入元素向内部扩散，形成一定厚度的扩散层。机械工业中的常用化学热处理如下。

① 渗碳。渗碳是指在渗碳介质中将低碳钢件加热到 A_{c3} 以上温度并保温，使活性碳原子渗入表面，并向内部扩散，形成一定厚度渗碳层的热处理工艺。由于碳的扩散速度很高，且在奥氏体中的溶解度很大，因而钢件表面的含碳量很高（$w_C=0.8\%\sim1.2\%$），并有较深（0.5～2mm）的渗层。低碳钢渗碳后进行淬火、回火，表层为“高碳回火马氏体＋碳化物＋少量残余奥氏体”，具有很高的硬度和强度，而心部仍保持低碳钢的高韧性及高塑性，达到“表硬心韧”。

根据渗碳剂的不同，渗碳可分为固体渗碳［木炭＋碳酸盐（如 Na_2CO_3）］和气体渗碳［充入含碳气体（如丙烷、天然气）或滴入碳氢化合物的有机液体（如煤油、丙酮等）］。渗碳温度为 900～930℃，平均渗碳速度为 0.15～0.2mm/h。气体渗碳过程简单，生产率高，劳动条件好，易控制，渗碳质量好，在工业上应用广泛。气体渗碳示意如图 3.23 所示。表面最佳含碳量为 0.85%～1.05%，渗碳后，缓冷的组织从表面到内部连续从过共析（$P+Fe_3C_{II}$）、共析（P）、过渡区较高含碳量的亚共析组织（F＋较多 P）到原始低碳亚共析（F＋较少 P）组织。一般将从表层到过渡区深度的一半称为渗碳层深度。

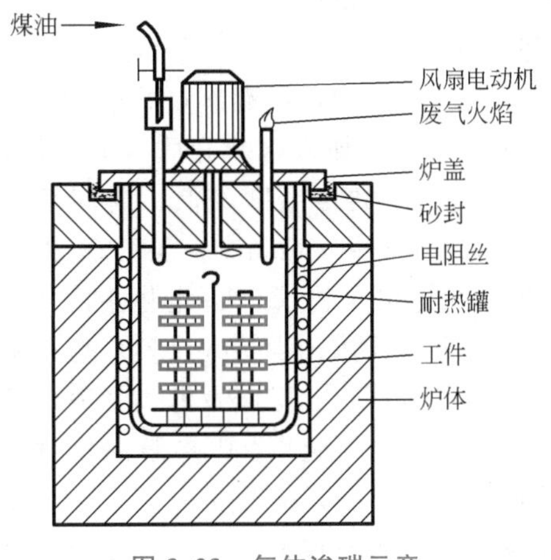

图 3.23 气体渗碳示意

渗碳后，需要进行淬火和低温回火，采用与表层含碳量相同的高碳（合金）钢相同的方法处理。对气体渗碳后的零件，常采用从渗碳温度随炉降温到适宜的淬火温度（约为 850℃），经一段保温时间均匀受热后直接淬火（水或油）的处理工艺。有的重要零件经渗碳和空冷后，重新加热进行淬火（称为一次淬火）。渗碳主要用于对表面有较高耐磨性要求并承受较大冲击载荷的低碳钢、合金渗碳钢零件，如重载齿轮、活塞销、凸轮轴等。

与表面淬火相比，渗碳后的零件性能好，但成本较高。

② 渗氮（氮化）。渗氮就是向钢件表面渗入氮原子的工艺。渗氮的目的在于显著提高钢件表面的硬度和耐磨性，提高疲劳强度和抗蚀性。渗氮的原理及设备与渗碳相似，应用广泛的是气体渗氮，即在渗氮炉中通入氨气，在 380℃以上，氨气经加热分解得到的活性氮原子被工件表面吸收并向内部扩散，在表面形成氮化物层（如 AlN、CrN、MoN、TiN、WN，硬度为 950～1100HV）及扩散层。实际上，渗氮的加热温度低于 A_{c1}，一般为 500～600℃（需低于调质的回火温度，以保证心部的强度），这是由于氮在铁素体中具有一定溶解能力，无须加热到高温。渗氮时间为 20～50h，渗氮层厚度为 0.3～0.5mm。

由于表面存在极硬的化合物层，因此渗氮后无须进行热处理。由于渗氮后钢件表层比容增大，产生的压应力大，因此具有高的疲劳强度，同时具有低的缺口敏感性。此外，因为渗氮后的氮化物组织致密，所以钢件具有很强的耐腐蚀能力。

38CrMoAl是渗氮专用钢，也可用其他含Al、Cr、Mo、W、V、Ti等合金元素的钢，如不锈钢及钛合金（一般钢也可渗氮，但效果差）。钢件渗氮前需进行调质处理，以提高基体的韧性。钢件渗氮后，由于表层有残余压应力，因此疲劳强度可提高15%～35%，且高的硬度和耐磨性可保持到600～650℃。此外，渗氮表面在水、过热蒸汽和碱溶液中稳定。由于渗氮温度低，变形很小，因此渗氮后的钢件可不再进行加工或进行少量精加工（精磨或抛光）。渗氮工艺复杂，周期长，成本高，只用于对耐磨性和精度要求较高的零件或要求抗热、抗蚀的耐磨件，如发动机气缸、排气阀、精密机床丝杠、镗床主轴、汽轮机阀门、阀杆等。随着新工艺（如软氮化、离子氮化等，可大大缩短渗氮时间）的发展，渗氮的应用更广泛。

与渗碳相比，钢件渗氮后具有更高的表面硬度（950～1200HV）、耐蚀性及热硬性；由于渗氮温度低且渗氮后不进行热处理，因此钢件变形很小。渗氮的最大缺点是工艺时间长，成本高，渗氮层厚度小，从而抗冲击性比渗碳差。

③ 碳氮共渗和氮碳共渗。碳氮共渗是指在一定温度下，将碳、氮同时渗入钢件，并以渗碳为主；氮碳共渗以渗氮为主。其中，中温碳氮共渗和低温碳氮共渗的应用较广泛。

与渗碳类似，中温碳氮共渗是指在加入含碳介质（如煤油、煤气）的同时通入氨气，氮的渗入使碳浓度快速升高，从而使共渗温度降低、时间缩短。碳氮共渗温度为830～850℃，保温1～2h，渗层厚度为0.2～0.5mm，表层含碳量为0.7%～1.0%，含氮量为0.15%～0.5%。由于未形成明显的化合物层，因此共渗后需直接进行淬火与低温回火，最终表层组织为含碳、氮的“回火马氏体＋少量残余奥氏体＋碳氮化合物粒子”。

低温碳氮共渗常用尿素、甲酰胺、三乙醇胺及醇类加氨气等做渗剂，由于这种渗层的硬度比气体氮化的小，因此又称“软氮化”。其共渗温度为500～570℃，渗层厚度为0.1～0.4mm（但化合物层厚度小于20μm），硬度为570～680HV。钢件经低温碳氮共渗后，一般不进行热处理和机械加工，可直接使用。低温碳氮共渗后的钢件除具有较好的耐磨性、抗疲劳性外，还具有很好的抗咬合能力和抗擦伤能力。低温碳氮共渗不受钢种限制，适用于碳钢、合金钢、铸铁等，多用于处理模具、量具及耐磨零件（如汽车齿轮、曲轴等）。刀具经低温碳氮共渗后，耐磨性提高，“黏刀”现象减少，热加工模具不易与钢件焊合，使用寿命大幅度延长。

④ 可控气氛热处理。可控气氛热处理是指将热处理加热炉中气体混合物的成分控制在预定范围，以防止钢件在空气等介质中加热时氧化与脱碳，也可进行渗碳、碳氮共渗等化学热处理。常用的可控气氛中含有CO、CO_2、CH_4、H_2、N_2甚至惰性气体等，通过控制CO/CO_2、CH_4/H_2等的比例控制气氛的碳浓度，使得在一定温度下处于奥氏体状态的钢的含碳量不变。如气氛的含碳量为0.8%，共析钢在该气氛中加热时的含碳量不变，但亚共析钢的含碳量增大，趋向0.8%的平衡浓度。应用可控气氛并控制碳浓度，可以进行低碳钢的光亮退火（如用于冷轧钢带的中间退火）、中碳钢和高碳钢的光亮淬火及控制表面碳浓度的渗碳处理。同理，可进行可控渗氮等。

3.1.2 铝合金的热处理

1. 固溶及时效处理

除了形变强化外，提高有色金属强度的方法还有在合金固溶体上分布一定数量的细小弥散第二相颗粒（金属间化合物），其硬且脆，能够有效地阻碍位错运动和塑性变形，使合金强化。这些硬粒子是在室温或室温以上不太高的温度下，长时间停滞时从过饱和固溶体中沉淀析出的，该过程称为**沉淀强化**或**时效强化**。

合金沉淀析出的必要条件是固溶体具有一定的溶解度，并且随温度的降低明显减小。Al-4%Cu 合金的时效处理如图 3.24 所示。

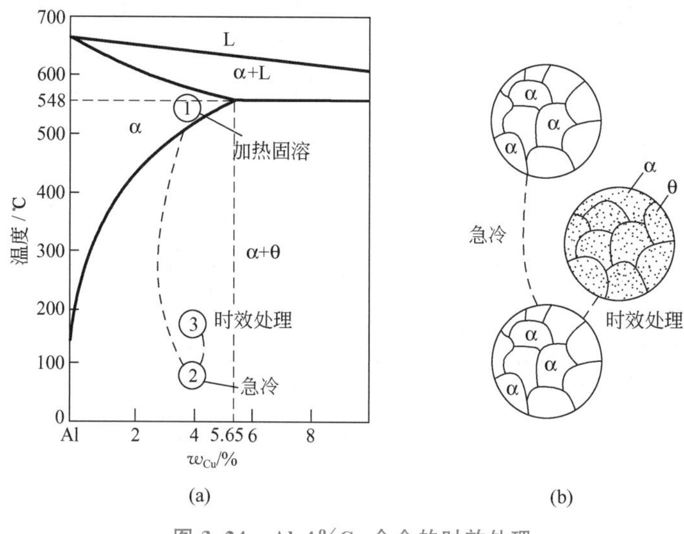

图 3.24 Al-4%Cu 合金的时效处理

(1) 加热固溶。将合金加热到溶解度曲线以上的 α 相区并保温一段时间，原合金中较粗大的 θ 相（$CuAl_2$）溶解，以获得成分均匀的固溶体，并减少合金中原有的成分偏析。Al-4%Cu 合金可在 500～548℃下进行加热固溶。

(2) 急冷。将上面只含 α 相的高温固溶合金水冷至室温，由于原子没有足够时间扩散，因此无法析出形成 θ 相，得到过饱和的单相固溶体 α′，这种处理称为**固溶处理**。固溶处理后，硬度和强度未明显提高（Al-4%Cu 退火态，R_m = 200MPa；水冷固溶处理后，R_m = 250MPa，硬度为 60HV）。

(3) 时效处理。过饱和固溶体处于不稳定状态，在室温下放置（自然时效）或在一定加热温度下保温（**人工时效**），都能促进原子短距离扩散，使过饱和固溶体的结构发生变化，析出细小弥散的沉淀相，且强度和硬度提高。Al-4%Cu 合金固溶并快速冷却后，在室温下放置 4～5 天，强度可达 400MPa。Al-4%Cu 合金的人工时效温度为 190～200℃，时间为6～7h。大多数有色合金都需要经过一定温度与时间的人工时效以获得最佳强化效果。

除铝合金外，固溶时效强化也是钛合金、沉淀硬化不锈钢及部分铜合金的主要强化方法。时效强化合金不适合在较高温度下使用，例如 Al-4%Cu 合金从室温升高至 500℃迅速软化（过时效），几乎完全丧失强化效果，这是沉淀相聚集长大的结果。

2. 铝合金的热处理

（1）退火。

为消除冷变形产生的残余应力，适当增强塑性，可进行 200～300℃去应力退火。变形铝合金在采用冷变形方法形成零件时会发生加工硬化，为消除加工硬化，铝和铝合金可进行 350～415℃的再结晶退火；为消除铸件的成分偏析及内应力，增强塑性，还可进行均匀化退火。对热处理不能强化的变形铝合金（如防锈铝），为保持加工硬化的效果，只进行去应力退火，且退火温度低于再结晶退火温度。

（2）淬火（固溶）与时效处理。

除纯铝、防锈铝和简单铝硅合金外的大多数变形铝合金，以及除 ZL102、ZL302 外的铸铝合金，均可通过淬火与时效处理强化。铝合金的淬火温度通常为 500℃，淬火时用水冷。时效处理可采用自然时效（≥4 天）或人工时效（≤200℃）。因为淬火加热可使铝合金成分均匀、消除内应力，所以无须对时效强化的铸件进行专门退火。

3.1.3 其他有色金属的热处理

1. 铜及铜合金的热处理

铜及铜合金的热处理与防锈铝类似，冷变形后，可进行再结晶退火或去应力退火。此外，普通黄铜（$w_{Zn}>7\%$）经冷加工后，在潮湿的大气、含有氨气的大气或海水中易产生应力腐蚀而开裂，因此，需要在冷加工后进行 200～300℃的去应力退火。铜合金的时效处理主要针对铍青铜，在氢气或氩气等保护环境中将其加热到 800℃后进行水淬，经 300℃、2h 的时效处理后，$R_m=1200\sim1400$MPa，$A=2\%\sim4\%$，硬度为 330～400HBW。

2. 钛及钛合金的热处理

（1）钛及钛合金的退火。

① 消除应力退火。消除应力退火的目的是消除纯钛及钛合金零件加工或焊接后的内应力，退火温度为 450～650℃，保温 1～4h 后进行空冷。

② 再结晶退火。再结晶退火的目的是消除加工硬化。纯钛的退火温度为 550～690℃；钛合金的退火温度为 750～800℃，保温 1～3h 后进行空冷。

（2）钛合金的淬火和时效处理。

淬火和时效处理的目的是提高钛合金的强度和硬度。α 钛合金和含 β 稳定化元素较少的（α+β）钛合金在 β 相区淬火时，发生无扩散型的马氏体转变 β→α′。α′为 β 稳定化元素在 α-Ti 中的过饱和固溶体。α′马氏体与 α 相的晶体结构相同，具有密排六方晶格。α′相硬度低、塑性好，是一种不平衡组织，进行时效处理时分解成 α 相和 β 相的混合物，强度和硬度有所提高。

β 钛合金和含稳定化元素较多（α+β）的钛合金淬火后，β 相变成亚稳定 β′相，进行时效处理时，亚稳定 β′相析出弥散 α 相，使钛合金的强度和硬度提高。

α 钛合金一般不进行淬火和时效处理；β 钛合金和（α+β）钛合金可进行淬火和时效处理，以提高强度和硬度。

钛合金的淬火温度在（α+β）两相区的上部，淬火后，部分 α 相保留下来，细小的 β 相变成亚稳定 β 相、α′相或两者都有（取决于 β 稳定化元素的含量），经时效处理后，可获得较好的综合力学性能。如加热到β单相区，则β晶粒极易长大，热处理后的韧性很差。钛合金的淬火温度为760～950℃，保温5～60min，在水中冷却。

钛合金的时效处理温度为450～550℃，保温几小时至几十小时。

对钛合金进行热处理时，应防止污染和氧化，并严防过热。β晶粒长大后，无法采用热处理方法挽救。

3.1.4 热处理缺陷、结构工艺性与工艺文件

在热处理过程中，钢件往往因热处理工艺控制不当和材料质量、钢件的结构工艺性不合理等，经热处理后产生缺陷。因此，需要制定热处理技术条件和热处理工艺规范。

1. 常见的热处理缺陷

(1) 过热与过烧。

由加热温度过高或者保温时间过长引起晶粒粗化的现象称为过热，一般采用正火消除过热缺陷。

加热温度过高，分布在晶界上的低熔点共晶体或化合物熔化或氧化的现象称为过烧。过烧是无法挽救的，是不允许存在的缺陷。

(2) 氧化与脱碳。

氧化是指当空气为传热介质时，空气中的氧气与工件表面形成氧化物的现象。对于表面质量要求较高的零件或特殊金属材料，应采取真空或保护气氛进行加热，以避免氧化。脱碳是指钢件表层的碳被氧化烧损，使表层含碳量降低的现象。脱碳影响钢件的表面硬度和耐磨性。

(3) 变形与开裂。

进行热处理（如淬火）时，钢件尺寸和形状发生变化的现象称为变形，这是由钢件受不均匀加热和冷却形成的热应力及相变应力导致的。当钢件在热处理时产生的内应力瞬间超过材料的抗拉强度时，会因产生开裂而报废。

2. 热处理工件的结构工艺性

设计零件结构时，不仅要考虑满足使用的需要，而且要考虑加工和热处理过程中工艺的需要。零件结构不合理会给热处理（特别是淬火）工艺带来困难，甚至造成无法修补的缺陷。因此，设计需要快速冷却的热处理（如淬火）的工件时，应保证其结构利于快速冷却时减少变形、防止开裂及获得要求的组织均匀性。

(1) 避免出现尖角和棱角。零件的尖角易使淬火应力集中，从而导致淬火裂纹。

(2) 避免厚度悬殊的截面。对厚度悬殊的零件进行淬火时，冷却不均匀，易导致变形、开裂及组织不均匀。

(3) 尽量采用封闭结构和对称结构。对开口和不对称的零件进行淬火时，变形较大，应改成封闭结构或者对称结构。

(4) 有开裂倾向且特别复杂的工件应尽量采用组合结构，把整体件改为组合件。大型、复杂且有尖角的零件或对不同部位的性能要求不同的零件应采用组合结构，不但可以避免变形、开裂，而且可以简化切削加工，明显延长零件的使用寿命。

图3.25至图3.30所示为典型淬火件结构改进。

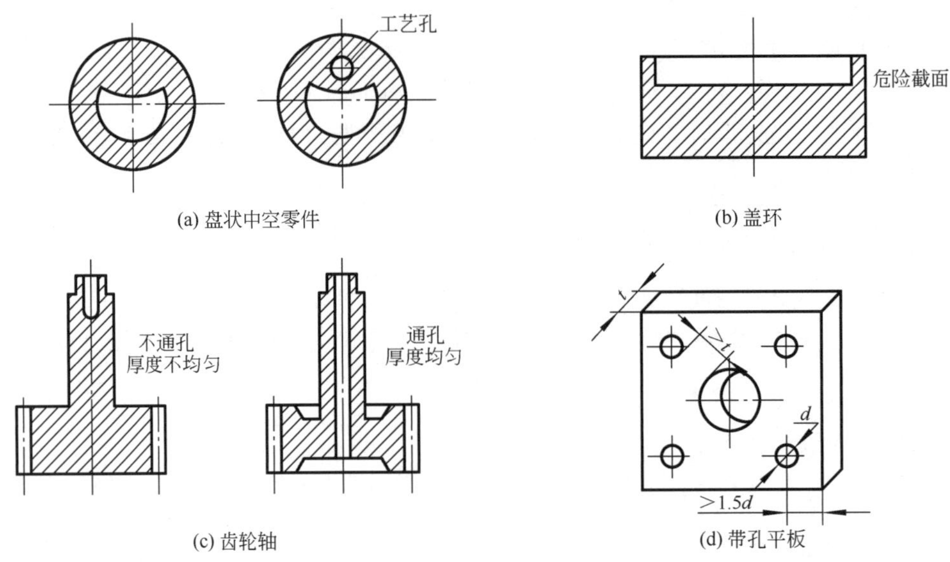

图 3.25　零件截面厚度不同的实例

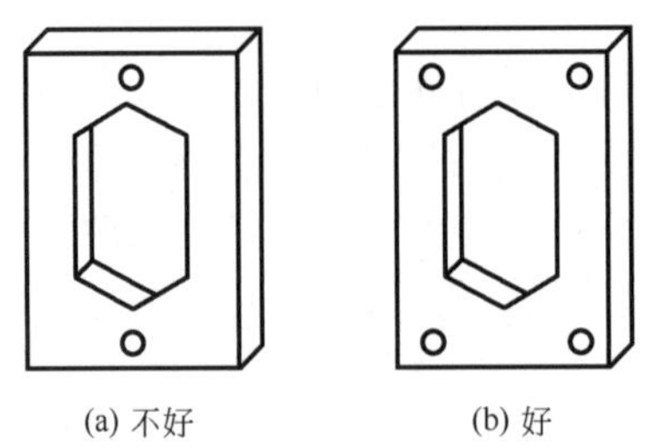

图 3.26　凹模孔结构

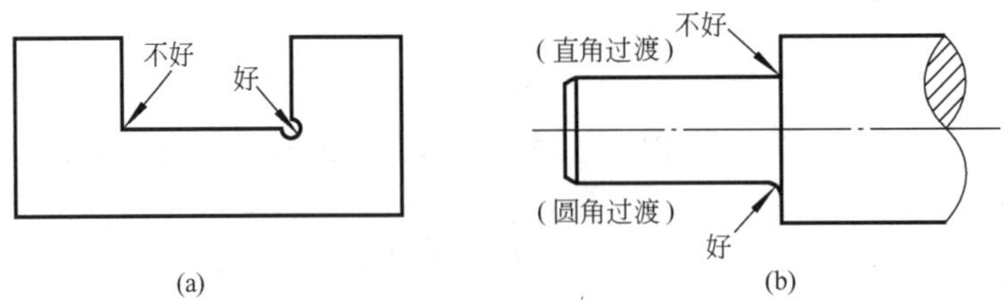

图 3.27　避免尖角实例

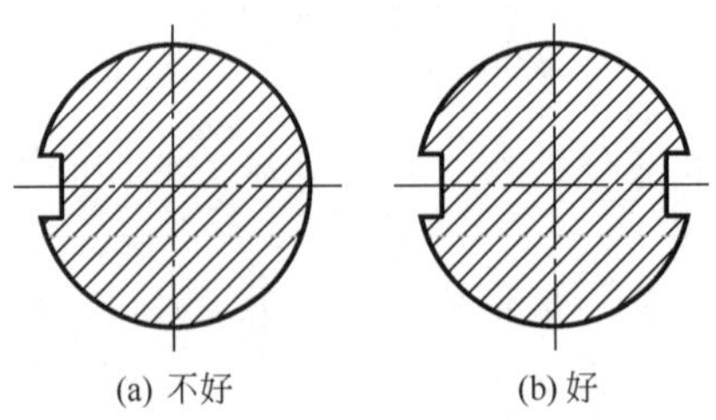

图 3.28　镗杆截面对称结构

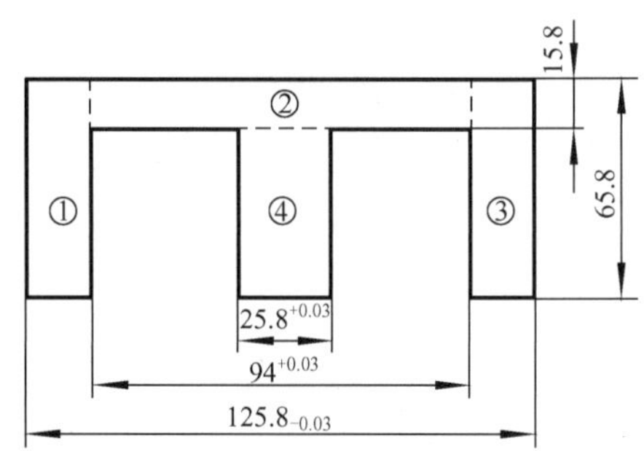

图 3.29 凸模组合结构

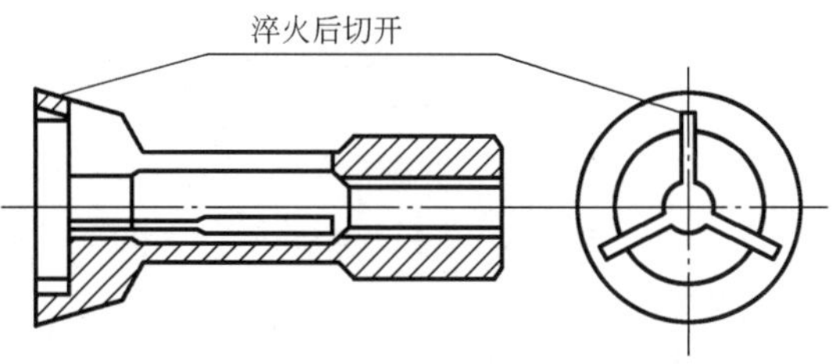

图 3.30 弹性卡头

3. 热处理技术条件的标注

大量数据表明，硬度与强度等力学性能有一定的对应关系，可从硬度值推测材料强度。由于测试硬度简单方便，且不损害工件，因此硬度是零件热处理后的主要检验指标，只有少数重要零件（如枪械上的零件）检验其他力学性能。因此，硬度要求是零件热处理的重要技术要求。

图纸上的“热处理技术要求”应包括材料工艺类别、硬度要求，如渗碳、感应加热表面淬火、渗氮等。对于整体淬火，可以写“淬火、回火 58～62HRC” “热处理 58～62HRC”，或简写成“淬火 58～62HRC”。

金属热处理工艺代号由数字和英文字母表示：第一位数字“5”表示热处理；第二位数字为 1、2、3 时，分别表示整体热处理、表面热处理、化学热处理；第三位数字为热处理工艺名称（如淬火、调质、渗碳等）；“-”后面是附加分类工艺代号。例如，513-01 表示整体淬火、可控气氛（气体）加热；515-33-01 表示整体调质处理加渗氮；537（S-N）表示硫氮共渗，具体可参照 GB/T 12603—2005《金属热处理工艺分类及代号》。一般情况下，不在图纸上注明热处理工艺的具体细节。

图纸上提出的硬度范围如下：HRC 约为 5 个单位，HBW 为 30～40 个单位。标注 HRC 时，在高硬度范围内值可以小一些，如 60～63HRC、62～65HRC 是在 4 个单位内变化；在其他硬度范围内，可在 5～6 个单位内变动，如 40～45HRC（在 6 个单位内变动）。不允许在图纸上提出 46HRC、237HBS 等准确要求，因为工艺及操作不能保证。

对于表面热处理，要提出硬化层厚度（如高频淬火、中频淬火）和渗层厚度（如渗碳等）要求。

热处理技术要求可标注在标题栏上方、标题栏中或图纸右上角。热处理技术要求应健全、明确。热处理技术要求标注实例如图 3.31 所示。

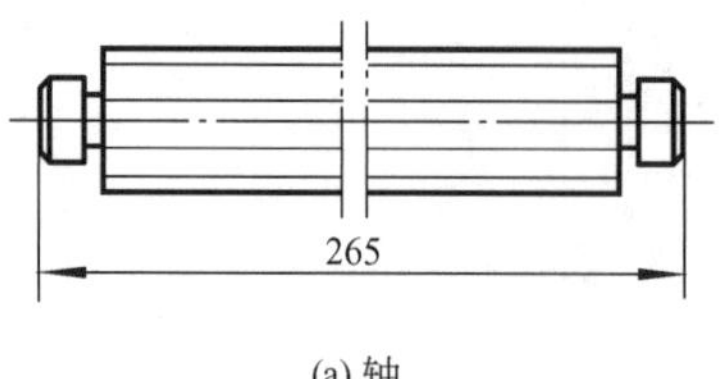

调质235~265HBW

名 称	Ⅱ轴
材 料	45 钢

或

515-01 235~265HB

名 称	Ⅱ轴
材 料	45 钢

(a) 轴

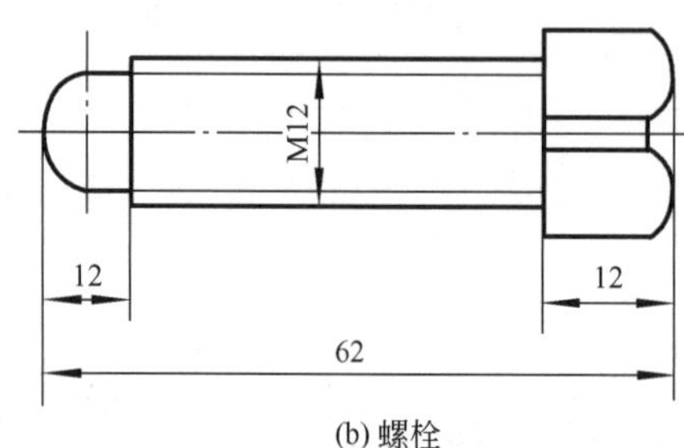

1. 材料为45 钢。
2. 热处理技术条件：515-04，235HBW；
尾 515-03，45HRC

(b) 螺栓

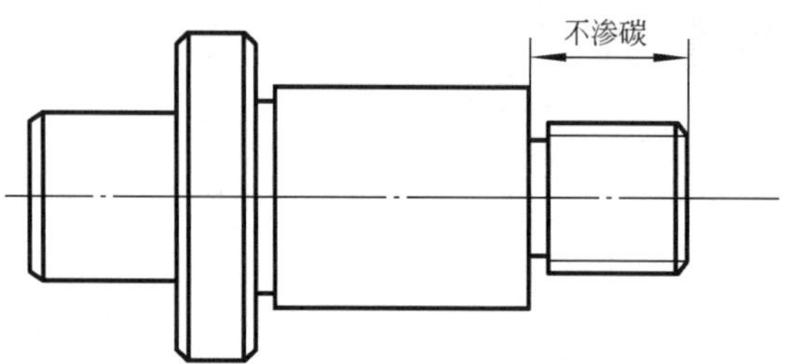

渗碳0.8~1.2mm
淬火回火58~62HRC

名 称	小轴
材 料	20Cr

(c) 轴

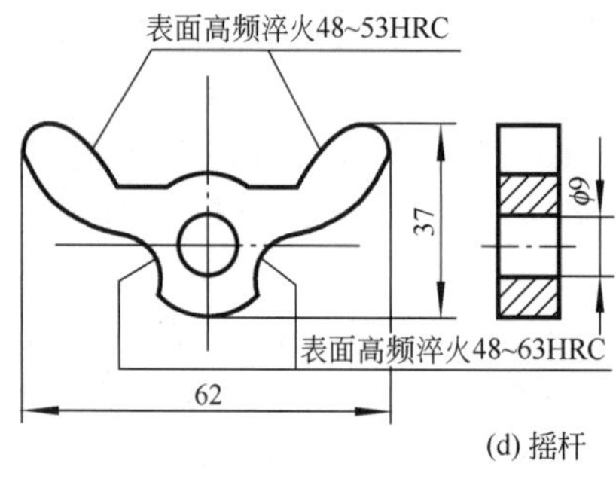

表面高频淬火48~63HRC

名 称	摇杆
材 料	45 钢

(d) 摇杆

图 3.31 热处理技术要求标注实例

3.2 金属的合金化改性

纯金属的力学性能较低，很多纯金属价格高，一般很少用于机械零件及工程结构。在纯金属中加入一些合金元素以合金化，不但可以改进力学性能，满足工程需要，而且具有某些特别的电性能、磁性能、热性能及化学性能，可满足特殊的工程需要。

碳素钢（非合金钢）价格低，加工性能优良，通过热处理可以获得不同的性能，以满足工业生产中的不同需求，应用广泛。但由于其淬透性和综合机械性能差，不适合制造尺寸较大的重要零件，且耐热性、耐蚀性、耐磨性较差，因此难以满足一些重要场合和特殊环境的性能要求。为提高钢的力学性能和理化性能，冶炼时加入一些合金元素（合金化），形成合金钢。合金化也是改善和提高钢铁材料及其他材料（有色金属合金、陶瓷材料甚至发展聚合物“合金”）性能的主要途径。

3.2.1 合金元素的存在形式

对应用广泛的钢铁材料，根据合金元素与碳的作用不同，合金元素可分为两大类：一类是碳化物形成元素，比 Fe 的亲碳能力强，在钢中优先形成碳化物，强弱顺序为 Zr、Ti、Nb、V、W、Mo、Cr、Mn、Fe 等；另一类是非碳化物形成元素，主要包括 Ni、Si、Co、Al 等，它们一般不与碳生成碳化物，而是固溶于固溶体中或生成其他化合物，如 AlN。合金元素在钢中的存在形式主要有固溶体、化合物、游离态。

1. 固溶体

合金元素溶入钢中的铁素体、奥氏体和马氏体，形成合金铁素体、合金奥氏体和合金马氏体。此时，合金元素的直接作用是固溶强化。

2. 化合物

合金元素可以与钢中的碳、其他合金元素及常存杂质元素形成碳化物、金属化合物和非金属夹杂物。

碳化物的主要形式有合金渗碳体（如 FeC、Mn_3C 等）和特殊碳化物（如 VC、TiC、WC、MoC、Cr_7C_3、$Cr_{23}C_6$ 等）。碳化物一般具有硬且脆的特点。合金元素的亲碳能力越强，形成的碳化物越稳定，硬度和熔点越高。合金元素形成碳化物的直接作用是弥散强化。

在某些高合金钢中，金属元素之间还可能形成金属化合物，如 FeSi、FeCr、Fe_2W、Ni_3Al、Ni_3Ti 等，它们在钢中的作用类似于碳化物。

合金元素与钢中常存杂质元素（如 O、N、S、P 等）形成的化合物多属于非金属夹杂物，它们在大多数情况下是有害的，主要降低钢的强度，尤其是韧性与疲劳性能，应严格控制钢中非金属夹杂物的量。

3. 游离态

钢中的有些元素（如 Pb、Cu 等）既难溶于铁，又不易生成化合物，而以游离态存在；在某些条件下，钢中的碳也可能以自由状态（石墨）存在。在通常情况下，游离态元素将对钢的性能产生不利影响，但对改善钢的切削加工性能有利。

3.2.2 合金元素的作用

钢中合金元素有 Mn、Si、Cr、Ni、W、Mo、V、Ti、B、Nb 等。这些元素既可单独加入钢，又可将两种或者两种以上元素同时加入钢。合金元素在钢中的作用如下。

1. 形成固溶体，产生固溶强化

大多数合金元素都可以溶解在铁素体、奥氏体和马氏体中，形成合金铁素体、合金奥氏体和合金马氏体，产生固溶强化。合金元素对铁素体性能的影响如图 3.32 所示。显然，合金元素的量应控制在一定范围内，以获得较好的强韧化效果。

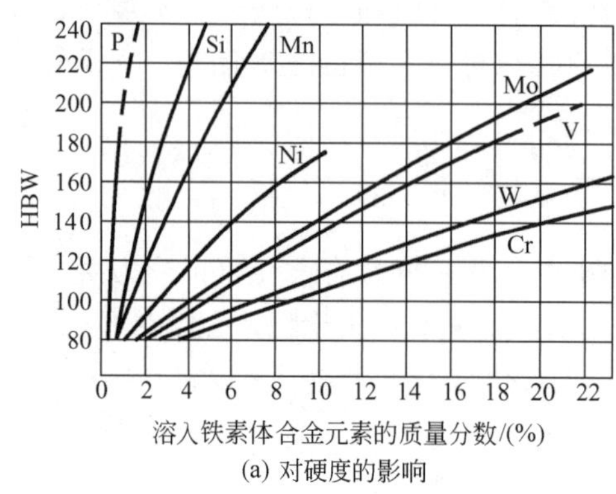

(a) 对硬度的影响

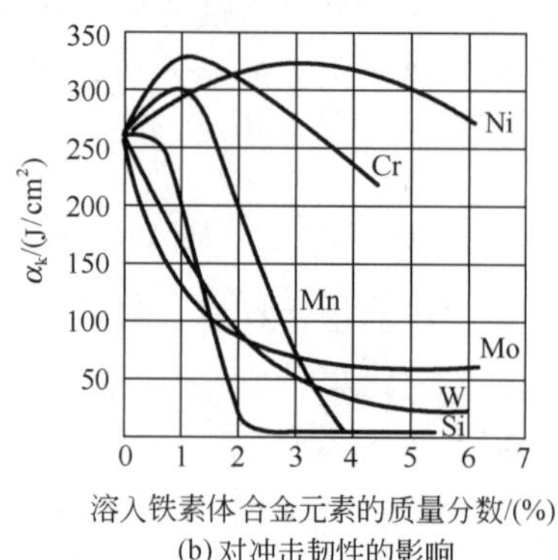

(b) 对冲击韧性的影响

图 3.32　合金元素对铁素体性能的影响

2. 形成金属化合物，产生弥散强化或第二相强化

合金渗碳体、合金碳化物和特殊碳化物的稳定性、硬度和耐磨性都比渗碳体高，当它们分布在固溶体基体上时，可起到更明显的第二相强化作用。某些过饱和合金经重新低温加热或长时间放置，从过饱和的基体中沉淀析出细小弥散的第二相粒子（特殊碳化物或其他金属化合物），使材料得到强化，这种强化作用也称沉淀或时效强化。W、Mo、Ti、V、Nb 等元素与碳的结合能力很强，可形成细小的特殊碳化物，如 TiC、WC、VC 等，它们的弥散强化效果很好，常作为高硬度钢、高耐热钢、高耐磨性钢的主要强化相。

3. 溶入奥氏体，提高钢的淬透性

除 Co 和 Al，其他所有溶入奥氏体的合金元素都能阻碍铁、碳的扩散，使奥氏体的稳定性增强，使 C 曲线右移，从而提高钢的淬透性，并使 M_s 线下移，甚至改变 C 曲线的形状。其中硼（B）的作用特别值得一提，微量的硼（$w_B = 0.0005\% \sim 0.003\%$）能明显提高钢的淬透性。$M_s$ 线下降使淬火钢中的残余奥氏体增加。

4. 提高钢的热稳定性，增强钢在高温下的强度、硬度和耐磨性

溶入马氏体的合金元素大多阻碍马氏体分解，使合金碳化物不易聚集长大，从而提高钢的抗回火软化能力，使钢在高温下仍能保持较高的强度、硬度和耐磨性。材料在高温下保持高硬度的能力，称为材料的热硬性。

5. 细化晶粒，产生细晶强韧化

合金元素形成的碳化物、氮化物等金属化合物的稳定性都比渗碳体高，加热时不易溶解，不溶的金属化合物会强烈阻碍奥氏体晶粒长大，获得细小的奥氏体晶粒，冷却后得到细小的组织，从而产生细晶强韧化作用。

6. 形成钝化保护膜

当钢中含有一定数量的 Cr、Al、Si 等元素时，会形成致密、稳定的 Cr_2O_3、Al_2O_3、SiO_2 钝化膜，使钢具有一定的耐蚀性和耐热性，如不锈钢、耐蚀铸铁。

7. 对奥氏体和铁素体存在范围的影响

Ni、Mn、Cu 等面心立方晶格的元素使铁-碳合金相图中的 A_1 线、A_3 线下移，A_4 线

上移，并使 S 点和 E 点向左下方移动，扩大奥氏体区。当 $w_{Mn}>13\%$ 或 $w_{Ni}>9\%$ 时，S 点降至室温以下，使常温下的奥氏体仍处于稳定状态，称为奥氏体钢。Cr、Mo、Si、W 等体心立方晶格元素使铁-碳合金相图中的 A_1 线、A_3 线上移，A_4 线下移，S 点和 E 点向左上方移动，缩小奥氏体区。当 Cr、Ti、Si 等超过一定量时，奥氏体区消失，在室温下得到单相铁素体，称为铁素体钢。

另外，由于 S 点左移，因此含碳量相同的合金钢比普通钢的珠光体多，可使钢强化；由于 E 点左移，因此原属于过共析钢的合金中有莱氏体组织，成为莱氏体钢。

8. 其他作用

不同的合金元素及其含量对钢的铸造性能、压力加工性能、焊接性能、切削性能、热处理工艺性能，以及一些物理性能和化学性能有影响。

3.3 金属的形变强化

3.3.1 冷塑性变形对金属组织与性能的影响

金属塑性变形

1. 金属塑性变形简介

(1) 单晶体的塑性变形。

理想单晶体的塑性变形如图 3.33 所示。在平行于某晶面切应力 τ 的作用下，晶格的一部分相对另一部分从一种稳定状态沿滑移面滑移到另一种稳定状态，此时为整体刚性滑移，所需的切应力很大；作用在此晶面上的正应力只会引起晶格弹性伸长直至拉断。研究证明，单晶体塑性变形的基本形式有滑移和孪生，其中滑移是主要变形方式。滑移只在切应力作用下发生，滑移距离是原子间距的整数倍。滑移常沿晶体中原子的密排面和密排方向（原子间距大，结合力小）进行。

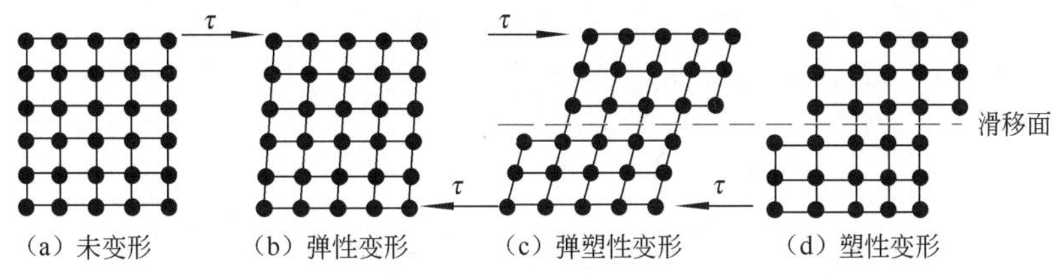

图 3.33 理想单晶体的塑性变形

实际上，晶体内存在一些位错缺陷，由于位错线处于左右原子临界位置，因此具有易动性，在不大的切应力作用下易发生位置变动，使实际晶体滑移时所需的切应力比整体刚性滑移小得多，这与实际晶体的塑性变形情况相符。晶体的滑移是通过滑移面上位错运动实现的，无数位错运动形成了晶体的宏观塑性变形。由位错运动引起滑移如图 3.34 所示。

孪生是指在切应力作用下，晶体的两部分沿一定的晶面（孪晶面）和晶向（孪生方向）产生整体剪切变形，如图 3.35 所示。孪生使晶体的两部分沿孪生面构成镜面对称关系。

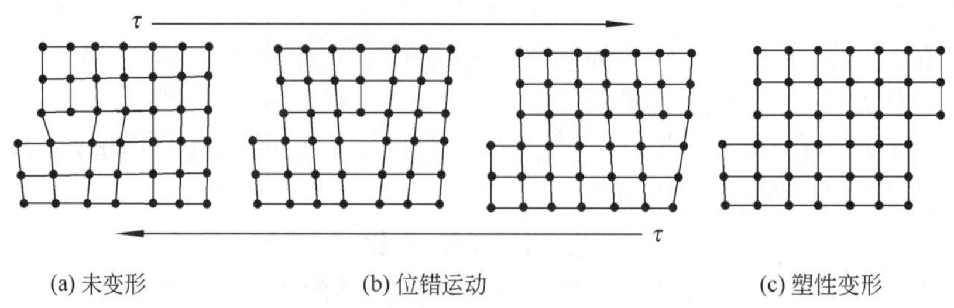

图 3.34　由位错运动引起滑移

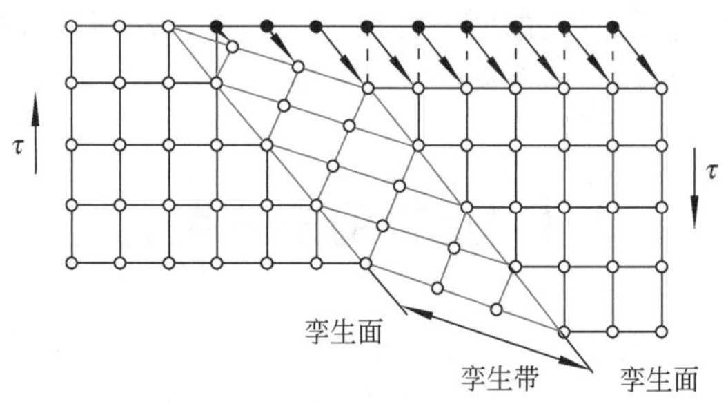

图 3.35　孪生示意

（2）多晶体的塑性变形。

工程上使用的金属材料几乎都是多晶体。多晶体是由许多形状、尺寸、取向各不相同的晶体——晶粒组成的，晶粒的变形方式与单晶体相同，也是滑移和孪生。但由于多晶体各晶粒之间位向不同和存在晶界，因此塑性变形比单晶体复杂得多。

① 晶界和晶粒方位的影响。图 3.36 所示为双晶粒金属试样变形前后示意，经拉伸变形后，晶界处不易变形，试样呈竹节状。由于晶界处原子排列紊乱，杂质原子较多，增大了晶格的畸变，因此位错在该处滑移时受到的阻力较大，难以产生变形，使金属试样具有较高的塑性变形抗力。

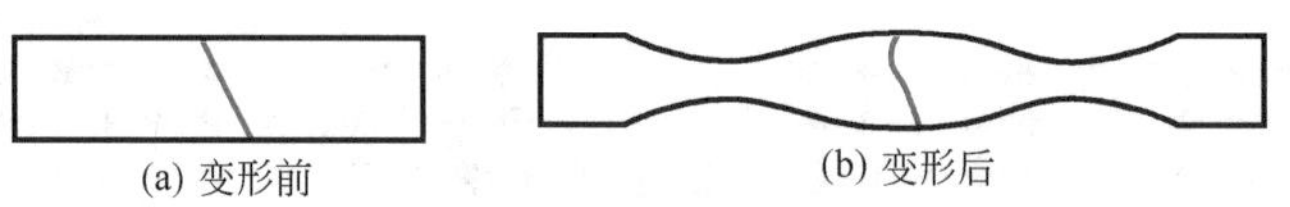

图 3.36　双晶粒金属试样变形前后示意

② 多晶体塑性变形的特点。多晶体金属不均匀塑性变形过程如图 3.37 所示。由于各晶粒的晶格（图中的 A、B、C）位向不同，因此在外力作用方向上的变形难易程度不同，其中所有晶粒的滑移变形都必然受到周围不同位向晶粒的约束和阻碍；为保持金属的连续性而不断裂，只有各晶粒间相互协调，才能产生塑性变形，使相邻晶粒转动及变形，使滑移从一批晶粒传递到另一批晶粒。显然，各晶粒塑性变形具有不同时性及不均匀性。

综上可知，金属的晶粒越细小，晶界面积越大，晶粒周围取向不同的晶粒越多，塑性变形的抗力（强度、硬度）越高；同时，晶粒越细，在一定体积内的晶粒越多，在相同变形量下，变形分散在更多晶粒内，变形越均匀，减小了应力集中，塑性、韧性较好。用细化晶粒提高金属强度的方法称为细晶强化。细化的晶粒使晶界能增大，使材料的高温稳定性变差。

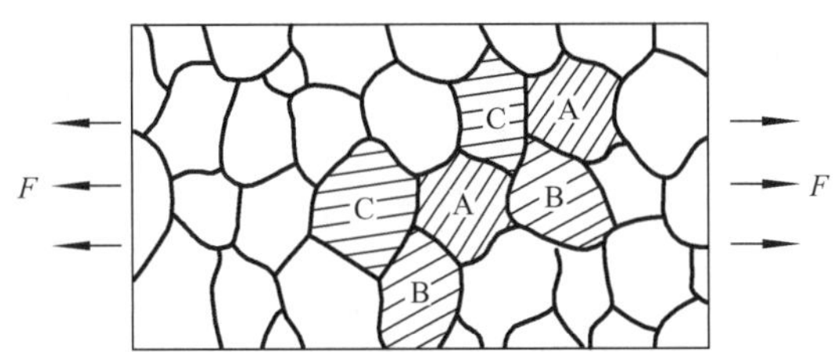

图 3.37 多晶体金属不均匀塑性变形过程

2. 冷塑性变形对金属组织与性能的影响

冷塑性变形是指金属在室温或较低的温度下产生的永久变形。金属的晶体结构不同，塑性变形的难易程度不同：面心立方金属（如铜）最易产生塑性变形，塑性最好；体心立方金属（如铁）次之；密排六方金属（如镁）的塑性最差。金属经冷变形后，不仅可以形成一定的形状和尺寸，而且强度和硬度增大。例如经热处理的高碳钢丝经冷拉制成的高强度弹簧钢丝，比一般钢材的强度高 4～6 倍。

（1）冷塑性变形时金属组织结构的变化。

经冷塑性变形后，金属材料的组织结构会发生如下变化。

① 形成纤维组织。金属产生塑性变形时，随着外形的不断变化，金属内部的晶粒形状由原来的等轴晶粒变为沿变形方向延伸的畸变晶粒，晶粒显著伸长为细条状的纤维形态，这种组织称为冷加工纤维组织。

② 亚结构细化。塑性变形不仅使晶粒外形发生变化，而且使晶粒碎化，位错密度增大，内部亚结构出现细化，亚晶界增加，晶体内部原子排列的规则性被破坏，导致晶体缺陷的密度增大。

③ 出现择优取向。在塑性变形过程中，各晶粒不仅沿着受力方向伸长，而且按一定趋向转动。当变形量超过 70%时，原来取向不同的各晶粒会转动到位向接近一致，这种现象称为择优取向，形成的有序化的方向性结构称为形变织构，如图 3.38 所示（图中立方体为晶格）。

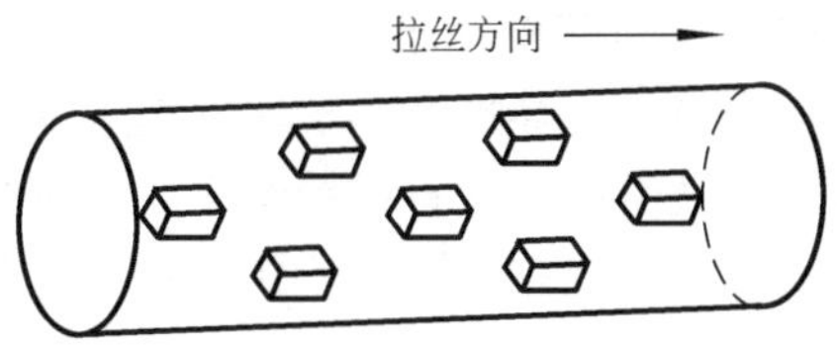

图 3.38 形变织构

（2）冷塑性变形后金属性能的变化。

随着塑性变形时金属组织结构的变化，金属性能也发生了明显变化。

① 加工硬化。金属在塑性变形过程中，随着变形程度的增大，强度、硬度增大，塑性、韧性降低，这种现象称为加工硬化（也称形变强化）。由于金属塑性变形主要是通过位错沿着一定的晶面滑移实现的，在滑移过程中，位错密度增大，且位错间相互干扰、相互缠结，使得位错运动阻力增大，同时亚晶界增加，因此出现加工硬化现象。

由于加工硬化增大了金属进一步变形的抗力，甚至使金属开裂，对压力加工产生不利影响，因此需要采取措施软化，恢复其塑性，以继续形变加工。但是，对于冷拔钢丝绳、用高锰钢制造的拖拉机履带板和推土机铲齿、形变铝合金等不能用热处理方法强化的合金，加工硬化是一种提高强度的有效手段。

② 产生残余应力。所谓残余应力（也称内应力）是指使金属发生塑性变形的外力去除后，残留且平衡于金属内部的应力。残余应力是由金属内部变形程度不均匀造成的。

塑性变形时，在晶格中发生晶格畸变而产生微观残余应力，这是形变金属中的主要应力，也是使金属强化的主要原因；在金属中，各晶粒间的不均匀变形也会产生应力；在工件各部位间，会因变形顺序和变形程度不同而出现宏观残余应力。残余应力会降低材料的耐蚀性，宏观残余应力还会降低材料的承载能力，使工件在加工或使用过程中产生变形或裂纹。因此，在生产中，有时需要采取措施消除残余应力。

③ 各向异性。变形量大的形变金属中会出现形变织构，使得金属的性能出现各向异性。在不同使用条件下，形变织构产生的影响不同。用于制造变压器铁芯的硅钢片沿某晶向最易磁化，如果用具有易磁化方向的形变织构的材料制造，则可明显增大铁芯的磁导率，降低磁滞损耗，提高变压器的效率。冲压薄板零件时，由于存在形变织构，因此各方向的变形程度不同，在工件各部位形成不均匀塑性变形，导致冲压件报废。

④ 其他性能变化。其他性能变化有降低金属的抗腐蚀能力、提高金属材料的电阻率等。

3.3.2 冷塑性变形金属在加热时组织与性能的变化

金属发生塑性变形后，出现了晶格畸变和晶粒破碎现象，处于组织不稳定状态。在室温下，金属原子的活动能力不强，这种亚稳定状态可以维持相当长时间而不发生变化。一旦温度升高，金属原子就可以获得足够的活动能力，在组织和性能上发生一系列变化。

加热冷变形后的金属时，随着温度的升高或加热时间的延长，其组织和性能一般经历回复、再结晶、晶粒长大三个阶段的变化。

1. 回复

塑性变形后的金属加热到较低的某温度时，原子获得的活动能力较差，只能进行短距离扩散，使晶体缺陷减少（如空位与间隙原子合并、位错移出或合并等），大部分晶格畸变消除，材料中的残余应力基本消除，导电性和抗腐蚀能力基本恢复至变形前的水平，该变化称为回复。此时，金属的显微组织仍保持纤维组织，力学性能也不发生明显变化。金属回复和再结晶示意如图 3.39 所示。在生产过程中，有时利用该现象保留冷变形金属的加工硬化，消除残余应力，也称去应力退火。

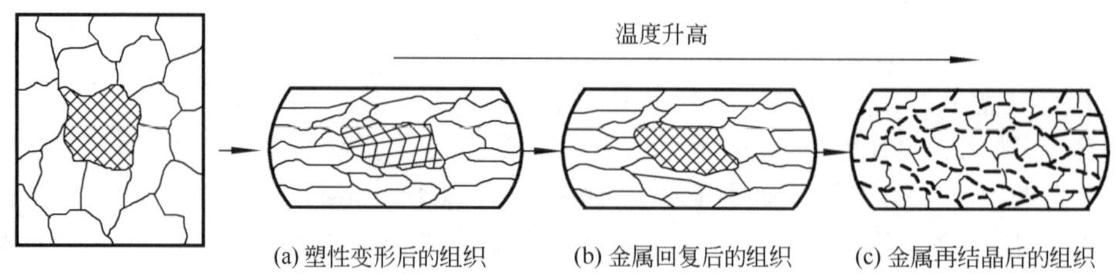

图 3.39 金属回复和再结晶示意

2. 再结晶

把经历回复阶段的金属加热到更高温度时，原子活动能力提高，金属晶粒的显微组织开始发生变化，由破碎或拉长的纤维状晶粒变成完整的等轴晶粒，其经历了两个阶段：①在畸变晶粒边界形成无畸变晶核；②无畸变晶核长大，直到全部转变成无畸变的均匀等轴晶粒。整个变化与结晶过程相似，也是原子扩散引起的形核、长大过程，但相的类型不发生变化，因此称为再结晶。

再结晶过程是在一定温度范围内进行的。再结晶温度是指发生再结晶所需的最低温度，它与金属的熔点、成分、预先变形程度等因素有关。纯金属的再结晶温度 $T_{再}$ 约为熔点 $T_{熔}$ 的 40%，即 $T_{再} \approx 0.4T_{熔}$（用绝对温度表示）。

在金属再结晶过程中，由冷塑性变形产生的组织结构变化基本恢复，金属的强度和硬度降低，塑性和韧性提高，加工硬化现象逐渐消失，金属性能重新恢复至冷塑性变形前的状态，称为再结晶退火。

3. 晶粒长大

再结晶完成后，一般得到均匀的细等轴晶粒，如果继续加热升温，细等轴晶粒会逐渐长大变粗。晶粒的长大过程是能量降低的自发过程，大晶粒吞并小晶粒，最终形成粗大的等轴晶粒。

4. 影响再结晶后晶粒尺寸的主要因素

晶粒尺寸对金属性能的影响很大。再结晶后，晶粒尺寸与以下因素有关。

(1) 加热温度和保温时间。再结晶时的加热温度越高，保温时间越长，再结晶后的晶粒越粗大。

(2) 变形程度。当变形程度很小时，金属中储存的变形能很小，不会发生再结晶。当预先变形度为 2%～10%时，再结晶后的晶粒特别粗大，该变形度称为临界变形度，如图 3.40 所示。由于达到临界变形度的金属中只有部分晶粒破碎，因而再结晶后晶粒的不均匀度增大，利于大晶粒吞并小晶粒，形成特别粗大的晶粒。超过临界变形度后，随着变形度的增大，晶粒破碎的均匀程度变大，再结晶后的晶粒变细；当变形度达到一定程度时，再结晶的晶粒度基本不变；当变形度约为 95%时，再结晶后晶粒粗大，与形变织构的形成有关。

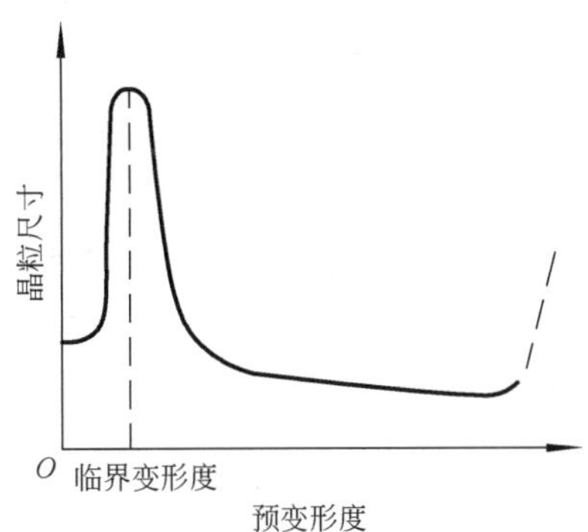

图 3.40 变形度对再结晶后晶粒尺寸的影响

3.3.3 金属的热变形

由于金属在较高温度下强度降低、塑性提高，因此热塑性变形比冷塑性变形容易得多。在工业生产中，钢材和许多零件的毛坯都是加热到一定温度后进行压力加工的。

1. 金属的热变形和冷变形

金属材料热变形（或热加工）和冷变形（或冷加工）的界限是以再结晶温度划分的。金属加热至再结晶温度以上进行变形，由塑性变形引起的加工硬化可以通过随后的再结晶过程消除。因此，把在再结晶温度以下进行的变形称为冷变形，把在再结晶温度以上进行的变形称为热变形。例如，纯铁的再结晶温度约为600℃，在此温度以上的变形是热变形。钨的熔点为3399℃，再结晶温度约为1200℃，因此，即使是稍低于1200℃的变形也属于冷变形。铅和锡的再结晶温度低于室温（铅的再结晶温度为－33℃），因此在室温下对它们进行压力加工仍然属于热变形。

在冷变形过程中，随着变形程度的增大，金属不断硬化，塑性不断降低，直到金属完全丧失变形能力发生断裂为止。

在热变形过程中，金属一方面由塑性变形引起加工硬化；另一方面由于变形过程在再结晶温度以上进行，会因瞬时再结晶而基本消除硬化。但在此过程中，因加工硬化与变形是同步的，而再结晶属于热扩散过程，故硬化与软化不能恰好相互抵消。例如，当变形速度高、加热温度低时，由于变形引起的硬化因素占优势，因此随着变形过程的进行，变形阻力越来越大，甚至会使金属断裂；反之，当变形速度较低、加热温度较高时，再结晶和晶粒长大占优势，虽然不使金属断裂，但金属晶粒将变得粗大，金属性能也会变差。因此，热变形时，应认真控制金属的温度与变形程度，使两者的配合尽可能恰当。

虽然热变形可用较小的变形能量获得较大的变形度，但是，由于加工过程在高温下进行，金属表面易受到氧化，产品的表面粗糙度较高、尺寸精度较低，因此热变形主要用于截面尺寸较大、变形度较大或材料在室温下硬度较高、脆性较大的金属制品或零件毛坯加工。冷变形适用于截面尺寸较小、对加工尺寸和表面粗糙度要求较高的金属制品或需要加工硬化的零件进行变形加工。

2. 热塑性变形对金属组织和性能的影响

与冷变形相同，热变形不仅改变了零件的外形和尺寸，还改变了金属的内部组织，并使其性能发生变化。

（1）改善铸态组织。

热变形可焊合金属铸锭中的气孔和疏松，消除部分偏析，使粗大的枝晶、柱状晶和粗大等轴晶粒破碎，并在再结晶过程中转变为细小均匀的等轴晶粒；此外，金属中的非金属夹杂物、碳化物的形态、尺寸与分布也在热变形过程中得到改善，因而热变形可提高金属材料的致密度和力学性能。由于经热塑性变形后，金属的塑性和冲击韧性均比铸态有明显提高，因此工程上受力复杂、载荷较大的工件（如齿轮、轴、刃具和模具等）大多经热加工来制作毛坯。

（2）形成热变形纤维组织（流线）。

热变形时，铸态金属毛坯中的枝晶及非金属夹杂物都会沿变形方向延伸与分布，排列成纤维状。这些呈纤维状的非金属夹杂物再结晶后，形状不变，因此可以在材料的纵向宏观试样上看到沿变形方向的平行的条纹组织（原夹杂物等分布的痕迹），即热变形纤维组织（流线），如图 3.41（a）所示。纤维组织使金属材料的力学性能呈各向异性，沿纤维方向（纵向）比垂直于纤维方向（横向）的强度、塑性和韧性强。因此，采用热变形制造工件时，应使流线与工件工作时受到的最大拉应力的方向一致，与剪应力或冲击方向垂直。生产中广泛采用模锻法制造齿轮和中小型曲轴，采用局部镦粗法制造螺栓，其优点之一就是使流线合理分布，并适应工件工作时的受力情况。用上述方法获得的工件与用切削加工获得的工件［图 3.41（b）］相比，性能明显提高。

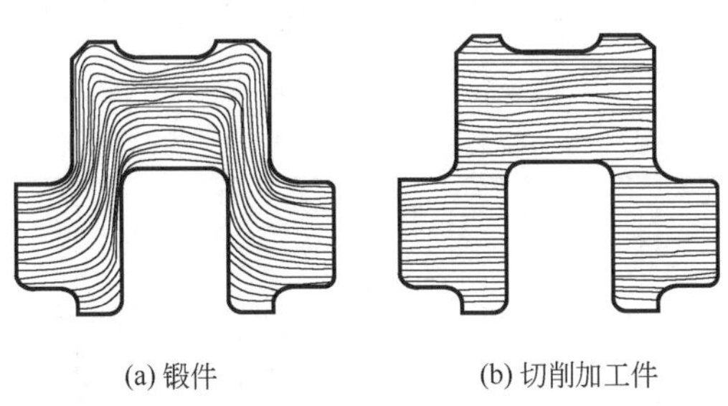

(a) 锻件　　(b) 切削加工件

图 3.41　曲轴的流线分布

依靠加热与冷却的热处理方法不能消除或改变工件中的流线分布，只能依靠适当的塑性变形改善流线分布。当不希望金属材料中出现各向异性时，应采用不同方向的变形来打乱流线的方向。例如，锻造时可采用镦粗与拔长交替并改变方向（十字锻造）的方法加工。

（3）形成带状组织。

亚共析钢经热加工后，呈带状分布的夹杂物和某些元素（如磷）会成为先共析铁素体析出时的地点，使铁素体也呈带状分布，在铁素体两侧是呈带状分布的珠光体；在过共析钢中，带状组织表现为密集的粒状碳化物条带，它是钢锭中的显微偏析在热变形过程中延伸而成的碳化物富集带，如图 3.42 所示。带状组织使钢的力学性能呈各向异性，特别是使横向的塑性和韧性降低。具有带状碳化物的钢制刀具或轴承零件淬火时，容易变形或开裂，且组织和硬度不均匀，使用时容易崩刃或碎裂。可以采用多次正火或高温扩散退火改善轻微的带状组织。

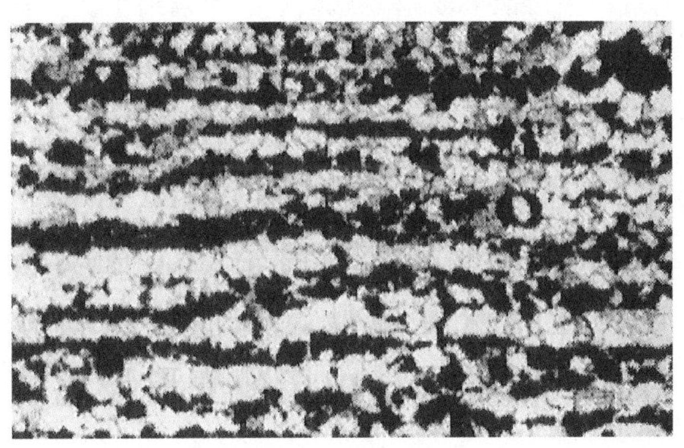

图 3.42　碳化物富集带

3.4 液态金属结晶时的细晶强化方法

3.4.1 金属的晶粒度与性能的关系

常温下，金属的晶粒越细，强度、硬度越高，塑性、韧性越好。因此，常温下使用的金属材料，希望获得细小晶粒组织；因为晶界是不稳定的高能量状态，晶粒越细，高温性能越差，所以高温下晶粒不能太细，有时还需要单晶组织，如单晶叶片。晶粒直径对纯铁力学性能的影响见表3-4。

表3-4 晶粒直径对纯铁力学性能的影响

晶粒直径/μm	R_m/MPa	A/(%)
70	184	30
25	216	40
1.6	270	50

晶粒的尺寸称为晶粒度。金属中的晶粒尺寸是不均匀的，一般用晶粒的平均直径或平均面积表示晶粒尺寸，有时用晶粒度等级衡量晶粒尺寸。标准晶粒度分为8级，1级晶粒度最大（晶粒平均直径为0.25mm），8级晶粒度最小（晶粒平均直径为0.022mm），更小的称为超细晶粒（9～12级）。通常在放大100倍的金相显微镜下观察金属断面，对照标准晶粒度等级图评定晶粒度等级。

在工程上，利用细化晶粒的方式提高材料室温强韧性的方法称为细晶强化（面缺陷增加是细晶强化的主要原因）。可用热处理及塑性变形对固态金属细化晶粒，而对液态金属主要采用如下方法细化晶粒。

3.4.2 液态金属结晶时的细晶方法

晶粒度与结晶时的形核率N和晶粒长大速度G有关。形核率越大，在单位体积中形成的晶核越多，晶粒长大的空间越小，结晶结束后获得的晶粒越细小。同时，晶粒长大速度越高，在晶体长大的过程中可能形成越多晶粒，晶粒越细小。工程上常用的细化晶粒的方法如下。

1. 增大过冷度

在工业生产条件下，金属结晶时的形核率和晶粒长大速度都是随着过冷度的增大而增大的，但形核率的增大倾向比晶粒长大速度的增大倾向强烈。因此，增大过冷度可以提高形核率和晶粒长大速度的比值，使晶粒增加，获得细小晶粒。晶粒尺寸与形核率和晶粒长大速度的关系如图3.43所示。在生产中，可以通过改变铸造条件提高金属凝固时的冷却速度，从而增大过冷度，常用方法有提高铸型导热能力、降低金属液的浇注温度等。

2. 加入形核剂

在液态金属中加入细小的形核剂（又称孕育剂或变质剂）并分散在金属液中，成为非自发形核的现成基底，或在金属中形成局部的微小过冷区或阻碍晶粒长大，都可以促进晶

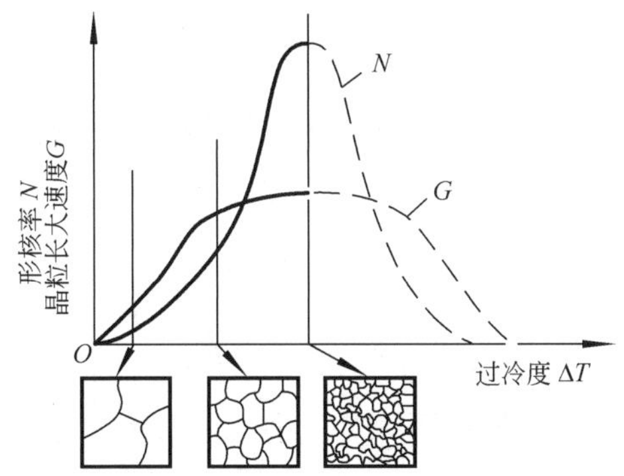

图 3.43 晶粒尺寸与形核率和晶粒长大速度的关系

核的形成，提高形核率，达到细化晶粒的目的，这种方法称为变质处理或孕育处理，是生产中常用的细化晶粒方法。对于不同的金属液，有效的孕育剂是不同的，如生产铸铁时使用稀土硅铁粉或稀土硅钙粉，生产铝合金时使用氯化钠、钛或锆，在钢水中加入钛、钒、铝、铌，等等。

3. 机械方法

采用搅拌、振动等机械方法（如超声振动、电磁搅拌、机械振动、人工搅拌等）迫使凝固的液态金属流动，可以使附着于铸型壁上的细晶粒脱落，或使长大中的树枝状晶粒断落而进入液相深处，成为新晶核形成的基底，从而有效地细化晶粒。

3.5 高分子材料和陶瓷材料的改性

3.5.1 高分子材料的改性

通过加聚反应和缩聚反应可以得到很多高聚物，它们具有很多特异性能，如质量轻、强韧、有弹性、耐化学腐蚀、易加工成形等，这是其他材料不具备的。但高聚物的性能还不能完全满足人们的要求，需要利用化学方法或物理方法改进现有性能，称为聚合物的改性。

1. 化学改性

化学改性是指在加工过程中使一种高聚物与另一种高聚物或单体共混并发生化学反应，使不同的高聚物分子链或链段之间存在化学键，以改变高聚物的化学组成与结构，改善与提高高分子材料性能的方法。化学改性分为嵌段共聚改性、接枝共聚改性、交联改性、引入极性基等。

通过缩聚反应或加聚反应使两种以上单体交替同时进入聚合物的链段，可制得共聚物，这是高聚物改性的重要方法。像金属之间可形成性质不同的合金一样，共聚物也称高聚物的“合金”。

在共聚过程中，当单体在链中有顺序地间隔排列时，称为交替共聚，这种共聚物不多。丙烯腈与丁二烯反应生成的丁腈橡胶就是交替共聚物。

$$\left[\!\left(CH_2-CH=CH-CH_2\right)\!-CH_2-\underset{\displaystyle CN}{\underset{|}{CH}}\right]_n$$

第一种单体聚合一段后，引入第二种单体聚合一段，称为**嵌段共聚**。例如，乙烯和丙烯可生成乙丙嵌段共聚物。

$$\left[CH_2-CH_2\right]_n\left[CH_2-\underset{\displaystyle CH_3}{\underset{|}{CH}}\right]_m$$

在由一种或多种单体组成的聚合物的主链上，连接由另一种单体组成的支链，称为**接枝共聚**。ABS（丙烯腈-丁二烯-苯乙烯）就是接枝共聚物。

```
                              B—B—B—B—…
                              |
…—A—A—A—A—A—A—A—S—S—S—S—…
       |
       B—B—B—B—…
```

交联改性是指线型高分子彼此交联形成空间网状的结构，适度的交联可使力学性能、尺寸稳定性、耐溶剂性及化学稳定性提高。例如，经硫化剂交联后，橡胶的强度、耐磨性、耐热性等均明显提高。

2. 物理改性

在物理改性过程中，高聚物与添加的改性物质之间不存在化学键，是一种机械混合的方法，从而形成复合材料。**物理改性**分为填充改性、共混改性等。物理改性方法简单，适应性强，应用较广。

填充改性是在高聚物中加入有机填料或无机填料，使高分子材料的硬度、耐磨性、耐热性等得到改善，还能降低产品成本，属于复合材料改性。不同的填料具有不同的作用。例如，以石墨和二硫化钼做填料，可提高高聚物的自润滑性；加入导电性填料石墨、铜粉、银粉等，可增强导热性、导电性；加入铁、镍等金属，可制成导磁塑料。树脂基复合材料在原理上属于填充改性，如加入布、石棉、玻璃纤维、碳纤维、纳米材料等增强材料可制得增强塑料；在聚丙烯中加入适量碳酸钙粉末制成塑料，其冲击强度比聚丙烯提高30%，还降低了成本。

共混改性的原理是由两种或两种以上的高分子共混，形成具有综合性能的新的高分子材料的共混物，常称为“**高分子合金**”，如塑料-塑料、塑料-橡胶、橡胶-橡胶等。高分子共混可以是机械粉末共混、溶液共混、乳液共混、熔融共混，还可以采用化学接枝共混、互穿网络结构、化学反应性共混。采用高分子共混的方法比合成一种新的材料的性能价格比高，而且简单、方便。因此，高分子的互穿网络和高分子共混、高分子合金是热门研究方向。

共混高聚物是多种高分子物理混合而成的，由于高分子链上有许多基团，分子之间总的相互作用力很大。因此共混与接枝、嵌段共聚改性等差别不大。共混可以改变高聚物的原有性质，使高聚物具有多种性能。

在高聚物中添加纳米超微粒子的纳米改性技术，可使材料的力学性能、物理性能及化学性能明显提高，成为当今热门的材料改性技术。例如，在塑料、涂料中加入纳米 TiO_2、ZnO 可达到抗菌自洁的效果。

此外，在高聚物中加入阻燃剂、抗老化剂、发泡剂、增塑剂等也是常用的改性方法。

3.5.2 陶瓷材料的增韧

陶瓷材料具有硬度高、耐磨性强、耐高温、抗氧化、耐腐蚀等特性，但受到脆性大的影响，陶瓷的应用受到很大限制。如果能使陶瓷的韧性显著提高，陶瓷就可能成为重要的高温结构材料。陶瓷材料的主要增韧方法如下。

1. 制造微晶及高密度、高纯度的陶瓷

因为陶瓷材料在制备过程中往往不可避免地存在气孔和裂纹等缺陷，所以陶瓷材料的实际断裂强度大大低于理论断裂强度。消除缺陷，提高晶体的完整性，使材料细、密、匀、纯是陶瓷增韧的有效方法。

2. 消除陶瓷表面缺陷

由于陶瓷材料的脆性断裂往往是从表面或接近表面的缺陷处开始的，因此消除表面缺陷可有效提高陶瓷材料的韧性，如机械抛光、化学抛光、激光表面处理等都是改善陶瓷表面状态、提高韧性的方法。对于非氧化物陶瓷，可通过控制表面氧化技术消除表面缺陷。另外，表面退火处理、离子注入表面改性等都可以在不同情况下消除表面缺陷，达到增韧的目的。

3. 在陶瓷表面引入压应力

采用工艺方法在陶瓷表面产生压应力层，可减小表面的拉应力峰值，阻止表面裂纹的产生和扩展。

4. 细化陶瓷晶粒

因为晶界对裂纹扩展有阻碍作用，所以细化的陶瓷晶粒有利于增韧。

5. 自补强增韧

自补强增韧又称原位增韧，其原理是利用工艺因素的控制，使陶瓷在制备过程中，在原处形成具有较大长径比的晶粒形貌，达到类似于晶须补强的效果。

6. 纤维（或晶须）补强增韧

纤维补强增韧的原理是使一些纤维（如碳纤维、SiC 纤维）均匀分布在陶瓷的基体中，制成陶瓷基复合材料。纤维除可承担部分负荷外，还可阻止或抑制裂纹扩展。纤维复合是陶瓷材料增韧的有效方法。

7. 异相颗粒弥散增韧

在陶瓷材料中加入板状或圆柱形第二相颗粒，裂纹通过增强颗粒后，裂纹表面形成粗糙凹坑，可阻碍裂纹扩展。

8. 相变增韧

利用陶瓷材料中固态相变增韧是近年的重要研究成果，是结构陶瓷材料增韧的重要方法。工程中的典型应用是利用 ZrO_2 陶瓷部分的相变膨胀阻止或消除裂纹。

3.6 材料的表面改性技术简介

表面改性技术（或称表面改性处理、表面工程）用于对材料的表面进行特殊强化或做某些功能处理，以提高表面硬度、耐磨性、耐蚀性、耐热性，并提高零件的装饰性或改变表面的电、磁、光性能等。一般表面改性技术不改变基体材料的成分或组织，表面淬火和化学热处理根据工艺特点也可归入该技术。

3.6.1 高能束表面改性

激光熔覆

高能束表面改性是指将具有高能量密度（$10^{12}\sim10^{13}$ W/cm^2）的能源（如激光、电子束和离子束，也称“三束”）施加到材料表面，使之发生物理变化或化学变化，获得特殊性能的方法。高能束表面改性可对工件表面进行选择性的表面处理，能量利用率高，加热快，工件表面至内部温度梯度大，可以很快自冷淬火，同时工件变形小，生产效率高。

1. 激光表面处理

激光除锈

激光表面处理除前述的激光表面淬火应用外，还有激光表面合金化、激光表面熔覆、激光上釉、激光冲击硬化、激光除锈等。

激光表面合金化是应用激光束将合金化粉末和基材一起熔化后迅速凝固，在表面获得合金层的方法，主要用于提高基体材料的耐磨性、耐蚀性和耐热性，可降低材料成本。例如，利用激光表面合金化在钢铁表面加入较贵重的Cr、Co、Ni等元素，可用于制造发动机阀座和活塞环、涡轮叶片等零件。

激光表面熔覆是应用激光束将预先涂覆在材料表面的涂层（或气流同步送粉或送丝）与基体表面一起熔化后迅速凝固，得到与涂层成分基本一致的熔覆层的方法。激光表面熔覆与激光表面合金化的不同之处在于，激光表面合金化是使添加的合金元素和基材表面全部混合，得到新的合金层；激光表面熔覆是预覆层全部熔化而基体表面微熔，熔覆合金层的成分基本不变，只是与基材结合处受到稀释。表面覆层通常是钨铬钴耐热耐磨合金，可应用于制造阀座、涡轮叶片、活塞环、铝合金零件等。

激光上釉是利用激光功率密度大、停留加热时间短的特点，使材料表面基体迅速熔化和重铸，得到极细晶粒的组织，以达到高耐磨和耐蚀性的目的的方法。这种方法可以用来消除表面缺陷或提高电化学覆层的完整性，可用于涡轮叶片改性，获得超硬覆层和高性能成分的表面层。

激光冲击硬化是利用激光功率密度极大和以极短时间冲击在金属表面时，表面立即汽化而产生极大冲击波，在冲击波的作用下使材料表面产生加工硬化的方法。

2. 电子束表面技术

当高速电子束照射到金属表面时，电子能深入金属表面一定厚度，与基体金属的原子核及电子发生作用，传递的能量立即以热能形式传递给金属表层原子，使金属的表层迅速升温。电子束表面技术与激光表面处理不同，激光加热时，金属表面吸收光子能量，激光未穿过金属表面。因此，电子束加热的深度和尺寸比激光加热大。

此外，与激光表面处理相比，电子束表面技术还具有设备功率稳定，输出功率大，热电转换效率高，工件表面无须特殊处理（激光表面淬火时，先对工件表面进行“黑化”处理，以提高对激光的吸收率），成本较低等特点；但是多要求在真空下工作。

电子束表面技术的应用场合与激光表面处理类似。

3. 离子注入技术

离子注入技术的原理是将工件（金属材料为主）放在离子注入机的真空靶室，在高电压的作用下，将含有注入元素的气体或固体物质的蒸气离子化，加速后的离子与工件表面碰撞，并注入工件表面，形成固溶体或化合物表层，注入层厚度约为 0.1μm，设备昂贵，成本高，主要用于提高金属的耐磨性、耐热性、耐蚀性、抗疲劳性等。

3.6.2 电镀及化学镀

1. 电镀

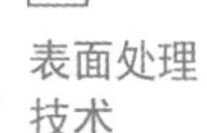

电镀槽中的电解液是镀层金属的盐溶液，以金属或经过表面处理的部分非金属工件为阴极，以镀层金属为阳极，通入直流电，在工件表面沉积被镀金属，获得耐蚀、耐磨或具有其他功能的表面层，这种工艺称为电镀。采用电镀还可修复报废的零件，镀层材料可以是 Cr、Ni、Cu、Sn、Pb、Au、Ag、Zn 等，其中镀铬主要用于装饰性镀层、耐蚀镀层、耐磨镀层。后来还发展了合金电镀（如 Cr-C、Ni-P、Sn-Co、Cu-Pb 等）及复合电镀（如 Ni-SiC、Cr-ZrO_2、Au-BN 等）。此外，还有一种电镀称为刷镀，由包裹着吸水纤维或海绵的不溶性阳极镀笔蘸取电镀液，在阴极工件上来回擦动电镀，该操作类似于刷漆，用于单件或工件的局部修复，方便、有效。

2. 化学镀

化学镀是把被镀工件浸入含有镀层金属盐类的水溶液，经氧化还原反应后，在工件表面沉积形成镀层的方法，其工艺参数有溶液成分、pH 和反应温度，可用于镀 Ni、Cu、Au、Co、Ag 等，其中化学镀 Ni 及其合金因在抗蚀性、硬度、可焊性、磁性、装饰性及镀层均匀性等方面性能优越而得到越来越多的应用。此外，化学镀还可应用于塑料，使之产生导电层和表面合金化，既美观又实用，能使塑料免受溶剂的浸蚀且耐磨。

浸镀（或热镀）的原理是将熔点高的被镀金属工件浸入熔点低的熔融镀层金属液，取出后，在工件表面附着（凝固）一层固态金属层，主要用于防腐蚀。如把钢板、钢带和型钢热浸锌，形成防腐蚀涂层；薄钢板浸锡和电镀锡具有相同的功能，用于食品包装、制作容器及装饰等；浸铝可提高钢的耐热性、耐蚀性和抗氧化性。

3.6.3 气相沉积技术

将金属、合金或化合物置于真空室，采用物理方法使其蒸发，使气相原子、离子或分子沉积在工件表面的工艺称为物理气相沉积（**Physical Vapor Deposition，PVD**）。按蒸发机理的不同，物理气相沉积分为真空蒸镀、阴极溅射和离子镀三大类。

使含有沉积元素的一种或多种已被气化的化合物、单质气体在热基体（工件）表面发生化学反应，形成沉积薄膜的工艺方法称为化学气相沉积（**Chemical Vapor Deposition，CVD**）。按气相反应激发方式的不同，化学气相沉积分为多种类型，其中热化学气相沉积应用最广。物理气相沉积和化学气相沉积的基本特点见表 3－5。

表 3－5 物理气相沉积和化学气相沉积的基本特点

参数	物理气相沉积			化学气相沉积
	真空蒸镀	阴极溅射	离子镀	
镀膜材料	金属、合金、某些化合物（高熔点材料困难）	金属、合金、化合物、陶瓷、高分子	金属、合金、化合物、陶瓷	金属、合金、化合物、陶瓷
气化方式	热蒸发	离子溅射、电离	蒸发、溅射、电离	单质、化合物、气体
沉积粒子及其能量/eV	原子、分子，0.1～1.0	主要为原子，1.0～10.0	离子、原子，30～1000	原子，0.1
基体温度/℃	零下至数百，一般为 200～600，不超过 800			150～2000（多数＞1000）
镀膜沉积速度/（μm/min）	0.1～75	0.01～2	0.1～50	0.5～50
镀膜致密度	较低	较高	高	最高
镀覆能力	绕镀性差，均镀性一般	绕镀性欠佳，均镀性较好	绕镀性和均镀性好	绕镀性和均镀性好
主要应用及其他特性	功能膜（光膜、电膜、磁膜），装饰膜，耐腐蚀膜，润滑膜。镀层结合力小，不用于耐磨件。设备较简单，成本较低，可在金属、玻璃、塑料、纸张上沉积	适用材料广泛，可大面积沉积，设备复杂，主要用作装饰膜及光电功能膜，也可用作耐磨膜、耐腐蚀膜	镀层结合力大、设备复杂，可在金属、塑料、玻璃、陶瓷、纸张上沉积，用作耐磨膜、耐腐蚀膜及其他功能膜	镀层纯度易控制，适合大批量生产，设备简单，用作耐磨膜、减摩膜、耐腐蚀膜、装饰膜、光学膜等，仅可在有一定耐热性的金属及非金属上沉积

很多刃具、模具都成功应用了物理气相沉积，在刃具、模具表面得到硬度高的灰色 TiC、金色 TiN 等，硬度高达 2000HV，提高了耐磨性，具有抗黏着性，使用寿命延长数倍。

3.6.4 热喷涂技术

热喷涂是将金属或非金属材料粉末（或丝材）熔化，并用高速气流喷涂在工件表面形成覆层（厚度为 0.13～5mm）的工艺方法，常用的有火焰喷涂（用氧-乙炔火焰加热，半熔化粉末用压缩空气喷射）、等离子喷涂（将粉末送入含 Ar、He、H_2、N_2 等气体的等离子枪，加热微熔并喷射）、爆炸喷涂（氧-乙炔气体爆炸，将粉末熔化并喷涂在工件表面）、电弧喷涂（由喷涂材料制成的两电极丝间产生电弧来熔化成液滴，由压缩空气喷涂）和激光喷涂等。喷涂用的材料有 Al、Pb、Zn、Sn、Ni、Cu、Fe 等金属及其合金，氧化物、氮化物、碳化物等无机物及塑料等有机物。随着喷涂技术的发展，除金属表面外，也可用喷涂覆层对陶瓷、塑料等工件表面进行强化，以提高表面的耐蚀性、耐热性和耐磨性等，还可用于修复、装饰、隔热、绝缘等。

3.6.5 化学转化膜技术

采用化学或电化学技术使金属表面形成稳定的化合物膜层的方法称为**化学转化膜技术**，可在工件表面形成各种非金属覆层。

1. 发黑处理

将钢铁工件浸入含氢氧化钠、亚硝酸钠等的温热溶液，其表面形成均匀致密的氧化膜（如 Fe_3O_4）。该氧化膜可呈黑色、蓝黑色、红棕色、棕褐色等，厚度为 0.6～1.5μm，经浸油、皂化或重铬酸盐溶液钝化处理后，具有防锈作用，还可提高光泽感，广泛用于制造机械零件、精密仪表。

2. 磷化处理

将钢铁（或有色金属）工件浸入含 Mn、Zn、Fe 的磷酸盐溶液，其表面形成不溶于水的磷酸盐多孔薄膜，如 $Fe_3(PO_4)_2$、$FeHPO_4$ 等，从浅灰色到深灰色，厚度为 3～50μm，呈吸附、耐腐蚀、减摩、绝缘的特征。磷化处理主要用于涂漆前打底，以及在金属冷加工工艺（如挤压、冷拉）中起减摩、润滑作用等。

3. 阳极氧化

阳极氧化的原理是在酸性电解液中把金属工件作为阳极进行电解，因阳极表面析出氧而在工件表面形成氧化膜，多用于铝合金。铝合金的阳极氧化膜呈多孔的蜂窝状结构，利于涂饰、黏结及染色。另外，该氧化膜经钝化封闭处理后，还具有一定耐磨性、耐蚀性、耐热性及电绝缘性，且与基体结合力大。

4. 不锈钢酸性浴氧化着色法

不锈钢酸性浴氧化着色法的工作过程如下：首先用碱或洗涤剂等脱脂，在酸性液中做化学或电化学抛光，浸入含铬酐、重铬酸钾、偏钒酸钠的硫酸热溶液进行氧化，氧化膜厚度从 0.2μm 增大到 0.4μm，在光的干涉下显示出蓝色、金色、红色、绿色等；其次，在铬酐与硫酸的热电解液中做电解坚膜处理（工件接阴极，阳极用铅板）；最后，置于质量分数为 1%的硅酸盐水溶液中煮几分钟，做孔隙封闭。彩色不锈钢色彩艳丽、柔和，色调自然，经久耐用，广泛用于高层建筑、家用电器、体育用品、车辆、仪表、精密机械等。用不锈钢做外装饰的大楼，随着太阳光入射角的变化，从早到晚显示出多种颜色的连续变化。铬酸盐处理也可用于有色金属的表面防护。

3.6.6 表面形变强化

喷砂与喷丸

采用冷变形强化提高金属材料的表面性能是提高工件疲劳强度、延长使用寿命的重要方法。常用的有喷丸、滚压和内孔挤压等表面形变强化工艺。以**喷丸强化**为例，其原理是用高速运动的弹丸（直径为 0.2～1.2mm 的铸铁丸、钢丸或玻璃丸）连续向零件喷射，其表面层产生极强烈的塑性变形与加工硬化。此强化层内组织结构细密，且具有表面残余应力，使零件的疲劳强度大，并可清除表面氧化皮。表面形变强化广泛用于弹簧、齿轮、链条、叶片、火车车轴、飞机零件等，特别适用于有缺口的零件、零件的截面变化处、圆角、沟槽及焊缝区等的强化。

除上述表面改性技术外，还有非金属涂覆和挂衬，它们的原理是在工件表面形成有机物或无机物薄层，以提高耐蚀性、耐磨性、装饰性及产生特定光、电功能等。一般层厚度小时称为涂覆，层厚度大时称为挂衬，包括陶瓷涂覆（如涂覆 Al_2O_3、Cr_2O_3 等），玻璃挂衬（搪瓷），塑料挂衬（如用火焰喷涂法或静电喷涂法将聚乙烯涂在金属表面，增强金属零件的减摩性和耐蚀性），广泛用于防腐、装饰的涂料涂装等。

习 题

一、简答题

3-1 什么是珠光体、贝氏体、马氏体？它们的组织及性能各有什么特点？

3-2 为什么能对钢件进行各种热处理？

3-3 若合金元素使钢的淬透性增强，则此钢的C曲线、过冷奥氏体稳定性、淬火临界冷却速度 v_k 及过冷奥氏体转变孕育期如何变化？残余奥氏体增加还是减少？对淬透性很强的钢进行空冷，会得到马氏体吗？

3-4 简述钢中主要合金元素的作用。

3-5 说明冷变形对金属组织与性能的影响。

3-6 冷加工与热加工的主要区别是什么？热加工对金属的组织与性能有什么影响？

3-7 金属铸件能否通过再结晶退火来细化晶粒？为什么？

3-8 什么是淬火？淬火的目的是什么？常用的淬火方法有哪几种？说明各种淬火方法的优缺点及应用范围。

3-9 当对零件的力学性能要求高时，为什么要选用淬透性强的钢材？

3-10 为什么钢淬火后一定要回火？说明回火的种类及主要应用范围。

3-11 铝合金常用什么热处理工艺？它与钢的淬火+回火有什么不同？

3-12 简述聚合物改性、提高性能的方法。

二、思考题

3-13 试说明下列钢件应采用的退火工艺、退火的目的及退火后的组织：

(1) 经冷轧后 $w_C=0.15\%$的15钢钢板，要求降低硬度；

(2) 铸造成形的机床床身；

(3) 经锻造过热（晶粒粗大）的 $w_C=0.60\%$的钢锻件；

(4) 具有片状渗碳体组织的 $w_C=1.2\%$的T12钢件。

3-14 正火与退火的主要区别是什么？在生产中应如何选择？

3-15 在什么情况下采用表面淬火、表面化学热处理、表面形变强化及其他表面处理？用 $w_C=0.20\%$的20钢进行表面淬火和用 $w_C=0.45\%$的45钢进行渗碳处理是否合适？为什么？

第4章 常用金属材料

- ▲ 掌握钢的分类、牌号及杂质。
- ▲ 熟悉合金元素对钢的组织和性能的影响。
- ▲ 熟悉铸铁的组织特点和性能特点。
- ▲ 了解有色金属的类型及其性能特点。

人类文明的发展和社会的进步与金属材料关系密切。石器时代后出现的铜器时代、铁器时代均以金属材料的应用为显著标志。如今种类繁多的金属材料成为人类社会发展的重要物质基础。

金属材料可分为黑色金属（主要指钢铁）和有色金属（又称非铁合金），其中钢铁具有其他材料无法比拟的优越性，是主要结构材料；非铁合金中的铝、铜、镁、钛等也有重要的应用。

4.1 钢的分类、牌号及杂质

4.1.1 钢的分类

钢的种类很多，根据不同的需要（如使用、管理、贸易和行业特点），可采用不同的分类方法，有时混合采用多种分类方法。以下几种钢的分类方法广泛用于机械行业。

(1) 按碳含量 w_C 分类。按 w_C 分类，钢可分为低碳钢（$w_C<0.25\%$）、中碳钢（$w_C=0.25\%\sim0.60\%$）、高碳钢（$w_C>0.60\%$）。

(2) 按冶金特点分类。按有害杂质元素硫、磷的含量分类，钢可分为普通质量钢（不规定特别控制质量要求，w_S、$w_P\leqslant0.045\%$）、优质钢（规定控制晶粒度等，w_S、

w_P≤0.035%）、特殊质量钢（严格控制质量和性能，w_S、w_P≤0.025%）。按冶炼时的脱氧程度，钢可分为沸腾钢（脱氧不彻底）、半镇静钢（脱氧程度介于沸腾钢与镇静钢之间）、镇静钢（脱氧彻底）、特殊镇静钢（进行特殊脱氧的钢）。

（3）按用途和性能、合金元素界限、合金元素分类。按用途和性能分类，钢可分为结构钢、工具钢、轴承钢、不锈钢和耐热钢等；按合金元素界限分类，钢可分为非合金钢（碳素钢）、合金钢（生产中常把合金总量小于5%的称为低合金钢，合金总量为5%～10%的称为中合金钢，合金总量大于10%的称为高合金钢）；按合金元素分类，钢可分为锰钢、铬钢、硅锰钢等。

此外，按退火状态分类，钢可分为亚共析钢、共析钢、过共析钢；按正火或铸造状态分类，钢可为珠光体钢、贝氏体钢、马氏体钢、奥氏体钢、铁素体钢、莱氏体钢等。

在实际工程中，经常结合使用上述分类方法。钢的常用分类方法如图4.1所示。

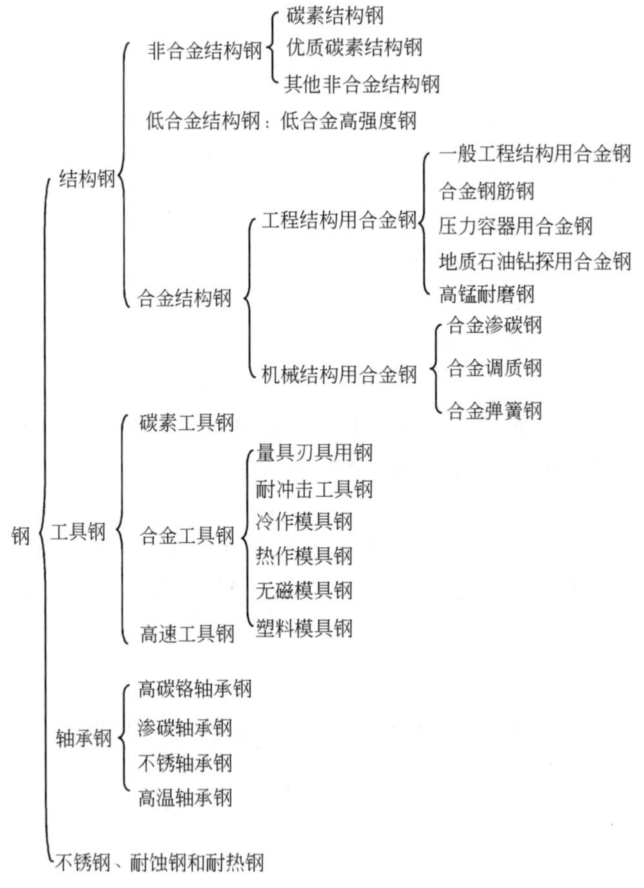

图4.1　钢的常用分类方法

4.1.2　钢的牌号

我国钢铁产品牌号通常采用化学元素符号、大写汉语拼音和阿拉伯数字结合的表示方法，这种表示方法直观、实用，只需掌握钢的牌号，即可了解钢的类型、化学成分、性能特点和主要用途。不需要进行热处理的钢材，如碳素结构钢、低合金高强度钢、一般工程用铸造碳钢及铸铁，其牌号中给出了力学性能指标，为设计、选材提供了极大便利。

根据《钢铁产品牌号表示方法》(GB/T 221—2008）规定，钢铁牌号由三部分组成：①化学元素符号，用来表示钢中化学元素种类，其中混合稀土元素符号用“RE”表示；②大写汉语拼音字母，用来表示产品用途、特性及工艺方法，常用汉语拼音缩写字母及含义见表 4-1；③阿拉伯数字，用来表示钢中主要化学元素含量（质量分数）或产品的主要性能参数或代号。我国还有《钢铁及合金牌号统一数字代号体系》(GB/T 17616—2013)，工业生产中也常用部分美国、日本等钢铁牌号，具体可参阅相关资料。

表 4-1 常用汉语拼音缩写字母及含义

缩写字母	钢牌号中的位置	代表含义	举例	缩写字母	钢牌号中的位置	代表含义	举例
A～E	尾	质量等级	Q235B，50CrVA	ML	首	冷镦钢或铆螺钢	ML30CrMo
BL	首	标准件用碳钢	BL3	Q	首	屈服强度	Q235
b	尾	半镇静钢	10b	q	尾	桥梁用结构钢	16Mnq
C	首	船用钢	C20	R	尾	锅炉和压力容器用钢	Q345R
DG	首	电工用硅钢	DG5	T	首	碳素工具钢	T10
DR	首	电工用热轧硅钢	DR400-50	U	首	钢轨钢	U70MnSi
DR	尾	低温压力容器用钢	16MnDR	H	首	焊接用钢	H08A
SM	首	塑料模具钢	SM45	H	尾	保证淬透性钢	40CrH
d	尾	低淬透性钢	55DTi	K	首	铸造高温合金	K213
F	尾	沸腾钢	08F	L	尾	汽车大梁用钢	370L
F	首	非调质机械结构钢	F45VS	Y	首	易切削钢	Y15Pb
G	首	高碳铬轴承钢	GCr15SiMn	Z	尾	镇静钢	45AZ
GH	首	变形高温合金	GH1130	ZG	首	铸钢	ZG200-400

我国主要钢牌号的表示方法说明见表 4-2。

表 4-2 我国主要钢牌号的表示方法说明

钢类型	牌号举例	表示方法说明
碳素结构钢	Q235AF	Q 代表钢的屈服强度，数字表示最小屈服强度值（N/mm^2），必要时，在数字后标出质量等级（A、B、C、D、E）和脱氧方法（F、b、Z）
碳素铸钢	ZG230-450，ZG25	ZG 代表铸钢，ZG230-450 中，第一组数字代表屈服强度值（MPa），第二组数字代表抗拉强度值（MPa）；ZG25 为用成分表示的铸钢，$w_C \approx 0.25\%$

续表

钢类型		牌号举例	表示方法说明
结构钢	优质碳素结构钢	08F，50A，40Mn，20g	前两位数代表碳含量；在 Mn 含量较高的钢的数字后标出“Mn”，脱氧方法或专业用钢也应在数字后标出
	合金结构钢	20Cr，40CrNiMoA，60Si2Mn	前两位数代表碳含量；其后为钢中主要合金元素，其质量分数以百分数标出，若含量＜1.5%，则不必标，若含量≥1.5%，≥2.5%…，则相应标出数字为 2，3，…；若为高级优质钢，则在牌号最后标出“A”
	低合金高强度结构钢	16Mn，16MnR，Q390E，Q690	表示方法与合金结构钢相同，专业用钢的后面标出缩写字母（如 16MnR）
工具钢	碳素工具钢	T8，T8MnA，T12A	T 代表碳素工具钢，其后数字代表以平均千分数表示的碳含量，锰含量较高的钢的数字后标出“Mn”，高级优质钢标出“A”
	合金工具钢	9SiCr，CrWMn	当平均 w_C≥1.0%时，可不标；当平均 w_C＜1.0%时，以千分数标出碳含量，合金元素及含量表示方法与合金结构钢相同
	高速工具钢	W6Mo5Cr4V2 CW6Mo5Cr4V2	牌号中一般不标出碳含量，只标出合金元素及其含量，方法与合金工具钢相同；前面加“C”表示高碳高速工具钢
滚动轴承钢		GCr15，GCr15SiMn	G 代表滚动轴承钢，不标出碳含量，铬含量以千分数标出，其他合金元素及其含量表示与合金结构钢相同
不锈钢		12Cr18Ni9，95Cr18，20Cr13，022Cr22Ni5Mo3N	w_C＞0.08%时，表示与结构钢相同。当 w_C≤0.08%时，含碳量近似表示如下：当 0.03%＜w_C≤0.08%时，以“06”表示；当 0.01%＜w_C≤0.03%时，以“022”表示；当 w_C≤0.01%时，以“008”表示

4.1.3 钢中的杂质

钢中的元素除铁、碳和合金元素外，还有一些在冶炼时由工艺要求和各种复杂反应带入的元素（如 Si、Mn、S、P、O、H 等）及非金属夹杂物（如氧化物、硫化物）等杂质。Si 和 Mn 主要来自炼钢原料生铁和炼钢时使用的脱氧剂。由于固态 Si 和 Mn 可以提高钢的强度、硬度，因此 Si、Mn 通常被看作有益的常存元素，但要将含量控制在一定范围内。有时也可为了某种目的，人为提高 Si 或 Mn 的含量，如弹簧钢 60Si2Mn。

硫在钢中以 FeS 的形式存在，使钢变脆，尤其是 FeS 和 Fe 能形成低熔点（985℃）的共晶体，使钢在高温时处于脆弱状态，受力时易开裂，这种现象称为钢的热脆性。如钢中存在一定量的 Mn，则优先形成高熔点（约为 1600℃）的 MnS，并呈粒状分布于晶内，可大大降低热脆性，且利于降低切削时刀具的黏着磨损量。所以，通常在一些易切钢中加入少量硫。

由矿石带入的磷溶于铁素体，虽然可明显提高强度、硬度，但会使钢的塑性、韧性

(尤其是低温韧性)降低，并使冷脆转变温度升高(量大时形成极脆的 Fe_3P 并分布于晶内或晶界)，使钢具有冷脆性。

溶入钢的氮在经过焊接等加热或冷变形后，经过一段时间，过量溶解的氮脱溶析出 Fe_2N、Fe_4N，使钢的强度、硬度提高，而韧性降低，这种现象称为时效脆化。如果钢中含有 Al、Ti、Nb、V 等元素，则优先形成 AlN、TiN、NbN、VN，可防止产生时效脆化，这种处理称为永韧处理或固氮处理。

氧主要形成非金属夹杂物，使钢的性能降低。

氢以原子形态溶于钢，若扩散到晶格缺陷处，则形成氢分子或与碳形成甲烷，体积增大，造成“氢脆”而形成微裂纹，称为“白点”。

4.2 结 构 钢

结构钢包括工程构件(如建筑物桁架、桥梁、钻井架、电线塔、车辆构件等，因为这类结构一般要进行焊接施工，所以用低碳钢及低碳合金钢，一般不进行热处理，常在热轧态或正火态使用)用钢和机器零件(如轴、齿轮等，这类零件一般要进行热处理)用钢。根据化学成分、力学性能和冶金质量特点，结构钢可分为碳素结构钢、高强度低合金钢、优质碳素结构钢、合金结构钢、其他结构钢等。

4.2.1 碳素结构钢

碳素结构钢易冶炼、价格低，其性能基本满足一般工程构件的要求，用于制造金属结构和要求不高的机器零件。碳素结构钢的牌号、化学成分、力学性能与应用举例见表 4-3。

表 4-3 碳素结构钢的牌号、化学成分、力学性能与应用举例

牌号	等级	化学成分/(%)			脱氧方法	力学性能			应用举例
		w_C	w_S	w_P		R_{eH}/MPa	R_m/MPa	A/(%)	
Q195	—	0.06～0.12	≤0.050	≤0.045	F、b、Z	195	315～390	≥33	承受小载荷的金属结构、铆钉、垫圈、地脚螺栓、冲压件及焊接件
Q215	A	0.09～0.15	≤0.050	≤0.045	F、b、Z	215	335～410	≥31	
	B		≤0.045						
Q235	A	0.14～0.22	≤0.050	≤0.045	F、b、Z	235	375～460	≥26	金属结构件、钢板、钢筋、型钢、螺栓、螺母、短轴、心轴，Q235C、Q235D 可用作重要焊接结构件
	B	0.12～0.20	≤0.045						
	C	≤0.18	≤0.040	≤0.040	Z				
	D	≤0.17	≤0.035	≤0.035	TZ				
Q255	A	0.18～0.28	≤0.050	≤0.045	Z	255	410～510	≥24	承受中等载荷的零件，如键、销、转轴、拉杆、链轮、螺纹钢筋、螺栓等
	B		≤0.045						
Q275	—	0.28～0.38	≤0.050	≤0.045	Z	275	490～610	≥20	

碳素结构钢大多以钢材（钢棒、钢板和型钢）的形式供应，供货状态为热轧态（或控制轧制状态、空冷），供方应保证其力学性能，用户使用时通常不再进行热处理。

碳素结构钢的质量等级分为A、B、C、D四级，A级碳素结构钢、B级碳素结构钢为普通质量钢，C级碳素结构钢、D级碳素结构钢为优质钢，不标注F、b的是镇静钢。这类钢的力学性能随钢材厚度或直径的增大而降低，当Q235的厚度和直径≤16mm时，$R_{eH}=235MPa$，$A=26\%$；当厚度或直径>150mm时，$R_{eH}=185MPa$，$A=21\%$。

4.2.2 高强度低合金钢

在碳素结构钢中加入少量合金元素（一般合金总量低于5%）得到高强度低合金（**High Strength Low Alloy，HSLA**）钢，其强度等级较高，塑性较好，加工工艺性能良好，可满足桥梁、船舶、车辆、锅炉、高压容器、输油/输气管道等大型重要钢结构的性能要求，并且能减轻结构自重、节约钢材。

高强度低合金钢中的合金元素有Mn、Si、Ni、Cr、V、Nb、Ti、Mo及稀土元素等，其中Mn、Si、Cr、Ni等元素起固溶强化的作用，且可通过增加珠光体提高钢的强度，Ni还可明显提高钢的塑性、韧性；V、Ti、Nb等元素均为强碳化物形成元素，可形成细小、弥散分布的碳化物，并可细化晶粒，从而通过弥散强化和细晶强韧化提高钢的强度、塑性和韧性；Mo可显著提高钢的强度、高温抗蠕变性能及抗氢腐蚀性能；加入少量稀土元素，可脱硫、去气，提高钢的韧性。常用高强度低合金钢的牌号、化学成分、力学性能与应用举例见表4-4。

表4-4 常用高强度低合金钢的牌号、化学成分、力学性能与应用举例

牌号	等级	R_{eL}/MPa	R_m/MPa	A/(%)	w_C/(%)	应用举例
Q345	A~E	345	470~630	21	≤0.20	桥梁、车辆、压力容器、船舶、建筑结构
Q390	A~E	390	490~650	20	≤0.20	桥梁、船舶、中压容器、起重设备
Q420	A~E	420	520~680	19	≤0.20	大型桥梁、高压容器、大型船舶、大型起重设备
Q460	C~E	460	550~720	17	≤0.20	中温高压容器、大型桥梁、大型船舶

强度级别超过500MPa后，铁素体+珠光体组织难以满足要求，可在钢中适量加入Cr、Mo、Mn、B、V等元素，使C曲线右移。

如果在低碳钢中加入少量Cu、Cr、Ni、P、V、Nb元素及稀土元素等，则基本电极电位提高，并改善了锈蚀层的附着性和致密性，得到在大气和海水中都锈蚀缓慢的耐候钢，如15MnCuCr、09CuPCrNi-A等。

近年来，通过降低碳和硫的含量，加入Nb、V、Ti等强碳氮化合物形成元素，采用多元微合金化、控制轧制及冷却等工艺，开发出针状铁素体钢（用于寒带大直径输气管道）、微合金化低碳F-M双相钢，以及微合金化的低碳马氏体钢、低碳索氏体钢或低碳贝

氏体钢等高性能钢，可应用于车辆、石化、桥梁等领域。

调整合金成分、制备工艺（精炼、控制轧制及冷却工艺等），研制出性能更好的高强度低合金钢，如微合金化钢、贝氏体钢（如 Q620、Q690）等，可应用于制造高性能起重机、大型工程结构及石油化工设备等。

在碳素钢中加入少量 Cu、Cr、Ni、P 等元素，可提高基体电极电位并形成一层保护膜而成为耐候钢，如高耐候钢 Q295GNH、焊接耐候钢 Q550NH 等，可应用于桥梁、塔架等工程结构。

高强度低合金钢的供货状态通常为热轧或控制轧制状态，也可根据用户要求以正火或正火＋回火状态供应；Q420、Q460 的 C 级钢、D 级钢、E 级钢可按淬火＋回火状态供应。与碳素结构钢类似，高强度低合金钢的强度、塑性也与钢材的尺寸有关，选用时要特别注意。

4.2.3 优质碳素结构钢

优质碳素结构钢（w_S、$w_P \leqslant 0.035\%$）主要用于制造比较重要的机器零件和工程结构。常用优质碳素结构钢的牌号、化学成分和正火态力学性能见表 4－5。

表 4－5 常用优质碳素结构钢的牌号、化学成分和正火态力学性能

牌号	化学成分		正火态力学性能（试样，纵向）				钢材交货状态的最大硬度/HBW	
	w_C/%	w_{Mn}/(%)	R_m/MPa	R_{eL}/MPa	A/(%)	Z/(%)		
			不小于				退火钢	未热处理
08F	0.05～0.11	0.25～0.50	295	175	35	60	131	
08	0.05～0.12		325	195	33	60	131	
10	0.07～0.14	0.35～0.65	335	205	31	55	137	
20	0.17～0.24		410	245	25	55	156	
25	0.22～0.30		450	275	23	50	170	
45	0.42～0.50		600	355	16	40	229	197
50	0.47～0.55	0.55～0.80	630	375	14	40	241	207
60	0.57～0.65		675	400	12	35	255	229
70	0.67～0.75		715	420	9	30	269	229
15Mn	0.12～0.19	0.70～1.00	410	245	26	55	163	
65Mn	0.62～0.70	0.90～1.20	735	430	9	30	285	229
70Mn	0.67～0.75		785	450	8	30	285	229

优质碳素结构钢的力学性能主要取决于碳含量及热处理状态，从选材角度来看，碳含量越低，钢的强度和硬度越低，塑性和韧性越好。一般情况下，08～25 钢属于低碳钢，具有良好的塑性和韧性，强度和硬度较低，压力加工性能和焊接性能优良，主要用于制造冲压件、焊接件和对强度要求不高的机器零件；当对零件表面的硬度和耐磨性要求较高，且对整体韧性要求较高时，可选用 15 钢、20 钢并经渗碳、淬火＋低温回火后；30～55 钢

属于中碳钢，具有较高的强度、硬度和较好的塑性、韧性，通常经过调质处理（淬火后高温回火）后使用，因此也称调质钢，主要用于制造承受较大载荷的机器零件（如轴、齿轮、连杆等）；60 钢及碳含量更高的钢属于高碳钢，具有更高的强度、硬度及耐磨性，且弹性很好，但塑性、韧性、焊接性能及切削加工性能较差，主要用于制造要求强度较高、耐磨性及弹性较好的零件（如钢丝绳、弹簧、工具）。锰含量较高的优质碳素结构钢的性能和用途与碳含量相同、锰含量较低的钢基本相同，但淬透性更好，可用于制造截面尺寸较大或对强度要求较高的零件。

4.2.4 合金结构钢

合金结构钢是在优质碳素结构钢的基础上，加入一种或多种合金元素形成的能满足更高性能要求的钢。合金结构钢可以根据热处理特点和主要用途分为合金渗碳钢、合金调质钢和合金弹簧钢。

1. 合金渗碳钢

渗碳钢是指经渗碳、淬火和低温回火后的结构钢，属于表面硬化钢。渗碳钢基本都是低碳钢和低碳合金钢，主要用于制造高耐磨性、高疲劳强度和要求具有较高心部韧性（表硬心韧）的零件，如变速齿轮及凸轮轴等。

合金渗碳钢是在低碳渗碳钢（如 15 钢、20 钢）的基础上发展起来的。低碳渗碳钢的淬透性低，经渗碳、淬火和低温回火后，虽可获得高的表面硬度，但心部强度低，只适用于制造承受载荷不大的小型渗碳零件。制造对性能要求高，尤其是对整体强度要求高或截面尺寸较大的零件，应选用合金渗碳钢。

合金渗碳钢的碳含量为 0.10%～0.25%，以保证心部具有足够的塑性和韧性。加入合金元素 Cr、Ni、Mn、Si、B 的主要作用是提高淬透性，可使较大截面零件的心部经淬火后获得具有高强度、优良的塑性和韧性的低碳（板条）马氏体组织，该组织既能承受很大的静载荷，又能承受很大的冲击载荷，克服了低碳渗碳钢零件心部无法有效强化的缺点；加入 Ti、V、W、Mo 元素的主要作用是形成稳定性强、弥散分布的特殊碳化物，以防止对零件进行高温长时间渗碳时奥氏体晶粒粗化，起到细晶强化和弥散强化的作用，并可进一步提高表层耐磨性。

常用渗碳钢的牌号、热处理工艺、力学性能和用途见表 4-6。

表 4-6 常用渗碳钢的牌号、热处理工艺、力学性能和用途

类别	牌号	热处理工艺/℃		力学性能（不小于）				用途
		第一次淬火	第二次淬火	R_m/MPa	R_{eL}/MPa	A/(%)	KU_2/J	
低淬透性渗碳钢	15	890(空气)	770～800(水)	500	300	15		小轴、活塞销等
	20Cr	880（水、油）	780～820（水、油）	835	540	10	47	齿轮、小轴、活塞销等
	20MnV		880（水、油）	785	590	10	55	齿轮、小轴、活塞销、锅炉、高压容器、管道等

续表

类别	牌号	热处理工艺/℃		力学性能（不小于）				用途
		第一次淬火	第二次淬火	R_m/MPa	R_{eL}/MPa	A/(%)	KU_2/J	
中淬透性渗碳钢	20CrMnMo		850（油）	1175	885	10	55	汽车、拖拉机变速箱齿轮等
	20CrMnTi	880（油）	870（油）	1080	835	10	55	汽车、拖拉机变速箱齿轮等
	20MnTiB		860（油）	1100	930	10	55	代 20CrMnTi
高淬透性渗碳钢	18Cr2Ni4WA	950（空气）	850（空气）	1175	835	10	78	重型汽车、坦克、飞机的齿轮和轴等
	12Cr2Ni4	860（油）	780（油）	1080	835	10	71	重型汽车、坦克、飞机的齿轮和轴等
	20Cr2Ni4	880（油）	780（油）	1175	1080	10	63	重型汽车、坦克、飞机的齿轮和轴等

注：淬火后的回火温度均为200℃（另列出15钢数据以便对比）。

渗碳钢经热处理后的表面组织为细针状回火高碳马氏体＋粒状碳化物＋少量残余奥氏体，硬度为58～64HRC；根据钢淬透性的不同，心部组织为铁素体＋托氏体或低碳马氏体，硬度为30～45HRC。

12Cr2Ni4经淬火＋低温回火，18Cr2Ni4WA、20Cr2Ni4经调质后，均可用于制造韧性强的零件。

2. 合金调质钢

合金调质钢是在中碳调质钢的基础上发展起来的，适用于制造要求韧性高、截面尺寸大的重要零件。

合金调质钢的碳含量为0.25%～0.50%，其中主要合金元素Mn、Si、Cr、Ni、B等的主要作用是提高钢的淬透性，并产生固溶强化；辅助合金元素Ti、V、W、Mo等的主要作用是形成高稳定性碳化物，阻止淬火加热时奥氏体晶粒长大，起细晶强化的作用。另外，合金元素Mo、W还能防止产生高温回火脆性。合金元素还可明显提高钢的抗回火能力，使钢在高温回火后仍能保持较高的强度和硬度。

合金调质钢根据淬透性分为低淬透性调质钢、中淬透性调质钢和高淬透性调质钢，其在油中的临界淬透直径分别为20～40mm、40～60mm、60～100mm。

常用合金调质钢的牌号、热处理工艺、力学性能和用途见表4-7（列出45钢的数据以便对比）。合金调质钢常经调质处理，在回火索氏体状态下使用，有时也在回火托氏体、回火马氏体状态下使用。

表 4-7 常用合金调质钢的牌号、热处理工艺、力学性能和用途

类别	牌号	热处理工艺/℃		力学性能（不小于）				用途
		淬火	回火	R_m/MPa	R_{eL}/MPa	A/(%)	KU_2/J	
低淬透性调质钢	45	840（水）	600（空气）	600	355	16	39	尺寸小、韧性中等的主轴、曲轴、齿轮等
	40Cr	850（油）	520（水、油）	980	785	9	47	重要调质件，如轴、连杆、螺栓、重要齿轮等
	40MnB	850（油）	500（水、油）	980	785	10	47	性能接近或优于40Cr，用作调质零件
中淬透性调质钢	40CrNi	820（油）	500（水、油）	980	785	10	55	大截面齿轮与轴等
	35CrMo	850（油）	550（水、油）	980	835	12	63	大截面齿轮与轴等
	30CrMnSi	880（油）	520（水、油）	1080	885	10	39	高速砂轮轴、齿轮、轴套等
高淬透性调质钢	40CrNiMoA	850（油）	600（水、油）	980	835	12	78	高强度零件，如航空发动机轴及零件、起落架
	40CrMnMo	850（油）	600（水、油）	980	785	10	63	相当于40CrNiMoA的调质钢
	37CrNi3	820（油）	500（水、油）	1130	980	10	47	高强韧大型重要零件
	38CrMoAl	940（水、油）	640（水、油）	980	835	14	71	氮化零件，如高压阀门、钢套、镗杆等

表 4-7 中的 38CrMoAl 又称渗氮钢，是表面硬化钢的一种，与渗碳表面硬化相比，渗氮钢具有更高的表面硬度与耐磨性，咬合与擦伤倾向小，零件缺口敏感性降低，并具有一定的耐热性（在低于渗氮温度下可保持较高的硬度）和一定的耐蚀性；此外，由于氮化处理温度较低（470～570℃），因此热处理变形量小，适合制造对尺寸精度要求较高的零件（如机床丝杠、镗杆等）。渗氮钢零件一般先经过调质处理、切削加工，再在 500～570℃下进行氮化处理。

有些钢（如 20CrMnTi、20MnV、15MnVB、27SiMn、20SiMnMoV 等）经热处理后的组织为低碳马氏体或下贝氏体组织，也可在常温下代替合金调质钢使用。

3. 合金弹簧钢

合金弹簧钢主要用于制造弹簧，其具有高的弹性极限、疲劳强度和足够的塑性与韧性。

常用弹簧钢有高碳弹簧钢、中碳合金弹簧钢、高碳合金弹簧钢（以保证弹性极限及一定韧性）。高碳弹簧钢（如65钢、70钢、85钢）的碳含量通常较高，以保证高的强度、疲劳强度和弹性极限，但淬透性较差，不适合制造大截面弹簧。合金弹簧钢受合金元素的强化作用，碳含量为0.45%～0.70%，碳含量过高会导致塑性、韧性下降。由于合金弹簧钢中的Si、Mn、Cr、B、V、Mo、W等合金元素既可提高淬透性，又可提高强度和弹性极限，因此，合金弹簧钢适合制造截面尺寸较大、对强度要求高的重要弹簧。常用合金弹簧钢的牌号、热处理工艺、力学性能和用途见表4-8。

表4-8 常用合金弹簧钢的牌号、热处理工艺、力学性能和用途

牌号	热处理工艺/℃		力学性能（不小于）				用途
	淬火	回火	R_m/MPa	R_{eL}/Mpa	A/(%)	Z/(%)	
65	840（油）	500	980	784	9	35	直径<12mm的弹簧
65Mn	830（油）	540	980	784	8	30	直径≤15mm的弹簧
55Si2Mn	870（油）	480	1274	1176	6	30	直径≤25mm的机车板簧、缓冲卷簧
60Si2Mn	870（油）	480	1274	1176	5	25	
60Si2CrVA	850（油）	410	1862	1666	6	20	直径≤30mm的重要弹簧，如汽车板簧、耐热弹簧（≤350℃）
50CrVA	850（油）	500	1274	1127	10	40	
30W2Cr2VA	1058（油）	600	1470	1325	7	40	500℃以下的耐热弹簧，如锅炉安全阀弹簧、汽车厚载弹簧

对于冷成形（冷卷、冷冲压等）弹簧，因弹簧钢经过冷变形强化或热处理强化，故只需进行低温去应力退火处理即可。热成形弹簧通常要经淬火、中温回火热处理（得到回火托氏体），以获得高的弹性极限。低碳马氏体弹簧钢已获得应用。在耐热、耐蚀应用场合下，应选用不锈钢、耐热钢、高速钢等合金弹簧钢或其他弹性材料（如铜合金等）。

4.2.5 其他结构钢

1. 易切削结构钢

易切削结构钢中含微量的S、P、Pb、Ca、Se等元素。S（w_S=0.04%～0.33%）在钢中通常以（Mn，Fe）S微粒的形式存在；Pb（w_{Pb}=0.15%～0.35%）以Pb微粒（直径约为3μm）的形式均匀分布在钢中；P（w_P=0.04%～0.15%）在钢中主要溶于基体相——铁素体；Ca（w_{Ca}=0.002%～0.006%）在高速切削时能在刀具表面形成具有减摩作用的保护膜，形成易断、易排出的切屑，切屑不易黏附在刀刃上，有利于降低零件表面粗糙度，可减小摩擦力和刀具磨损量，延长刀具的使用寿命。但上述元素降低了钢的韧性、压力加工性及焊接性。常用易切削结构钢的牌号有Y12、Y12Pb、Y15、Y15Pb、Y20、Y40Mn、Y45Ca。

易切削结构钢常用于制造受力较小、强度不高，但要求尺寸精度高、表面粗糙度低且大批量生产的零件（如螺栓、销、小齿轮、钥匙等）。这类钢在切削加工前不进行锻造和预先

热处理，以免损害切削加工性，通常也不进行最终热处理（但 Y45Ca 常在调质后使用）。

2. 铸钢

铸钢是冶炼后直接铸造成形而无须锻轧成形的钢。加工一些形状复杂、综合力学性能要求较高的大型零件时，难以用锻轧方法成形，且不允许选用力学性能较差的铸铁制造，此时可采用铸钢制造。按化学成分的不同，铸钢分为碳素铸钢和合金铸钢。

碳素铸钢的碳含量为0.12%～0.62%。为提高力学性能，可在碳素铸钢的基础上加入Mn、Si、Cr、Ni、Mo、Ti、V等合金元素，形成合金铸钢，如耐蚀铸钢、耐热铸钢、耐磨铸钢（常指高锰钢，如ZGMn13）等。常用碳素铸钢的牌号、力学性能与用途见表4-9。

表4-9 常用碳素铸钢的牌号、力学性能与用途

类型	牌号	对应旧牌号	力学性能（不小于）					用途
			R_{eL}/MPa	R_m/MPa	A/(%)	Z/(%)	KV/J	
一般工程用碳素铸钢	ZG200-400	ZG15	200	400	25	40	30	具有良好的塑性、韧性、焊接性，用于制造受力不大、对韧性要求高的机座等
	ZG230-450	ZG25	230	450	22	32	25	具有一定的强度和较好的韧性、焊接性，用于制造受力不大、对韧性要求高的机座等
	ZG270-500	ZG35	270	500	18	25	22	具有较高的韧性，用于制造受力较大且有一定韧性要求的零件，如连杆、曲轴
	ZG310-570	ZG45	310	570	15	21	15	具有较高的强度和较低的韧性，用于制造载荷较大的零件，如大齿轮、制动轮、机架
	ZG340-640	ZG55	340	640	10	18	10	具有高的强度、硬度和耐磨性，用于制造齿轮、棘轮、联轴器等
焊接结构用碳素铸钢	ZG200-400H	ZG15	200	400	25	40	30	由于碳含量接近下限，因此焊接性好，其用途基本同上述钢对应
	ZG230-450H	ZG20	230	450	22	35	25	
	ZG275-485H	ZG25	275	485	20	35	22	

注：表中力学性能是在正火（或退火）＋回火状态下测定的。

当采用碳素铸钢制造结构件（如机座、箱体等）时，通常不进行热处理；一般制造机器零件的铸造碳钢（如ZG200-400、ZG230-450、ZG270-500等）和铸造合金钢（如ZG20SiMn、ZG40Cr、ZG35CrMo等）应进行正火处理或退火处理，以细化晶粒、消除魏氏组织和残余应力；对重要零件还应进行调质处理，可对要求表面耐磨的零件进行相应的表面处理。

铸钢与铸铁相比，强度、塑性、韧性、焊接性较高，但流动性差、熔点高、易氧化吸气，故铸造性差，只用于制造形状复杂（尤其是内腔复杂）且需要一定韧性的零件。

3. 超高强度钢

一般将屈服强度超过1200MPa或抗拉强度超过1500MPa的钢称为超高强度钢。超高强度钢是在合金结构钢的基础上，通过严格控制材料冶金质量、化学成分和热处理工艺发展起来的，是以强度为首要要求并辅以适当韧性的钢。为了保证极高的强度要求，这类钢充分利用马氏体强化、细晶强化、化合物弥散强化与溶质固溶强化等机制的复合强化作用。改善韧性的关键是提高钢的纯净度（降低S、P元素含量和非金属夹杂物含量）、细化晶粒（如采用形变热处理工艺），并减小对碳的固溶强化的依赖程度（超高强度钢一般是中低碳钢，甚至是超低碳钢）。

超高强度钢有与铝合金相近的比强度，具有一定的塑性、韧性、切削性及焊接性，价格低于钛合金，主要用于制造飞机起落架、机翼大梁、火箭发动机壳体、高压容器和武器的炮筒、枪筒、防弹板等。

按化学成分和强韧化机制的不同，超高强度钢可分为低合金超高强度钢、二次硬化型超高强度钢、马氏体时效钢、超高强度不锈钢。超高强度钢的热处理工艺与力学性能见表4-10。

表4-10 超高强度钢的热处理工艺与力学性能

种类	牌号	热处理工艺	力学性能			
			$R_{p0.2}$/MPa	R_m/MPa	A/(%)	K_{Ic}/(MPa·m$^{1/2}$)
低合金超高强度钢	30CrMnSiNi2A	900℃油淬，260℃回火	~1430	~1790	~10	~67
	40CrNi2MoA	840℃油淬，200℃回火	~1600	~1960	~12	~68
二次硬化型超高强度钢	4Cr5MoSiV1	1010℃空冷，550℃回火	~1570	~1960	~12	~37
	20Ni9Co4CrMo1V	850℃油淬，550℃回火	~1340	~1380	~15	~140
马氏体时效钢	00Ni18Co9Mo5TiAl（18Ni钢）	815℃固溶空（水）冷，480℃时效处理	~1400	~1500	~15	80~180
超高强度不锈钢	0Cr16Ni4Cu3Nb（PCR钢）	1040℃固溶水（空）冷，480℃时效处理	~1270	~1350	~14	—

低合金超高强度钢是以调质钢为基础发展起来的，最终热处理是淬火+低温回火或等温淬火，使用状态下的组织是回火马氏体或下贝氏体。常用的低合金超高强度钢有30CrMnSiNi2A、40CrMnSiMoV、30Si2Mn2MoWV、35Si2Mn2MoVA、40SiMnCrMoVRE、40CrNiMoA、30Ni4CrMoA等。

二次硬化型超高强度钢分为两个系列，即中合金中碳超高强度钢（从热作模具钢H11钢及H13钢发展起来的，空冷即可得马氏体，靠Mo_2C、Cr_7C_3等在550~650℃下回火时从马氏体中弥散析出而产生二次硬化）与中合金低碳超高强度钢。这种钢在300~500℃下能保持较高的比强度与热疲劳强度，可用于制造超声速飞机中承受中温的强力构件、高速飞机后机身受力构件、轴类和螺栓等零件，其在中温条件下的比强度和K_{Ic}值等比钛合金好。常用的二次硬化型超高强度钢有4Cr5MoSiV（H11钢）、4Cr5MoSiV1（H13钢）、

20Ni9Co4CrMo1V。

马氏体时效钢是一种以 Fe－Ni 为基础的高合金钢，其镍含量极高（$w_{Ni}=18\%\sim25\%$），碳含量极低（$w_C<0.03\%$），硅、锰含量均小于 0.1%，并含有 Ti、Al、Nb、Mo、Co 等元素。由于镍含量极高、碳含量极低，因此该钢加热固溶后在空冷条件下可得到硬度不高（30～35HRC）、塑性及韧性都很好的低碳板条马氏体，易切削加工和焊接；随后进行时效处理，即在一定温度下使金属间化合物（如 Ni_3Mo、Ni_3Al、Ni_3Ti）与马氏体保持一定的晶格联系沉淀析出，从而获得超高强度。这种钢具有良好的塑性、韧性，以及较高的断裂韧性和较低的缺口敏感性，可不预热即焊接。马氏体时效钢有多种类型，主要用于制造航空航天领域中要求强度高、热处理变形小且可焊性较好的重要构件，如火箭发动机壳体与机匣、空间运载工具的扭力棒悬挂体、高压容器及高精度模具等。常用马氏体时效钢有 00Ni18Co9Mo5TiAl（18Ni 钢）、00Ni20Ti2AlNb（20Ni 钢）和 00Ni25Ti2AlNb（25Ni 钢）。

超高强度不锈钢与上述三种钢相比，具有优异的耐蚀性，但强度略低。这种钢可分为冷作硬化奥氏体不锈钢、马氏体不锈钢、沉淀硬化不锈钢、时效硬化不锈钢、相变诱导塑性不锈钢等，每种钢在航空航天领域都有应用。如马氏体不锈钢中的 1Cr10Co6MoVNbN、1Cr11Ni2W2MoVA 主要用来制造航空发动机耐蚀承力件（如压气机轮盘及其叶片、隔圈）；沉淀硬化不锈钢中的 06Cr17Ni4Cu4Nb 用于制造要求高强度及高耐蚀性的航空发动机压气机机匣、燃气导管、液体燃料箱，07Cr17Ni7Al 用于制造飞机外壳结构件及导弹的压力容器和结构件，06Cr15Ni25Ti2MoAlVB 用于制造飞机发动机耐蚀零部件；等等。

4. 冷镦钢

应采用**冷镦钢**制造在多工位冷镦机上高速高效冷镦成形的标准件和紧固件（如螺栓、螺钉）。此类钢多为低碳钢、中碳钢（碳钢或低合金钢），其冷镦成形性能优良，即屈强比小、塑性强（应控制 S、P、Si 等元素的含量），可通过适当的热处理改善组织（如采用球化退火获得球状珠光体）。GB/T 6478—2015《冷镦和冷挤压用钢》中列出了我国常用冷镦钢的化学成分和力学性能。常用冷镦钢有 ML10、ML20、ML45、ML20Cr、ML40Cr、ML15MnVB 等。

5. 冷冲压用钢

适用于冷冲压工艺的钢要具有优良的冲压成形性能，如低的屈服强度和屈强比、高的塑性和形变强化能力等。因此，**冷冲压用钢**的碳含量应较低（一般为低碳或超低碳），氮含量也低，严格控制 S、P 元素和非金属夹杂物含量，并加入 Ti、Nb、Al 等元素来固定 C、N 原子，从而得到无间隙原子的纯净铁素体，即得到**无间隙原子钢**（Interstitial-Free Steel，**IF** 钢），它是微合金化的超深冲压零件用钢。常用冷冲压用钢有 08F 钢（第一代冲压用钢，可用作一般的冷冲压零件）和 08Al 钢（第二代冲压用钢，可用作深冲压零件用钢）。

6. 低温钢

低温钢是指用于制造工作温度低于 0℃（也有人认为是－40℃）的零件或结构的钢，广泛用于化工、冷冻设备、液体燃料的制备与储运装置、海洋工程与寒地机械设施等行业。对低温钢的性能要求是冷脆转变温度低、低温韧性好、具有良好的可焊性及冷塑性成形性。因此，低温钢一般为低碳钢（w_C<0.2%），需加入一定量的 Ni、Mn 元素及细化晶粒元素 V、Ti、Nb 甚至稀土元素，需严格限制有损韧性的 P、Si 元素等的含量。常用低温钢见表 4－11。

表 4－11 常用低温钢

类型	工作温度/℃	牌号	热处理工艺	组织类型
低碳锰钢	－40	16MnDR	正火	铁素体
	－70	09MnNiDR	正火或调质	
低碳镍钢	－100	08Ni3DR	正火或调质	
	－196	06Ni9DR	调质	
奥氏体钢	－253	06Cr19Ni10、12Cr18Ni9	固溶	奥氏体
	－253	15Mn26Al4	固溶或热轧	
	－269	0Cr25Ni20	固溶	

7. 非调质钢

非调质钢采用微量合金元素（如 V、Nb、Ti 等）与碳、氮化合，通过控制钢材的锻（轧）态及冷却工艺，以弥散形式沉淀析出，能有效阻止锻轧前加热、锻轧过程和锻轧后冷却过程中奥氏体晶粒的长大，使供货状态下的力学性能满足要求，而无须进行热处理，可在制造过程中起节能作用，是非常利于再生循环的结构钢。非调质钢包括以下三种主要类型。

（1）普通用钢。普通用钢适用于无须感应加热淬火的零件，主要作为汽车生产用钢。常用普通用钢是 F35MnV，添加氮元素可提高韧性，添加硫元素可改善切削性能。连杆用钢 F30MnVS 和 F35MnVN 已取代 40Cr 调质钢，用于制造轻型载货汽车的重要零件。

（2）感应加热淬火用钢。感应加热淬火用钢的碳含量较高，以保证表面淬火硬度。例如，F40MnV 用于制造汽车半轴、花键轴等，48MnV 用于制造发动机曲轴。

（3）热锻空冷低碳贝氏体钢。常用热锻空冷低碳贝氏体钢是 12Mn2VB，其是较有前途的新型钢材。

4.3 工具钢及特种钢

4.3.1 工具钢

用于制造各种工具的钢称为工具钢。工具钢按用途分为刃具钢、模具钢、量具钢、滚动轴承钢。

1. 刃具钢

刃具钢是制造切削工具（如车刀、钻头、丝锥和锯条等）的钢。显然，刃具钢应具有高硬度、高耐磨性，并应具有适量的强度和韧性以防脆断，因此通常为高碳钢和高碳合金钢。常用刃具钢有非合金工具钢（碳素工具钢）、合金工具钢（合金刃具钢）和高速钢。

（1）非合金工具钢（碳素工具钢）。

非合金工具钢的碳含量为0.65%～1.35%（以保证高硬度、高耐磨性），非合金工具钢属于高碳钢，其经淬火、低温回火后得到的主要组织为高碳回火马氏体＋碳化物＋少量残余奥氏体。不同的非合金工具钢经淬火（760～820℃）、低温回火（≤200℃）后的硬度差别不大，但耐磨性和韧性有较大差别：碳含量越高，耐磨性越好，韧性越差。常采用球化退火降低非合金工具钢的硬度，以利于切削加工，同时可为淬火做好组织准备，以降低淬火组织的脆性。非合金工具钢价格低、容易加工，但淬透性低、热硬性差，综合力学性能不强。常用非合金工具钢的牌号、化学成分、热处理工艺、力学性能和用途见表4-12。

表4-12 常用非合金工具钢的牌号、化学成分、热处理工艺、力学性能和用途

牌号	化学成分		热处理工艺				用途
			退火	试样			
	w_C/(%)	w_{Mn}/(%)	硬度/HBW（不大于）	淬火温度/℃	冷却剂	硬度/HRC（不小于）	
T7	0.65～0.74	≤0.40	187	800～820	水	62	承受冲击、韧性较好且硬度适当的工具，如手钳、大锤、扁铲、改锥等
T8	0.75～0.84			780～800	水		承受冲击、要求硬度较高的工具，如冲头、压缩空气工具、木工工具
T8Mn	0.80～0.90	0.40～0.60					用途与T8相同，但淬透性较差，可制造截面尺寸较大的工具
T10	0.95～1.04	≤0.40	197	760～780	水		不受剧烈冲击、硬度高、耐磨的工具，如手锯条
T12	1.15～1.24	≤0.40	207				不受冲击、硬度高、耐磨的工具，如锉刀、刮刀、丝锥、量具
T13A	1.25～1.35	≤0.40	217				用途与T12相同，要求更耐磨的工具，如刮刀、剃刀

（2）合金工具钢（合金刃具钢）。

为克服非合金工具钢淬透性及耐热性较差等缺点，可在非合金工具钢中加入Cr、Mn、Si、W、Mo、V等合金元素而形成合金工具钢。加入Cr、Mn、Si等元素的主要作用是提高钢的淬透性，Si还能提高钢的回火稳定性；加入W、Mo、V等元素的主要作用是提高钢的硬度、热硬性和耐磨性（弥散强化），并防止淬火加热时奥氏体晶粒长大，起细晶强化作用。

合金工具钢的热处理特点与非合金工具钢相同（部分钢也通过等温淬火获得下贝氏体，以保证良好的韧性）。合金工具钢硬度高、耐磨性强，但热硬性较差，工作温度不能超过300℃。合金工具钢的淬透性较强，可用于制造截面尺寸较大、形状较复杂的刃具。

常用合金工具钢的牌号、热处理工艺、力学性能和用途见表 4－13。

表 4－13 常用合金工具钢的牌号、热处理工艺、力学性能和用途

种类	牌号	热处理工艺				用途
		退火	淬火			
		硬度/HBW	淬火温度/℃	冷却剂	硬度（不小于）	
量具刃具钢	9SiCr	241～179	820～860	油	62HRC	板牙、丝锥、钻头、铰刀、齿轮铣刀、冷冲模、冷轧辊等
	Cr2	229～179	830～860	油	62HRC	
冷作模具钢	Cr12	269～217	950～1000	油	60HRC	冷冲模冲头、冷切剪刀、粉末冶金模、拉丝模
	Cr12MoV	255～207	950～1000	油	58HRC	
	9Mn2V	≤229	780～810	油	62HRC	木工切削工具、圆锯、切边模、螺纹滚丝模等
	CrWMn	255～207	800～830	油	62HRC	
	6W6Mo5Cr4V	≤269	1180～1200	油	60HRC	
热作模具钢	5CrMnMo	241～197	820～850	油	324～364HBW	中、大型锻模，螺钉或铆钉，热压模，压铸模等
	5CrNiMo	241～197	830～860	油	364～402HBW	
	3Cr2W8V	255～207	1075～1125	油	40～48HRC	
	4Cr5MoSiV	≤235	1000	空气	53～57HRC	
	4Cr5MoSiV1	≤235	1000	空气	53～57HRC	
	4Cr5W2VSi	≤229	1030～1050	油或空气	53～57HRC	

非合金工具钢和合金工具钢的价格相对低廉，加工容易，但淬透性和热硬性较差，综合力学性能不强（特别是非合金工具钢），主要用于制造木工工具、切削速度较低的加工金属材料的手工工具和一般机用工具。

（3）高速钢。

高速钢是一种具有较强耐磨性和热硬性的工具钢。在高速切削条件（如切削速度为 50～80m/min）下，刃部温度达到 500～600℃时仍能保持很高的硬度，使刃口保持锋利，从而保证高速切削，高速钢由此得名。

高速钢为高碳高合金钢。高速钢中的高碳（$w_C = 0.7\% \sim 1.6\%$）可保证钢在淬火、回火后具有高的硬度和强的耐磨性。高速钢中含有大量合金元素（如 W、Mo、Cr、V、Co、Al 等），形成合金固溶体和更加稳定的合金化合物，阻碍 Fe、C 原子的移动扩散和集聚，增强组织稳定性，从而提高热硬性、淬透性（即使在空气中冷却也能获得马氏体）；部分合金还具有弥散强化或二次硬化的作用，使钢的性能进一步提高。

常用高速钢有 W18Cr4V、W6Mo5Cr4V2、W9Mo3Cr4V、W3Mo2Cr4VSi 等。不同高速钢的力学性能有很大差别：钒含量越高，耐磨性越好；钼系和钨钼系高速钢的韧性最好，钨系高速钢次之。钴含量高的韧性最差；含钴高速钢的高温硬度最高。

W14Cr4VMnRE 的锻造轧制工艺性能较好，多用于制造热轧刀具，如麻花钻头、铣刀。高碳高钒高速钢 CW6Mo5Cr4V3 多用于材料难加工和切削速度较高的场合。制造复杂刀具时，不宜选用 $w_V > 3\%$ 的高速钢，因其磨削加工性很差。对高温下硬度要求很高时，选择含

钴高速钢 W6Mo5Cr4V2Co5；为节约稀缺的钴资源，可用含铝高速钢（W6Mo5Cr4V2A1）。

有些高速钢因加入大量碳化物形成元素而进入亚共晶的成分区域，成为“莱氏体钢”，其铸态组织含有大量粗大、稳定的碳化物，即使进行热处理也不易消除，只能采用锻造方式击碎，从而产生了采用粉末冶金法生产的粉末冶金高速钢，其碳化物均匀、细小，韧性好，但成本高，仅适合制造大型复杂刀具和难切削材料刀具。

除用于制造高速切削或形状复杂的刃具外，高速钢还广泛用于制造冷作模具和热作模具。

2. 模具钢

模具钢是指主要用于制造模具（如冷冲模、冷挤压模、热锻模、塑料模等）成形零件的钢。模具钢按用途分为冷作模具钢、热作模具钢和成形模具（成形模包括塑料模、橡胶模、粉末冶金模、陶土模）钢等。

(1) 冷作模具钢。

冷作模具钢是指主要用于制造冷冲模、冷挤压模、拉丝模等，使被加工材料在冷态下进行塑性变形的模具用钢。由于冷作模具钢具有高强度、高硬度和高耐磨性，以及一定的韧性和较高的淬透性，因此常为高碳钢和高碳合金钢。

常用冷作模具钢有非合金工具钢（碳素工具钢）和合金工具钢。非合金工具钢（如T8A）价格低，淬透性差，主要用于制造要求不太高、尺寸较小的模具；合金工具钢中的9Mn2V、CrWMn 等主要用于制造要求较高、尺寸较大的模具。

高碳高铬的 Cr12、Cr12MoV 含有大量碳化物形成元素，属于莱氏体钢，需特别锻造及热处理。其淬透性好、淬火变形很小，用于制造要求更高的大型模具。

Cr4W2MoV、Cr6WV、Cr5MoV1、8Cr2MnMoWVS 等为空冷淬火冷作模具钢，具有很好的空冷淬硬性、韧性及耐磨性，热处理变形小，用于制造重负荷、高精度的模具。8Cr2MnMoWVS 中加入了硫元素，易切削加工。

基体钢是化学成分大致相当于高速钢（W6Mo5Cr4V2）淬火后基体组织成分的钢，因其中共晶碳化物少且细小均匀，故韧性与高速钢相比明显提高，可用于要求更强韧的冷挤压模。常用基体钢有 6W6Mo5Cr4V、6Cr4Mo2VNb、7Cr7Mo2V2Si、012Al 等。

冷冲模中的拉深模比较特殊，主要用于防擦伤和防黏着。拉深有色金属、碳素钢薄板时，应对模具表面进行氮化、镀铬或其他表面处理，批量较大时更应如此。拉深奥氏体不锈钢或高镍合金钢时，除对模具进行氮化处理外，有时采用铝青铜制造凹模（生产中有时为使模具承受较高的冲击载荷和表面具有更高的硬度及耐磨性而采用镶块模具结构，镶块选用硬质合金 YG15、YG20 或钢结硬质合金 GT35、DT40、TLMW50 等制造）。

前述高速钢也可用于制造冷作模具。常用冷作模具钢的牌号、热处理工艺、力学性能和用途见表 4-12 和表 4-13。

一般冷作模具钢的热处理工艺及使用状态的组织与前述工具钢相同，多在淬火＋低温回火状态下使用。对于 Cr12、Cr12MoV 等高碳高铬模具钢，通常高温淬火后在 510～520℃下经多次回火产生二次硬化，析出的碳化物能显著提高钢的耐磨性，其使用状态下的组织与工具钢相同。此外，为提高耐磨性，常对部分含 Cr、Mo 等氮化物元素的钢进行渗氮处理。

(2) 热作模具钢。

热作模具钢是指用于制造热锻模、压铸模、热挤压模等，使被加工材料在热态下成形的模具用钢。热作模具钢具有较高的强度、良好的塑性和韧性、较强的热硬性和热疲劳强度。

热作模具钢为中碳合金钢。中碳（$w_C=0.3\%\sim0.6\%$）可保证钢具有较高的强度和硬度，适当的塑性、韧性及热疲劳强度；Cr、Ni、Mn、Mo、W、V等合金元素可提高钢的淬透性、强度和回火稳定性，Mo可防止钢具有高温回火脆性，W、Mo、V还能产生二次硬化，提高钢的热硬性。常用热作模具钢的牌号、热处理钢工艺、力学性能和用途见表4-13。

热作模具钢通常在淬火后中温或高温回火状态下（组织为回火屈氏体或回火索氏体）使用，也可为高硬度、高耐磨性的回火马氏体基体（对某些专用模具钢），以获得较高的强度、硬度和良好的塑性、韧性。4Cr5MoSiV、4Cr5MoSiV1、4Cr5W2VSi、3Cr3Mo3VNb等新型空冷硬化热作模具钢具有优良的性能，有取代传统热作模具钢的趋势。

此外，热作模具钢还有冷作和热作兼用的热挤压模具钢5Cr4Mo3SiMnVAl，耐高温腐蚀的奥氏体型热作模具钢5Mn15Cr8Ni5Mo3V2、4Cr14Ni14W2Mo，高温耐腐蚀热作模具钢2Cr12WMoVNbB，以及高温合金TZM，等等。

（3）塑料模具钢。

无论是热塑性塑料还是热固性塑料，其成形过程都是在加热加压条件下完成的。但加热温度不高（150～250℃），成形压力不大（40～200MPa）。与冷作模具钢、热作模具钢相比，塑料模用钢的力学性能要求不高。塑料制品形状复杂、尺寸精密、表面光洁，成形加热过程中可能生成某些腐蚀性气体，要求塑料模具钢具有优良的工艺性能（切削加工性、冷挤压成形性和表面抛光性），良好的尺寸稳定性，较高的硬度（约为45HRC），较强的耐磨性和耐蚀性，以及足够的韧性。

常用的塑料模具钢有工具钢、结构钢、不锈钢和耐热钢等，通常按模具制造方法分为两大类：切削成形塑料模具钢和冷挤压成形塑料模具钢。

塑料模具钢还可分为渗碳型塑料模具钢、预硬型塑料模具钢、时效硬化型塑料模具钢、耐腐蚀型塑料模具钢、非调质塑料模具钢，其中应用较多的是渗碳型塑料模具钢、预硬型塑料模具钢和时效硬化型塑料模具钢。

① 渗碳型塑料模具钢。渗碳型塑料模具钢的碳含量为0.10%～0.25%，退火后硬度低、塑性好，冷加工硬化效应不明显，可用冷挤压方法加工成模具型腔，也称冷压钢。成形后，经渗碳、淬火、回火可获得较高的表面硬度。常用渗碳型塑料模具钢有DT1、20钢、20Cr、10Cr5、10Cr2NiMo、12CrNi2、12CrNi3A、l2Cr2Ni4、18CrNiW、20Cr2Ni4、20CrNiMo、08Cr3NiMoV等。形状简单、尺寸小、多型腔的塑料模具适合用冷挤压方法制造，可有效缩短制造周期，降低制造费用，提高制造精度。

② 预硬型塑料模具钢。预硬型塑料模具钢是调质处理到一定硬度（分为10HRC、20HRC、30HRC、40HRC四个等级）供货的钢，具有较好的切削加工性，可直接进行型腔加工，加工后直接使用，不再进行热处理，省略了热处理及后续的精加工，降低了成本，缩短了制造周期。为改善其切削加工性，可加入P、S、Ca等提高切削加工性的元素。常用预硬型塑料模具钢有3Cr2Mo（P20）、3Cr2NiMo（P4410）、40CrMnVBSCa（P20BSCa）等。预硬型塑料模具钢适合制造成形批量大、有镜面要求的模具。

③ 时效硬化型塑料模具钢。时效硬化型塑料模具钢适合制造预硬型塑料模具钢无法满足强度要求，且不允许有较大热处理变形的模具。这种钢在调质状态下进行切削加工，

加工后通过数小时的时效处理，硬度等力学性能提高，时效处理的变形很小，一般只有0.01%～0.03%的收缩变形。若采用真空炉或时效炉进行时效处理，则可在镜面抛光后进行。时效硬化型塑料模具钢有低镍时效硬化型塑料模具钢和马氏体时效硬化型塑料模具钢两类。我国现有低镍时效硬化型塑料模具钢有 25CrNi3MoAl、SM2（Y20CrNi3AlMnMo）、PMS（10Ni3MnCuAlMoS）、06Ni（06Ni6CrMoVTiAl）等。

④ **耐腐蚀型塑料模具钢**。加工聚氯乙烯塑料、氟化塑料、阻燃塑料等塑料制品时，生成的腐蚀性气体对模具有腐蚀作用，要求模具材料具有一定的耐蚀性，需在模具表面镀铬或直接选用 30Cr13、40Cr13、95Cr18、90Cr18MoV、Cr14Mo4V、10Cr17Ni2、07Cr17Ni7Al 等不锈钢，但 Cr13 系不锈钢的热处理变形较大，切削加工性差，使用较少。

⑤ **非调质塑料模具钢**。非调质塑料模具钢在锻、轧后可达到预硬化，无须进行调质处理，有利于节约能源、降低成本、缩短生产周期。常用非调质塑料模具钢有 25CrMnVTiSGaRE、20Cr2MnMoVS、20Mn12CrVCaS 等，其锻、轧空冷后得到下贝氏体。

塑料模具材料以模具钢为主，但根据成形工艺的不同，也可采用铍青铜（如 ZCuBe2、ZCuBe2.4）、铝合金、锌合金、钢结硬质合金、低熔点合金甚至塑料、橡胶、陶瓷等非金属材料。

3. 量具钢

量具钢是指用于制造测量工具（如卡尺、千分尺等）的钢。量具钢应具有硬度高、耐磨和尺寸稳定性强的特点。

量具钢多为高碳钢和高碳合金钢，很多碳素工具钢和合金工具钢都可作为量具钢。

为获得强的尺寸稳定性，可在淬火后、回火前进行冷处理，还可在精磨后进行时效处理。

4. 滚动轴承钢

滚动轴承钢是指主要用于制造滚动轴承的内圈、外圈及滚动体的专用钢，简称轴承钢。滚动轴承钢具有高的抗压强度、接触疲劳强度、硬度和强的耐磨性，同时具有一定的韧性和抗腐蚀性。

滚动轴承钢主要有高碳铬轴承钢、渗碳轴承钢、不锈轴承钢和高温轴承钢。

高碳铬轴承钢是使用较广泛的滚动轴承钢，其碳含量为0.95%～1.15%，以保证高强度、高硬度和强耐磨性；加入合金元素 Cr 的主要作用是提高钢的淬透性，并形成合金渗碳体 $(FeCr)_3C$，以提高钢的强度、接触疲劳强度及耐磨性；加入 Si、Mn 可进一步提高淬透性；其对硫含量、磷含量严格限制（$w_S \leqslant 0.020\%$，$w_P \leqslant 0.007\%$），以进一步保证接触疲劳强度，属于高级优质钢。常用高碳铬轴承钢有 GCr15、GCr15SiMn、GCr15SiMo、GCr18Mo 等（仅铬含量以千分之几计），其中 GCr15 最常用，主要用于制造中小型滚动轴承的内、外套圈及滚动体；后三种钢的淬透性强，适合制造大型轴承。

由于 GCr15 等高碳铬轴承钢的化学成分、力学性能与合金工具钢类似，因此常用于制造量具、冷作模具、精密丝杠等，采用的加工工艺路线也相同，一般在淬火后低温回火状态下使用，组织为极细的回火马氏体＋细粒状碳化物＋少量残余奥氏体。常在精密轴承淬火后立即进行一次冷处理（－80～－60℃），并在随后的低温回火和磨削加工后进行低温时效处理，以进一步减少残余奥氏体、减小应力，保证尺寸稳定。

此外，还有高碳无铬轴承钢，如 GSiMnMoV、GSiMnMoVRE 等，由于加入了 Mo、

V 及稀土元素，因此性能与 GCr15 接近，甚至耐磨性有所提高。

承受较大冲击的大中型滚动轴承常用渗碳轴承钢制造，如 G20CrMn、G20Cr2Ni4A、G20Cr2Mn2MoA 等；要求耐腐蚀的滚动轴承可用不锈轴承钢 95Cr18、95Cr18Mo 制造；耐高温的轴承可用高碳轴承钢 Cr4Mo4V（可在 430℃下工作）、CrSiWV，高铬的马氏体不锈钢 Cr14Mo4V，高速钢 W6Mo5Cr4V2 或渗碳钢 12Cr2Ni3Mo5A 制造。

5. 高速钢的加工工艺路线及热处理特点举例

（1）高速钢刀具的常用加工工艺路线。高速钢刀具的常用加工工艺路线为下料→锻造→退火→机械加工→淬火＋回火→磨削加工→表面处理。

（2）典型高速钢刀具热处理实例。

W6Mo5Cr4V2 拉刀（直径为 60mm）如图 4.2 所示。

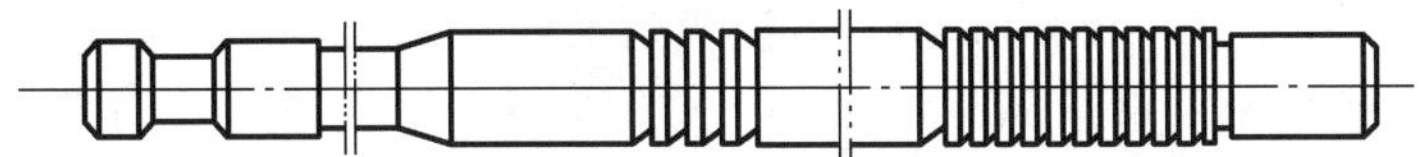

图 4.2　W6Mo5Cr4V2 拉刀（直径为 60mm）

技术要求：刃部硬度为 63～66HRC，柄部硬度为 40～52HRC：碳化物级别不大于 5 级。W6Mo5G4V2 拉刀的等温退火工艺曲线如图 4.3 所示，最终热处理工艺曲线图 4.4 所示。

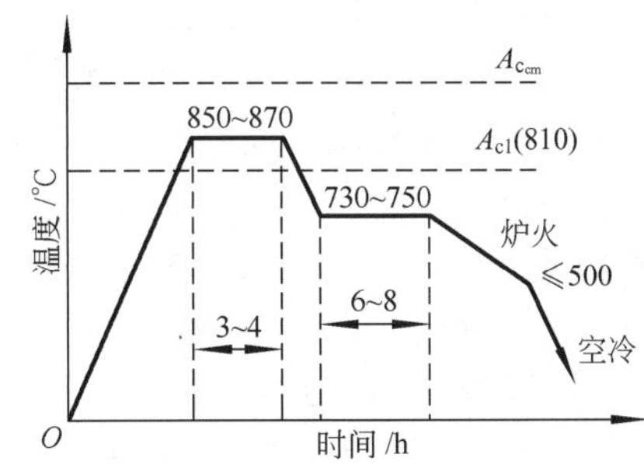

图 4.3　W6Mo5Cr4V2 拉刀的等温退火工艺曲线

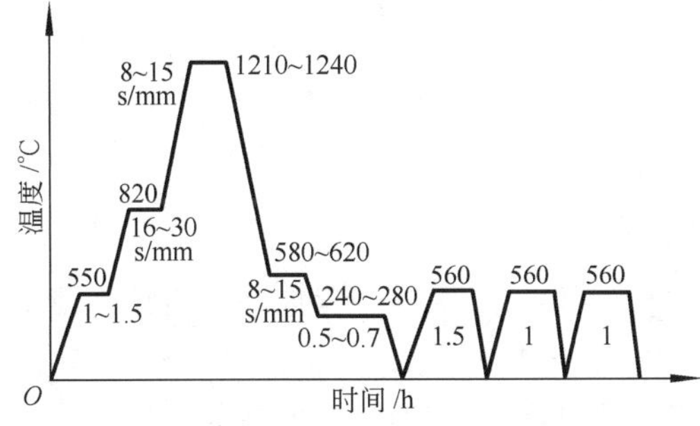

图 4.4　W6Mo5Cr4V2 拉刀的最终热处理工艺曲线

最终热处理工艺路线：预热（二次）→加热→冷却→热校直→清洗→回火→热校直→回火→热校直→柄部处理→清洗→检验（硬度和变形量）→表面处理或喷砂。

表面处理（如硫化处理、硫氮共渗、TiC 及 TiN 涂层等）可进一步延长高速钢刀具的

使用寿命。

(3) 锻造及热处理特点。

① 锻造特点。高速钢含较多合金元素且碳含量高，不仅使相图中的 E 点明显左移，而且使 C 曲线明显右移，其铸态组织为含有大量粗大鱼骨状共晶碳化物和树枝状马氏体与屈氏体组成的亚共晶组织，属于莱氏体钢。此组织不仅脆性大，而且很难用热处理消除，使刀具在使用过程中崩刃和磨损，且在热处理过程中容易过热和过烧。因此，高速钢锻造的目的不仅是成形，更重要的是击碎莱氏体中粗大的碳化物，以获得碳化物细小、均匀分布的刀具锻造毛坯。

② 预先热处理特点。高速钢的退火与非合金工具钢相似，也属于不完全退火或球化退火。退火温度为 A_{c1} 以上 30～50℃（840～860℃），在此温度下，碳化物未全部溶入奥氏体，最终获得共晶碳化物（已锻造细化）＋索氏体球化组织，可降低硬度，利于切削加工，并为淬火做组织准备。W6Mo5Cr4V2 退火后的硬度为 229～269HBW。

③ 最终热处理特点。高速钢的淬火、回火工艺特殊、复杂且十分重要，必须重视并严格控制，具体要点如下。

A. 淬火加热温度较高。为了保证高速钢的热硬性，淬火加热时应有足量的合金元素（如 W、Mo、V）溶入奥氏体，在淬火、回火后析出较多弥散分布的碳化物，产生明显的二次硬化效果。高速钢中的 W、Mo、V 等元素的碳化物稳定性较强，只有在加热温度超过 1160℃时才能较多地溶入奥氏体。

B. 高速钢属于高碳高合金工具钢，塑性及导热性差，并且淬火加热温度高，因此淬火加热前必须预热。一般刀具用一次中温（800～850℃）预热；大型或形状复杂的刀具用中、低温（500～550℃）两次预热。预热可减小温差和热应力，预防变形和开裂。

C. 多采用盐浴分级淬火，以避免淬火变形和开裂。有时为进一步减小淬火变形、提高韧性，采用多次分级淬火或分级淬火后在 240～280℃下进行贝氏体等温淬火。

D. 淬火后采用多次高温回火。一般在 560℃下回火（对高速钢而言仍属于低温回火），重复三次，因为高速钢淬火后的残余奥氏体量为 20%～25%，所以只有在 560℃下回火三次才能逐步将残余奥氏体减少到合适量；此外，经 550～570℃回火后发生二次硬化，使硬度和强度最高，塑性和韧性也有较大改善。

与所有高碳工具钢相同，高速钢使用状态组织一般为回火马氏体＋粒状碳化物＋少量残余奥氏体。

4.3.2 不锈钢

1. 不锈钢耐蚀的主要原因

不锈钢是指在自然环境或一定工业介质中耐腐蚀（电化学腐蚀及化学腐蚀）的钢，是典型的耐蚀合金。它是在碳钢的基础上加入 Cr、Ni、Si、Mo、Ti、Nb、Al、N、Mn、Cu 等合金元素形成的。其中 Cr 是保证“不锈”的主要元素，当呈原子态溶入钢中的铬含量 $w_{Cr}>12\%$时，不仅基体电极电位提高，从而减小了腐蚀原电池形成的可能性，而且在氧化性介质中使钢表面快速形成致密、稳定、牢固的 Cr_2O_3 保护膜，以减小或阻断腐蚀电流，这是耐蚀的主要原因；一定量的铬/镍比（或与其他元素配合）可使钢在室温下形成单相铁素体或奥氏体，不利于腐蚀原电池，从而进一步提高耐蚀性。

由于 Cr 是强碳化物形成元素，易与碳反应，使溶入基体的原子态的铬含量降低，甚至低于 12%，因此钢中的 C 越少 Cr 越多，越耐蚀（但会使强度、硬度降低）。因此，大多数不锈钢的碳含量都很低。Cr_2O_3 保护膜易受 Cl 等卤族元素的离子穿透及破坏，同时 Cr 在非氧化性酸（如盐酸、稀硫酸）和碱中的钝化能力较差，很多不锈钢在含此类离子的介质中会产生点蚀、应力腐蚀、晶界腐蚀等。含一定量 Mo、Nb、Ti 等碳化物或金属化合物形成元素的不锈钢或含更多 Cr 和 Ni 的不锈钢及双相不锈钢的耐蚀性（如耐晶间腐蚀）提高，可能产生沉淀硬化，使强度增大。在非氧化性酸中工作的部件，可选用含一定量 Mo、Cu 及高镍的钢；在含卤族离子介质中工作的部件，可选用含 Mo、N、Si 和高铬的钢以抗点蚀；抗应力腐蚀的部件，可选用硅含量较高或含 Cu 及超少 C 的奥氏体不锈钢、双相不锈钢、高纯高铬的铁素体不锈钢等。

2. 常用不锈钢

不锈钢按正火后组织的不同，分为马氏体型不锈钢、铁素体型不锈钢、奥氏体型不锈钢、双相不锈钢和沉淀硬化型不锈钢（PH 不锈钢）五种（具体参见 GB/T 1220—2007《不锈钢棒》）。

(1) 马氏体型不锈钢。

马氏体型不锈钢的碳含量 $w_C=0.1\%\sim1.0\%$，铬含量 $w_{Cr}=12\%\sim18\%$。由于马氏体型不锈钢的合金元素单一，因此只在氧化性介质（如大气、海水、氧化性酸）中耐蚀，而在非氧化性介质（如盐酸、碱溶液等）中因达不到良好的钝化而耐蚀性很差。钢的耐蚀性随铬含量的减小和碳含量的增大而受到损害，但其强度、硬度和耐磨性随碳含量的增大而提高。

常见马氏体型不锈钢有低、中碳的 Cr13 型（如 12Cr13、20Cr13、30Cr13、40Cr13）和高碳的 Cr18 型（如 90Cr18MoV 等），以及耐蚀性（如耐海水腐蚀）和强度突出的 14Cr17Ni2。此类钢的淬透性良好，即空冷或油冷可得到马氏体，锻造后需经退火处理来改善切削加工性。在工程上，一般对低碳的 12Cr13、20Cr13 进行调质处理，得到回火索氏体组织，以制造耐蚀结构零件（如螺栓、汽轮机叶片、水压机阀、医疗器械等）；对中、高碳的 30Cr13、40Cr13 及 90Cr18MoV 进行淬火＋低温回火处理，获得回火马氏体，以制造高硬度、高耐磨性和具有一定耐蚀性的零件或工具（如医疗器械、量具、塑料模、滚动轴承、餐刀、弹簧等）。

马氏体型不锈钢具有价格低，可热处理强化（强度、硬度较高）的优点；但耐蚀性、塑性加工性与焊接性较差。

(2) 铁素体型不锈钢。

由于铁素体型不锈钢的碳含量较低（$w_C<0.15\%$）、铬含量较高（$w_{Cr}=12\%\sim30\%$），因而耐蚀性优于马氏体型不锈钢。此外，Cr 是铁素体的形成元素，此类钢从室温到高温（约为 1000℃）均为单相铁素体，进一步改善了耐蚀性，但不能进行热处理强化，强度与硬度低于马氏体型不锈钢，而塑性加工性、切削加工性和焊接性较好。为了进一步提高在非氧化性酸中的耐蚀性（如点蚀、应力腐蚀等），可在铁素体型不锈钢中加入 Mo、Ni、Ti、Cu 等其他合金元素（如 10Cr17Mo2Ti）或提高纯净度（如 008Cr30Mo2）。铁素体型不锈钢一般在退火或正火状态下使用。此类钢在氧化性介质（如硝酸）中具有很高的耐蚀性，主要用于制造对力学性能要求不高，而对耐蚀性和抗氧化性有较高要求的零件。

常用的铁素体型不锈钢有 06Cr13、10Cr17、10Cr17Ti、16Cr25N 等。对铁素体型不锈钢进行热处理、焊接或锻造时，应注意脆性问题（如晶粒粗大导致的脆性、σ 相析出脆性、475℃脆性等）。

（3）奥氏体型不锈钢。

奥氏体型不锈钢是在原 Cr18Ni8（简称 18-8 钢）的基础上发展起来的，具有低碳（绝大多数 $w_C<0.12\%$），高铬（$w_{Cr}=17\%\sim25\%$）和较高镍（$w_{Ni}=8\%\sim29\%$）的特点。由此可知，此类钢具有较好的耐蚀性，在苛性碱（熔融碱除外）、硫酸、硝酸盐、硫化氢、磷酸、醋酸、大多数无机酸及有机酸、100℃以下的中低浓度硝酸及 850℃以下的高温空气环境下的耐蚀性很好，并具有良好的抗氢能力和抗氮能力，但对还原性介质（如盐酸）不耐蚀。Ni 使钢在室温下为单相奥氏体组织，进一步改善了耐蚀性，并且赋予奥氏体型不锈钢优良的低温韧性、加工硬化能力、耐热性和无磁性等，其冷塑性加工性和焊接性较好，但切削加工性差。奥氏体型不锈钢在化工设备、装饰型材等方面应用广泛。

常用奥氏体型不锈钢有 12Cr18Ni9（S30210）、06Cr19Ni10N（S30458）等。加入 Mo、Cu、Si 等合金元素，可显著改善不锈钢在非氧化性酸等介质中的耐蚀性，如 06Cr17Ni12Mo2N（S31658）。因为 Mn、N 与 Ni 同为奥氏体形成元素，所以为了节约 Ni 资源，国内外研制出许多节镍型奥氏体型不锈钢和无镍型奥氏体型不锈钢，如 12Cr18Mn9Ni5N（S35450）等，Mn、N 的加入还提高了其在有机酸中的耐蚀性。由于奥氏体型不锈钢的切削加工性较差，因此发展出含有 S、Se、Pb 等改善切削加工性的易切削不锈钢（如 Y30Cr13、Y12Cr18Ni9Se 等）。

高钼含氮的奥氏体型不锈钢（如 02Cr20Ni18Mo6CuN）常称为超级奥氏体型不锈钢，其除在还原性介质中具有优良的耐蚀性外，还具有较好的抗应力腐蚀、点蚀与缝隙腐蚀的能力。

某些奥氏体型不锈钢的退火组织为奥氏体＋碳化物，该组织不仅强度低，而且耐蚀性下降。为保护耐蚀性，需进行固溶处理——高温加热使碳化物溶解，再快速冷却得到单相奥氏体的组织。但其抗拉强度较低（$R_m\approx600$MPa），强度潜力未充分发挥。虽然奥氏体型不锈钢不可进行热处理（淬火）强化，但具有加工硬化能力，可通过冷变形方法强化，随后进行去应力退火（300～350℃下加热空冷），以防止出现应力腐蚀现象。

（4）双相不锈钢。

双相不锈钢主要是指奥氏体-铁素体型不锈钢，是在 Cr18Ni8 的基础上调整 Cr、Ni 的含量，并加入适量的 Mn、Mo、W、Cu、N、Si 等合金元素，加热到 1000～1100℃淬火（韧化处理）而形成的奥氏体和铁素体双相组织。双相不锈钢兼具奥氏体型不锈钢和铁素体型不锈钢的优点，如良好的韧性、焊接性，较高的屈服强度，但抗应力腐蚀、点蚀、晶间腐蚀、氯化物腐蚀及焊缝热裂能力提高。14Cr18Ni11Si4AlTi、022Cr19Ni5Mo3Si2N、022Cr25Ni6Mo2N 等主要用于制造化工管道系统、阀门、热交换器、压力容器等。

（5）沉淀硬化型不锈钢（PH 不锈钢）。

马氏体型不锈钢要么强度不够高，要么韧性不好；奥氏体型不锈钢虽可通过冷变形强化，但对尺寸较大、形状复杂的零件，冷变形强化的难度较大，效果欠佳。为了解决以上问题，在不锈钢中单独或复合加入硬化元素（如 Ti、Al、Mo、Nb、Cu 等），并通过适当的热处理（固溶处理后进行时效处理，促使析出金属间化合物，从而在马氏体和奥氏体基体上产生沉淀硬化）获得高的强度（1000～1500MPa）、好的韧性及耐蚀性，这就是沉淀硬化型不锈钢，包括马氏体沉淀硬化型不锈钢（由 Cr13 型不锈钢发展而来）、奥氏体沉淀硬化型不锈钢、奥氏体－马氏体沉淀硬化型不锈钢等。与 Cr18Ni8 钢相比，其耐蚀性稍差或相当，对应力腐蚀较敏感，常用于制造腐蚀条件不太苛刻但要求耐磨、耐冲刷的泵、阀、轴、反应器结构或零件，也可作为超高强钢使用。

此外，为了解决一般不锈钢无法解决的工程腐蚀问题，在化工设备及管道工程中还应用镍（纯镍 N2、N4、N6）及镍基耐蚀合金，如 Ni-Cu 合金、Ni-Cr 合金、Ni-Mo 合金等。Ni-Cu 合金和 Ni-Mo 合金在还原性介质中具有良好的耐蚀性，但在氧化性介质中耐蚀性较差，而 Ni-Cr 合金刚好相反。我国耐蚀合金以拼音字母“NS”加 4 位阿拉伯数字表示（参见 GB/T 15007—2017《耐蚀合金牌号》），如 NS3202。镍及其合金价格高，多用于制造一般材料不能胜任的氯碱、热碱等石油化工及高温耐蚀的容器、管道、阀门等。

4.3.3 耐热钢

金属长时间在高温、恒应力作用下，即使应力小于屈服强度，也会缓慢地产生塑性变形（发生蠕变），此时应选用耐热钢等高温结构材料。

耐热钢是指用于制造在高温条件下使用的零件或构件的钢。耐热钢应具有良好的抗氧化能力和高温强度。评定高温强度的指标有持久强度和蠕变极限。

1. 提高钢耐热性的方法

耐热钢多为中碳合金钢、低碳合金钢（碳含量较高会使塑性、抗氧化性、焊接性及高温强度下降），所含合金元素均可起到固溶强化作用；其中 Cr、Si、Al 在高温下优先氧化形成致密的氧化膜，起隔离保护作用；Mo、V、W、Ti 等元素可与碳结合，形成稳定性强、不易聚集长大的碳化物，并起弥散强化作用；同时，这些元素大多可提高基体相中原子之间的结合力，提高晶界强度及再结晶温度，从而提高钢的高温强度；若含有少量稀土元素，则性能会进一步提高。

2. 常用耐热钢

按使用特性的不同，耐热钢分为**抗氧化钢**和**热强钢**；按**正火组织的不同**，耐热钢可分为珠光体型耐热钢、马氏体型耐热钢、奥氏体型耐热钢、铁素体型耐热钢及沉淀硬化型耐热钢（具体参见 GB/T 1221—2007《耐热钢棒》）。

（1）**珠光体型耐热钢。**

珠光体型耐热钢在正火状态下的组织为细片珠光体＋铁素体，用于 350～600℃下工作的耐热构件。典型珠光体型耐热钢如下：①低碳珠光体钢（如 15CrMo、12Cr1MoV），具有优良的冷热加工性能，主要用于制造锅炉管线等，故又称锅炉管子用钢，常在正火状态下使用；②中碳珠光体钢（如 35CrMo、35CrMoV 等），在调质状态下使用，具有优良的高温综合力学性能，主要用于制造耐热的紧固件和汽轮机转子（主轴、叶轮等），故又称紧固件用钢或汽轮机转子用钢。

（2）**马氏体型耐热钢。**

马氏体型耐热钢淬透性良好，空冷可形成马氏体，常在淬火＋高温回火状态下使用，包括如下两类。

① 低碳高铬钢。低碳高铬钢是在 Cr13 型马氏体型不锈钢的基础上加入 Mo、W、V、Ti、Nb 等合金元素形成的，如 14Cr11MoV、15Cr12WMoV 等，其还具有优良的消振性，

适合制造工作温度低于600℃的汽轮机叶片，故又称叶片钢。

② 中碳铬硅钢。中碳铬硅钢（如42Cr9Si2、40Cr10Si2Mo等）经调质处理后具有良好的高温抗氧化性、硬度和耐磨性，适合制造工作温度低于750℃的发动机排气阀，故又称气阀钢（其中含钼的钢不易产生回火脆性）。

（3）奥氏体型耐热钢。

奥氏体型耐热钢是在奥氏体型不锈钢的基础上加入W、Mo、V、Ti、Nb、Al等元素形成的，它们强化了奥氏体，并能形成稳定的特殊碳化物或金属间化合物，具有比珠光体型耐热钢和马氏体型耐热钢高的热强性和抗氧化性，还具有高的塑性、韧性及良好的可焊性、冷塑性、成形性。常用奥氏体型耐热钢有06Cr18Ni11Ti、45Cr14Ni14W2Mo等，主要用于制造工作温度为800℃的各类紧固件、汽轮机叶片、发动机气阀，使用状态为固溶处理状态或时效处理状态。

（4）铁素体型耐热钢。

铁素体型耐热钢是在铁素体型不锈钢的基础上加入适量的Si、Al元素发展起来的。其特点是抗氧化性强，但高温强度低、焊接性能差、脆性较大。常用铁素体型耐热钢有06Cr13Al、10Cr17、16Cr25N、022Cr12，用于制造在800～1000℃下工作的受力不大的炉用构件。

（5）沉淀硬化型耐热钢。

沉淀硬化型耐热钢属于沉淀硬化型不锈钢，常用沉淀硬化型耐热钢05Cr17Ni4Cu4Nb用于制造高温燃气轮机叶片和轴，07Cr17Ni7Al用于制造在高温下工作的弹簧、波纹管等。

可使用镍基高温合金、钴基高温合金、钼基高温合金制造工作温度为900～1050℃的汽轮机叶片和导向片等。工作温度升至1050℃以上，要使用以高温合金为基体的复合材料，甚至要使用工程陶瓷或碳-碳复合材料。

4.3.4 耐磨钢

耐磨钢是指用于制造耐磨料磨损件的钢，习惯上是指在强烈冲击磨损下发生冲击硬化而具有高耐磨性、耐冲击特点的高锰钢。

耐磨钢的成分特点是高碳（$w_C=0.9\%\sim1.5\%$）、高锰（$w_{Mn}=11\%\sim14\%$）。其铸态组织为粗大的奥氏体＋晶界析出碳化物，脆性较大，耐磨性不强，不能直接使用。其经固溶处理（1060～1100℃下加热、快速水冷）后，可得到韧性很强的单相奥氏体组织，韧性很强，故该过程又称水韧处理。虽然高锰钢在固溶状态下的硬度不高（小于200HBW），但当受到大的冲击载荷和高应力摩擦时，表面发生塑性变形，迅速产生强烈的加工硬化，并产生一定量的马氏体，从而形成硬（大于500HBW）且耐磨的表面层，心部仍为高韧性的奥氏体。随着硬化层的逐渐磨损，新的硬化层不断向内产生、发展，总能维持良好的耐磨性（永远“表硬心韧”）。在小的冲击载荷和应力摩擦下，高锰钢的耐磨性不比相同硬度的其他钢高。因此，高锰钢主要用于制造对耐磨性要求高且在大冲击载荷与大压力条件下工作的零件，如坦克、拖拉机、挖掘机的履带板，破碎机牙板，铁路道岔等。

高锰钢的加工硬化能力极强，冷塑加工性和切削加工性较差；因热裂纹倾向较大、导热性差，故焊接性不佳。因此，大多数高锰钢零件都采用铸造成形。

常用高锰钢有ZG100Mn13、ZG120Mn13Cr2、ZG120Mn13Ni3等。

4.4 铸　　铁

铸铁是碳含量大于 2.11%，并含有较多 Si、Mn 及杂质元素 S、P（与钢相比）的多元铁碳合金。与钢相比，铸铁的力学性能较差，特别是塑性、韧性较差，但石墨型铸铁具有优良的减振性、耐磨性、铸造性和切削加工性，而且成本较低，在工业生产中得到广泛应用。

4.4.1 铸铁的主要类型

在铁碳合金中，碳的存在形式主要有化合态（如 Fe_3C）和游离态（石墨）。由于 Fe_3C 为亚稳定相，在高温、长时间及含有 Si 元素等促进碳原子扩散、聚集的条件下会分解出稳定态的石墨（$Fe_3C \longrightarrow 3Fe+C$）；或在较低的冷却速度下，碳原子易充分扩散，直接从液态铁水或奥氏体中析出石墨，即石墨化。显然，碳含量和硅含量越高，冷却越慢，越利于石墨的析出。在实际生产中，铸铁的冷却速度随壁厚的增大而降低，铸铁的壁厚、碳含量和硅含量均会对石墨的析出程度产生影响，形成不同的组织的铸铁。铸铁壁厚、碳含量、硅含量对组织的影响如图 4.5 所示。

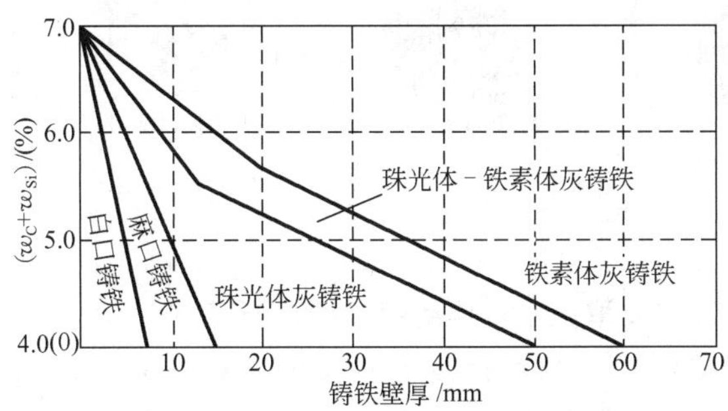

图 4.5　铸铁壁厚、碳含量和硅含量对组织的影响

根据碳的存在形式和石墨的形状，铸铁可分为如下五类。

（1）白口铸铁。白口铸铁是指碳主要以 Fe_3C 等碳化物方式存在的铸铁。组织中有共晶莱氏体，组织粗大且脆，断口呈白亮色。由于白口铸铁的硬度很高，难以进行切削加工，因此仅用于铸造部分要求耐磨的产品。

（2）灰铸铁。灰铸铁是指碳全部或大部分以片状石墨方式存在的铸铁。灰铸铁价格低，铸造性及切削加工性好，应用非常广泛。

（3）可锻铸铁。可锻铸铁是指碳全部或大部分以团絮状石墨方式存在的铸铁。与灰铸铁相比，可锻铸铁具有较高的塑性和韧性，但实际上不能锻造。

（4）球墨铸铁。球墨铸铁是指碳全部或大部分以球状石墨方式存在的铸铁。球墨铸铁的力学性能好，在一定条件下可代替钢制造重要零件。

（5）蠕墨铸铁。蠕墨铸铁是指碳全部或大部分以蠕虫状石墨方式存在的铸铁。

4.4.2　铸铁的特点

1. 共性特点。

（1）成分特点。

铸铁通常具有高碳、高硅的成分特点。高碳是形成石墨的必要条件；硅可促进石墨形成，含较多硅也是形成石墨的重要条件。对铸铁中硫含量、磷含量的限制较宽，这是铸铁成本低、可在机械厂熔炼的重要原因。

（2）组织特点。

在常用铸铁中，除石墨外，基体组织还有铁素体（F）、铁素体＋珠光体（F＋P）、珠光体（P）、马氏体（M）、贝氏体（B）等，与钢的组织类型相同。因此，通常把铸铁的组织看成在钢基体上分布一定数量的石墨。不同基体铸铁的典型金相组织如图 4.6 所示。

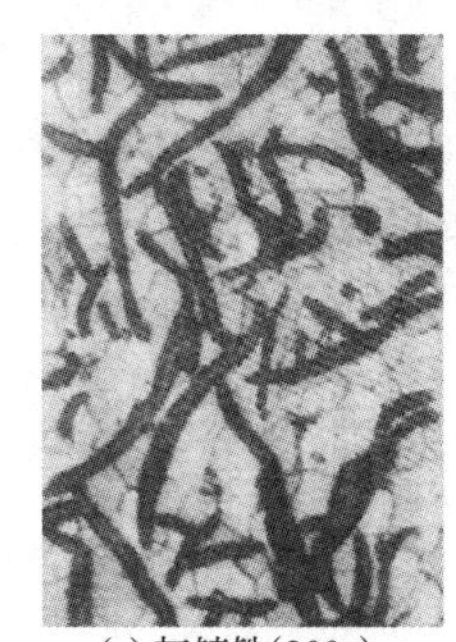
(a) 灰铸铁(200×)

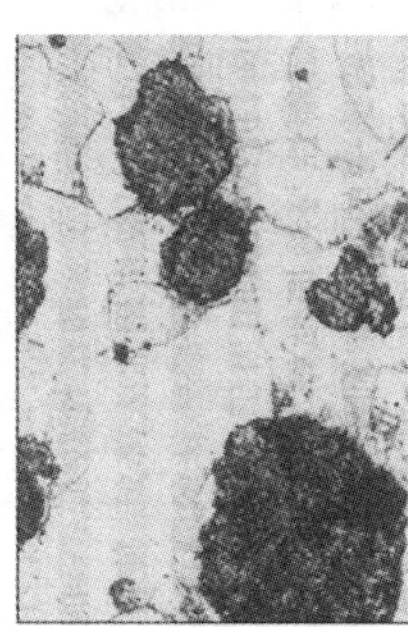
(b) 球墨铸铁(200×)

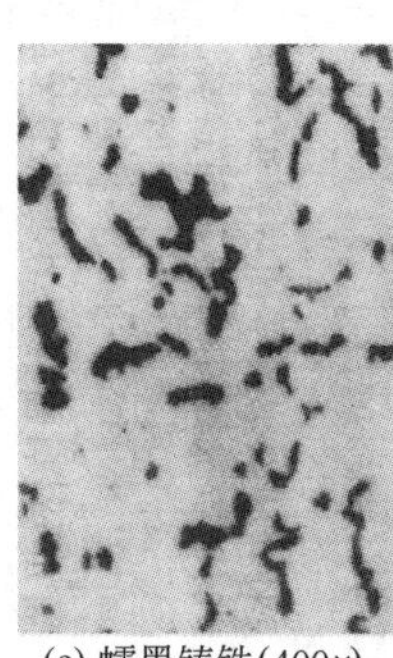
(c) 蠕墨铸铁(400×)

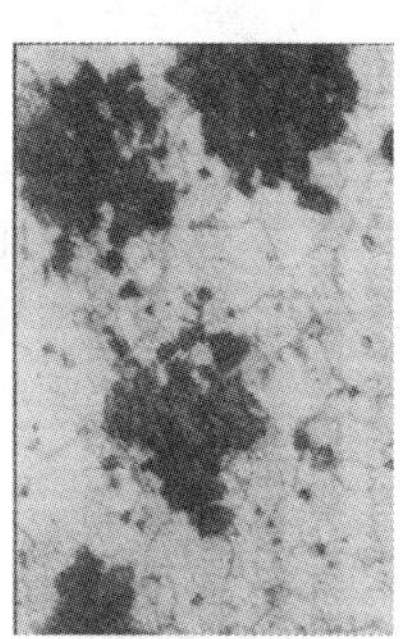
(d) 可锻铸铁(400×)

图 4.6　不同基体铸铁的典型金相组织

（3）性能特点。

常用铸铁的力学性能主要取决于基体组织类型及石墨的形状、数量、尺寸和分布。基体组织类型（受浇注工艺和对铸件进行的热处理的影响）对铸铁力学性能的影响与钢类似，但影响不大。因为石墨本身的力学性能极差（$R_m \approx 20\text{MPa}$，硬度＝3～5HBW，$A \approx 0$），所以铸铁中的石墨可视为孔洞和裂纹（尤其是片状石墨），它割裂了基体，减小了铸件的有效承载面积，并产生应力集中，导致铸铁的抗拉强度、塑性、韧性均较低。由于铸铁受压应力作用时裂纹不易扩展，因此抗压强度变化不明显，为抗拉强度的 2.5～4.0 倍。石墨也赋予了铸铁很多优点：使铸铁在切削加工时具有良好的断屑性能；石墨本身摩擦系数小，具有自润滑性能，可提高铸铁的耐磨性；使铸铁具有良好的减振性、较低的缺口敏感性、优良的铸造工艺性。

2. 个性特点

（1）灰铸铁。

灰铸铁的化学成分如下：w_C＝2.7%～3.6%，w_{Si}＝1.0%～2.2%，w_{Mn}＝0.5%～1.3%，w_P＜0.3%，w_S＜0.15%。灰铸铁的组织特点是在钢基体（F、F＋P、P）上分布一些片状石墨。由于片状石墨对基体的割裂作用大，引起的应力集中也大，因此灰铸铁的抗拉强度、塑性、韧性均较差。显然，石墨片越多，尺寸越大，石墨片越尖锐，灰铸铁的强度、塑性、韧性越差（但抗振性越好）。为改善灰铸铁的力学性能，可在浇注时加入一定量的硅铁、硅钙等合金进行非自发核心的变质处理（也称孕育处理），形成孕育铸铁，使石墨片细化，并改善石墨片的分布。灰铸铁的牌号由 HT 及其后的最小抗拉强度值（由标准试样尺寸测定）组成。强度越高，珠光体越多，铁素体及石墨越少，铸造性越差。灰铸体主要用于制造承压件或受力较小、不太重要的零件。灰铸铁的牌号、力学性能和主要用途见表 4－14。

表 4－14 灰铸铁的牌号、力学性能和主要用途

分类	牌号	铸件壁厚/mm	试棒毛坯直径 D/mm	力学性能		显微组织		主要用途
				抗拉强度（不小于）R_m/MPa	硬度/HBW	基体	石墨	
普通灰口铸铁	HT150	4～8	13	280	170～241	铁素体＋珠光体	较粗片	端盖、轴承座、阀壳、管子及管路附件、手轮，以及一般机床底座、床身及其他复杂零件、滑座、工作台等
		＞8～15	20	200	170～241			
		＞15～30	30	150	163～229			
		＞30～50	45	120	163～229			
		＞50	60	100	143～229			
	HT200	6～8	13	320	187～225	珠光体	中等片	气缸、齿轮、底座、飞轮、齿条、衬筒，以及一般机床床身及中等压力液压筒、液压泵和阀壳等
		＞8～15	20	250	170～241			
		＞15～30	30	200	170～241			
		＞30～50	45	180	170～241			
		＞50	60	160	163～229			
孕育铸铁	HT250	＞8～15	20	290	187～225	细珠光体	较细片	阀壳、油缸、气缸、联轴器、机体、齿轮、齿轮箱外壳、飞轮、衬筒、凸轮、轴承座等
		＞15～30	30	250	170～241			
		＞30～50	45	220	170～241			
		＞50	60	200	163～229			
	HT300	＞15～30	30	300	187～225	索氏体或屈氏体	细小片	齿轮、凸轮、车床卡盘、剪床、压力机的机身，以及导板、自动车床及其他重载荷机床的床身、高压液压筒、液压泵和阀壳等
		＞30～50	45	270	170～241			
		＞50	60	260	170～241			
	HT350	＞15～30	30	350	197～269			
		＞30～50	45	320	187～255			
		＞50	60	310	170～241			
	HT400	＞20～30	30	400	207～269			
		＞30～50	45	380	187～269			
		＞50	60	370	197～269			

（2）可锻铸铁。

可锻铸铁是用碳含量、硅含量较少的铁水浇注成白口铸铁，经高温（900～980℃）长

时间（2～5h）石墨化退火，使白口铸铁中的渗碳体全部或大部分分解成团絮状石墨的铸铁。

可锻铸铁的化学成分特点是碳含量和硅含量适中（w_C＝2.2%～2.8%，w_{Si}＝1.2%～2.0%，w_{Mn}＝0.4%～1.2%，w_P≤0.1%，w_S≤0.2%），刚好能得到白口铸件。

可锻铸铁的组织特点是在钢基体（F、P）上分布一些团絮状石墨。与片状石墨的灰铸铁相比，团絮状石墨对基体的割裂作用较小，引起的应力集中也较小。因此，可锻铸铁通常比具有相同基体组织的灰铸铁的强度和塑性高。

可锻铸铁的牌号由KTZ（可铁珠，表示珠光体基体）、KTH（可铁黑，表示黑心，铁素体基体，断口中心为暗灰色，表层为灰白色）、最小抗拉强度及最小断后伸长率组成。可锻铸铁比铸钢的铸造性能好，比灰铸铁强韧，比球墨铸铁成本低且质量稳定（特别是薄壁小件），常用于制造形状复杂、承受一定冲击的薄壁件，如汽车拖拉机的后桥外壳、管接头、低压阀门、钢管脚手架接头等。可锻铸铁的牌号、力学性能和主要用途见表4-15。

表4-15　可锻铸铁的牌号、力学性能和主要用途

牌号	力学性能（不小于）				主要用途
	抗拉强度 R_m/MPa	屈服强度 $R_{p0.2}$/MPa	断后伸长率 A/(%) ($L_0=3d_0$)	硬度/HBW	
KTH300-06	300	—	6	≤150	弯头、三通等管件
KTH350-10	350	200	10		汽车、拖拉机的前/后轮壳、减速器壳、转向节壳、制动器等
KTZ450-06	450	270	6	150～200	曲轴、凸轮轴、连杆、齿轮、轴套、活塞环、方向接头、扳手、传动链条
KTZ550-04	550	340	4	180～230	
KTZ650-02	650	430	2	210～260	
KTZ700-02	700	530	2	240～290	

（3）球墨铸铁。

球墨铸铁是在一定成分的铁水中加入少量球化剂（镁或稀土镁合金等，如1.3%～1.6%的FeSiMg8RE5）和变质剂（硅铁或硅钙）得到的在钢基体上分布球状石墨的铸铁。球墨铸铁的成分特点是高碳、高硅（比可锻铸铁和灰铸铁都高），以防止由球化处理导致产生白口。球墨铸铁的成分如下：w_C＝3.6%～3.9%，w_{Si}＝2.0%～2.8%、w_{Mn}＝0.6%～0.8%，w_S＜0.07%，w_P＜0.1%。与可锻铸铁相比，虽然球墨铸铁的原料成本高，但生产周期短、性能好、厚大件更易保证质量。

球墨铸铁的组织特点是在钢基体上分布一些球状石墨。球状石墨对基体的割裂作用小，引起的应力集中也小，与具有相同基体组织的灰铸铁和可锻铸铁相比，强度和塑性更高。同时，由于石墨对力学性能的影响减小，基体组织对力学性能的影响增大，如通过热处理改变基体组织类型，可在很大范围内改变球墨铸铁的力学性能。

球墨铸铁的牌号由QT（球铁）、最小抗拉强度、最小断后伸长率组成（与可锻铸铁相似）。球墨铸铁的力学性能可满足多种应用场合的要求，特别是屈强比高（0.7～0.8），可

代替碳钢、合金钢、可锻铸铁和有色金属，用来制造一些受力复杂，对强度、韧性和耐磨性要求高的零件，如柴油机中的曲轴、连杆及凸轮轴、齿轮等；但塑性、焊接性比钢差，应用受到一定限制。球墨铸铁的牌号、力学性能、主要金相组织和主要用途见表 4－16。

表 4－16 球墨铸铁的牌号、力学性能、主要金相组织和主要用途

牌号	力学性能（不小于）				主要金相组织	主要用途
	抗拉强度 R_m/MPa	屈服强度 $R_{p0.2}$/MPa	断后伸长率 A/(%)	硬度/HBW		
QT400-18	400	250	18	130～180	铁素体	汽车、拖拉机的底盘零件，阀体，阀盖，管道
QT400-15	400	250	15	130～180	铁素体	
QT450-10	450	310	10	160～210	铁素体	
QT500-7	500	320	7	170～230	铁素体＋珠光体	机油泵齿轮
QT600-3	600	370	3	190～270	珠光体＋铁素体	
QT700-2	700	420	2	225～305	珠光体	汽油机、柴油机的曲轴，车床主轴，冷冻机缸体、缸盖
QT800-2	800	480	2	245～335	珠光体或回火组织	
QT900-2	900	600	2	280～360	贝氏体或回火马氏体	汽车、拖拉机的传动齿轮

（4）蠕墨铸铁。

蠕墨铸铁是在一定成分的铁水中加入一定量的蠕化剂（稀土、镁钛合金、镁钙合金）及少量孕育剂形成的石墨呈蠕虫状的铸铁。

蠕墨铸铁的成分特点是高碳、高硅、低硫、低磷，其组织特点通常是在钢基体上分布一些蠕虫状石墨。蠕虫状石墨的外形介于片状石墨与球状石墨之间，与片状石墨相似，但较短、较厚、端部较圆，形似蠕虫，对基体的割裂作用和引起的应力集中程度介于片状石墨与球状石墨之间，力学性能也介于两者之间。它的导热性、铸造性、减振性、切削加工性均优于球墨铸铁，是一种具有良好综合性能的铸铁。

蠕墨铸铁的牌号由 RuT（蠕铁）和最小抗拉强度组成。常用蠕墨铸铁有 RuT300、RuT350、RuT400、RuT500，可用于制造一些结构复杂、承受热循环载荷、组织致密、强度要求高的铸件，如缸盖、液压阀、气缸套、制动盘、制动鼓、玻璃模等。

除上述铸铁外，还可在铸铁中加入某些合金元素，形成具有特殊性能的合金铸铁，如抗磨铸铁（HTMCu1CrMo、QTMMn8-30、BTMCr9Ni5、BTMCr2），耐热铸铁（HTRCr2、QTRSi5、QTRAl4Si4、BTRCr16），耐蚀铸铁（HTSSi15R、HTSSi15Cr4R、HTSNi2Cr、QTSNi20Cr2、BTSCr28）等，选用时可查阅相关资料。

4.4.3 铸铁的热处理特点

因为灰铸铁具有尖片状石墨的特征，石墨的形态、尺寸、数量对力学性能起主导作用（石墨尖端易产生应力集中），基体组织对性能的影响较小，所以一般不进行整体淬火（可进行表面淬火），而仅根据具体产品特点进行去应力退火、消除局部白口组织的高温石墨

化退火（以利于切削加工）。球墨铸铁的石墨呈球状，石墨对力学性能的影响减小，基体对力学性能的影响增大，可以像钢一样进行各种处理，以改变基体组织类型，从而改变球墨铸铁的力学性能。

应注意的是，热处理不能改变已存在石墨的形态和分布。

4.5 有色金属（非铁）及其合金

有色金属是指除钢、铸铁和其他以铁为基的合金外的金属，又称非铁金属。有色金属材料种类繁多，具有很多黑色金属不具备的特性，它是现代工业生产中不可缺少的金属材料。

4.5.1 铝及其合金

1. 工业纯铝

纯铝的密度约为 2.7g/cm^3，熔点为 660℃，具有良好的导电性（仅次于 Ag、Cu、Au）、导热性，磁化率极低。铝在大气中易形成致密的 Al_2O_3 保护膜，具有良好的耐大气腐蚀性。

固态的铝具有面心立方晶格，不具有低温脆性，强度和硬度很低（R_m＝80～100MPa，20HBW），塑性很好（A≈50%，Z≈80%）。由于铝无同素异构转变，因此纯铝不能通过热处理强化，通过冷塑性变形（加工硬化）后的纯铝强度升高（R_m＝150～200MPa），但塑性明显降低。工业纯铝不适合制造结构件和机器零件，主要用于制作导线和熔炼铝合金的原料。

纯铝分为高纯铝、工业高纯铝和工业纯铝。在 GB/T 16475—2008《变形铝及铝合金代号》中，纯铝加工产品牌号用“1×××”四位数表示，其中“1”表示纯铝，第一个“×”为原始纯铝的改型情况（A、B～Y），后两个“××”为最低铝含量（99%）小数点后的两位数。如 1A97 为原始纯铝，最低铝含量为 99.97%（L04）。

高纯铝的纯度为 99.93%～99.99%，常用牌号有 1A99、1A97、1A95、1A93 等，主要用于特殊化学及电工领域；工业高纯铝的纯度为 98.85%～99.9%，常用牌号有 1A85、1A90 等，主要用于制造铝箔及冶炼铝合金原料；工业纯铝含铁、硅等杂质，其纯度为 98%～99%，常用牌号有 1070A、1060A、1035 等，主要用于制造导线、日用品或作生产铝合金原料。纯铝中的杂质含量增大，其电导性、热导性、耐蚀性及塑性下降。

2. 铝合金

纯铝的强度低，不宜作为受力结构材料。在纯铝中加入 Cu、Si、Mg、Mn、Zn 等元素制成铝合金是提高强度的有效方法。一般来说，铝合金的强化方式有形变（或冷变形）强化、固溶及时效（弥散或沉淀）强化、细晶强化、过剩相（或第二相）强化等，可进行再结晶软化退火（针对变形铝合金）、去应力退火及均匀化退火。

（1）铝合金的分类。

根据化学成分和加工工艺特点，铝合金可分为变形铝合金和铸造铝合金两大类。典型铝合金相图如图 4.7 所示，化学成分在 D'点左侧的合金，在高温下可得到单相固溶体——α 相，其塑性好、强度低，适合压力加工，称为变形铝合金；化学成分在 D'点右侧的合金结晶时存在共晶转变，其熔点低、流动性好、塑性差，适合铸造成形，称为铸造铝合金。化学成分在 F 点左侧的变形铝合金在加热、冷却过程中，α 相的平均成分、晶体结构、相组成均不发生变化，不能通过热处理强化，称为不可热处理强化的铝合金；化学成分在 F 点右侧的铝合金（含铸造铝合金）称为可热处理强化的铝合金，可通过固溶及时效处理产生时效（或沉淀）强化。

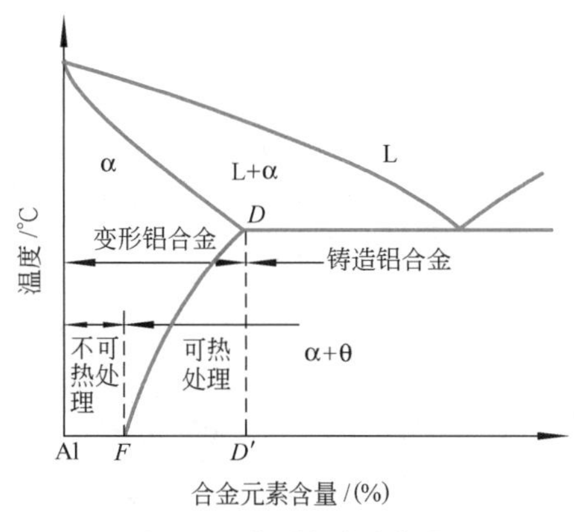

图 4.7　典型铝合金相图

（2）变形铝合金。

根据性能和加工特点，变形铝合金分为防锈铝合金、硬铝合金、超硬铝合金和锻铝合金，分别用汉语拼音字母 LF（铝防）、LY（铝硬）、LC（铝超）、LD（铝锻）及其后顺序号组成的代号表示，在 GB/T 16475—2008《变形铝及铝合金代号》中用“数字×××”表示。其中，第一位数字“2”为 Al－Cu，“3”为 Al－Mn，“4”为 Al－Si，“5”为 Al-Mg，“6”为 Al－Mg－Si，“7”为 Al－Zn，“8”为加其他元素的铝合金，“9”为备用组；第二位“×”为原始合金的改型情况（A、B～Y 或数字）；最后两个“××”为产品区别数字代号（生产中也有用四位数字体系牌号表示的，参见 GB/T 16474—2011《变形铝及铝合金牌号表示方法》或 GB/T 3190—2020《变形铝及铝合金化学成分》）。

部分变形铝合金的牌号（代号）、力学性能和主要用途见表 4－17。

表 4－17　部分变形铝合金的牌号（代号）、力学性能和主要用途

类别	牌号（代号）	化学成分						热处理状态	力学性能			主要用途
		w_{Cu}/(%)	w_{Mg}/(%)	w_{Mn}/(%)	w_{Zn}/(%)	其他元素含量/(%)	w_{Al}/(%)		R_m/MPa	A/(%)	硬度/HBW	
防锈铝合金	5A05 (LF5)	0.10	4.5～5.5	0.3～0.6	0.20	—	余量	O	270	15	70	中载零件、铆钉、焊接油箱、油管
	3A21 (LF21)	0.20	—	1.0～1.6	—	—	余量	O	130	23	30	管道、容器、铆钉、轻载零件及制品

续表

类别	牌号（代号）	化学成分						热处理状态	力学性能			主要用途
		w_{Cu}/(%)	w_{Mg}/(%)	w_{Mn}/(%)	w_{Zn}/(%)	其他元素含量/(%)	w_{Al}/(%)		R_m/MPa	A/(%)	硬度/HBW	
硬铝合金	2A01（LY1）	2.2～3.0	0.2～0.5	0.2	0.10	Ti：0.15	余量	T4	300	24	70	中等强度、工作温度不超过100℃的铆钉
	2A12（LY12）	3.8～4.9	1.2～1.8	0.3～0.9	0.3	Ti：0.15	余量	T4	480	11	131	高强度的构件及在150℃以下工作的零件，如骨架、梁、铆钉
超硬铝合金	7A04（LC4）	1.4～2.0	1.8～2.8	0.2～0.6	5.0～7.0	Cr：0.1～0.25	余量	T6	600	12	150	主要受力构件及大载荷零件，如飞机大梁、加强框、起落架
	2A09（LC9）	1.2～2.0	2.0～3.0	<0.15	7.6～8.6	Cr：0.16～0.30	余量	T6	680	7	190	主要受力构件及大载荷零件，如飞机大梁、加强框、起落架
锻铝合金	2A50（LD5）	1.8～2.6	0.4～0.8	0.4～0.8	0.3	Si：0.7～1.2	余量	T6	382	10	105	形状复杂、中等强度的锻件及模锻件
	6061（LD30）	0.15～0.4	0.8～1.2	>0.15	>0.25	Si：0.4～0.8	余量	T6	290	10	95	建筑及交通用铝型材、包装装潢材料

注：O——退火，T4——固溶处理＋自然时效，T6——固溶处理＋人工时效。

① 防锈铝合金。防锈铝合金是指以耐蚀性见长的铝合金，主要是Al-Mn系（3000系列）合金及Al-Mg系（5000系列）合金。Mn的主要作用是提高耐蚀性，并产生固溶强化；Mg起固溶强化作用，并可减小材料的密度。防锈铝合金在退火状态下为单相固溶体，具有良好的耐蚀性、塑性及低温韧性，适合进行压力加工，焊接性好，但切削加工性稍差，强度低。防锈铝合金不能通过热处理强化，但可通过冷变形强化。

② 硬铝合金。硬铝合金是指高强度铝合金（R_m＞300MPa，比强度接近高强钢），主要是Al-Cu-Mg系（2000系列）合金。Cu和Mg除起固溶强化作用外，还可形成θ相（$CuAl_2$）、S相（$CuMgAl_2$）等强化相，对提高铝合金的强度有重要作用。硬铝合金还含有一定量的锰，可提高材料的耐蚀性。硬铝合金只有经过热处理强化才可获得高强度，对形变强化也有一定作用。

③ **超硬铝合金**。超硬铝合金是指具有更高强度的铝合金（R_m>600MPa），主要是Al-Zn-Mg-Cu系（7000系列）合金。超硬铝合金中的主要合金元素有Cu、Mg、Zn，形成的强化相有$MgZn_2$、$Al_2Mg_3Zn_3$等，具有明显的强化效果。超硬铝合金只有经过热处理强化才可获得高强度。硬铝合金、超硬铝合金的耐蚀性较差，通常包一层高纯铝来提高耐蚀性。

④ **锻铝合金**。锻铝合金是指具有良好热锻造性的铝合金，其铸造性、机械性能、焊接性、耐蚀性及耐热性较好，通过多元少量的合金化达到所需性能，包括铝镁硅铜系变形铝合金和铝镁硅系变形铝合金，主要用作形状复杂的锻件，主要强化相为Mg_2Si（如2A50铝合金、6A02铝合金、6061铝合金），其经固溶及时效处理后的强度与硬铝合金相当。6061铝合金具有极佳的加工性、优良的焊接性及电镀性、良好的耐蚀性、强韧性，以及加工后不变形、材料致密无缺陷、易抛光、氧化效果极佳等特点，广泛用作建筑和交通领域结构型材、包装装潢材料、电气结构等。

⑤ **铝锂合金**。铝锂合金是一种新型变形铝合金，$w_{Li}=0.9\%\sim2.8\%$，$w_{Zr}=0.08\%\sim0.16\%$，主要有Al-Cu-Li系（如2090）合金、Al-Mg-Li系（如1420）合金和Al-Cu-Mg—Li系（如8090）合金，其密度小，比强度和比刚度大（优于普通铝合金及钛合金），疲劳强度、耐蚀性、耐热性较高，可用于制造航空构件及壳体等。

（3）**铸造铝合金**。

用来制造铸件的铝合金称为铸造铝合金，其力学性能大多不如变形铝合金，但铸造性好，适合制造形状复杂的铸件。为具有良好的铸造性和足够的强度，铸造铝合金中合金元素的含量比变形铝合金多，为8%～25%，主要合金元素有Si、Cu、Mg、Mn、Ni、Cr、Zn等。铸造铝合金种类很多，根据主要合金元素的种类分为Al-Si系合金、Al-Cu系合金、Al-Mg系合金和Al-Zn系合金四类，其中Al-Si系合金应用较广泛。

铸造铝合金的牌号是由表示铸造铝合金的ZAl、主要合金元素的元素符号及名义含量组成的。例如，在ZAlSi7Mg中，Z代表“铸”。铸造铝合金也常用ZL（铸铝）后加三位阿拉伯数字作为代号，第一位数字代表合金系类别（1为Al-Si系、2为Al-Cu系、3为Al-Mg系、4为Al-Zn系）；后两位数字为顺序号，如ZL102表示2号铸造铝硅合金。部分铸造铝合金的牌号、代号、力学性能和主要用途见表4-18。

表4-18 部分铸造铝合金的牌号、代号、力学性能和主要用途

类别	牌号	代号	铸造方法	热处理	力学性能			主要用途
					R_m/MPa	A/(%)	硬度/HBW	
Al-Si系合金	ZAlSi7Mg	ZL101	JB	T4	190	4	50	形状复杂的零件，如飞机、抽水机壳体
			SB	T6	230	1	70	
	ZAlSi12	ZL102	SB	F	145	4	50	
			J	T2	155	2	50	
	ZAlSi12Cr1Mg1Ni1	ZL109	J	T1	195	0.5	90	活塞、气缸体及在高温下工作的其他零件
			J	T6	245	—	100	

续表

类别	牌号	代号	铸造方法	热处理	力学性能			主要用途
					R_m/MPa	A/(%)	硬度/HBW	
Al-Cu系合金	ZAlCu5Mn	ZL201	S	T4	295	8	70	砂型铸造、工作温度为175～300℃的零件，如内燃机气缸头、活塞
			S	T5	335	4	90	
Al-Mg系合金	ZAlMg10	ZL301	S	T4	290	8	60	在大气或海水中工作的零件，承受冲击载荷、外形不复杂的零件，如舰船配件
Al-Zn系合金	ZAlZn11Si7	ZL401	J	T1	245	1.5	90	结构和形状复杂的汽车、飞机、仪器零件及日用品

注：J——金属型铸造，S——砂型铸造，B——变质处理，T1——人工时效，T2——退火，T4——固溶处理＋自然时效，T5——固溶处理＋不完全人工时效，T6——固溶处理＋完全人工时效。

① **Al-Si系合金**。Al-Si系合金的铸造性与力学性能配合最好。只含铝和硅元素的简单铝硅系合金具有良好的铸造性，密度小，耐蚀性、耐热性及焊接性较好，但强度较低，不可热处理强化；在生产中，常用钠盐等对合金液进行变质处理，以细化晶粒、提高强度。加入Cu、Mg、Mn等元素并经固溶处理及时效处理后形成θ相等强化相，以提高强度，这些铝合金称为复杂铝硅合金。

② **Al-Cu系合金**。Al-Cu系合金具有较高的强度和塑性，在300℃以下使用时，仍能保持较高的强度，可采用热处理强化；但铸造性和耐蚀性差，密度大。

③ **Al-Mg系合金**。Al-Mg系合金具有密度小、耐蚀性好、强度较高等优点，但铸造性较差（镁易燃），耐热性较差，常采用自然时效强化。

④ **Al-Zn系合金**。Al-Zn系合金具有良好的铸造性和较高的强度，价格低；但耐蚀性差，热裂倾向大，密度大。

4.5.2 铜及其合金

1. 工业纯铜

纯铜又称**紫铜**，密度为8.93g/cm^3，熔点为1083℃，具有很好的导电性（仅次于Ag）和导热性，为抗磁性物质，在大气、淡水和非氧化性酸中具有良好的耐蚀性（因化学性质不活泼），但对海水、氧化性酸和各种盐类的耐蚀性差。

固态的铜具有面心立方晶格，不具有低温脆性，抗拉强度低（R_m＝200～250MPa）、硬度低（40～50HBW），塑性很好（A＝50%，Z＝70%）。因为铜无同素异构转变，所以纯铜不能通过热处理强化，但可通过冷塑性变形强化。

纯铜的抗拉强度低、价格高，不适合制造工程结构件和机器零件，主要用于制造导线、导热件和耐蚀管带等制品，纯铜锭也可用于熔炼铜合金。常用工业纯铜有T1、T2、T3、T4，数字越小，纯度越高。工业纯钢根据杂质含量分类，可分为无氧铜（如2号无氧铜TU2）、磷脱氧铜（如2号磷脱氧铜TP2）等。

2. 铜合金

在纯铜中加入 Zn、Sn、Al、Be、Ni、Mn、Zr、Si、Ti 等合金元素形成铜合金是改善性能的有效方法，其强化方式类似于铝合金。铜合金按加工方式分为（压力）加工铜合金和铸造铜合金；按成分分为黄铜、青铜和白铜。

（1）黄铜。

黄铜是 Cu-Zn 合金或以 Zn 为主要合金元素的多元合金，其中 Cu-Zn 合金为普通黄铜。除 Zn 外，还含有其他元素的多元合金为特殊黄铜（或复杂黄铜）。

普通黄铜的锌含量对黄铜的组织和性能有很大影响。当 $w_{Zn}<32\%$时，Zn 可全部溶解于 Cu 中，形成具有面心立方结构的 α 固溶体，室温组织为 α 相，称为单相黄铜，适合进行冷、热变形加工；当 $w_{Zn}=32\%\sim45\%$时，部分 Zn 形成金属间化合物 β′（CuZn），室温组织为 α 相＋β′相，称为双相黄铜，热塑性好，常热轧成型材使用；当 $w_{Zn}>45\%$时，室温组织几乎全部是硬脆的 β′相，无使用价值。单相黄铜随 w_{Zn} 的增大，强度和塑性提高；双相黄铜随 w_{Zn} 的增大，强度提高，塑性下降，与硬脆的 β′相增加有关。

特殊黄铜是在普通黄铜的基础上，加入 Ni、Pb、Sn、Al、Mn、Fe、Si 等合金元素形成的。根据除锌外的主要合金元素，特殊黄铜可分为镍黄铜、铅黄铜、锡黄铜、铝黄铜、锰黄铜、铁黄铜和硅黄铜。特殊黄铜通常具有更高的强度、更好的耐磨性和较好的耐蚀性。

加工普通黄铜的牌号用 w_{Cu} 表示，如 90 黄铜（$w_{Cu}=90\%$，代号为 H90，“H”代表“黄”，下同）；加工特殊黄铜的牌号是在“H”后加除锌外的主要合金元素符号、铜和主要元素含量，主加元素只给出含量（如 HPb60-1 为 $w_{Cu}=60\%$、$w_{Pb}=1\%$，余下为锌的铅黄铜）。铸造黄铜的牌号表示方法与铸铝类似。常用黄铜的牌号、化学成分、力学性能和主要用途见表 4－19。

表 4－19 常用黄铜的牌号、化学成分、力学性能和主要用途

类别	组别	牌号	化学成分		力学性能				主要用途
			w_{Cu}/(%)	w_{Zn}/(%)	加工状态	R_m/MPa	A/(%)	硬度/HBW	
加工黄铜	普通黄铜	H96	95.0～97.0	余量	软	250	35	—	冷凝管、散热器及导电零件
					硬	400	—	—	
		H68	67.0～70.0	余量	软	300	40	54	形状复杂的深冲零件、散热器外壳、装潢件
					硬	400	15	150	
		H62	60.5～63.5	余量	软	300	40	56	机械、电气零件，铆钉、散热器及焊接件、冲压件、水管
					硬	400	10	164	
	特殊黄铜	HPb60-1	59.0～61.0	余量	软	610	4	75	一般机器结构零件，如衬套、螺钉、喷嘴
					硬			150	
		HSn90-1	88.0～91.0	余量	软	520	5	148	汽车、拖拉机的弹性套管，耐蚀减摩件
					硬				
		HAl60-1-1	58.0～61.0	余量	软	750	8	180	齿轮、蜗轮、轴及耐蚀零件
					硬				

续表

<table>
<tr><th rowspan="2">类别</th><th rowspan="2">组别</th><th rowspan="2">牌号</th><th colspan="2">化学成分</th><th colspan="4">力学性能</th><th rowspan="2">主要用途</th></tr>
<tr><th>w_{Cu}/(%)</th><th>w_{Zn}/(%)</th><th>加工状态</th><th>R_m/MPa</th><th>A/(%)</th><th>硬度/HBW</th></tr>
<tr><td rowspan="6">铸造黄铜</td><td rowspan="2">普通黄铜</td><td rowspan="2">ZCuZn38</td><td rowspan="2">60.0～63.0</td><td rowspan="2">余量</td><td>J</td><td>300</td><td>30</td><td>70</td><td rowspan="2">散热器、阀门、螺母、日用五金件</td></tr>
<tr><td>S</td><td>300</td><td>30</td><td>60</td></tr>
<tr><td rowspan="2">铝黄铜</td><td rowspan="2">ZCuZn31Al2</td><td rowspan="2">64.0～68.0</td><td rowspan="2">余量</td><td>J</td><td>650</td><td>7</td><td>160</td><td rowspan="2">压下螺母、重型蜗杆、衬套、轴套、船用耐蚀件</td></tr>
<tr><td>S</td><td>650</td><td>7</td><td>160</td></tr>
<tr><td rowspan="2">锰黄铜</td><td rowspan="2">ZCuZn38Mn2Pb2</td><td rowspan="2">57.0～60.0</td><td rowspan="2">余量</td><td>J</td><td>350</td><td>18</td><td>80</td><td rowspan="2">轴承、衬套等耐磨零件</td></tr>
<tr><td>S</td><td>250</td><td>10</td><td>70</td></tr>
</table>

注：J——金属型铸造，S——砂型铸造；软——退火状态，硬——变形加工状态。

(2) 青铜。

青铜是指除黄铜和白铜外的铜合金。以锡为主要合金元素的Cu-Sn合金为锡青铜，是普通青铜；不含锡的青铜为无锡青铜或特殊青铜（或复杂青铜）。

在普通青铜中，锡含量对组织和力学性能有很大影响。当$w_{Sn}<6\%$时，锡可全部溶解于铜中，形成具有面心立方结构的α固溶体，室温组织为α相，适合进行冷变形加工，强度和塑性随w_{Sn}的增大而提高；当$w_{Sn}>6\%$时，实际生产中会形成α相＋共析体(α相＋δ相)，δ相是一种金属间化合物，硬且脆，随w_{Sn}的增大强度提高，但塑性下降；当$w_{Sn}=10\%\sim14\%$时，只可做铸造合金。锡青铜的铸造流动性较差，易形成缩松，但体收缩小，适合铸造形状复杂、尺寸精确、对致密度要求不高的铸件。其还具有良好的耐蚀性、减摩性、抗磁性及低温韧性，在大气、海水、蒸汽及盐溶液中的耐蚀性比纯铜和黄铜好，但对酸、氨水、亚硫酸钠等的耐蚀性较差，常用于制造锅炉、海船的零构件及轴承、齿轮等耐磨件。

特殊青铜不含锡，根据主要合金元素分为铝青铜、铍青铜、硅青铜、锰青铜等。铝青铜的$w_{Al}=4\%\sim12\%$，其力学性能、耐蚀性和耐热性均强于锡青铜和黄铜，但在热蒸汽中不稳定，铸造性较差。

铍青铜（现称铍铜，如TBe2为$w_{Be}\approx2\%$的铜-铍合金）是性能较好的一种铜合金，也是唯一可热处理强化的铜合金。铍青铜的$w_{Be}=1.6\%\sim2.1\%$，固溶度变化大，时效强化效果极佳，抗拉强度大（$R_m=1250\sim1450$MPa），耐磨性、耐蚀性、耐低温性、导电性和导热性好，无磁性，且受冲击时不产生电火花，冷、热加工性及铸造性好，主要用于制造重要的精密弹簧、膜片等弹性元件，以及在高速、高温、高压下工作的轴承等耐磨零件、防爆工具等。

加工青铜的牌号用代表青铜的“Q”加主要合金元素符号及其含量表示，主加元素只给出含量，如QSn4-3为名义$w_{Sn}=4\%$、名义$w_{Zn}=3\%$的锡青铜。部分青铜的牌号、化学成分、力学性能和主要用途见表4-20。

表 4-20 部分青铜的牌号、化学成分、力学性能和主要用途

类别	组别	牌号	化学成分				力学性能				主要用途
			w_{Sn}/(%)	w_{Al}/(%)	w_{Be}/(%)	w_{Cu}/(%)	加工状态	R_m/MPa	A/(%)	硬度/HBW	
加工青铜	锡青铜	QSn4-3	3.5～4.5			余量	软	350	40	60	弹簧，化工耐磨、耐蚀零件和抗磁零件
							硬	550	4	160	
	铝青铜	QA17		6.0～8.0		余量	软	470	70	70	重要的弹簧及耐蚀弹性元件
							硬	980	3	154	
	铍青铜	TBe2			1.9～2.2	余量	淬火	500	35	100	重要的弹簧及弹性元件，耐磨零件
							时效	1250	3	320	
铸造青铜	锡青铜	ZCuSn10Zn2	9.0～11.0			余量	S	200	10	70	阀门、泵体、齿轮等中载荷零件
							J	250	6	80	
	铝青铜	ZCuAl10Fe3Mn2		9.0～11.0		余量	S	450	10	110	较高载荷的轴承、轴套和齿轮、耐蚀件
							J	500	20	120	

黄铜和青铜大多具有良好的铸造性、切削加工性、减摩性和一定的耐蚀性，主要用于制造耐磨件、耐蚀件及电器产品，也可用于制造建筑装饰及轻工日用品。铸造黄铜和青铜的牌号是由“ZCu”（铸铜）加合金元素的符号及含量组成的，如 ZCuZn38（铸造 38 黄铜）、ZCuSn3Zn8Pb6Ni1（铸造 3-8-6-1 锡青铜）。部分铸造黄铜、铸造青铜的牌号、力学性能和主要用途分别见表 4-19 和表 4-20。

(3) 白铜。

白铜按成分分为简单白铜和特殊白铜（或复杂白铜），按用途分为结构白铜和电工白铜。白铜价格高，主要用于制造耐蚀件及电工仪表等。白铜的组织为单相固溶体，不能通过热处理强化。

简单白铜为 Cu-Ni 合金，牌号用 B+Ni 含量表示，常用简单白铜有 B5、B19 等。简单白铜具有较好的耐蚀性和抗腐蚀疲劳性，以及优良的冷加工性和热加工性，主要用于制造在蒸汽和海水环境下工作的精密仪器、仪表零件和冷凝器、热交换器等。

特殊白铜是在 Cu-Ni 合金的基础上添加 Zn、Mn、Al 等元素形成的，分别称为锌白铜、锰白铜、铝白铜等。常用锌白铜为 BZn15-20，其具有很高的耐蚀性、强度和塑性，成本较低，适合制造精密仪器、精密机械零件、医疗器械等。锰白铜具有较高的电阻率、热电势和小的电阻温度系数，用于制造低温热电偶、热电偶补偿导线、变阻器和加热器等，常用锰白铜有 BMn40-1.5（康铜）、BMn43-0.5（考铜）等。BAl13-3 铝白铜主要用于制造高强耐蚀件。

4.5.3 其他有色金属材料

1. 镁及镁合金

纯镁的密度为 1.74g/cm^3，熔点约为 651℃，具有密排六方晶格，强度低，室温塑性及耐蚀性较差，在空气中易氧化，高温熔化下易燃烧，只有配成合金才有使用价值。当温

度升高到 150～225℃时，纯镁的塑性明显增大，可进行各种热变形加工。

在纯镁中加入一定量的 Al、Zn、Mn、Zr、Li 合金元素及稀土元素等，产生固溶强化、细晶强化、沉淀强化等，使力学性能、耐热性、耐蚀性提高。工业用镁合金按成形工艺分为变形镁合金和铸造镁合金。

我国镁合金牌号采用英文字母加数字再加英文字母的形式表示，前面的英文字母是最主要的合金组成元素代号（如 A-Al、K-Zr、M-Mn、Z-Zn、E-稀土），其后的数字表示最主要的合金组成元素的大致含量，最后面的英文字母为标识代号，用以标识各具体组成元素相异或元素含量有微小差别的不同合金（详见 GB/T 5153—2016《变形镁及镁合金牌号和化学成分》），如 AZ41M 表示 w_{Al}≈4%、w_{Zn}≈1%的镁铝合金。铸造镁合金标示与铸造铝合金相同，如 ZMgZn5Zr、ZMgAl8Zn（在旧标准中变形镁合金用 MB＋顺序号表示，如 MB1、MB5 等；铸造镁合金用 ZM＋顺序号表示，如 ZM1、ZM7）。

与其他常用合金相比，镁合金具有较高的比强度、比弹性模量（高于大多数铝合金），其比弹性模量高，但弹性模量低，当工件受到外力作用时应力分布更均匀，可避免过高的应力集中；其具有良好的抗冲击能力和抗压缩能力，当镁合金铸件受到冲击时，在其表面产生的疤痕比铝合金小得多；镁合金的振动阻尼容量高，即减振性强、惯性小，称为“敲不响的金属”，可防止由共振引起的疲劳破坏；裂纹倾向较小，可承受比铝合金大的冲击载荷，受冲击时不产生火花。镁合金的切削加工性好，易进行压力加工，大多具有一定的焊接性。在 100℃以下，镁合金可以长时间保持尺寸稳定性，不需要退火和消除应力就具有尺寸稳定性是镁合金的一个突出特性，在铸造金属中收缩量最小。与铝合金相比，镁合金的单位热容量更低，可在模具内更快凝固，加上与铁的亲和力小、不易黏模，因而铸模的使用寿命更长，且因所需熔化能量小而节能。镁合金具有良好的耐蚀性，优良的散热性、电磁屏蔽性和可回收性，无毒，非常适合 3C 产品轻、薄、小型化、高度集成化、散热好、防电磁屏蔽能力强、环保的发展要求，逐渐成为制造 3C 产品器件壳体的理想材料，以及要求比强度高的航空、汽车工业产品。

Mg-Li 系合金具有很高的强度、韧性和塑性，是航空航天领域较有前途的金属结构材料。

限制镁合金在汽车和航空领域推广应用的一个主要原因是耐热性差。另外，镁的化学活性很强，在空气中易氧化、易燃烧，且生成的氧化膜疏松，所以镁合金需要在专门的熔剂覆盖下或保护气氛中熔炼。

2. 钛及钛合金

纯钛是一种银白色金属，密度小（4.5g/cm^3），熔点高（1668℃），热膨胀系数小，导热性较差，抗拉强度较低（R_m≈350～550MPa），塑性好（A≈15%～25%），在－235℃下仍具有较好的综合力学性能。当钛冷却到 882.5℃时，体心立方结构的 β 相发生同素异构（晶），转变成密排六方结构的 α 相。因为其表面易形成致密、稳定的氧化膜，所以在氧化性介质中比大多数不锈钢耐蚀，在海水等介质中也具有极高的耐蚀性，主要用于制作在 350℃下工作、强度要求不高的石油化工件及冲压件。纯钛主要有 TA1、TA2、TA3，数字越大，纯度越低。

在钛中加入 Al、V、Mo、Cr、Mn、Sn、Zr 等元素形成的钛合金，强度明显提高。受合金元素对相变点的影响，得到的退火组织分别为 α 型钛合金、β 型钛合金，(α＋β) 型钛合金，分别用 TA、TB、TC 加顺序号表示（如 TA6、TB2、TC4 等）。还常用名义化学成分的质量分数表示钛合金，如 Ti-6Al-4V（TC4）。

α 型钛合金具有与纯钛类似的结构性能，强度中等，不能通过热处理强化，耐热性、焊接性较好；β 型钛合金具有较好的塑性成形性能，经淬火和时效处理后，具有最好的沉淀强化效应，但焊接性、耐热性、耐蚀性明显下降；(α+β) 型钛合金兼具两者优点，综合性能突出，其中 TC4 应用最广泛。在 TC4 中，受 Al 对 α 相的固溶强化及 V 对 β 相的固溶强化的影响，TC4 在退火状态下具有较高的抗拉强度和良好的塑性（R_m=950MPa，A=30%），经 930℃加热淬火和 540℃时效处理 2h 后，R_m=1274MPa，A>13%，并具有较高的蠕变抗力及良好的低温韧性和耐蚀性，适合制造在 400℃以下工作的零件，如火箭发动机外壳、火箭和导弹的液氢燃料箱部等。

纯钛及大多数钛合金在氮气或高温空气中加热有燃烧的可能，应在真空或惰性气体中进行熔炼、焊接及高温加热。钛合金的比强度大，且大部分具有良好的韧性、热强性、耐蚀性、低温韧性，在一定焊接方法下的焊接性较好；但导热性和切削加工性差，冷变形较困难，硬度低，不耐磨，弹性模量低，价格高，限制了其应用。

3. 锌及锌合金

纯锌的密度为 7.1g/cm³，熔点为 419℃，具有密排六方晶格，无同素异构转变，具有一定的强度及耐蚀性，主要以合金状态使用及做其他合金的原料。

锌合金因熔点低、液态流动性好、不易熔蚀钢制模具而铸造性好，且价格低，具有一定的耐磨性及耐蚀性，常用于制造日用五金件及部分机器零件。根据合金数量、种类的不同，可制成适合压力加工的变形锌合金（如 ZnAl4-1、ZnCu1 等）、适合铸造的锌合金（如 ZZnAl4、ZZnAl27-1.5、ZZnAl4-3 等）及热镀用锌合金 RZnAl0.36 等。

4. 滑动轴承合金

滑动轴承是指支承轴颈和其他转动或摆动零件的支承件，是在滑动摩擦下工作的轴承。滑动轴承的结构如图 4.8 所示。

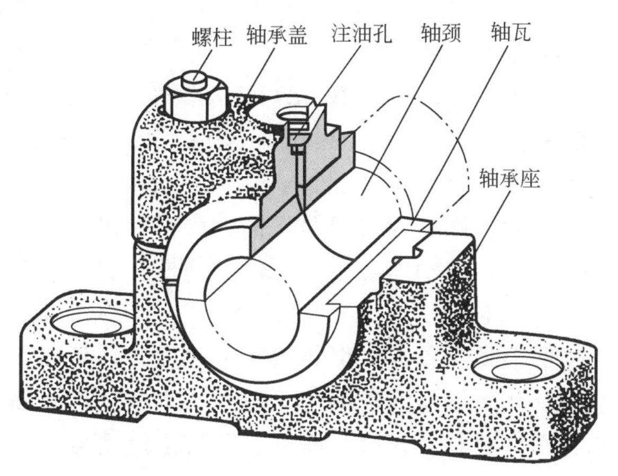

图 4.8 滑动轴承的结构

(1) 滑动轴承合金的组织要求。

滑动轴承合金是制造轴瓦及其内衬的材料。滑动轴承工作在与轴大面积接触的承载条件下，允许使用较软的材料，轴的表面应具有一定的“顺应”能力，以保护轴并获得较理想的接触。根据轴承的工作条件，要求轴承合金具有足够的抗压强度和疲劳强度，良好的减摩性、磨合性、镶嵌性、导热性、经济性，以及一定的塑性及韧性，小的热膨胀系数。从工作过程中的摩擦和磨损特性考虑，轴承应采用与轴用材料互溶性小的材料，以减小黏着和擦伤磨损的可能性。其金相组织一般应是软基体上分布着均匀的硬质点或硬基体上分布着均匀软质点，以达到理想的摩擦条件和极小的摩擦系数。此外，轴承材料中应含有适量的低熔点元素，以便在润滑较差甚至在干摩擦条件下发生局部熔化，形成一层薄润滑层。滑动轴承理想表面如图 4.9 所示。

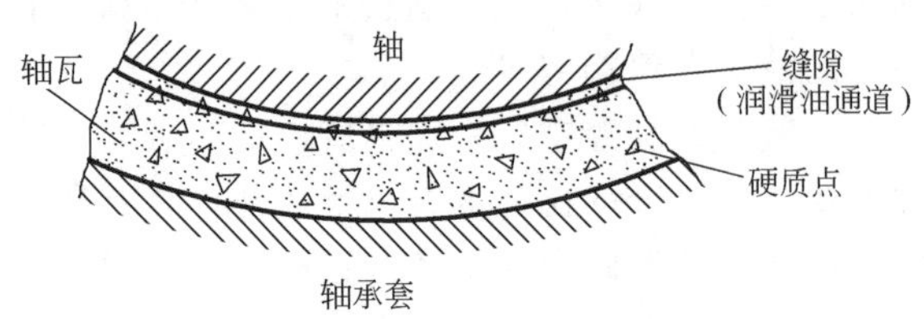

图 4.9　滑动轴承理想表面

（2）常用滑动轴承合金。

常用轴承合金有锡基轴承合金（如 ZSnSb11Cu6）、铅基轴承合金（如 ZPbSb14Sn10Cu2、ZPbSb15Sn5）、铜基轴承合金（如 ZCuSn5Pb5Zn5、ZCuPb30）、铝基轴承合金（如 ZAl-Sn6Cu1Ni1，为硬基体铝加软质点锌）等，硬度为 18～32HBW。锡基轴承合金和铅基轴承合金又称巴氏合金，属于软基体加硬质点型合金；铜基轴承合金和铝基轴承合金属于硬基体加软质点型合金。

巴氏合金的减摩性优于其他减摩合金，但强度及耐热性不如青铜和铸铁，不能单独作为轴瓦或轴套材料，而仅作为轴承衬与低碳钢带等复合轧制材料，主要用于中、高速重载场合。就减摩性来说，ZSnSb11Cu6 最好，其次是 ZPbSb14Sn10Cu2。

在铜基轴承合金中，锡青铜的减摩性最好，如 ZCuSn10Pb1 广泛用于高速和重载场合。在中速和中载场合，锡锌铅青铜 ZCuSn6Zn6Pb6 应用广泛，但是锡青铜强度较低，价格较高。铸铝青铜 ZCuAl9Mn2 适合制造形状简单（铸造性比锡青铜差）的大型铸件，如衬套、齿轮和轴承。ZCuAl10Fe3Mn2 和 ZCuAl9Mn2 的强度及耐磨性高，可用于重载和低、中速场合。ZCuPb30、ZCuPb12Sn8、ZCuPb10Sn10 等铸铅青铜的冲击韧性、冲击疲劳强度高，主要用于大型曲轴轴承等高速、冲击大与变动载荷场合，可作为 ZSnSb11Cu6 的代表材料，且疲劳强度比后者高。因为铸铝青铜、铸铅青铜对轴颈的磨损较大，所以要求轴颈表面淬火、光洁度高。铝基轴承合金常与低碳钢板轧制成双金属做成轴瓦状，在发动机上应用较广。

黄铜的减摩性和强度明显低于青铜，但铸造工艺性优异，易加工，在低速和中等载荷下可作为青铜的替代品。常用黄铜有铝黄铜 ZCuZn31Al2 和锰黄铜 ZCuZn38Mn2Pb2。

一些塑料、粉末冶金减摩材料、橡胶、陶瓷、灰铸铁及涂覆减摩涂层的材料也可用于制造在特定场合下使用的滑动轴承。

5. 高温合金

高温合金是指以铁、镍、钴等为基体（密度接近铜），能在 600℃以上的高温及一定应力作用下长期工作的金属材料，主要是为满足喷气发动机的要求发展起来的，也有用于要求高温强度及耐高温腐蚀的核能工业、石油化工等特殊场合的。制造航空发动机、火箭发动机及燃气轮机零部件（如燃烧室、涡轮叶片、涡轮盘、导向叶片、尾喷管等）时，需要长期在高温（600～1100℃）氧化性气氛中和燃气腐蚀条件下承受振动、气流冲刷、高速旋转离心力（300～400MPa），要求材料具有更高的热稳定性和热强度。高温合金具有较高的高温强度、良好的抗氧化性和抗热腐蚀性，以及良好的抗疲劳性、断裂韧性、塑性等综合性能。

按合金强化类型的不同，高温合金可分固溶强化型高温合金、时效沉淀强化型高温合金、氧化物弥散强化型高温合金和纤维强化型高温合金等；按合金材料成形方式的不同，高温合金可分为变形高温合金（GH）、铸造高温合金（K）和粉末冶金高温合金（FGH）。变形高温合金的生产品种有饼材、棒材、板材、环形件、管材、带材和丝材等。铸造高温合金分为普通精密铸造高温合金、定向凝固高温合金（DZ）和单晶高温合金（DD)。粉末冶金高温合金分为普通粉末冶金高温合金和氧化物弥散强化高温合金。

按合金基体成分的不同，高温合金分为铁基（由奥氏体型不锈钢降低铁含量发展而来，如 GH1140、GH2130、K232）高温合金、镍基（如 GH3044、GH4169、K417）高温合金和钴基（如 GH5188、K640）高温合金三类。其中，字母后的第一位数字表示分类号［1 和 2 分别表示铁基合金和铁-镍基高温合金，3 和 4 表示镍基合金，5 和 6 表示钴基合金（其中奇数 1、3、5 为固溶强化型高温合金，偶数 2、4、6 为时效沉淀强化型高温合金，一般数字越大，性能和价格越高)］；字母后的第二至第四位数字表示合金编号。

相对而言，镍基高温合金的高温综合性能较好，铁基高温合金价格较低；钴基高温合金的高温强度与耐热腐蚀性优于镍基高温合金，使用温度比镍基高温合金高约 55℃；钴基高温合金的不足是价格较高，低温（200～700℃）下的屈服强度较低。

6. 钼及其合金

钼是一种熔点为 2620℃的难熔金属（密度为 10.22g/cm^3），具有体心立方晶格，无同素异构转变。钼在高温下具有较高的抗拉强度、抗蠕变强度、弹性模量，热膨胀系数小，热导率及电导率高，且对液态金属、钾、钠、铋、铯等及熔盐有良好的耐蚀性。

钼主要用于制造高功率真空管、磁控管、加热管、X 射线管和闸流管的元件等。钼及钼合金也可用于制造钼坩埚、冶金及化工耐热结构件。

钼合金（含 Ti、Zr、C、W 等）具有极好的耐热性和高温力学性能，可用于制造航空发动机的火焰导向器和燃烧室，宇航器液体火箭发动机的喉管、喷嘴和阀门，重返飞行器的端头，卫星和飞船的蒙皮、船翼、导向片和保护涂层材料。钼的热膨胀系数小，导热性好，在太阳辐射光强烈作用下的尺寸稳定性好，用金属钼网做成人造卫星天线，可以保持完全抛物面的外形，且比石墨复合天线质量小。

钼的中子吸收截面面积小，有较好的强度，对核燃料有较好的稳定性，抗液态金属腐蚀性好。如 Mo-Re 合金可用于制造空间核反应堆的热离子能量转换器包套、加热器、反射器和薄板元件。

在钼中添加 Ti、Zr、C 的氧化物或碳化物可形成弥散强化的 TZM 合金，其除应用于宇航和核工业外，还可用于制造 X 射线旋转阳极零件、在 870～1200℃下工作的压铸模具和挤压模具。TZM 合金还非常适合制造不锈钢热穿孔顶头，穿孔钢管内壁质量好，使用寿命长。

7. 钨合金

钨是熔点最高的金属，其熔点为 3410℃（密度为 19.26g/cm^3），弹性模量高，膨胀系数小，具有低温脆性，高温氧化严重。钨合金在 1900℃下的强度为 430MPa，而在此温度下无论是钢还是耐热的超级合金都会熔化成液体。钨具有优异的物理性能、机械性能、耐蚀性和核性能。

钨的重要应用之一是白炽灯灯丝。钨合金主要用来制造不需要冷却的火箭发动机喉衬；渗银的钨做成喷管可经受 3100℃以上的高温，用于多种导弹和飞行器；用钨纤维复合材料制造的火箭喷管可耐 3500℃的高温，还可做化工耐蚀部件。

以钨、镍、铁或钴等元素为主要成分的粉末冶金合金是制造穿甲弹的主要材料。这种材料不具有放射性和毒性，发展前景比弹用铀合金好。W-Cu 合金可作为微电子散热材料、熔融反应器的分流盘材料和弹头材料（穿甲弹内衬）。

其他难熔金属及合金还有铌及铌合金、钽及钽合金、铼及铼合金等。

8. 金属间化合物

金属间化合物是指金属和金属之间、类金属和金属原子之间以共价键为主，并有部分金属键形式结合生成的化合物，其原子的排列遵循某种高度有序化的规律，使用温度介于高温合金与陶瓷材料之间（1100～1400℃），脆性比陶瓷低。它具有特殊晶体结构，某些金属间化合物的强度在一定范围内随着温度的升高而升高。

金属间化合物的主要特点是耐高温、比强度高，具有优异的抗氧化性和耐疲劳性。典型金属间化合物有 Ti_3Al、TiAl、Ni_3Al、NiAl 等。

Ti_3Al 的最高使用温度为 816℃，TiAl 的使用温度为 982～1038℃，此类金属间化合物合金密度低，只有高温合金的一半，又具有优异的高温比强度、比刚度、抗蠕变性、抗氧化性及抗燃烧性等，可显著提高发动机的推重比，是制造航空高压压气机和低压涡轮等高温零构件的理想材料

由于 Ni_3Al 中添加了硼、引入了高温强化相，因此断后伸长率达到 35%，主要用于制造汽轮机部件和航空航天紧固件等。

NiAl 的密度低（5.86g/cm^3），熔点高，导热性和抗氧化性好，使用温度为 1100～1200℃，是制造涡轮叶片的理想材料。

金属间化合物的主要问题是低温脆性和高温强度偏低，解决这两个问题的主要途径是合金化和复合化。

习 题

一、简答题

4-1 什么是渗碳钢？如何从牌号判断是否为渗碳钢？

4-2 什么是调质钢？如何从牌号判断是否为调质钢？通常在合金调质钢中加入哪些

合金元素？为达到与调质钢相近的强韧性能，还可选用哪些钢？

4-3 为使钢铁零件达到“表硬心韧”的性能效果，可选用哪些材料及相应的处理工艺？

4-4 高碳工具钢、高碳滚动轴承钢、高碳冷作模具钢的热处理方法、使用状态组织及性能有何异同？

4-5 试比较冷作模具钢和热作模具钢的合金及碳含量特点、热处理特点和性能特点。

二、思考题

4-6 常用滚动轴承钢的化学成分特点是什么？滚动轴承钢除了用于制造滚动轴承外，还有哪些用途？

4-7 根据铬含量、碳含量及耐蚀原理，比较说明12Cr13、10Cr17、12Cr18Ni9、06Cr19Ni10的耐蚀性及价格。

4-8 指出HT250、QT600-3、ZG230-450的大致组织（如P、P+F、P+球状或片状石墨等），分别排出抗拉强度R_m、断后伸长率A、铸造性及焊接性的顺序，说明哪种不适合整体淬火。

4-9 从机理、组织及性能变化方面，比较铝合金固溶及时效处理与钢的淬火及回火处理。

第5章 非金属材料及新型工程材料

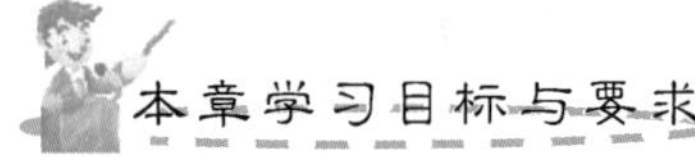

- ▲ 掌握常用高分子材料的名称、分类、性能特点与应用。
- ▲ 了解普通陶瓷、特种陶瓷和金属陶瓷的性能特点和应用。
- ▲ 了解复合材料的组成、分类、性能特点和应用。
- ▲ 了解新型工程材料的特征和应用。

5.1 高分子材料

塑料、合成纤维和合成橡胶是合成高分子材料的“三大家族”。由于高分子材料品种繁多、原料来源丰富、加工简单、成本较低，且具有密度小，比强度高，耐蚀性、绝缘性和可加工性好等特点，因此正在很多场合取代金属材料，应用广泛。

5.1.1 高分子材料的性能特点及高分子化合物的老化

1. 高分子材料的性能特点

与金属材料相比，高分子材料具有以下性能特点。

(1) 密度小。高聚物比金属和陶瓷的密度都小，为 $1\sim2.2g/cm^3$；聚丙烯的密度为 $0.91g/cm^3$；泡沫塑料的密度更小。

(2) 强度低，韧性差，比强度高。高聚物的平均抗拉强度只有几十兆帕，比钢低得多，但是由于密度小，因此比强度较高，聚芳酯的比强度比一般钢还高。虽然聚合物的塑性较好，但由于其强度低，因此冲击韧性比钢低得多。

(3) 弹性模量小。高分子材料的弹性模量为2～20MPa，比金属材料低得多。

(4) 高弹性。很多高聚物（特别是含柔性链的轻度交联的高聚物）在玻璃化温度以上具有较好的弹性，弹性变形量为100%～1000%，而金属的弹性变形量仅为约0.1%。

(5) 绝缘性好。因为高分子材料无自由电子和离子，所以具有良好的电绝缘性，介质损耗少，耐电弧，热导率为金属的1/100～1/1000，在电器上应用较广。

(6) 耐磨。虽然高聚物的硬度低，但很多高聚物具有自润滑性，摩擦系数小的在无润滑条件下的耐磨性和减摩性都优于金属材料。

(7) 耐蚀。高分子材料不受电化学腐蚀，大多也不与周围介质发生化学反应，具有很好的化学稳定性，广泛用作耐蚀材料。

(8) 黏弹性。很多高聚物既具有弹性材料的一般特征，又具有黏性流体的一些特性，即受力后同时产生弹性变形和黏性流动，其变形量与时间有关，形变总是落后于应力变化。应力作用速度越高，链段越来不及作出反应，黏弹性越显著。高聚物的黏弹性主要表现在蠕变、应力松弛、滞后和内耗等现象上，比其他材料明显得多。

(9) 可加工性好。可用热压、挤出、注射、吹塑等成型方法加工高分子材料，生产成本低。

(10) 膨胀系数大。高分子材料的膨胀系数大，为金属的3～10倍。

高聚物对环境因素很敏感，如高温、紫外线等可以使之氧化、软化或者发生解聚作用，使其性能恶化，部分高聚物易溶于一些有机溶剂，其硬度、强度及耐热性总体低于常见金属材料，大多只有在150℃以下才可使用。

2. 高分子化合物的老化

高分子材料的一个缺点是会在氧、热、紫外线、机械力、水蒸气、微生物等的作用下逐渐失去弹性，出现龟裂、变硬或发黏软化，并变色、失去光泽，这种现象称为老化。

一般认为，大分子链发生降解或交联是导致老化的主要原因。降解就是在氧、热、光等作用下的断链。显然，高分子化合物一旦产生相当程度的老化，零件就不具有规定的功能。通常采用如下措施防止老化：改变聚合物的结构，减少高聚物各级结构层次上的薄弱环节，以提高稳定性，推迟老化过程；加入防老化剂或稳定剂，阻碍分子链的降解或交联；进行表面防护，在高分子化合物零件或制品的表面涂镀金属或防老化剂，以隔离或减弱周围环境中引发老化的因素的作用；进行物理改性或化学改性。

5.1.2 常用工程塑料

1. 塑料的组成及分类

塑料是一种以天然树脂或合成树脂（高分子化合物）为基本原料，加入或不加入添加剂，可用塑化、烧结或溶液等方法成型，且在常温下保持成形形状的高聚物。根据组成的不同，塑料可以分为简单组分的塑料与复杂组分的塑料。简单组分的塑料基本由一种树脂组成（大多无味无毒），如聚四氟乙烯、聚苯乙烯等，仅加入少量色料、润滑剂等。复杂组分的塑料由多种组分组成，或多种树脂混合以取长补短，同时加入添加剂。添加剂的使用根据塑料的种类和性能要求而定。

(1) 塑料的组成。

① 树脂。树脂在塑料中起胶黏各组分的作用。树脂的种类和性质决定了塑料的类型

及主要性能，大多数塑料都以所用树脂命名。

② 填充剂。填充剂又称填料，用来改善塑料的某些性能。常用填充剂有云母粉、石墨粉、氧化铝粉、木屑、玻璃纤维、碳纤维等。

③ 增塑剂。增塑剂用来增强树脂的塑性和柔韧性。增塑剂可渗入高聚物链段之间，减小分子间力，使分子链容易移动，从而增强可塑性。常用增塑剂有邻苯二甲酸酯、磷酸酯、氯化石蜡、聚己二酸丙二醇酯等。

④ 稳定剂。稳定剂包括热稳定剂、光稳定剂及抗氧化剂等。热稳定剂有硬脂酸盐、环氧化合物和铅的化合物等；光稳定剂有炭黑、氧化锌等遮光剂，以及水杨酸酯类、二苯甲酮类等紫外线吸收剂；抗氧化剂有胺类、酚类、有机金属盐类、含硫化合物等。

⑤ 润滑剂。润滑剂用来防止塑料黏着在模具或其他设备上。常用润滑剂有硬脂酸及其盐类、石蜡等。

⑥ 固化剂。固化剂是与树脂中的不饱和键或活性基团作用，交联成体网型热固性高聚物的物质，用于热固性树脂。不同的热固性树脂使用不同的固化剂，如环氧树脂可用胺类、酸酐类，酚醛树脂可用六次甲基四胺等。

⑦ 发泡剂。发泡剂是受热时分解放出气体的有机化合物，用于制备泡沫塑料等。常用发泡剂有偶氮二甲酰胺、氨气、碳酸氢铵等。

此外，还有着色剂、抗静电剂、阻燃剂等，选用时可查阅相关资料。

（2）塑料的分类。

① 按受热时的性质，塑料可分为热塑性塑料和热固性塑料。

热塑性塑料（成型加工前的原料多制备成颗粒状）受热时软化或熔融，冷却后硬化，可反复多次进行，不发生化学反应，为线型或支链分子，具有可溶、可熔的特点。

热固性塑料（成型加工前的原料多为单体小分子液态、线型预聚体的膏状或粉状）在成型过程中发生交联反应，成为体网型大分子的固体，具有不溶解、不熔化的特点，且不可再生。

② 按功能和用途，塑料可分为用量大、用途广的用于非结构材料的通用塑料（如聚乙烯等）、有较高机械性能的工程塑料（如尼龙、ABS 塑料等）、有特殊功能的功能塑料（如感光塑料、抗菌塑料、吸水塑料等）。

由于树脂多以原料有机化合物的名称命名，因而塑料的名称中也包含较长且不为一般人熟悉的有机化合物名称。例如，有机玻璃以有机化合物甲基丙烯酸甲酯的聚合物为主要组分，故称聚甲基丙烯酸甲酯塑料。为避免使用长且难记的塑料名称，国内外均采用树脂英文名称的大写首字母作为树脂和塑料的代号，详见 GB/T 1844.1—2022《塑料 符号和缩略语 第 1 部分：基础聚合物及其特征性能》、GB/T 1844.2—2022《塑料 符号和缩略语 第 2 部分：填料和增强材料》、GB/T 1844.3—2022《塑料 符号和缩略语 第 3 部分：增塑剂》、GB/T 1844.4—2008《塑料 符号和缩略语 第 4 部分：阻燃剂》。

2. 常用热塑性塑料

（1）结构最简单的塑料——聚乙烯（PE）。

聚乙烯由乙烯单体聚合而成，是最简单的聚合物，其分子中无极性基团，在有机溶剂中一般不溶解，仅发生少许溶胀。大多数烯烃类聚合物都可看成聚乙烯的一个或多个氢原子被其他基团取代后形成的衍生物。聚乙烯无味无毒，具有很好的耐低温性、化学稳定性、成形加工性、电绝缘性，但耐热性不强，通常在$-50 \sim 80$℃下使用，$R_m \approx 10 \sim 35$MPa。经改性还可得耐热性更好的交联聚乙烯（XLPE或PEX）。

发生聚合反应时的压力、催化剂及其他条件不同，得到的聚乙烯不同。

采用高压法制得的聚乙烯的分子质量较小，分子支链较多，密度较小（$0.91 \sim 0.92g/cm^3$），所以又称低密度聚乙烯（LDPE），其结晶度低，质地柔软，耐冲击，呈半透明状，常用于制造食品包装薄膜、软管、瓶类、发泡包装材料及电绝缘护套等。

采用低压法制得的聚乙烯分子质量较大，分子支链较少，密度较大（$0.94 \sim 0.97g/cm^3$），所以又称高密度聚乙烯（HDPE），其结晶度较高，呈乳白色，比较刚硬、耐磨、耐蚀，绝缘性也较好，可用于制造工程及耐蚀管道、衬板及承载不高的齿轮、轴承等。用高密度聚乙烯制造的薄膜或包装袋结实、耐用。此外，常见的塑料周转箱、洗发水瓶、铝塑管、圆珠笔芯也多由高密度聚乙烯制成。

茂金属线型低密度聚乙烯（m-LLDPE或简写成m-PE）的分子质量大，分布范围小，支链少且短，密度小（$0.88 \sim 0.92g/cm^3$），较透明，强度高，耐穿刺性好，主要用于制造包装膜、医用软管等。

超高分子量聚乙烯（UHMPE）的分子质量大，结晶困难，耐磨性、耐冲击性、自润滑性、生理相容性、耐蚀性、耐低温性（$-169 \sim 80$℃）在塑料中较突出，但硬度、强度、耐热性低，熔融时黏度太大，使成形加工较困难，可用于制造耐磨输送管道、机床耐磨导轨、小齿轮、滑动轴承、人工关节、防弹衣纤维、滑雪板等。

由乙烯与乙酸乙烯酯（VA）共聚制得的乙烯-醋酸乙烯共聚物（EVA）树脂具有良好的柔软性、韧性、耐低温性、耐候性、耐应力开裂性、黏结性、透明性、高光泽性、抗臭氧性、着色性等。根据VA含量及反应条件的不同，可得EVA树脂、EVA弹性体、EVA乳胶。用EVA树脂制成的农业用膜的保温性、透光性、耐老化性、无滴性均好于聚乙烯，也可用于制造热收缩膜、保鲜膜、人造草坪、自行车座、发泡底等。

（2）热塑性的全能塑料——聚氯乙烯（PVC）。

聚氯乙烯是最早实现工业化的热塑性树脂，由氯乙烯单体聚合而成。在大分子中，由于聚氯乙烯有极性基团-Cl原子，分子产生极性，分子间作用力增大，密度增大（约为$1.4g/cm^3$），因此其强度、硬度均高于聚乙烯，并具有耐燃、自熄的特点。另外，聚氯乙烯的耐蚀性、电绝缘性、印刷性、焊接性也较好，但热稳定性、耐冲击性、耐寒性、耐老化性较差，通常在$-15 \sim 70$℃下使用。

聚氯乙烯价格低廉、易改性好，常用于制造常温常压下的容器、建筑及化工管道、建筑门窗、电线套管、发泡塑料、墙纸、包装瓶、薄膜等，加入增塑剂后变为弹性材料，可代替部分橡胶，是用途广泛的通用塑料。

（3）密度最小且价格最低的塑料——聚丙烯（PP）。

聚丙烯是由丙烯单体聚合而成的热塑性聚合物。根据大分子链上甲基的空间位置排列方式，聚丙烯分为如下三种：①等规聚丙烯，结晶度和熔点高，硬度和刚度大，力学性能好，应用广泛；②无规聚丙烯，难以用作塑料，常作为改性载体；③间规聚丙烯，结晶度低，具有透明性及柔韧性，属于高弹性热塑性材料。

常用聚丙烯的耐蚀性、电绝缘性优良，力学性能（$R_m \approx 30$MPa）、耐热性在通用热塑性塑料中突出，耐疲劳性好，是常见塑料中密度最小、价格最低的塑料；但低温脆性差、耐老化性较差，一般在$-30 \sim 150$℃下使用。

聚丙烯可制成容器、管道及薄膜，如微波炉餐具、衣架、椅子、容器、笔杆、牙刷柄、电器壳、家用自来水及化工管件、型材。聚丙烯膜可用于制造香烟、食品等包装、一次性口罩用喷熔无纺布、编织袋及绑扎带或纤维等。经共混或增强改性的聚丙烯可用于制造家电壳体及汽车仪表、转向盘、保险杠、工具箱等。由于聚丙烯的耐曲折性特别好，因此常用于制造文具、洗发水瓶盖的整体弹性“铰链”。

（4）最鲜艳且成形性好的塑料——**聚苯乙烯（PS）**。

聚苯乙烯是由苯乙烯单体聚合而成的线型无定形热塑性塑料，因为有无极性的大苯环，所以是典型的非晶态高聚物。

聚苯乙烯是极易染成鲜艳色彩的、透明度仅次于有机玻璃的塑料，其制品表面富有光泽；几乎可用各种成形方法进行成形加工，成形收缩量小，成形性非常突出；电绝缘性（特别是高频绝缘性）极好，抗拉强度突出（$R_m \approx 50\text{MPa}$），刚性好，是敲击时唯一有类似金属声的塑料；不耐高温；易与其他树脂共混或共聚改性来改善强韧性，例如可得高抗冲击聚苯乙烯（HIPS）。

聚苯乙烯可用于制造电器（特别是高频电器）配件、壳体、光学仪器、灯罩、玩具、文具、建筑广告装饰板、包装膜等，发泡聚苯乙烯广泛用于制造缓冲包装垫及保温材料。

（5）强韧且易成形的白色塑料——**ABS树脂**。

ABS的名称来自丙烯腈（Acrylonitrile）、丁二烯（Butadiene）和苯乙烯（Styrene）三种单体英文名称的首字母，是由三种单体共聚或共混而成的呈乳白色、不透明的线型无定形热塑性树脂。三种单体的量可任意变化，制成不同品级的树脂。

ABS树脂兼具三种单体的性能，其中丙烯腈使其耐蚀、耐热并有一定的表面硬度，丁二烯使其具有高弹性和韧性，苯乙烯使其具有良好的成形加工性及电绝缘性。因此ABS树脂是一种原料易得、综合性能良好、价格较低、用途广泛的坚韧（$R_m \approx 40\text{MPa}$）、质硬材料，并且易在其表面进行电镀及印刷；但不耐高温（在$-40 \sim 100$℃下使用），耐候性较差。

ABS树脂在家电方面广泛用于制造电视机、洗衣机等壳体及冰箱内衬；在汽车方面可用于制造仪表板、转向盘、挡泥板等；还可用于制造化工管板材、文具等。

（6）最透明的树脂——**聚甲基丙烯酸甲酯（PMMA）**。

聚甲基丙烯酸甲酯是由单体甲基丙烯酸甲酯聚合而成的线型无定形热塑性树脂，其透光率比无机玻璃好，俗称“**有机玻璃**”。

聚甲基丙烯酸甲酯耐紫外线和大气老化；其密度约为1.18g/cm^3，是无机玻璃密度的一半；$R_m \approx 60\text{MPa}$；不但可进行切削加工，容易吹塑成形、注射成形、挤压成形、浇注成形，而且易用丙酮、氯纺等溶剂自体黏结；一般在$-40 \sim 70$℃下使用。聚甲基丙烯酸甲酯还具有很好的染色性，如加入珍珠粉或荧光粉可制成色彩鲜艳的珠光塑料或荧光塑料。其最大缺点是表面硬度较小。

聚甲基丙烯酸甲酯常用于制造各种透明的装饰面板、仪表板、容器、包装盒、灯罩、文具、光盘、光纤、眼镜、假牙、工艺美术品等。

（7）“透明金属”——**聚碳酸酯（PC）**。

聚碳酸酯是一种线型无定形透明热塑性塑料，有很多种类型，常见的是双酚A型聚碳酸酯。

聚碳酸酯具有优异的耐冲击性和透明度，其耐冲击性接近一般玻璃钢，透明度接近聚苯乙烯，还具有优良的力学性能和电绝缘性，使用温度范围广（−70～130℃），尺寸稳定性和耐蠕变性高，是一种集刚、硬、韧、透明于一体的塑料。另外，聚碳酸酯属于自熄性材料，其阻燃性较好。但其耐应力开裂性差，缺口敏感性较好，在高温水的长期作用下易产生应力开裂。

聚碳酸酯可用于制造遮光板、光盘、灯罩、防护玻璃、手机及开关壳体、精密仪器中的齿轮、相机零件、热水杯等，其膜制品可用于制造电容器、录音带、录像带等。

（8）“塑料王”——聚四氟乙烯（**PTFE**）。

聚四氟乙烯是一种线型结晶性聚合物，由于大分子链上有对称且均匀分布的电负性最强原子氟（F），因此大分子上的原子紧密且不带极性，显得“光滑”，从而具有独特的性能。

在所有塑料中，聚四氟乙烯的耐高温性、耐低温性最好，能在−250℃～250℃下长期使用，几乎所有强酸、强碱、强氧化剂甚至“王水”都对其无影响，其也不溶于任何溶剂，化学稳定性超过玻璃、陶瓷、不锈钢甚至金、铂等；其是自然界中摩擦系数最小、介电损耗最少的塑料，具有高度不黏附性，耐老化，被称为“塑料王”。此外，聚四氟乙烯无味、无毒、不燃烧，具有良好的生理相容性及抗血栓性；其密度约为2.18g/cm^3，在塑料中密度最大。

也许是聚四氟乙烯大分子过于“光滑”的缘故，其强度比其他塑料低（$R_m \approx$ 26MPa），刚性差，冷流性强；由于其熔融温度很高，在加热到熔融温度以前约390℃时开始分解，放出有毒气体，因此通常不能像一般塑料一样采用注射法成形，成形前的原料多为粉状，只能冷压烧结成形或挤出烧结成形。

聚四氟乙烯的典型应用有不粘锅、不粘油的抽油烟机涂层，管道密封用的未经烧结的生料带，减摩密封零件、耐高频绝缘零件及强腐蚀设备衬里及零件，人造血管、人工心脏、人工食道，等等。

为弥补聚四氟乙烯的成形加工性差、强度低等不足，可选择聚三氟乙烯（PCTFE）、聚全氟乙丙烯（FEP或F46）等氟塑料，但其他性能有所降低。

（9）强韧且耐磨耐油的塑料——聚酰胺（**PA**）。

聚酰胺又称尼龙（Nylon），其丝制品又称锦纶，由氨基酸脱水制得的内酰胺再聚合而成，或由二元胺与二元酸缩合而成，是大分子链上含有酰胺基团重复结构单元的结晶性聚合物。

尼龙是由原料单体中胺与酸中的碳原子数或氨基酸中的碳原子数命名的。如尼龙6（或PA6）是由含6个碳原子的己内酰胺自身聚合得名的，尼龙610（或PA610）是由含6个碳原子的己二胺与含10个碳原子的癸二酸缩合而成的。

聚酰胺的突出特点是具有优良的耐磨性、减摩性、自润滑性、强韧性（$R_m \approx 55$～80MPa）、耐油性及气体阻隔性，耐疲劳性也较好，无味、无毒，但吸湿性较大，因此对力学性能产生一定的影响。聚酰胺的一般使用温度为−40～100℃。

聚酰胺具有耐油性，可用于制造汽车上的输油管、燃油箱；具有强韧性和耐磨性，常用于制造齿轮、机器螺母、密封圈、化工管道、滑动轴承及受力壳体件等；具有气体阻隔性，常与高密度聚乙烯复合以制造肉、火腿等冷冻食品的包装；此外，还大量用于制造服装拉链、一次性打火机壳、头盔、滑雪板、医用输血管、假发等。

铸型尼龙（MCPA）是一种用碱催化，以己内酰胺或戊内酰胺为单体液态原料，浇注入模具、边聚合边固化成型的聚合物，其分子质量很大、力学性能好，常用于制造单件小批量机器上的齿轮、轴承等；反应注塑尼龙（RIMPA）的特性类似于铸型尼龙；由芳香胺与芳香酸缩合而成的芳香尼龙是更耐高温、更耐辐射、更耐蚀的尼龙，可在200℃下长期使用，制成的纤维称为芳纶，其强度可与碳纤维媲美，常见品种有聚间苯二甲酰间苯二胺纤维（简称 mPIPA 或芳纶 1313）、聚对苯二甲酰对苯二胺纤维（mPTPA 或芳纶 1414）。

（10）每天接触的塑料——热塑性聚酯。

热塑性聚酯是结晶性聚合物，包括聚对苯二甲酸丁二酯（PBT）和聚对苯二甲酸乙二酯（PET），其中聚对苯二甲酸乙二酯应用更广。

聚对苯二甲酸乙二酯的最大用途是制成纤维、薄膜，其次用于注塑制品，其纤维俗称涤纶，广泛用于服装行业。

聚对苯二甲酸乙二酯薄膜的突出性能为抗拉强度很高（$R_m \approx 78$MPa），且气体阻隔性、耐磨性、耐疲劳性、韧性、电绝缘性、耐候性优良；但耐热性不强，在开水作用下易变形。

聚对苯二甲酸乙二酯主要用于制造食品、药品、精密仪器的高档包装，也用于制造录音带、录像带、电影胶片、光盘、电容器膜等；还用于制造瓶类制品（如碳酸饮料瓶、食用油瓶、矿泉水瓶等），以及强韧的电器元件外壳及机械零件、服装拉链等。聚对苯二甲酸乙二酯用作工程塑料时，常加入短玻璃纤维改性，可在－50～155℃下长期使用，$R_m \approx$ 125MPa，耐候性优异，主要用于制造电器及机械壳座等。

（11）高刚度、高疲劳强度的塑料——聚甲醛（POM）。

聚甲醛是一种没有侧链、高密度、高结晶性的线型热塑性聚合物，其综合性能接近聚酰胺，特别是疲劳强度及刚度较高，耐磨性和自润滑性好，价格较低，可在－40～100℃下长期使用，$R_m \approx 65$MPa，其越来越多地代替聚酰胺来制造工业产品，如仪表壳体、泵体、塑料弹簧、服装拉链、塑料水龙头等，特别适合制造承受较高负荷的零件，如齿轮、轴承、螺母等。

（12）高刚度、高耐热性的聚苯硫醚（PPS）。

聚苯硫醚是一种半结晶性的聚合物，其结构为苯环和硫重复相连，具有突出的耐热性（使用温度为－150～230℃）、高刚度（$R_m \approx 67$MPa，弹性模量为 3.8GPa）、耐蚀性、抗疲劳性、抗辐射性、耐磨性、阻燃性及出色的尺寸稳定性，优良的电性能和良好的成形加工性等；其硬且脆，常改性后使用，广泛应用于汽车、电子、精密仪器、化工及航空航天等行业。

（13）线膨胀系数最小、强韧耐热的聚苯醚（PPO）。

聚苯醚是线型、非结晶性的工程塑料，其密度约为 1.06g/cm^3，具有很好的综合性能（$R_m \approx 80$MPa，弹性模量为 2.7GPa），最大特点是使用温度范围大（－190～190℃），线膨胀系数在塑料中最小；耐磨性和电性能很好，难燃烧；但成形加工性较差，常改性后使用，主要用于潮湿、受力、绝缘、对尺寸稳定性要求高的场合，如用于制造在较高温度下工作的齿轮、轴承、凸轮、泵叶轮、鼓风机叶片、水泵零件、化工管道、阀门、电器壳体及外科医疗器械等。

（14）透明耐热的聚砜。

聚砜是指大分子链上含有砜基和芳基的一类非结晶聚合物，是分子链中具有硫键的浅琥珀色透明树脂。聚砜主要包括双酚 A 型聚砜（简称聚砜 PSF）、聚芳砜（PASF）、聚醚砜（PES）和聚苯砜（PPSU）等，其中双酚 A 型聚砜产量最大。聚砜的强度高（R_m＝75～90MPa，弹性模量为 2.5GPa），抗蠕变性优异，使用温度为－100～174℃；但其成形加工性不够理想，要求在 330～380℃的高温下进行成形加工，且耐溶剂性差。聚芳砜的强度及耐热性高，成形难；聚醚砜的透明性及抗蠕变性好。聚砜广泛应用于制造电器热绝缘零件（如集成电路板）、医疗器械（内窥镜、接触眼镜片、防毒面具、假牙、人工心脏瓣膜）、汽车配件等。

（15）高耐热性、高强韧性和高模量的**聚芳醚酮（PAEK，又称聚醚酮类塑料）**。

聚芳醚酮是一类含有芳环的全芳香族半结晶性热塑性塑料，是在芳基上由一个或多个醚键和酮键连接而成的聚合物。按照主链上重复结构单元中醚键和酮基排列顺序的不同，聚芳醚酮分为**聚醚醚酮（PEEK）**、**聚醚酮（PEK）**、**聚醚酮酮（PEKK）**等，其中聚醚醚酮应用最广泛。由于大分子链中含有刚性的苯环、柔性的醚键和可提高分子间作用力的羰基，且具有结构规整性，因此聚芳醚酮具有高耐热性、高强韧性和高模量的“三高”性能（R_m≈92MPa，弹性模量为 3.8GPa）；其综合性能优异，耐热级别高（可在－200～260℃下使用），抗辐射性、耐疲劳性、抗蠕变性好，线膨胀系数小，阻燃性及电绝缘性优异，是一种尖端的高性能聚合物材料，主要用于航空航天、电器电子及医疗器械行业。

（16）其他热塑性塑料。

工程上还会用到其他热塑性塑料，如耐热性、抗辐射性突出且强度高的**热塑性聚酰亚胺（PI、PEI、TPI）**；耐蚀性优异的**氯化聚醚（CP）**；透明、耐热、强韧的**聚芳酯（PAR）**；性能最接近金属材料，热导率、耐热性、自润滑性、硬度、电绝缘性及耐磨性较突出的**聚苯酯（POB）**；高强韧性、高耐热性的**液晶聚合物（LCP）**等。

3. 常用热固性塑料

（1）合成塑料的鼻祖——**酚醛树脂（PF）**。

酚醛树脂是酚类单体（如苯酚、甲酚、二甲酚）和醛类单体（如甲醛、乙醛、糠醛）在酸性或碱性催化条件下加热合成的高分子聚合物，是产量较大的热固性树脂，其中以苯酚和甲醛为原料缩聚的酚醛树脂较常用。

根据酚和醛的比例及催化剂性质的不同，酚醛树脂可以分别合成黏液态的碱性热固性树脂及粉状固态的热塑性树脂（需加入特定固化剂）两种，它们经加热发生固化反应后，成为不熔、不溶的体网型热固性塑料制品。

最初因为纯酚醛树脂成本太高、脆性大和强度不高（R_m＝25～60MPa，弹性模量为 3.2GPa），所以人们在酚醛树脂粉里加入一定量的锯木粉、石棉或陶土等廉价粉末，再放到成形模内加热加压成形，聚合成热固性酚醛塑料制品（电木）。酚醛树脂主要用于制造电器中的灯头、开关、插座及日用品中的纽扣、锅勺手把等。

酚醛树脂的原料价格低，生产工艺简单、成熟，成形加工容易，可混入无机填料或有机填料做成模塑料，液态的酚醛树脂可浸渍织物制成层压制品，还可发泡；其制品尺寸稳定，电绝缘性、化学稳定性好（耐酸而不太耐碱），耐热性突出，并具有阻燃性及低烟释放和低燃烧毒性，制品硬且耐磨；但颜色单调，原料苯、酚都有一定毒性，不适合制造食品包装。

酚醛树脂还可用作汽车制动片、砂轮、印制电路板及铸造用树脂砂的胶黏剂，制作轴承、无声齿轮、建筑用泡沫隔离板及涂料等，使用温度为－60～205℃；因为酚醛树脂在高温下分解后，残留物中的碳化层较多，所以常用于制造火箭、宇宙飞船外壳的耐烧蚀保护层。

(2) 像瓷玉一样的树脂——**氨基树脂（AF）**。

氨基树脂是含有氨基或酰胺基团的化合物（如脲、三聚氰胺、苯胺等）与醛类化合物（如甲醛等）进行缩聚反应制成的一类热固性树脂粉末或溶液，加上填料、固化剂、着色剂、润滑剂等，经成型、加热固化，得到氨基塑料及其制品。根据合成原料的不同，氨基树脂可分为**脲甲醛**、**三聚氰胺甲醛**（蜜胺）、**苯胺甲醛**等树脂。

氨基树脂的特点是无色、硬度高、制品表面光洁、色泽鲜艳、耐油、耐电弧。脲甲醛树脂价格低，主要用于制造颜色鲜艳的日用品（如纽扣、瓶盖、发夹、麻将），开关插座壳，饰面板等；三聚氰胺甲醛树脂性能更好，甲醛释放量更低，主要用于制造耐电弧及防爆的电器，耐热水的高级仿瓷餐具及高级饰面板、高级强化木地板，等等。

氨基树脂主要用作胶合板的胶黏剂，其次是中高档涂料，少部分用于塑料制品。

(3) 沙发海绵所用的树脂——**聚氨酯（PU）**。

聚氨酯是由多元异氰酸酯（主要是二元异氰酸酯）与带有两个以上羟基的化合物反应生成的高分子化合物的总称。聚氨酯可以分为热塑性聚氨酯和热固性聚氨酯。

聚氨酯弹性体是一种密实制品，其性能介于橡胶与塑料之间，具有高回弹性和吸振性，耐磨、耐油、耐撕裂、耐蚀及抗辐射，强韧性和低温韧性好，使用温度为－60～120℃，易成形，生理相容性好，在工业上主要用来制造软质泡沫塑料和硬质泡沫塑料（调整原料配方）、胶黏剂和涂料，是很好的隔热保温和吸音、防振材料，如座椅海绵、高级人造革、耐磨的鞋底、体育场跑道、实心轮胎、人造血管、冰箱保温层等。

(4) 广泛用于人造花岗石和玻璃钢制品的树脂——**不饱和聚酯（UP）**。

不饱和聚酯是由二元醇与不饱和二元酸（或酸酐）或部分饱和二元酸（或酸酐）经缩聚反应得到线型聚合物，然后在引发剂（如过氧化物等）的作用下，与烯烃类单体固化剂（如苯乙烯）共聚交联成体网型结构的热固性树脂。它与饱和聚酯（如热塑性聚酯）的不同点在于大分子主链上含有不饱和的乙烯双键（$-CH=CH-$），其易氧化，并能通过加成反应与其他乙烯单体（又称固化剂）交联聚合，形成热固性体网型聚合物。

不饱和聚酯原料是褐色、半透明、黏度低的液体，价格较低，其制品质硬，力学性能较好（$R_m=40\sim60$MPa），耐蚀性一般。不饱和聚酯的突出特点为固化过程中没有挥发物逸出，可以在常温常压下采用注塑、浇注、压制、手糊、缠绕、喷射等方法成形，主要用于制造胶黏剂及涂料，如在以玻璃纤维增强的汽车保险杠、发动机罩、化工容器、雨棚、水箱等玻璃钢外壳中加入矿石填料，采用浇注或压制成形方法制成的人造大理石或花岗石洁具、井盖、人造玛瑙等。不饱和聚酯的使用温度为－60～120℃。

(5) **环氧树脂（EP）**。

环氧树脂是大分子链上含有醚键，两端均含有环氧基团的一类线型树脂，根据分子量及原料的不同可得液态及粉末两类半成品，加入固化剂（如胺类、酸酐类）及其他添加剂后成为体网型环氧树脂。环氧树脂的抗拉强度高（$R_m\approx80$MPa），弹性模量为4GPa，固化收缩率低，耐水、耐蚀（特别是碱）、耐溶剂，可以与许多材料牢固黏结，介电性能优良。环氧树脂的使用温度为－80～200℃。

液态环氧树脂是黏结性能优良的胶黏剂，有“**万能胶**”之称，可用来黏结各种材料

(特别是金属)、模具、封装电器。

(6) 有机硅树脂 (SI)。

有机硅树脂是分子主链由硅原子和氧原子组成、侧链为烃基的高聚物（又称聚硅氧烷或硅酮)。根据取代基组成和分子量的不同，有机硅树脂有硅油、硅脂、硅橡胶及硅树脂等状态。

有机硅树脂是由硅树脂与石棉、云母或玻璃纤维等配制而成的，其产品有浇注件、压塑件和层压制品。有机硅树脂的主要特点是不燃烧，具有优良的电绝缘性，卓越的耐高温和耐低温性（−260～300℃)、耐臭氧性，突出的憎水防潮性，良好的耐大气老化性及生理惰性，主要用于制造高频绝缘件、耐热件、防潮零件等。

(7) 其他热固性树脂。

除上述常见的热固性树脂外，工程上还会使用一些高性能的特种热固性塑料：成形加工性良好、耐热氧化性突出的热固性双马来酰亚胺 (BMI，使用温度约为230℃) 树脂和单体反应物原位聚合聚酰亚胺 (PMR，使用温度为340℃) 树脂，主要用于制造航空航天耐热复合材料结构件；成形加工性良好，用于制造理想透波雷达罩基体及高性能印制电路板的热固性氰酸酯树脂 (CE)、成形加工性优良且耐蚀性强的乙烯基酯树脂 (VER)，主要用于制造树脂砂胶黏剂的呋喃树脂等。

其他热固性树脂包括高吸水树脂、光敏树脂等，因为树脂品种繁多，加上制备工艺及改性有差异，所以性能会有所差异，具体可参阅相关资料。

5.1.3 合成橡胶

橡胶是一种具有极高弹性及低刚度的高分子材料。橡胶具有一定的耐磨性，很好的绝缘性、不透气性、不透水性。它是常用的弹性材料、密封材料、防振材料和传动材料。

1. 橡胶制品的组成

从橡胶树上采集的天然橡胶及大多数人工合成用来制胶的高分子聚合物不具备橡胶的性能，称为生胶。先对生胶进行塑炼，使其处于塑性状态，再加入各种配料，经过混炼、成形、硫化处理，成为可以使用的橡胶制品。

为了改善橡胶制品的性能，常加入硫化剂（如硫黄、含硫化合物、胺类及树脂类化合物)、硫化促进剂（如胺类、胍类、秋兰姆类、噻唑类及硫脲类）和补强填充剂（如炭黑、氧化锌、陶土、碳酸钙、氧化硅）等；也常对多种橡胶原料进行共混改性或共聚改性。

硫化是把热塑性橡胶转化为弹性热固性橡胶的过程。硫化的原理是将一定量的硫化剂、硫化促进剂等加入由混炼胶制成的半成品（可在硫化罐中进行)，在规定的温度下加热并保温，使混炼胶的线型分子间生成“硫桥”且相互交联成立体的网状结构，使具有塑性的生胶变成具有高弹性的硫化橡胶，如图5.1所示。由于交联键主要由硫黄组成，因此称为硫化。随着合成橡胶科技的发展，硫化剂的品种越来越多，除硫黄外，还有有机多硫化物、过氧化物、金属氧化物等。可见，凡是能使线型结构的塑性橡胶转化为立体网状结构的弹性橡胶的工艺过程都称为硫化；凡是能在橡胶材料中起“搭桥”作用的物质都称为硫化剂，也称交联剂或固化剂。

制作橡胶制品时，还可加入抗氧化剂（如石蜡、胺类、酚类化合物)、着色剂、软化剂（如硬脂酸、凡士林）等；还可用天然纤维、合成纤维、金属纤维及其织物制成骨架，

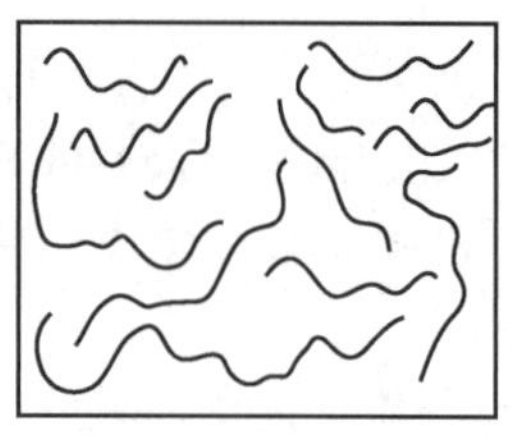
(a) 生胶

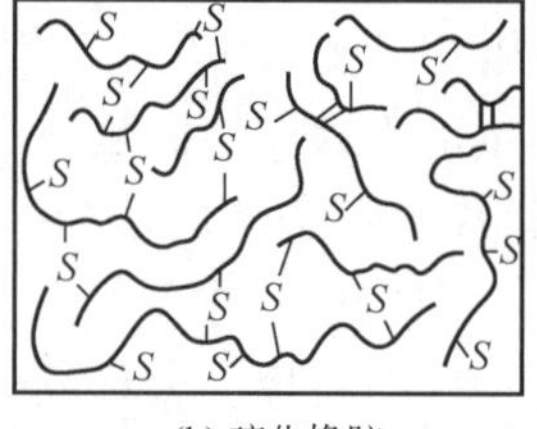

(b) 硫化橡胶

图 5.1 硫化时橡胶分子结构示意

以提高抗拉强度。

2. 常用橡胶

(1) 应用最早的橡胶——天然橡胶（NR）。

天然橡胶是由橡胶树流出的胶乳制成的生胶（它是以异戊二烯为主要成分的不饱和状态的线型天然聚合物）经加工而成的非极性、不饱和、结晶性橡胶。

天然橡胶的强度高（R_m≈17～25MPa），耐撕裂，弹性、耐磨性、耐寒性、耐碱性、气密性、防水性、电绝缘性及加工工艺性优良，生热和滞后损失小，综合性能在橡胶中较突出；但耐热性（一般在100℃以下使用）、耐油性及抗氧化性差，广泛用于制造轮胎、胶带、胶管、胶鞋、气球、医疗卫生品及复合橡胶等。

(2) 产量最大的合成橡胶——丁苯橡胶（SBR）。

丁苯橡胶是以丁二烯和苯乙烯为单体共聚而成的非极性、不饱和、非结晶性橡胶。与天然橡胶相比，其价格低，耐磨性及气密性好；但耐撕裂性和抗氧化性较差，强度低。丁苯橡胶能与天然橡胶任意混合加工，达到取长补短的效果，用于制造轮胎、胶带、胶管、胶鞋、硬质胶轮、硬质胶板、电缆等。

(3) 弹性最好的橡胶——顺丁二烯橡胶（BR）。

顺丁二烯橡胶是由丁二烯聚合而成的非极性、不饱和、非结晶性橡胶，以弹性好且耐磨著称，耐低温性、耐热性、抗氧化性比天然橡胶好。此外，其滞后损失小，成本较低；但强度较低，耐油性差，耐撕裂性较差，常与其他橡胶混用。

顺丁二烯橡胶是产量较大的合成橡胶，是制造轮胎的优良材料，也用于制造三角胶带、橡胶弹簧、鞋底等。

(4) “万能”橡胶——氯丁橡胶（CR）。

氯丁橡胶是由氯丁二烯聚合成的极性、结晶性橡胶，其分子结构与天然橡胶十分相似，但分子链上挂有强极性的侧基-Cl，不仅在物理性能、力学性能方面可与天然橡胶相比，而且具有良好的耐油性、抗溶剂性、抗氧化性、耐酸碱性、耐曲挠性等，黏结性好，所以称为“万能橡胶”；但耐低温性较差（-40℃），密度较大（约为1.25g/cm^3）。氯丁橡胶用途很广，主要用于制造抗氧化的电线电缆包皮，耐油、耐蚀的胶管，强度高、使用寿命长的输送带，阻燃的矿井用橡胶制品，油罐衬里，织物涂层，门窗封条及制氯丁胶黏剂，等等。

(5) 耐油性好的橡胶——丁腈橡胶（NBR）。

丁腈橡胶是由丁二烯和丙烯腈共聚而成的极性、不饱和、非结晶性橡胶，具有优异的耐油性和耐溶剂性，其耐燃性、耐热性、耐磨性、抗氧化性、耐蚀性也较好；但电绝缘性很差（在某些情况下可用于制作导电橡胶制品），强度、耐低温性、耐臭氧性及耐撕裂性较差，主要用于制造耐油制品，如输油胶管、耐油密封垫圈、耐油耐热输送带、印刷胶辊、医用手套及胶黏剂等。

（6）密度最小的橡胶——乙丙橡胶（EPDM）。

乙丙橡胶是由乙烯和丙烯共聚而成的非极性、饱和、非结晶性橡胶，其分子不含双键，不易硫化，加工性较差，与帘子线或其他材料的黏结性较差，限制了其在轮胎工业中的应用。为克服上述缺点，可在乙丙橡胶中加入少量非共轭二烯烃，共混成三元乙丙橡胶。

乙丙橡胶价廉易得，密度较小，其制品质轻色浅，耐臭氧性、抗氧化性、电绝缘性、耐溶剂性等优良，使用温度为－40～120℃，弹性、耐磨性及耐油性与丁苯橡胶接近，黏结性差，广泛用于制造汽车及建筑防水材料密封条、胶带、电线绝缘层等，常作为其他橡胶或塑料的改性剂。

（7）最耐热耐寒的橡胶——硅橡胶（MQ）。

硅橡胶是由各种硅氧烷缩聚而成的一类元素有机弹性体，使用温度为－100～350℃。硅橡胶具有高柔性及优异的抗氧化性，其绝缘性也很好，无毒无味，透气性突出；但强度、耐磨性、耐酸碱性差，价格较高，主要用于制造飞机和飞行器中的密封件、薄膜、胶管、高压锅密封圈、玻璃胶及医疗用橡胶制品等，也用于制造耐高温的电线、电缆、电子设备等。

（8）最耐蚀的橡胶——氟橡胶（FPM）。

以碳原子为主链、含有氟原子的高聚物总称为氟树脂，其中具有高弹性的称为氟橡胶。由于含有键能很高的碳氟键，因此氟橡胶具有很好的化学稳定性。

氟橡胶的突出优点是耐蚀性及抗氧化性好，在酸、碱等强氧化剂中的耐蚀性居所有橡胶之首，耐燃性、耐真空性、耐臭氧性、耐热性很好（使用温度为－20～300℃）；但价格高、耐低温性和加工性差，主要用于制造耐油、耐热、耐蚀的高级密封件、高真空密封件及化工设备中的衬里。

（9）似橡胶似塑料的热塑性弹性体（TPE）。

大多数橡胶只有经过硫化处理，形成不熔、不溶的体网型结构才能使用，加工过程复杂，劳动强度很大，并且废弃物的回收成本很高。人们通过高分子的合成反应，制备出在常温下显示橡胶的高弹性，在高温下像热塑性塑料一样无须硫化的高分子材料，称为热塑性弹性体，也称第三代橡胶。

热塑性弹性体之所以具有橡胶和塑料的特点，是因为其大分子链上同时存在类似橡胶的柔性链段和塑料的硬链段，它们以嵌段、接枝形式共聚，或由塑料与某些橡胶共混而来。在大分子硬链段间存在一种物理形式的交联，这种交联具有可逆性：在高温下交联丧失，使其具有热塑性塑料的加工性；在常温下又恢复交联，使其具有橡胶的高弹性。

热塑性弹性体主要用于制鞋（如运动鞋），其次用于制造汽车配件（如密封条），还可做其他塑料的增韧改性共混材料、热熔胶黏剂，以及制造冰鞋滚轮、飞机轮胎、塑胶跑道、胶管、低压电器绝缘包皮等。除不适合制造充气轮胎外，许多场合都可用热塑性弹性体取代橡胶。

一般来说，热塑性弹性体的弹性、耐磨性、加工性优于通用橡胶，调节软硬段比例可较容易地改变热塑性弹性体的性能；但耐热性和耐溶剂性较差，强度较低，价格较高。

（10）液体橡胶。

液体橡胶是一种相对分子量为2000～10000，在室温下为黏稠状液体，经过适当交联化学反应形成三维网状结构，从而获得与普通硫化胶性能相似的低聚物。其加工简便，不必使用大型设备，易实现连续化和自动化加工，甚至可以现场成形，可以制成形状特别的制品。液体橡胶主要有液体聚硫橡胶、液体硅橡胶（又称玻璃胶）、液体丁苯橡胶、液体丁二烯橡胶、液体异戊橡胶、液体聚氨酯胶、液体聚氯乙烯胶及各种乳胶等，适合特殊条件和场合下的成形，如生产密封件、胶黏剂、弹性制品。

此外，还有其他橡胶，如丁基橡胶的气密性突出，耐蚀性、抗氧化性好，广泛用于制造轮胎内胎；丙烯酸酯橡胶具有良好的耐热性、抗氧化性及耐油性；等等。表 5-1 所示为橡胶选用参考。

表 5-1　橡胶选用参考

使用要求	橡胶选用品种（按顺序考虑）
耐热	硅橡胶、氟橡胶、三元乙丙橡胶、丁腈橡胶、丁基橡胶、丙烯酸酯橡胶、氯醇橡胶
耐低温	硅橡胶、顺丁二烯橡胶、三元乙丙橡胶、丁基橡胶、天然橡胶、氯醚橡胶
耐油	聚硫橡胶、氟橡胶、丁腈橡胶、聚氨酯橡胶、氯丁橡胶、氯磺化聚乙烯橡胶、丙烯酸酯橡胶
耐水	丁腈橡胶、三元乙丙橡胶、氯醚橡胶、天然橡胶、顺丁二烯橡胶、氟橡胶、氯丁橡胶
耐酸碱	氟橡胶、丁基橡胶、氯丁橡胶、氯磺化聚乙烯橡胶、三元乙丙橡胶、聚硫橡胶、天然橡胶
抗氧化（含臭氧）	氟橡胶、硅橡胶、三元乙丙橡胶、氯磺化聚乙烯橡胶、丁基橡胶、氯丁橡胶、聚硫橡胶
耐撕裂性	天然橡胶、乙丙橡胶、氯丁橡胶、聚氨酯橡胶、丁基橡胶、丁苯橡胶
耐磨性	聚氨酯橡胶、顺丁二烯橡胶、丁苯橡胶、天然橡胶、丁腈橡胶、乙丙橡胶、丁基橡胶
回弹性	顺丁二烯橡胶、天然橡胶、聚氨酯橡胶、氯丁橡胶、丁基橡胶、丁苯橡胶、乙丙橡胶、硅橡胶
气密性	丁基橡胶、丁腈橡胶、氟橡胶橡胶、天然橡胶、聚氨酯橡胶、氯丁橡胶、氯醚橡胶、丁苯橡胶

注：应用橡胶时，常将多种橡胶混合并加入添加剂来改性。

5.1.4　合成纤维

纤维是长度比直径大很多倍且具有一定柔性的纤细材料。任何材料都可以制成纤维状，如金属纤维、陶瓷纤维、有机纤维、碳纤维等，纤维是材料的一种形态。受材料的尺寸效应及组织分布影响，一般纤维的强度比相同材料的块体高得多。有机纤维分为天然纤维（如棉花、蚕丝）和化学纤维，化学纤维又分为人造纤维（用竹子、木材、甘蔗渣等经溶解、纺丝得到，如硝化纤维、醋酸纤维、黏胶纤维等所谓“人造丝”“人造棉”）和合成纤维，合成纤维是由合成高分子化合物加工而成的。几乎所有塑料、橡胶都有相应的纤维制品，纤维的性能都与原料密切关联。

1. 涤纶（PET）

涤纶的化学名称为聚酯纤维，商品名称为的确良。涤纶由聚对苯二甲酸乙二醇酯抽丝制成。涤纶的弹性好，弹性模量大，不易变形，强度高，耐冲击性比锦纶高，耐磨性仅次于锦纶，耐光性仅次于腈纶（比锦纶好），化学稳定性和电绝缘性也较好，不发霉、不怕虫蛀；但其吸水性和染色性差，不透气，穿着不舒服，经摩擦易起静电，容易吸附脏物。涤纶除大量用作纺织品材料外，在工业上广泛用于制造输送带、帆布、渔网、绳索、轮胎帘子线及电器绝缘材料等。

由聚对苯二甲酸丁二酯制成的聚酯纤维具有很好的弹性，性能接近氨纶，可用于制造游泳衣、弹力裤等。

2. 锦纶（PA）

锦纶的化学名称为聚酰胺纤维，商品名称为尼龙。锦纶由聚酰胺树脂抽丝制成，主要有尼龙-6、尼龙-66和尼龙-1010等。

锦纶的特点是质量小、强度高（锦纶绳的抗拉强度比同样粗的钢丝绳大），弹性和耐磨性好，还具有良好的耐碱性、电绝缘性及染色性，不怕虫蛀；但其耐酸性、耐热性、耐光性较差，弹性模量小，容易变形，用锦纶制作的衣服不挺括。

锦纶多用于制造轮胎帘子线、降落伞、航天服、渔网、绳索、尼龙袜、手套等。

3. 腈纶（PAN）

腈纶的化学名称为聚丙烯腈纤维，商品名称为奥纶。腈纶是丙烯腈的聚合物，即由聚丙烯腈树脂经湿纺或干纺制成。

腈纶质量小，柔软、轻盈，保暖性好，犹如羊毛，俗称“人造羊毛”。腈纶不发霉、不怕虫蛀，弹性好（仅次于涤纶），耐光性特别好（超过涤纶），耐热性较好，耐酸、耐氧化剂、耐有机溶剂；但其耐碱性、耐磨性较差，弹性不如羊毛，经摩擦易起静电、易起球。腈纶主要用于制造帐篷、幕布、船帆等织物，也可与羊毛混纺织成各种衣料，还可做制备碳纤维的原料。

4. 芳纶

芳纶是芳香族聚酰胺纤维的商品名称，主要分为间位芳纶（聚间苯二甲酰间苯二胺）纤维（如芳纶 **1313**）和对位芳纶（聚对苯二甲酰对苯二胺）纤维（如芳纶 **1414**）两种。间位芳纶耐高温（在220℃下使用性能变化不大，短时可耐300℃），电绝缘性好，不燃烧，刚度低，在高温过滤、高温防护及防切割服装、摩擦材料及绝缘介质方面获得广泛应用。对位芳纶实际上是一种液晶态聚合物，抗拉强度高（3.0～4.7GPa，略高于碳纤维）、弹性模量大（70～140GPa），使用温度为－196～204℃，主要用作高强度、耐拉伸、耐撕裂、防穿刺及耐高温的复合材料的增强材料（如防弹衣、头盔、轮胎、芳纶蜂窝板、航天器着陆的减速降落伞、轮胎、绳缆等）。芳纶还具有优异的耐寒性、耐辐射性、耐疲劳性、耐蚀性。

5. 维纶（PVAL）

维纶的化学名称为聚乙烯醇缩甲醛纤维，商品名称为维尼纶。维纶由聚乙烯醇缩甲醛树脂经混纺制成。

维纶的最大特点是吸湿性好，性能很像棉花，又称合成棉花。维纶具有较高的强度，耐磨性、耐酸碱性均较好，耐日晒，不发霉、不怕虫蛀，成本低。维纶制品柔软、保暖、结实、耐磨，穿着时没有闷气感觉，是一种很好的衣着原料；但由于其染色性、弹性和抗皱性差，因此主要用于制作帆布、包装材料、输送带、背包、床单和窗帘等。

6. 丙纶（PP）

丙纶是聚丙烯纤维的商品名称，由聚丙烯制成。

丙纶的特点是质量小、强度大，密度约为 0.92g/cm^3。丙纶主要用于制作渔网及军用蚊帐。

丙纶的耐磨性、电绝缘性、耐酸碱性良好；但其耐光性及染色性较差。丙纶制品价格低，易洗、快干、不走样。丙纶除用于制作衣料、毛毯、地毯、保暖袜、工作服外，还用于制作包装绳、降落伞、医用纱布和手术衣等。

7. 氯纶（PVC）

氯纶是聚氯乙烯纤维的商品名称。氯纶的特点是保暖性好，遇火不易燃烧，化学稳定性好，耐强酸、耐强碱，弹性、耐磨性、耐水性和电绝缘性均很好，耐日常照射，不发霉、不怕虫蛀；但其耐热性及染色性差，在沸水中的收缩量大。氯纶常用于制造防火衣着、绝缘布、窗帘、地毯、渔网、绳索等。

8. 氨纶（PU）

氨纶是弹性聚氨酯纤维的商品名称，主要有聚醚型氨纶和聚酯型氨纶两大类。氨纶的最大特点是弹性好，氨纶制品柔软、吸湿能力强，但容易染色。目前多用氨纶做内芯，在其外面包上一层其他纤维制成包芯纱，再织成体操服、游泳衣等紧身服装，以减小运动阻力。

9. 超高分子量聚乙烯纤维（UHMWPE）

在通常情况下，超高分子量聚乙烯纤维的分子量大于 10^6，抗拉强度约为 3.5GPa，弹性模量约为 116GPa，延伸率约为 3.4%，密度约为 0.97g/cm^3，是比强度和比模量最高、耐磨性最好的纤维；具有突出的耐冲击性和耐切割性，以及有良好的弯曲性能、耐磨性、自润滑性、耐蚀性、耐低温性、电绝缘性等。其缺点是熔点较低（约为 135℃），高温下易蠕变，只能在 100℃以下使用，可用于制造武器装甲、防弹背心、航天航空部件、防切割手套、滑翔伞绳网及体育用品等。

10. 碳纤维（CF）

碳纤维可分别由聚丙烯腈纤维、沥青纤维、黏胶纤维和酚醛纤维经特殊的高温碳化制得，属于无机纤维。其中碳含量高于 99%的称为石墨纤维。碳纤维的密度约为 1.7g/cm^3，抗拉强度高（3～5GPa）、弹性模量高（250～500GPa），密度低；耐高温（3000℃），具有良好的导电性及导热性；耐强酸、耐强碱，耐有机溶剂腐蚀；摩擦系数非常小，具有自润滑性，可降低复合材料磨损率；导电性好。在空气中，当温度高于400℃时，碳纤维会出现明显氧化，生成CO和CO_2；在无氧环境下，可耐1000℃以上的高温，是在航空航天、汽车、建筑及体育器材等行业用于制作高性能复合材料的重要纤维。

11. 聚苯并恶唑纤维（PBO）

聚苯并恶唑纤维与对位芳纶相同，都属于芳香族高强度纤维，其密度约为1.55g/cm^3。聚苯并恶唑纤维的抗拉强度和弹性模量较高（超过碳纤维），在火焰中不燃烧、不收缩，耐热性和难燃性优异，耐冲击性、耐摩擦性和尺寸稳定性优良，并且质地柔软，是极其理想的纺织原料。聚苯并恶唑纤维素有“纤维之王”之称，曾被誉为“21世纪超级纤维”。

聚苯并恶唑纤维可应用于橡胶制品补强、绳索补强，也可作为电热线、耳机线等软线的增强纤维，以及体育器材、航空航天复合材料的增强组分，常用于制造防弹背心、防弹头盔、高性能航行服、消防服、铝材和玻璃业的耐热毡垫、耐热耐切割劳动服及手套、高温耐热过滤垫等。

12. 聚苯硫醚纤维（PPS）

受晶体结构形态及结晶度特征的影响，聚苯硫醚纤维具有很好的耐热性、阻燃性、耐蚀性和加工性，长期使用温度为200～240℃，强度一般。由于聚苯硫醚纤维可长期暴露在酸性环境中，因此广泛应用于工厂及化学品过滤材料等领域，也可用于制造电子工业的特种用纸、防护布、耐热衣料、电绝缘材料、制动用摩擦片、复合材料增强等。

13. 聚酰亚胺纤维（PI）

聚酰亚胺纤维，又称芳酰亚胺纤维，是指分子链中含有芳酰亚胺的纤维，具有突出的耐高温和耐低温（－200～300℃）、抗辐射、强度高（接近芳纶）、阻燃、不熔、离火自熄及隔温特性，还具有优异的加工性，主要用作高温粉尘滤材、电绝缘材料、耐高温阻燃防护服、降落伞、热封材料、航空航天高性能复合材料及抗辐射材料。用其制成的隔热防护服穿着舒适，永久阻燃，且尺寸稳定性和安全性好，是绝佳的隔温材料；用其织成的无纺布是制作装甲部队防护服、赛车防燃服、航空飞行服等防火阻燃服装、医用卫生防护服装、高效烟雾防护面罩等的理想纤维材料。

工业上还会用到其他高性能无机耐高温纤维，如高性能玻璃纤维（GF）（R_m＝3.6～4.0GPa，弹性模量为75～80GPa）、玄武岩纤维（CBF）（R_m＝3.0～4.8GPa，弹性模量约为85GPa）、硼纤维（R_m＝2.8～3.5GPa，弹性模量约为380GPa）、碳化硅纤维（R_m≈3GPa，弹性模量约为250GPa）、氧化铝纤维（R_m≈3GPa，弹性模量约为360GPa）、氮化硅纤维、氮化硼纤维、硅硼氮纤维等。

5.1.5 胶黏剂及涂料

胶黏剂及涂料是在使用时处于黏流态，固化后成为塑料或橡胶状态的聚合物。胶黏剂主要强调黏结性，为便于黏结操作，常用溶剂稀释或加热将热塑性树脂变成黏流态；使用聚合前的呈液态的低聚物加固化剂，有时加入一定量的溶剂或加热粉状树脂变成黏流态，再进行固化黏结。对涂料，在强调黏结性（或附着性）的基础上，还要考虑流平性及装饰性等，一般加入更多溶剂及着色颜料，要求黏度更低，并常加入其他改性添加剂；部分涂料通过加热熔融来提高附着性及流平性，靠溶剂挥发固化、冷凝固化或交联反应固化。

1. 胶黏剂

胶黏剂，又称黏接剂、粘接剂或黏合剂，是一种通过黏附作用，使同质材料或异质材料连接在一起，并在胶接面上有一定强度的物质。部分胶黏剂只有加入增塑剂、固化剂、填料、溶剂、稳定剂等才可使用。

（1）胶黏剂的分类。

胶黏剂按主要组成分，分为有机胶黏剂和无机胶黏剂；按固化形式，分为溶剂挥发型胶黏剂、乳液型胶黏剂、反应型胶黏剂和热熔型胶黏剂；按应用方法，分为热固型胶黏剂、热熔型胶黏剂、室温固化型胶黏剂、压敏型胶黏剂等；按黏结强度，分为结构型胶黏剂、非结构型胶黏剂；按用途，分为通用胶黏剂、特种胶黏剂等。胶黏剂还常按基料（主料、黏料）的化学成分分类。

（2）常用胶黏剂

① 树脂型胶黏剂。

A. 热固性树脂胶黏剂。热固性树脂胶黏剂是含多个官能团的单体或低分子预聚体的液态、膏状或粉末状树脂，加入固化剂或加热时，在液态下经聚合反应交联成网状结构，形成不溶、不熔的固体而黏结的合成树脂胶黏剂。它的黏附性较好，固化物具有较好的强度、耐热性和耐化学性；但大多耐冲击性和弯曲性差，初黏力较小，施工操作较麻烦。常见热固性胶黏剂见表5-2。

表5-2 常见热固性树脂胶黏剂

胶黏剂	特性	用途
环氧树脂胶黏剂	室温固化，收缩率低，强度较高，对金属黏附力强	金属、塑料、水泥、玻璃钢
酚醛树脂胶黏剂	耐热，但有色、有脆性，固化时需高温加压	胶合板、层压板、砂轮、金属、制动片
脲醛树脂胶黏剂	价格低廉，耐蚀、耐热、无色；但易污染、易老化	普通胶合板、木材
三聚氰胺甲醛树脂胶黏剂	无色，耐水，加热后黏结快；但储存期短	优质胶合板、织物、纸制品
不饱和聚酯胶黏剂	室温固化，收缩较大；但接触空气难固化、黏度低	水泥结构件、玻璃钢、人造大理石
聚氨酯胶黏剂	室温固化，耐低温，黏结力大，韧性好；但受湿气影响大	金属、塑料、橡胶、织物、陶瓷
芳杂环聚合物胶黏剂	耐高温（250～500℃），但固化工艺苛刻	高温金属结构

B. 热塑性树脂胶黏剂。热塑性树脂胶黏剂是一种液态下使用的胶黏剂，通过溶剂挥发或熔融体冷却，有时通过聚合反应变成热塑性固体以达到黏结的目的。其力学性能、耐热性和耐化学性比较差；但使用方便，有较好的柔韧性，初黏力良好。常见热塑性树脂胶

黏剂见表 5－3。

表 5－3 常见热塑性树脂胶黏剂

胶黏剂	特性	用途
聚乙酸乙烯酯浮液胶黏剂（白乳胶）	无色、无毒，初黏力较大；但不耐碱，不耐热，不耐水	木料、纸制品、无纺布、发泡聚乙烯
乙烯-乙酸乙烯酯胶黏剂（热熔胶）	黏结快，用途广；但蠕变性差，低温下不能快速黏结	簿册贴边、包装封口、聚氯乙烯板
聚乙烯醇胶黏剂	价廉，干燥快，挠性好，无毒；但耐水性较差	纸制品、布料、纤维板、瓷粉涂料
聚乙烯醇缩醛胶黏剂	无色，透明，有弹性；但剥离强度低	金属、安全玻璃、织物、瓷粉涂料
丙烯酸树脂胶黏剂	无色，挠性好；但略有臭味，耐热性较差	金属、无纺布、聚氯乙烯板
聚氯乙烯及过氯乙烯胶黏剂	黏结快，但溶剂有着火危险	硬质聚氯乙烯板和管
聚酰胺胶黏剂	剥离强度高，但不太耐热和耐水	金属、蜂窝结构
α-氰基丙烯酸酯胶黏剂	室温下黏结快，无色；但不耐久，黏结面积不宜大	金属、陶瓷、塑料、橡胶
厌氧性丙烯酸双酯胶黏剂	隔绝空气下黏结快，耐水，耐油；但剥离强度低	螺栓坚固、密封

② 橡胶型胶黏剂。橡胶型胶黏剂是以合成橡胶为基料制得的合成胶黏剂，黏结强度不高，耐热性差，属于非结构型胶黏剂，但具有优异的弹性、使用方便、初黏力大等优点，可用于橡胶、塑料、织物、皮革、木材等柔软材料的黏结或金属-橡胶等热膨胀系数相差较大的两种材料的黏结，也可用作密封胶。其主要品种有氯丁橡胶、硅橡胶、丁腈橡胶、丁苯橡胶、聚异丁烯及丁基橡胶、羧基橡胶、聚硫橡胶、热塑性弹性体等。

③ 混合型胶黏剂。混合型胶黏剂是以热固性树脂与热塑性树脂或合成橡胶为基料制成的。在热固性树脂胶黏剂中加入足够的热塑性树脂或合成橡胶，可以增强韧性、提高抗冲击性和抗剥离性，具有机械强度高、耐老化、耐热、耐化学介质、耐疲劳等性能，可以达到结构胶的结合性能指标，主要用作结构胶。工业上应用较广的混合型胶黏剂有环氧-聚酰胺胶黏剂、环氧-聚砜胶黏剂、酚醛-氯丁胶黏剂、酚醛-丁腈胶黏剂、环氧-丁腈胶黏剂及橡胶改性丙烯酸酯胶黏剂。

④ 无机胶黏剂。无机胶黏剂主要有磷酸盐（磷酸-氧化铜）胶黏剂、硅酸盐（水泥）胶黏剂、硼酸盐胶黏剂、硫酸盐（石膏）胶黏剂等，与前述有机胶黏剂相比，其耐高温性、耐低温性、耐油性、抗老化性、耐溶剂性优良；但脆性大，部分耐酸碱性和耐水性较差。其中反应型磷酸氧化铜胶黏剂具有优良的耐高温性和耐低温性，黏结强度高，广泛用

于刀具黏结、机器设备制造与维修等。

⑤ 压敏型胶。压敏型胶黏剂是指无溶剂，不加热，只要轻轻加压就能黏结的胶黏剂，通常用长链线型高分子（如橡胶、聚乙烯醚、聚丙烯酸酯、丙烯酸酯共聚物等）加入增黏树脂和软化剂混炼得到。其中，聚丙烯酸酯压敏型胶黏剂应用较多。压敏型胶黏剂和压敏型胶黏带已在医药、绝缘、日常生活、包装等方面得到应用。

2. 涂料

涂料是一种可涂覆于固体物质表面并形成连续性薄膜的液态或粉末状态的物质。涂料的主要功能如下：一是使被覆物体免受腐蚀性气氛及介质、微生物、阳光、高温等的作用而发生表面破坏；二是具有特定的装饰作用；三是某些涂料还具有特殊功能或作用，如防火、防污、防静电、防结露、防辐射、导电、润滑，具有远红外放射性、温度敏感性、环境敏感性等。涂料在现代工农业生产、日常生活等领域应用广泛。

（1）涂料的组成。

一般情况下，涂料由主要成膜物质、次要成膜物质和辅助成膜物质组成。

① 主要成膜物质。主要成膜物质即胶黏剂，又称基料，涂料的性能取决于主要成膜物质的性质。主要成膜物质有桐油等油类、纤维素类人造树脂、热塑性或热固性合成树脂及橡胶等。

② 次要成膜物质。次要成膜物质指的是颜料，主要是一些矿物粉或合成的无机化合物粉、有机化合物粉，能均匀分散在涂料介质中并形成悬浮体。颜料在涂膜中不仅能遮盖被涂面和赋予涂膜绚丽多彩的外观，而且能增大涂膜的强度和厚度，阻止紫外线穿透，提高耐久性和抗老化性，有些特殊颜料还可使涂膜产生耐蚀、反光、耐热、杀菌、导电等特殊效果。

③ 辅助成膜物质。辅助成膜物质主要包括溶剂、稀释剂、催干剂、增塑剂、紫外线吸收剂、抑菌或杀菌剂、阻燃剂、消泡剂、防冻剂、稳定剂等辅助材料（又称助剂）。

（2）涂料的分类。

涂料的分类方法很多，涂料按主要成膜物质的性质分为有机高分子涂料、无机高分子涂料，以及由有机高分子和无机高分子组成的复合涂料；按溶剂等分散介质的不同及含量分为水溶性涂料、乳胶型（乳液型）涂料、溶剂型（有机溶剂型）涂料、粉末型涂料及无溶剂的液态涂料等；按是否含颜料分为清漆和色漆；按用途分为木器漆、绝缘漆、防锈漆、防火漆、美术漆、船壳漆、船底漆、内墙涂料、外墙涂料、塑料用漆等；按施工方法分为喷漆、浸漆、烘漆、电泳漆等；按施工工序分为底漆、腻子、面漆、罩光漆；按成膜机理分为物理成膜的热塑性涂料和化学成膜的热固性涂料；等等。涂料的详细分类及代号可参考 GB/T 2705—2003《涂料产品分类和命名》。

（3）典型涂料。

① 醇酸树脂涂料。醇酸树脂是以多元醇、多元酸和脂肪酸经酯化反应缩聚而成的。醇酸树脂涂料的耐候性较好，漆膜有较好的附着力、柔韧性、耐热性、耐油性、抗溶剂性，施工方便，价格低；但其干透时间长，耐水性、耐碱性差，防霉性、防湿性、防盐雾性差，涂膜较软。醇酸树脂涂料主要用于一般工程机械、桥梁、铁塔、卡车及要求不高的建筑、门窗及家具涂饰。

② 氨基树脂涂料。氨基树脂涂料是以氨基树脂和醇酸树脂为主要成膜物质的涂料。

氨基树脂涂料涂膜光亮，色彩鲜艳，装饰性强，坚硬、耐磨，并具有较好的耐热性、耐候性、耐油性和电绝缘性，具有防潮湿、防盐雾、防霉菌的“三防”性能，广泛用于汽车、防盗门、自行车、缝纫机、电冰箱、医疗器械等金属产品涂饰。

③ 硝化纤维素涂料。硝化纤维素涂料是由硝化纤维素、合成树脂、增塑剂、溶剂、颜料等配制而成的，常用于喷涂，干燥快，不宜采用刷涂，是典型热塑性溶剂挥发成膜涂料。硝化纤维素涂料涂膜坚硬、耐磨，可打蜡抛光，光亮度高，装饰性强，具有较好的耐水性和耐油性，易修补和保养；但其附着力较差，耐热性、耐化学药品性不良，且固体少，溶剂消耗量大，环境污染严重，可用于汽车、皮革、玩具、仪器仪表、木器等的中高级涂饰。

④ 过氯乙烯树脂涂料。过氯乙烯树脂使聚氯乙烯进一步氯化，含氯量由56%增大到61%～65%，再加入溶剂等添加剂制得的热塑性挥发成膜涂料。其耐化学性及阻燃性好，耐水性、耐油性、防霉性优异，并具有较好的耐候性和耐低温性，但附着力和耐热性较差，常用于化工厂房、设备防腐层，汽车、机床等的外用层，汽车、船及建筑内部的木材、纤维的防火涂料等。

⑤ 丙烯酸树脂涂料。丙烯酸树脂涂料是用甲基丙烯酸酯与丙烯酸共聚，并加入一定量的丙烯腈或丙烯酰胺、乙酸乙烯、苯乙烯等共聚而成的。根据制造树脂时的单体不同，丙烯酸树脂涂料可分为热塑性丙烯酸树脂涂料（溶剂挥发成膜，溶剂消耗量大，固体含量小）和热固性丙烯酸树脂涂料（热固性烘烤固化或常温固化成膜）。

丙烯酸树脂涂料是高档涂料，纯丙烯酸清漆清似白水，白漆比其他白色涂料纯白得多，具有优良的耐紫外线性及保光性、保色性，涂膜光亮，装饰性极强，常用作汽车、家电、家具等产品的高级罩光涂料或配制高级金属（闪光）涂料，大量用于建筑内外墙涂料。此外，丙烯酸树脂涂料还具有良好的耐化学药品性及耐热性，在180℃下性能仍稳定，且具有防潮湿、防盐雾、防霉菌的“三防”性能。

⑥ 环氧树脂涂料。环氧树脂涂料是以环氧树脂为主要成膜物质的涂料，其应用面广、产量大、品种多。与环氧树脂胶黏剂相同，环氧树脂涂料大多为改性的环氧树脂品种，也为交联固化成膜。环氧树脂涂料对物体（特别是对金属）有极好的附着力，且强韧性、耐蚀性、耐碱性及电绝缘性较好，但耐候性差，紫外线长期照射易粉化，不宜做户外装饰性涂料，主要用于金属制品的底漆、防腐漆及电器绝缘漆，地坪自流平涂料，部分用于罐头盒内壁涂饰防腐。

环氧树脂涂料因固化剂及改性树脂不同而有很多种，按组成形态分为溶剂型环氧树脂涂料、无溶剂型环氧树脂涂料、水性环氧电泳涂料、环氧粉末涂料等。

⑦ 聚氨酯涂料。聚氨酯涂料的主要特点是涂膜附着力大，坚韧、耐磨（耐磨性在涂料中名列前茅）、光亮，装饰性强，耐蚀性及电绝缘性好，能与其他树脂一起使用，可加热固化，也可在室温下固化；但成本高、施工要求严格，室外保光性、保色性稍差。

聚氨酯涂料主要用于产品的装饰，金属、木材、水泥制品的防腐防锈，木地板的耐磨涂饰及皮革、橡胶、塑料等柔性材料制品的涂饰。

⑧ 粉末涂料。粉末涂料是以空气为分散介质的呈粉末状的涂料。其所用树脂应能够受热熔融，用高压静电空气喷涂或流化床涂覆，熔融的粉末在工件上黏附、流平、冷却固化或交联固化成膜。

根据性质的不同，粉末涂料可分为热塑性粉末涂料和热固性粉末涂料两大类。常见热塑性粉末涂料有聚乙烯、聚氯乙烯、聚酰胺、聚酯、聚四氟乙烯、氯化聚醚等；常见热固性粉末涂料有环氧树脂、聚氨酯、丙烯酸酯等。

因为粉末涂料无挥发溶剂，所以无“三废”公害及火灾隐患，是一种绿色环保涂料，其涂层较厚，涂膜质量和装饰效果好，节省能源、工艺简单；但调色困难，光泽差，烘烤温度高，广泛用于家用电器等产品。

⑨ 水溶性涂料。以水为溶剂，以水溶性树脂为主要成膜物质的涂料称为水溶性涂料。水溶性树脂之所以溶于水，是因为在成膜聚合物中引进亲水或水可增溶的基团（如羧基、胺基）。

电泳涂料是一种典型水溶性涂料，它利用水中带电荷的水溶性成膜聚合物，在电场作用下，电泳向相反电极表面沉积析出，经烘烤固化成膜。因为电泳涂料以水为溶剂，所以无毒、不燃烧，是一种绿色环保涂料；电泳涂覆可流水作业，生产率高，涂层均匀，附着力极大，广泛应用于大批量金属产品（如汽车、家用电器）的底漆。

乳胶涂料是在乳化剂和引发剂存在的情况下，在产生乳液聚合得到的合成树脂乳胶中加入辅助材料，并分散于水中形成的。常见乳胶涂料有苯-丙乳胶涂料（苯乙烯和丙烯酸丁酯共聚乳液）、丁苯乳胶涂料、乙酸乙烯乳胶涂料、丙烯酸酯乳胶涂料、乙-丙乳胶涂料、聚氨酯乳胶涂料等。乳胶涂料以水为分散介质，随着水分的蒸发而干燥成膜，无味、无毒、不燃烧，是一种绿色环保涂料；涂膜透气性强，不结露，耐水性、耐候性良好，可刷涂、可喷涂，也可在潮湿物体上涂饰，是常用的墙体涂料。

⑩ 光固化涂料（光敏涂料、感光涂料）。光固化涂料是利用光（通常为紫外线）的辐射能量引发树脂中含乙烯基的成膜物质和活性溶剂进行自由基或阳离子聚合，从而固化成膜的，也可看作光敏树脂或光敏胶黏剂在涂料上的应用。光固化涂料常用于流水线涂装，尤其是木材、纸张、塑料、织物、皮革等不宜高温烘烤的材料。其涂膜光亮、丰满，耐水、耐热、耐溶剂，硬度高，是一种高档涂料。

⑪ 金属闪光涂料。金属闪光涂料漆是由漆料、透明性或低透明性彩色颜料、闪光铝粉或黄铜粉和溶剂配制而成的，也可把闪光铝粉或闪光黄铜粉加入透明漆液中配制而成。闪光铝粉或闪光黄铜粉是一种表面平滑光亮的片状物，像多面小镜子一样以不同反射角排列在漆膜中，当平行光线照射时，会在不同角度反射，从而产生金属闪烁感。常见的金属闪光涂料有氨基醇酸类、热固性和热塑性丙烯酸酯类、环氧树脂类、聚酯类、聚氨酯类等，常用于自行车、小汽车、家用电器及家具涂饰。如在金属闪光涂料中加入发光剂，则被涂物在夜间受光照射下会呈现闪光和迷幻效果，可用于交通安全标志、建筑装饰、广告牌、家具等涂饰。

5.2 工程陶瓷

陶瓷按原料来源分为普通陶瓷（由天然矿物原料制成）和特种陶瓷（由高纯度的人工合成的化合物原料制成）；按用途和性能分为日用陶瓷和工业陶瓷，其中工业陶瓷又可分为强调强度、耐热、耐蚀等性能的工程陶瓷和具有特殊电、磁、光、热等效应的功能陶瓷；按化学组成分为硅酸盐陶瓷、氧化物陶瓷、碳化物陶瓷、氮化物陶瓷、硼化物陶瓷、金属陶瓷、复合陶瓷等；按组织形态分为无机玻璃（非晶质陶瓷）、微晶玻璃（玻璃陶瓷)、陶瓷（结晶质陶瓷）等。常用工程陶瓷是普通陶瓷。特种陶瓷包括氧化物陶瓷和非氧化物陶瓷等。

5.2.1 陶瓷的性能特点

陶瓷具有以下性能特点。

(1) 弹性模量大，是各种材料中最大的；陶瓷是脆性材料，断裂前无塑性变形，冲击韧性差；如果设法减少内部的缺陷，陶瓷的强度和韧性就会大大改善。

(2) 抗压强度比抗拉强度大得多，陶瓷的抗拉强度与抗压强度之比为1∶10（铸铁为1∶3）；陶瓷硬度高（1000～5000HV）（淬火钢的硬度约为800HV）。

(3) 熔点高（大多超过2000℃），高温强度大，线膨胀系数小，是很有前途的高温材料。

(4) 化学稳定性好，陶瓷材料在高温下不氧化，抗熔融金属的侵蚀性高（可用来制作坩埚），大多对酸、碱、盐具有良好的耐蚀性；与金属相比，陶瓷的抗热冲击性差。

(5) 具有优良的理化性能和功能性质，大部分陶瓷可做绝缘材料，有的陶瓷可做半导体材料、压电材料、热电材料和磁性材料等；有的陶瓷利用光学特性，可做激光材料、光色材料、光学纤维等；有的陶瓷在人体内无特殊反应，可做人造器官（称为生物陶瓷）。

陶瓷的主要缺点是脆性大，可靠性和加工性差，难以进行常规（如切削等）加工。

5.2.2 常用工程陶瓷

1. 普通陶瓷

普通陶瓷（密度约为2.3g/cm³）是以黏土（$Al_2O_3 \cdot 2SiO_2 \cdot 2H_2O$)、长石（$K_2O \cdot Al_2O_3 \cdot 6SiO_2$ 或 $Na_2O \cdot Al_2O_3 \cdot 6SiO_2$）、石英（$SiO_2$）等为原料，经配料成形加工后烧结而成的，有时还加入MgO、ZnO、BaO等化合物进一步改善性能。在普通陶瓷中，主晶相为莫来石（$3Al_2O_3 \cdot 2SiO_2$)，占25%～30%；次晶相为SiO_2等，其中玻璃相占35%～60%，气相占1%～3%。普通陶瓷质地坚硬，不氧化生锈，耐腐蚀，不导电，能耐一定高温，易成型，成本低；但因组织中玻璃相比重大，故强度较低，高温性能不如其他陶瓷。改变配方及工艺可获得不同特性的陶瓷，如日用陶瓷、电工陶瓷、化工陶瓷等，也用于要求不高的耐磨零部件。

2. 玻璃

玻璃是指熔融物在冷却凝固过程中因熔体黏度大，原子或大分子不能做充分扩散结晶而得到的一种保持熔体结构的非晶态固体无机材料，可看作孔隙率为零的非晶质陶瓷。

工业上大量生产的是以一定纯度的二氧化硅砂、石灰石及纯碱（为助熔剂）等为原料，在1550～1600℃下熔融、成型、冷却制得的**钠钙硅酸盐玻璃**，可透过各种可见光，吸收红外线及紫外线，广泛用于建筑平板玻璃、瓶罐玻璃等。如用钾长石代替钠长石，则可制成比钠钙玻璃硬且具光泽的钾钙玻璃，用于化学试验容器、高级玻璃日用品及透红外玻璃；如用氧化铅代替氧化钙等，则可制成折射率大、易吸收高能射线的铅玻璃，用于荧光灯管、显像管、光学镜片、艺术器皿等；如加入某些成核物（如TiO_2、P_2O_5、ZrO_2等)，则经热处理后可得晶粒尺寸为0.1～1μm、晶相体积占90%以上的**微晶玻璃**，其膨胀系数小，抗热冲击性好，可透过微波；在原料中加入一定量的金属氧化物或其他化合物可得到彩色玻璃，如加入氧化钴玻璃呈蓝色。含 100％SiO_2 的石英玻璃又称水晶玻璃，耐高温、耐热振，膨胀系数小，光学均匀性和透明性均很强，并能透过紫外线和红外线，是制作高级光学仪器及耐高温、耐高压等特殊制品的理想材料。如在加热炉中将平板玻璃加热到接近软化点温度（约为 650℃），出炉后立即向玻璃两面吹冷空气，则表层及中心层收缩不均匀，使表层存在压应力、中心层存在拉应力，这种玻璃强度很高，破碎后呈细小、无尖锐棱角状，即常用的钢化玻璃。如在两层钢化玻璃中间夹一层强韧、透明的高分子塑料膜，则热压黏合后得到安全玻璃或防弹玻璃。此外，还有激光玻璃、镀膜玻璃等。

3. 氧化物陶瓷

常用的氧化物陶瓷有 Al_2O_3 陶瓷、ZrO_2 陶瓷、MgO 陶瓷、CaO 陶瓷、BeO 陶瓷、ThO_2 陶瓷等，它们在任何高温下都不会被氧化，是很好的高耐火度材料。

（1）氧化铝陶瓷。

Al_2O_3 含量大于 46％的陶瓷称为高铝陶瓷，Al_2O_3 含量为 90％～99.5％的陶瓷称为刚玉瓷。刚玉瓷可在 1600℃下长期使用，蠕变很小。氧化铝陶瓷耐酸碱侵蚀，还能抵抗金属和玻璃熔体的侵蚀。此外，它还具有优良的电绝缘性。Al_2O_3 含量越大，氧化铝陶瓷的强度越大。氧化铝陶瓷的硬度仅次于金刚石、立方氮化硼、碳化硼、碳化硅。氧化铝陶瓷可用于制造高速切削刀具时胜过硬质合金，还可用于制造拉丝模、人造宝石、内燃机火花塞、高温炉零件、生产合成纤维的出丝嘴、导丝器、熔炼有色金属坩埚等。

（2）其他氧化物陶瓷。

ZrO_2 陶瓷的热导率小，耐蚀、耐热、硬度高，使用温度为 2000～2200℃，主要用于制造耐火坩埚、工模具、高温炉和反应堆的绝热材料、金属表面的防护涂层、发动机耐热零件、日用剪刀等。

MgO 陶瓷、**CaO 陶瓷**能抵抗金属碱性渣的作用，但热稳定性差（MgO 在高温下易挥发，CaO 在空气中易水化），可用来制造坩埚。MgO 陶瓷可用于制造炉衬和用于制作高温装置。

BeO 陶瓷的导热性极好，消散高能射线的能力强，具有很强的热稳定性，但强度不大，可用于制造熔化某些纯金属的坩埚，还可做真空陶瓷和反应堆陶瓷。

4. 碳化物陶瓷

碳化物陶瓷包括碳化硅陶瓷、碳化硼陶瓷、碳化铈陶瓷、碳化钼陶瓷、碳化铌陶瓷、碳化钛陶瓷、碳化钨陶瓷、碳化钽陶瓷、碳化钒陶瓷、碳化锆陶瓷、碳化铪陶瓷等。碳化物陶瓷的突出优点是具有很高的熔点、硬度（接近金刚石）和耐磨性（特别是在侵蚀性介质中）；缺点是耐高温（900～1000℃）氧化能力差、脆性极大。

碳化硅陶瓷是以 SiC 为主要成分的陶瓷。碳化硅陶瓷按制造方法分为反应烧结陶瓷、热压烧结陶瓷和常压烧结陶瓷。

热压碳化硅陶瓷的高温强度大，在 1400℃下的抗弯强度为 500～600MPa，使用温度可达 1700℃。热压碳化硅陶瓷具有很好的热稳定性、抗蠕变性、耐磨性、耐蚀性，良好的导热性（在陶瓷中仅次于氧化铍陶瓷）、耐辐射性及低的热膨胀性，但在 1000℃下易发生缓慢氧化，可用作火箭尾喷管或喷嘴、浇注金属的浇道口、高温轴承、电加热管、砂轮磨料、热电偶保护套管、炉管及核燃料包封材料。

5. 氮化物陶瓷

常用的氮化物陶瓷有氮化硅（Si_3N_4）陶瓷和氮化硼（BN）陶瓷。

（1）氮化硅（Si_3N_4）陶瓷。

氮化硅陶瓷按制作方法分为热压烧结陶瓷和反应烧结陶瓷。

氮化硅陶瓷具有很高的硬度及很强的自润滑性，摩擦系数小，耐磨性好；抗氧化能力强，抗热振性强于其他陶瓷；具有优良的化学稳定性，能耐除氢氟酸外的其他酸性溶液和碱性溶液的腐蚀，还耐熔融有色金属的侵蚀；具有优良的电绝缘性及低的热膨胀性。

热压烧结氮化硅（β-Si_3N_4）陶瓷的强度、韧性都高于反应烧结氮化硅（α-Si_3N_4）陶瓷，主要用于制造形状简单、精度要求不高的零件，如切削刀具、高温轴承等。反应烧结氮化硅陶瓷的加工工艺性好、硬度较小，用于制造形状复杂、精度要求高的零件，并且要求耐磨、耐蚀、耐热、电绝缘等，可用于制造泵密封环、热电偶保护套、高温轴承、缸套、活塞环、电磁泵管道和阀门等。

在氮化硅陶瓷的基础上发展的赛隆陶瓷是在 Si_3N_4 中添加一定量的 Al_2O_3、MgO、Y_2O_3 等氧化物得到的陶瓷，其强度大，具有优异的化学稳定性、耐磨性、抗热振性，主要用于制造切削刀具、金属挤压模内衬、针形阀、底盘定位销等。

（2）氮化硼（BN）陶瓷。

氮化硼陶瓷分为低压型氮化硼陶瓷和高压型氮化硼陶瓷。

低压型氮化硼陶瓷为六方晶系，结构与石墨相似，又称白石墨。其硬度较小，具有自润滑性，还具有良好的高温绝缘性、耐热性、导热性及化学稳定性，可用于制造高温轴承、高温容器、坩埚、热电偶套管、散热绝缘材料、玻璃制品成型模等。

高压型氮化硼陶瓷为立方晶系，硬度仅次于金刚石，在1925℃以下不会氧化，可用于制造磨料、金属切削刀具及高温模具。

6. 硼化物陶瓷

常见的硼化物陶瓷有硼化铬陶瓷、硼化铝陶瓷、硼化钛陶瓷、硼化钨陶瓷、硼化锆陶瓷等。硼化物陶瓷的特点是硬度大，具有较好的耐化学侵蚀能力。与碳化物陶瓷及氮化物陶瓷相比，硼化物陶瓷具有较好的抗高温氧化性，使用温度达1400℃，主要用于制造高温轴承，内燃机喷嘴，高温器件，处理熔融铜、铝、铁的器件，等等。此外，二硼化物（如 ZrB_2、TiB_2）陶瓷还具有良好的导电性，电阻率接近铁或铂，可用作电极材料。表5-4所示为常用陶瓷的力学性能。

表5-4 常用陶瓷的力学性能

类别	材料	力学性能				
		密度/(g/cm^3)	抗弯强度/MPa	抗拉强度/MPa	抗压强度/MPa	断裂韧度/($MPa \cdot m^{1/2}$)
普通陶瓷	普通工业陶瓷	2.2～2.5	65～85	26～36	460～680	—
	化工陶瓷	2.1～2.3	30～60	7～12	80～140	0.98～1.47
	氧化铝陶瓷	3.2～3.9	250～490	140～150	1200～2500	4.5

续表

类别	材料		力学性能				
			密度/(g/cm^3)	抗弯强度/MPa	抗拉强度/MPa	抗压强度/MPa	断裂韧度/($MPa \cdot m^{1/2}$)
特种陶瓷	氮化硅陶瓷	反应烧结	2.20～2.27	200～340	141	1200	2.0～3.0
		热压烧结	3.25～3.35	900～1200	150～275	—	7.0～8.0
	碳化硅陶瓷	反应烧结	3.08～3.14	530～700	—	—	3.4～4.3
		热压烧结	3.17～3.32	500～1100	—	—	—
	氮化硼陶瓷		2.15～2.3	53～109	110	233～315	—
	立方氧化锆陶瓷		5.6	180	148.5	2100	2.4
	Y-TZP 陶瓷		5.94～6.10	1000	1570	—	10～15.3
	Y-PSZ 陶瓷(ZrO_2＋3%molY_2O_3)		5.00	1400	—	—	9
	氧化镁陶瓷		3.0～3.6	160～280	60～98.5	780	—
	氧化铍陶瓷		2.9	150～200	97～130	800～1620	—
	莫来石陶瓷		2.79～2.88	128～147	58.8～78.5	687～883	2.45～3.43
	赛隆陶瓷		3.10～3.18	1000	—	—	5～7

5.2.3 金属陶瓷

金属的塑性及抗热振性好，但容易氧化，高温强度不大；陶瓷的耐热性和耐蚀性好，但脆性大。金属陶瓷是将两者的粉末原料混合、压制结合（或经烧结）而成的复合材料，产品是一种粉末冶金制品。金属陶瓷的陶瓷相（晶体相）是氧化物（Al_2O_3、ZrO_2 等），碳化物（WC、TiC、SiC 等），硼化物（TiB、ZrB、CrB_2 等），氮化物（TiN、BN、Si_3N_4 等），它们是金属陶瓷的基体或骨架。金属相（作用相当于玻璃相，但又有别于玻璃相，呈晶体状态）主要是铁、钛、铬、镍、钴及其合金，起黏结作用，作为胶黏剂。陶瓷相和金属相的种类及相对数量对金属陶瓷的性能影响较大，以陶瓷相为主的多为工具材料，金属相含量大的多为结构材料。

1. 氧化物基金属陶瓷

常用氧化物基金属陶瓷是以 Al_2O_3 为陶瓷相、以不超过 10%的铬为金属相的金属陶瓷。铬的高温性能好，表面氧化时形成 Cr_2O_3 薄膜，Cr_2O_3 和 Al_2O_3 形成的固溶体将氧化铝粉粒牢固地黏结起来，比纯氧化铝陶瓷的韧性好，且热稳定性、抗氧化性都有所改善。加入镍、铁及其他元素，细化陶瓷粉粒和晶粒，采用热压成型方法等都可提高氧化物基金属陶瓷的致密度，使韧性进一步提高。氧化物基金属陶瓷主要作为工具材料，其抗氧化性好、高温强度大，与被加工材料的黏着趋势小，适合高速切削，可切削 65HRC 的冷硬铸铁和淬火钢；可切削加工 34～42HRC 的长管件，如炮筒、枪管；还可用于制造模具、喷嘴、热拉丝模、机械密封环等。

2. 碳化物基金属陶瓷

碳化物基金属陶瓷的基体为 WC、TiC 等，胶黏剂主要是铁族元素，如 Co、Ni 等。胶黏剂对碳化物有一定的溶解度，能将碳化物黏结起来，如 WC-Co、TiC-Ni 等。碳化物基金属陶瓷常称硬质合金，可作为工具材料，也可作为耐热结构材料。

常用的硬质合金是将 80%以上的碳化物粉末（WC、TiC 等粉末）和胶黏剂粉末（Co、Ni 等粉末）混合，加压成型后烧结而成的金属陶瓷。硬质合金的硬度很高（89～92HRA），红硬性为 800～1000℃，抗弯强度为 880～1470MPa。常用硬质合金有以下几种。

（1）钨钴（YG）类硬质合金。

钨钴类硬质合金以 WC 为基体，以 Co 为胶黏剂，w_{Co} 越高，韧性和强度越好，但硬度和耐磨性稍有降低。钨钴类硬质合金的常用牌号有 YG3、YG6、YG8，其中 YG 是“硬钴”两字的汉语拼音首字母，后面数字表示钴含量，如 YG6 表示钴含量为 6%，碳化钨含量为 94%的钨钴类硬质合金。钴含量较大的钨钴类硬质合金多用于粗加工，含钴量小的牌号多用于精加工。

钨钴类硬质合金常用于加工断续切削的脆性材料，如铸铁材料、有色金属材料和非金属材料。

（2）钨钴钛（YT）类硬质合金。

钨钴钛类硬质合金以用 WC、TiC 为基体，以 Co 为胶黏剂，硬度及红硬性优于钨钴类硬质合金，但韧性、强度略有降低。钨钴钛类硬质合金的常用牌号有 YT30、YT15，其中 YT 是“硬钛”两字的汉语拼音首字母，后面数字表示碳化钛含量，如 TY10 表示碳化钛含量为 10%，其余为碳化钨和钴的钨钴钛类硬质合金。加工钢材时，其刀具表面会形成一层氧化钛薄膜，使切屑不易黏附，适合制造切削高韧度钢材的刀具。含钴量较大（如 YT5，含钴量为 9%）的钨钴钛类硬质合金多用于粗加工。

（3）万能硬质合金（YW）。

万能硬质合金由 WC、TiC、TaC 和 Co 构成，兼具上述两种硬质合金的优点，抗弯强度高。万能硬质合金常用牌号有 YW1（84%WC、6%TiC、4%TaC、6%Co）和 YW2（82%WC、6%TiC、4%TaC、8%Co）。用万能硬质合金制造的刀具可加工不锈钢、耐热钢、高锰钢等难加工的材料。

（4）钢结硬质合金。

钢结硬质合金的碳化物少（约为 30%～50%），胶黏剂是合金钢和高速钢粉末。其红硬性和耐磨性低于一般硬质合金，但优于高速钢，韧性比硬质合金好很多，加工性好，可以像钢一样进行锻、切削、热处理，可用于制造模具及某些耐磨零件。钢结硬质合金的常用牌号有以 TiC 为硬质相的 GT35（合金钢基体）、T1（钨-钼高速钢基体）、TM60（高锰钢基体），以及以 WC 为硬质相的 GW50、DT40、TLMW50（均为合金钢基体）等。

以碳化铬（Cr_3C_2）为基体（有时还加入少量的 WC），以 Ni 或其合金为胶黏剂的碳化铬硬质合金具有极高的抗高温氧化性、耐磨性和耐蚀性，但强度较低。其常用牌号有 YLN15（P）、YLWN15（数字代表镍含量），可用于制造玻璃器皿成形模、铜材挤压模、燃油喷嘴等。

以 TiC、TiN 等为基体（常加入一定量的 WC、TaN），以 Ni－Mo 为胶黏剂的硬质合金的耐磨性接近陶瓷，抗高温氧化性优良，与钢的摩擦系数较小，但较脆，适合制造钢铁的高速精加工切削刀具。其常用牌号有 YN10、YN05。

常见功能陶瓷的分类及用途见表 5－5。

表 5－5　常见功能陶瓷的分类及用途

功能	系列	材料	用途
电功能陶瓷	绝缘陶瓷	Al_2O_3，BeO，MgO，A1N，SiC	集成电路基片、封装陶瓷、高频绝缘瓷
	介电陶瓷	TiO_2，$La_2Ti_2O_7$，$Ba_2Ti_9O_{20}$	陶瓷电容器、微波陶瓷等
	铁电陶瓷	$BaTiO_3$，$SrTiO_3$	陶瓷电容器
	压电陶瓷	PZT，PLZT	超声换能器、谐振器、滤波器、压电点火器、压电马达、微位移器
	半导体陶瓷	NTC(SiC，$LaCrO_3$，ZrO_2)	温度传感器、温度补偿器
		PTC($BaTiO_3$)	温度补偿器、限流元件、自控加热元件
		CTR(V_2O_5)	热传感元件、防火传感器
		ZnO 压敏电阻	浪涌电流吸收器、噪声消除器及避雷器
		SiC 发热体	中高温电热元件、小型电热器
		半导性 $BaTiO_3$，$SrTiO_3$	晶界层电容器
	快离子导体陶瓷	ZrO_2，$\beta-Al_2O_3$	氧传感器、氧泵、燃料电池、固体电解质
磁功能陶瓷	软磁铁氧体	Mn－Zn，Cu－Zn，Ni－Zn，Cu－Zn－Mg	记录磁头，温度传感器，电器磁芯、磁头，电波吸收体
	硬磁铁氧体（陶瓷）	Ba、Sr 铁氧体，钕铁硼磁体	铁氧体磁石、永久磁铁
	记忆用铁氧体	Li，Mn，Ni，Mg，Zn 与铁形成的尖晶石型铁氧体	计算机磁芯
光功能陶瓷	透明氧化铝陶瓷	Al_2O_3	高压钠灯
	透明氧化镁陶瓷	MgO	照明或特殊灯管、透红外线材料
	透明氧化物陶瓷	Y_2O_3、BeO、ThO	激光元件
	PLZT 透明铁电陶瓷	PbLa(Zr，Ti)O_3	光存储元件、视频显示和存储系统、光开关、光阀

续表

功能	系列	材料	用途
生化陶瓷	湿敏陶瓷	$MgCrO-TiO_2$，$TiO_2-V_2O_5$，Fe_3O_4，$NiFe_2O_4$	湿敏传感器
	气敏陶瓷	SnO_2，$\alpha-Fe_2O_3$，ZrO_2，ZnO	气体传感器
	载体用陶瓷	堇青石瓷，Al_2O_3，$SiO_2-Al_2O_3$	汽车尾气催化剂载体、气体催化剂载体
	催化用陶瓷	沸石、过渡金属氧化物	接触分解反应催化、排气净化催化
	生物陶瓷	Al_2O_3，氢氧(或羟基)磷灰石，生物活性玻璃	人造牙齿、人造骨骼等

5.3 复合材料

复合材料是由两种或两种以上物理性质和化学性质不同的物质经人工组合而成的多相固体材料。混凝土、沥青路面、硬质合金、轮胎、强化地板、加入填料的塑料、玻璃钢制品、涂覆层产品等都是复合材料的制品。

5.3.1 复合材料的组成及分类

复合材料是多相体系，由基体（连续相）和增强材料（增强相或分散相）通过一定的工艺方法组合而成。基体相主要起黏结和固定作用，增强材料主要起承受载荷作用。基体相与增强材料的界面特性对复合材料的性能影响很大。不同的基体和增强材料可以组成不同的复合材料。

以纤维增强复合材料为例，其对增强相和基体有以下基本要求。

(1) 增强材料。纤维是复合材料的主要增强材料，其强度和刚度应比基体高。纤维的密度小，热稳定性高。应用较多的纤维有玻璃纤维、碳纤维、芳纶纤维、硼纤维等高性能合成纤维及陶瓷纤维，以及陶瓷的线型单晶体——晶须、高熔点高强度的金属丝等；还可根据具体要求选用长纤维、短纤维、束状纤维或织物状纤维。

除纤维外，增强材料还可用颗粒状的 Al_2O_3、SiC、Si_3N_4、WC、TiC、ZnO、$CaCO_3$、石墨甚至纳米材料等；还有骨架状、片状、蜂窝状及涂层形态的增强材料。图 5.2 所示为典型增强材料的复合材料。

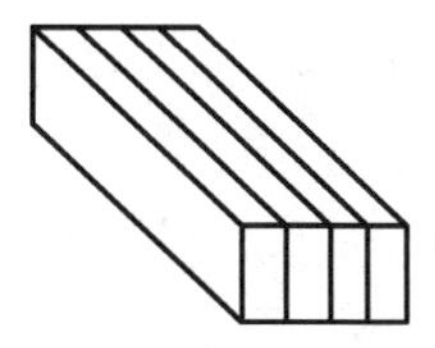
(a) 层状增强复合材料

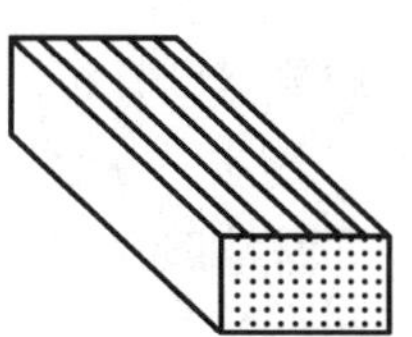
(b) 长纤维增强复合材料

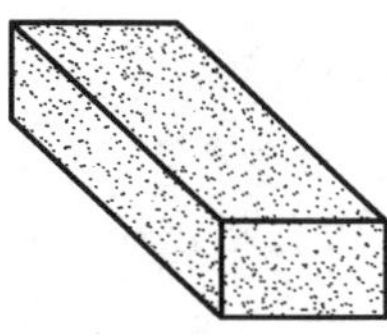
(c) 颗粒增强复合材料

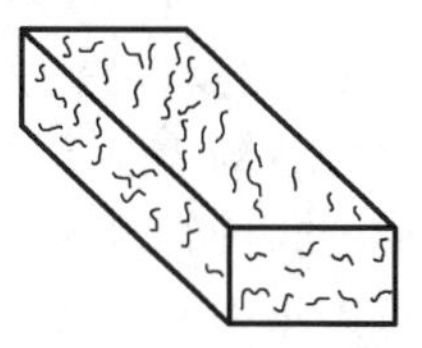
(d) 短纤维增强复合材料

图 5.2 典型增强材料的复合材料

（2）基体。基体要对纤维有很好的相容性和浸润性，要具有一定的塑性和韧性，要与增强材料的热膨胀系数接近，以使二者在界面处有较强的结合力，并能使纤维免受损伤。常用基体有热固性树脂、热塑性树脂、金属及其合金、陶瓷、水泥等。

对于颗粒增强复合材料，当基体为金属时，弥散分布的粒子（粒子直径为0.01～0.1μm）可阻止金属基体内位错的运动；当基体为高分子时，粒子可阻止分子链的运动（通常粒子直径大于0.1μm），表现出强的变形抗力，并能提高抗蠕变性。颗粒尺寸过大会使塑性明显降低。颗粒的形态、数量及与基体的结合力均会影响增强效果。

对于纤维增强复合材料，基体将复合材料所受外载荷通过一定的方式传递给增强纤维，增强纤维承担大部分外力，基体主要提供塑性和韧性。在基体中，纤维相互隔离，表面受基体保护而不易损伤，受载时不易产生裂纹。当部分纤维发生断裂时，基体能阻止裂纹迅速扩展并改变裂纹扩展方向，将外载荷迅速重新分布到其他纤维上，从而提高了材料的强韧性。纤维增强复合材料的性能既取决于基体和纤维的性能及相对数量，又与二者之间的结合（界面）状态及纤维在基体中的排列方式等因素有关。增强纤维在基体中的排列方式有连续纤维单向排列、长纤维正交排列、长纤维交叉排列、短纤维混杂排列等。

前述高性能热塑性树脂及热固性树脂都是常用的树脂基复合材料的基体材料。

一般根据基体和增强材料的种类命名复合材料：强调基体时称为“×××基复合材料”，如树脂基（主要为合成树脂和橡胶）复合材料、金属基复合材料、陶瓷基复合材料等；强调增强材料时称为“×××增强复合材料”，如碳纤维增强复合材料等；同时强调基体和增强材料时称为“×××-×××复合材料”，如碳纤维-环氧树脂（C_f/EP）复合材料、不饱和聚酯树脂/玻璃纤维（G_f/UP）层压复合材料；强调增强相形态时有纤维（f）增强复合材料、晶须（w）增强复合材料、颗粒（p）增强复合材料、叠层复合材料、蜂窝夹层复合材料等；按用途分类有结构复合材料、功能复合材料、结构/功能一体化复合材料等。

5.3.2 复合材料的性能特点

复合材料具有以下性能特点。

（1）复合材料的比强度和比刚度较高，特别是纤维增强复合材料。如碳纤维/环氧复合材料的比强度和比刚度是一般铝合金及钢的3～6倍。材料的比强度、比刚度是衡量材料承载能力的重要指标，这是结构设计特别是航空、航天结构设计对材料的重要要求。现代飞机、导弹和卫星等机体结构正逐渐增大使用纤维增强复合材料的比重。

（2）复合材料的制备与成型同时进行，复合材料的力学性能可以设计，即可以通过选择合适的原材料和合理的铺层形式，使复合材料构件或复合材料的结构满足使用要求，并适合整体成形，减少了零部件。

（3）复合材料的抗疲劳性良好。一般金属的疲劳强度是抗拉强度的40%～50%，某些复合材料可达到70%～80%。纤维复合材料的疲劳断裂从基体开始，逐渐扩展到纤维和基体的界面上，纤维对裂纹扩展有阻止作用，没有突发性的变化。因此，复合材料破坏前有预兆，可以检查和补救。

（4）复合材料的减振性良好。由于纤维复合材料的纤维和基体界面的阻尼较大，因此具有较好的减振性。用纤维增强树脂基复合材料制造的直升机旋翼，其疲劳寿命是用金属制造的数倍，噪声也明显减小。

(5) 复合材料通常具有较高的蠕变强度。如普通铝合金在400℃下的弹性模量大幅度降低，强度也降低；而在相同温度下，用碳纤维或硼纤维增强的铝合金的强度和弹性模量基本不变。由于复合材料的热导率一般较小，因而瞬时耐超高温性比较好。

(6) 复合材料的安全性好。在纤维增强复合材料的基体中有成千上万根独立的纤维。当用这种材料制成的构件超载并有少量纤维断裂时，载荷会迅速重新分配并传递到未破坏的纤维上，使整个构件不致在短时间内丧失承载能力。

(7) 复合材料具有良好的尺寸稳定性。在基体中加入增强材料不仅可以提高材料的强度和刚度，而且可以明显减小其热膨胀系数。改变复合材料中增强材料的含量可以调整复合材料的热膨胀系数。

5.3.3 常用复合材料

常用复合材料的特性及主要用途见表5-6。

表5-6 常用复合材料的特性及主要用途

类别	名 称	特 性	主要用途
纤维复合材料	玻璃纤维复合材料(包括织物，如布、带)，又称玻璃钢	热固性树脂与纤维复合，密度小、强度高、绝缘、绝热，易成形、抗冲击强度高，耐蚀。热塑性树脂与纤维复合，常温成形工艺性、强度、刚度、耐热性等比热固性树脂差；但低温韧性、注射成型性较好，成本低，刚度较低	主要用于制造耐磨件、耐蚀件、无磁件、绝缘件、减摩件及一般机械零件、管道、泵阀、汽车及船舶壳体、容器、飞机机身，可透过电磁波
	碳纤维、石墨纤维复合材料(包括织物，如布、带)	碳/树脂复合、碳/碳复合、碳/金属复合、碳/陶瓷复合等的比强度和比刚度高，线膨胀系数小，耐摩擦性、耐磨损性和自润滑性好，耐蚀、耐热，热导率高；纤维与基体的结合性较差，成本较高	在航空航天、原子能等工业中用于制造压气机叶片、发动机壳体、轴瓦、齿轮、机翼、螺旋桨
	硼纤维复合材料	纤维与基体的结合性较好；硼与环氧树脂或铝复合，比强度、比刚度高，成本高	用于制造飞机、火箭构件，可减轻25%～40%的质量
	晶须复合材料(包括自增强纤维复合材料)	晶须是单晶，没有一般材料的空穴、位错等缺陷，机械强度特别高，有Al_2O_3、SiC等晶须，成本高。用晶须毡与环氧树脂复合的层压板，抗弯强度为70000MPa	可用于制造涡轮叶片
纤维复合材料	石棉纤维复合材料(包括织物，如布、带)	有温石棉及闪石棉，前者不耐酸；后者耐酸、较脆、成本低，力学性能较差	与树脂复合，用于制造密封件、制动件、绝热材料等
	SiC纤维复合材料(包括布、带等)	主要增强金属、陶瓷，高温性能好，比强度、比刚度高，线膨胀系数小，成本高	用于制造航空航天结构件
	合成纤维复合材料	尼龙、芳纶、聚酯纤维增强橡胶及塑料，使强度、韧性、抗撕裂性大大提高	增强橡胶用于制造轮胎、胶管等；增强塑料用于制造壳体类件

续表

类别	名　称	特　性	主要用途
颗粒复合材料	金属粒与塑料复合材料	在塑料中加入金属粉，可改善导热性及导电性，减小线膨胀系数	高含量铅粉塑料做γ射线的罩屏及隔音材料，铅粉加入氟塑料做轴承材料
	陶瓷粒与金属复合材料(又称金属陶瓷)	提高高温耐磨性、耐蚀性、自润滑性等性能(如硬质合金)	氧化物金属陶瓷做高速切削材料及高温材料；碳化铬陶瓷用于制造耐蚀喷嘴、耐磨喷嘴、重载轴承、高温无油润滑件；钴基碳化钨陶瓷用于制造切割模、拉丝模、阀门；镍基碳化钨陶瓷用于制造火焰管喷嘴等高温零件
	弥散强化复合材料	直径小于0.1μm的硬质粒子均匀分布在金属基体中，使强度、耐热性、耐磨性大大提高，线膨胀系数减小	用于制造耐热件、耐磨件、比强度高的工件
层叠复合材料	多层复合材料	钢/多孔性青铜/塑料三层复合	用于制造轴承、热片、球头座耐磨件
	玻璃复层材料	两层玻璃板间夹一层聚乙烯醇缩丁醛	用于制造安全玻璃
	塑料复层材料	在普通金属板上覆一层塑料，以提高耐蚀性	用于化工及食品工业，制造铝塑板
骨架复合材料	多孔浸渍材料	将多孔材料浸渗摩擦系数小的油脂或氟塑料	可用于制造油枕及轴承，浸树脂的石墨做抗磨材料
	夹层结构材料	一般由上下两块薄面板(金属、玻璃钢板等)与泡沫芯材、波纹板、蜂窝结构等黏结而成，质量小，抗弯强度大	可用于制造飞机机翼、舱门、大电动机罩

工程上还有很多高性能复合材料及功能复合材料，如电功能复合材料、光功能复合材料、热功能复合材料、磁功能复合材料、隐身功能复合材料、摩擦复合材料等，具体应用时可查阅相关资料。

5.4　新型工程材料

一般认为，新型工程材料包含具有高比强度、高比刚度、耐高温、耐蚀、耐磨损的新型结构材料，以及除了具有机械特性，还具有光、电、磁、热、化学、生化等功能特性的功能结构材料，是高技术领域的关键材料，是支撑航空航天、交通运输、电子信息、能源动力及国家重大基础工程建设等的重要物质基础。新型工程材料包括新型金属材料、新型陶瓷材料和新型高分子材料等。其功能材料种类繁多，按使用性能分为微电子材料、光电子材料、传感器材料、信息材料、生物医用材料、生态环境材料、能源材料和机敏（智能）材料等。下面仅介绍纳米材料、烧蚀防热材料、超硬材料、超塑性合金、海绵金属和无声合金、非晶态合金、吸波材料、形状记忆材料。

5.4.1 纳米材料

纳米（nanometer）是一种度量单位，1nm=10^{-9}m。纳米材料是指组成相或晶粒在三维空间至少有一维尺寸在纳米尺度（1～100nm）内的材料，主要有零维的纳米粉末（三维尺寸均在纳米尺度内），一维纳米丝及纳米管（二维尺寸在纳米尺度内，其余一维尺寸相对很大），二维的纳米涂层及纳米薄膜（一维尺寸在纳米尺度内，其余二维尺寸相对很大），三维的纳米固体（由无数纳米尺度的颗粒、丝等组装而成），等等。由于纳米材料表现出特异的光、电、磁、热、机械等性能，因此成为材料科学研究的一个热点。

1. 纳米材料的特征

由于纳米微粒是处于亚稳状态的原子或分子团，因此纳米材料具有传统大块材料不具备的特征。

（1）表面效应。

由于固体表面的原子的键合状态是不完整的，能量状态较高，因此具有较强的化学活性、与异类原子化学结合的能力及吸附能力。随着颗粒尺寸的减小，体系的总表面能比重增大，当颗粒尺寸减小到纳米尺度时，表面原子相对数量相当大，表面原子的作用会引起种种特异的表面效应，从而提高催化剂的效率、吸波材料的吸波率、涂料的覆盖率及杀菌剂的效率等。

（2）小尺寸效应。

当微粒的尺寸减小到纳米尺度，并接近某些物理特征尺寸（如传导电子的德布罗意波长、电子自由程、磁畴、超导态相干波等）时，晶体的周期性边界条件破坏，使原大块材料具有的某些电学、磁学、光学、声学、热学性能突变，这种效应称为小尺寸效应，如纳米材料的光吸收明显增大、非导电材料出现导电性、磁有序态向磁无序态转化等。

（3）量子尺寸效应。

当颗粒尺寸减小到纳米尺度，特别是几纳米时，固体原子中费米能级附近的电子能级由准连续态变为分裂的能级状态。此时，分裂能级的能量间隔增大，可能超过热能、磁能、静磁能、静电能、超导态凝聚态能、光子等的量子能量，一系列物理性能出现重大变化，甚至发生本质变化，如纳米镍粉成为绝缘体，这种变化称为量子尺寸效应。

此外，还有宏观量子隧道效应等。

表面效应、小尺寸效应、量子尺寸效应等都与颗粒尺寸有关，都在1～100nm尺度内显示，可统称为纳米效应，是纳米材料产生新特性的本质原因，也是其应用基础。如在纳米尺寸范围内，原来是良导体的金属可能变成绝缘体；原来是典型的共价键、无极性的绝缘体，电阻可能减小，甚至可能导电；原来是铁磁性的粒子可能变成超顺磁性，矫顽力为零；原来的P型半导体可能变为N型半导体；理论上不相容的两种元素既可以合成制备出新型的材料，又可以合成原子排列状态完全不同的两种或两种以上物质的复合材料；等等。

纳米粉末的制备方法有蒸发-冷凝法、球磨法、化学气相法、溶胶-凝胶法、电解法、溶剂蒸发法、水热法、化学沉淀法等；纳米涂层和纳米薄膜的制备方法主要是物理沉积及化学沉积方法等。

2. 纳米材料的应用

在工程上，纳米超微粒子主要作为改性添加剂加入金属、陶瓷、有机高分子，生产具有特殊物理性能、化学性能的纳米金属、纳米陶瓷、纳米塑料等，或制备纳米薄膜达到特殊功能用途。在合成树脂中添加纳米 TiO_2、ZnO 等，可制成抗菌塑料、纤维及涂料等。对机械关键零部件进行金属表面纳米粉料涂层处理，可以提高机械设备的耐磨性、硬度和使用寿命。

将超微小金属纳米颗粒放入常规陶瓷复合成型，可大大改善材料的力学性能。将超微小纳米 Al_2O_3 粒子放入橡胶复合成型，可提高橡胶的介电性和耐磨性；放入金属或合金复合成型，可以细化晶粒，大大改善力学性能。

同理，将纳米 Al_2O_3 弥散分布到透明的玻璃中复合，既不影响玻璃的透明度，又可提高高温冲击韧性等。很多纳米金属是良好的吸波材料，可作为雷达波及红外波的隐身涂层。由于用磁性纳米微粒制作的磁记录材料可以提高声噪比，改善图像质量，因此在润滑油中添加纳米铜或钼可形成自修复功能的润滑油；纳米微粒在催化、电子、光学、纳米药物及抗体等方面也有广阔的应用前景。

5.4.2 烧蚀防热材料

航天飞机返回大气层时受气动加热，其鼻锥帽温度为1600℃，并且要在该温度下持续约30min；洲际导弹进入大气层时，其表面温度为4000～8000℃。在这些情况下，都需要对质量小、耐高温、抗热振、绝热性好的材料加以防护，以保证航天器飞行成功。

烧蚀防热材料的功能是在热流作用下发生分解、熔化、蒸发、升华、辐射等物理变化和化学变化，材料的质量消耗带走大量热量，以达到阻止热流传入结构内部的目的。将烧蚀防热材料用于预防工程结构，可在特殊气动热环境中免遭烧毁破坏，并保持必需的气动外形，是航天飞行器、导弹等的关键材料。这里的烧蚀是指导弹和飞行器进入大气层时，在热流的作用下，由热化学和机械过程引起的固体表面的质量迁移（材料消耗）现象。

1. 烧蚀防热材料的特征

材料的烧蚀防热借助消耗质量带走热量，以达到热防护的目的，并希望材料以最小的质量消耗抵挡最多的气动热量。因此，一般要求烧蚀防热材料比热容大（以便在烧蚀过程中可吸收大量的热量），同时要求热导率小、密度小、烧蚀速率小。

导弹鼻锥（隔热罩）、航天飞机头锥及机翼前缘、火箭发动机喷管喉衬等所用的烧蚀防热材料，除应具备良好的耐烧蚀防热性外，还应具有良好的力学性能和热物理性能，在高温气动环境下仍能保持结构的承载能力和气动外形。

2. 烧蚀防热复合材料的分类

烧蚀防热复合材料按防热机制的不同可分为升华型（如碳/碳复合材料、聚四氟乙烯），熔化型（如 C_f/SiO_2、C_f/SiC、SiC_f/SiC）和炭化型（SiO_2 纤维/酚醛、碳纤维/酚醛、碳纤维/聚酰亚胺复合材料）三种。一般还加入一定量的酚醛或玻璃空心微球以降低密度及提高隔热性。按所用基体的不同，烧蚀防热复合材料可分为树脂（含硅橡胶）基、碳基和陶瓷基三类。

3. 碳/碳防热复合材料

碳/碳（C/C、C_f/C）防热复合材料是指以碳纤维、石墨纤维或其织物为骨架，埋入碳基体以增强基体的复合材料。常用增强材料制成碳布、碳毡或碳纤维多维编织物，其基体主要是气相沉积碳或液体浸渍热解碳（如沥青、酚醛基体热解碳）。元素碳具有高的比热容和气化能，熔化时要求有很高的压力和温度，因此在不发生微粒被吹掉的前提下具有比任何材料都高的烧蚀热。由于碳材料可在烧蚀条件下向外辐射大量热量，而且本身具有较高的辐射系数，可进一步提高抗烧蚀性。因此碳/碳防热复合材料在高温下利用升华吸热和辐射散热的原理，以相对小的单位材料质量消耗带走更多热量，使有效烧蚀热大大提高。

此外，碳/碳防热复合材料具有很高的比强度及比刚度，其强度随温度的升高而增大，在 2500℃下强度和刚度达到最大值，线膨胀系数小，具有良好的耐蚀性、减振性、热传导性、电传导性及较高的比热容等，因此可作为高温结构材料；其最大缺点是在氧化气氛、600℃下发生氧化。常在其表面涂覆抗氧化涂层（如 SiC 涂层），在氧化气氛中可使用到 1500℃。

碳/碳防热复合材料是最好的也是唯一可用于 2000℃以上防热结构的备选材料（在 2000℃以下的比强度基本不随温度的升高而变化）。碳/碳防热复合材料是固体火箭喷管的理想材料及飞机制动盘的材料，已用于火箭和导弹头锥、航天飞机机翼前缘、方向舵、尾喷口喉衬等使用温度高、要求烧蚀量小、需保持良好的烧蚀气动外形的零部件，甚至用于发动机低压涡轮叶片、鱼鳞片、涡轮盘等；还用于钛合金超塑成形吹塑模、钴基粉末冶金热压模、医学上的人工骨、电器的电极、化工耐蚀结构等。

5.4.3 超硬材料

超硬材料通常是指莫氏硬度达到或接近 10 的材料，主要有金刚石和立方氮化硼。金刚石，又称钻石，是碳的同素异形体，包括单晶金刚石、人造聚晶金刚石、化学气相沉积金刚石等，其中人造聚晶金刚石应用广泛。立方氮化硼烧结体的硬度仅次于金刚石。超硬材料适合加工其他材料，尤其是硬质材料。

1. 单晶金刚石

天然及人造单晶金刚石是一种各向异性的单晶体，硬度达 9000～10000HV，是自然界中最硬的物质。其耐磨性极好，制成的刀具在切削过程中可长时间保持尺寸稳定性，使用寿命长。单晶金刚石可用于制作眼科和神经外科手术刀，可用于加工隐形眼镜的曲面及黄金、白金首饰的花纹。

天然单晶金刚石材料韧性很差，抗弯强度很低（0.2～0.5GPa），热稳定性差，当温度达到 700～800℃时会失去硬度。

人造单晶金刚石的硬度比天然单晶金刚石低，其他性能都与天然单晶金刚石不相上下，有较好的一致性和较低的价格，可作为替代天然单晶金刚石的新材料。

单晶金刚石与除铁外的金属摩擦系数很小，一般小于0.1，耐磨性极好。单晶金刚石与钢件高速摩擦时，碳会向铁中扩散，使耐磨性明显下降，不适合加工钢铁。

单晶金刚石在氧化性气氛中的热稳定性较差，在空气中的使用温度为850～1000℃。此外，其热胀系数较小，弹性模量极高，是优良的透光及传声材料，也是优良的绝缘体。

纯的单晶金刚石具有高的折射率和强的散光性。

2. 人造聚晶金刚石

人造聚晶金刚石是在高温高压下由金刚石微粉和结合剂聚合而成的多晶体材料。其硬度比单晶金刚石低（约为6000HV），但抗弯强度比单晶金刚石高很多。用人造聚晶金刚石制成的刀具比用单晶金刚石制成的刀具的抗冲击性高很多，主要用于加工有色金属及非金属材料。

3. 化学气相沉积金刚石

化学气相沉积金刚石是采用化学气相沉积方法制备的多晶纯金刚石材料，它呈膜状附着于基体表面，常称金刚石膜。化学气相沉积金刚石的制备成本远低于大颗粒的单晶金刚石，可以大面积化和曲面化，而且其厚度可按需要从不足1μm至数毫米。

由化学气相沉积金刚石制成刀具在汽车发动机及航空发动机的铝、硅铝合金等轻质、高强度部件的加工方面应用广泛，还可用于拉丝模。此外，化学气相沉积金刚石具有极高的声音传播速度，可用于制作频率响应最高、极有前景的声表面波器件及频率大于60kHz的高音扬声器和声传感器。

化学气相沉积金刚石是较好的导热材料，其热导率比银、铜等金属高，是理想的电子器件大面积散热材料；可在恶劣环境中用作光学窗口，如导弹头罩；具有卓越的透X射线特性，可成为未来微电子学器件制备中亚微米级光刻技术的理想材料；具有高温抗辐射性，可用于制作在高温强辐射环境下工作的半导体器件和传感器等。

4. 立方氮化硼

立方氮化硼的显微硬度为8000～9000HV，仅次于金刚石，但热硬度和热稳定性比金刚石高很多。立方氮化硼在1300℃下仍能保持硬度，不与铁系金属发生化学作用，即使是在1000℃下，也能切削黑色金属，主要用来加工淬硬钢、冷硬铸铁、球墨铸铁等，也常用于加工镍基高温合金和喷焊材料等难加工材料，是未来难加工材料的主要切削工具材料。

5. 立方氮化硼烧结体

立方氮化硼烧结体是由立方氮化硼颗粒与结合剂烧结而成的，具有较高的硬度（3000～5000HV）、良好的耐磨性和热稳定性，在800℃的下硬度高于陶瓷和硬质合金的常温硬度，还具有优良的化学稳定性，在900℃以下无任何变化，甚至在1300℃下与Fe、Ni、Co等几乎不发生反应，更不会像金刚石一样急剧磨损，仍能保持很高的硬度，广泛应用于高速或超高速的切削工作中。立方氮化硼烧结体具有较好的导热性，随着温度的升高，其热导率增大；还具有较好的摩擦系数，随着切削速度的提高，摩擦系数减小。

总之，超硬材料性能优越，应用范围不断扩大（从金属加工到光学玻璃加工、石材加工、陶瓷加工、硬脆材料加工等难以进行传统加工的领域）。

5.4.4 超塑性合金

1. 超塑性的定义及条件

在通常情况下，软钢（低碳钢）的延伸率为40%；有色金属的延伸率为60%，在高温下不超过100%。但在某些特定的条件下，有些合金的延伸率超过100%，甚至高达1000%～6000%，而变形所需应力很小，只有普通金属变形应力的十几分之一到几分之一；变形均匀，拉伸时不产生颈缩；无加工硬化和弹性恢复；变形后内部无残余应力，不具有各向异性，晶粒的形状基本不变，这种现象称为超塑性。

金属材料发生超塑性形变需具备以下三个条件。

(1) 具有细小等轴晶粒的两相组织，晶粒直径小于10μm（超细晶粒），且在超塑性形变过程中晶粒不显著长大。

(2) 具有一定的温度范围（为熔点的50%～65%）。

(3) 应变速率很小（0.0001～0.01s^{-1}）。

2. 超塑性行为的产生

在如下两种特定条件下，会出现合金的超塑性行为。

(1) 相变超塑性。如果使某些金属块在相变温度附近（如铁在910℃）反复上下波动，同时施加作用力，该金属块就会变成像麦芽糖一样异常软顺，呈现相变超塑性行为，这就是相变超塑性。

(2) 微细晶粒超塑性。在微细晶粒状态下，尽管变形量很大，但是超塑性合金的晶粒形状不变，试样形状的改变只是通过晶粒位置发生变化实现的，变形主要发生在晶粒的界面上。在应力作用下，短程扩散的晶界滑动改变了晶粒的排列。晶界滑动是微晶超塑性重要的变形机制。

3. 超塑性合金的应用

第一个实用的超塑性合金是Zn-22Al，其无颈缩延伸率很大，采用吹塑气压法可塑制薄壳体，如汽车门内板及具有凸肚精细花纹的空心球体，不宜做结构材料，用于不需要切削的简单零件。其形成超塑性的温度为250～270℃，压力为0.39～1.37MPa，成形只需几分钟。

航空用镍基高温合金及钛合金的高温强度高，难以锻造、冲压成形复杂形状件。利用其超塑性状态进行精密锻造或挤压，可使变形抗力减小，节约材料，制出形状复杂的精密零件。如果用普通钛合金制造人造卫星上的球形燃料箱，则无法成形；如果采用超塑性钛合金材料，在680～790℃下加热，采用吹塑法一次成形，成形压力为1.4～2.1MPa，则加工时间只有8min，既快速又能保证质量。

5.4.5 海绵金属和无声合金

1. 海绵金属

海绵金属也称泡沫金属，从里到外布满了孔洞，因为孔洞体积占整个金属体积的90%以上，所以质量非常小。海绵金属实际上是金属与气体的复合材料。作为结构材料，它具有质量小、比强度高的特点；作为功能材料，它具有多孔、减振、阻尼、吸音、隔音、散热、吸收冲击能、电磁屏蔽等物理性能，在国内外一般工业领域及高科技领域都得到越来越广泛的应用。

（1）海绵金属的实现。

① 铸造法。铸造法的原理是先在铸模内填充粒子，再采用加压铸造法把熔融金属或合金压入粒子间隙，冷却凝固后形成多孔海绵金属。

② 发泡法。发泡法的原理是向基体中加入发泡剂或吹入气体，加热使发泡剂分解产生气体，气体膨胀使基体发泡，熔融的金属快速凝固，气泡还没有来得及跑掉就被“冻结”在固化的金属中，冷却后得到海绵金属。

③ 泡沫树脂法。泡沫树脂法的原理是以泡沫树脂为骨架，在骨架周围涂敷金属，然后把树脂烧掉，得到所需的海绵金属。

④ 烧结法。烧结法的原理是以金属粒子或金属纤维为原料，在较高温度下物料产生初始液相，在表面张力和毛细管的作用下，物料颗粒相互接触、相互作用，物料冷却后发生固结而成为海绵金属。

⑤ 沉积法。沉积法的原理是指在具有三维网状结构的特殊高分子材料的骨架上沉积各种金属，经焙烧除去内部的高分子材料得到海绵金属。

（2）海绵金属的性能及其应用。

由于具有独特的多孔结构，海绵金属具有一些独特的性能及应用，如减噪消振、过滤、控制导热导电、催化、热交换和集热等，可以在空气压缩机上用来消除或减小机器的噪声；用作减轻工作机械振动的地基材料；制作过滤器以过滤气体、水溶液、熔融的合成树脂或金属液；用于制作气垫或通气性很好的金属膜、化学催化剂衬板和催化剂载体，以提高催化效率；用于制作热交换器，提高热交换的效率；用于制作太阳能集热体。由于海绵金属的80％～90％体积被气体占据，因此其传热导电能力较低。想要调整海绵金属对热和电的传导本领，只需相应地调整孔隙率即可。

2. 无声合金

无声合金，又称阻尼合金，是一种高性能的减振合金，其减振性较好，例如用铁锤敲打锰铜无声合金板，发出的声音很微弱，就像敲打橡胶一样。它是由物体内部原子、晶体缺陷等组成单元不断运动及相互作用、相互干扰而消耗声波的能量——内耗引起的。

（1）无声合金的分类。

引起内耗的原因很多。当振动发生时，金属内部出现的间隙原子跳动、位错运动、原子微扩散、磁性材料的磁性变化等，都会消耗振动的能量。

根据引起内耗的主要原因的不同，无声合金可以分为以下四类。

① 依靠相界面作用的内耗。灰铸铁、铸造铝锌合金等属于复合型无声合金，其内部组织由两种或两种以上不同硬度的合金相组成，内耗主要是在相界面上进行的，可在较高温度下使用。

② 依靠磁性变化的内耗。铁镍、铁铬钼、铁铬铝、铁铬铜等属于强磁性无声合金，主要依靠磁性材料受磁场作用时改变尺寸的磁致伸缩效应，以及受外力作用时产生磁致逆效应而消耗能量，在居里点下使用。

③ 依靠位错运动的内耗。因为镁、镁锆、镁镍等无声合金依靠位错运动消耗能量，

所以称为位错型无声合金。

④ 依靠孪晶的内耗。锰铜、锰铜铝、铜铝镍、铜锌铝、镍钛等属于孪晶型无声合金，内耗主要是在孪晶面上进行的。

总之，由于合金内部在每个应力循环过程中都有显著的能量消耗，因此能够达到无声防噪的目的。

(2) 无声合金的应用——降低噪声。

早在20世纪20年代，铁磁性不锈钢（$w_{Cr}=12\%$，$w_{Ni}=0.5\%$，其余都是铁）就应用于蒸汽轮机，可降低噪声；Mn-Cu-Al-Fe-Ni合金用作潜水艇的螺旋桨材料，使潜水艇不易被发现，应用于链式运输机、高速凿岩机可明显降低噪声；用可锻铸铁、锰铜铝合金制造圆盘锯，可降低10～30dB噪声。另外，微晶超塑性材料将在减振材料中占有重要地位。

减振合金还可用于制造火箭、导弹、喷气式飞机的控制盘或导航仪等精密仪器，以及发动机罩、汽轮机叶片等发动机部件以减小振动。

各种纤维材料、泡沫材料、橡胶也是常用吸声材料。

5.4.6 非晶态合金

1. 非晶态合金的形成

如果金属或合金的凝固速度非常高，原子来不及整齐排列便冻结了，则最终的原子排列方式类似于液体，是混乱的，这就是非晶态合金。因为其原子的混乱排列情况类似于玻璃，所以又称金属玻璃。

不同的物质形成非晶态所需的冷却速度大不相同。例如，普通玻璃只要慢慢冷却，得到的玻璃就是非晶态的。纯金属只有冷却速度高于10^8℃/s才能形成非晶态。受工艺水平的限制，实际生产中难以达到如此高的冷却速度，也就是说，单一金属难以在生产过程中制成非晶态。

为了获得非晶态的金属，一般将金属与其他物质混合成合金，同时具有两个重要性质时容易形成非晶：一是合金的成分一般在共晶点附近，它们的熔点远低于纯金属，如铁硅硼共晶合金的熔点一般低于1200℃；二是由于原子的种类多，合金为液体时原子移动更加困难，冷却时更难整齐排列，即更容易冻结成非晶。例如，铁硼合金只需106℃/s的冷却速度就可以形成非晶态。制备非晶态合金除了采用熔体急冷法外，还可采用离子注入法、射频溅射法、离子束法、充氢法、激光处理法、电沉积法或化学沉积法等。采用电沉积法制备非晶态合金较经济，同时可形成薄膜结构，适合表面处理或制备薄膜器件。

2. 非晶态合金的优点及应用

非晶态合金具有原子非长程有序排列结构，赋予非晶态合金一系列优异的物理性能、化学性能和力学性能。其因具有高强韧性及耐磨性而可以作为复合材料增强体；具有高的磁导率、低的铁损耗及低的矫顽力，是优良的软磁材料，可代替硅钢、坡莫合金（铁镍合金）和铁氧体等制造变压器铁芯、传感器等，大大提高了变压器效率，减小了体积和质量，降低了能耗。

5.4.7 吸波材料

由于雷达技术是探测空中目标的主要技术，因此狭义的隐身技术是指雷达隐身技术。

隐身技术的关键是吸波材料，其能够吸收雷达和激光照射到表面的信号，使雷达、激光探测不到反射的信号。吸波材料主要应用于航空军事装备领域，还可用于雷达、微波炉、电视、移动电话的防干扰或屏蔽。

1. 吸波材料的功能要求、分类及特征

理想的吸波材料应当具有吸收频带宽（2～18GHz）、质量和厚度小、物理机械性能好、使用简便等特点，然而现有材料很难同时满足这些要求，所以进行隐身设计施工时需要考虑吸收材料电磁参量的优化组合、最佳工艺配方和涂层结构的选择。

材料吸收电磁波有两个条件：一是入射到材料表面的电磁波能最大限度地进入材料内部，即电磁匹配要好（匹配特性）；二是进入材料内部的电磁波能迅速衰减，即电磁损耗要大（衰减特性）。

吸波材料的主要组分有吸收剂和基体，吸收剂提供吸波性能，基体提供黏结性能或承载性能。根据使用方式，吸波材料可分为涂料型吸波材料和结构型吸波材料两种；根据工作原理，吸波材料可分为干涉型吸波材料和吸收型吸波材料两种。

涂料型吸波材料是将吸收剂与胶黏剂或涂料混合后，涂敷于目标表面制成吸波涂层。结构型吸波材料是将吸收剂分散到纤维增强的热固性塑料与热塑性塑料中，并采用适当的结构隐身设计。

干涉型吸波材料是依靠电磁波的干涉，使入射电磁波和反射电磁波相互干涉抵消，其频率范围窄，但是在高频下使用时厚度很小。吸收型吸波材料是利用入射的电磁波在材料中的介电损耗和磁滞损耗，把电磁波的能量转换为热能或其他形式的能量。

2. 主要吸收剂

以超细羰基铁、羰基镍、羰基钴、锂镉铁氧体、锂锌铁氧体、镍镉铁氧体及陶瓷铁氧体等粉末，特别是纳米相材料等为代表的吸收剂是磁损耗型的吸波材料；所用吸收剂为导电性石墨粉、烟墨粉、碳化硅粉末、碳粒及碳纤维、金属短纤维、钛酸钡陶瓷体和导电性高聚物等，属于电损耗型吸波材料；应用最广的陶瓷微波吸收剂是碳化硅；导电高聚物吸收剂有聚乙炔、聚吡咯、聚苯胺等；导电纤维或金属晶须/晶丝吸收剂有导电短纤维或金属丝（由 Fe、Ni、Co 及其合金制成）；还有碳纳米管吸收剂、视黄基席夫碱盐等。

呈纳米态的吸收剂具有极好的吸波特性，同时具备频带宽、兼容性好、质量小、厚度小等特点，是重要吸收剂。

5.4.8 形状记忆材料

形状记忆合金

形状记忆材料是指具有一定初始形状的材料经变形、固定成另一种形状后，通过热、光、电等物理刺激或化学刺激的处理恢复成初始状态（形状）的材料，是一种集敏感特性及驱动功能于一体的智能多功能材料。近年来，在高分子聚合物、陶瓷、玻璃材料、超导材料中发现形状记忆现象。

1. 形状记忆合金

某些具有热弹性马氏体的合金材料经高温（处于奥氏体相）定形后，冷却到低温的马氏体状态进行一定量（最大变形量为 20%）的塑性变形，温度升高至一定温度后，马氏体又逆转变为原母相（原奥氏体相），此时材料恢复到高温下原来固有的形状

(变形前的形状),上述过程可周而复始,就是合金的形状记忆效应,此类合金称为形状记忆合金。较成熟的形状记忆合金有 Ti-Ni 合金、Cu-Zn—Al 合金、Fe-Mn-Si 合金。

形状记忆合金的应用举例如下。

(1) 管接头和紧固件。用形状记忆合金加工内径比连接管的外径小 4%的套管,然后在液氮温度下将套管扩径约 8%,装配时,从液氮取出套管,将连接的管子从两端插入,当温度升高至常温时,套管收缩形成紧固密封。这种连接方式接触紧密能防渗漏,装配时间短,特别适合在航空航天、核工业及海底输油管道等危险场合应用。

(2) 智能驱动元件。形状记忆合金是一种兼具感知和驱动功能的材料,可利用其在加热时形状恢复的同时,恢复力对外做功的特性,制造智能驱动元件。这种驱动结构简单,灵敏度高,可靠性好。

(3) 飞行器用天线。由 Ti-Ni 合金板制成的天线能卷入卫星体,卫星进入轨道后,利用太阳能或其他热源加热可以在太空中展开。

(4) 医学上的应用。Ti-Ni 合金具有优越的超弹性、柔韧性、生物相溶性,成功应用于血栓过滤器、牙齿矫形弓丝、接骨板、人工关节、腔内支架、人造骨骼、介入导丝和手术缝合线等。利用 Ti-Ni 合金具有的柔韧性,将其应用于眼镜框架的鼻梁和耳部装配,可使人感到舒适且耐磨。

2. 形状记忆高分子

形状记忆高分子是一种在室温以上变形,能在室温固定形变且长期存储,当升温(或通电、紫外光)至特定温度时,制件能很快恢复初始形状的聚合物(又称热收缩材料),形状记忆高分子仅有单向记忆功能。形状记忆高分子具有特殊的多相结构,由防止树脂流动和记忆原来形状的固定相(如交联结构或线型分子的互相缠绕吸引),加上随温度变化能发生软化和硬化可逆变化的可逆相(如结晶态或玻璃态)组成。固定相的作用是记忆与恢复原始形状,可逆相的作用是保证制品可以改变形状。常见形状记忆高分子有交联聚乙烯、反式 1,4-聚异戊二烯、聚降冰片烯、环氧基聚合物、苯乙烯—丁二烯共聚物、聚氨酯共聚物等。

形状记忆高分子密度小、可恢复变形量大,生产成本低,易加工成型,印刷性和耐蚀性好,广泛用于制造坐垫、光信息记录介质及报警器运动护套、织物、人造头发、止血钳、医用组织缝合线等。交联聚乙烯广泛用于制造热收缩薄膜、工业用热收缩套管、建筑用紧固销钉等。

习 题

一、简答题

5-1 热固性塑料与热塑性塑料的区别和特点分别是什么?分别简述你常用(或常接触)的几种热固性塑料和热塑性塑料的特性及用途。

5-2 塑料、橡胶、纤维、有机涂料及胶黏剂在组成、使用状态及用途上有什么联系与区别?

5-3 要求耐磨、耐油的橡胶制品可由什么橡胶制造?要求气密性好的橡胶制品可由什么橡胶制造？

5-4 硬质合金有哪几类？它们的性能及应用特点分别是什么？

5-5 简述几种航空航天领域的典型新型工程材料的性能特点及应用。

二、思考题

5-6 有机高分子材料具有什么性能？为什么其可部分替代金属材料或无机材料制造零部件或物品？有机高分子材料不适用于哪些场合？

5-7 什么是复合材料？复合材料具有哪些结构特点和性能特点？分别列举一个颗粒增强复合材料及纤维增强复合材料的应用，并简述两种材料增强原理的特点和区别。

第6章 金属材料的液态成形技术

▲ 掌握金属液态凝固成形技术的原理。

▲ 熟悉常用液态凝固成形技术（铸造工艺）方法的特点及应用。

▲ 了解常用合金铸件的生产。

6.1 金属液态凝固成形技术理论基础

6.1.1 金属液态凝固成形技术的原理及铸造工艺流程

1. 金属液态凝固成形技术的原理

（1）液体的物态特征。

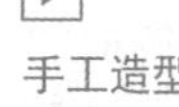
手工造型

液体具有良好的流动性，但不具有几何形状和尺寸，其几何参数取决于装盛液体容器的几何参数。比如用杯子盛水，杯子内腔的形状和尺寸就是水的形状和尺寸。

（2）金属液态凝固成形技术的原理。

液态凝固成形技术的原理是将液体注入预先制作好的“容器”内腔，经冷凝定形后取出，得到所需制品。在日常生活中，制作冰棒或冰块就是典型的液态凝固成形例子，其对应技术为制冰技术。显然，液态凝固成形的基本条件如下：①有合格的液体；②准备好装盛液体的“容器”；③在“容器”中液态冷凝成（定）形。

金属材料在机械制造业中占有主导地位，在工业上实现金属液态凝固成形（简称液态成形）的方法或技术称为铸造——将金属（合金）液注入预先制作好的铸型型腔，冷凝定形后开型清理，得到所需制品（铸件），具体方式或过程称为铸造工艺。

由于机械装备采用的大多数金属材料的熔点都较高，因此对铸型（盛放金属液的容器）的耐热性等有一定要求。

2. 铸造工艺流程

在实际生产中，铸造工艺方法有许多（如砂型铸造、金属型铸造、熔模铸造、压力铸造、消失模铸造等），铸造工艺的铸件成形原理都是相同的——液态凝固成形，且工艺流程中的基本作业模块（工艺流程）大致相同。铸造工艺流程如图6.1所示。

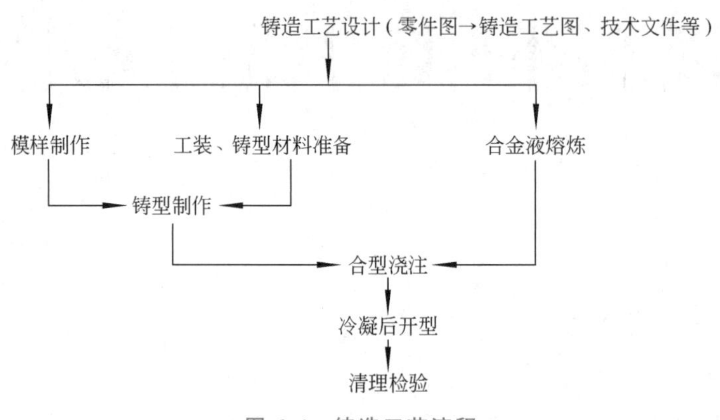

图6.1　铸造工艺流程

因为零件的功用、材质、结构、批量尤其是技术要求等不同，并且铸造生产的成形原理是液态凝固成形，在工业生产中需要控制较多与铸件成形有关的因素，所以绝大多数铸造生产得到的产品——铸件是毛坯，铸件只有经切削加工或其他处理加工才能成为用于装配或作为备件的零件。

由于金属（合金）呈液态时具有流动性，因此金属液态凝固成形技术具有如下优点。

（1）适应性和工艺灵活性强。铸件的形状几乎不受限制，适合具有复杂内腔的箱体、泵体、机架、床身、工作台等；铸件的尺寸和质量几乎不受限制；铸件的材质几乎不受限制，尤其适合脆性材料和低熔点材料；铸件的生产批量不受限制；等等。

（2）成本较低，原料来源广泛。铸件与最终零件的形状相似、尺寸相近，降低了复杂零件的成形成本和加工成本。

铸造的主要缺点如下：铸造工艺过程较繁杂；在冷凝定形过程中，铸件常出现缩孔、缩松、气孔、夹渣、变形等缺陷，不易控制铸件品质；生产周期较长，能耗较高；对环境有污染；劳动环境较差；等等。

6.1.2　合金的铸造性能

合金的铸造性能（也称可铸性或液态成形性）是指合金材料对一定铸造工艺的适应程度，即获得形状完整、轮廓清晰、品质合格的铸件的能力。如果合金的铸造性能差，则铸造成本提高或无法得到合格铸件。合金的铸造性能包括充型能力、收缩性、氧化吸气性、偏析性等。

1. 合金的充型能力

合金充满铸型型腔而形成轮廓清晰、形状和尺寸符合要求的优质铸件的能力称为充型能力。充型能力不足会出现浇不足、冷隔等缺陷。影响合金充型能力的因素有合金的流动性、铸型结构及浇注条件等。

(1) 合金的流动性。

熔融合金的流动能力称为合金的流动性，其与黏度有关，是影响充型能力的主要因素。合金的流动性常用螺旋形试样测量，如图 6.2 所示。

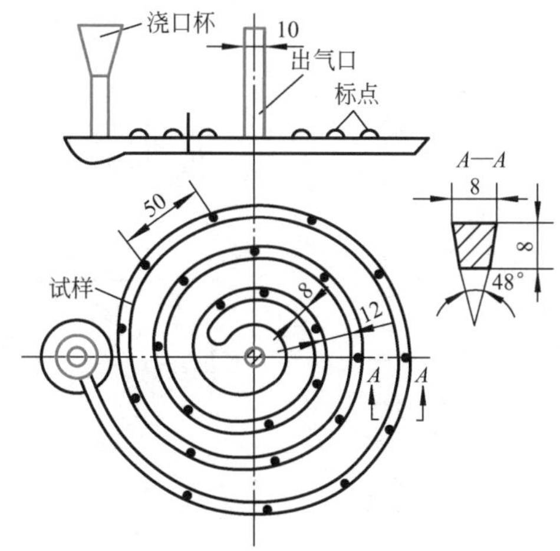

图 6.2 螺旋形试样

流动性好的合金易充满整个型腔，有利于气体和非金属夹杂物上浮和对铸件进行补缩；反之，铸件易产生浇不足、冷隔、气孔和夹杂等缺陷。

合金的流动性主要取决于化学成分。不同成分的金属材料，其流动性不同，但化学成分的变化对流动性的影响具有规律性：纯金属和共晶成分的合金为逐层凝固，流动性较好；共晶成分合金的凝固温度最低，在相同浇注温度下可获得较大过热度，推迟了合金的凝固，流动性最好；结晶温度区间大的合金，其初生树枝状晶体与液态金属两相共存且呈糊状，流动性较差。可见，合金的结晶温度区间越大，流动性越差。

常用合金的流动性（砂型，试样截面尺寸为 8mm×8mm）见表 6-1。

表 6-1 常用合金的流动性（砂型，试样截面尺寸为 8㎜×8㎜）

合金种类		铸型种类	浇注温度/℃	螺旋线长度/mm
铸铁	$w_{C+Si}=6.2\%$	砂型	1300	1800
	$w_{C+Si}=5.9\%$	砂型	1300	1300
	$w_{C+Si}=5.2\%$	砂型	1300	1000
	$w_{C+Si}=4.2\%$	砂型	1300	600
铸钢	$w_C=0.4\%$	砂型	1600	100
		砂型	1640	200

续表

合金种类	铸型种类	浇注温度/℃	螺旋线长度/mm
铝硅合金（硅铝明）	金属型	680～720	700～800
镁合金（含铝和锌）	砂型	700	400～600
锡青铜（w_{Sn}≈10%，w_{Zn}≈2%）	砂型	1050	420
硅黄铜（w_{Si}=1.5%～4.5%）	砂型	1100	1000

铁碳合金的流动性如图 6.3 所示。随着含碳量的增大，亚共晶铸铁的结晶温度区间减小，流动性逐渐增强；越接近共晶成分，合金的流动性越强。

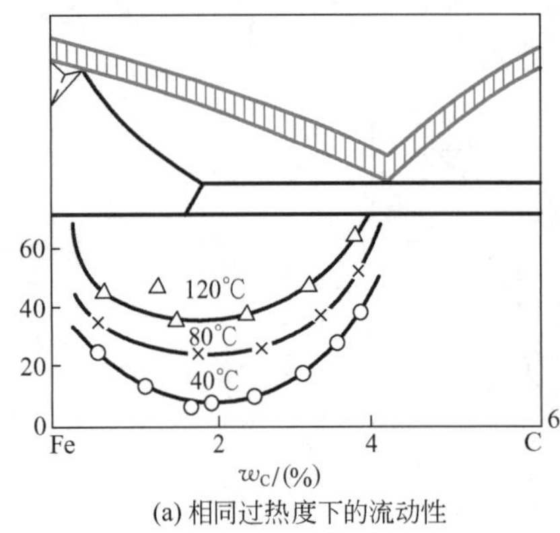

(a) 相同过热度下的流动性

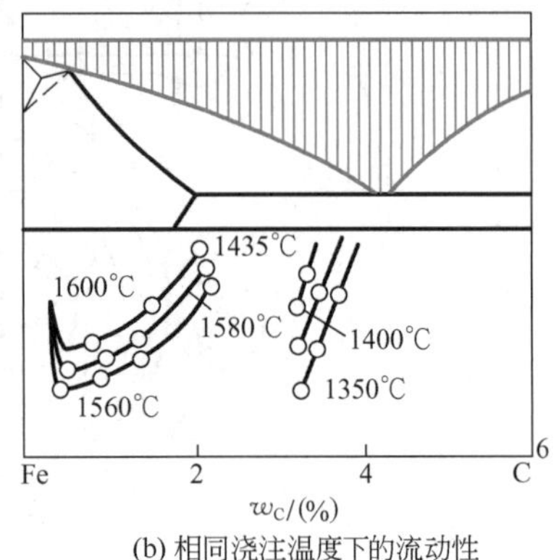

(b) 相同浇注温度下的流动性

图 6.3 铁碳合金的流动性

(2) 铸型结构及浇注条件。

铸型的发气量越大、排气能力越差，铸型的结构越复杂，热容量越大，导热性越好，浇注系统的结构越复杂，使合金的流动阻碍、温度下降、充型能力下降越大；提高液态合金的浇注温度和浇注速度、增大充填压力等都可增强合金的充型能力，但浇注温度过高会导致合金的收缩量增大，氧化吸气及黏砂更严重。

2. 合金的收缩性

(1) 合金收缩的概念。

在凝固和冷却过程中，合金的体积和尺寸减小的现象称为合金收缩，可能使铸件产生缩孔、缩松、内应力、变形和裂纹等缺陷。

合金在液态凝固成形过程中的收缩经历液态收缩、凝固收缩、固态收缩三个阶段，如图 6.4 所示。

① 液态收缩：合金从浇注温度（$T_{浇}$）到凝固开始温度（液相线温度 T）的收缩。

② 凝固收缩：合金从凝固开始温度（T）到凝固终止温度（固相线温度 T_S）的收缩。

③ 固态收缩：合金从凝固终止温度（T_S）到室温的收缩。

由于合金的液态收缩和凝固收缩表现为合金体积减小，因此常用单位体积收缩量表示，即体收缩率；合金的固态收缩不仅使合金体积减小，还使铸件尺寸减小，因此常用单位长度收缩量表示，即线收缩率。

合金的收缩率是体收缩率和线收缩率的总和。

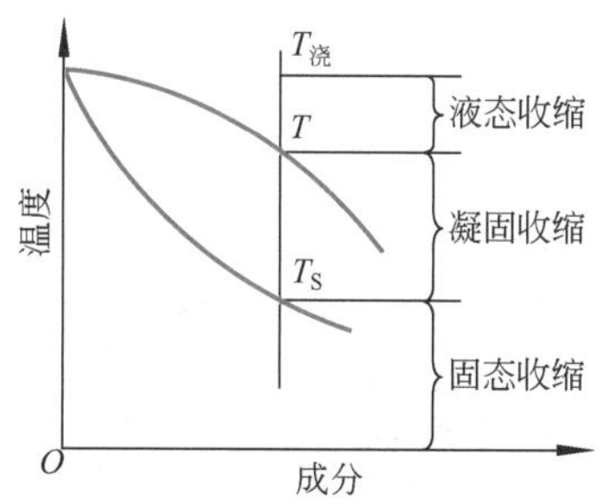

$T_{浇}$—浇注温度；T—凝固开始温度；T_S—凝固终止温度

图 6.4 合金收缩的三个阶段

在常用铸造合金中，铸钢的收缩率最大，灰铸铁的收缩率最小。常用铁碳合金的体收缩率见表 6-2，常用铸造合金的线收缩率见表 6-3。

表 6-2 常用铁碳合金的体收缩率

合金种类	含碳量/(%)	浇注温度/℃	液态收缩率/(%)	凝固收缩率/(%)	固态收缩率/(%)	体收缩率/(%)
碳素铸钢	0.35	1610	1.6	3.0	7.86	12.46
白口铸铁	3.0	1400	2.4	4.2	5.4～6.3	12.0～12.9
灰铸铁	3.5	1400	3.5	0.1	3.3～4.2	6.9～7.8

表 6-3 常用铸造合金的线收缩率

合金种类	灰铸铁	可锻铸铁	球墨铸铁	碳素铸钢	铝合金	铜合金
线收缩率/(%)	0.8～1.0	1.2～2.0	0.8～1.3	1.38～2.0	0.8～1.6	1.2～1.4

化学成分、凝固特征不同，合金的收缩率也不同。随着含碳量的增大，碳素铸钢的结晶温度范围变大，凝固收缩率增大；灰铸铁凝固时存在石墨化膨胀现象，随着碳当量（C%+1/3Si%）的增大，凝固收缩率减小。

常用铸造碳钢的凝固收缩率见表 6-4。

表 6-4 常用铸造碳钢的凝固收缩率

含碳量/(%)	0.10	0.25	0.35	0.45	0.70
凝固收缩率/(%)	2.0	2.5	3.0	4.3	5.3

(2) 体收缩对铸件的影响。

若铸件体收缩（液态收缩和凝固收缩）减小的体积无法得到足够的补偿，则在铸件的最后凝固部位形成一些孔洞。按照孔洞的尺寸和分布，体收缩分为缩孔和缩松两类缺陷。缩孔是集中在铸件上部或最后凝固部位、容积较大的孔洞，多呈倒圆锥形，其内表面粗糙；缩松是分散在铸件某些区域的细小孔洞。

① 缩孔和缩松的形成过程。当合金在恒温或很小温度范围内结晶（如纯金属及共晶成分合金），铸件壁呈逐层凝固方式时，缩孔的形成过程如图 6.5 所示。

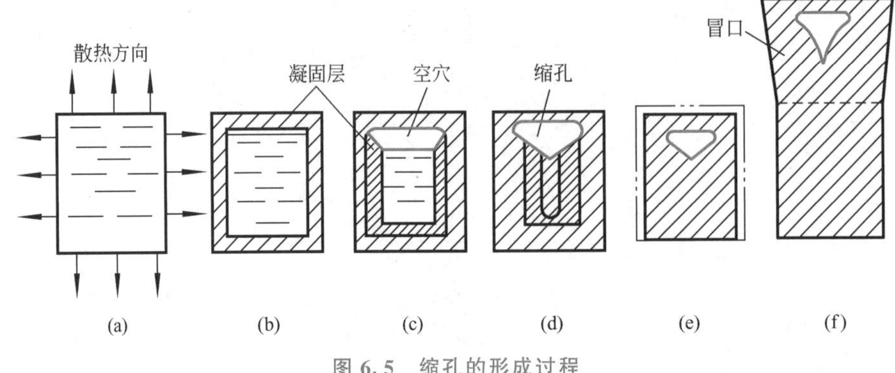

图 6.5　缩孔的形成过程

图 6.5（a）所示为液态金属充满型腔，降温时发生液态收缩，浇注系统中的液态金属可补偿液态收缩。

图 6.5（b）所示为当铸件表面散热条件相同时，表面层凝固结壳，内浇口冻结。

图 6.5（c）所示为继续冷却，内部液体发生液态收缩和凝固收缩，液面下降；外壳发生固态收缩，铸件外形尺寸减小。如果两者的减小量相等，则外壳仍与内部液体紧密接触，若液态金属的收缩量大于外壳的固态收缩量，则液态金属与外壳顶面脱离。

图 6.5（d）所示为外壳厚度不断增大，液面不断下降，铸件全部凝固后，其上部形成一个倒锥形缩孔。

图 6.5（e）所示为温度继续降低至室温，铸件发生固态收缩，缩孔的绝对体积减小，但相对体积不变。

图 6.5（f）所示为如果在铸件顶部设置冒口，则缩孔移至冒口中；清理铸件后，去掉冒口，得到没有缩孔的铸件。

合金的液态收缩量和凝固收缩量越大，浇注温度越高，铸件的壁厚越大，缩孔的容积越大。

缩松主要出现在呈糊状凝固方式的合金（如结晶温度范围大的合金）中或断面面积较大的铸件壁中，是由树枝状晶体分隔开的液体区难以得到补缩导致的。缩松大多分布在铸件中心轴线处、热节处、冒口根部、内浇口附近或缩孔下方等。缩松示意如图 6.6 所示。

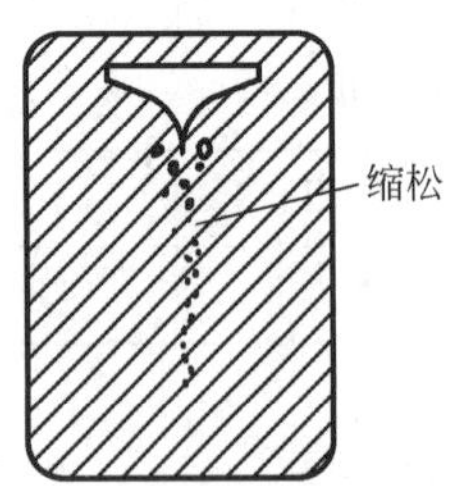

图 6.6　缩松示意

② 防止产生缩孔和缩松的方法。铸件的体收缩是客观存在的，只有掌握了铸件体收缩的特征和规律，才能合理地防止铸件在凝固过程中产生缩孔和缩松。

在铸件可能出现缩孔、缩松的厚大部位安放尺寸合适的冒口、冷铁等，使铸件上远离冒口的部位首先凝固（图 6.7 中Ⅰ），然后朝着靠近冒口的部位凝固（图 6.7 中Ⅱ、Ⅲ），最后冒口本身凝固，这种凝固方式称为顺序凝固（定向凝固）。按照这种凝固顺序，当先凝固部位收缩时，其减小的体积由后凝固部位的液态金属补充；当后凝固部位收缩时，由冒口中的液态金属补充，从而将缩孔、缩松转移到冒口。虽然顺序凝固可防止铸件产生缩孔、缩松尤其是缩孔，但会使铸件各部分的温差增大，对减小热应力不利。冒口和冷铁如图 6.8 所示。

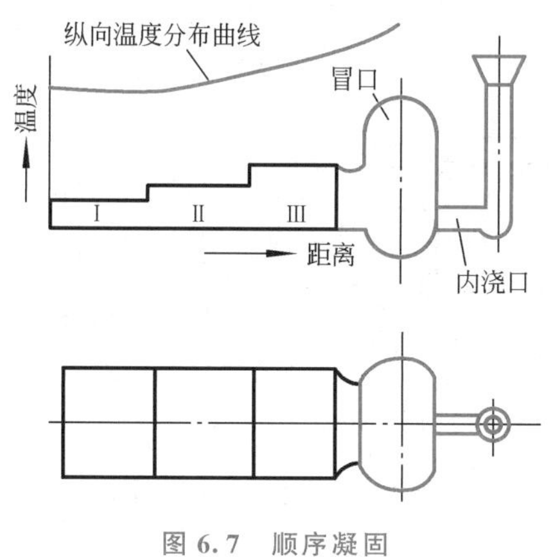

图 6.7 顺序凝固

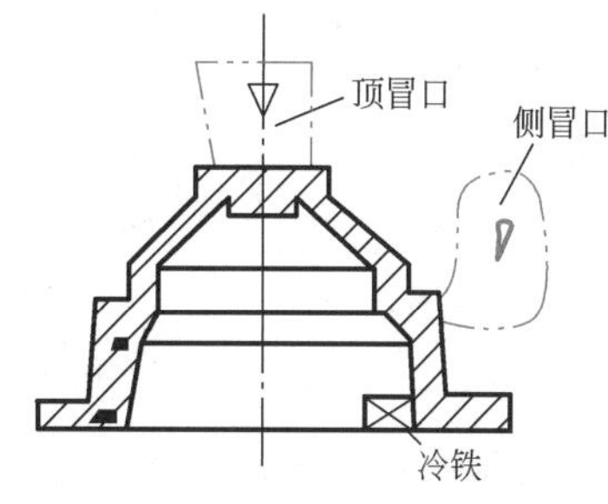

图 6.8 冒口和冷铁

冒口不是铸件的组成部分，而是铸造中实现顺序凝固，防止铸件产生缩孔、缩松的工艺措施。

冷铁也不是铸件的组成部分，而是为了实现顺序凝固，在砂型铸造工艺中安放冒口的同时，在铸件上某些较厚大部位增设的金属块（金属块的导热性好、蓄热大，可以加快冷却凝固）。使用冷铁可减小冒口的数量或体积，节约材料。

针对合金的体收缩特点，设计铸造工艺时，采用合理确定内浇口位置、应用冒口和冷铁等技术措施控制铸件的凝固方向，顺序凝固是防止或消除铸件在凝固过程中产生缩孔和缩松的有效措施。此外，浇注条件合理，采用加压补缩、离心浇注等技术也可防止（或消除）铸件在凝固过程中产生缩孔和缩松。

（3）线收缩对铸件的影响。

铸件凝固后，在冷却过程中继续进行固态收缩（有些合金甚至会因发生固态相变而引起收缩或膨胀），若铸件的线收缩在铸件冷却过程中受到阻碍，则在铸件内产生铸造内应力。有些铸造内应力是在冷却过程中暂时存在的，有些一直保留到室温形成残余内应力。铸造内应力有热内应力（简称热应力）和机械内应力（简称机械应力）两类，它们是铸件产生变形和裂纹的主要原因。

在冷却过程中，从凝固终止温度到再结晶温度阶段金属处于强度低的塑性状态，此时较小的外力作用就会使其产生塑性变形，变形后应力自行消除；低于再结晶温度的金属处于强度高得多的弹性状态，受力时金属产生弹性变形，变形后应力仍然存在。

① 热应力的形成。热应力是由铸件的壁厚不均匀、各部分的冷却速度不同，以致在同一时期内铸件各部分收缩不一致，造成铸件各部分相互制约引起的。

下面用图 6.9 所示框形铸件中粗杆Ⅰ和细杆Ⅱ分析热应力的形成过程。

在凝固开始后的温度下降初期，粗杆的冷却速度及冷缩速度比细杆低，细杆冷缩受到粗杆阻碍而出现拉应力；反之，粗杆通过上、下两横杆传递而受压应力，此时粗杆和细杆均处于塑性状态，虽然冷缩速度不同，但因粗杆和细杆产生塑性变形而使热应力消失。继续冷却，冷却速度高的细杆先处于强度高的低温弹性状态，粗杆仍处于强度低的高温塑性状态，此时细杆因冷却快而收缩量大于粗杆，从而压缩粗杆，粗杆因塑性变形而使热应力消失，但使铸件缩短。随着冷却的继续进行，粗杆冷却到弹性状态且固态收缩量较大，此时细杆处于更低温度，其收缩量很小甚至趋于停止收缩，从而阻碍粗杆收缩。最终结果是粗杆受拉伸，细杆受压缩，直到室温下形成热应力。如将图 6.9（d）中的粗杆锯断，则断口张大，热应力消失。

热应力

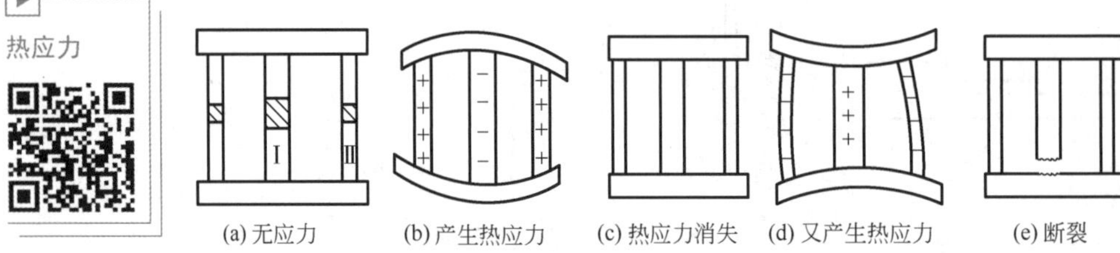

图 6.9　框形铸件热应力的形成过程

热应力形成规律：铸件的厚壁或心部因冷却慢而产生拉应力；薄壁或表层因冷却快而产生压应力。

在铸件生产过程中，由于铸件各部分（如厚壁处与薄壁处，表层与心部，与内浇道、冒口连接处和非连接处等）的蓄热量和散热量不一致，因此铸件的线收缩率也不一致，铸件各部分在固态冷却的线收缩过程中相互制约，铸件内部不可避免地产生热应力。

② 机械应力的形成。机械应力是合金发生线收缩时受到铸型或型芯、浇口、冒口等的机械阻碍而形成的内应力，如图 6.10 所示。这也是型砂尤其是芯砂要具有足够退让性的原因。

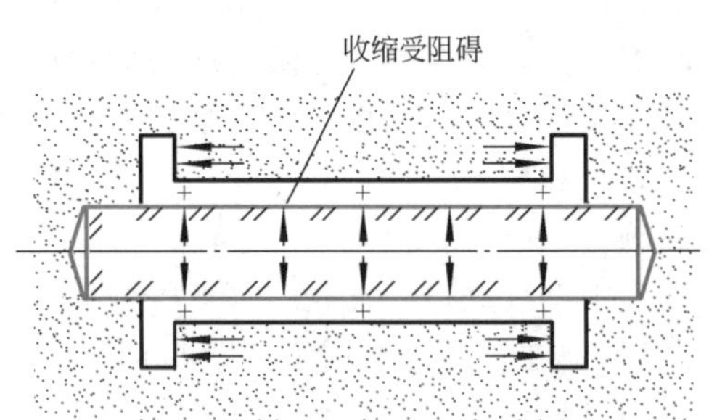

图 6.10　受砂型和砂芯机械阻碍的铸件

机械应力使铸件产生的拉伸内应力或剪切内应力暂时存在，消除机械阻碍后，这种内应力消失。例如清理落砂后，铸件的机械应力消失。

在铸件的生产过程中难免会出现内应力，使铸件产生变形，厚度不均匀、截面不对称及细长的杆类、板类及轮类等刚度较差的铸件易产生变形。图 6.11 所示为 T 形梁铸件变形过程，若变形量过大，则铸件可能报废；若铸件内应力大于材料的强度极限，则可能产生裂纹，使铸件报废。

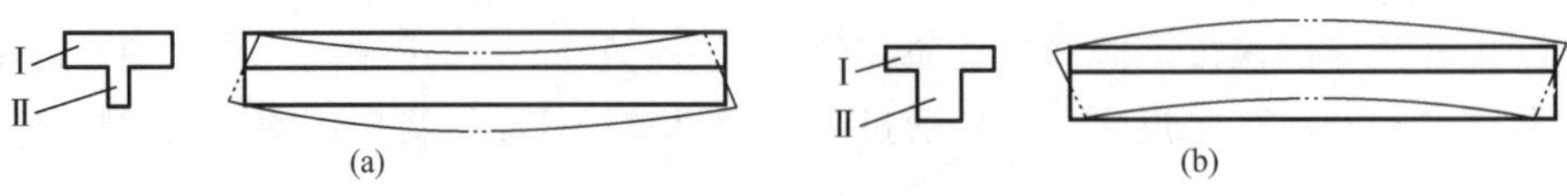

图 6.11　T 形梁铸件变形过程

存在铸造内应力的铸件是不稳定的，它会自行向减小或松弛内应力状态发展，如刚度较差的板形铸件通过“热凹冷凸”（冷却慢的部分下凹，冷却快的部分凸出）减小或松弛内应力，但不会消除内应力，故铸件内总是存在残余的铸造内应力。

③ 减小内应力、防止变形的措施。由于合金的线收缩来自本身且受制于其他因素，因此减小内应力和防止变形的工艺措施因铸件而异。

A. 对体收缩量较小的合金，在铸造工艺上采取同时凝固原则，即尽量减小铸件各部位的温差，使铸件各部位同时冷却凝固，如图 6.12 所示。

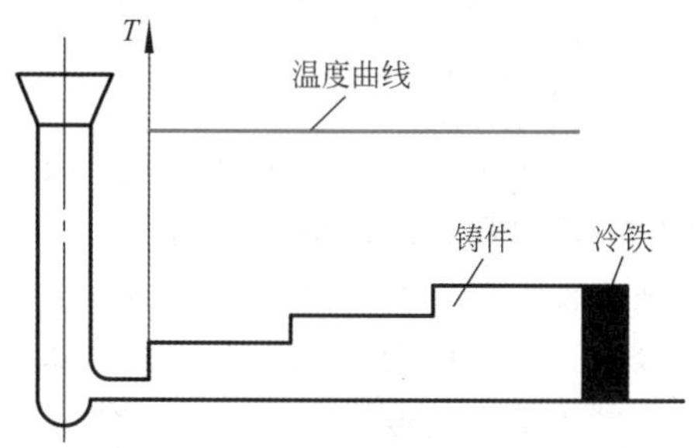

图 6.12　同时冷却凝固

B. 铸件结构设计合理，尽可能减小壁厚差，增大铸件刚度。

C. 采用反变形法。铸造尺寸较大的平板类铸件、床身类铸件等时，冷却速度不均匀，铸件冷却慢的部分受拉应力而产生凹变形，冷却快的部分受压应力而产生凸变形，使整个铸件产生翘曲。为解决此问题，制造模样时，按铸件可能产生变形的相反方向做出反变形模样，使铸件冷却后的变形结果正好抵消反变形，这种方法称为反变形法。图 6.13 所示为车床床身导轨面的翘曲变形。

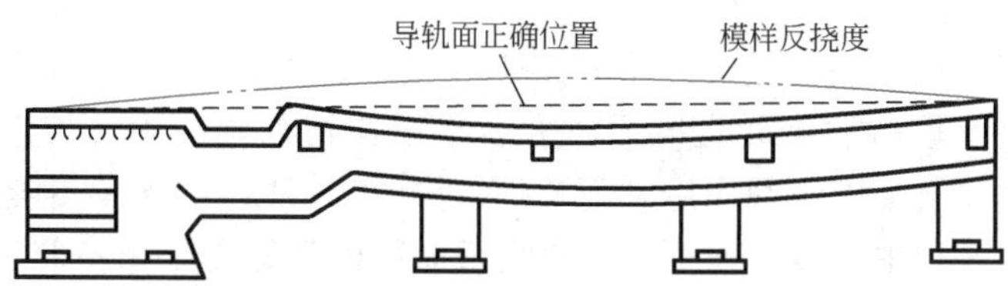

图 6.13　车床床身导轨面的翘曲变形

④ 防止出现裂纹的措施。当铸造内应力大于合金的抗拉强度时，铸件产生裂纹。根据温度范围的不同，裂纹可分为热裂和冷裂。

A. 热裂。高温下合金的强度很低，如果合金在凝固末期高温下的线收缩受到铸型或型芯的阻碍，机械应力就大于该温度下合金的强度，从而产生热裂。

热裂尺寸较小，缝隙较大，形状曲折，缝隙内呈严重的氧化色。

影响热裂的因素有合金性质（合金的结晶特点和化学成分）和铸型阻力（铸型、型芯的退让性）。

防止出现热裂的方法：铸件结构合理；型砂和芯砂的退让性好；严格限制钢和铸铁中的含硫量（因为硫能增强钢和铸铁的热脆性，使合金的高温强度降低）；选用收缩率小的合金；等等。

B. 冷裂。低温形成的裂纹称为冷裂。

冷裂表面光滑，具有金属光泽或呈微氧化色，贯穿整个晶粒，常呈圆滑曲线状或直线状。脆性大、塑性差的合金（如白口铸铁、高碳钢及某些合金钢）和大型复杂铸铁件易产生冷裂。冷裂往往出现在铸件受拉应力的部位，特别是应力集中的部位。

防止出现冷裂的方法：减小铸件内应力和降低合金的脆性，如铸件壁厚要均匀；增强型砂和芯砂的退让性；降低钢和铸铁中的含磷量（因为磷能显著降低合金的冲击韧性，使钢产生冷脆，当铸钢的含磷量大于0.1%、铸铁的含磷量大于0.5%时，冲击韧性急剧下降，冷裂倾向明显增大）。

⑤ 消除铸件残余内应力的方法。去应力退火可消除铸件的残余内应力。

3. 合金的氧化吸气性

合金呈液态时与空气中的氧发生氧化，氧化不仅耗损金属，而且如果不及时清除形成的氧化物，就会在铸件中出现夹渣缺陷。夹渣的形状通常不规则，孔眼内充满熔渣。夹渣对铸件外表、抗冲击性、抗疲劳性、致密性、耐蚀性等均有不良影响。

合金呈液态时，溶解（吸收）气体的能力称为吸气性。如果合金呈液态时吸气多，铸件凝固结壳之前来不及逸出，则可能在铸件中出现析出性气孔、白点等缺陷。气孔内壁光滑、明亮或带有轻微氧化色。铸件中产生气孔后，有效承载面积减小，且在气孔周围产生应力集中，降低铸件的抗冲击性和抗疲劳性；还会降低铸件的致密性，使某些要求承受水压试验的铸件报废；对铸件的耐蚀性和耐热性有不良影响。

影响氧化吸气的主要因素是合金的化学性质和液态合金温度。若合金的化学性质活跃，则易氧化、易吸气；若液态合金温度高，则吸气性强、易氧化。

4. 合金的偏析性

铸件凝固后，各部分化学成分不均匀的现象称为偏析。偏析分为枝晶偏析和区域偏析。

（1）枝晶偏析。枝晶偏析是指铸件中各晶粒内部化学成分不均匀的现象。在合金的冷却凝固过程中，熔点较高的组元先凝固，大多集中在初晶轴线上，熔点较低的组元后凝固，充填于晶轴线的空隙中，凝固后来不及扩散均匀，铸件产生枝晶偏析。

在铸件的凝固过程中，冷却速度一般较高，晶粒内部的原子来不及扩散，铸件产生枝晶偏析。枝晶偏析对铸件的品质影响较小，加之消除枝晶偏析的扩散退火耗能费时，大多数铸件不进行扩散退火；对于枝晶偏析严重的铸件，因为枝晶偏析会降低铸件的冲击韧性和耐蚀性，所以可进行扩散退火，使晶粒内的化学成分均匀。

（2）区域偏析。区域偏析是指铸件各部分化学成分不均匀的现象。由于铅锡合金、铅青铜等的铅与其他组元之的比重相差较大，因此先凝固的晶体与剩余液相间的密度相差较大，引起铅相聚集和粗化，铸件上、下部分产生严重的区域偏析。

严重的区域偏析会使铸件的性能变差，加之其范围大，不能用扩散退火消除，主要靠在合金呈液态时及凝固成形过程中加强搅拌和快速冷却预防或减轻。

5. 铸造合金的铸造性能

由于铸造就是液态凝固成形，因此，从原理上讲，只要能将金属材料熔化为液体，就可进行铸造生产。但在实际生产过程中，受金属材料的性质、生产条件和技术、零件的几何参数和品质要求、生产纲领、经济性等因素的影响，通常用铸造性能较好的金属材料进行铸造生产。常用铸造合金的铸造性能见表 6－5。

表 6－5 常用铸造合金的铸造性能

铸造性能	铸 铁	铸 钢	铝合金	铜合金
流动性	好	差	适中	适中
收缩性	差	好	较好	较好
氧化吸气性	差	好	好	好
偏析性	差	较好	较好	较好
熔点温度	较高	高	较低	适中

6.2 常用液态凝固成形技术（铸造工艺）方法

金属材料的液态凝固成形方法或技术称为铸造。铸造工艺方法有很多，其不同点是实现或完成某个或某些过程/工序（尤其是制备铸型）的方法不同。铸造工程师要根据零件的特征、要求和条件、技术经济性等，确定选用的铸造工艺。

通常把重力充填下的砂型铸造（以砂质材料为主制作铸型的铸造工艺）称为普通铸造或普通砂型铸造。其特点如下：加工灵活性强，生产准备较简单，铸件的主要材质为铸铁；但铸件精度较低、表面粗糙度较差，对环境污染较大等。其他铸造工艺统称为特种铸造，其特点如下：采用大多数工艺方法生产的铸件精度较高、表面粗糙度较好，生产中少用砂或不用砂，一般适合大批量生产，生产过程易实现机械化和自动化，铸件的主要材质为铸钢和有色金属；但适应性差，生产准备较复杂，大多特种铸造需要专门的技术装备等。

6.2.1 砂型铸造

1. 砂型铸造的生产过程及造型材料

砂型铸造是传统的铸造方法，适合生产各种形状、尺寸、批量及常用合金铸件。压盖铸件砂型铸造的生产过程如图 6.14 所示。

砂型是将原砂（如石英砂、人造熔融陶瓷砂等）、胶黏剂（如黏土、水玻璃、磷酸盐、呋喃树脂、酚脲烷树脂、酚醛树脂等）和添加物等造型材料混制后，在外力作用下成型并达到一定紧实度而形成的铸型。要求型（芯）砂具备良好的成型性，制成的砂型具有一定透气性和退让性，以及足够的强度和高的耐火性等性能。

根据使用的胶黏剂，型（芯）砂分为如下几种。

（1）黏土砂。黏土砂是以黏土为胶黏剂，加入石英砂、水及附加物（如煤粉、木屑等）并按一定比例配制而成的。黏土砂的适应性很强，且不受铸件尺寸、质量、形状和批量的限制，价格低廉，环保。黏土砂可分为湿型砂和干型砂两类：湿型砂成本低，主要用于中小型铸件；干型砂生产周期长，主要用于质量要求高的大、中型铸件。

（2）水玻璃砂。水玻璃砂是以水玻璃为胶黏剂的型砂，生产中广泛采用的水玻璃砂是

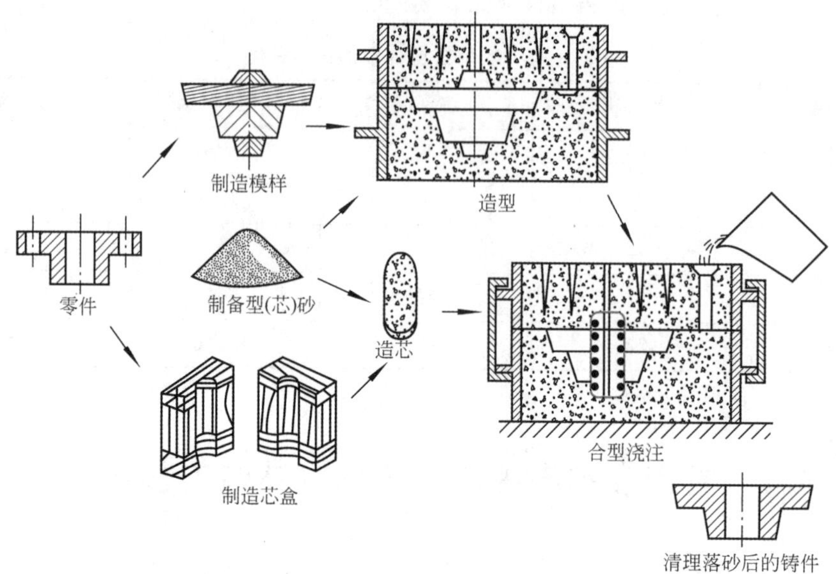

图 6.14　压盖铸件砂型铸造的生产过程

用二氧化碳气体硬化的，也有在水玻璃中加入有机酯硬化剂制得的水玻璃自硬砂。水玻璃砂不需要烘干，硬化快，生产周期短，型砂强度高，透气性好，易实现机械化；但回收利用性差，铸铁件及大的铸钢件易黏砂，铸件落砂清理困难。

（3）树脂砂。以合成树脂（常用热固性的呋喃树脂、酚脲烷树脂和酚醛树脂）为胶黏剂配制的型（芯）砂称为树脂砂。其中呋喃树脂砂的充填性好，但浇注时发气量较大，应用较广；铸钢及球铁优先选用液体碱性酚醛树脂砂。

覆膜砂也称壳型（芯）砂，是砂粒表面在造型前涂覆一层固体树脂膜的型（芯）砂。覆膜工艺有冷法和热法两种：冷法的原理是用乙醇将树脂溶解，并在混砂过程中加入相应的固化剂（如六亚甲基四胺），使二者包覆在砂粒表面，乙醇挥发后得到覆膜砂；热法的原理是把砂预热到一定温度，加入树脂熔融并搅拌，使树脂包覆在砂粒表面，降温后，加入相应的固化剂及润滑剂，冷却、破碎、筛分后得到覆膜砂。

树脂砂包括热芯盒砂和冷芯盒砂：热芯盒砂的芯砂射入热芯盒后，受热发生固化反应而硬化，还可生产壳型或壳芯；冷芯盒砂的芯砂射入冷芯盒后，吹入气态催化剂（如三乙胺、SO_2），使砂芯在芯盒内快速硬化。

自硬树脂砂的原理是将原砂、液态树脂及液态催化剂混合均匀后，可常温造型及反应硬化的型砂。树脂砂型尺寸精确，表面光滑，强度较高，退让性和出砂性好，且易实现机械化和自动化；但树脂高温分解对环境污染大。

2. 砂型铸造工艺设计

在生产铸件前，铸造工程师需依据零件的技术要求、材质、形状尺寸、生产批量、生产条件等进行铸造工艺设计，以获得合格铸件，减小铸型制造的工作量，降低铸件成本。因此，在砂型铸造的生产准备过程中，需要合理制订铸造工艺方案，绘制铸造工艺图、铸件图、铸型装配图，编写铸造工艺卡片等。

（1）铸造工艺设计的一般程序。

铸造工艺设计：在生产铸件之前，需要编制控制该铸件生产工艺的技术文件，它是铸造生产的指导性文件，也是生产准备、管理和铸件验收的依据。因此，铸造工艺设计对铸件质量、生产率及成本起着决定性作用。

对大量生产的定型产品、重要的单件生产的铸件，铸造工艺设计需制订得较细致，内容较多。对单件、小批量生产的一般性产品，铸造工艺设计的内容可以简化，有时甚至只需绘制一张铸造工艺图。铸造工艺设计的内容和程序见表 6-6。

表 6-6 铸造工艺设计的内容和程序

项目	内 容	用途或应用范围	程 序
铸造工艺图	在零件图上用规定的红色、蓝色等颜色符号表示浇注位置和分型面，加工余量，收缩率，起模斜度，反变形量，浇口、冒口系统，内、外冷铁，铸肋，砂芯的形状、数量及芯头尺寸，等等	制造模样、模底板、芯盒等，是生产准备和验收的依据，适用于各种批量生产	① 产品零件的技术条件和结构工艺性分析 ② 选择铸造工艺方法和造型方法 ③ 确定浇注位置和分型面 ④ 确定铸造工艺参数 ⑤ 设计型芯 ⑥ 设计浇口、冒口、冷铁等 ⑦ 绘制铸造工艺图
铸件图	反映铸造工艺设计后，零件形状、尺寸改变的地方	铸件验收和机加工夹具设计的依据，适用于成批、大量生产或重要铸件的生产	⑧ 绘制铸件图
铸型装配图	表示出浇注位置，型芯数量，固定顺序和下芯顺序，浇口、冒口和冷铁位置，砂箱结构和尺寸，等等	生产准备、合箱、检验、工艺调整的依据，适用于成批、大量生产的重要件，单件的重型铸件	⑨ 通常在完成砂箱设计后绘制铸型装配图
铸造工艺卡片	说明造型、造芯、浇注、打箱、清理等的操作过程及要求	生产管理的重要依据，根据批量填写必要条件	⑩ 编写铸造工艺卡片

(2) 铸造工艺设计实例——支承台铸造工艺设计。

支承台的材料为 HT150，在中等静载荷的条件下工作，生产数量为 100 件。支承台零件图如图 6.15 所示。

根据铸造工艺设计的程序，对支承台零件进行砂型铸造工艺设计。

① 零件的技术条件和结构工艺性分析。由图 6.15 可知，支承台零件无特殊表面质量要求，形状较简单，尺寸不大，属于小件。

② 选择铸造工艺方法和造型方法。因为支承台零件属于小型铸铁件且小批量生产，所以可采用湿砂型的普通砂型铸造方法。

③ 确定浇注位置和分型面。浇注位置也称浇铸位置，是指浇注时铸件在铸型内的位置。由于浇注时，铸件的上表面易产生气孔、夹渣等缺陷，组织粗，充填性较差，因此，

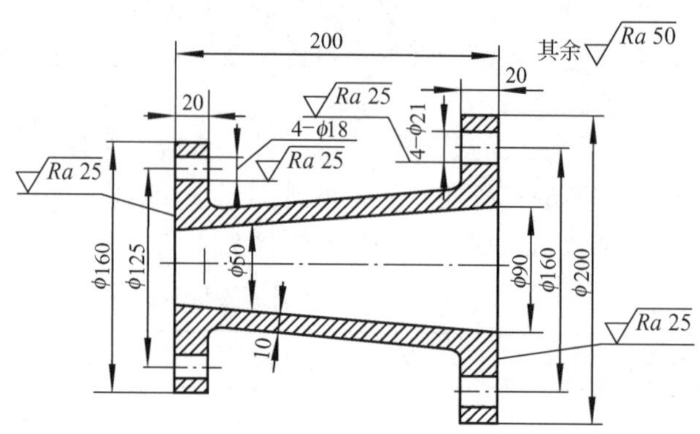

图 6.15　支承台零件图

一般把对质量要求高的面及难充填的部位置于下面或侧面，以保证铸件质量。分型面是指铸型间相互接触的面。根据浇注位置选择原则，将铸件水平放置，使两加工面在侧立位置，利于保证加工面的铸造质量，且型芯固定、排气和检验便捷。选择中心线对称的最大截面为分型面，以便起模、下芯和检验；此时分型面与分模面一致。

④ 确定铸造工艺参数。铸造工艺参数主要有加工余量、起模斜度、铸造收缩率、铸造圆角、最小可铸出孔及槽等。根据零件最大尺寸为 200mm，加工面与基准面的距离（两端面的距离）为 200mm，由铸造工艺设计手册选取两端面的加工余量分别为 4mm 和 3.5mm，起模斜度为 2°，铸造圆角 $R3$～$R5$mm；

最小铸出孔的直径（零件孔径减去加工余量后的尺寸）与材料、生产批量、铸件壁厚和铸件尺寸有关，主要考虑工艺上的可行性及使用上的必要性。一般灰铁铸件单件生产时，最小铸出孔的直径为 25～35mm，大量生产时为 12～15mm（铸钢件最小铸出孔的直径为 30～50mm，有色合金价格高，原则上孔应尽量铸出）。ϕ18mm 和 ϕ21mm 的孔因要留加工余量而尺寸太小，不铸出，钻孔加工更方便。

⑤ 设计型芯。中央内腔形状简单，尺寸不大，只需整体型芯铸出即可；其芯头尺寸和间隙、斜度可查表确定。

⑥ 设计浇口、冒口、冷铁等。

A. 浇注系统。浇注系统是液态金属流入铸型型腔的通道，一般由浇口杯、直浇道、横浇道和内浇道组成。其主要功能如下：引导液态金属快速、平稳地进入型腔；挡渣及排除型腔中的气体；调节铸型与铸件各部分的温度分布；等等。一般内浇道的位置很重要，根据浇注时内浇道在铸件的位置有底注式、中注式、顶注式及阶梯式等，取决于铸件特征及合金种类。根据直浇道、横浇道、内浇道横截面间的关系，浇注系统分为道路越来越窄的封闭式浇注系统、道路越来越宽的开放式浇注系统等。

本例采用封闭式浇注系统，内浇道开设在分型面上，从两端法兰的外圆注入。

经计算后，可知铸件质量为 10.2kg，考虑浇冒口质量为铸件的 30%，得到总质量为 13.26kg；按铸件的主要壁厚为 10mm，查表得 $\sum A_{内}=2.4\text{cm}^2$（内浇道总横截面面积），内浇道有两个，每个内浇道的横截面面积 $A_{内}=1.2\text{cm}^2$，选扁梯形截面，尺寸如图 6.16 所示。

横浇道的横截面面积 $\sum A_{横}=1.1\times\sum A_{内}=2.64\text{cm}^2$，参照相关表的数值，按比例确定横浇道尺寸。横浇道开在上箱分型面上，与内浇道连接且高于内浇道，其长度尺寸如图

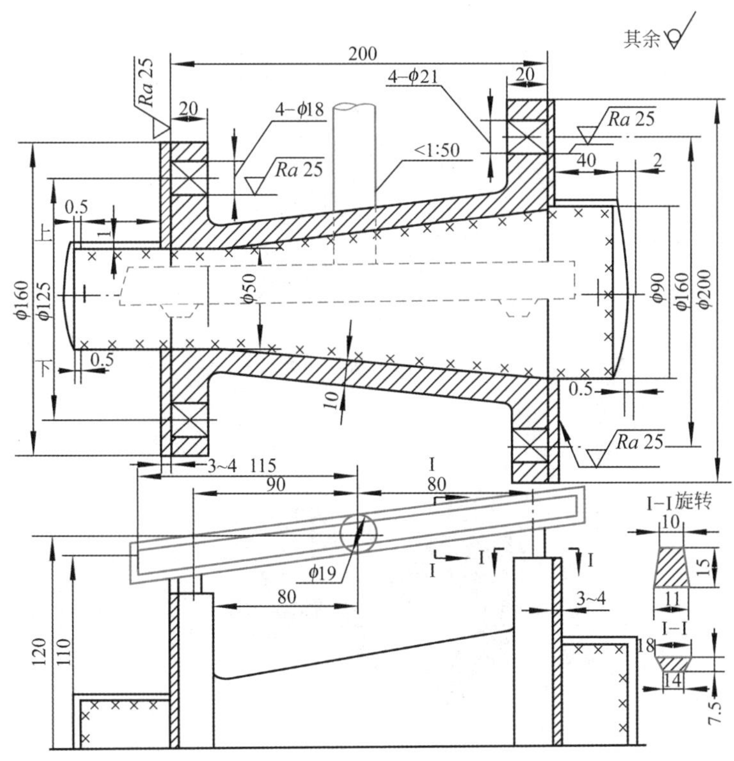

图 6.16　支承台铸造工艺图

6.16 所示。

直浇道的横截面面积 $A_{直}=1.15\times\sum A_{内}=2.76\text{cm}^2$，求得直浇道直径 $D\approx19\text{mm}$。

B. 冒口及冷铁。冒口是铸型内用以储存液态金属的空腔，其主要作用是补缩铸件，还有集渣、通气、排气作用。因为本铸件的材质为灰铸铁，且无厚大部分，所以只开设出气冒口。

冷铁是用来控制铸件凝固的常见激冷物，其主要作用是提高铸件某部分的冷却速度、调节铸件的凝固顺序；与冒口配合，增大冒口的有效补缩距离和减少冒口。根据铸件材质和结构，本铸件可不用冷铁。

⑦ 绘制铸造工艺图。

铸造工艺图是在零件图上，用规定的工艺符号和文字表示铸造工艺方案的图形，包括铸件的浇注位置（用红色箭头及红色字“上”“中”“下”标示铸型），铸型分型面（用红色线标示），型芯的数量及形状（用蓝色线画出）、固定方法及下芯次序，加工余量（用红色线和在加工符号附件标注加工余量数值标示），起模斜度，收缩率，浇口及冒口（用红色线画出）、冷铁（用蓝色线画出或涂蓝色）的尺寸和布置等，不铸出的孔和槽用红色“×”标示，如图 6.16 所示。

根据铸造工艺图，结合造型方法，绘制铸件图、铸型装配图，编写铸造工艺卡片。

支承台铸件开箱落砂后未去除浇口和冒口如图 6.17 所示。清理后的支承台铸件如图 6.18 所示。

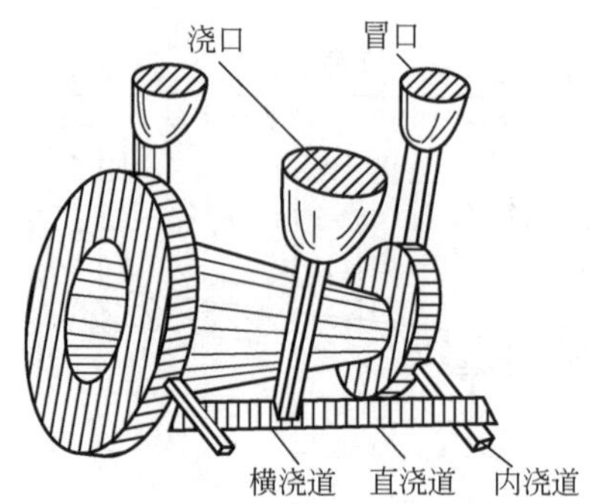

图 6.17　支承台铸件开箱落砂后未去除浇口和冒口

图 6.18　清理后的支承台铸件

3. 模样制作及工装准备

（1）模样制作。

由铸造的液态凝固成形可知，装盛合金液的容器（铸型）的内腔与铸件有着“空”与“实”的关系，即铸型内“空”的形状和尺寸经浇注后得到铸件上“实”的部分（铸件的外形和尺寸）；铸型内“实”的部分经清理后得到铸件上“空”的部分（铸件的内腔形状和尺寸）。在铸造中，用模样（模型）完成铸型与铸件的“空”与“实”的转换。

模样（模型）是按照铸造工艺图制作的，主要包括外模（形成铸件的外形和尺寸）、芯盒（形成铸件的内腔形状和尺寸）、浇口和冒口系统等。模样（模型）可做成各种结构形式，如整体模、组合模、刮（车）板模等，以适应不同形状、尺寸和批量的铸件。

模样（模型）按使用次数分为永久模和一次性模。

① 永久模。永久模主要有木模和金属模（样）。木模成本低，易加工和搬运；但精度低、使用寿命短。金属（如铝合金、钢等）模表面光洁，尺寸精确，使用寿命长；但成本高，适用于大量、成批生产的铸件模样。有时也用菱苦土模、石膏模、塑料（如环氧树脂）模等。

② 一次性模。有些铸造工艺使用一次性模。

A. 聚苯乙烯泡沫模或聚甲基丙烯酸甲酯树脂泡沫模（又称气化模或消失模）。对单件生产的中、大型铸件用模样，一般用数控电热丝切割或加工中心切削泡沫板，形成需要的形状和尺寸；或进行泡沫模样黏结（常用胶黏剂为聚乙酸乙烯乳液），形成复杂的形状（含浇注系统）。对大批量的中、小模样，一般直接利用模具发泡成型：把少量经过预发泡的聚苯乙烯珠粒放入金属阴型，吹入热蒸汽或热空气并加热 3～20min，珠粒熔融，内部气体膨胀，使珠粒长大并相互黏结，冷却后得到光洁的模样。模样经挂涂料烘干后，埋入砂箱直接浇注，此时模样遇液态金属气化烧去，液态金属占据模样位置而成为铸件。

使用泡沫模铸造能简化造型、节约砂芯，铸件尺寸精度较高，易实现机械化、自动化生产；但模样只能用一次，舂砂时模样易变形，浇注时有烟尘，多用于不舂砂实型造型，磁丸造型的中、小型铸件和单件生产的中、大型铸钢件和铸铁件模样。

B. 蜡模。一般用蜡料、松香和合成树脂等配制蜡模，需采用经专门设计的压型（用来压制蜡模的模型）和设备。

（2）工装准备。

工装准备是造型、制芯及合箱过程中使用的模具和装置的总称。除上述模样（模型）外，工装准备还包括平板、模板框、砂箱、砂箱托板、烘干板（器）、芯骨、砂芯修整磨具、量具及检验样板、套箱、紧固件、压铁等。

大批量生产的重要铸件应经过试制阶段，证明铸造工艺切实可行后，进行工装设计，使设计的工装满足铸件生产要求，且加工、使用方便，成本低廉。

4. 砂型铸造制作铸型（造型制芯）的方法

制作砂质铸型的工艺过程称为造型制芯，简称造型。造型是砂型铸造中关键的基本工序，其合理性直接关系到铸件的质量和成本。造型分为手工造型和机器造型两类。

（1）手工造型。

手工造型的特点是操作方便、灵活，适应性强，对模样、砂箱的要求不高，模样生产准备时间短、投资少；但生产率低，铸件的精度和表面质量不高，对工人的技术要求较高、劳动强度大、劳动环境差。手工造型适用于批量的铸造生产，尤其适用于单件、小批量生产。

（2）机器造型。

机器造型是指用机器完成全部或至少完成紧实和起模两个主要工序的操作。机器造型可提高生产率、铸件的精度和表面质量，改善劳动条件，但只有大批量生产时才能显著降低铸件成本。

机器造型采用模底板（或模板）进行两箱造型，模板是将模样、浇注系统沿分型面与模底板连接成整体的专用模具。造型后，模底板形成分型面，模样形成铸型型腔。机器造型不能进行三箱造型，且应避免活块，否则会显著降低造型机的生产率。当设计大批量生产的铸件及确定铸造工艺时，应考虑这些要求。

造型机按紧实型砂方法的不同，可分为振压式造型机、压实式造型机、挤压式造型机、射压式造型机和抛砂机造型机等，靠压缩空气、液压油缸或机电驱动，其中振压式造型机和射压式造型机应用最广。射压式造型机中的射芯机靠压缩空气将型（芯）砂高速射入芯盒或砂箱，同时完成填砂和紧实两个工序，造型材料主要是呋喃树脂和酚醛树脂覆膜的树脂砂，靠热芯盒加热固化成型或室温自硬固化成型。

振压式造型机的工作过程如下：填砂→振击紧砂→辅助压实→起模，如图 6.19 所示。其中对振实的砂型进行压实，可以获得上、下部位均紧实的砂型。

微振压实式造型机以较高频率（500～1000 次/分）、小振幅（5～25mm）的振动代替振击式造型机的较低频率（60～120 次/分）、大振幅的振动，其制造的砂型质量好，对基础要求也较低。

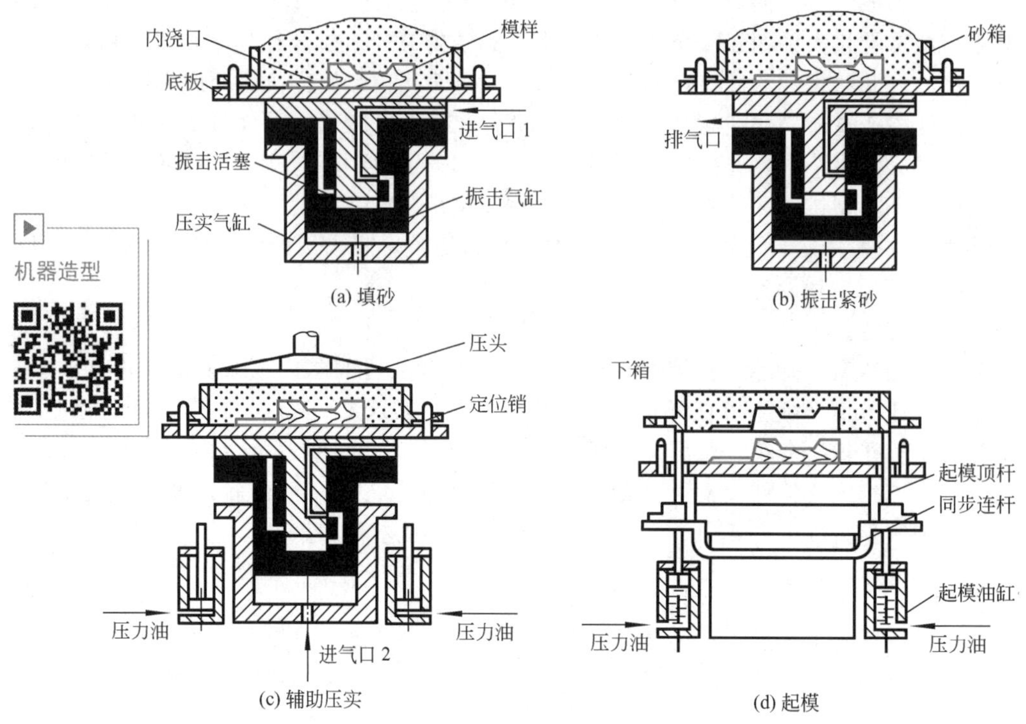

(a) 填砂
(b) 振击紧砂
(c) 辅助压实
(d) 起模

图 6.19　振压式造型机的工作过程示意图

制芯

（3）制芯。

当铸造有空腔的铸件、铸件外壁内凹或铸件有影响起模的外凸时，通常会用到型芯，制作型芯的工艺过程称为制芯。型芯的作用是形成铸件的内腔或外壁的内凹等，形状复杂的型芯可先分块制作，再黏结成整体。可手工制作型芯，也可用射芯机制作型芯。

在制作大型芯的过程中，为了提高型芯的刚度和强度，需在型芯中放入芯骨；为了提高型芯的透气性，需在型芯的内部做出通气孔；为了提高型芯的强度和减小发气量，一般烘干后使用。

在现代化的铸造车间里，铸造生产中的造型、制芯、型砂处理、浇注、落砂等工序均由机器完成，并把这些工艺过程组成机械化的连续生产流水线，不仅提高了生产率，而且提高了铸件精度和表面质量，改善了劳动条件。尽管设备投资较大，但大批量生产时，铸件成本显著降低。在单件、小批量生产及复杂砂芯的制作过程中，也有采用 3D 打印砂型的。

5. 铸件的结构设计

铸件结构设计

铸件结构是指铸件外形、内腔、壁厚及壁之间的连接形式、加强筋及凸台等。设计铸件时，不但要保证工作性能和力学性能要求，而且要考虑铸造工艺、铸造方法和合金铸造性能对铸件结构的要求。结构与工艺间的关系称为结构工艺性。铸件结构的合理性对铸件的质量、生产率及成本有很大影响。铸件结构的结构工艺性包括铸件结构的工艺性及对铸造合金和铸造方法的适应性。

(1) 砂型铸造工艺对铸件结构设计的要求。

对于铸件结构，应尽可能简化制模、造型、造芯、合型等过程，以实现优质、高产、低消耗为原则，并为实现机械化生产创造条件。砂型铸造工艺对铸件结构设计的要求见表6－7。

表6－7 砂型铸造工艺对铸件结构设计的要求

对铸件结构设计的要求	图例	
	a. 不合理	b. 合理
1. 尽量避免铸件起模方向有外部侧凹，以便起模。 (1) 在图a中，有上、下法兰，通常要用三箱造型。 在图b中，去掉了上法兰，简化了造型。 (2) 在图a中，需增加外部圈芯，以便起模。 在图b中，去掉了外部圈芯，简化了制模工艺和造型工艺	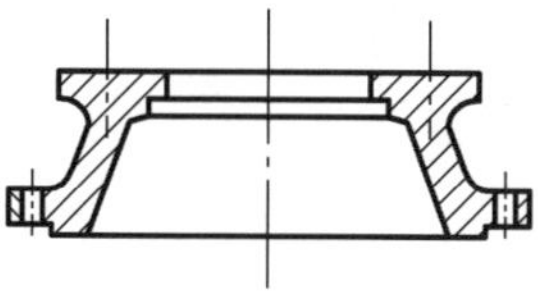 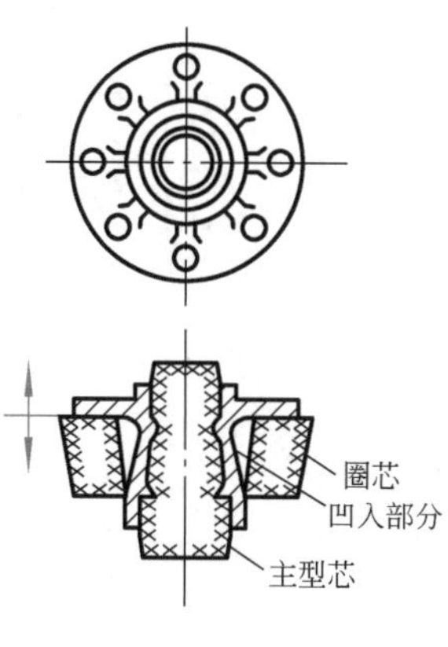 圈芯 凹入部分 主型芯	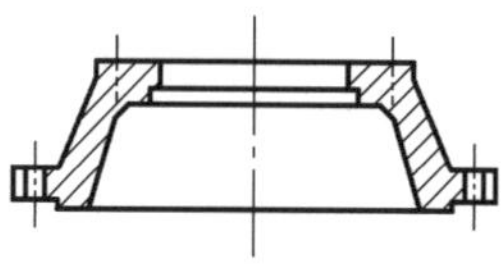 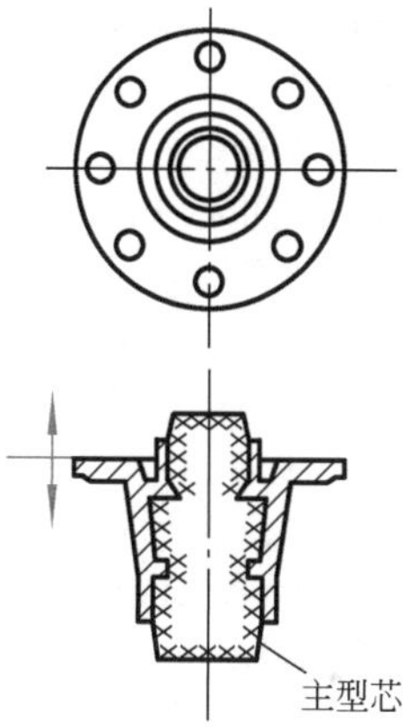 主型芯
2. 尽量使分型面为平面。 在图a中，分型面需采用挖砂造型；在图b中，去掉了不必要的外圆角，简化了造型	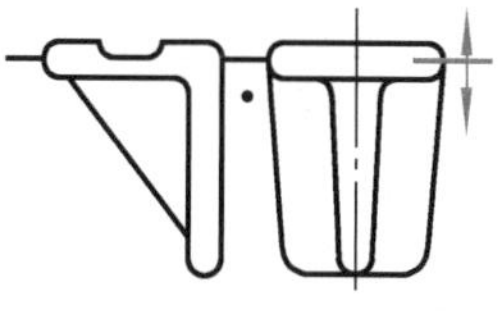	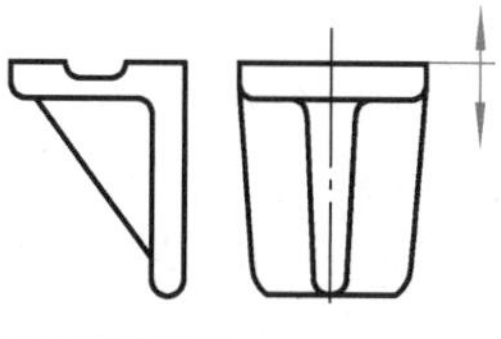
3. 凸台和筋条结构应便于起模。 (1) 在图a中，需用活块或增加外部型芯起模。在图b中，将凸台延长到分型面，省去了活块或型芯。 (2) 在图a中，筋条和凸台阴影处阻碍起模。在图b中，将筋条和凸台顺着起模方向布置，容易起模	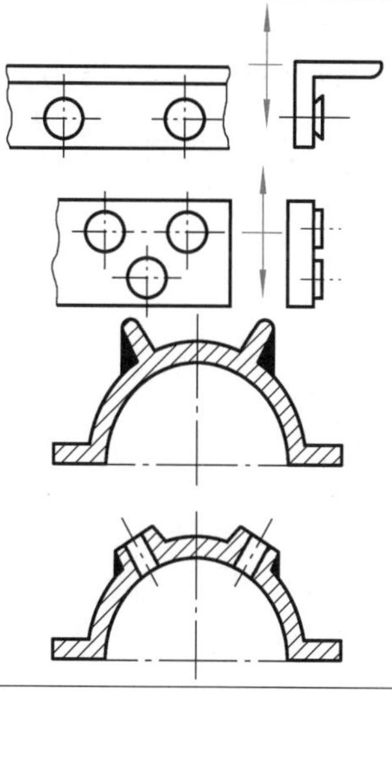	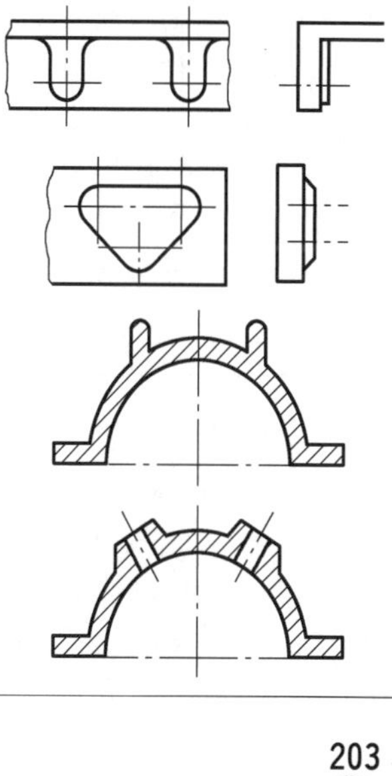

续表

<table>
<tr><th rowspan="2">对铸件结构设计的要求</th><th colspan="2">图　例</th></tr>
<tr><th>a. 不合理</th><th>b. 合理</th></tr>
<tr><td rowspan="2">4. 垂直分型面上的不加工表面最好有结构斜度。
(1) 在图 b 中，有结构斜度，便于起模。
(2) 在图 b 中，内壁有结构斜度，便于用砂垛取代型芯</td><td>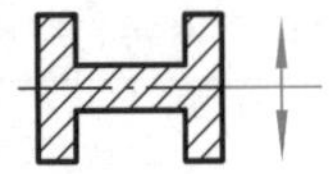</td><td>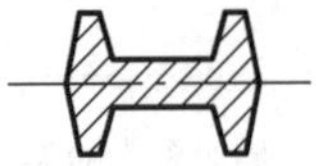</td></tr>
<tr><td>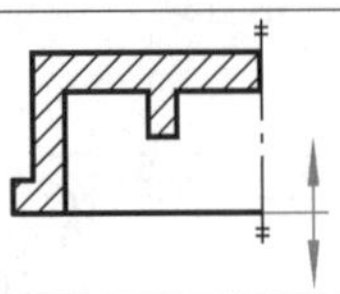</td><td>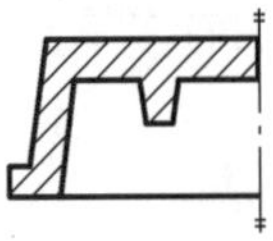</td></tr>
<tr><td rowspan="2">5. 尽量少用或不用型芯。
(1) 在图 a 中，采用中空结构，要用悬臂型芯和型芯撑加固；在图 b 中，采用开式结构，省去了型芯。
(2) 在图 a 中，出口尺寸小，要用型芯形成内腔；在图 b 中，增大了出口尺寸，且型芯宽度 $D>$型芯高度 H，可用砂垛(自带型芯)形成内腔，省去了型芯</td><td>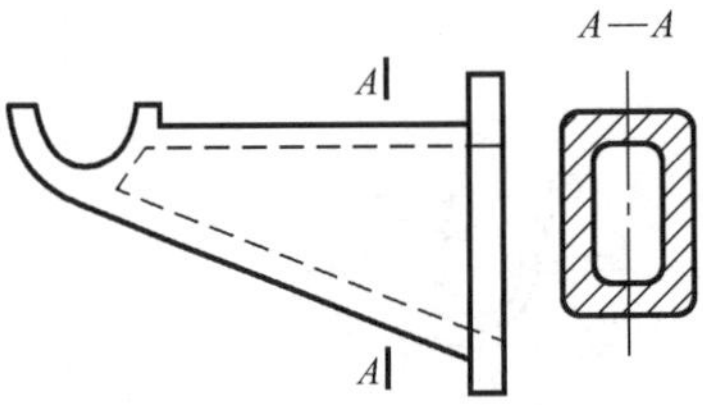</td><td>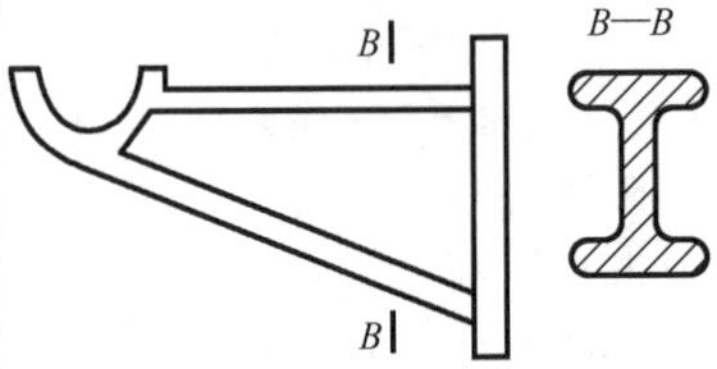</td></tr>
<tr><td>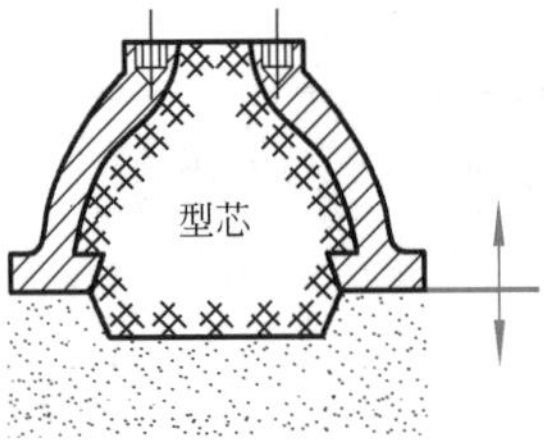</td><td>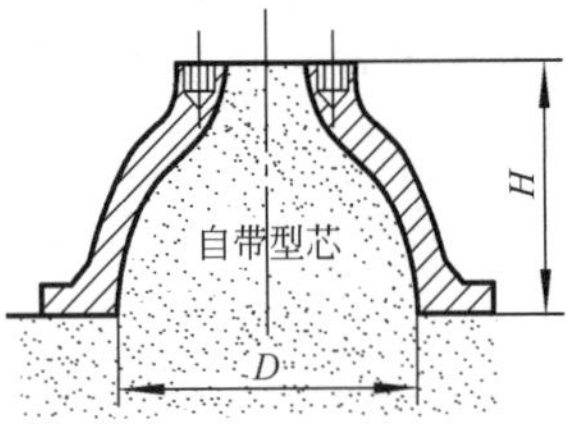</td></tr>
<tr><td>6. 应有足够的芯头，以便型芯的固定、排气和清理。在图 a 中，采用悬臂型芯，需用型芯撑加固，下芯、合箱和清理费力，薄壁件、加工表面和耐压铸件均不宜采用型芯撑。在图 b 中，增加两个工艺孔，省去了型芯撑，型芯定位稳固，利于排气和清理，可用螺钉堵住加工后的工艺孔</td><td>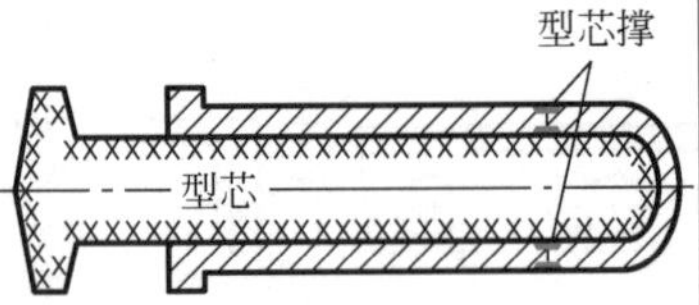</td><td>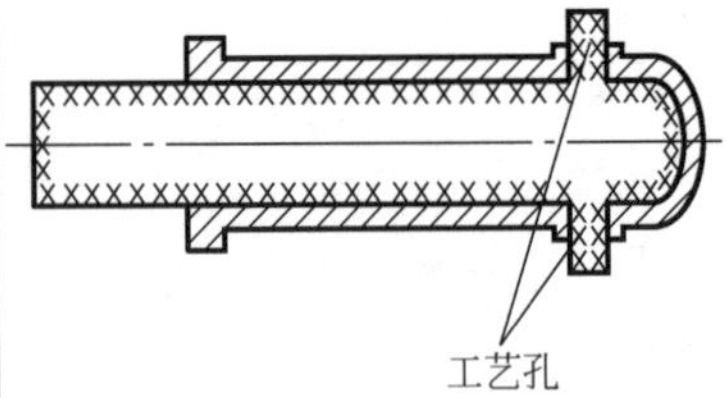</td></tr>
</table>

(2) 合金铸造性能对铸件结构设计的要求。

有时铸件结构设计不够合理，未能充分考虑合金铸造性能的要求会导致出现缩孔、变形、裂纹、气孔和浇不足等铸件缺陷，在设计过程中应注意以下几个方面。

① 合理设计铸件壁厚。铸件壁厚过小，易产生浇不足、冷隔等缺陷；铸件壁厚过大，易产生缩孔、缩松、气孔及晶粒粗大等缺陷。灰铸铁铸件壁厚及肋厚的参考值见表 6 - 8。

表 6-8 灰铸铁铸件壁厚及肋厚的参考值

铸件质量/kg	铸件最大尺寸/mm	外壁厚度/mm	内壁厚度/mm	肋厚/mm	零件举例
5	300	7	6	5	盖、拨叉、轴套、端盖
6～10	500	8	7	5	挡板、支架、箱体
11～60	750	10	8	6	箱体、电动机支架、溜板箱、托架
61～100	1250	12	10	8	箱体、液压缸体、溜板箱
101～500	1700	14	12	8	油盘、带轮、镗模架
501～800	2500	16	14	10	箱体、床身、盖、滑座
801～1200	3000	18	16	12	小立柱、床身、箱体、油盘

每种铸造合金都有适合的壁厚，不同铸造合金浇注出的铸件的最小壁厚也不相同。砂型铸造铸件最小壁厚的设计见表 6-9。

表 6-9 砂型铸造铸件最小壁厚的设计　　单位：mm

铸件尺寸	铸钢	灰铸铁	球墨铸铁	可锻铸铁	铝合金	铜合金
＜200×200	5～8	3～5	4～6	3～5	3～3.5	3～5
200×200～500×500	10～12	4～10	8～12	6～8	4～6	6～8
＞500×500	15～20	10～15	12～20	—	—	—

一般砂型铸造铸件的最大壁厚是最小壁厚的 3 倍。

② 铸件壁厚应尽可能均匀。若铸件各部分壁厚相差太大，则易在厚壁处形成金属积聚的热节，凝固收缩时，热节处易形成缩孔、缩松等缺陷。此外，铸件各部分冷却速度不同，易形成热应力，并可能在厚壁与薄壁连接处产生裂纹。在铸件结构设计中，应尽可能使铸件各部分的壁厚均匀。导架铸件结构设计如图 6.20 所示。顶盖结构设计如图 6.21 所示。

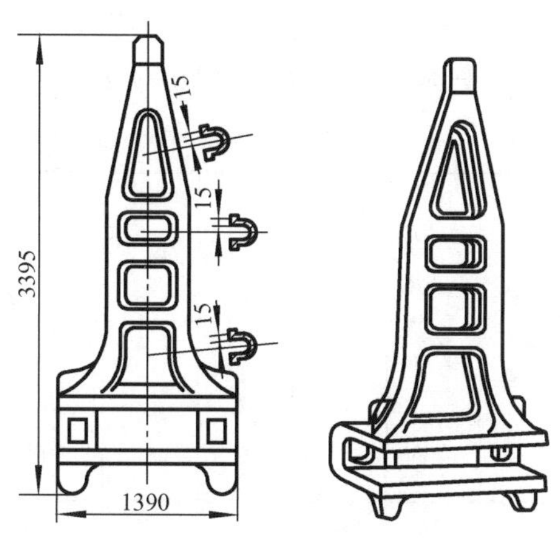

图 6.20 导架铸件结构设计

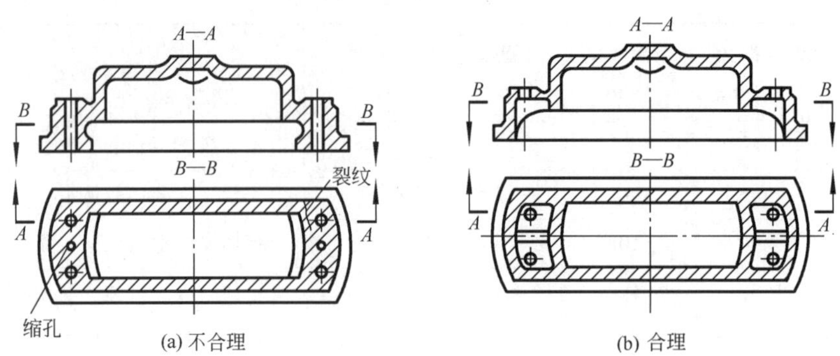

(a) 不合理　　(b) 合理

图 6.21　顶盖结构设计

③ 铸件壁的连接。

A. 铸件的结构圆角。设计铸件时，壁的转角处都应是圆角。图 6.22 所示为直角和圆角的热节及应力分布。图 6.23 所示为直角和圆角结晶示意。表 6-10 给出了铸造内圆角半径（R）推荐值。

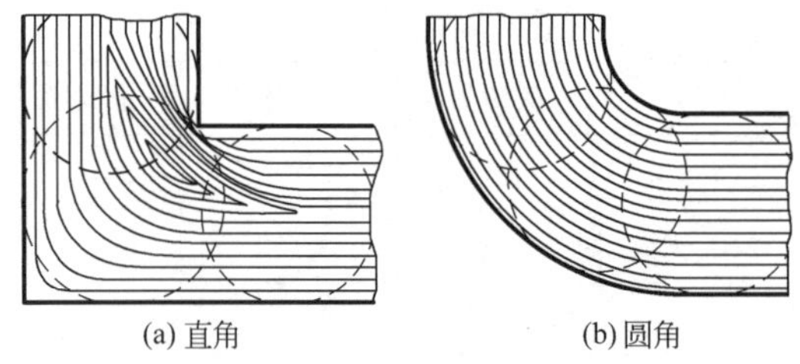
(a) 直角　　(b) 圆角

图 6.22　直角和圆角的热节及应力分布

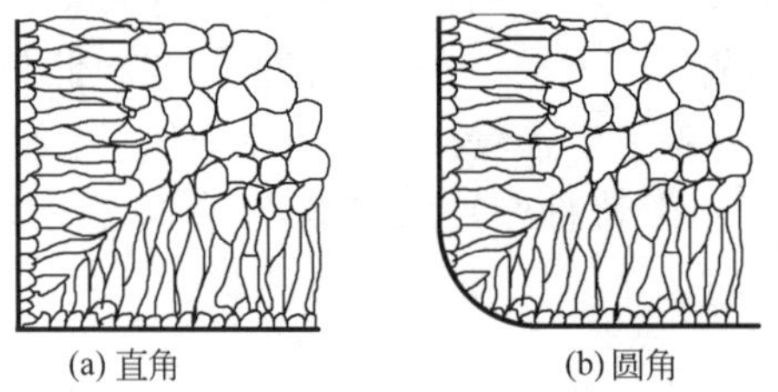
(a) 直角　　(b) 圆角

图 6.23　直角和圆角结晶示意

表 6-10　铸造内圆角半径（R）推荐值　　单位：mm

	$\frac{a+b}{2}$	≤8	8～12	12～16	16～20	20～27	27～35	35～45	45～60
	铸铁	4	6	6	8	10	12	16	20
	铸钢	6	6	8	10	12	16	20	25

B. 避免锐角连接。铸壁连接处凝固较慢，易产生应力集中、裂纹、缩孔、缩松等铸造缺陷，应避免锐角连接、交叉连接，以减少和分散热节。图 6.24 所示为锐角连接。

图 6.25 所示为筋的布置形式。

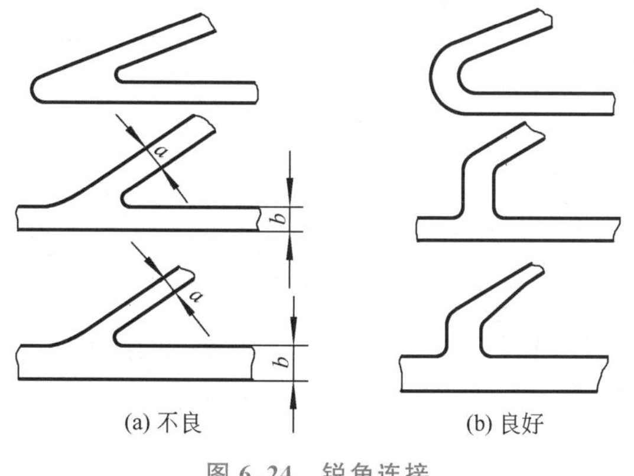

(a) 不良　　(b) 良好

图 6.24　锐角连接

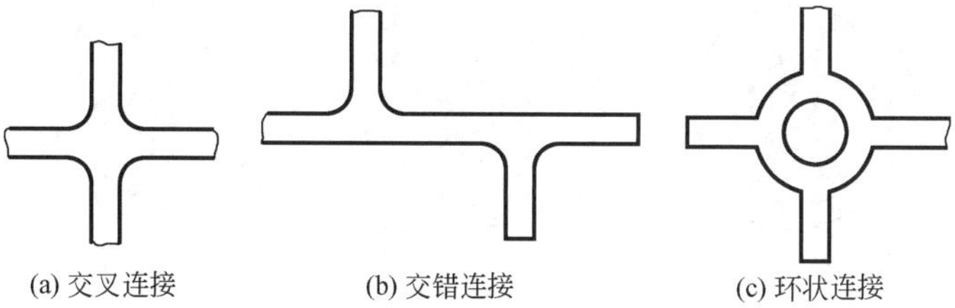

(a) 交叉连接　　(b) 交错连接　　(c) 环状连接

图 6.25　筋的布置形式

C. 厚壁与薄壁逐步过渡连接。铸件上不同壁厚部分的不应直接连接，而应逐步过渡连接，以避免应力集中。表 6-11 给出了壁厚过渡的形式和尺寸。

表 6-11　壁厚过渡的形式和尺寸

图　例	尺　寸		
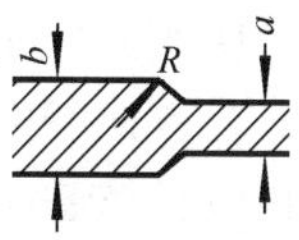	$b \leqslant 2a$	铸铁	$R \geqslant \left(\frac{1}{6} \sim \frac{1}{3}\right)\left(\frac{a+b}{2}\right)$
		铸钢	$R \approx \frac{a+b}{4}$
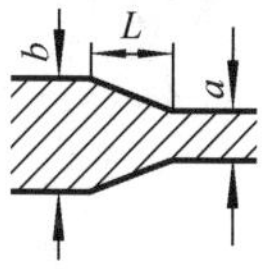	$b > 2a$	铸铁	$L \geqslant 4(b-a)$
		铸钢	$L \geqslant 5(b-a)$
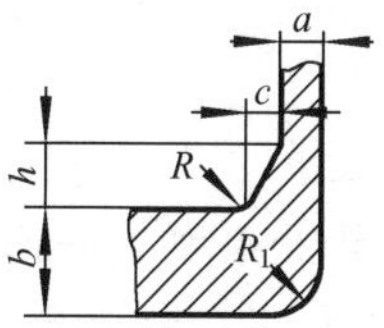	$b > 2a$	$R \geqslant \left(\frac{1}{6} \sim \frac{1}{8}\right)\left(\frac{a+b}{2}\right)$ $R_1 \geqslant R + \left(\frac{a+b}{2}\right)$ $C \approx 3\sqrt{b-a}$，$h \geqslant (4 \sim 5)C$	

D. 应用防裂筋。防裂筋可增强铸件的力学性能，减小铸件质量，减少缩孔，防止裂纹、变形、夹砂等。防裂筋的应用如图 6.26 所示。

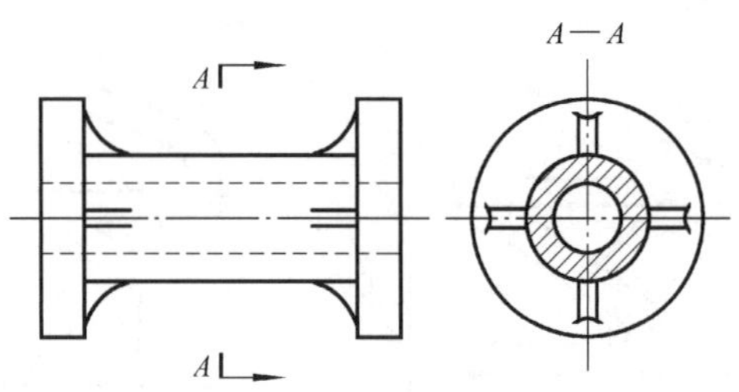

图 6.26　防裂筋的应用

E. 减缓筋、轮辐收缩的阻碍。将轮辐设计为奇数或弯曲的，借助轮辐或轮缘的微量变形自行减缓筋、轮辐收缩的阻碍，以减小铸造内应力，防止开裂。轮辐设计如图 6.27 所示。

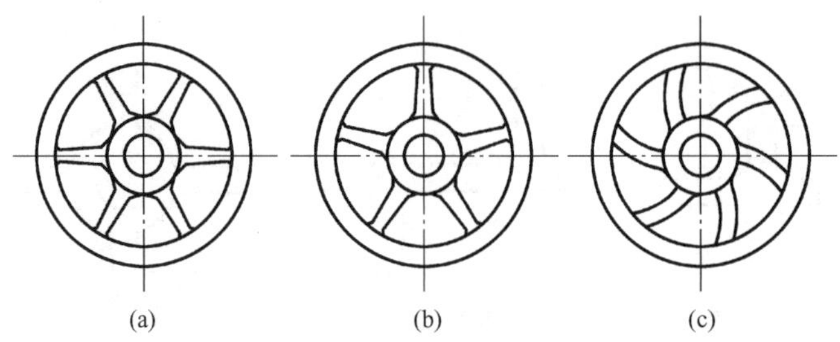

图 6.27　轮辐设计

以上介绍的只是砂型铸造工艺铸件结构设计的特点，在特种铸造中，应根据每种铸造工艺方法及其特点进行相应的铸件结构工艺性设计，以满足不同铸造方法对铸件结构设计的工艺性要求，从而获得优质、高产、低耗的铸件。

6.2.2　特种铸造

特种铸造的成形原理和基本作业模块与砂型铸造相同，不同之处是实现或完成某个或某些工艺过程或工序（尤其是制备铸型）的方法不同，因此特种铸造的工艺方法较多，如熔模铸造、金属型铸造、压力铸造、低压铸造、离心铸造、陶瓷型铸造和磁型铸造等。在特种铸造中，铸型较少用砂或不用砂，采用特殊工艺装备，具有铸件精度和表面质量高、铸件内在性能好、原材料消耗低、工作环境好等优点；但铸件的结构、形状、尺寸、质量、生产批量等往往受到一定限制。

1. 熔模铸造（又称失蜡铸造）

（1）熔模铸造的工艺过程。

熔模铸造的工艺流程如图 6.28 所示，工艺过程如图 6.29 所示。

① 压型制造。压型是压制蜡模的模具（型），将熔融的（蜡）模料压入模具中冷却，形成蜡模的几何形状和尺寸，故对压型型腔的设计和制造要求较高。压型多经铝合金或钢经加工而成，如图 6.29（a）所示。

② 蜡模及蜡模组制作。蜡模通常由 50%石蜡和 50%硬脂酸配制而成。将配制好的模料压入压型，得到单个蜡模，如图 6.29（c）所示。为提高生产率，常在蜡质浇口棒上把

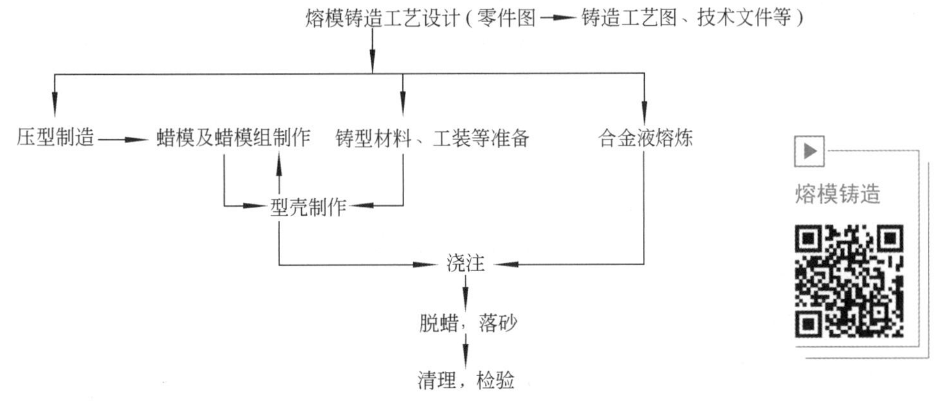

图 6.28　熔模铸造的工艺流程

熔模铸造

多个蜡模焊成蜡模组，如图 6.29（d）所示。

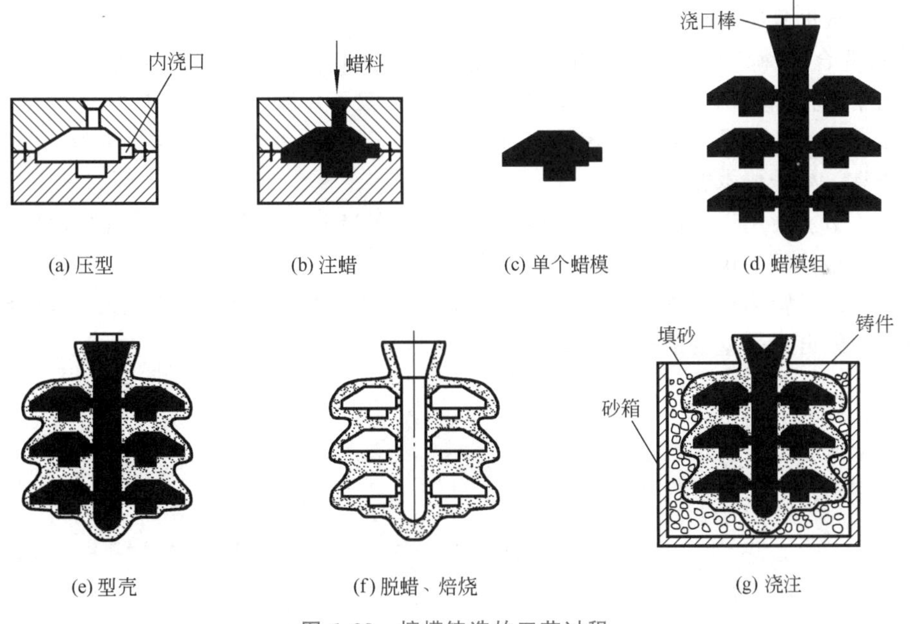

图 6.29　熔模铸造的工艺过程

③ 型壳制作。在蜡模组表面浸挂一层用胶黏剂（如水玻璃、硅溶胶）和耐火材料粉（如石英粉）配制的涂料，然后在上面撒一层较细的耐火材料颗粒（如硅砂），并放入固化剂（如氯化铵水溶液等，硅溶胶不用）中硬化，反复多次，使蜡模组外面形成由多层（4～10 层）耐火材料组成的坚硬型壳，型壳的厚度为 5～7mm，如图 6.29（e）所示。

④ 脱蜡、焙烧。通常将带有蜡模组的型壳放在 80～90℃的热水中蒸煮，蜡模熔化后从浇注系统中流出，脱蜡后得到中空的型壳。脱蜡后的模料可回收利用。

把脱蜡后的型壳放入加热炉加热到 800～950℃，并保温 0.5～2h，烧去型壳内的残蜡和水分，使型壳强度进一步提高，如图 6.29（f）所示

⑤ 浇注。将型壳从加热炉中取出并放入砂箱，周围堆放干砂以加固型壳，然后趁热

（600～700℃）浇入合金液并凝固冷却，如图 6.29（g）所示。

⑥ 脱壳和清理。用人工方法或机械方法去掉型壳、切除浇冒口，清理后得到铸件。

（2）熔模铸造铸件的结构工艺性。

熔模铸造铸件的结构除应满足一般铸造工艺的要求外，还应具有特殊性，主要表现在以下几个方面。

① 铸孔不能太小和太深，否则涂料和砂粒很难进入蜡模的空洞，只能采用陶瓷芯或石英玻璃管芯，工艺复杂，清理困难。一般铸孔直径应大于 2mm。

② 铸件壁厚不可太小，一般为 2～8mm。

③ 铸件的壁厚应尽量均匀，一般熔模铸造工艺不用冷铁，少用冒口，多用直浇口直接补缩，尽可能不要有分散的热节。

（3）熔模铸造的特点和应用。

① 铸件精度高、表面质量好，它是少、无切削加工铸造工艺的重要方法，其尺寸精度为 IT11～IT14，表面粗糙度 $Ra12.5$～$Ra1.6\mu m$。

② 可制造形状复杂的铸件，其最小壁厚为 0.3mm，最小铸出孔径为 0.5mm。对于由多个零件组成的复杂部件，可用熔模铸造一次铸出。

③ 铸造合金种类不受限制，用于高熔点合金和难切削合金，具有显著的优越性。

④ 生产批量基本不受限制，既可大批量生产，又可单件、小批量生产。

熔模铸造的缺点是工艺过程繁杂，有些工序不易控制，生产周期长，原辅材料费用比砂型铸造高，生产成本较高。

熔模铸造主要用于制造生产汽轮机及燃气轮机的叶片，泵的叶轮，切削刀具，以及飞机、汽车、拖拉机、风动工具等的中、小型铸件。

此外，以石膏为型壳或铸型材料，派生出熔模石膏型真空铸造，常用于铸造金银首饰和一些航空铝合金薄壁复杂件。

2. 金属型铸造

（1）金属型铸造的工艺过程。

金属型铸造的工艺过程如图 6.30 所示。

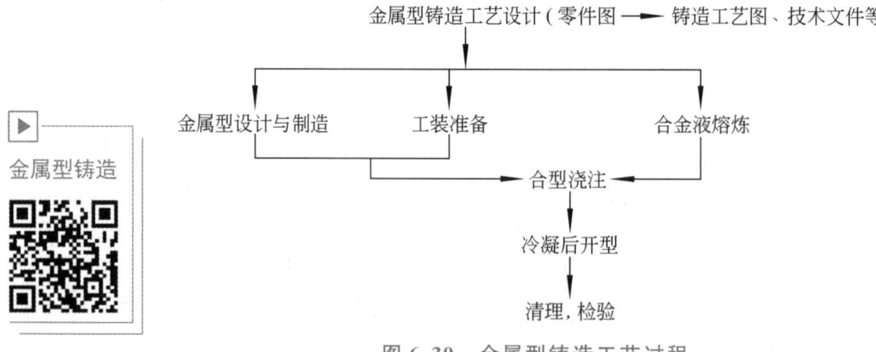

图 6.30　金属型铸造工艺过程

① 金属型设计与制造。金属型铸造是将液态金属在重力作用下浇入金属铸型，以获得铸件的一种方法。由于铸型由金属制成，可以反复使用成千上万次，因此金属型设计与制造都有较高要求。

根据分型面位置的不同，金属型可分为垂直分型式金属型、水平分型式金属型和复合分型式金属型，其中垂直分型式金属型开设浇注系统和取出铸件比较方便，易实现机械化，应用较广。

图 6.31 所示为铸造铝合金活塞用垂直分型式金属型，其由两个半型组成。上面的大金属芯由三部分组成，便于从铸件中取出。铸件冷却后，首先取出中间的分块金属型芯 5，取两个销孔金属型芯 7 和 8；其次将两个半金属型芯沿水平方向向中心靠近，再向上拔出；最后开左半型 1 和右半型 2。

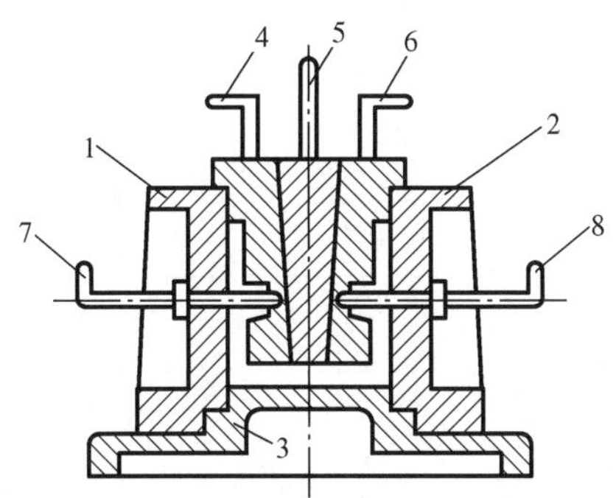

1—左半型；2—右半型；3—底型；4，5，6—分块金属型芯；7，8—销孔金属型芯

图 6.31　铸造铝合金活塞用垂直分型式金属型

浇注锡、锌、镁等低熔点合金，可用灰铸铁制造金属型；浇注铝、铜等合金，可用合金铸铁或热作模具钢制金属型。金属型用型芯易抽芯时可选用金属芯，否则选用一次性树脂砂芯。

② 金属型的铸造工艺措施。由于金属型导热快，不具有退让性和透气性，因此，为了确保获得优质铸件和延长金属型的使用寿命，需要采取下列工艺措施。

A. 对金属型进行预热后浇注，以防止出现浇不足、冷隔缺陷，预热温度不低于 150℃。

B. 金属型浇注时，合金的浇注温度和浇注速度必须适当。

C. 及时开型取件，金属型不具有退让性，如果铸件在铸型中停留时间过长，就不宜取出铸件且易引起过大的铸造应力，从而导致铸件开裂。

D. 金属型在生产过程中温度变化恒定，可采取风冷、间接水冷、直接水冷的方式冷却。

E. 可在金属型的工作表面喷刷涂料，以方便脱模及延长模具使用寿命。

F. 加强金属型的排气，如采取开排气槽等措施防止产生缺陷。

(2) 金属型铸件的结构工艺性。

① 铸件结构要保证顺利出型，铸件结构斜度应比砂型铸件的大。

② 铸件壁厚尽可能均匀，壁厚不能过小（如 Al-Si 合金的壁厚为 2～4mm，Al-Mg 合金的壁厚为 3～5mm）。

③ 为便于金属型芯的安放和抽出，铸孔的孔径不能过小、过深。

(3) 金属型铸造的特点及应用范围。

① 尺寸精度高（IT12～IT16）、表面粗糙度小（Ra12.5～Ra6.3μm），机械加工余量小。

② 铸件晶粒较细，力学性能好。

③ 可实现一型多铸，提高了劳动生产率，易实现机械化，节约造型材料。

但金属型的制造成本高，不适合生产大型、形状复杂和薄壁铸件；由于冷却快，因此铸铁件表面易产生白口，切削加工困难；受金属型材料熔点的限制，熔点高的合金不适合用金属型铸造。金属型主要用于铝合金、铜合金等中小型铸件（如活塞、连杆、气缸盖、缸体等）的大批量生产；对钢铁，只限于形状简单的中小件。

3. 压力铸造（简称压铸）

（1）压力铸造的工艺过程。

压力铸造的工艺过程如图 6.32 所示。

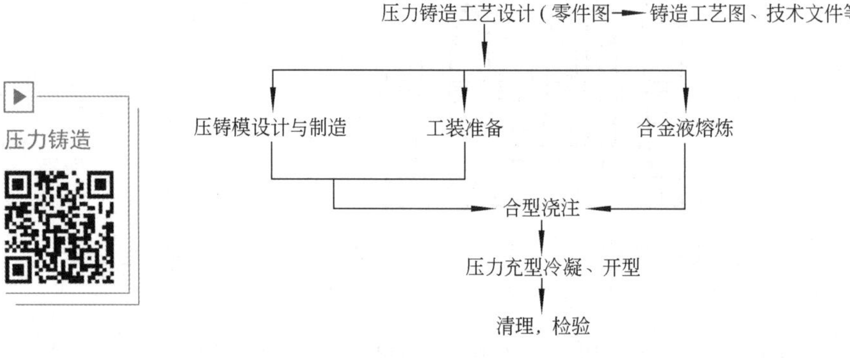

图 6.32 压力铸造的工艺过程

① 压铸模设计与制造 。压力铸造是在高压作用下，使液态合金或半液态合金以较高的速度充填型腔（充型时间为 0.01～0.2s）并在压力下凝固，形成铸件的一种液态成形技术。

压铸模工作部分（型腔）通常由热作模具钢制成，由于一副压铸模要压铸成千上万的压铸件，因此对压铸模设计与制造有较高要求。压铸模除工作部分的其他部分有系列化通用化产品（标准模架），设计压铸模时可选用。

② 压铸机。压铸机是压力铸造的专业设备。根据压室工作条件的不同，压铸机分为冷压室压铸机和热压室压铸机。冷压室压铸机又可分为立式冷压室压铸机和卧式冷压室压铸机，其中卧式冷压室压铸机应用较多，其工作原理如图 6.33 所示。动、定模合模后，将定量液态金属浇入压室，压射冲头向前推进，液态金属经浇道压入压铸模型腔，经冷凝后开型，由推杆将铸件推出。冷压室压铸机可用于压铸熔点较高的非铁金属，如铝、镁甚至铜合金等。热压室压铸机的压室与坩埚连成一体。与冷压室压铸机相比，热压室压铸机的工序简单，易实现自动化，金属消耗少，工艺稳定；但压室、压射冲头长期浸在液态金属中，影响使用寿命，大多用于压铸锌合金等低熔点合金铸件，也可用于压铸小型铝合金、镁合金压铸件。热压室压铸机的工作原理如图 6.34 所示。

（2）压铸件的结构工艺性。

① 压铸件形状要利于简化模具结构，利于脱模与抽芯，以方便模具设计与制造。

② 压力铸造可铸出细小的螺纹、孔、轮齿和文字等，但有一定的限制。如通常在压铸件上压铸的文字、标志和图案都是凸出的，因为模具上加工凹入的文字、标志和图案比较方便。

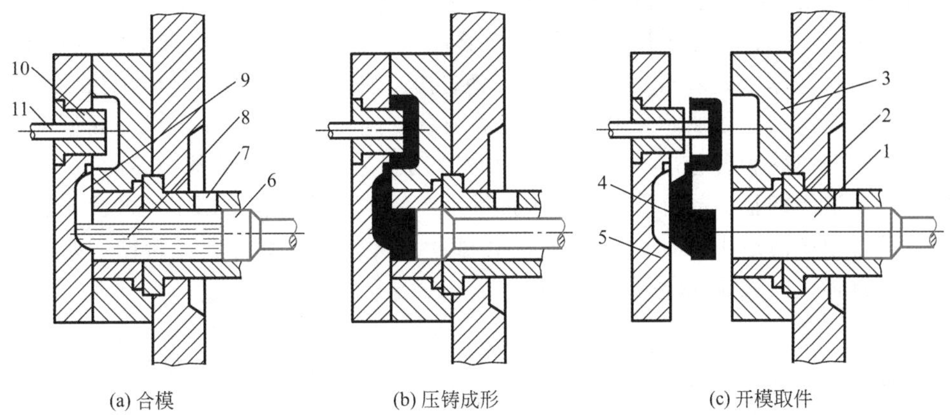

1—压室；2—浇口套；3—定模；4—浇道凝料及余料；5—动模；
6—压射冲头；7—金属液浇注口；8—液态金属；9—浇道；10—型芯；11—推杆

图 6.33 卧式冷压室压铸机的工作原理

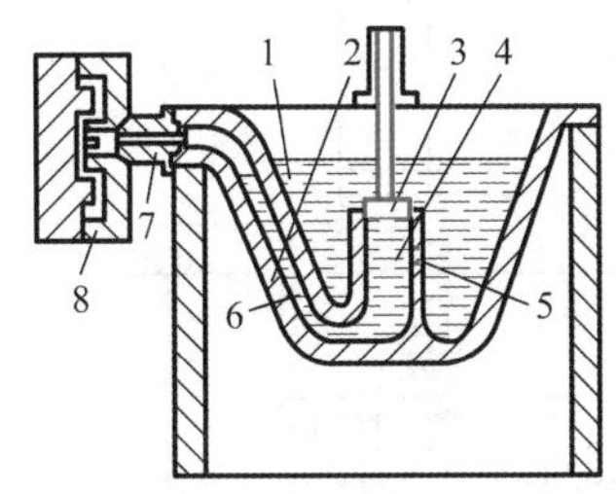

1—液态金属；2—坩埚；3—压射冲头；4—压室；5—进口；6—通道；7—喷嘴；8—压型

图 6.34 热压室压铸机的工作原理

③ 在保证足够强度和刚度的条件下，最好将压铸件设计成薄壁且壁厚均匀，在一般情况下，压铸件的壁厚不宜大于 4.5mm，最大壁厚与最小壁厚之比不宜大于 3∶1。金属浇注和冷却都很快，厚壁处不易得到补缩而会形成缩孔、缩松。在压铸件的厚壁处，为避免出现缩松等缺陷，应减小壁厚，增设加强肋。

④ 为便于压铸件脱出模具的型腔和型芯，防止表面划伤，延长模具使用寿命，压铸件应有合理的起模斜度及圆角等。

⑤ 对于复杂且无法取芯的铸件或局部有特殊性能（如耐磨、导电、导磁和绝缘等）要求的铸件，可采用嵌铸法，先把镶嵌件放入压型，再与压铸件铸合。

(3) 压力铸造的特点及其应用。

① 压铸件尺寸精度高、表面质量好，尺寸公差等级为 IT11～IT13，表面粗糙度为 $Ra6.3 \sim Ra0.8\mu m$，可不经机械加工而直接使用。

② 可以压铸壁薄、形状复杂、有小孔和螺纹的铸件，如锌合金的压铸件最小壁厚为 0.8mm，最小铸出孔径为 0.8mm、最小可铸螺距为 0.75mm；还能压铸镶嵌件。

③ 压铸件的强度和表面硬度较高。在压力下结晶，加上冷却快，铸件表层晶粒细密，其抗拉强度比砂型铸件高 25%～40%。

④ 生产率高，可实现半自动化生产及自动化生产。

进行压力铸造时，由于气体难以排出，因此压铸件易产生皮下气孔（可选用真空压铸、半固态压铸、铝合金充氧压铸解决），压铸件不能进行热处理，也不宜在高温下工作；液态金属凝固快，厚壁处来不及补缩而易产生缩孔、缩松；因为型芯只能用强韧性高的热作模具钢承受高压及完成抽芯要求，所以内腔形状受到一定限制，不可像金属型铸造和低压铸造一样用普通树脂砂芯形成复杂内腔（也有用强度较高的可溶盐型芯的）；设备投资大，压铸模制造周期长、造价高，不宜小批量生产。压力铸造主要用于生产汽车、仪表和电器工业等行业中铸造小尺寸的锌合金、铝合金、镁合金和铜合金等铸件，如拉链、锁芯、发动机缸体、变速器壳体等。

4. 低压铸造

（1）低压铸造的工作原理。

低压铸造的工作原理如图 6.35 所示。低压铸造机主要由三部分组成：保温炉及其附属装置（如升液管、密封垫等），开合铸型机构，金属液面加压供气系统。

低压铸造

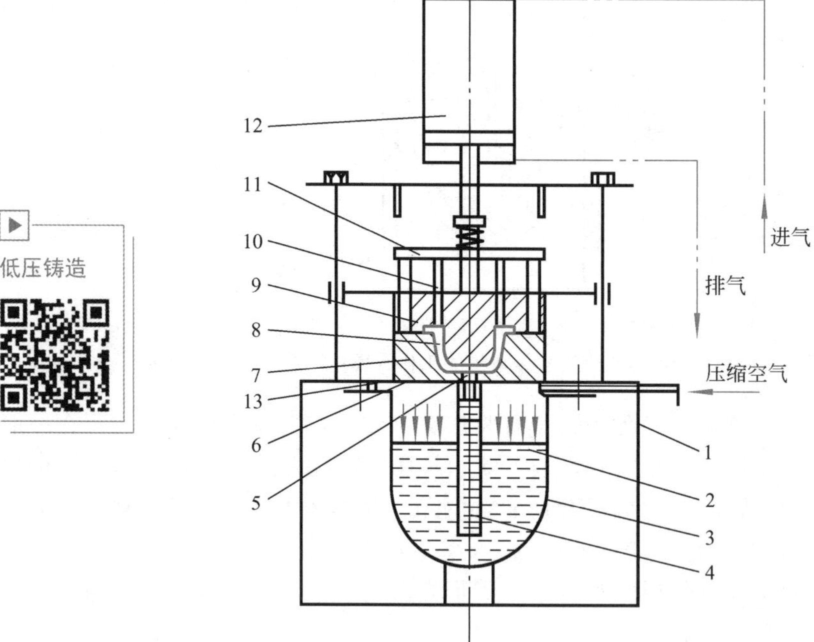

1—保温炉；2—液态金属；3—坩埚；4—升液管；5—浇口；6—密封盖；7—下型；8—型腔；9—上型；10—顶杆；11—顶杆板；12—气缸；13—石棉密封垫

图 6.35　低压铸造的工作原理

低压铸造机工作时，先闭合铸型，再缓慢向存储液态金属的密封坩埚炉通入干燥的压缩空气或惰性气体；液态金属受气体压力的作用，由下而上沿着升液管和浇注系统平稳地充满铸型型腔；保持密封坩埚内液面的压力，直到型腔内铸件完全凝固为止，及时解除液面上的压力，使升液管内未凝固的液态金属在重力作用下流回坩埚；开启铸型，取出铸件，准备下一次生产循环。由于靠气体施加的压力较小（为 0.02～0.06MPa），介于重力铸造与压力铸造之间，因此该铸造方式称为低压铸造。

（2）低压铸造的优缺点。

低压铸造的优点如下。

① 浇注压力和速度可以调节，适用于不同铸型（如金属型、树脂砂型及其组合铸型等），可铸造复杂形状及中小尺寸的铸件。

② 采用底注式充型，液态金属充型平稳，无飞溅现象，可避免卷入气体及冲刷型壁和型芯，提高了铸件的合格率。

③ 铸件在压力下结晶，组织致密、轮廓清晰、表面光洁，力学性能较好，尤其利于铸造大薄壁件。

④ 浇口兼具补缩作用，省去补缩冒口，金属利用率提高到 90％～98％。

⑤ 劳动强度低，劳动条件好，设备不复杂，易实现机械化和自动化。

低压铸造的缺点如下：生产率不高，不适合铸造黑色金属，设备投资较大，不适合小批量生产等。

5．离心铸造

离心铸造是将熔融金属浇入旋转的铸型，使金属液在离心力的作用下充填铸型并凝固成形的铸造方法。

（1）离心铸造的类型。

为实现上述工艺过程，需要采用专用设备（离心铸造机）使铸型（金属型或砂型）旋转，铸型的转速根据铸件直径确定，为 250～1500r/min。根据铸型旋转轴空间位置的不同，离心铸造机分为立式离心铸造机和卧式离心铸造机，其工作原理分别如图 6.36（a）和图 6.36（b）所示。立式离心铸造机的铸型是绕垂直轴旋转的，主要用于生产高度小于直径的圆环类铸件，有时也用于异形铸件的离心力下的浇注充填。卧式离心铸造机的铸型是绕水平轴旋转的，主要用于生产长度大于直径的管套类铸件。

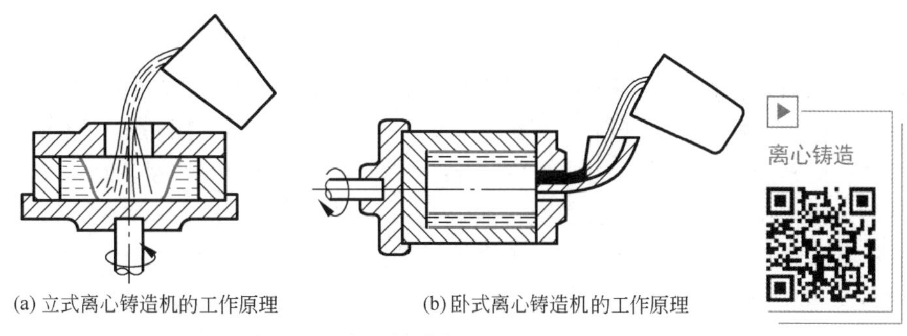

(a) 立式离心铸造机的工作原理　　(b) 卧式离心铸造机的工作原理

图 6.36　离心铸造机原理

（2）离心铸造的特点及应用范围。

① 液态金属能在铸型中形成中空的自由表面，可以不用型芯铸出中空铸件，简化了套筒、管类铸件的生产过程。

② 由于旋转时液态金属产生离心力作用，离心铸造可提高金属充填铸型的能力，因此一些流动性较差的合金和薄壁铸件都可采用离心铸造生产。

③ 离心力的作用改善了补缩条件，气体和非金属夹杂物易从液态金属中排出，产生缩孔、缩松、气孔和夹杂等缺陷的概率较小。

④ 无浇注系统和冒口，节约金属。

金属中的气体、熔渣等夹杂物因密度较小而集中在铸件的内表面，内孔的尺寸不精确，质量也较差；铸件易产生成分偏析和密度偏析。离心铸造的典型应用有铸铁管、气缸套、铜套、双金属轴承、特殊钢的无缝管坯、造纸机滚筒等铸件，以及离心浇注齿轮、叶片、刀具等。

6. 消失模铸造

(1) 消失模铸造的工作原理。

消失模铸造是采用与所需铸件形状、尺寸完全相同的泡沫塑料（常用聚苯乙烯泡沫、聚甲基丙烯酸甲酯树脂泡沫）模样代替铸模进行填砂造型，不取出模样就浇入液态金属，在液态金属的作用下，泡沫模样燃烧、气化、消失，液态金属取代原来泡沫塑料模占据的空间位置，冷却凝固后获得铸件的铸造方法。

(2) 消失模铸造的类型。

① 实型铸造。实型铸造的工艺过程如图 6.37 所示，将泡沫塑料制成的模样（常涂有一定厚度的耐火材料涂层）置入砂箱，并填入造型材料（常用树脂自硬砂）紧实，不取出模样，构成一个没有型腔的实体铸型，树脂反应固化后浇注。

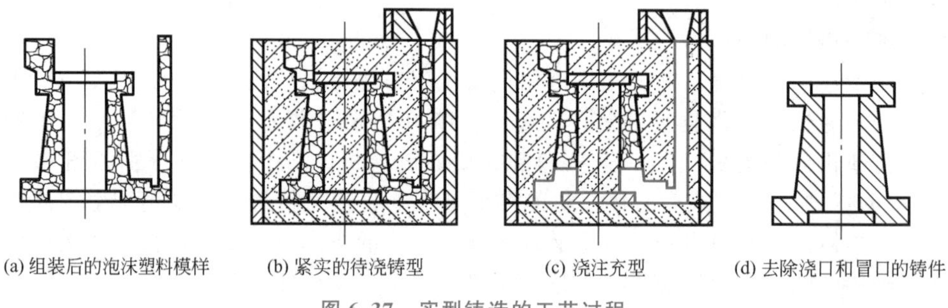
(a) 组装后的泡沫塑料模样　(b) 紧实的待浇铸型　(c) 浇注充型　(d) 去除浇口和冒口的铸件

图 6.37　实型铸造的工艺过程

② 干砂负压铸造。首先把涂有一定厚度耐火材料涂层的泡沫塑料模样放入可抽真空的特制砂箱，模样四周用干砂（现常用一种人工熔炼氧化铝制备的直径约为 0.6mm 的宝珠砂）充填，在振动台上振动紧实、均匀；然后刮平箱口，用塑料薄膜覆盖箱口，放上浇口杯；接着用真空泵将砂箱内抽成一定真空，靠大气压力与铸型内压力之差将砂粒黏结在一起，使铸型浇注过程不崩散；接着在负压下浇注，气化模样消失，液态金属取代其位置；最后铸件冷凝后释放真空，翻箱，从松散的砂中取出铸件。干砂负压铸造的工作原理如图 6.38 所示。

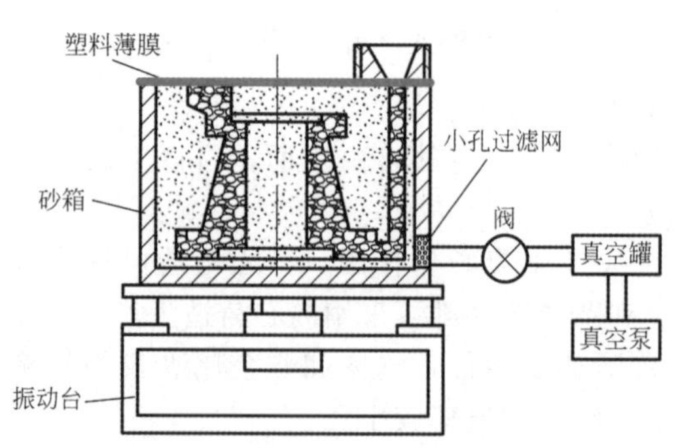

图 6.38　干砂负压铸造的工作原理

(3) 消失模铸造的特点及应用。

与普通砂型铸造相比，消失模铸造具有如下优点。

① 由于采用遇液态金属气化的泡沫塑料模样，因此无须起模，无分型面、无型芯，简化了铸造生产工序，缩短了生产周期，提高了造型效率；铸件无飞边、毛刺，铸件的尺寸精度和表面粗糙度接近熔模铸造，但尺寸大于熔模铸造。

② 所有形状复杂铸件的模样均可采用泡沫塑料模黏结成整体，降低了铸造工艺性要求和铸件成本，也为铸件结构设计提供了充分的自由度。

③ 在砂型铸造中很难设置的球形暗冒口，在消失模铸造中可以很方便地安置在任何位置。

与实型铸造相比，干砂负压铸造具有如下优点。

① 用振动和真空手段使松散流动的型砂紧固成铸型，克服了实型铸造中型砂需加胶黏剂、需捣实、型砂回收及清理困难的缺点。

② 利用负压将泡塑模样在高温下生成的气体排出铸型，通过密闭管道排放到车间外，从而更方便进行净化处理，避免了在浇注时泡沫燃烧、气化产生大量黑浓烟污染。

但是消失模铸造的模样只能使用一次，且泡沫塑料的强度低，模样易变形，会影响铸件尺寸精度；浇注时，模样产生的气体会污染环境。消失模铸造主要用于不易起模等复杂铸件，如发动机箱体、缸盖、机床床身、电机壳体、发动机歧管等铸铁、铸钢及铝合金、镁合金、铜合金的批量及单件生产，且越来越多地代替传统砂型铸造。

7. 磁型铸造

磁型铸造是用磁丸（又称铁丸）代替干砂，并微振紧实，将砂箱放入磁型机；磁化后的磁丸相互吸引，形成强度高、透气性好的铸型；模型与消失模铸造的相同，即用聚苯乙烯等泡沫塑料制成的带有浇注系统的气化模，在其上涂敷耐火涂料；浇注时，气化模在液态金属热的作用下气化并逸出铸型，液态金属占据了气化模的空间而充满型腔，凝固冷却后解除磁场，磁丸恢复原来的松散状，可方便地取出铸件。

磁型铸造少用甚至不用型砂，解除磁后磁丸容易溃散，只需简单的筛分处理即可回收利用，造型材料相对单一。磁型铸造的工作原理如图 6.39 所示。

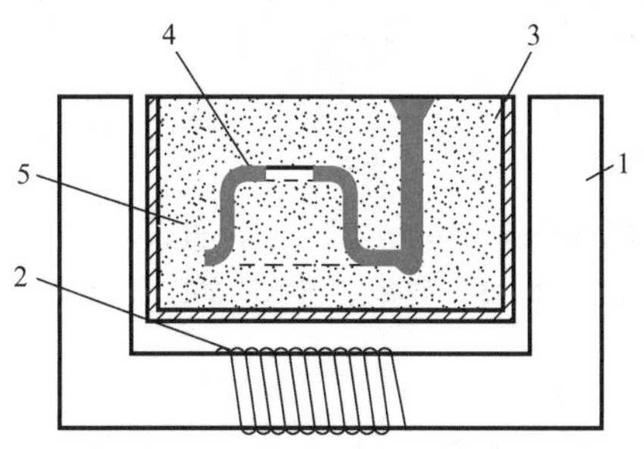

1—磁铁；2—线圈；3—磁性砂箱；4—气化模；5—铁丸

图 6.39 磁型铸造的工作原理

磁型铸造的特点如下。

(1) 提高了铸件的质量。磁型铸造无分型面，不起模，不用型芯，造型材料不含胶黏剂，流动性和透气性好，可以避免产生气孔、夹砂、错型和偏芯等缺陷。

（2）工装设备少，通用性强，易实现机械化和自动化生产。

（3）节约了金属及其他辅助材料，在生产过程中粉尘少、噪声小，改善了劳动条件，降低了铸件成本。

磁型铸造主要用于生产形状不复杂的中、小型铸件，以浇注黑色金属为主；铸造质量为0.25～150kg，铸件的最大壁厚为80mm。

8. 挤压铸造

挤压铸造是将定量金属液浇入铸型型腔并施加较大机械压力，使其凝固、成形后获得毛坯或零件的工艺方法。

根据液态金属充填的特性和受力情况，挤压铸造可分为柱塞挤压、直接冲头挤压、间接冲头挤压和型板挤压。

（1）挤压铸造的工作原理。

间接冲头挤压铸造的工作原理如图6.40所示。型板挤压铸造的工作原理如图6.41所示。

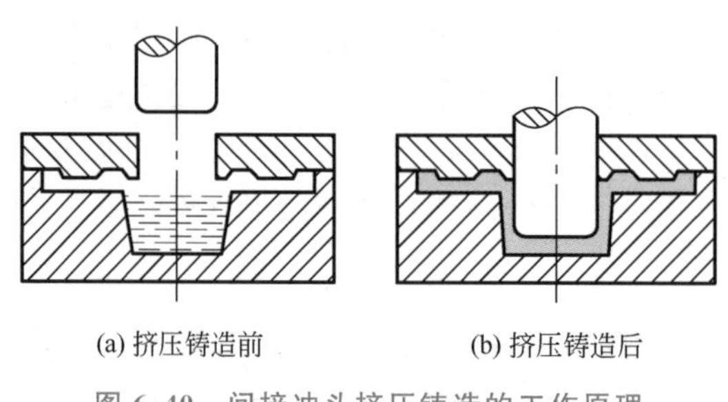

(a) 挤压铸造前　　(b) 挤压铸造后

图6.40　间接冲头挤压铸造的工作原理

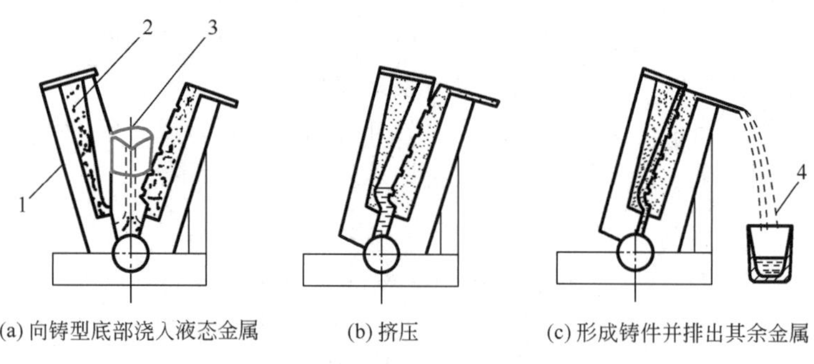

(a) 向铸型底部浇入液态金属　　(b) 挤压　　(c) 形成铸件并排出其余金属

1—挤压铸造机；2—型芯；3—浇包；4—排出的金属

图6.41　型板挤压铸造的工作原理

（2）挤压铸造的特点及应用。

① 压铸件的尺寸精度高（IT11～IT13），表面粗糙度小（$Ra6.3$～$Ra1.6\mu m$），铸件的加工余量小。

② 无须设浇口和冒口，金属利用率高。

③ 铸件组织致密，晶粒细小，力学性能好。

④ 工艺简单，易实现机械化和自动化生产，生产率高。

但挤压铸造中浇到铸型型腔内的液态金属夹杂物无法排出；要求准确定量浇注，否则会影响铸件的尺寸精度。

挤压铸造主要用于生产强度要求较高、气密性好、薄板类铸件，如阀体、活塞、机架、轮毂、耙片和铸铁锅等。

除上述铸造方法外，还有用于任意长度等截面铸锭或铸管的连续铸造，用于航空发动机单晶叶片的定向结晶技术，以及陶瓷型铸造、真空吸铸、熔模石膏型真空铸造、喷雾沉积技术、冷冻铸造，等等。

9. 与液态成形相关的新工艺、新技术

(1) 模具快速成形技术 。

快速成形（Rapid Prototyping，RP）是利用材料堆积法制造实物产品的一种高新技术，它能根据产品的计算机三维模样数据，不借助其他工具设备，迅速、精确地制造出产品，集中体现在计算机辅助设计、数控、激光加工、新材料开发等多学科、多技术的综合应用。传统的零件制造过程往往需要车、钳、铣、刨、磨等机加工设备和各种工装、模具，成本高且费时间。一个比较复杂的零件，其加工周期甚至以月计，很难满足低成本、高效率生产的要求。快速成形技术是现代制造技术的一次重大变革。

① 快速成形工艺。快速成形技术是利用三维 CAD 的数据，通过数控快速成形机，将一层层的材料堆积成实体原型的技术。迄今为止，国内外已开发成功多种成熟的快速成形工艺，其中比较常用的有以下几种。

A. 纸层叠法——薄形材料选择性切割。计算机控制的激光束按三维实体模样每个截面轮廓对薄形材料（如底面涂胶的卷状纸或金属薄形材料等）进行切割，逐步得到各轮廓，并将其黏结快速形成原型。可以用此法制作铸造母模。

B. 激光立体制模法——液态光敏树脂选择性固化。液槽盛满液态光敏树脂，它在计算机控制的激光束照射下很快固化形成一层轮廓，新固化的一层牢固地黏结在前一层上，如此重复，直至成形完毕，即快速形成原型。激光立体制模法可以用来制作消失模，在熔模精密铸造中可替代蜡模。

激光烧结

C. 烧结法——粉末材料选择性激光烧结。粉末材料可以是塑料、蜡、陶瓷、金属及其复合物的粉体、树脂覆膜砂等。在工作台上薄薄地铺一层粉末材料，按截面轮廓的信息，激光束扫过之处，粉末烧结成一定厚度的实体片层，逐层扫描烧结，形成原型。可以用此法直接制作熔模精密铸造蜡模、实型铸造用消失模、用陶瓷制作铸造型壳和型芯、用树脂覆膜砂制作砂型、铸造用母模等。

D. 熔化沉积法——丝状材料选择性熔覆。在计算机的控制下，加热喷头根据截面轮廓信息做 $X-Y$ 平面运动和 Z 方向运动，热塑性塑料、石蜡质等丝材由供丝机构送至喷头，在喷头中加热、熔化，然后选择性地涂覆在工作台上，快速冷却后形成一层截面轮廓，层层叠加，成为原型。可以用此法制作熔模精密铸造用蜡模、铸造用塑料母模等。采用熔化沉积法制备的塑料模样如图 6.42 所示。

E. 砂型 3D 打印技术。砂型 3D 打印技术也称无模铸型制造技术（Patternless Casting Manufacturing，PCM）或称三维印刷（3DP）砂型，其原理类似于喷墨打印机，采用阵列式喷头按照截面轮廓信息微滴喷射胶黏剂（呋喃树脂或酚醛树脂等），型砂在胶黏剂和催化剂作用下发生交联固化反应，一层层固化型砂而堆积成形，可任意成型、整体成型，使产品形状设计

砂型3D打印技术

图 6.42　采用熔化沉积法制备的塑料模样

更加自由，其打印的砂型精度高，一次成型，尺寸稳定性好，无须传统开模，节省了模具开发成本，大幅度改善了工作环境，并缩短了制造周期，使复杂砂型的生产难度大幅度下降，主要用于单件、小批量及复杂金属功能件的铸型制造。采用砂型 3D 打印技术制备的模型如图 6.23 所示。

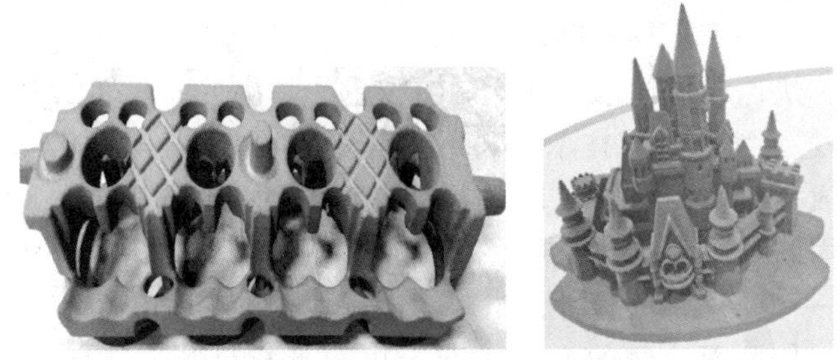

图 6.43　采用砂型 3D 打印技术制备的模型

此外，还有粉末材料选择性黏结法、直接壳型铸造法及立体生长成形等。快速成形技术系统的工艺流程如图 6.44 所示。

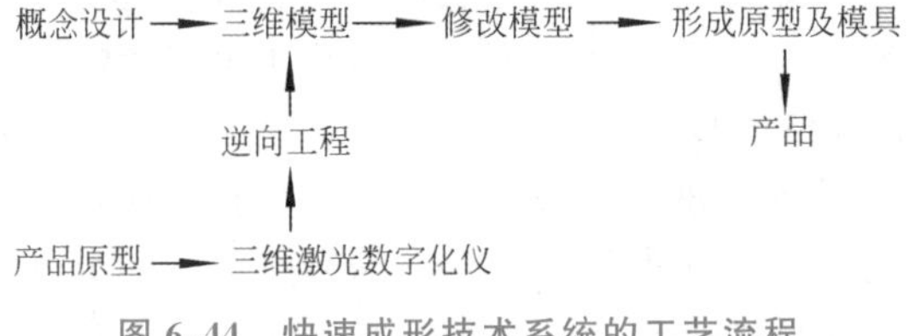

图 6.44　快速成形技术系统的工艺流程

② 快速成形的特点及应用。

A. 快速成形的特点如下：可用于金属和非金属材料；原型的复制性、互换性强；制造工艺与制造原型的几何形状无关，在加工复杂曲面时更优越；加工周期短，成本低，成本与产品复杂程度无关，一般制造费用降低 50%，加工周期缩短 70%以上；技术高度集成，可实现设计制造一体化。

光固化成形

B. 快速成形工艺在铸造行业主要用于制备铸造模具和铸型，可以利用快速成形工艺制造的快速原型，结合硅胶模、金属冷喷涂、精密铸造、电铸、离心铸造等生产铸造用的模具。

（2）半固态金属成形。

半固态金属成形是在金属凝固过程中进行强烈搅拌，打碎普通铸造易形成的树枝晶网络，得到一种液态金属母液中均匀悬浮着一定颗粒状固相组分的固-液混合浆料，用这种既非液态又非完全固态的金属浆料加工成形的方法。

① 半固态金属成形的特点。

A. 由于半固态金属本身具有均匀的细晶粒组织及特殊的流变特性，在压力下成形使工件具有很强的综合力学性能；成形温度比全液态金属成形温度低，液态成形缺陷减少，铸件质量提高，将压铸合金的种类拓展至高熔点合金。

B. 能够减小成形件的质量，实现金属制品的近净成形。

C. 可改善制备某些金属基复合材料出现的漂浮、偏析及润湿难题。

② 半固态金属的制备方法。

半固态金属的制备方法有熔体搅拌法、应变诱发熔化激活法、热处理法、粉末冶金法等，其中熔体搅拌法应用最普遍。熔体搅拌法根据搅拌原理的不同可分为机械搅拌法和电磁搅拌法。

A. 机械搅拌法。机械搅拌法设备技术较成熟，易实现，搅拌状态和强弱易控制，剪切效率高；但对搅拌器材料的强度、可加工性及化学稳定性要求较高。

B. 电磁搅拌法。在旋转磁场的作用下，采用电磁搅拌法使熔融液态金属在容器内做涡流运动。电磁搅拌法的突出优点是不用搅拌器，对合金液成分影响小，易控制搅拌强度，尤其适合高熔点金属的半固态制备。

③ 半固态金属成形工艺。半固态金属成形工艺有两条实现途径：由原始浆料连铸或直接成形的方法［流变铸造（rheocasting）］和触变成形（thixoforming）。

半固态金属成形的工艺流程如图 6.45 所示。

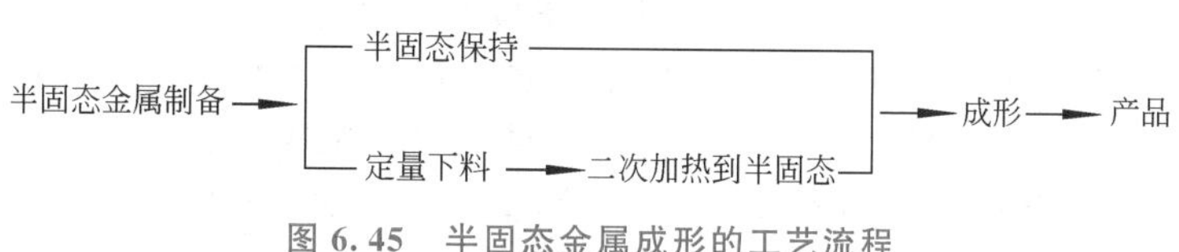

图 6.45　半固态金属成形的工艺流程

④ 半固态金属成形的工业应用与开发前景。

半固态金属成形的铝合金件和镁合金件大量用于制造汽车工业的特殊零件，如汽车轮毂、主制动缸体、反锁制动阀、盘式制动钳、动力换向壳体、离合器总泵体、发动机活塞、液压管接头、空压机本体、空压机盖等。

(3) 计算机铸造数值模拟技术。

计算机铸造数值模拟技术是基于功能强大的有限元理论，较准确地预测及模拟液态金属的充填过程、铸件凝固过程及温度场分布，以及铸造缺陷、铸造过程中产生的变形、应力分布及一些铸造方法模拟仿真，有助于制定最佳铸造工艺及设计模具。典型铸造模拟仿真软件有华铸 CAE、AnyCasting、ProCAST 等。

6.3　常用合金铸件的生产

在机械制造业中，常用铸造合金有铸铁、铸钢和非铁合金中的铝、铜及其合金等，其生产特点各不相同。

6.3.1 铸铁件的生产

铸铁在铸造合金中应用最广。铸铁的常用成分见表 6－12。

表 6－12 铸铁的常用成分

组 元	w_C	w_{Si}	w_{Mn}	w_P	w_S	w_{Fe}
成分/(%)	2.4～4.0	0.6～3.0	0.4～1.2	≤0.3	≤0.15	其余

1. 灰铸铁

(1) 影响铸铁石墨化的主要因素。

① 化学成分。

A. 碳和硅。碳是形成石墨的元素，含碳量越高，析出的石墨越多、越粗大，而基体中的铁素体增加，珠光体减少；反之，石墨减少且细化。

硅是强烈促进石墨化的元素。实践证明，若铸铁中含硅量过小，即使含碳量很大，也难以形成石墨。硅既能促进石墨化，又能改善铸造性能，如提高铸铁的流动性、降低铸件的收缩率等。

B. 硫和锰。硫是严重阻碍石墨化的元素。含硫量大时，铸铁有形成白口的倾向。硫在铸铁晶界上形成低熔点（985℃）的共晶体（FeS＋Fe），使铸铁具有热脆性。此外，硫还使铸铁铸造性变差（如降低铁液流动性、增大铸件收缩率等），通常限制在 0.1%～0.15%，高强度铸铁则更低。

锰能抵消硫的有害作用，属于有益元素。锰与硫的亲和力强，在铁液中会与硫优先形成 MnS；MnS 的熔点约为 1600℃，高于铁液温度，同时比重较小，上浮进入熔渣而被排出炉外，残存于铸铁中的少量 MnS 呈颗粒状，对力学性能的影响很小。铸铁中的锰除了与硫发生作用，还可溶入铁素体和渗碳体，提高基体的强度和硬度；但过多的锰会阻碍石墨化。铸铁的含锰量为 0.6%～1.2%。

C. 磷。磷可降低铁液的黏度而提高铸铁的流动性。当铸铁的含磷量大于 0.3%时，形成以 Fe_3P 为主的共晶体，这种共晶体的熔点较低、硬度高（390～520HBW），形成了分布在晶界处的硬质点，提高了铸铁的耐磨性。因磷共晶体呈网状分布，故含磷量过高会增大铸铁的冷脆倾向。因此，对一般灰铸铁件来说，含磷量应限制在 0.5%以下，高强度铸铁应限制在 0.2%～0.3%，只是某些薄壁件或耐磨件中的含磷量可提高到 0.5%～0.7%。

② 冷却速度。

相同化学成分的铸铁，若冷却速度不同，则组织和性能不同。这是由于缓慢冷却时，石墨可以顺利析出；反之，石墨的析出受到抑制。为了确保铸件的组织和性能，需要考虑冷却速度对铸铁组织和性能的影响。铸件的冷却速度主要取决于铸型材料的导热性和铸件壁厚。

利用激冷在同一铸件的不同部位采用不同的铸型材料，可使铸件各部分的组织和性能不同。当冷硬铸造轧辊、车轮时，采用局部金属型（其余用砂型）以激冷铸件上的耐磨表面，产生耐磨的白口组织。

在铸型材料相同的条件下，壁厚不同的铸件因冷却速度不同，铸铁的组织和性能也不同，因此，不同按照铸件的壁厚确定铸铁的化学成分和牌号。

(2) 灰铸铁的孕育处理。

灰铸铁可通过减小含碳量、含硅量来减小石墨尺寸及数量，以提高强度。但是含碳量、含硅量过小会产生白口组织。因此，生产 HT200 以上铸铁时，向含碳量、含硅量小的铁液中冲入硅铁（或硅钙等）合金孕育剂，然后进行浇注，得到更细小的石墨，用这种方法制成的铸铁称为孕育铸铁。由于铁液中均匀地悬浮着外来弥散质点，增加了石墨的结晶核心，使石墨化作用骤然提高，因此石墨细小且分布均匀，获得珠光体基体组织，使孕育铸铁的强度、硬度显著提高，含碳量越小、石墨越细小，铸铁的强度、硬度越高。

生产工艺上需熔炼出含碳量、含硅量均小的原始铁液（$w_C=2.7\%\sim3.3\%$、$w_{Si}=1\%\sim2\%$）。孕育剂为常用含硅量为 75%的硅铁或硅钙合金，加入量为铁液质量的 0.25%～0.80%。孕育处理时，应将硅铁均匀地加入出铁槽，由出炉的铁液冲入浇包。由于孕育处理过程中铁液温度降低，因此出炉的铁液温度需达到 1400～1450℃。

孕育铸铁（如 HT250、HT300、HT350）的冷却速度对组织和性能的影响很小，因此铸件上厚大截面的性能较均匀。

孕育铸铁用于静载荷下要求强度较高、耐磨性强或气密性强的铸件及厚大铸件。

(3) 灰铸铁的生产特点。

灰铸铁熔炼主要使用感应炉或冲天炉。灰铸铁的铸造性能优良，铸造工艺简单，便于制造出薄而复杂的铸件，生产中多采用同时凝固方法，铸型不需要加补缩冒口和冷铁，只有高牌号铸铁采用定向凝固方法。

灰铸铁件主要用砂型铸造、消失模铸造，浇注温度较低，因而对型砂的要求也较低，中小件大多采用经济简便的湿型铸造。一般不需要对灰铸铁件进行热处理，或仅需进行时效处理。

2. 球墨铸铁

(1) 球墨铸铁的生产特点。

① 铁液要求。要有足够的含碳量，含硫量和含磷量小，有时还要求含锰量小。高碳（含碳量为 3.6%～4.0%）可改善铸造性能和球化效果，含硫量和含磷量小可提高球墨铸铁的塑性与韧度。硫易与球化剂化合形成硫化物，使球化剂的消耗量增大，并使铸件易产生皮下气孔等缺陷。球化处理和孕育处理使铁液温度降低 50～100℃，为防止浇注温度过低，出炉的铁液温度需高于 1400℃。

② 球化处理和孕育处理。球化处理和孕育处理是制造球墨铸铁的关键，需要严格控制。

球化剂：我国广泛采用的球化剂是稀土镁合金。镁是重要的球化元素，但它密度小、沸点低，若直接加入液态铁，镁将浮于液面并立即沸腾，使镁的吸收率降低，且不够安全。稀土元素包括铈（Ce）、镧（La）、镱（Yb）和钇（Y）等 17 种元素。稀土的沸点高于铁液温度，加入铁水没有沸腾现象；同时，稀土具有脱硫、去气能力，还能细化组织、改善铸造性能。但稀土的球化作用比镁弱，单纯用稀土做球化剂时，石墨球不够圆整。稀土镁合金（其中稀土和镁含量均小于 10%，其余为硅和铁）综合了稀土和镁的优点，以它为球化剂作用平稳、能改善球铁的质量。球化剂的加入量为铁液质量的 1.0%～1.6%。

孕育剂：促进铸铁石墨化，防止球化元素引起白口倾向，并使石墨球圆整、细化，改善球铁的力学性能。常用孕育剂为含硅量为 75%的硅铁。孕育剂的加入量为铁液质量的

0.4%～1.0%。由于球化元素有较强的白口倾向，因此球墨铸铁不适合铸造薄壁小件。

球化处理：以冲入法最普遍，即将球化剂放入铁液包的堤坝，上面铺硅铁粉和稻草灰，以防球化剂上浮，并使其缓慢作用。先将2/3铁液包容量的铁液冲入包，使球化剂与铁液充分反应，再将孕育剂放入冲天炉出铁槽，将剩余的1/3铁液包容量的铁液冲入包内，进行孕育。

球化处理后的铁液应及时浇注，以防孕育和球化作用衰退。

③ 铸型工艺。球墨铸铁的含碳量较大，接近共晶成分，凝固收缩率低，但缩孔、缩松倾向较大，这是由凝固特性决定的。在球墨铸铁浇注后的一定时期内，凝固的外壳强度较低，而球状石墨析出时的膨胀力很大，若铸型的刚度不够，则铸件的外壳向外胀大，造成铸件内部液态金属不足，在铸件凝固的部位产生缩孔和缩松。为防止产生上述缺陷，可采取如下措施：在热节处设置冒口、冷铁，对铸件收缩进行补偿；增大铸型刚度，防止铸件外形扩大。如增大型砂紧实度，采用干砂型或水玻璃快干砂型，保证砂型有足够的刚度，并使上、下型牢固夹紧。

生产球墨铸铁件时，易出现皮下气孔，气孔直径为1～2mm，其是由铁液中过量的Mg或MgS与砂型表面水分发生化学反应生成气体而形成的：

$$Mg+H_2O \longrightarrow MgO+H_2\uparrow \quad 或 \quad MgS+H_2O \longrightarrow MgO+H_2S\uparrow$$

防止皮下气孔产生的措施如下：减小铁液中含硫量和残余镁量，减小型砂含水量或采用干砂型，浇注系统使铁液平稳地导入型腔，并有良好的挡渣效果，以防铸件内产生夹渣。

球墨铸铁具有较高的强度和塑性，尤其是屈强比高于锻钢，用途非常广泛，如制造汽车底盘零件、传动齿轮，阀体和阀盖，机油泵齿轮，柴油机和汽油机曲轴、缸体和缸套等。球墨铸铁在制造曲轴方面逐步替代锻钢。

(2) 球墨铸铁的热处理。

铸态球墨铸铁的基体多为珠光体-铁素体混合组织，有时还有自由渗碳体，形状复杂件还存在残余内应力。因此，要对多数球墨铸铁件进行热处理，以保证应有的力学性能。常用的热处理为退火和正火。退火的目的是获得铁素体基体，以提高球墨铸铁件的塑性和韧度。正火的目的是获得珠光体基体，以提高球墨铸铁件的强度和硬度。另外，用于钢的热处理工艺都可用于球墨铸铁。

3. 可锻铸铁

可锻铸铁生产周期长、耗能大、工艺复杂，应用和发展受到一定限制，某些传统的可锻铸铁件逐渐被球墨铸铁替代。

可锻铸铁是白口铸铁件通过石墨化退火处理得到的，分为如下两个步骤。

第一步：铸造白口铸铁件。为保证在通常的冷却条件下铸件刚好得到合格的全白口组织，通常 $w_C=2.2\%\sim2.8\%$，$w_{Si}=1.2\%\sim2.0\%$，$w_{Mn}=0.4\%\sim1.2\%$，$w_P\leqslant0.1\%$，$w_S\leqslant0.2\%$。

第二步：对白口铸铁件进行长时间的石墨化退火处理，使 Fe_3C 分解得到团絮状石墨。退火加热温度为900～980℃，保温时间为36～60h（有时还在浇注时往铁液中加入少量铝、铋等元素，可明显缩短退火周期）。

可锻铸铁的含碳量和含硅量较小，铸造性能比普通灰铸铁差，但生产薄壁小件时铸造性能比球墨铸铁好。

4. 蠕墨铸铁

蠕墨铸铁是在一定成分的铁液中加入适量的蠕化剂进行蠕化处理得到的。蠕化处理是将蠕化剂放入经过预热的堤坝或铁液包内的一侧，从另一侧冲入铁液，利用高温铁液将蠕化剂熔化的过程。蠕化剂有镁钛合金、稀土镁钛合金、稀土镁钙合金等。其生产过程类似于球墨铸铁，液态流动性接近甚至优于灰铸铁，收缩性介于灰铸铁与球墨铸铁之间，倾向于形成缩孔，不易产生裂纹。

5. 铸铁的熔炼设备

熔炼的目的是获得化学成分合格、纯净、温度合适的铁液。

铸铁的熔炼设备主要有感应炉和冲天炉。冲天炉熔炼成本低，效率较高，但污染大，逐渐被感应炉熔炼替代。

6.3.2 铸钢件的生产

铸钢件的塑性和韧度都比铸铁高，焊接性能优良，适合采用铸、焊联合工艺制造重型机械；但铸造性能、减振性和缺口敏感性等都比铸铁差，且熔点高，增加了铸造生产成本。

1. 铸钢的铸造工艺特点

铸钢熔点高，钢液易氧化；流动性差，不易铸出薄壁件、复杂件；收缩率较大，体收缩率约为灰铸铁的3倍，线收缩率约为灰铸铁的2倍，因此铸钢比铸铁铸造困难。为保证铸钢件质量，避免出现缩孔、缩松、裂纹、气孔和夹渣、浇不足等缺陷，可以采取如下工艺措施。

(1) 型砂的强度、耐火度和透气性要高。原砂要采用耐火度较高的石英砂。中、大件的铸型一般采用强度较高的CO_2硬化水玻璃砂型和黏土干砂型或树脂砂型。为防止黏砂，铸型表面应涂刷一层耐火涂料。

(2) 使用补缩冒口和冷铁，实现顺序凝固。补缩冒口一般为铸钢件质量的25%～50%，给造型和切割冒口增大了工作量。图6.46所示为ZG230-450带内齿圈联轴套。其壁厚不均匀，上圈壁厚较大（为80mm），心部的热节处（整圈）极易形成缩孔和缩松，铸造时必须保证对心部充分补缩。为实现顺序凝固和减少冒口，在底端和冒口对称位置放置冷铁。浇入的钢液首先在冷铁处凝固，且朝着冒口方向顺序凝固，使套上各部分的收缩都能得到冒口液态金属的补充（对薄壁或易产生裂纹的铸件采用同时凝固）。

(3) 严格掌握浇注温度（1500～1650℃）。低碳钢（流动性较差）、薄壁小件或结构复杂不易浇满的铸件，应取较高的浇注温度；高碳钢（流动性较好）、大铸件、厚壁铸件及容易产生热裂的铸件，应取较低的浇注温度。

2. 铸钢的熔炼

钢液熔炼设备有电弧炉、感应炉、平炉等，其中电弧炉应用最多，感应炉主要用于生产合金钢中、小型铸件，平炉仅用于生产重型铸钢件（这里不做介绍）。

(1) 电弧炉炼钢（图6.47）。电弧炉炼钢利用电极与金属炉料间电弧产生的热量熔炼

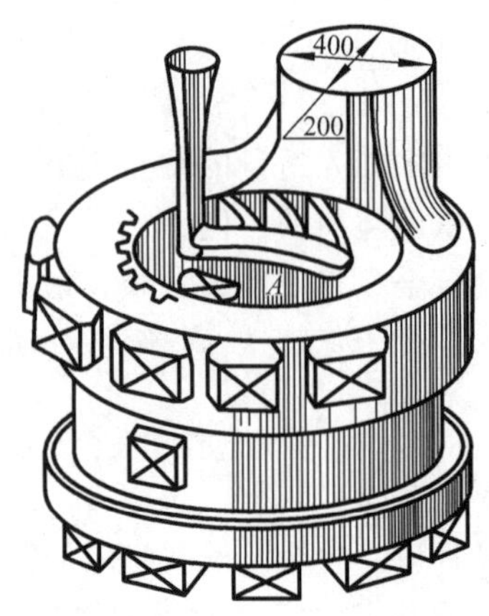

图 6.46　ZG230－450 带内齿圈联轴套

金属。电弧炉的容量为 5～50t，温度高，熔炼快（2～3 小时/炉），钢液质量较好，温度易控制。炼钢的金属材料主要是废钢、生铁和铁合金等，其他材料有造渣材料、氧化剂、还原剂和脱碳剂等。

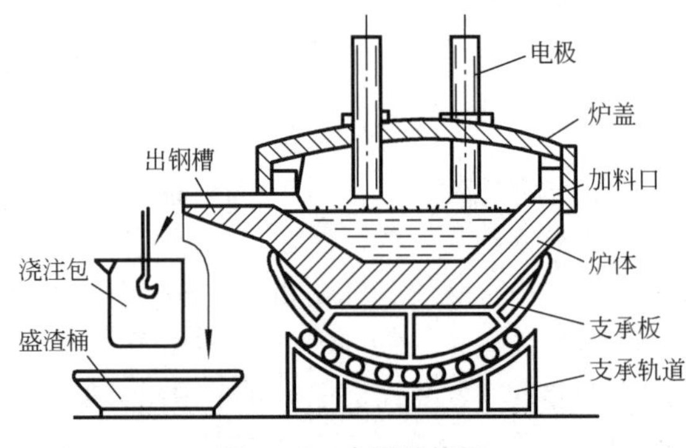

图 6.47　电弧炉炼钢

（2）感应炉炼钢（图 6.48）。感应炉利用感应线圈中交流电（工频或中频）的感应作用，使坩埚内的金属炉料及钢液产生感应电流并释放热量，使炉料熔化。

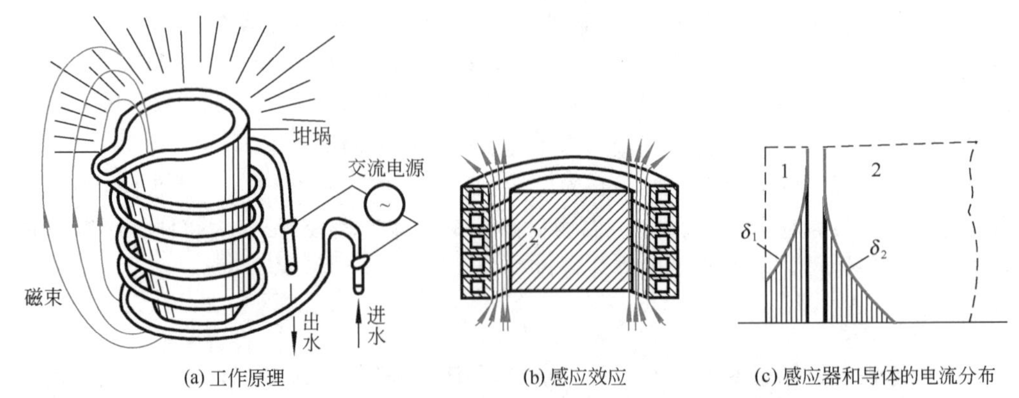

(a) 工作原理　(b) 感应效应　(c) 感应器和导体的电流分布

1—感应器；2—金属炉料；δ_1，δ_2—电流密度分布曲线

图 6.48　感应炉炼钢

感应炉加热较快，热量散失少，热效率较高，氧化熔炼损耗较小，吸收气体较少；但是炉渣温度较低，化学性质不活泼，不能充分发挥炉渣在冶炼过程中的作用，基本只进行炉料的重熔过程。

3. 铸钢的热处理

铸钢件的金相组织通常有不足之处，如晶粒粗大、存在魏氏组织（铁素体呈长条状分布在晶粒内部），使塑性降低，力学性能比锻钢件差，特别是冲击韧度低。此外，铸钢件内存在较大的铸造应力，浇口和冒口切割处有硬化组织。

铸钢的热处理目的：细化晶粒、消除魏氏组织、消除铸造应力和硬化组织、提高力学性能和机加工性能。

铸钢的热处理工艺：退火和正火。退火适合 $w_C \geqslant 0.35\%$ 或结构特别复杂的铸钢件。因为这类铸钢件塑性较差，残留铸造应力较大，所以易开裂。正火适合 $w_C < 0.35\%$ 的铸钢件，因为这类铸钢件塑性较好，所以冷却时不易开裂。铸钢件正火后的力学性能较强，生产效率也较高，但残留内应力比退火后的大。为进一步提高铸钢件的力学性能，可采用正火＋高温回火。铸钢件不宜淬火，淬火时易开裂。

6.3.3 非铁合金铸件的生产

常用的非铁合金（有色金属）有铜、铝、镁及其合金。

铜合金、铝合金熔炼时，金属炉料不与燃料直接接触，可减少金属的损耗、保持液态金属纯净。在一般铸造车间里，铜合金、铝合金多采用以焦炭为燃料或以电为能源的坩埚炉熔炼，有时也采用感应炉熔炼（镁合金常用感应加热真空炉熔炼）。电阻坩埚炉如图 6.49 所示。

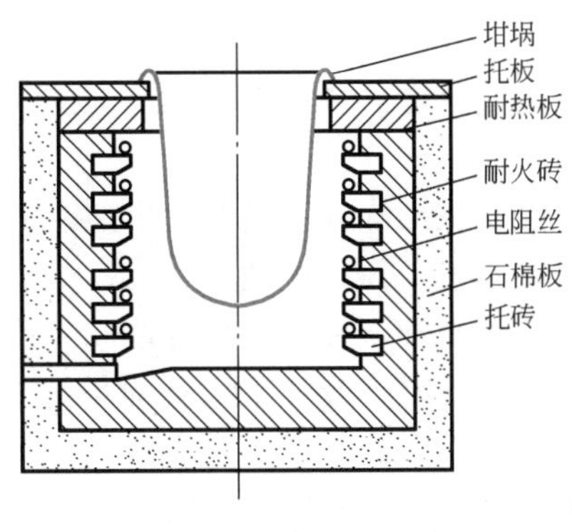

图 6.49 电阻坩埚炉

1. 铜合金的熔炼

铜合金极易氧化，形成的氧化物（Cu_2O）使合金的力学性能下降。为防止铜氧化，熔炼青铜时应加入熔剂（如玻璃、硼砂等）以覆盖铜液。为去除形成的 Cu_2O，最好在出炉前向铜液中加入 0.3%～0.6%的磷铜（Cu_3P）来脱氧。由于黄铜中的锌本身就是良好的脱氧剂，因此熔炼黄铜时，无须加入熔剂和脱氧剂。

2. 铝合金的熔炼

铝合金氧化物（Al_2O_3）的熔点高达 2050℃，密度稍大于铝，熔化搅拌时易进入铝液，呈非金属夹渣。铝液还极易吸收氢气，使铸件产生针孔。

为防止铝液氧化和吸气，向坩埚炉加入 KCl、NaCl 等作为熔剂，隔离铝液与炉气。为驱除铝液中已吸入的氢气、防止产生针孔，在铝液出炉前应进行驱氢精炼。驱氢精炼较简便的方法是通入氩气、氮气精炼；或用钟罩向铝液中压入氯化锌（$ZnCl_2$）或六氯乙烷（C_2Cl_6）等氯盐或氯化物，反应生成的 C_2Cl_4、$AlCl_3$ 在上浮过程中形成大量气泡，铝液中的氢气向气泡中扩散，被上浮的气泡带出液面；同时，上浮的气泡带出 Al_2O_3。

3. 铸造工艺

砂型铸造时，为减小机械加工余量，应选用粒度较小的细砂造型。特别是铜合金铸件，由于合金的密度大、流动性好，因此若采用粗砂，铜液容易渗入砂粒间隙，产生机械黏砂，增大了铸件清理的工作量。

铜合金、铝合金的凝固收缩率大，除锡青铜外，一般需加冒口、使铸件顺序凝固，以便补缩；铜合金、铝合金易氧化和吸气，应采用充型平稳的浇注系统，以减少或防止合金液的氧化和吸气。

为防止铜液和铝液氧化，浇注时不能断流，浇注系统应能防止金属液飞溅，以便将金属液平稳地导入型腔。

6.3.4 铸件的常见缺陷

铸件缺陷有浇不足、冷隔、气孔、黏砂、夹砂、缩孔、缩松、胀砂等。

（1）浇不足、冷隔。液态金属充型能力不足或充型条件较差，在型腔被填满前，金属液停止流动，使铸件产生浇不足或冷隔缺陷。产生浇不足时，铸件不能获得完整的形状；产生冷隔时，铸件虽可获得完整的外形，但因存在未完全融合的接缝，故铸件的力学性能严重受损。

防止产生浇不足和冷隔的工艺措施：提高浇注温度与浇注速度，提高金属液的充型能力等。

（2）气孔。气孔是气体在金属液结壳前未及时逸出，在铸件内生成孔洞类缺陷。气孔内壁光滑、明亮或带有轻微的氧化色。铸件中产生气孔，将会减小有效承载面积，并在气孔周围引起应力集中而降低铸件的抗冲击性和抗疲劳性。气孔还会降低铸件的致密性，致使某些要求承受水压试验的铸件报废。另外，气孔对铸件的耐蚀性和耐热性也有不良影响。

防止产生气孔的工艺措施：减小金属液中的含气量、提高砂型的透气性、在型腔最高处增设出气冒口等。

（3）黏砂。铸件表面上黏附一层难以清除的砂粒称为黏砂。黏砂既影响铸件外观，又增大了铸件清理和切削加工的工作量，甚至影响机器的使用寿命。

防止黏砂的工艺措施：在型砂中加入煤粉，在铸型表面涂刷防黏砂涂料等。

（4）夹砂。夹砂是在铸件表面形成的沟槽和疤痕缺陷，用湿型铸造厚大平板类铸件时极易产生。

铸件中产生夹砂的大多部位是与砂型上表面接触的地方，型腔上表面受金属液辐射热的作用，容易拱起和翘曲，当翘起的砂层受金属液不断冲刷时，可能断裂破碎，留在原处或被带入其他部位。铸件的上表面面积越大，型砂体积越大，形成夹砂的倾向性越大。

(5) 缩孔、缩松。缩孔、缩松是在铸件内部尤其是厚大部分生成的不规则的粗糙孔洞类缺陷。铸件中的缩孔、缩松会减小有效承载面积，并在缩孔、缩松周围引起应力集中而降低铸件的强度、抗冲击性和抗疲劳性，还会降低铸件的致密性，致使某些要求承受水压试验的铸件报废。

防止产生缩孔、缩松的工艺措施：浇口和冒口系统设计合理、凝固顺序设计合理、适当提高浇注压头等。

(6) 胀砂。胀砂是浇注时，在金属液的压力作用下铸型型壁移动，铸件局部胀大形成的缺陷。

防止产生胀砂的工艺措施：提高砂型强度、砂箱刚度，增大合箱时的压箱力或紧固力，并适当降低浇注温度，使液态金属的表面提前结壳，以减小金属液对铸型的压力。

习　题

一、简答题

6-1　铸造的成形原理是什么？

6-2　铸造技术的工艺过程是怎样的？容易实现吗？

6-3　什么是合金的铸造性能？若合金的铸造性能不好，则会引起哪些铸造缺陷？

6-4　当金属材料凝固时，会出现什么物理现象？对其性能有什么影响？

6-5　铸件的缩孔和缩松是如何形成的？可采用什么措施防止？为什么铸件的缩孔比缩松容易防止？

6-6　铸造应力有哪几种？从铸件结构和铸造技术两方面考虑，如何减小铸造应力、防止铸件变形和裂纹？

6-7　对图6.11所示的T形梁铸件顶面切除薄薄的金属层，试判断梁的变形方向。如对圆柱形铸件沿轴线钻通成为管状，判断铸件最后是伸长还是缩短。

6-8　试比较灰铸铁、铸造碳钢和铸造铝合金的铸造性能特点，哪种金属的铸造性能好？哪种金属的铸造性能差？为什么？

6-9　应如何设计铸件上的凸台、肋条结构？

6-10　浇注系统的作用是什么？浇注系统的基本构成是怎样的？设计浇注系统时，应满足什么要求？

6-11　熔模铸造、金属型铸造、压力铸造、离心铸造与砂型铸造各有什么特点？它们的应用各有什么局限性？消失模铸造与普通砂型铸造相比，有什么特点？

6-12　试比较灰铸铁件和铸造碳钢件的生产特点。

二、思考题

6-13　什么是顺序凝固和同时凝固？各适用于什么类型的合金？如何在铸造工艺设计中实现？

6-14　试分析图6.50所示座体，解答下述问题：

(1) 如何选择浇注位置和分型面？

(2) 小批量砂型铸造生产和大批量砂型铸造生产应分别选用什么造型方法？铸造工艺设计有什么不同？

（3）若座体的材质改为铸钢（ZG230-450），则在铸造工艺方面要考虑哪些问题？

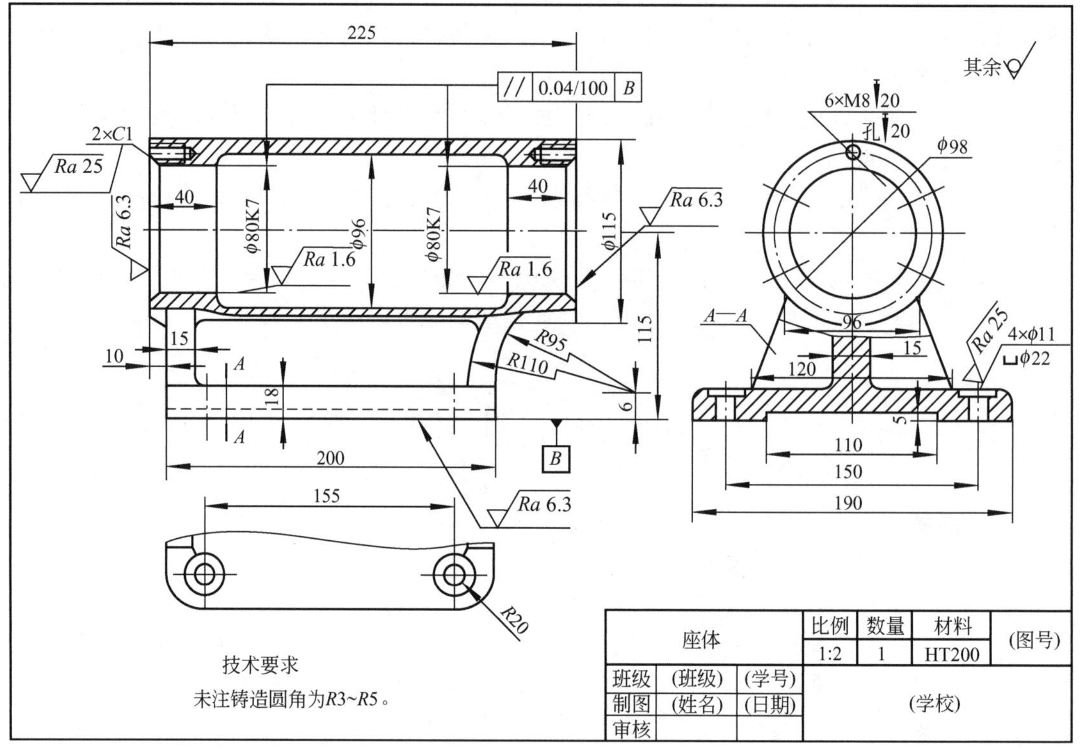

图 6.50　座体

第7章 金属固态塑性成形技术

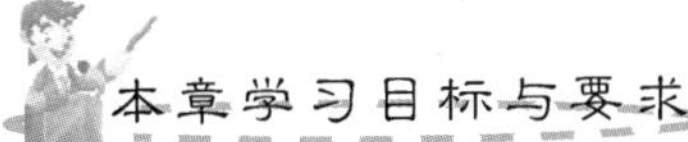

▲ 掌握金属固态塑性成形的原理。

▲ 熟悉金属固态塑性成形的工艺。

▲ 熟悉自由锻造、模型锻造、胎膜锻造的特点及应用。

▲ 了解自由锻件、模型锻件、胎模锻件的结构工艺性。

▲ 了解其他塑性成形技术。

7.1 金属固态塑性成形的理论基础

7.1.1 金属固态塑性成形的原理及工艺

1. 金属固态塑性成形

(1) 固态的物态特征。

在物理特征上，任何固体都具有一定的形状和尺寸，固态成形就是改变固体原有形状和尺寸，获得所需（预期）形状和尺寸的过程。

(2) 金属固态塑性成形的原理。

金属固态塑性成形的原理如下：在外力作用下，固态金属通过塑性变形获得具有一定形状、尺寸和力学性能的毛坯或者零件。可见，所有在外力下产生塑性变形且不破坏的金属材料，都可以进行固态塑性成形。

实现金属材料的固态塑性成形需要满足两个基本条件：①被成形的金属材料具有一定的塑性；②有外力作用在金属材料上。

金属材料的固态塑性成形受内在因素和外在因素的制约，内在因素是金属本身进行固态塑性变形和可形变的能力，外在因素是所需外力。在金属固态塑性成形过程中，内在因素和外在因素相互影响。另外，外界条件（如温度、变形速度等）对内在因素和外在因素也有一定的影响。

在金属材料中，低、中碳钢及大多数有色金属的塑性较好，都可进行固态塑性成形；铸铁、铸铝合金等材料的塑性较差，不可或不宜进行固态塑性成形。

2. 金属固态塑性成形的工艺

实现金属固态塑性变形的方法或技术称为金属塑性加工（或称锻压）。其原理如下：在外力作用下，金属材料产生预期的塑性变形而改变原有形状和尺寸，获得所需形状、尺寸和力学性能的毛坯或零件。金属固态塑性成形的主要工艺有自由锻造、模型锻造、板料成形、轧制、挤压、拉拔等，其塑性成形方式（技术）如图 7.1 至图 7.4 所示。

（1）自由锻造：将加热后的金属材料置于上、下砧铁间，金属材料受冲击力或压力而产生塑性变形的加工方法，如图 7.1（a）所示。

（2）模型锻造：将加热后的金属材料置于具有一定形状和尺寸的锻模模膛内，金属材料受冲击力或压力而产生塑性变形的加工方法，如图 7.1（b）所示。

（3）板料成形：将金属材料置于冲压模之间，金属材料受压产生分离或变形而形成产品的加工方法，如图 7.1（c）所示。

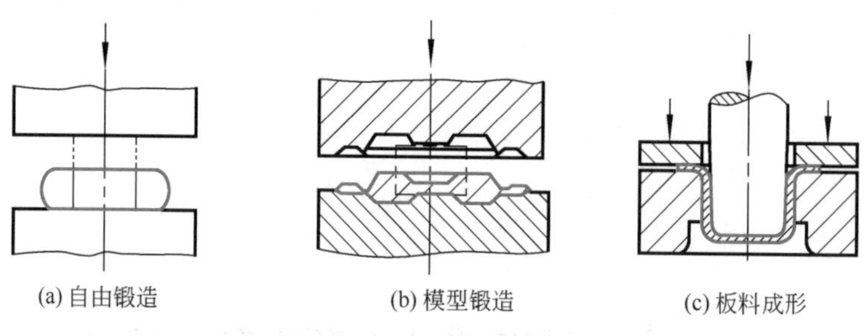

图 7.1　锻造生产方式

（4）轧制：将金属通过轧机上两个相对回转轧辊之间的空隙进行压延变形，成为型材（如钢、角钢、槽钢等）的加工方法，如图 7.2（a）所示。轧制所用坯料主要是金属锭，金属锭在轧制过程中靠摩擦力连续通过而受压变形，其截面面积减小，轧出的产品截面与轧辊间的空隙形状和尺寸相同，而长度大。部分轧制产品的截面形状如图 7.2（b）所示。

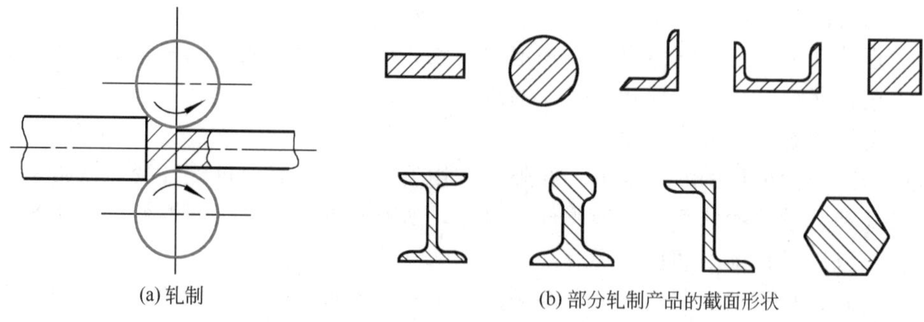

图 7.2　轧制及部分轧制产品的截面形状

(5) 挤压：将金属置于封闭的挤压模内，用较大挤压力将金属从模孔中挤出成形的方法，如图 7.3 (a) 所示。其中，冲头（或凸模）的运动方向与挤压模出口处金属流动方向相同的称为正挤压；反之，称为反挤压。在挤压过程中，金属材料的截面面积依照模孔的形状减小，而长度增大。通过挤压可以获得复杂截面的型材或零件，部分挤压产品的截面形状如图 7.3 (b) 所示。

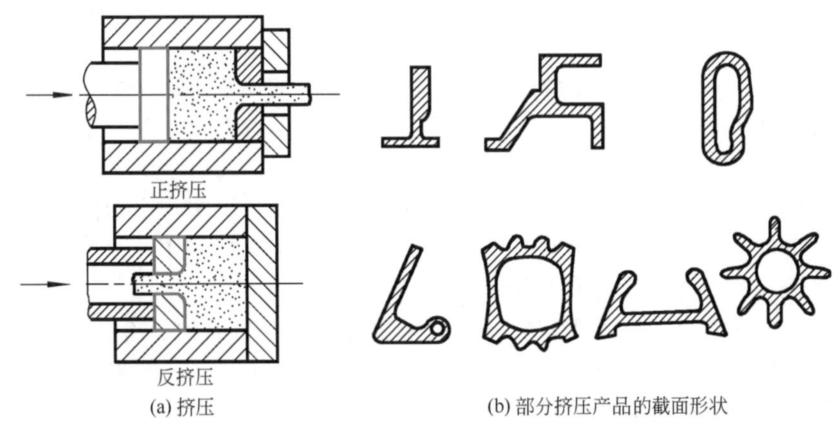

(a) 挤压　　(b) 部分挤压产品的截面形状

图 7.3　挤压及部分挤压产品的截面形状

(6) 拉拔：将金属材料拉过拉拔模模孔而使拔长，其断面与模孔相同的加工方法，如图 7.4 (a) 所示。拉拔主要用于生产细线材、薄壁管和一些截面形状特殊的型材，部分拉拔产品的截面形状如图 7.4 (b) 所示。

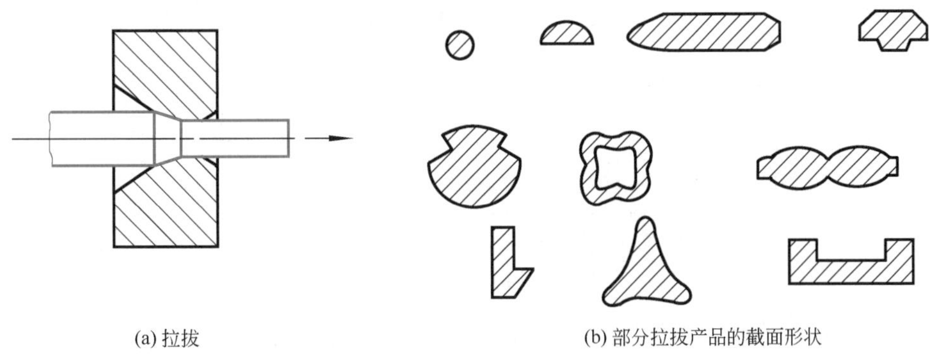
(a) 拉拔　　(b) 部分拉拔产品的截面形状

图 7.4　拉拔及部分拉拔产品的截面形状

轧制、挤压、拉拔主要用来生产型材、板材、管材、线材等作为二次加工的材料，也可用来直接生产毛坯或零件，如热轧钻头、齿轮、齿圈，冷轧丝杆，叶片的挤压，等等；自由锻造和模型锻造用来生产强度高的机械零件毛坯，如重要的轴类、齿轮类、连杆类等；板料成形广泛用于制造汽车、船舶、电器、仪表、标准件、日用品等。

3. 金属固态塑性成形的特点

(1) 改善金属的内部组织，提高或改善力学性能等。经压力加工后，金属材料的组织、力学性能都得到改善或提高，如热塑性变形加工能消除金属锭内部的气孔、缩孔和树枝状晶等缺陷，且金属塑性变形和再结晶可使粗大晶粒细化，得到致密的金属组织和纤维组织，从而提高金属的力学性能。设计零件时，若正确选用零件的受力方向与纤维组织方向，则可以提高零件的抗冲击性等；冷塑性变形加工能使变形后的金属制件出现加工硬化现象，使金属的强度和硬度大幅度提高，对不能或不易用热处理方法提高强度和硬度的金属制件，利用加工硬化既有效又经济；另外，采用冷塑性成形方法制成的产品尺寸精度高、表面质量好。

（2）材料利用率高。由于金属塑性成形主要靠金属的体积重新分配，而不需要切除金属，因而材料利用率高。

（3）生产率较高。金属塑性成形是利用压力机和模具加工的，生产效率较高。

（4）毛坯或零件的精度较高。应用先进的技术和设备，可实现少切削加工或无切削加工。例如，精密锻造的伞齿轮齿形部分可不经过切削加工直接使用，复杂曲面形状的叶片经精密锻造后只需磨削即可达到所需精度。

承受冲击或交变应力的重要零件（如机床主轴、齿轮、曲轴、连杆等）及薄壁件等，都应采用锻压生产的制品（锻压件）。金属塑性成形是机械制造、军事、航空航天、家用电器等领域重要的材料成形技术。

但是不能利用金属塑性成形加工脆性材料（如铸铁、铸铝合金等）和形状特别复杂（尤其是内腔形状复杂）或体积特别大的毛坯或零件；另外，多数金属塑性成形的投资较大。

4. 锻压工艺过程的基本作业模块

锻压工艺过程的基本作业模块如图 7.5 所示。

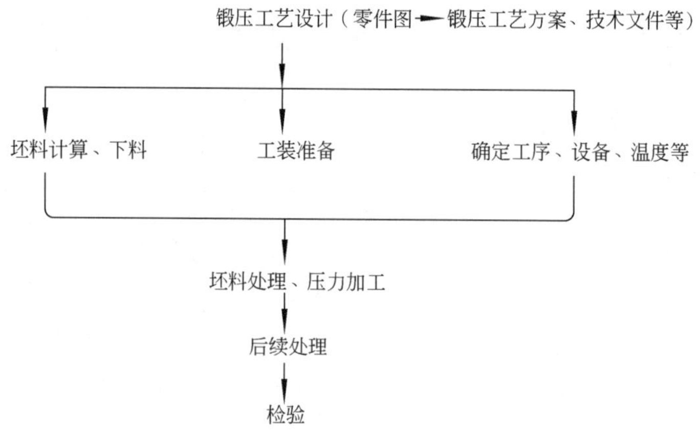

图 7.5　锻压工艺过程的基本作业模块

7.1.2　金属固态塑性成形的理论基础

对金属材料进行固态塑性成形，需要对金属在工业上实现该工艺过程的可能性和局限性作出正确评价，以便掌握和运用。

1. 金属塑性成形能力

金属塑性成形能力是衡量压力加工工艺性的主要工艺性能指标，称为金属的塑性成形性（又称可锻性），它是指金属材料在塑性成形加工时获得优质毛坯或零件的难易程度。金属的塑性成形性好，表明该金属适用于压力加工。金属的塑性成形性主要取决于塑性和变形抗力两个性能指标。材料的塑性越好，变形抗力越小，塑性成形性越好，越适合压力加工。在实际生产中，往往优先考虑材料的塑性。金属的塑性成形性受金属本身的性质、金属塑性成形加工条件（又称变形条件）和其他因素的影响。

（1）金属本身的性质。

① 金属化学成分的影响。不同金属材料及不同成分含量的相同金属的塑性是不同的。铁、铝、铜、金、银、镍等的塑性好，且在一般情况下，纯金属的塑性比合金的好。例如，纯铝的塑性比铝合金的好，低碳钢的塑性比中、高碳钢的好，碳钢的塑性比含碳量相同的合金钢的好。合金元素会生成合金碳化物，形成硬化相，使钢的塑性下降，变形抗力增大。通常合金元素含量越高，钢的塑性成形性越差；磷使钢呈冷脆性，硫使钢呈热脆性，都会降低钢的塑性成形性。

② 金属内部组织的影响。金属内部组织的结构不同，金属的塑性成形性有较大差异。纯金属及单相固溶体合金的塑性成形性较好，变形抗力小；具有均匀细小等轴晶粒的金属的塑性成形性比具有晶粒粗大的柱状晶粒的金属好。含碳量对钢的塑性成形性影响很大，低碳钢主要以铁素体为主（含少量珠光体），塑性较好；随着含碳量的增大，钢中的珠光体逐渐增加，甚至出现硬且脆的网状渗碳体，使钢的塑性和塑性成形性下降。

（2）金属塑性成形加工条件。

① 成（变）形温度的影响。一般情况下，提高塑性成形时的温度，使金属的塑性提高，而变形抗力减小是改善或提高金属塑性成形性的有效措施。在热塑性成形过程中，需要将温度升高到再结晶温度以上，不仅可以提高金属的塑性、减小变形抗力，而且可以使加工硬化不断被再结晶软化消除，金属的塑性成形性提高。

碳钢锻造温度范围如图 7.6 所示，当加热温度位于 $AESG$ 区域中时，其内部组织为单一奥氏体，塑性好、强度低，适合进行塑性成形加工。

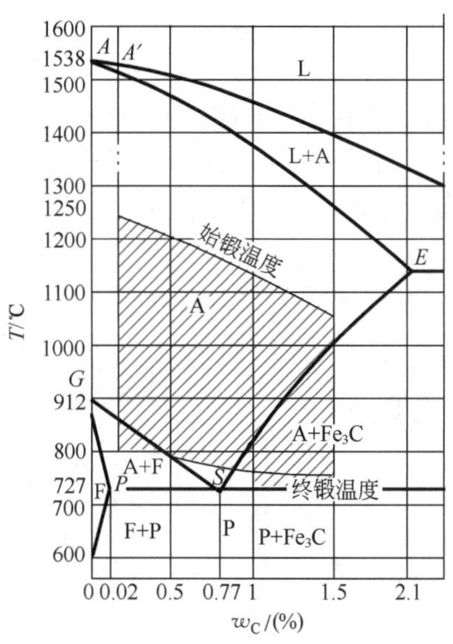

图 7.6 碳钢锻造温度范围

进行热塑性成形时，还应使金属在加热过程中不产生微裂纹、过热（加热温度过高时，金属晶粒急剧长大，导致金属塑性成形性下降的现象）、过烧（当加热温度接近熔点时，晶界严重氧化甚至晶界低熔点物质熔化，导致金属塑性成形性完全消失的现象）；另外，希望加热时间较短、节约燃料等。为保证金属在热塑性成形过程中具有最佳成形条件及获得所需内部组织，需正确制定金属热塑性成形温度范围。例如，碳钢的热塑性成形温度范围（锻造温度范围）如图 7.6 中的阴影区域所示。碳钢的始锻温度比固相线温度低200℃左右，过高会出现过热甚至过烧现象；终锻温度约为 800℃，过低会因出现加工硬化现象而使塑性下降，变形抗力剧增，变形难以进行，此时若强行锻造，则可能会导致锻件破裂而报废。

② 变形速度的影响。变形速度是指单位时间内的变形程度。它对金属塑性成形的影响比较复杂，一方面变形速度提高，热塑性成形时再结晶来不及完全克服加工硬化，金属塑性下降（图 7.7），导致变形抗力增大；另一方面，当变形速度很高（图 7.7 中 a 点以后）时，金属在塑性成形过程中消耗的部分能量转换成热能，当热能来不及散发时，变形金属的温度升高，这种现象称为“热效应”，它有利于提高金属塑性，减小变形抗力，使塑性成形性提高。除高速锤锻造外，一般压力加工的变形速度不会超过 a 点，因此热效应对塑性成形性没有影响。当锻压加工塑性较差的合金钢或大截面锻件时，一般采用较低的变形速度；若变形速度过高，则变形不均匀，使得局部变形量过大而产生裂纹。

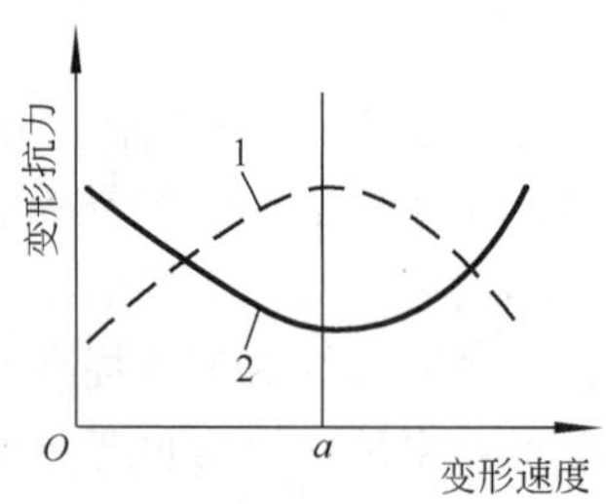

1—变形抗力曲线；2—塑性曲线

图 7.7　变形速度与变形抗力的关系

③ 应力状态的影响。金属经受不同方法变形时，产生的应力值和性质（压应力或拉应力）不同。例如，金属受拉拔时处于两向受压、一向受拉的状态，如图 7.8 所示；金属受挤压时处于三向受压的状态，如图 7.9 所示。

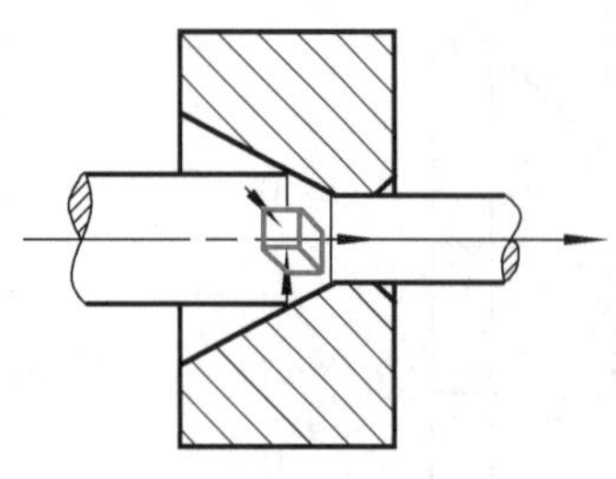

图 7.8　金属受拉拔时的应力状态

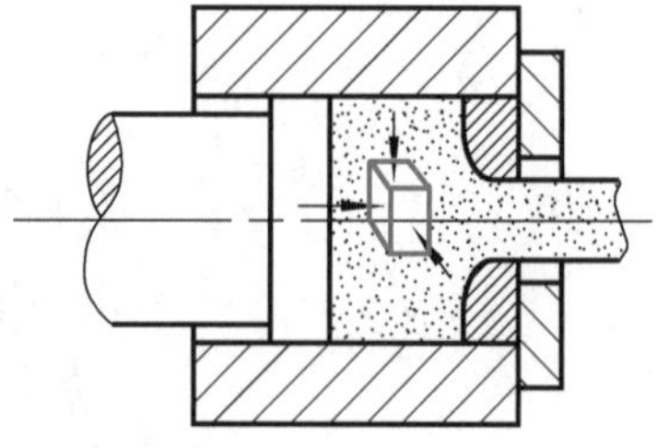

图 7.9　金属受挤压时的应力状态

实践证明，金属塑性成形时，三个方向的压应力越大，金属的塑性越好；拉应力越大，金属的塑性越差，并且同号应力状态下引起的变形抗力大于异号应力状态的变形抗力。当金属内部有气孔、小裂纹等缺陷时，在拉应力作用下，缺陷处易产生应力集中，导致缺陷扩展，甚至破裂。压应力会使金属内部摩擦力增大，变形抗力也随之增大；但压应力使金属内部原子间距减小，不易使缺陷扩展，金属的塑性增强。在锻压生产中，人们通过改变应力状态来改善金属的塑性，以保证生产顺利进行。例如，在平砧上拔长合金钢时，容易在毛坯心部产生裂纹。改用V形砧后，受V形砧侧向压力的作用，压应力增大，避免了裂纹的产生。某些有色金属和耐热合金等塑性较差，常采用挤压工艺进行开坯或成形。

(3) 其他因素。

模锻的模膛内应有圆角，可以减小金属塑性成形时的流动阻力，避免锻件被撕裂或纤维组织被拉断而出现裂纹；金属拉深和弯曲时，成形模具应有相应的圆角，以保证顺利成形；润滑剂可以减小金属流动时的摩擦阻力，利于塑性成形加工；等等。

在金属塑性成形过程中，应创造最有利的塑性成形加工条件，提高金属的塑性，减小变形抗力，达到塑性成形加工目的。另外，还应保证塑性成形过程能耗低、材料消耗少、生产率高、产品质量好等。

2. 金属固态塑性成形的基本规律

金属固态塑性成形的基本规律有体积不变定律、最小阻力定律、加工硬化及卸载弹性恢复规律等。

(1) 体积不变定律。

金属在塑性成形前后体积保持不变，称为**体积不变定律**。实际上，在塑性成形过程中，金属体积总有微小变化。例如，锻造钢锭时，气孔、缩松的锻合会使密度增大、加热氧化生成氧化皮耗损等，但这些变化的影响较小。

(2) 最小阻力定律。

最小阻力定律是指在塑性成形过程中，当金属质点有向多个方向移动的可能性时，金属各质点将向着阻力最小的方向移动。一般来说，金属内某质点塑性成形时移动的最小阻力方向就是通过该质点向金属塑性成形部分的周边所做的最短法线方向，因为质点沿这个方向移动时路径最短、阻力最小，所需做的功也最小。最小阻力定律符合力学的一般原则，它是塑性成形加工的基本规律。

应用最小阻力定律可以推断，任何形状的物体只要具有足够的塑性，就可以在平锤头下镦粗，逐渐变形至接近圆形。例如镦粗正方形截面毛坯时，沿四边垂直方向摩擦阻力最小，沿对角线方向摩擦阻力最大，金属主要沿垂直于四边方向流动，很少向对角线方向流动，随着变形程度的增大，截面趋于圆形。金属镦粗后的外形及金属流动方向如图7.10所示。由于在面积相同的所有形状中，总是圆形周长最短，因而最小阻力定律在镦粗中也称最小周长法则。同理，由于长方形截面会逐渐向椭圆形变化，因此，镦粗时总是先把金属锻成圆柱形，再进一步锻造，使变形最均匀。

调整某个方向的流动阻力改变某些方向金属的流动量，可以合理成形、消除缺陷。例如，在模锻中增大金属流向分型面的阻力，或减小流向型腔某部分的阻力，可以使锻件充满型腔。模锻制坯时，可以采用闭式滚挤和闭式拔长模膛来提高滚挤和拔长的效率。又如，拔长毛坯时，送进量小，大部分金属沿长度方向流动；送进量越大，越多金属沿宽度方向流动，故对拔长而言，送进量越小，拔长的效率越高。另外，镦粗或拔长时，毛坯与上、下砧铁表面接触产生的摩擦力使金属流动，截面呈鼓形。

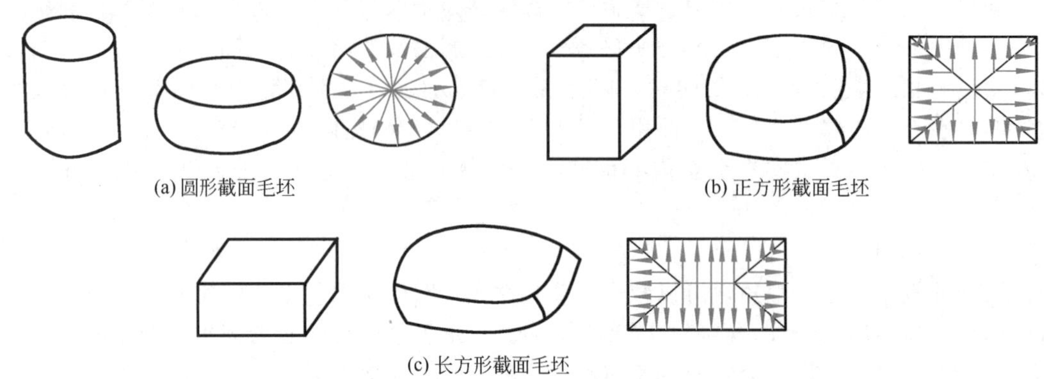

图 7.10 金属镦粗后的外形及金属流动方向

（3）加工硬化及卸载弹性恢复规律。

金属的加工硬化及卸载弹性恢复规律可由低碳钢的应力-延伸率曲线得出。金属在再结晶温度以下，随着变形程度的增大，变形抗力增大，塑性及韧性降低，产生加工硬化或形变强化，有利于拉拔及拉深成形的均匀变形过程，但也为其他后续塑性成形带来困难。很多合金钢（如奥氏体不锈钢）加工硬化比碳钢明显，塑性成形性较差。金属卸载后的弹性恢复可能为某些塑性成形制品带来尺寸偏差及形状偏差。

3. 塑性成形程度的影响

塑性成形对金属的组织和力学性能有很大影响。进行热变形时，金属的变形程度过小，不能起到细化晶粒、提高力学性能的作用；金属的变形程度过大，不仅不会提高力学性能，还会出现纤维组织或形变织构，增强金属的各向异性，当超过金属允许的变形极限时，将会出现开裂等缺陷。

对不同的塑性成形加工工艺，可用不同的参数表示变形程度。

在锻造加工工艺中，用锻造比 $y_{锻件}$ 表示变形程度。拔长：$y_{锻件}=S_0/S$（S_0、S 分别表示拔长前、后金属的横截面面积）；镦粗：$y_{锻件}=H_0/H$（H_0、H 分别表示镦粗前、后金属的高度）。碳素结构钢的锻造比为 2～3；合金结构钢的锻造比为 3～4；高合金工具钢（如高速钢）组织中有大块碳化物，锻造比较大（$y_{锻件}=5\sim12$），只有采用交叉锻，才能使碳化物分散细化。以钢为坯料锻造时，因为轧制时钢的组织和力学性能已经得到改善，所以锻造比 $y_{锻件}=1.1\sim1.3$。

4. 常用合金的塑性成形性

在室温或高温下具有塑性的钢、铝合金、铜合金及其他材料等，都可以进行压力加工。强度低、塑性好的材料，其锻造性较好。

冷冲压的原理如下：在常温下加工，只要材料具有一定的塑性就可以进行分离工序；对于变形工序，如弯曲、拉深、挤压、胀形、翻边等，要求材料具有良好的冲压成形性，Q195、Q215、08F、10 钢、15 钢、20 钢等低碳钢，以及奥氏体不锈钢、铜、铝等都具有良好的冷冲压成形性。20 钢和奥氏体不锈钢的塑性都很好，但是奥氏体不锈钢的加工硬化指数较高，变形后再变形的抗力比 20 钢大得多，所以其塑性成形性比 20 钢差。

7.2 常用金属固态塑性成形技术

金属固态塑性成形技术的选择和实施，与金属、成形件的几何形状及工艺过程的实施条件（如压力、温度、速度等）等有密切关系。在机械制造业中，人们充分利用冷塑性成形、热塑性成形及其相应工艺的优点，生产出各类毛坯和零件。

7.2.1 自由锻造

自由锻造（简称自由锻）是指利用冲击力或压力，使金属在上、下砧铁之间或锤头与砧铁之间产生塑性变形而获得所需形状、尺寸及内部质量锻件的一种锻压加工方法。在自由锻件中，大件多以铸锭为原料，中小件常以圆钢等为原料。

1. 自由锻成形的工艺特征

（1）在自由锻成形过程中，金属整体或局部塑性成形，除与上、下砧铁接触的部分受到约束外，金属能在水平方向自由变形流动，不受限制，无法精确控制变形的发展。自由锻件的形状和尺寸取决于操作者的技术水平。由于经自由锻成形的锻件，其精度和表面质量差，因此自由锻适用于形状简单的单件或小批量毛坯成形，特别是重型锻件、大型锻件的生产。

（2）自由锻要求被成形金属（黑色金属或有色金属）在成形温度下具有良好的塑性。

（3）自由锻可使用多种锻压设备（如空气锤、蒸汽锤、机械压力机、液压机等），锻造设备简单、通用性强、操作方便；但生产率低、金属损耗大、劳动条件较差。

2. 自由锻成形的工艺流程

自由锻成形的工艺流程如图 7.11 所示。

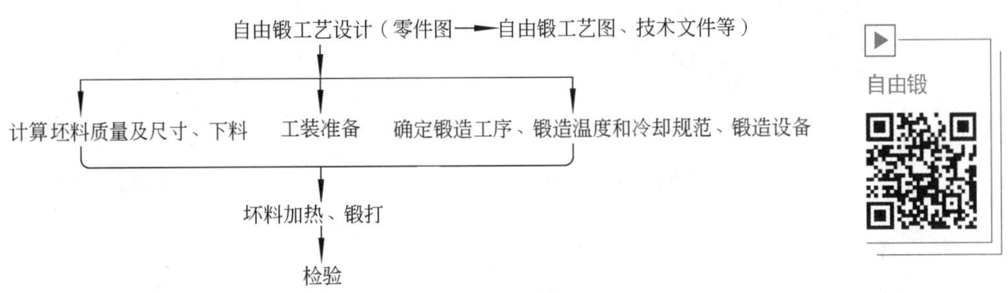

图 7.11 自由锻成形的工艺流程

（1）绘制自由锻工艺图。

自由锻工艺图是以零件图为基础，结合自由锻过程特征绘制的技术资料。对于用自由锻生产零件的毛坯，根据零件图中零件的形状、尺寸、技术要求、生产批量及具有的生产条件和能力，结合自由锻过程中的各种因素，用不同颜色的线条直接绘制在图纸上或用文字标注在图纸上，得到自由锻工艺图。绘制自由锻工艺图是自由锻生产必不可少的技术准备工作。自由锻工艺图是组织生产过程、制定操作规范、控制和检查产品质量的依据。

绘制自由锻工艺图时，要考虑下列因素。

① 敷料。敷料是简化锻件形状、便于锻造而增加的金属部分。由于自由锻只适用于锻制形状简单的锻件，因此应适当简化零件上的凹挡、台阶、凸肩、小孔、斜面、锥面等，以提高生产率。

② 机加工余量。由于自由锻件尺寸精度较低、表面质量较差，需再经切削加工成为零件，因此应在零件的加工表面增加供切削加工用的金属部分，称为机加工余量。机加工余量与零件的形状、尺寸、加工精度、表面粗糙度等因素有关。中小型自由锻件的加工余量为3～7mm，它与生产设备、工装精度、加热控制和操作技术水平有关，零件尺寸越大、形状越复杂，机加工余量越大。

③ 锻件公差。锻件公差是锻件名义尺寸的允许变动量。因为在锻造过程中掌握尺寸有一定困难，并且金属会氧化和收缩等，所以锻件的实际尺寸总有一定的误差。规定锻件的公差有利于提高生产率。中小型自由锻件的公差为±1～±2mm。

自由锻件的机加工余量和锻件公差可查锻造手册。

为了解零件的形状和尺寸，有些企业直接在零件图上绘制自由锻工艺图；有些企业另绘制自由锻工艺图，并在自由锻工艺图上用双点画线画出零件的主要轮廓形状，在锻件尺寸线下面的括号中标注零件的名义尺寸。

图7.12所示为双联齿轮零件图，该双联齿轮的批量为50件/月，材料为45钢。由图7.12可知：齿形、退刀槽及孔不锻出（用敷料），加工表面的机加工余量为半径+3.5mm、高度+3mm，锻件公差取±1mm。通过工艺设计，得到图7.13所示的双联齿轮自由锻工艺图。经自由锻后，得到圆盘形阶梯锻件。

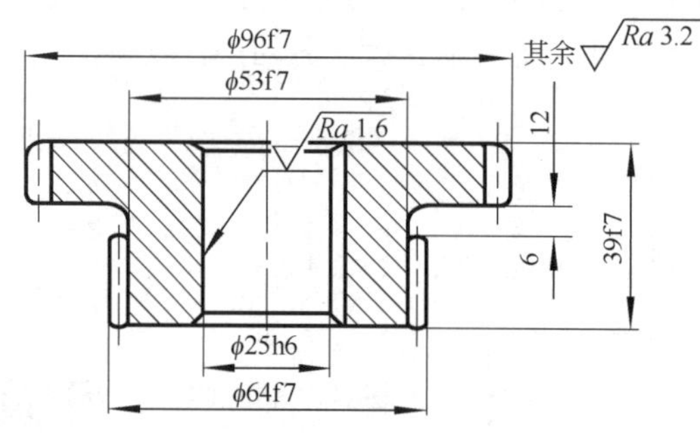

图7.12　双联齿轮零件图

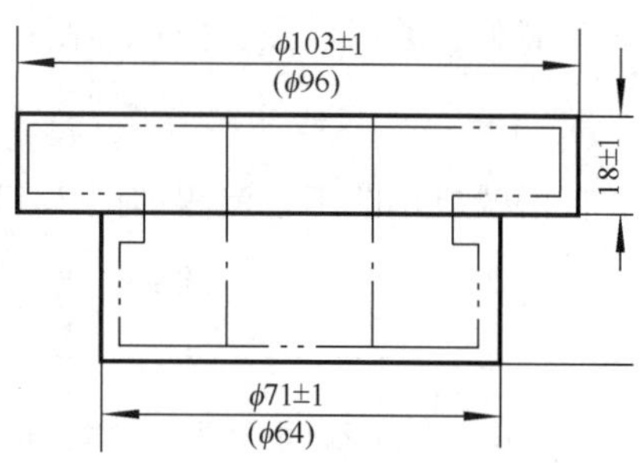

图7.13　双联齿轮自由锻工艺图

(2) 计算坯料质量及尺寸。

① 坯料质量。坯料质量按下式计算：

$$G_{坯料}=G_{锻件}+G_{烧损}+G_{料头}$$

式中，$G_{坯料}$为坯料质量；$G_{锻件}$为锻件质量；$G_{烧损}$为加热时因坯料表面氧化而烧损的质量，通常第一次加热时取被加热坯料质量的2%～3%，以后各次加热取被加热坯料质量的1.5%～2%；$G_{料头}$为锻造中被切掉或冲掉的金属质量，如用铸锭（如钢锭），则要考虑切掉钢锭头部和尾部的质量。

对于中、小型锻件，一般采用型材（使用最多的是圆截面，如圆钢），不用考虑料头因素，上式简化为

$$G_{坯料}=(1+K)G_{锻件}$$

式中，K 为与锻件形状有关的系数，对于实心盘类锻件，$K=2\%\sim3\%$；对于阶梯轴类锻件，$K=8\%\sim10\%$；对于空心类锻件，$K=10\%\sim12\%$；对于其他形状的锻件，可视复杂程度参照上述三类锻件取值。

锻件质量根据锻件的名义尺寸计算：

$$G_{锻件}=\rho V_{锻件}$$

式中，ρ 为金属密度；$V_{锻件}$ 为锻件体积。

② 计算坯料尺寸。

下面以圆形截面坯料（如圆钢）为例进行计算。

A. 当锻造的第一个工序是镦粗时，坯料直径

$$D=(0.8\sim1)V_{坯料}^{1/3}$$

式中，$V_{坯料}$ 为坯料体积，$V_{坯料}=G_{坯料}/\rho$。

坯料的高度或长度：

$$H=\frac{4V_{坯料}}{\pi D^2}$$

且 H 应满足 $1.25D\leqslant H\leqslant2.5D$，因为在体积一定的情况下，坯料高度过大，直径较小，镦粗时易镦弯；坯料直径过大，下料困难且锻造效果不好。

B. 当锻造的第一个工序是拔长时：

$$S_{坯料}\geqslant y_{锻件}S_{锻件}$$

式中，$S_{坯料}$ 为坯料的截面面积；$y_{锻件}$ 为锻造比，对于圆钢，$y_{锻件}=1.3\sim1.5$；$S_{锻件}$ 为锻件的最大截面面积。

坯料直径：

$$D=2(S_{坯料}/\pi)^{1/2}$$

坯料长度：

$$L=V_{坯料}/S_{坯料}$$

圆钢直径是有标准的，如 $\phi25$、$\phi30$、$\phi35$、$\phi40$ 等。如计算的坯料直径 D 与圆钢标准直径不符，则应将坯料直径就近取圆钢直径，再重新计算坯料高度 H 或坯料长度 L。

该双联齿轮的坯料质量和尺寸计算如下：

$$V_{锻件}=\frac{\pi\times10.3^2\times1.8}{4}+\frac{\pi\times7.1^2\times(3.9-1.2)}{4}\approx256.7\text{cm}^3$$

锻件质量：$G_{锻件}=V_{锻件}\rho=256.7\times7.8=2002.26\text{g}\approx2\text{kg}$

坯料质量：$G_{坯料}=(1+K)G_{锻件}$

取 $K=3\%$（该双联齿轮为实心盘类锻件），得

$$G_{坯料}=(1+3\%)G_{锻件}=1.03\times2=2.06\text{kg}\approx2.1\text{kg}$$

该锻件为盘类锻件，第一个工序为镦粗，则坯料直径：

$$D=(0.8\sim1)V_{坯料}^{1/3}$$

取系数=1，得

$$D=V_{坯料}^{1/3}=(G_{坯料}/\rho)^{1/3}=(2100\div7.8)^{1/3}\approx6.5\text{cm}=65\text{mm}$$

坯料高度：

$$H=4V_{坯料}/(\pi D^2)=4\times(2100\div7.8)/(3.14\times6.5^2)\approx8.1\text{cm}=81\text{mm}$$

$H/D=81\text{mm}/65\text{mm}\approx1.246$，满足 $1.25D\leqslant H\leqslant2.5D$。

因此，该双联齿轮的坯料尺寸为 ϕ65mm×81mm，质量为 2.1kg。

（3）确定锻造工序、锻造温度和冷却规范。

① 确定锻造工序。自由锻的工序较多，通常分为基本工序、辅助工序和精整工序。

A. 基本工序。基本工序是使坯料产生一定程度的热变形，逐渐形成锻件所需形状和尺寸的成形过程。基本工序有镦粗（坯料高度减小且截面面积增大）、拔长（坯料截面面积减小且长度增大）、冲孔、切割、弯扭和错移等。

B. 辅助工序。辅助工序是为了基本工序便于操作的预先变形工序，如压肩、倒棱等。

C. 精整工序。精整工序是改善锻件表面质量的工序，如整形、清除表面氧化皮等。精整工序用于要求较高的锻件，在终锻温度以下进行。

自由锻工序是根据锻件形状和要求确定的。锻件种类及其锻造工序见表 7－1。

表 7－1　锻件种类及其锻造工序

锻件种类	图　例	锻造工序
盘类锻件	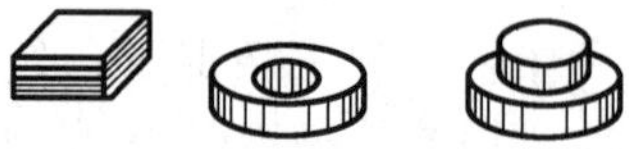	镦粗，冲孔，压肩，整修
轴及杆类锻件	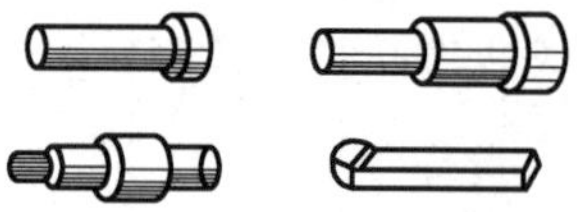	拔长，压肩，整修
筒及环类锻件		镦粗，冲孔，拔长（或扩孔），整修
弯曲类锻件	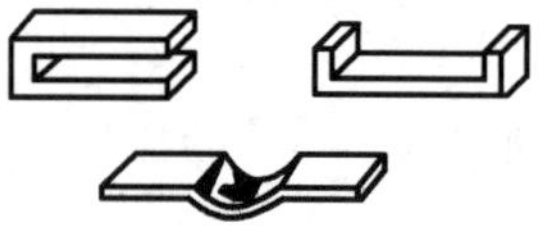	拔长，弯曲
曲拐轴类锻件	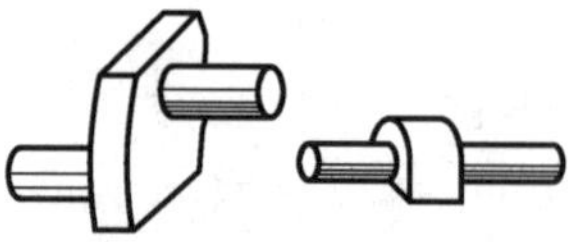	拔长，分段，错移，整修
其他复杂锻件	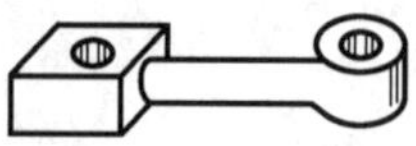	拔长，分段，镦粗，冲孔，整修

② 确定锻造温度和冷却规范。金属锻造是在一定温度下进行的。常用金属的锻造温度见表 7－2。

表 7－2 常用金属的锻造温度

金属	始锻温度/℃	终锻温度/℃
15 钢，25 钢，30 钢	1200～1250	750～800
35 钢，40 钢，45 钢	1200	800
60 钢，65 钢，T8，T10	1100	800
合金结构钢	1150～1200	800～850
低合金工具钢	1100～1150	850
高速钢	1100～1150	900
H68 黄铜	850	700
硬铝	470	380

常用金属加热设备为箱式加热炉（利用煤或油等的燃烧或利用电能加热）。

对塑性良好的中小型低碳钢坯料，把冷的坯料直接送入高温的箱式加热炉，尽快加热到始锻温度，以便提高生产率，还可以减小坯料的氧化程度、减轻钢的表面脱碳，并防止过热。但快速加热会使坯料产生较大的热应力，甚至可能会使内部产生裂纹。因此，对热导率和塑性较差的大型合金钢坯料，常采用分段加热方法，即先将坯料随炉升温至 800℃左右并适当保温，待坯料内部组织和内外温度均匀后，快速升温至始锻温度并保温，待坯料内、外部温度均匀后出炉锻造。

锻造后的锻件仍有较高温度，冷却时，由于表面冷却快、内部冷却慢，因此锻件表里收缩不一致，一些塑性较差或大型复杂锻件可能产生变形、开裂等缺陷。锻件的冷却方式有下列三种。

A. 直接在空气中冷却（简称空冷）。空冷多用于 $w_C \leqslant 0.5\%$ 的碳钢和 $w_C \leqslant 0.3\%$ 的低合金钢的中小锻件。

B. 在炉灰或干砂中缓慢冷却。在炉灰或干砂中缓慢冷却多用于中碳钢、高碳钢和大多数低合金钢的中型锻件。

C. 随炉缓冷。锻造后，立即将锻件放入 500～700℃的炉中随炉缓慢冷却，多用于中碳钢和低合金钢的大型锻件及高合金钢的重要锻件。

③ 确定锻造设备。中、小型自由锻锻件采用的锻造设备主要是空气锤。空气锤吨位选用参考见表 7－3。

表 7－3 空气锤吨位选用参考

空气锤吨位/kg	150	250	400	560
锻件质量/kg	6	10	26	40

（4）自由锻实例。

由图 7.13 可知，该双联齿轮属于盘类锻件，自由锻工艺的基本工序有镦粗、拔长、打圆，辅助工序有压肩；已计算出坯料尺寸，锻造温度和锻造设备等可查表或锻造手册。双联齿轮自由锻工艺过程卡见表 7－4。

表 7-4　双联齿轮自由锻工艺过程卡

锻件名称：双联齿轮 坯料质量：2.1kg 坯料规格：ϕ65mm×81mm 锻件材料：45 钢 锻造设备：150kg 空气锤			自由锻工艺图 ϕ103±1 18±1 45±1 ϕ71±1
火次	**温度/℃**	**操作说明**	**简图**
1	800～1200	镦粗	
		压肩	
		拔长，打圆	

注：表中的火次是指坯料或半成品的加热次数。

3. 自由锻件的结构技术特征

自由锻受金属本身的塑性和外力的限制，加上自由锻过程的特点，自由锻件的几何形状受到很大限制。因此，在保证使用性能的前提下，为简化锻造工艺过程、保证锻件质量及提高生产率，进行零件结构设计时，应尽量满足自由锻的技术特征要求。对于用自由锻制造毛坯的零件，进行零件结构设计时应注意以下问题。

(1) 自由锻件上应避免出现锥体、曲线或曲面交接，椭圆形、工字形等截面，加强筋、凸台等结构，因为这些结构难以用自由锻获得，需采用专用工具，锻件成本提高，锻件成形也比较困难，操作极不方便。轴、杆类锻件结构比较如图 7.14 所示。盘类锻件结构比较如图 7.15 所示。

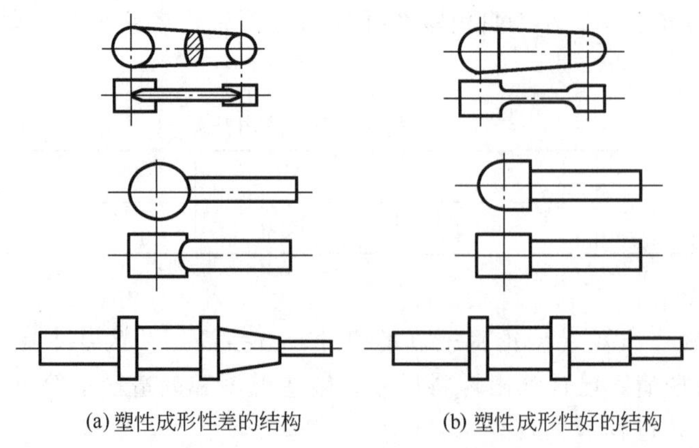

(a) 塑性成形性差的结构　　(b) 塑性成形性好的结构

图 7.14　轴、杆类锻件结构比较

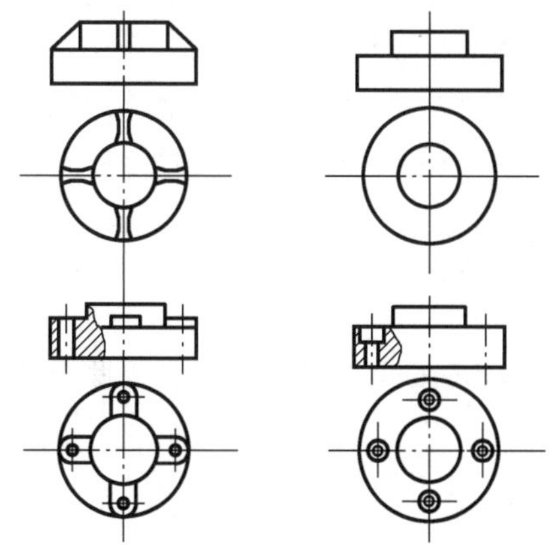

图 7.15 盘类锻件结构比较

(2) 当锻件的截面有急剧变化或形状较复杂时，可采用特殊的技术措施或工具；或者设计成由多个简单件构成的组合件，锻造后，用焊接或机械连接方法将多个简单锻件连接成整体件。复杂件结构比较如图 7.16 所示。

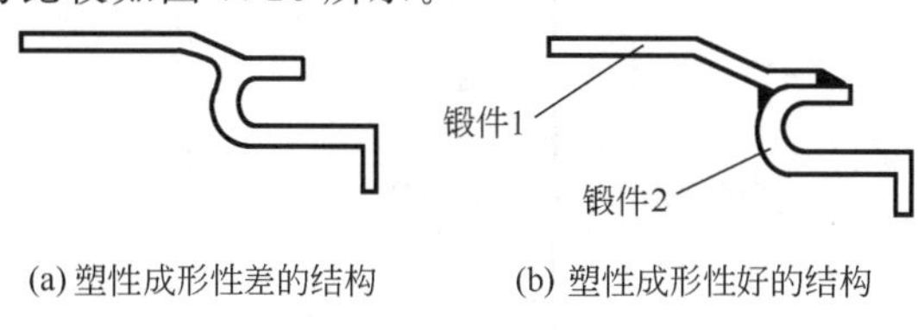

图 7.16 复杂件结构比较

7.2.2 模型锻造

模型锻造包括模锻和镦锻，是将加热或不加热的坯料置于锻模模膛，施加冲击力或压力，使坯料发生塑性变形而获得锻件的锻造成形工艺。

1. 模型锻造成形过程特征

(1) 模型锻造时，坯料整体塑性成形，三向受压，精度较高，锻件质量和力学性能好。将坯料放置于固定锻模模膛，当动模做合模运动时，坯料发生塑性变形并充满模膛，随后模锻件由顶出机构顶出模膛，生产效率高，可锻出比较复杂的形状。热成形要求坯料在高温下具有较好的塑性，冷成形要求坯料具有足够的室温塑性。锻件形状可比自由锻件复杂，但不如铸件；受设备及模具尺寸的限制，锻件不可太大，一般质量小于 150kg，适合中、小型锻件的成批及大批生产。

(2) 热成形件的精度和表面质量除受锻模的精度和表面品质的影响外，还取决于氧化皮的厚度和润滑剂等，一般都符合要求；但要得到零件配合面的最终精度和表面质量，还需进行精加工（如车削、铣削等）。冷成形件可获得较好的精度（约为±0.2mm）与表面质量，几乎可以不再进行或少进行机械加工。

(3) 模型锻造可使用多种锻压设备（蒸汽锤、机械压力机、液压机、卧式机械镦锻机等)，可根据生产量和实际成形工艺选择。

模型锻造广泛用于飞机、机车、汽车、军事、轴承等领域。据统计，按质量计算，在飞机的锻件中，模型锻造锻件约占85%；在汽车的锻件中，模型锻造锻件约占80%；在机车的锻件中，模型锻造锻件约占60%。常见模型锻造锻件零件有齿轮、轴、连杆、杠杆、手柄等。主要采用冷成形工艺（冷镦、冷锻）生产一些小型制品或零件，如螺钉、铆钉、螺栓等。

由于模锻是主要的、应用较多的模型锻造方法，因此下面主要讲解模锻。

2. 模锻的工艺流程

模锻的工艺流程如图7.17所示。

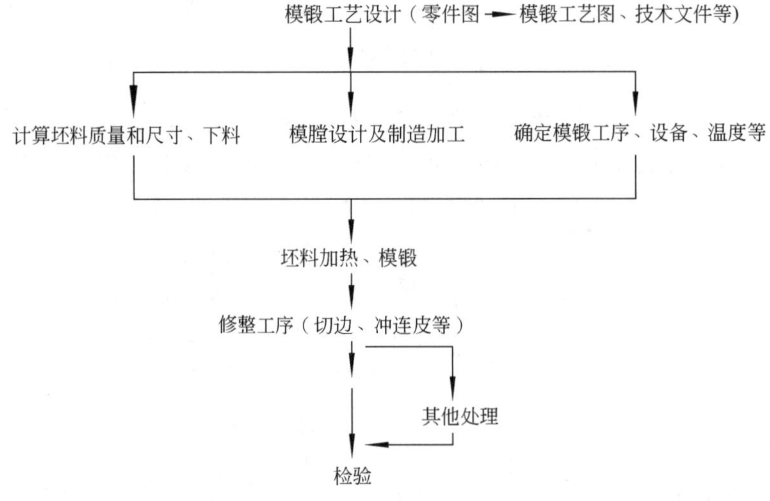

图7.17　模锻的工艺流程

(1) 绘制模锻工艺图。

模锻工艺图是生产过程中各环节的指导性技术文件。绘制模锻工艺图时，应考虑如下因素。

① 分模面。分模面是上、下锻模在锻件上的分界面，类似于铸造中的分型面。分模面直接影响锻件成形、锻件出模、锻模结构及制造费用、材料利用率、切边等。制定模锻工艺时，需遵照下列原则确定分模面位置。

A. 由于要保证模锻件易从模膛中取出，因此通常在模锻件最大截平面上选择分模面。

B. 选定的分模面应使模膛深度最小，有利于金属充满模膛，便于锻件取出和锻模制造。

C. 选择的分模面应能使上、下两模沿分模面的模膛轮廓一致，当安装锻模和在生产中发现错模现象时，便于及时调整锻模位置。

D. 分模面最好是平面，且上、下锻模的模膛深度尽可能一致，以便锻模制造。

E. 分模面尽可能使锻件上的敷料最少，既可提高材料的利用率，又可减小切削加工的工作量。

模锻件分模面选择比较如图 7.18 所示，其中 d—d 面满足上述要求。

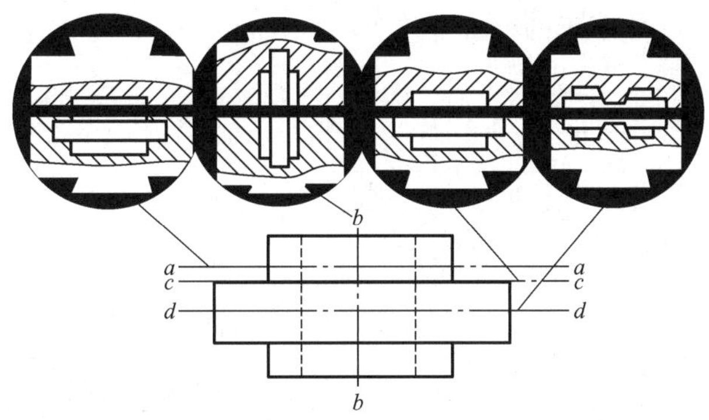

图 7.18 模锻件分模面选择比较

② 机加工余量、锻件公差和敷料。模锻件的尺寸精度较好，其机加工余量和公差比自由锻件小得多。小型模锻件的机加工余量为 2～4mm，锻件公差的机加工余量为±0.5～±1mm。模锻件的机加工余量及公差可查锻造手册或相关手册。

对于孔径 $d>25$mm 的模锻件，应锻出孔，但需留冲孔连皮。冲孔连皮的厚度与孔径有关，当孔径为 30～80mm 时，冲孔连皮的厚度为 4～8mm。

③ 模锻斜度。模锻件上凡是平行于锻压方向的表面（或垂直于分模面的表面）都需具有斜度，以便从模膛中取出锻件。常用的模锻斜度有 3°、5°、7°、10°、12°、15°。模锻斜度与模膛深度有关，当模膛深度（h）与模膛宽度（b）的比值较大时，取较大的模锻斜度；内壁斜度 α_2（锻件冷却收缩时与模壁呈夹紧趋势的表面）应比外壁斜度 α_1 大2°～5°；在具有顶出装置的锻压机械上，模锻件上的斜度比没有顶出装置的小一级。

④ 模锻件圆角半径。模锻件上凡是面与面相交处都应做成圆角，以增大锻件强度，利于锻造时金属充满模膛，避免锻模上的内尖角处产生裂纹，减缓锻模外尖角处的磨损，延长锻模的使用寿命。钢质模锻件的外圆角半径 $r=1.5$～12mm，内圆角半径（R）比外圆角半径大 2～3 倍。模膛深度越大，圆角半径越大。模锻斜度和模锻件圆角半径如图 7.19 所示。

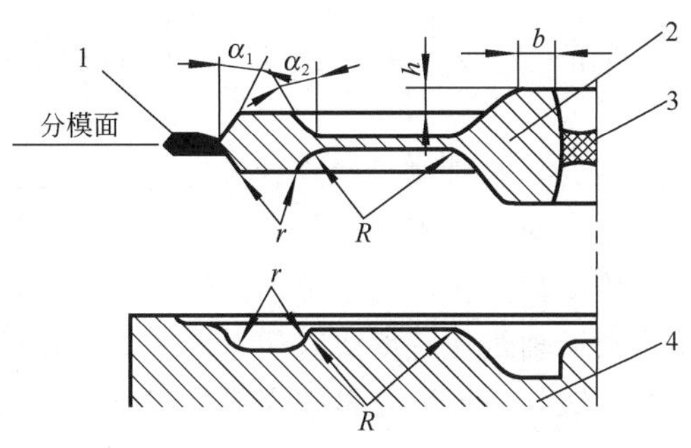

1—飞边；2—锻件；3—冲孔连皮；4—锻模

图 7.19 模锻斜度和模锻件圆角半径

图 7.20 所示为 45 钢齿轮，其模锻工艺图绘制过程如下：不锻出 $\phi25$ 的孔（加上机加工余量后，孔径小于 25mm），外径的机加工余量放 4mm（半径+2mm），高度机加工余量

放 2.5mm；分模面选取如图 7.21 所示；所有垂直于分模面的立壁都放模锻斜度 5°。通过工艺设计后，得到图 7.21 所示的模锻工艺图。

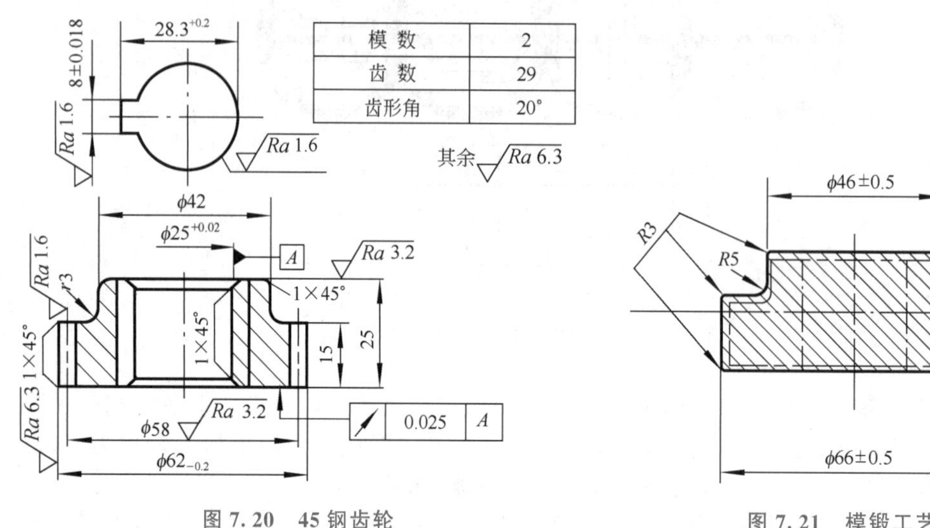

图 7.20　45 钢齿轮　　　图 7.21　模锻工艺图

（2）计算坯料质量和尺寸。

模锻件坯料质量计算公式如下：

模锻件坯料质量＝模锻件质量＋氧化烧损质量＋飞边（或冲孔连皮）质量

氧化烧损质量按模锻件质量和飞边质量之和的 3%～4%计算。飞边质量与锻件形状和尺寸有关，可按模锻件质量的 10%～20%计算。

（3）确定模锻工序。

模锻工序与模锻件的形状和尺寸有关。由于每个模锻件都有终锻工序，因此工序的选择实际上就是制坯工序和预锻工序的确定。

① 轮盘类模锻件（图 7.22）。轮盘类模锻件是指圆形或宽度接近长度的锻件，如齿轮锻件、十字接盘锻件、法兰盘锻件等。这类模锻件进行终锻时，金属沿高度和径向或长度和宽度方向流动。

一般轮盘类模锻件采用镦粗—终锻工序；一些高轮毂、薄轮辐模锻件采用镦粗—预锻—终锻工序。

② 长轴类模锻件（图 7.23）。长轴类模锻件的长度与宽度之比较大，终锻时，金属沿高度与宽度方向流动，沿长度方向流动不大。

长轴类模锻件有主轴、传动轴、转轴、销轴、曲轴、连杆、杠杆、摆杆锻件等。这类模锻件的形状多种多样，通常沿轴线在宽度或直径方向上的变化较大，给模锻带来一定的不便和难度。因此，长轴类模锻件成形比轮盘类模锻件困难，模锻工序较多，模锻过程较复杂。

长轴类模锻件的加工工序选择如下：A. 预锻—终锻；B. 滚压—预锻—终锻；C. 拔长—滚压—预锻—终锻；D. 拔长—滚压—弯曲—预锻—终锻；等等。工序越多，锻模模膛越多，锻模的设计和制造加工越困难，成本越高。

模锻件成形过程中的工序数量与零件结构设计、坯料形状及制坯手段等有关。

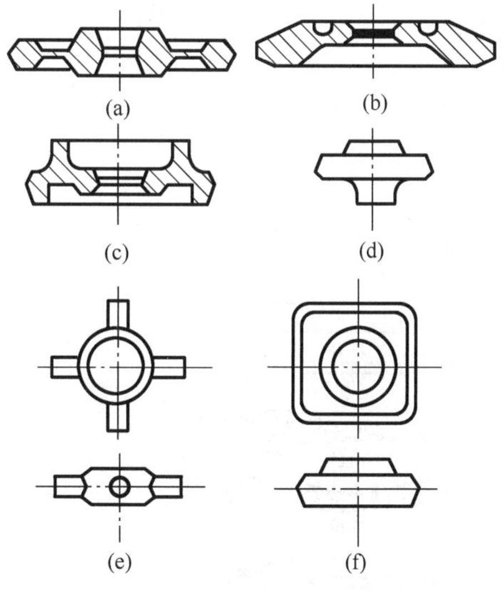

图 7.22 轮盘类模锻件

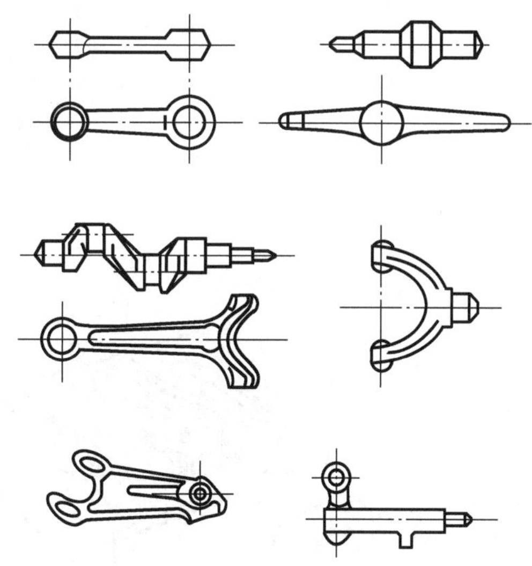

图 7.23 长轴类模锻件

由于不适合在锻压机上进行拔长和滚压工序，因此锻造截面变化较大的长轴类模锻件时，常采用断面呈周期性变化的坯料，如图 7.24 所示，可省去拔长和滚压工序；或者用辊锻机轧制原料代替拔长和滚压工序，如图 7.25 所示，可简化模锻过程、提高生产率。

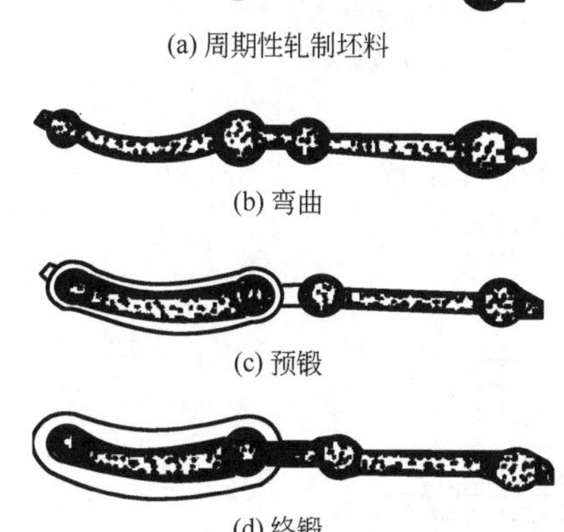

图 7.24 断面呈周期性变化的坯料

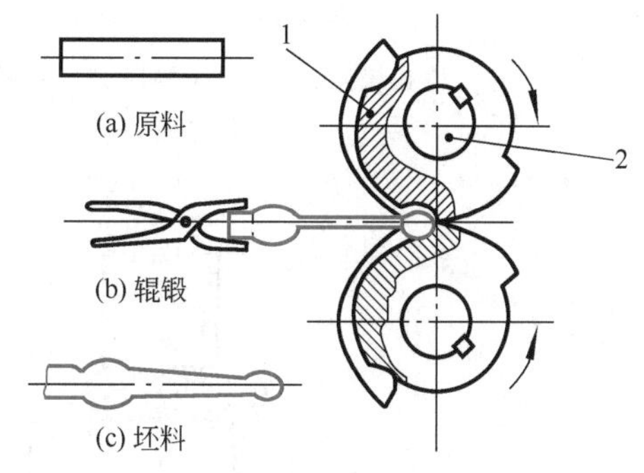

1—扇形辊锻模；2—锻辊

图 7.25 辊锻机轧制原料

图 7.26 所示为弯曲连杆多膛模锻的过程。

(4) 修整工序。

由锻模模膛锻出的模锻件经过一些修整工序，可以得到符合要求的锻件。

①切边和冲孔。通常刚锻制的模锻件周边都带有横向飞边，有通孔的模锻件还带有冲孔连皮，需用切边模和冲孔模在压力机上从模锻件上切除。切边和冲孔如图 7.27所示。

对于较大的模锻件和合金钢模锻件，常利用模锻后的余热进行切边和冲孔，其特点是

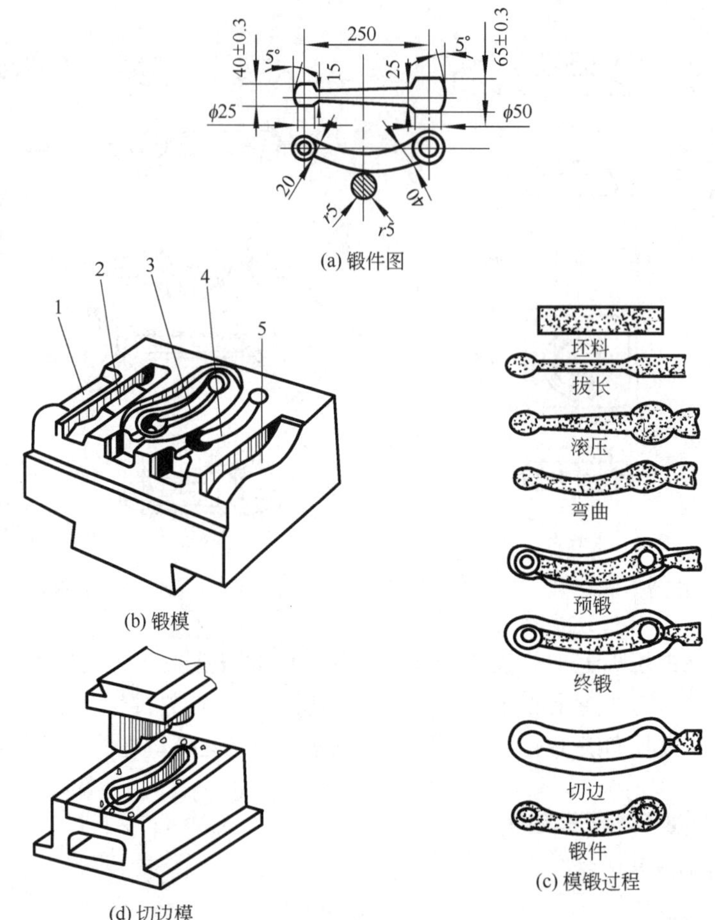

(a) 锻件图

(b) 锻模

(c) 模锻过程

(d) 切边模

1—拔长模膛；2—滚压模膛；3—终锻模膛；4—预锻模膛；5—弯曲模膛

图 7.26　弯曲连杆多膛模锻的过程

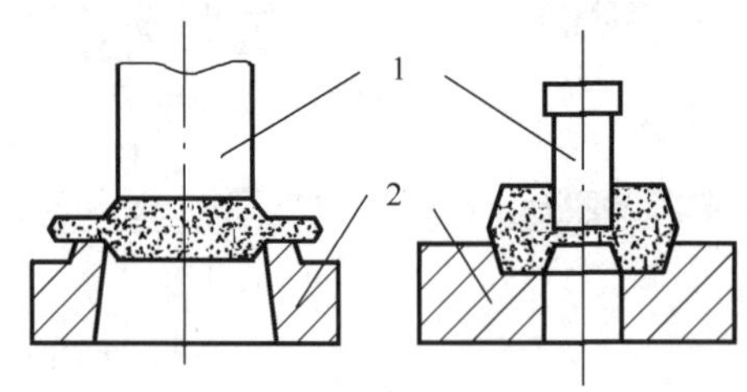

1—凸模；2—凹模

图 7.27　切边和冲孔

所需切断力较小，但易产生轻度变形；对于尺寸较小和精度要求较高的模锻件，常在冷态下切边和冲孔，其特点是切断后模锻件的切面较整齐，不易产生变形，但所需切断力较大。

当锻件批量很大时，可在一个较复杂的复合式连续模上同时进行切边和冲孔。

② 校正。由于在切边及其他工序中模锻件可能变形，因此对许多模锻件尤其是形状

复杂的模锻件切边（或冲孔）后，还需进行校正。校正可在锻模的终锻模膛或专门的校正模内进行。

③ 热处理。对模锻件进行热处理是为了消除过热组织或加工硬化组织、内应力等，使模锻件具有所需的组织和力学性能。热处理一般用正火或退火。

④ 清理。清理是指去除生产过程中形成的氧化皮、油污及其他表面缺陷，以提高模锻件的表面质量。清理有滚筒打光、喷丸清理、酸洗等方法。

A. 滚筒打光。滚筒打光的原理是将模锻件装入旋转的滚筒，靠模锻件相互撞击打落氧化皮、光洁表面等。其缺点是噪声大，刚性差的模锻件可能产生变形，适合清理小件。

B. 喷丸清理。喷丸清理在有机械化装置的钢丸喷射机上进行，模锻件一边移动一边翻转，同时受到 $\phi0.8\sim\phi1.5$mm 钢丸的高速冲击。这种设备生产率高，清理效果好，锻件表面留有残余压应力；但投资较大。

C. 酸洗。一般在温度约为 55℃、浓度为 18%～22%的稀硫酸溶液中进行酸洗，酸洗后的模锻件需立即在 70℃的水中洗涤。由于酸洗时酸液挥发、飞溅等，会污染空气和环境，且劳动条件较差，因此应用不多。

对于精度要求高和表面粗糙度低的模锻件，除进行上述修整工序外，还应在压力机上进行精压，如图 7.28 所示。

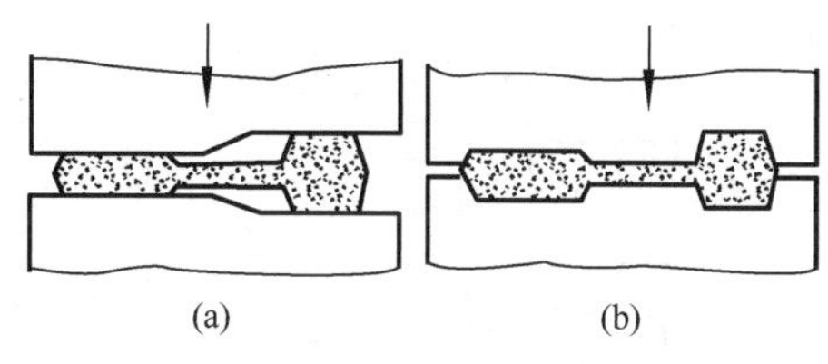

图 7.28 精压

(5) 锻模模膛。

由模锻工序可知，模膛按功用分为模锻模膛和制坯模膛。

①模锻模膛。模锻模膛分为终锻模膛和预锻模膛。

A. 终锻模膛。终锻模膛的作用是使坯料变形到所需的形状和尺寸。终锻模膛的形状与模锻件的形状相同；因为模锻件冷却时会收缩，所以终锻模膛的尺寸应比锻件尺寸放大一个收缩量，钢件收缩量为 1.2%～1.5%。另外，沿模膛四周有飞边槽，以促使金属充满模膛，增大金属从模膛中流出的阻力，容纳多余金属。对于具有通孔的模锻件，由于不能靠上、下模的凸出部分把金属完全挤压成通孔，因此终锻后在孔内留下一薄层金属，即冲孔连皮。切除飞边和冲孔连皮后，得到模锻件。飞边槽的基本结构形式如图 7.29 所示（飞边槽除基本结构形式外，还有其他结构形式；飞边槽的尺寸与模锻件的材质、设备吨位有关，可查阅锻造手册）。

B. 预锻模膛。预锻模膛的作用是使坯料变形到接近模锻件的形状和尺寸，再进行终锻时，金属更容易充满终锻模膛，同时减小了终锻模膛的磨损，延长了使用寿命。预锻模膛和终锻模膛的主要区别是前者的圆角和斜度较大，且没有飞边槽。对于形状简单或批量不大的模锻件，可不设置预锻模膛。

② 制坯模膛。对于形状复杂的模锻件（尤其是长轴类模锻件），为了使坯料形状基本

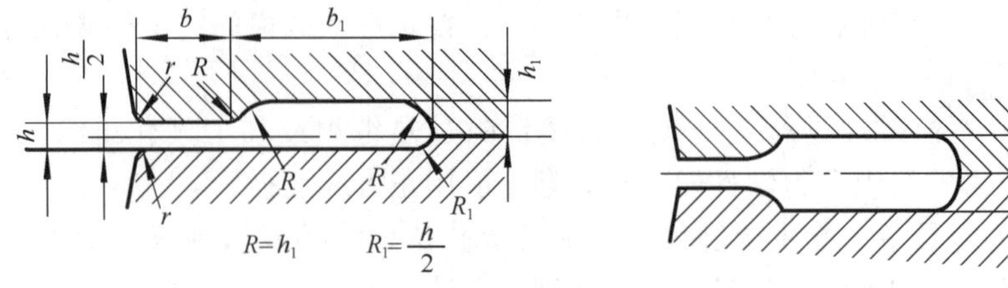

图 7.29　飞边槽的基本结构形式

接近模锻件形状，使金属合理分布、很好地充满模膛，需预先在制坯模膛内制坯，再进行预锻和终锻。制坯模膛分为拔长模膛、滚压模膛、弯曲模膛、切断模膛等。

A. 拔长模膛。拔长模膛用来减小坯料某部分的横截面面积，以增大该部分的长度。拔长模膛分为开式拔长模膛和闭式拔长模膛两种，如图 7.30 所示。当模锻件沿轴向横截面相差较大时，采用拔长模膛进行拔长。拔长模膛一般设置在锻模的边缘，操作时，坯料除送进外，还需翻转。

B. 滚压模膛。滚压模膛用来减小坯料某部分的横截面面积，以增大另一部分的横截面面积，主要使金属按模锻件形状分布。滚压模膛分为开式滚压模膛和闭式滚压模膛两种，如图 7.31 所示。当模锻件沿轴线的横截面面积相差不大或做修整拔长后的坯料时，采用开式滚压模膛；当模锻件的最大截面面积和最小截面面积相差较大时，采用闭式滚压模膛。操作时，需不断翻转坯料。

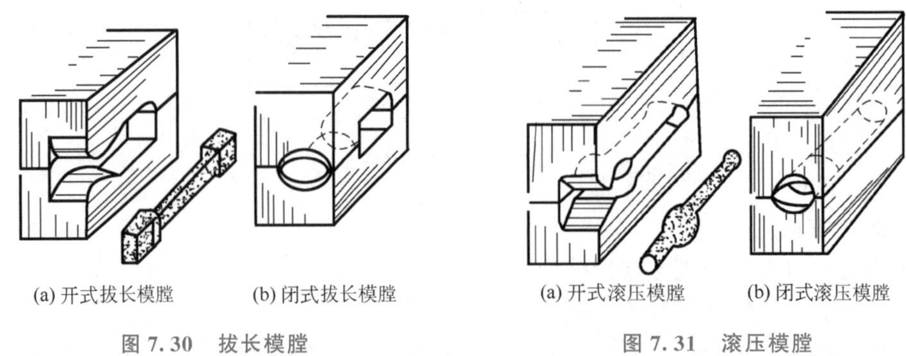

(a) 开式拔长模膛　(b) 闭式拔长模膛

图 7.30　拔长模膛

(a) 开式滚压模膛　(b) 闭式滚压模膛

图 7.31　滚压模膛

C. 弯曲模膛。对于弯曲的杆类模锻件，需采用弯曲模膛（图 7.32）弯曲坯料。坯料可直接或先经其他制坯工序后再放入弯曲模膛进行弯曲变形。

D. 切断模膛。切断模膛的原理是在上模与下模的角部组成的一对刀口，用来切断金属，如图7.33 所示。单件锻造时，采用切断模膛从坯料上切下锻件或从锻件上切下钳口部位金属；多件锻造时，采用切断模膛分离成单件。

此外，还有成形模膛、镦粗台、击扁面等制坯模膛。由于制坯模膛增大了锻模体积和制造加工难度，且有些制坯工序（如拔长、滚压等）不适合在锻压机上进行，因此对截面变化较大的长轴模锻件，多用辊锻机或楔形模横轧来轧制原（坯）料，以替代制坯工序，大大简化了锻模。

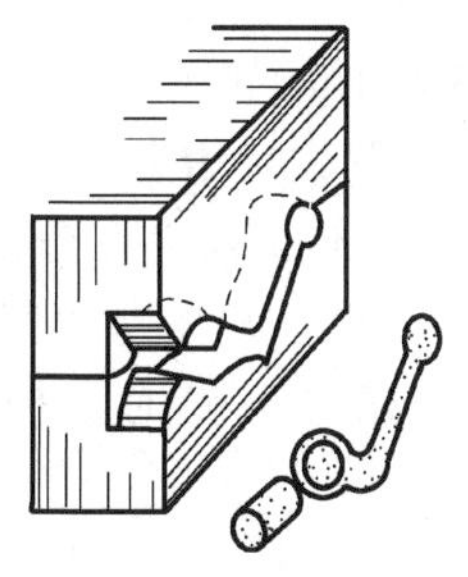

图 7.32 弯曲模膛

图 7.33 切断模膛

根据模锻件的复杂程度，所需变形的模膛数量不相等，可将锻模设计成单膛锻模和多膛锻模。单膛锻模是指在一副锻模上只有一个模膛的锻模，如齿轮坯模锻件可将截下的圆柱形坯料直接放入单膛锻模中成形。多膛锻模是指在一副锻模上有多个模膛的锻模，如图 7.26 的弯曲连杆模锻件的锻模为多膛锻模。锻模的模膛越多，设计与制造越难。

(6) 金属在模膛内的变形过程。

将金属坯料置于终锻模膛内，从锻造开始到金属充满模膛锻成锻件为止，其变形过程可分为充型阶段、形成飞边和充满阶段、锻足阶段。下面以锤上模锻盘类锻件为例进行说明。

① 充型阶段。在最初的几次锻击中，金属在外力作用下产生塑性变形，坯料高度减小，水平尺寸增大，且有部分金属压入模膛深处。该阶段直到金属与模膛侧壁接触达到飞边槽桥口为止，如图 7.34 (a) 所示。在该阶段，模锻所需的变形力不大，变形力与行程的关系曲线如图 7.34 (d) 所示。

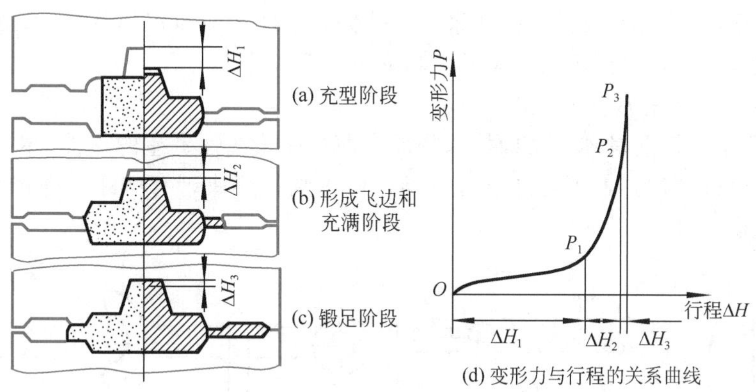

图 7.34 金属在模膛内的变形过程

② 形成飞边和充满阶段。继续锻造时，由于金属充满模膛圆角和深处的阻力较大，金属向阻力较小的飞边槽内流动，开始形成飞边。此时，模锻所需的变形力开始增大。随后，金属流入飞边槽的阻力因飞边变冷而急剧增大，一旦大于金属充满模膛圆角和深处的阻力，金属就向模膛圆角和深处流动，直到模膛各个角落都被充满为止，如图 7.34 (b) 所示。该阶段的特点是飞边完成强迫充填的作用。飞边的出现使变形力迅速增大，如图 7.34 (d) 中的 P_1P_2 曲线。

③ 锻足阶段。如果坯料的形状、体积及飞边槽的尺寸等工艺参数都设计恰当，则当整个模膛充满时，就是锻到锻件所需高度而结束锻造之时，如图 7.34（c）所示。但是，由于坯料体积总是不够准确且往往偏大或者飞边槽阻力偏大，因此，虽然模膛已经充满，但上、下模还未合拢，需进一步锻足。该阶段的特点是变形仅发生在分模面附近区域，以便向飞边槽挤出多余金属，变形力急剧增大，直到图 7.34（d）中最大值 P_3 为止。综上可知，飞边槽有三个作用：强迫充填；容纳多余金属；减轻上模对下模的打击，起缓冲作用。

影响金属充满模膛的因素如下。

① 锻造时金属的塑性和变形抗力。显然，在锻造温度下，塑性高、变形抗力小的金属易充满模膛。

② 飞边槽的形状和位置。飞边槽宽度与高度之比（b/h）及高度 h 是主要因素。（b/h）越大，h 越小，金属在飞边的流动阻力越大，强迫充填作用增大，变形抗力也增大。

③ 锻件的形状和尺寸。具有空心、薄壁或凸起部分的锻件难锻造。锻件尺寸越大，形状越复杂，越难锻造。

④ 设备的工作速度。一般而言，工作速度较高的设备，充填性较好。

⑤ 充填模膛方式。镦粗比挤压易充型。

⑥ 锻模有无润滑、有无预热等。

（7）模锻件结构技术特征。

为了确保锻件品质，利于模锻生产、降低成本、提高生产率，设计模锻件时，应在保证零件使用要求的前提下，结合模锻工艺过程的特点，使零件结构符合下列原则。

① 模锻零件需有一个合理的分模面，以保证模锻件易从锻模中取出、敷料最少、锻模制造容易。

② 零件外形力求简单、平直和对称，尽量避免零件截面面积相差过大，或具有薄壁、高筋、高凸起等结构，以便金属充满模膛和减少工序。

③ 尽量避免有深孔或多孔结构。

图 7.35 所示为模锻时零件结构技术特征（即结构工艺性）差的零件。对于类似结构，若允许，最好改进结构；若不允许或有困难，可用敷料解决，有些还可考虑采用锻-焊组合结构来简化模锻过程。

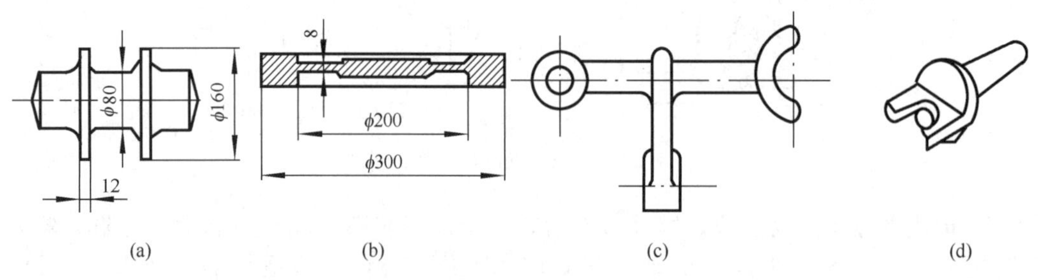

图 7.35 结构工艺性差的模锻件

7.2.3 胎模锻造

胎模锻造（简称胎模锻）是在自由锻设备上，使用不固定在设备上的胎模的单膛模

具，直接对加热的坯料进行胎模终锻成形的锻造方法。其广泛应用于生产中、小批量的中、小型锻件。

与自由锻相比，胎模锻具有锻件品质较好（表面光洁、尺寸较精确、纤维分布合理），生产率高，节约金属等优点。

与固定锻模的模锻相比，胎模锻具有操作比较灵活、胎模模具简单、容易制造加工、成本低、生产周期短等优点。但是胎模锻件比模锻件表面质量差、精度低、机加工余量大、操作者劳动强度大、生产率低、胎模使用寿命短等。

胎模的主要种类如下。

（1）扣模。扣模用于锻造非回转体锻件，具有敞开的模膛，如图 7.36（a）所示。锻造时，工件一般不翻转，不产生毛边。扣模既可用于制坯，又可用于成形。

（2）套筒模。套筒模主要用于回转体锻件，如齿轮、法兰等。套筒模分为开式套筒模和闭式套筒模。

开式套筒模一般只有下模（套筒和垫块），没有上模（锤砧代替上模）。其优点是结构简单，可以得到很小或不带锻模斜度的锻件。取件时，一般要翻转 180°；缺点是对上、下砧的平行度要求较严，否则易使毛坯偏斜或填充不满。

闭式套筒模一般由上模、套筒等组成，如图 7.36（b）所示；锻造时，金属在模膛的封闭空间中变形，不形成毛边；由于导向面间存在间隙，因此往往在锻件端部间隙处形成纵向毛刺，需进行修整。采用闭式套筒模锻造时，要求坯料尺寸精确，否则会增大锻件垂直方向的尺寸或充不满模膛。

（3）合模。合模一般由上、下模及导向装置组成，如图 7.36（c）所示；用来锻造形状复杂的锻件；锻造过程中，多余金属流入飞边槽形成飞边，其成形与带飞边的固定模的模锻相似。

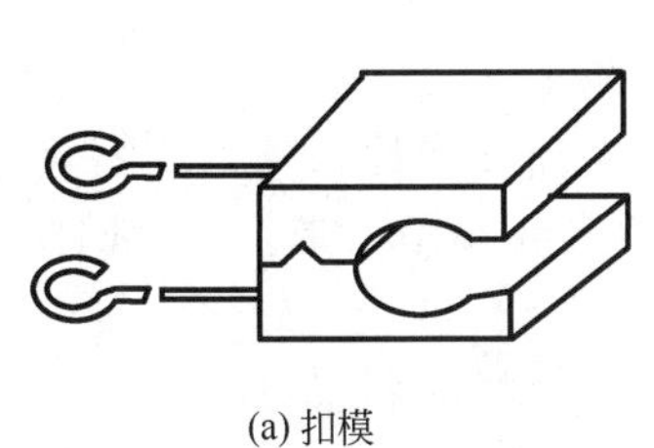

(a) 扣模　　(b) 闭式套筒模

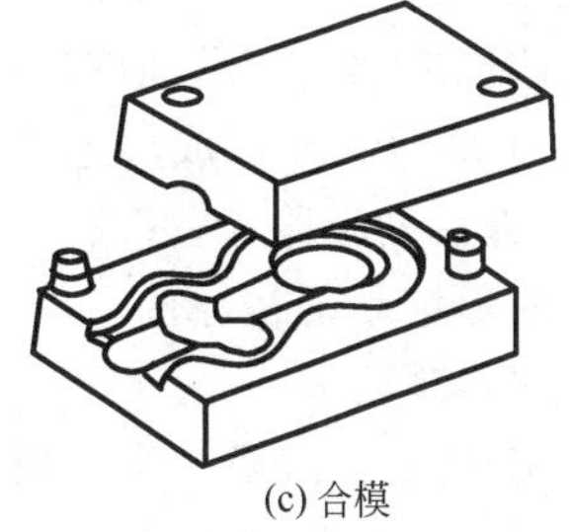

(c) 合模

图 7.36　胎模类型

7.2.4　板料成形

板料成形是利用压力装置和模具使板材产生分离或塑性变形，获得成形件或制品的成形方法。由于板料厚度一般小于 6mm，通常在常温下进行，因此板料成形又称冷成形。只有当板料厚度大于 8mm 时，才采用热成形。

由于板料成形模具较复杂，设计和制作费用高、生产周期长，因此只有在成批及大批量生产的情况下，才能显示出优越性。

板料成形使用的原材料，特别是制造杯状和钩环状等零件的原材料，需具有较好的塑性，常用原材料有低碳钢、高塑性合金钢，塑性好的铜合金、铝合金、镁合金等，非金属材料（如石棉板、硬橡皮、绝缘纸等）也可采用板料成形。板料冷成形的工艺流程如图 7.37 所示。

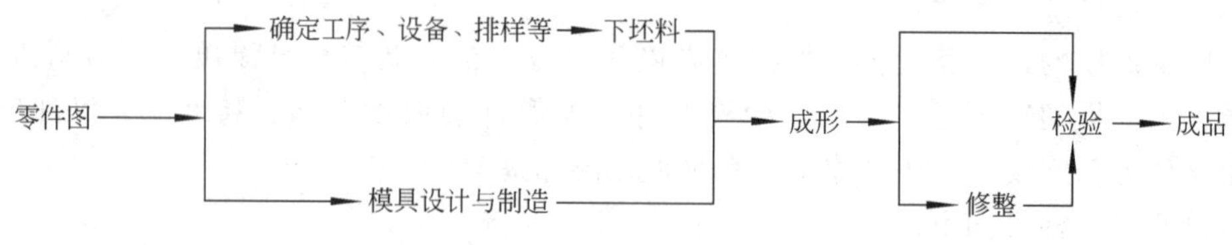

图 7.37　板料冷成形的工艺流程

板料成形按特征分为分离（又称冲裁）过程和成形过程。

1. 分离过程

分离过程是使坯料一部分相对于另一部分产生分离而得到工件或者料坯的过程，主要工序有落料、冲孔、切断、修整等。

分离过程用于生产有孔的、形状简单的薄板（一般铝板厚度<3mm，钢板厚度≤1.5mm）件及作为成形过程的先行工序，或者为成形过程制备料坯。除采用金属薄板外，还可采用非金属板材。

分离过程得到的制品精度较好，通常不需要进行切削加工，表面质量与原材料相同，所用设备为机械压力机或液压机。

（1）落料和冲孔。

落料和冲孔统称为冲裁。落料和冲孔可使坯料按封闭轮廓分离，在这两个过程中坯料变形过程和模具结构相同，只是用途不同。落料时，被分离的部分是所需工件，留下的周边部分是废料；冲孔时相反。为顺利完成冲裁过程，要求凸模和凹模都有锋利的刃口，且凸模与凹模之间应有适当的间隙。

① 金属板料冲裁成形过程。冲裁成形过程如图 7.38 所示。

A. 弹性变形阶段。凸模下压接触板料，板料逐步产生局部弹性拉伸、压缩及弯曲变形，其变形结果是在冲件上的凸、凹模刃口附近形成圆角（或塌角）带。凸、凹模间隙 z 越大，塌角越明显。

B. 塑性变形阶段。当凸模继续下行，材料内应力大于材料的屈服极限时，产生剪切塑性变形，凸、凹模刃口挤入材料内部，形成挤压光亮带，并使刃口处的材料硬化加剧。凸、凹模间隙越小，挤压光亮带越明显，冲裁力越大。

C. 剪裂分离阶段。凸模继续下行，当凸、凹模刃口处应力集中达到拉断强度时，沿凸、凹模刃口处开始产生倾斜方向的裂纹；当上、下裂纹相遇重合时，坯料被撕裂分离。撕裂分离时形成比较粗糙的倾斜断裂表面，即剪裂带，且四周带有毛刺，如图 7.39 所示。凸、凹模间隙越大，毛刺越明显，剪裂带越大，断面质量越差。

② 凸、凹模间隙。

凸、凹模间隙不仅影响冲裁件断面品质，而且影响模具使用寿命、卸料力、冲裁力、冲裁件尺寸精度等。凸、凹模间隙主要取决于冲裁件断面品质和模具使用寿命：当对冲裁件断面品质要求较高时，应选取较小的凸、凹模间隙值；当对冲裁件断面品质无严格要求时，应选取较大的凸、凹模间隙值，以利于延长冲模的使用寿命。

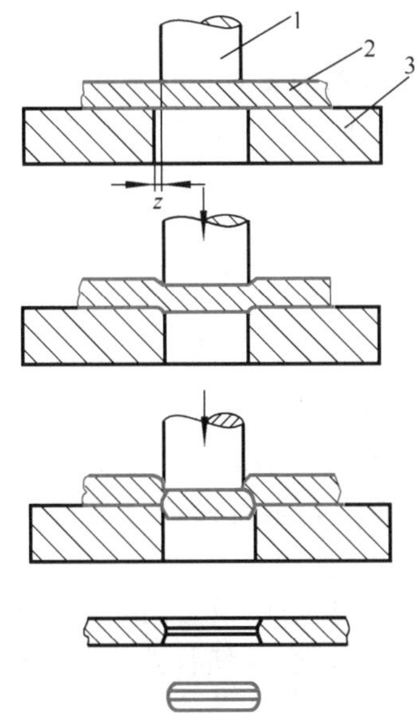

1—凸模；2—坯料；3—凹模

图 7.38 冲裁成形过程

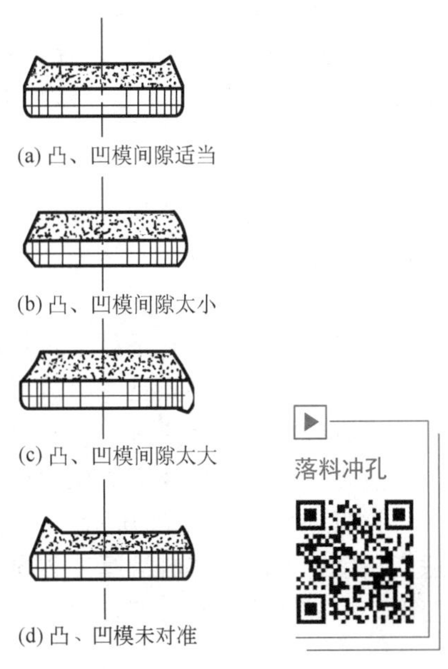

图 7.39 冲裁件周边品质

落料冲孔

合理间隙的数值与板厚和硬度有关，一般取板厚的 5%～10%。

③ 确定凸、凹模刃口尺寸。

设计落料时，凹模刃口尺寸为落料件尺寸，用缩小凸模刃口尺寸保证间隙值；设计冲孔模时，凸模刃口尺寸为孔的尺寸，用扩大凹模刃口尺寸保证间隙值。

冲模在工作过程中必有磨损，落料件尺寸随凹模刃口的磨损而增大，冲孔件尺寸随凸模的磨损而减小。为满足零件的尺寸要求、延长模具的使用寿命，落料时，凹模刃口的尺寸应靠近落料件公差范围的最小尺寸；冲孔时，凸模刃口的尺寸应靠近孔的公差范围的最大尺寸。

④ 计算冲裁力。

冲裁力是选用设备吨位和检验模具强度的一个重要依据。冲裁力计算准确，有利于发挥设备的潜力；计算不准确，可能使设备超载而损坏。

平刃冲模的冲裁力可按下式计算：

$$P = kLS\tau$$

式中，P 为冲裁力（N）；k 为系数；L 为冲裁周边长度（mm）；S 为板料厚度（mm）；τ 为材料抗剪切强度（MPa）。

系数 k 是考虑实际生产中的所有因素（模具间隙的波动和不均匀、刃口的钝化、板料力学性能及厚度的变化等）后得到的一个修正系数。根据经验，一般取 $k=1.3$。

（2）切断。

切断是指用剪刃、冲模将板料或其他型材沿不封闭轮廓进行分离的工序。切断用来生产形状简单、精度要求不高的平板类工件或下料。

（3）修整。

如果对零件的精度和表面粗糙要求较高，则需要用修整工序对冲裁后的孔或落料件的周边进行修整，以切掉普通冲裁时，在冲裁件断面上存留的剪裂带和毛刺，以提高冲裁件的尺寸精度、降低表面粗糙度。

在修整工序中，切除的余量很小，每边为0.05～0.2mm，表面粗糙度为$Ra0.8$～$Ra1.6\mu m$，精度为IT6～IT7。实际上，修整工序属于切削过程，但比机械加工的生产率高得多。

2. 成形过程

成形过程是使坯料发生塑性变形而得到一定形状和尺寸的工件的过程，其主要工序有拉深、旋压成形、弯曲与卷边、翻边、胀形与收口、滚弯等。

(1) 拉深。

拉深（又称拉延）是将平板板料放在凹模上，冲头推压金属料，通过凹模形成杯形工件的工序。拉深的特点是一维成形，拉伸应力状态；可获得较好的精度（公差$<0.5\%D$）和接近原材料的表面质量；材料具有足够的塑性；如果变形较大，则需要进行中间退火。拉深主要使用液压机及机械压力机。

拉深过程如图7.40所示。进行拉深时，将平板坯料放在凸模与凹模之间，由压边圈适度压紧，以防止坯料沿厚度方向变形；在凸模的推压力作用下，金属坯料被拉入凹模并变形，形成筒状或开口杯状的工件。

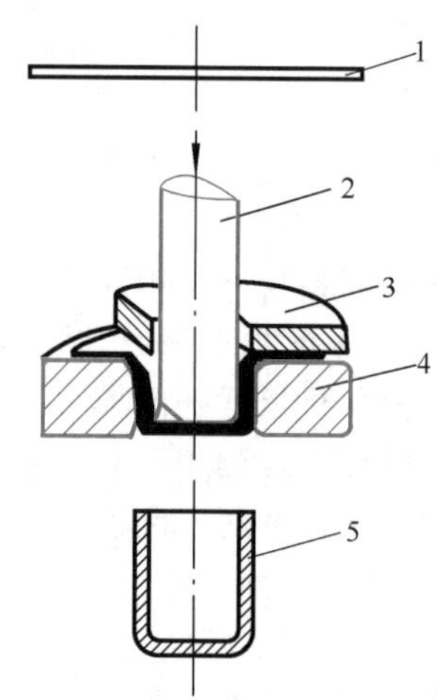

1—坯料；2—凸模；3—压边圈；4—凹模；5—工件

图7.40　拉深过程

拉深使用的模具构造与冲裁模相似，主要区别在于工作部分凸、凹模间隙z不同，且拉深的凸、凹模上没有锋利的刃口。凸、凹模间隙应大于板料厚度S，$z=(1.1\sim1.3)S$。凸、凹模间隙过小，则模具与拉深件的摩擦力增大，易拉裂及擦伤工件表面，模具使用寿命缩短；凸、凹模间隙过大，则易使拉深件起皱，影响拉深件精度。拉深模的凸、凹模端部的边缘都有适当圆角，$r_{凹}\geqslant(0.6\sim1)r_{凸}$，圆角过小，则易拉裂产品。

由图7.40可见，在拉深过程中，与凸模接触的底部只受较小的径向拉力，不发生变形或略有变薄；在凸模圆角处拉力最大，变薄最严重，甚至拉裂，但加工硬化作用也强；在圆角以外处径向受拉、周向受压，越靠近外缘，周向压应力越大，压应力还可能使近外缘处板变厚，甚至起皱（图7.41）。板坯直径D与杯形工件直径d相差越大，金属的加工硬化作用越强，拉深的变形阻力越大，甚至可能把工件底部拉穿。

因此，d 与 D 的比值 m（称为拉深系数）应有一定的限制（$m=0.5 \sim 0.8$）。拉深塑性强的金属时，拉深系数 m 可取较小值。若在拉深系数的限制下，较大直径的坯料不能一次拉成较小直径的工件，则应多次拉深，且拉深系数应一次比一次大，二次拉深如图 7.42 所示；必要时，在多次拉深过程中进行适当的中间退火，以消除金属因塑性变形产生加工硬化，以利于进行下一次拉深。

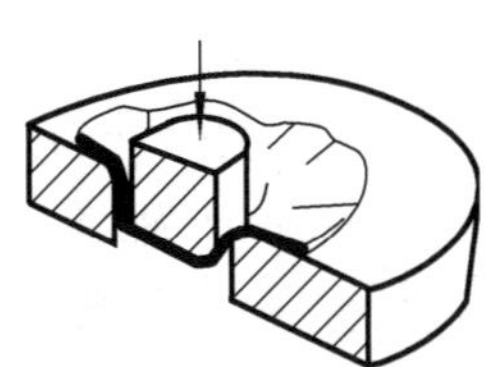

图 7.41 拉深起皱

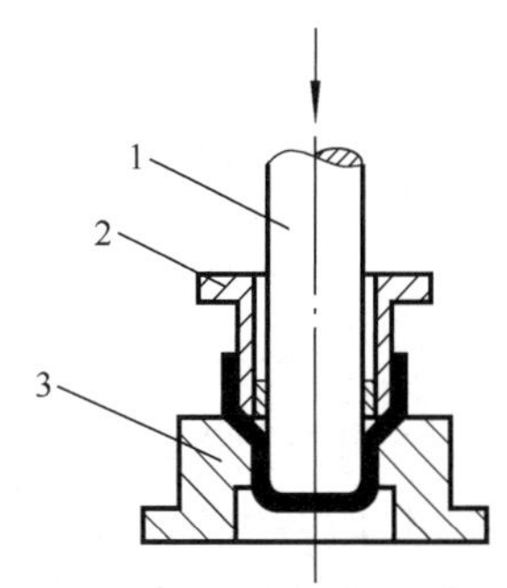

1—凸模；2—压边圈；3—凹模

图 7.42 二次拉深

为防止起皱，可设置合适的压边圈，选用屈强比小、屈服点低的材料，板的相对厚度（S/D）选较大值，改善润滑，凸、凹模圆角半径不可太大，以及选择合适的拉深系数；为防止拉裂，圆角半径及拉伸系数不应过小，仅在凹模和压边圈与板坯接触处涂润滑剂（凸模表面不涂）。

应结合拉深件所需的拉深力选择设备。设备能力（吨位）应比拉深力大。对于圆筒件，最大拉深力可按下式计算：

$$P_{\max}=3(R_{\mathrm{m}}+R_{\mathrm{eL}})(D-d-r_{凹})S$$

式中，$P_{\max}$为最大拉深力（N）；R_{m}为材料的抗拉强度（MPa）；R_{eL}为材料的屈服强度（MPa）；D 为坯料直径（mm）；d 为拉深凹模直径（mm）；$r_{凹}$ 为拉深凹模圆角半径（mm）；S 为材料厚度（mm）。

可按拉深前后的面积不变原则计算坯料尺寸，可把拉深件划分成若干容易计算的几何体，分别求出各几何体的面积，相加后即得所需坯料的总面积，从而求出坯料直径。

冷拉深用于生产壳、柱状和棱柱状杯形件等，如瓶盖、仪表盖、罩、机壳、食品容器等；热拉深用于生产厚壁筒形件，如氧气瓶、炮弹壳、桶盖、短管等。

（2）旋压成形。

对于有些拉深件，还可以采用旋压成形制造。旋压成形是在专用的旋压机（也有用车床改装的）上进行的。图 7.43 所示为旋压成形过程，先将预先下好的坯料 2 用顶柱 3 压在芯模 1 的端部，一起旋转；推动压杆 4，使坯料在压力作用下逐渐贴于芯模变形，得到与芯模形状相同的成品。根据变形特征，旋压分为板厚几乎不变的普通旋压和板厚变薄的变薄旋压（又称强力旋压）。普通旋压又分为拉深旋压、缩径旋压、扩口旋压等。旋压成形的特点是局部连续塑性变形，变形区很小，所需成形力仅为整体冲压成形的几十分之一。

旋压成形

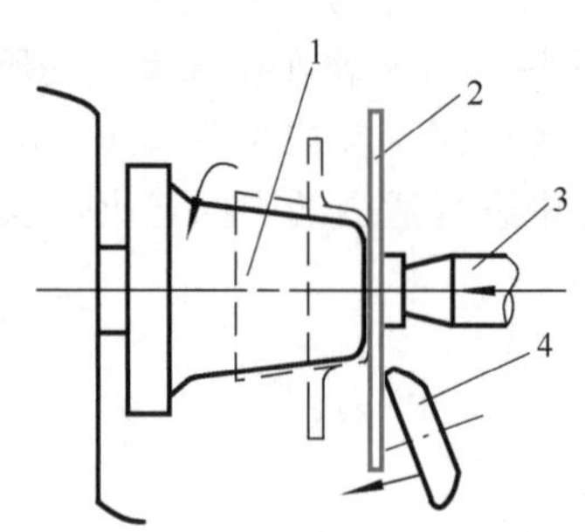

1—芯模；2—坯料；3—顶柱；4—压杆

图 7.43　旋压成形过程

普通旋压常用于生产轴对称旋转体零件，如碗形件、钟形状、灯口、反光罩、炊具等；缩径旋压用于生产水壶及氧气瓶的收口；变薄旋压用于生产空心轴、火箭弹锥形药罩、锅炉容器大型封头、带内螺旋线的猎枪管等。旋压成形的优点是不需要复杂的冲模及设备，变形力较小，精度高，强度高，在生产中应用广泛。

(3) 弯曲与卷边。

弯曲（又称折弯）是指用模具把金属坯料弯折成所需形状的工序，可以在压力机上进行。弯曲过程如图 7.44 所示。金属坯料在凸模的压力作用下，根据凸、凹模的形状产生整体弯曲变形。工件弯折部分的内侧被压缩，外侧被伸长。其塑性变形程度与弯曲半径 r 有关，r 越小，变形程度越大，金属的加工硬化作用越强；r 太小，可能在工件弯曲部分的外侧发生开裂。因此，规定 $r>(0.25\sim1)S$；弯曲塑性强的金属，弯曲半径 r 可取更小值。

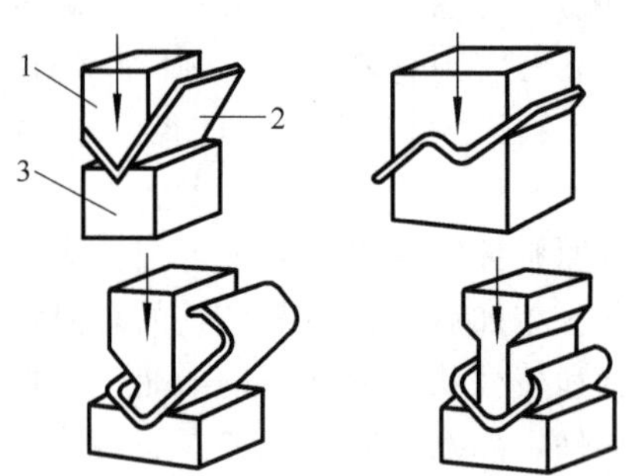

1—凸模；2—工件；3—凹模

图 7.44　弯曲过程

弯曲时，应注意金属板料的纤维分布方向，如图 7.45 所示。

弯曲完毕且凸模回程后，工件弯曲的角度会因金属弹性变形的恢复而略增大，称为回弹。回弹主要与材质有关，某些材质的回弹角度高达 10°，设计模具时，应考虑回弹的影响。

卷边是弯曲的一种，其过程如图 7.46 所示。板料经卷边可做成铰接耳，或起加固、增强、美观的作用。

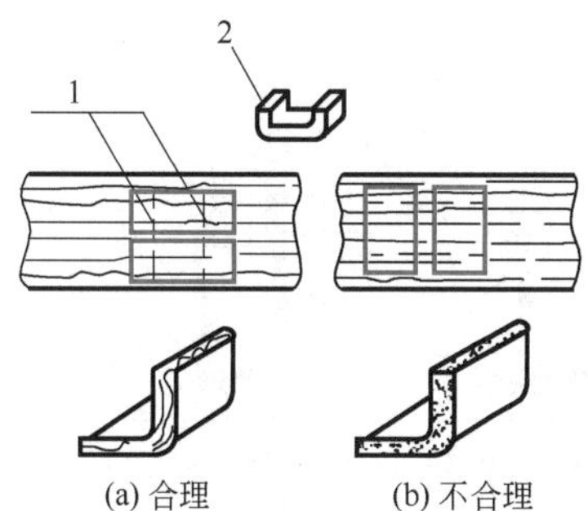

1—弯曲线；2—工件

图 7.45 金属板料的纤维分布方向

(4) 翻边。

翻边是使板料上的孔或外缘获得内、外凸缘的工序。翻边简图如图 7.47 所示。当工件所需内凸缘的高度较大，一次翻边成形可能会使孔的边缘破裂时，可采用先拉深、后冲孔、再翻边成形的工艺。外缘翻边类似于拉深，可用拉深模或旋压成形实现。

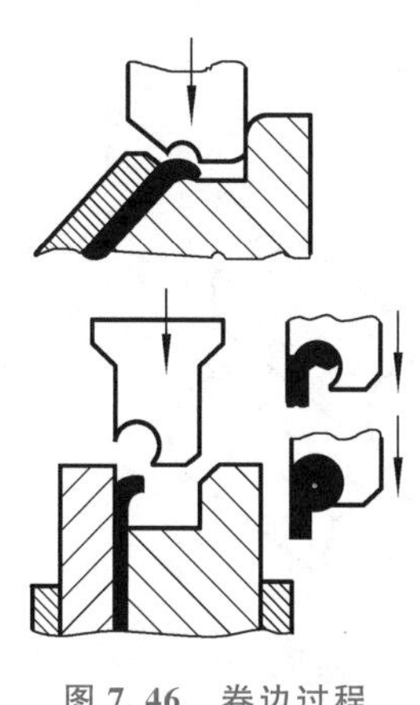

图 7.46 卷边过程

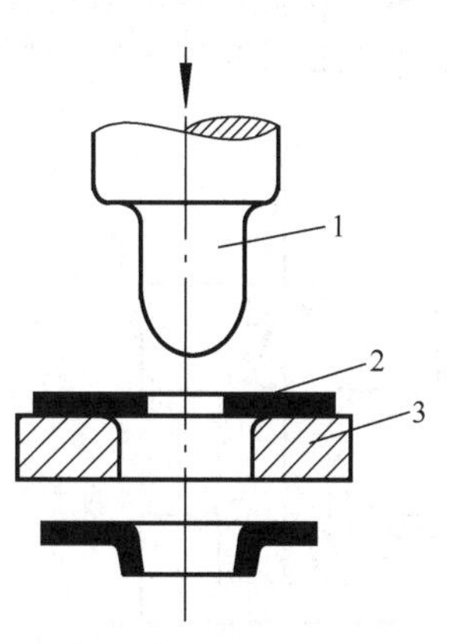

1—凸模；2—工件；3—凹模

图 7.47 翻边简图

(5) 胀形与收口。

胀形是指利用模具等方法强迫板料局部厚度减小和表面积增大，得到所需形状和尺寸制件的成形工艺。胀形的主要方法有刚性凸模胀形、弹性凸模胀形、液压胀形、起伏成形等；变形特征主要有平板坯料胀形、管坯胀形、球体胀形、拉形等方式。

圆柱形空心毛坯胀形是指将空心件或管状坯料沿径向向外扩张，胀出所需凸起曲面的冲压加工方法。图 7.48 所示为软模胀形。

板料的局部胀形又称起伏成形，包括压花、压包、压字及压筋。压筋主要用于增大工件的刚度和强度。图 7.49 所示为橡胶压筋。

收口（又称缩口）是使中空件口部缩小的成形工艺。图 7.50 所示为用收口模具收口。在生产中，还常用旋压收口。

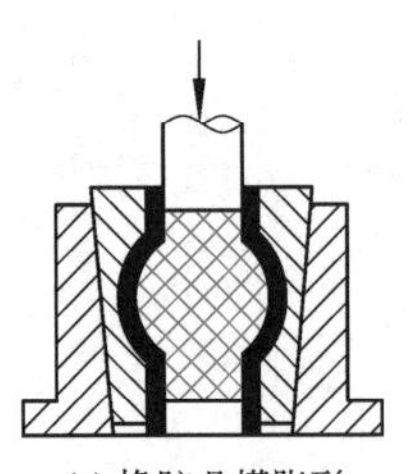
(a) 橡胶凸模胀形

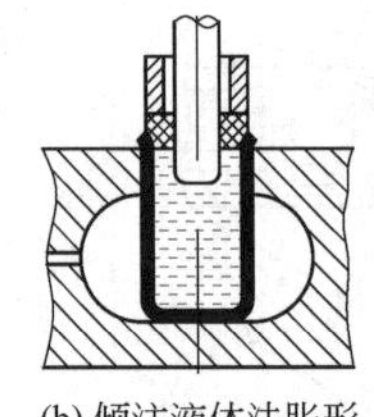
(b) 倾注液体法胀形

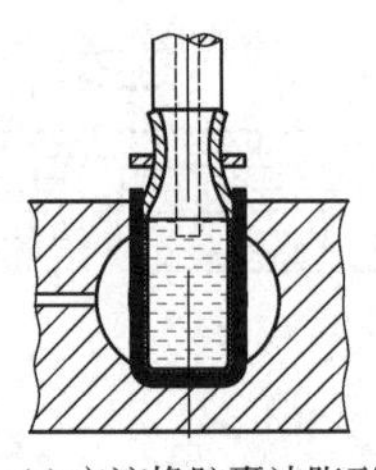
(c) 充液橡胶囊法胀形

图 7.48　软模胀形

图 7.49　橡胶压筋

（6）滚弯。

滚弯（含卷板）是将板料送入可调上辊与两个固定下辊之间，根据上、下辊的相对位置对板料施以连续的塑性弯曲成形工艺，如图 7.51 所示。改变上辊的位置，可改变板料的滚弯曲率。还有一种滚弯是将板料一次通过若干对上、下辊，每通过一对上、下辊都产生一定的变形，最终使板料成形为具有一定形状的截面。滚弯的典型应用有生产直径较大的圆环、容器、波纹板及高速公路护栏等。

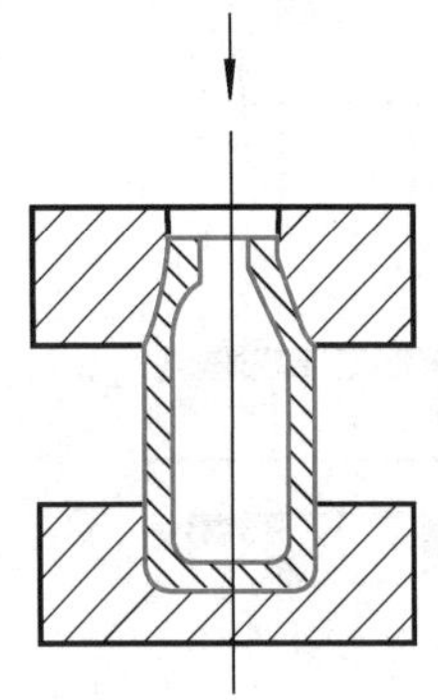
图7.50　用收口模具收口

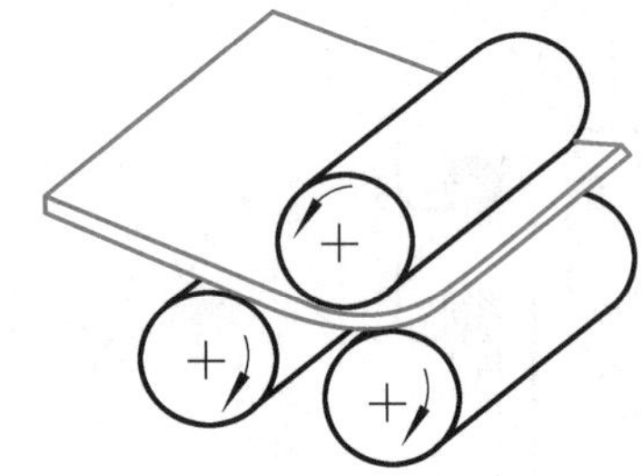
图 7.51　滚弯

对于形状比较复杂或者特殊的零件，往往要用多个基本工序多次冲压完成；变形程度较大时，还要进行中间退火等。

图 7.52 所示为零件（材质为 Q235）冲压过程。图 7.53 所示为弹壳冲压过程，弹壳壁要经过多次减薄拉深，由于变形程度较大，因此工序间要进行多次退火。

3. 冲模的类型

冲模是板料成形生产中必不可少的模具。冲模的结构合理性对冲压生产的效率和模具使用寿命等都有很大影响。冲模按基本构造分为简单冲模、连续冲模和复合冲模。

（1）简单冲模（图 7.54）。

简单冲模是指在压力机（又称冲床）的一次冲压行程只能完成一个工序的冲模。简单冲模模具简单、造价低。

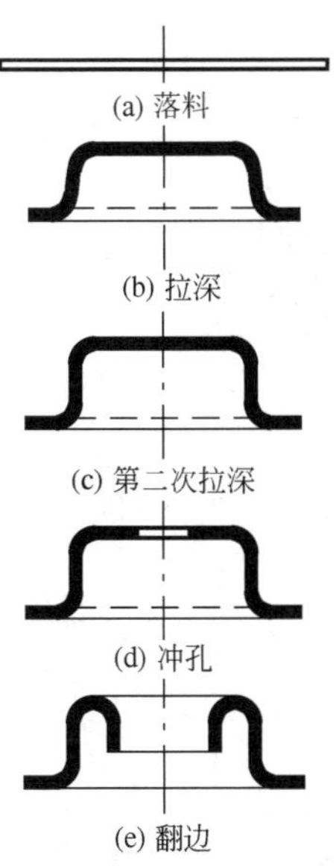

图 7.52　零件冲压过程

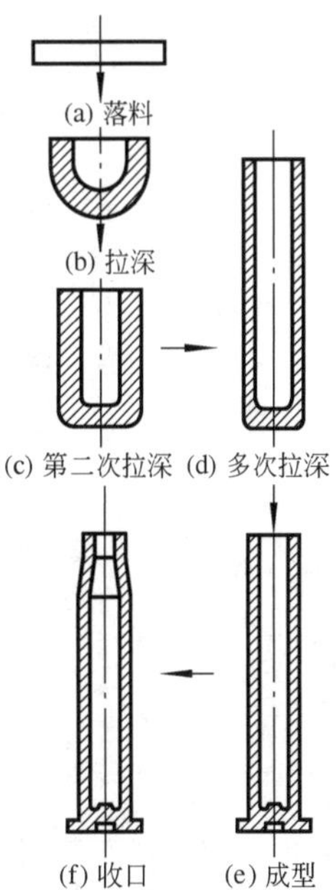

图 7.53　弹壳冲压过程

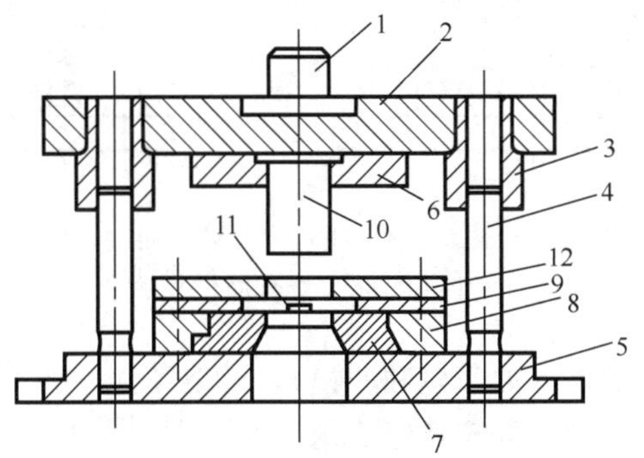

1—模柄；2—上模板；3—导套；4—导柱；5—下模板；6，8—压板；
7—凹模；9—导板；10—凸模；11—定位销；12—卸料板

图 7.54　简单冲模

简单冲模

（2）连续冲模（图 7.55）。

连续冲模是指把多个冲压工序安排在一块模板上（类似于串联），冲压设备在一次行程中可完成两个或两个以上冲压工序的冲模，可以提高生产效率。连续冲模时，要注意各工位的距离、零件的尺寸、定位尺寸及搭边的宽度等。

（3）复合冲模（图 7.56）。

复合冲模是指在冲压设备的一次行程中，在模具同一部位同时完成多个冲压工序的冲模（类似于并联）。复合冲模的最大特点是有一个做成一体的凸凹模，图 7.56 中凸凹模的外端为落料的凸模刃口，内孔为冲孔的凹模，在一次行程中可完成落料和冲孔。复合冲模的生产效率较高，冲压件相互位置精度高、工件平整程度好；但是冲模复杂，凹凸模的强度受板料成形件形状的影响。复合冲模适用于生产量大、精度高的板料成形件。

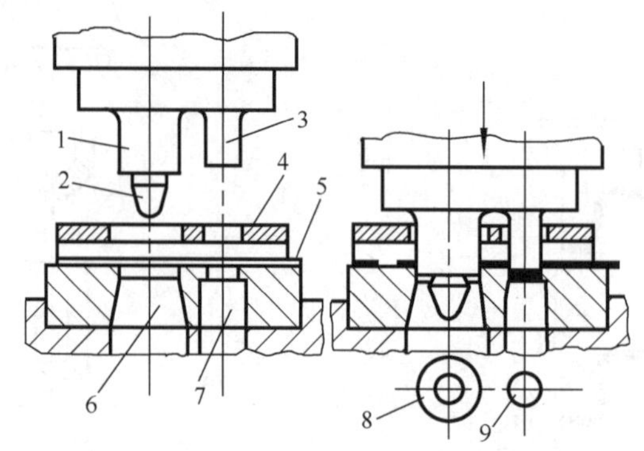

1—落料凸模；2—定位销；3—冲孔凸模；4—卸料板；5—坯料；
6—落料凹模；7—冲孔凹模；8—成品；9—废料

图 7.55　连续冲模

复合冲模

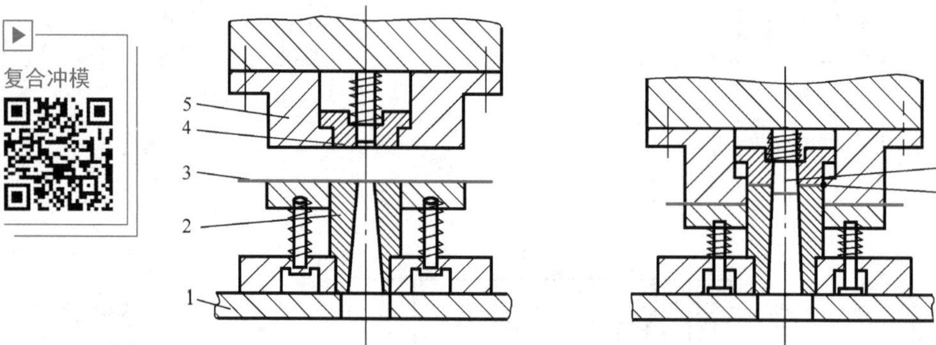

1—模板；2—凸凹模；3—坯料；4—压板（卸件器）；5—落料凹模；6—冲孔凸模；7—零件

图 7.56　复合冲模

上述冲模都是由工作部件（如凸模和凹模），模架零件（如上模板、下模板等），以及固定板、卸料器件、定位、导向等零件组成的。

4. 板料成形件的结构技术特征

由于板料成形件通常都是大批量生产的，因此不仅要保证其使用性能要求，而且要具有良好的冲压结构技术特征，以保证板料成形件的品质、减少板料的消耗、延长模具的使用寿命、降低成本及提高生产率等。

(1) 板料成形件的精度和表面质量。

对板料成形件的精度要求，不应超过冲压工序所能达到的精度，并应在满足需要的情况下，尽可能降低要求；否则将提高板料成形件成本，降低生产率。

冲压工序的精度如下：落料精度不超过 IT10，冲孔精度不超过 IT9，弯曲精度为 IT9～IT10，拉深件直径方向的精度为 IT9～IT10。

对板料成形件表面质量的要求，尽可能不高于原材料的表面质量；否则需增加切削加工等工序，使产品成本大大提高。

(2) 板料成形件的形状和尺寸。

① 落料件的外形应使排样合理，废料最少。如图 7.57 所示，两个零件的使用功能相

同，但图 7.57（b）中无搭边排样的形状比图 7.57（a）合理，材料利用率高。另外，应避免采用长槽与细长悬臂结构，这些结构会导致模具制造困难、冲裁力大、模具使用寿命短。

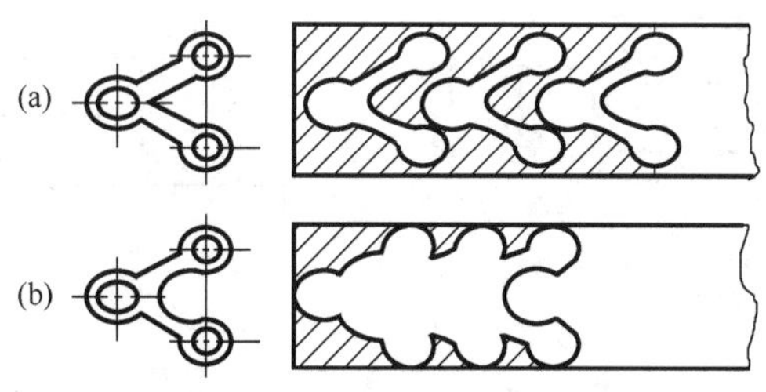

图 7.57 零件形状与排样

② 落料和冲孔的形状、尺寸应使凸、凹模工作部分具有足够的强度。因此，工件上孔与孔的间距不能太小，工件周边的凹凸部分不能太窄或太深，所有转角都应有一定的圆角，一般这些与板料的厚度及硬度有关。冲裁件尺寸与厚度的关系如图 7.58 所示。

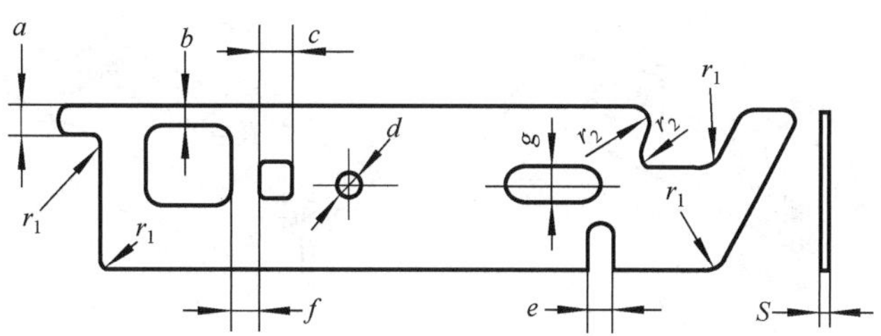

一般钢材：$a>1.5S$；$b\sim g\geqslant 1S$；$r_1\geqslant 0.5S$；$r_2>0.8S$

图 7.58 冲裁件尺寸与厚度的关系

③ 弯曲件形状应尽量对称，弯曲半径不能小于材料允许的最小弯曲半径；带孔弯曲件的孔边缘与弯曲线的距离不能太小，应在圆角的圆弧外；若孔的形状和位置精度要求较高，则应在成形后冲孔。

④ 拉深件的外形应力求简单、对称且不宜太高，以方便成形和减少拉深次数；在不增加成形工序的情况下，拉深件的最小许可半径如图 7.59 所示；否则将增加拉深次数、整形工件、模具数量，提高成本等。

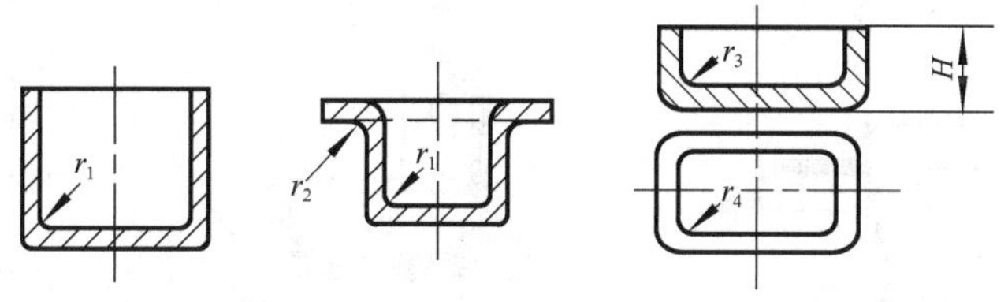

$r_l>2S$；$r_2=(3\sim4)S$；$r_3>3S$；$r_4>0.15H$

图 7.59 拉深件的最小许可半径

（3）结构设计应尽量简化成形过程和节省材料。

① 在使用功能不变的情况下，应尽量简化结构，以便减少工序、节省材料、降低成

本。消音器后盖零件的原结构如图 7.60（a）所示，需由八道冲压工序完成；改进后的结构如图 7.60（b）所示，只需三道冲压工序且节省材料。

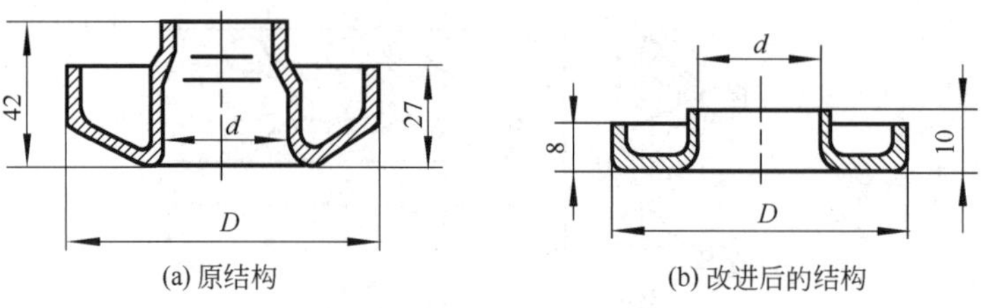

(a) 原结构　　(b) 改进后的结构

图 7.60　消音器后盖零件结构

② 采用冲口，以减少一些组合件。如图 7.61 所示，原设计由三个件铆接或焊接组合而成，后利用冲口（切口-弯曲）制成整体零件，节省了材料，也简化了成形过程，提高了生产率。

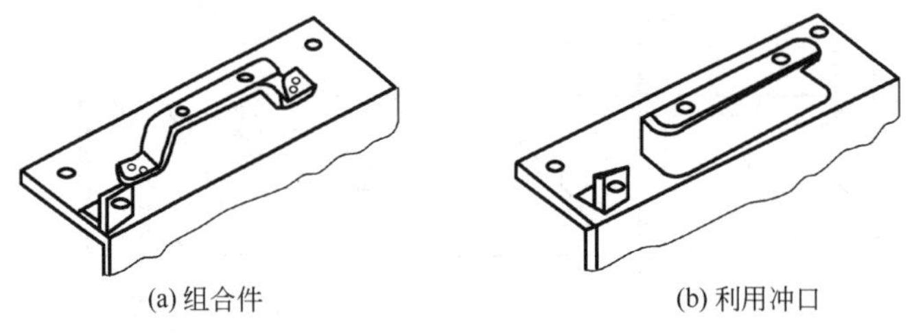
(a) 组合件　　(b) 利用冲口

图 7.61　冲口应用

③ 采用冲焊结构。可将某些形状复杂或特别的板料成形件设计成若干简单的板料成形件，再采用焊接或其他连接方法组成整体件。图 7.62 所示的冲焊结构件由板料成形件 1 和板料成形件 2 焊接而成。

④ 板料成形件的厚度小。在强度、刚度允许的情况下，应尽量采用厚度较小的板料制作板料成形件，以减少金属消耗、减小结构质量。在局部刚度不够的地方使用加强筋，如图 7.63 所示。

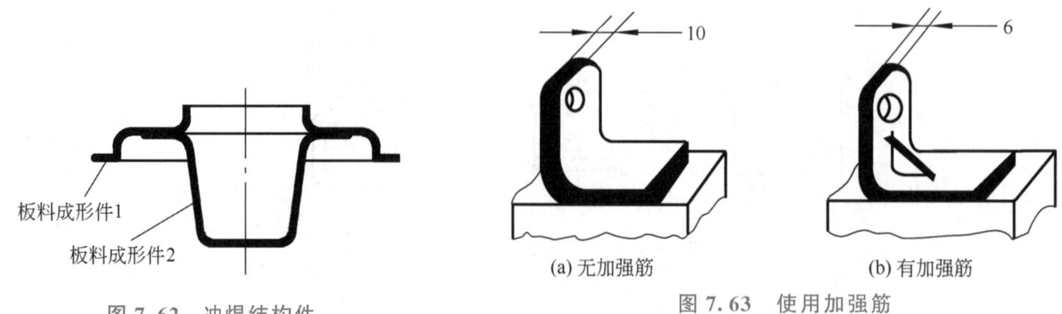

图 7.62　冲焊结构件

(a) 无加强筋　　(b) 有加强筋

图 7.63　使用加强筋

7.3 其他塑性成形技术

除上述常用塑性成形方法外，还有一些其他塑性成形方法，如挤压成形、轧制成形、超塑性成形、高速高能成形等。

7.3.1 挤压成形

挤压成形是将坯料置于封闭的挤压模中，坯料在三向不均匀的压力作用下，从模孔中挤出成形的方法，横截面面积减小且长度增大，其主要用于制造金属型材和管件。挤压成形设备有机械压力机和液压机。

1. 挤压的方式

挤压的方式如图 7.64 所示。

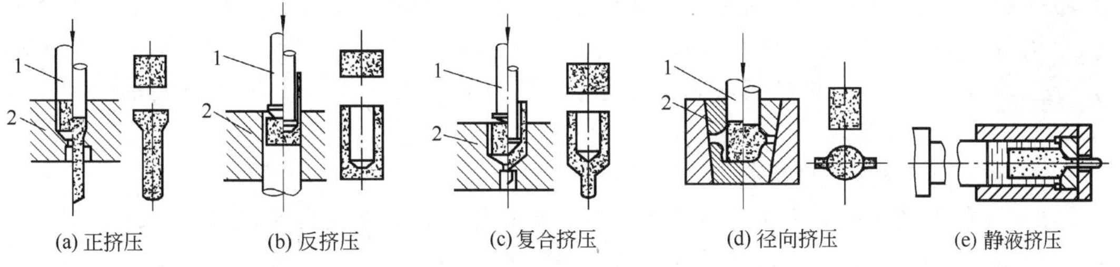

1—凸模；2—凹模

图 7.64 挤压的方式

（1）正挤压。挤压时，金属的流动方向与凸模的运动方向一致。正挤压适用于制造横截面是圆形、椭圆形、扇形、矩形等的零件，也可是等截面的不对称零件。

热挤压

（2）反挤压。挤压时，金属的流动方向与凸模的运动方向相反。反挤压适用于制造横截面为圆形、方形、长方形、多层圆形、多格盒形的空心件。

（3）复合挤压。挤压时，坯料的一部分金属流动方向与凸模运动方向一致，另一部分金属的流动方向与凸模运动方向相反。复合挤压适用于制造截面为圆形、方形、六角形、齿形、花瓣形的双杯类、杯-杆类零件。

（4）径向挤压。挤压时，金属的流动方向与凸模的运动方向垂直。径向挤压适用于制造十字轴类零件、花键轴的齿形部分、齿轮的齿形部分等。

（5）静液挤压。挤压时，凸模不与坯料直接接触，而是给液体施加压力（压力超过 3000 个标准大气压），经液体传递给坯料，使坯料通过凹模挤出成形，如图 7.65 所示。由于在坯料侧面不产生摩擦，因此变形较均匀，可提高一次挤压的变形量；挤压力比其他挤压方法小。静液挤压可用于低塑性材料（如铍、钽、铬、钼、钨等金属及其合金）的成形。对常用材料，

可采用大变形量（无须进行中间退火）一次挤成线材和型材，已用于制造螺旋齿轮（圆柱斜齿轮）及麻花钻等形状复杂的零件。

2. 挤压的特点及应用

（1）冷挤压的特点及应用。

金属材料在再结晶温度以下进行的挤压称为冷挤压。冷挤压的加工硬化特性使挤压件的强度、硬度及耐疲劳性显著提高；挤压件的精度和表面质量较高，一般尺寸精度为IT6～IT7，表面粗糙度为$Ra0.2$～$Ra1.6\mu m$。冷挤压是一种净形或近似净形的成形方法，能挤压出薄壁、深孔、异形截面等较难进行机加工的零件；材料利用率和生产率较高。但冷挤压的变形力相当大，特别是对较硬金属材料进行挤压时，所需的变形力更大，限制了冷挤压件的尺寸和质量。为了减小挤压力、减少模具磨损、提高挤压件表面质量，常需对金属坯料进行软化处理，然后清除表面氧化皮，进行特殊的润滑处理。

挤压齿轮

（2）热挤压的特点及应用。

热挤压时，由于坯料加热至再结晶温度以上，因此变形抗力减小，但氧化脱碳及热胀冷缩等降低了产品的尺寸精度和表面质量，一般用于高强（硬）度金属材料（如高碳钢、高强度结构钢、高速钢、耐热钢等）的毛坯成形，如热挤压发动机气阀毛坯、汽轮机叶片毛坯、机床花键轴毛坯、氧气瓶等。

（3）温挤压的特点及应用。

温挤压的原理是把坯料加热到强度较低、氧化作用较小的温度范围进行挤压，兼具冷挤压和热挤压的优点，且克服了冷挤压和热挤压的某些不足。虽然温挤压件的尺寸精度和表面质量不如冷挤压，但适用于一些采用冷挤压难以塑性成形的材料（如不锈钢、中高碳钢及合金钢、耐热合金、镁合金、钛合金等）。温挤压无须对坯料进行预先软化处理和中间退火，也无须对表面进行特殊润滑处理，有利于机械化、自动化生产。另外，温挤压的变形量比冷挤压大，可减少工序、降低模具费用，且无须大吨位的专用挤压机。

图7.65所示为微型电动机外壳的温挤压过程，材料为06Cr18Ni11Ti，若采用冷挤压，则需经多次挤压成形，生产率低；若将坯料加热到260℃采用温挤压，则只需两次挤压即可成形。其挤压过程如下：第一次采用复合挤压得到尾部$\phi 21$，第二次采用正挤压得到零件。

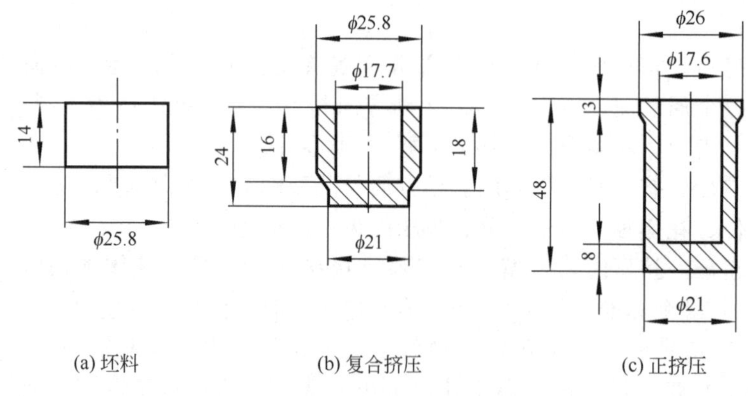

图7.65　微型电动机外壳的温挤压过程

7.3.2 轧制成形

轧制（又称辊轧）成形是将坯料通过轧机上两个相对回转轧辊之间的空隙进行压延变形，成为型材（如板材、管材、角钢、槽钢等）或锻件的加工方法。轧制成形适用于生产某些机器的毛坯或零件，具有节省原料、生产率高、产品品质好、成本低等优点。根据轧辊轴线与坯料进给轴线方向的不同，轧制成形分为纵轧、横轧、斜轧等。

1. 纵轧

纵轧是轧辊轴线与坯料进给轴线相互垂直的轧制方法，分为型材轧制（这里不做介绍）、辊锻轧制、辊环轧制（又称扩孔）等。

（1）辊锻轧制。辊锻轧制是由轧制过程发展起来的锻造工艺，是使坯料通过装有圆弧形模块的一对相对旋转的轧辊，受压变形的生产方法，如图 7.66 所示。其与普通轧制不同的是这对模块可装拆更换，以便生产出不同形状的毛坯或零件。

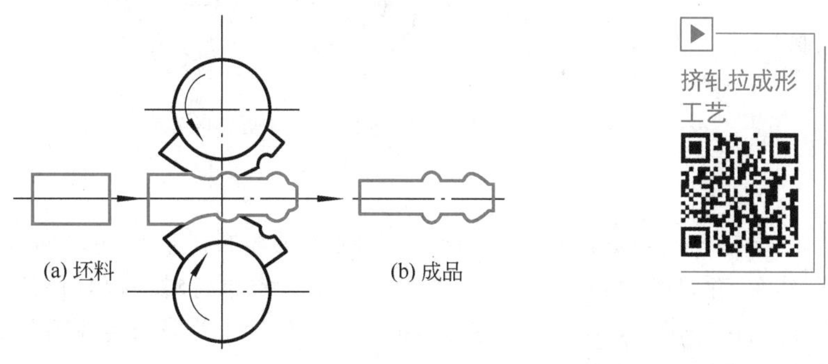

图 7.66 辊锻轧制

辊锻轧制不仅可作为模锻前的制坯工序，还可直接辊锻出制品，如扳手、钢丝钳、镰刀、锄头、犁铧、麻花钻、连杆、叶片、刺刀、铁道道岔等。

（2）辊环轧制。

辊环轧制是用来扩大环形坯料的外径和内径，以得到各种环状毛坯或零件的轧制方法，如图 7.67 所示。可用辊环轧制代替锻造方法生产环形锻件，节省金属。

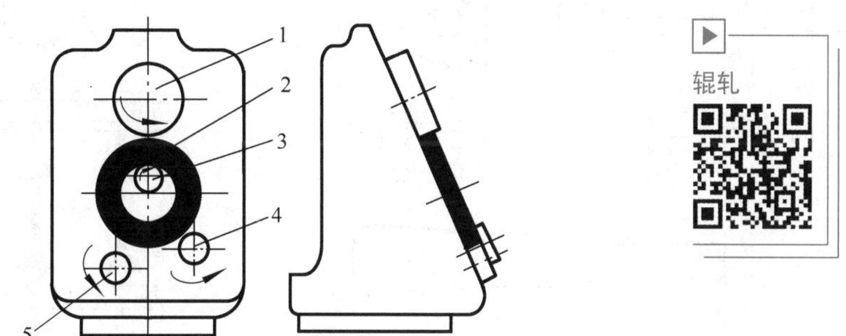

1—驱动辊；2—毛坯；3—从动辊；4—导向辊；5—信号辊

图 7.67 辊环轧制

采用辗环轧制生产的环类件，其横截面可以是多种形状的，如火车轮轮箍、大型轴承圈、齿圈、法兰等。

2. 横轧

横轧是轧辊轴线与坯料轴线相互平行的轧制方法。其中楔横轧是用两个外表面镶有楔形凸块，并做同向旋转的平行轧辊对沿轧辊轴向送进的坯料进行轧制成形的方法，如图 7.68所示。楔横轧又可分为平板式楔横轧、三轧辊式楔横轧和固定弧板式楔横轧。

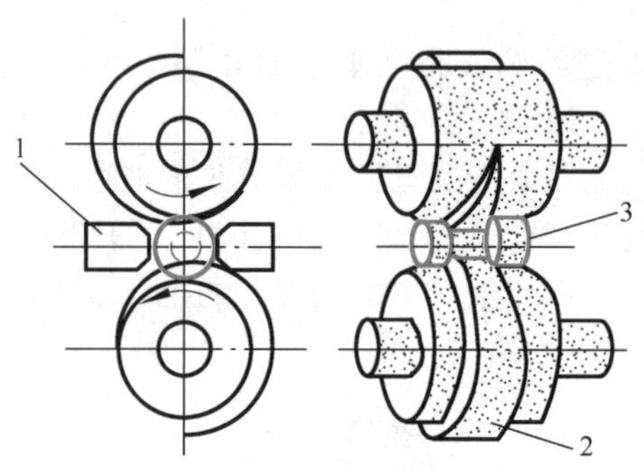

1—导板；2—带楔形凸块的轧辊；3—轧件

图 7.68　楔横轧

楔横轧主要是靠轧辊上的楔形凸块压延坯料，使坯料径向尺寸减小，长度尺寸增大。它具有产品精度和质量较好、生产率高、节省原材料、模具使用寿命较长、易实现机械化和自动化等优点，但限于制造阶梯轴类、锥形轴类等回转体毛坯或零件。部分楔横轧产品形状如图 7.69 所示。

常见的齿轮轧制是一种净形或近似净形加工齿形的新技术，如图 7.70 所示。轧制前，将坯料外缘加热，带齿形的轧轮做径向进给运动，迫使轧轮与坯料对辗。在对辗过程中，坯料上的部分金属受压形成齿谷，相邻部分金属被轧轮齿部“反挤”而形成齿顶。

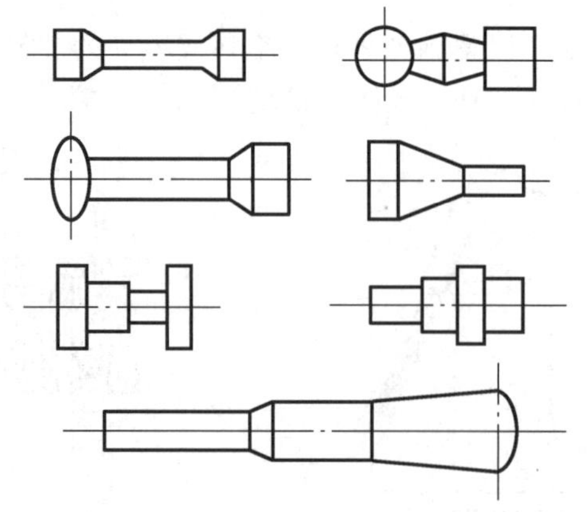

图 7.69　部分楔横轧产品形状

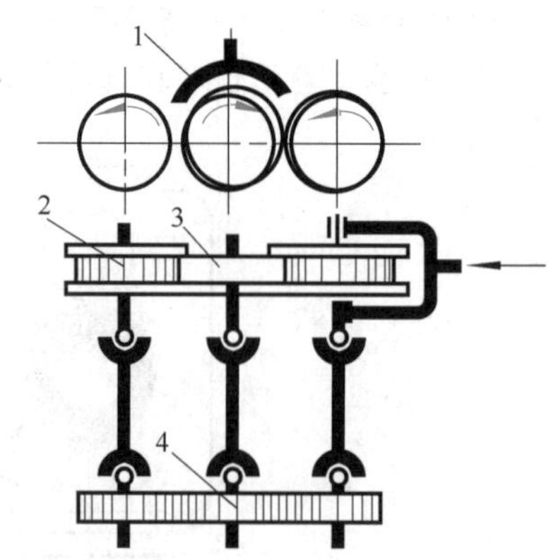

1—感应加热器；2—轧轮；3—坯料；4—导轮

图 7.70　齿轮轧制

3. 斜轧

斜轧又称螺旋斜轧（轧辊轴线与坯料进给轴线相交成一定角度），其原理是用两个带有螺旋形槽的轧辊相互交叉成一定角度且同方向旋转，使坯料在轧辊间既绕自身轴线转动且向前推进，同时辊压成形得到所需产品，如钢球轧制［（图 7.71（a）］、周期性毛坯轧制［图 7.71（b）］、冷轧丝杠，以及热轧带螺旋线的高速钢滚刀毛坯及麻花钻轧制等。

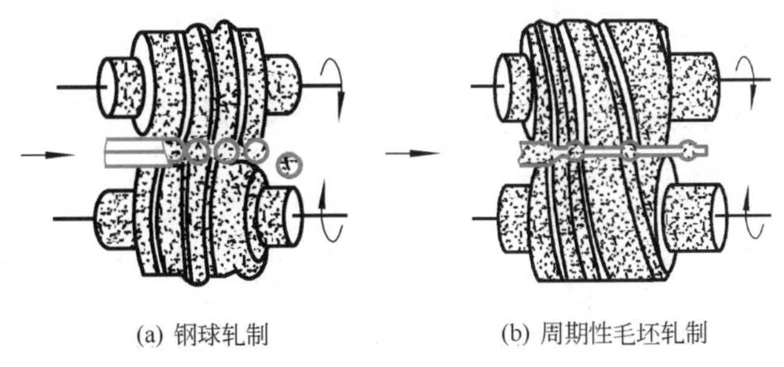

(a) 钢球轧制　　(b) 周期性毛坯轧制

图 7.71　螺旋斜轧

7.3.3　超塑性成形

超塑性成形材料主要有锌铝合金、铝基合金、钛合金、镍基合金、部分黑色金属、冷热模具钢等。

1. 超塑性成形的特点

（1）超塑性状态下的金属在拉伸变形过程中不产生缩颈现象，变形应力是常态下金属变形应力的几十分之一至几分之一，某些变形抗力大、可锻性差、锻造温度范围小的金属材料（如镍基高温合金、钛合金等）经超塑性处理后，可进行超塑性成形。

（2）可获得形状复杂、薄壁的工件，且工件尺寸精确，为净形或近似净形精密加工开辟了一条新的途径。

（3）超塑性成形后的工件具有较均匀、细小的晶粒组织，力学性能均匀、一致；具有较好的耐蚀性；工件内不存在残余应力。

（4）在超塑性状态下，金属材料的变形抗力小，可充分发挥中、小型设备的作用。

但是，超塑性成形前或过程中需对材料进行超塑性处理，还要在超塑性成形过程中保持较高的温度。

2. 超塑性成形的应用

（1）板料拉深。图 7.72（a）所示零件直径小、长度大，若采用普通拉深，则需进行多次拉深及中间退火；若采用超塑性材料拉深，则可一次拉深成形［图 7.72（b）］，且产品品质好。图 7.73 所示为板料气压成形，可成形板厚为 0.4～4mm。

（2）超塑性挤压。超塑性挤压主要适用于锌铝合金、铝基合金及铜基合金。

（3）超塑性模锻。超塑性模锻主要适用于镍基高温合金及钛合金，其过程如下：首先，在接近正常再结晶温度下对合金进行热变形，以获得超细晶粒组织；其次，在预热的模具（预热温度为超塑性变形温度）中模锻成形；最后，对模锻件进行热处理，以恢复合金的高强度状态。

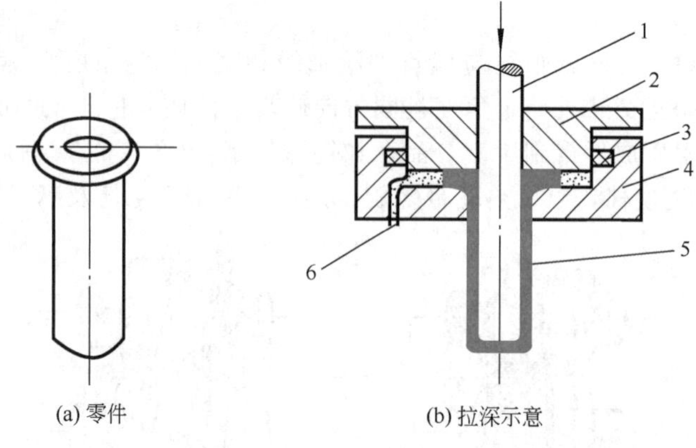

(a) 零件　　(b) 拉深示意

1—冲头；2—压板；3—加热器；4—凹模；5—工件；6—液压管

图 7.72　板料拉深

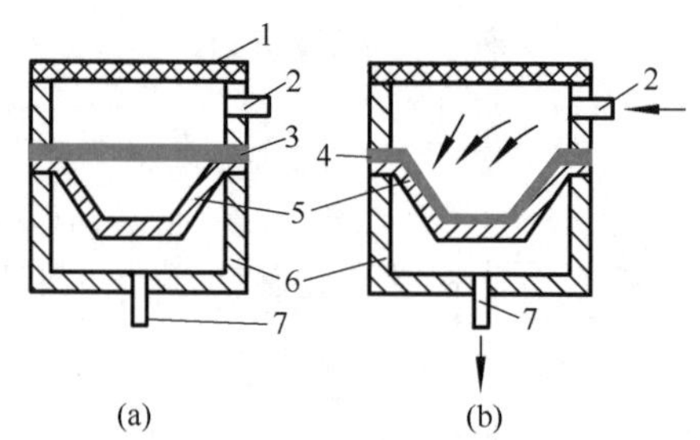

(a)　　(b)

1—电热元件；2—进气口；3—板料；4—成形件；

5—凹模；6—模框；7—抽气口

图 7.73　板料气压成形

除上述介绍的塑性成形方法外，还有爆炸成形、液电成形等。

7.3.4　高速高能成形

高速高能成形是通过适当的方法获得高速度和高能量（如化学能、冲击能、电能等），使坯料在极短时间内快速成形的加工方法。常用高速高能成形有高速锤成形、爆炸成形、电液成形、电磁成形等。

（1）高速锤成形。高速锤成形是以高压气体（如 14MPa 的空气或氮气）为介质，借助一种触发机构，使坯料在高速冲击下成形。高速锤成形时，坯料变形速度高，变形时间短，金属坯料的填充模膛能力好，能锻出壁薄高筋、形状复杂的零件，锻件质量比普通模锻好。

（2）爆炸成形。爆炸成形是利用炸药爆炸时产生的高压，直接或通过水介质使金属板料在半模内成形的方法。爆炸成形具有变形速度高、工艺装备简单、投资少、工件尺寸稳定、形状精确等特点，适合多品种、小批量的板料或中空件成形。

（3）电液成形。电液成形是通过两个电极在液体中放电产生的强大电流冲击波形成液体压力使板料在模内成形的方法。

（4）电磁成形。电磁成形是利用电容和控制开关形成放电回路，瞬时电流通过工作线圈后产生强大的脉冲磁场，同时在金属工件中产生感应电流和磁场，在磁场力的作用下使工件成形的方法。电磁成形广泛用于管材的胀形、缩径、冲孔翻边和连接，板材冲裁、压印和成形，组装件的装配，粉末压实，电磁铆接及放射性物质的封存，等等。

7.4 塑性成形过程的数值模拟简介

计算机塑性成形模拟技术成功应用于模拟和计算锻件塑性变形的应力场、应变场和温度场，可预测金属充填模膛情况、锻造纤维组织的分布和缺陷产生情况；也可分析变形过程的热效应及变形区的应力分布，以便分析缺陷产生原因和设计模具结构；有的还可计算出各工序的变形力和能耗，为选用或设计加工设备提供依据。典型的冲压成形模拟软件有DYNAFORM、AutoForm、PAM-STAMP等，它们都有与AutoCAD软件的接口，以便与冲压工艺和冲模设计软件衔接。在体积成形方面，模拟软件（如DEFORM）不仅可以模拟锻造过程，还可以模拟轧制、挤压、粉末成形等成形工艺。

习题

一、简答题

7-1 锻压的成形原理是什么？

7-2 为什么金属材料的固态塑性成形不具有较强适应性？

7-3 冷变形和热变形各有什么特点？它们的应用范围是怎样的？

7-4 碳钢在锻造温度范围内进行塑性变形时，是否会出现加工硬化现象？

7-5 常用且有效的提高金属材料可锻性的方法是什么？

7-6 绘制模锻工艺图与自由锻工艺图有什么不同？

7-7 锤上模锻大多有冲孔连皮和飞边，是否能直接锻出没有冲孔连皮的通孔和没有飞边的模锻件？

7-8 在金属板料塑性成形过程中是否会出现加工硬化现象？为什么？

7-9 加工硬化对金属板料成形有什么影响？

7-10 比较落料或冲孔与拉深过程凸、凹模结构及间隙 z 有什么不同？

7-11 使用 ϕ250mm×1.5mm 的低碳钢坯料，能否一次拉深直径 ϕ50mm 的拉深件？为什么？应采取什么措施完成？

7-12 查询相关资料，简述电磁成形的原理及应用。

二、思考题

7-13 图7.74所示为汽车离合器从动片的孔，图7.75 (a) 和图7.75 (b) 所示的孔都能保证使用要求，试分析哪种孔最好？为什么？

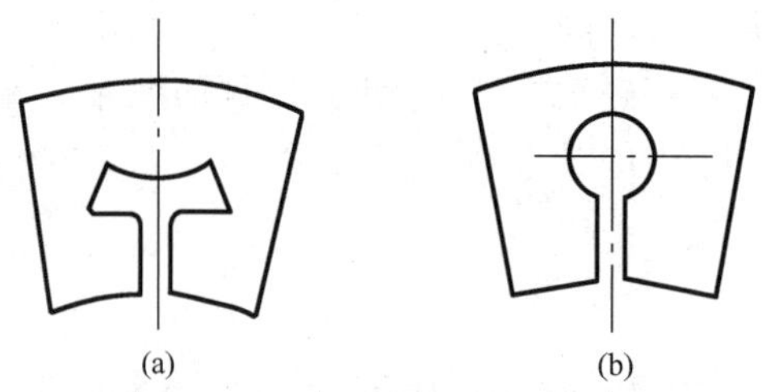

图 7.74　汽车离合器从动片的孔

7-14　若图7.75至图7.77所示零件分别按单件小批量、成批量和大批量的锻造生产毛坯，试解答下述问题。

（1）根据生产批量选择锻造方法。

（2）根据选取的锻造方法绘制相应的锻造工艺图（锻件图）。

（3）确定锻造工序，并计算坯料的质量和尺寸。

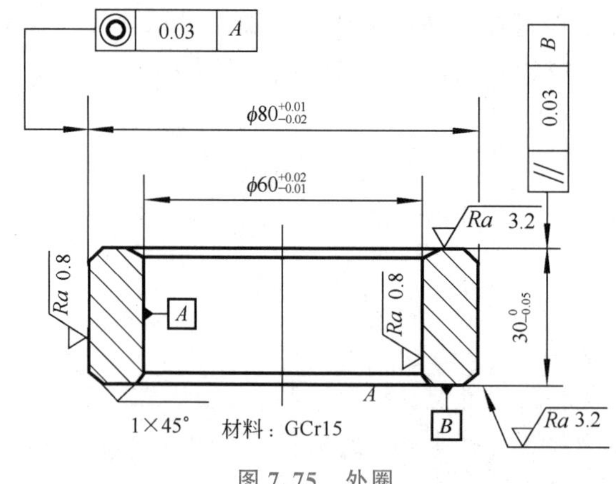

图 7.75　外圈

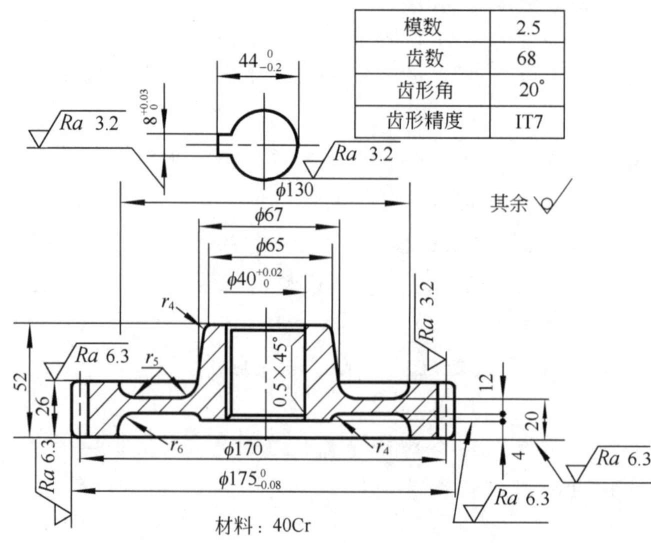

模数	2.5
齿数	68
齿形角	20°
齿形精度	IT7

图 7.76　齿轮

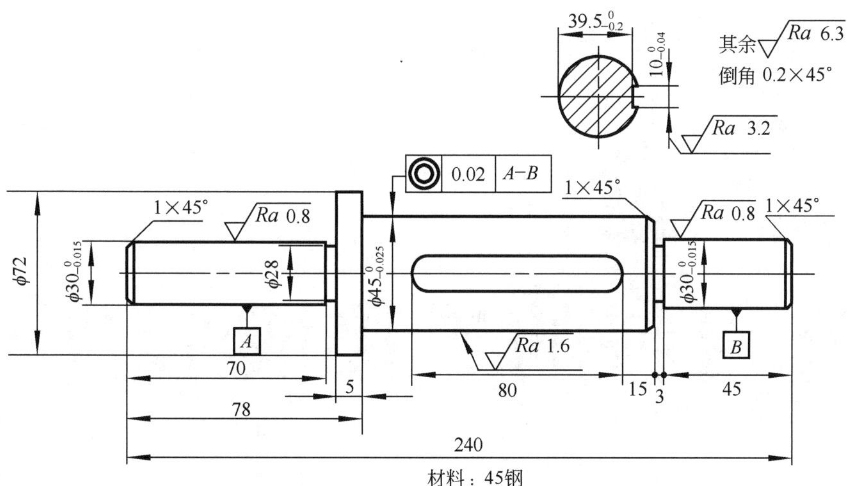

39.5$^{0}_{-0.2}$
10$^{0}_{-0.04}$
其余 Ra 6.3
倒角 0.2×45°
Ra 3.2
0.02 A−B
1×45°
Ra 0.8
1×45°
Ra 0.8
1×45°
φ72
φ30$^{0}_{-0.015}$
φ28
φ45$^{0}_{-0.025}$
φ30$^{0}_{-0.015}$
A
Ra 1.6
B
70
5
80
15
3
45
78
240
材料：45钢

图 7.77　轴

第 8 章 固态材料的连接成形技术

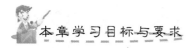

- ▲ 熟悉焊接接头的组成和性能。
- ▲ 熟悉常用焊接成形技术。
- ▲ 了解焊条的选择和接头设计。
- ▲ 了解塑料焊接和固态黏接成形。

8.1 焊接成形过程

固态材料的连接分为永久性连接或非永久性连接两种。永久性连接主要通过焊接和黏接过程实现；非永久性连接是指使用特制的连接件或紧固件（如铆钉、螺栓、键、销等）将零件或构件连接起来。

借助材料内部原子或分子的结合与扩散作用，采用局部加热或加压等手段将分离的材料牢固地连接起来，形成永久性接头的过程称为焊接。

在焊接广泛应用之前，金属结构件的永久性连接主要靠铆接。与铆接比较，焊接具有节省材料、减小质量、接头密封性好、可承受高压、简化加工与装配工序、缩短生产周期、易实现机械化和自动化生产等优点。因此，焊接在现代化工业生产中有十分重要的作用，广泛应用于装备制造业中的各种金属结构件，焊接还用于修复焊补零件等。

焊接技术还存在一些问题，如焊接结构的残余应力和变形、焊接接头性能不均匀、焊接件品质检验比较困难等。

8.1.1 焊接成形过程特征和理论基础

1. 焊接方法及焊接原理

从焊接过程的物理本质考虑，母材接头可以在固态或局部熔化状态下焊接，影响焊接的主要因素有温度及压力。当母材接头被加热到熔化温度以上时，在液态下相互熔合，冷却时凝固在一起，该过程称为熔化焊。在固态下焊接有两种方式：第一种方式是利用压力焊接母材接头，加热只起辅助作用，有时不加热，有时加热到接头达到高塑性状态，甚至使接头的表面薄层熔化，称为压力焊；第二种方式是在母材接头之间加入熔点远低于母材的合金，局部加热使合金熔化，借助液态合金与固态接头的物理化学作用达到焊接的目的，称为钎焊。钎焊用的合金称为钎焊合金（钎料）。

焊接方法类别及焊接原理见表 8-1。

表 8-1 焊接方法类别及焊接原理

焊接方法类别	接头处材料状态	焊接原理
熔化焊	被加热到熔化（液态）	结晶或凝固
压力焊	被加热到半熔化（液态+高塑性状态）	结晶或凝固+塑变
钎焊	钎料被加热到熔化（液态）	钎料的结晶或凝固

根据焊接原理、加热方式、熔化过程、焊接合金等的不同，工业上使用的焊接方法有很多种，如图 8-1 所示。

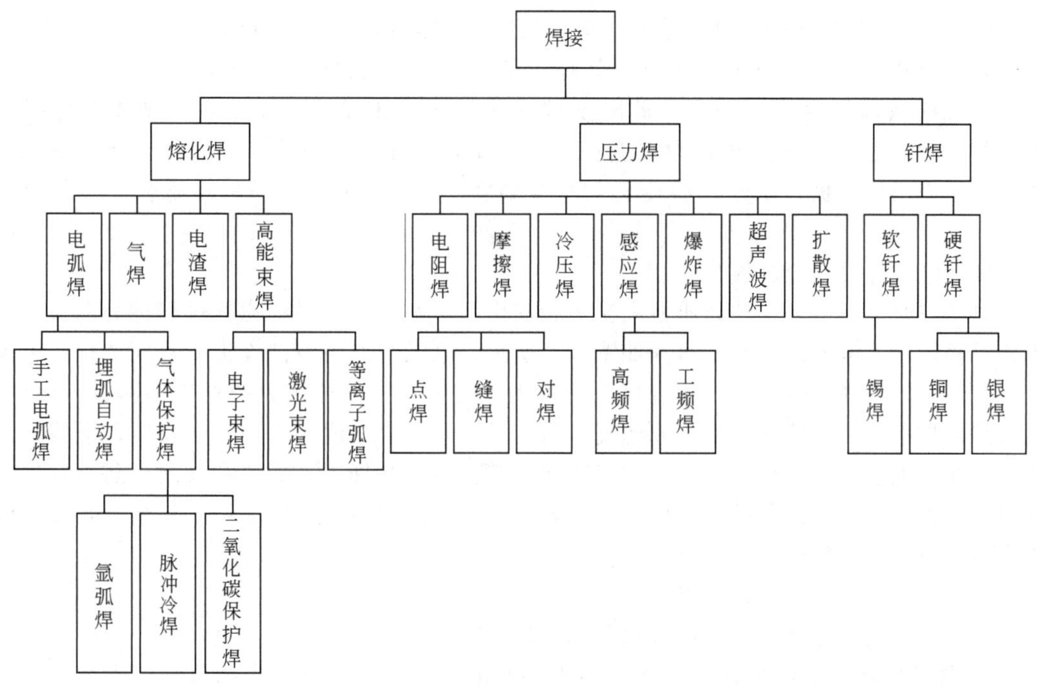

图 8.1 工业上使用的焊接方法

焊接构件作业流程的基本模块或工序如图 8.2 所示。

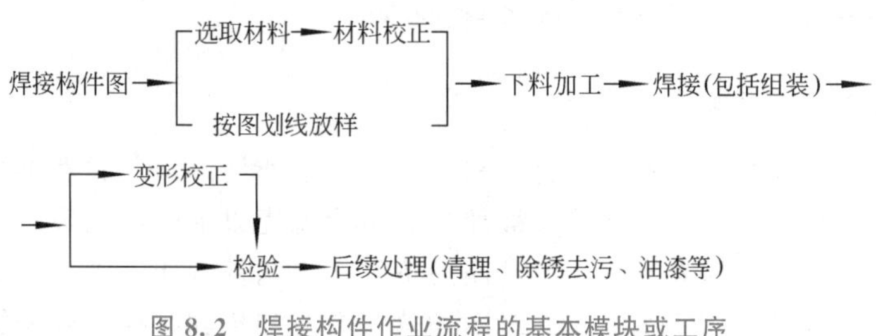

图 8.2　焊接构件作业流程的基本模块或工序

2. 电弧焊的冶金过程及特点

在熔化焊中，常见的是以电弧为热源的电弧焊。

(1) 焊接电弧。

焊接电弧是由焊接电源（又称弧焊电源）提供一定电压，在电极（可以是焊条、焊丝、钨极或碳棒）与焊件金属之间的气体介质中产生的一种低电压大电流的稳定气体放电现象。此时，电极间距一般为几毫米，电极间电压为 20～30V（可维持电弧稳定燃烧，对人体也比较安全），电流可从十几安到上千安，温度超过 5000K。当使用直流电焊接时，焊接电弧由靠近两电极端面极薄的阴极区和阳极区及其之间的弧柱区三个部分组成。因为阴极区发射电子消耗一定的能量，温度稍低，阳极区受到高速电子的撞击而获得较高的能量，所以温度升高；在弧柱中，从阴极奔向阳极的高速电子与粒子产生强烈碰撞，将大量热释放给弧柱区，所以弧柱区温度很高。当使用钢焊条焊接钢材时，阴极区平均温度为 2400K（其产热约占电弧总热量的 36%），阳极区平均温度为 2600K（其产热约占电弧总热量的 43%）；弧柱区的长度几乎等于电弧长度，温度为 6000～8000K。

采用直流弧焊机进行电弧焊时，如焊接厚大工件，则将焊件接电源正极，焊条接负极，这种接法称为直流正接法，此时工件受热较大；如焊接薄小工件，则将焊件接负极，焊条接正极，这种接法称为直流反接法，此时工件受热较小。当采用交流弧焊机焊接时，因为两极的极性不断交替变化，两极温度均约为 2500K，所以不存在正接与反接之分。

(2) 电弧焊的冶金过程。

电弧焊时，焊接区各种物质在高温下相互作用，产生一系列变化的过程称为电弧焊的冶金过程。手工电弧焊的冶金过程如图 8.3 所示，电弧在焊条与被焊工件之间燃烧，电弧热使工件和焊条同时熔化，焊条金属液滴借助重力和电弧气体吹力的作用不断进入熔池。电弧热使焊条的药皮熔化、汽化或燃烧，与熔融金属发生物理反应与化学反应，形成的熔渣漂浮在熔池表面，药皮燃烧产生的 CO_2 等气流围绕电弧周围，熔渣和气流可防止空气中的氧、氮等侵入，从而保护熔池金属。电弧焊的冶金过程与电弧炉冶炼金属相似，在熔池中进行一系列物理反应与化学反应。

(3) 电弧焊的冶金过程特点。

电弧焊的冶金过程与一般冶炼过程相比，具有以下特点。

① 焊接电弧和熔池金属的温度远高于一般冶炼温度，金属元素的氧化、吸气和蒸发现象严重，焊缝性能降低。

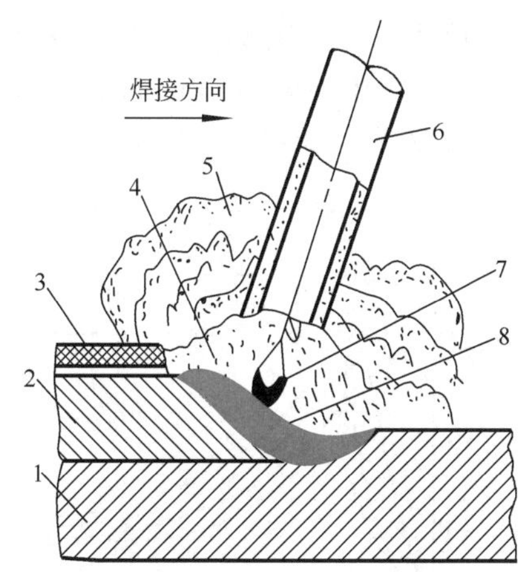

1—焊件；2—焊缝；3—渣壳；4—熔渣；5—气体；
6—焊条；7—熔滴；8—熔池

图 8.3　手工电弧焊的冶金过程

氮和氢在高温时能溶解于液态金属中，氮和铁可化合生成 Fe_4N 和 Fe_2N，冷却后，部分氮保留在钢的固溶体中，Fe_4N 呈片状夹杂物残留在焊缝内，使焊缝的脆性增大。氢促使冷裂纹的形成，引起氢脆性，并产生气孔。

② 由于接头熔池体积小，且周围是温度较低的冷金属，因此，接头熔池处于液态的时间很短，冷却速度极高，一方面不利于焊缝金属化学成分均匀和排除气体、渣滓，从而产生气孔、夹渣等缺陷；另一方面，使焊接构件形成较大的热（内）应力，导致构件变形甚至开裂。

（4）电弧焊过程采取的技术措施。

为了保证焊接质量，在焊接过程中常采取下列技术措施。

① 采取保护措施，限制有害气体进入焊接区。

② 渗入有用合金元素以保护焊缝成分。在焊条药皮（或焊剂、药芯焊丝）中加入锰铁合金等，焊接时可掺合到焊缝金属中，以弥补有用合金元素的烧损，甚至可以增加焊缝金属的某些合金元素，以提高焊缝金属的性能。

③ 进行脱氧、脱硫和脱磷。焊接时，熔化金属除可能被空气氧化外，还可能被工件表面的铁锈、油垢、水分或保护气体中分解出来的氧氧化，焊接时，必须清除上述杂质，并且在焊条药皮（或焊剂）中加入锰铁合金、硅铁合金等来脱氧。当焊缝中含硫量或含磷量超过 0.04%时，极易产生裂纹，一般选择含硫量和含磷量低的原材料，并通过药皮（或焊剂）中的脱硫和脱磷组分进行脱硫、脱磷，以保证焊缝品质。

④ 在构件设计和焊接工艺方面采取措施，以减小焊接应力，防止焊件变形和开裂。

3. 焊接接头的组织和性能

熔化焊是在局部进行的短时高温的冶炼和凝固过程，且是连续进行的；同时，周围未熔化的基体金属受到短时热作用。因此，焊接过程会引起焊接接头组织和性能的变化。

（1）焊接工件温度的变化与分布。

在电弧热作用下，焊接接头的金属都经历由常温状态迅速加热到一定温度，再快速冷却到常温的过程。图 8.4 所示为焊件截面上不同点的温度变化情况。焊接时，各点金属所在位置不同，最高加热温度不同。因为热传导需要一定时间，所以各点达到最高温度的时间不同：离焊缝越近的点，加热速度越高，加热最高温度越高，冷却速度越高。

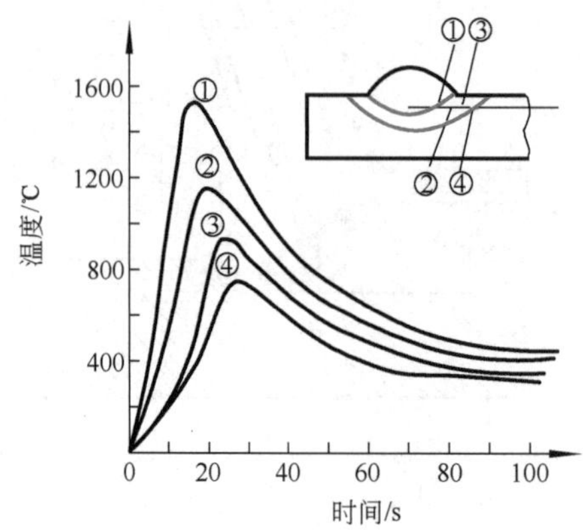

图 8.4　焊件截面上不同点的温度变化情况

(2) 焊接接头的组成和性能。

熔化焊的焊接接头由焊缝区、熔合区和热影响区（包括过热区、正火区、部分相变区）组成，如图 8.5 所示。

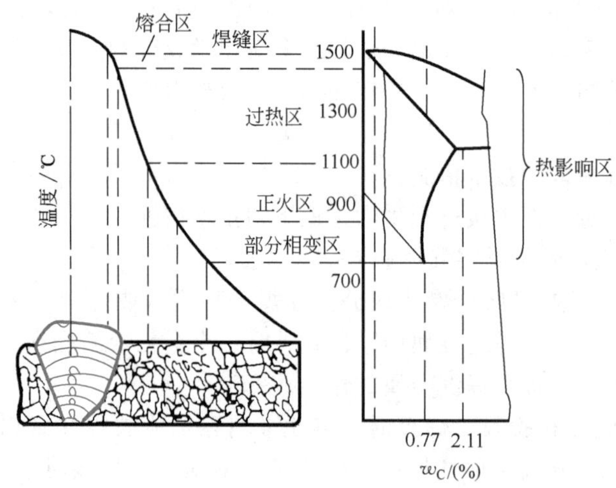

图 8.5　熔化焊的焊接接头的组成

① 焊缝区。焊缝是由熔池金属结晶形成的焊件结合部分。焊缝金属的结晶是从熔池底壁开始的，由于结晶时各个方向的冷却速度不同，因而形成的晶粒是柱状晶，柱状晶的生长方向与最大冷却方向相反，垂直于熔池底壁。由于熔池金属受电弧吹力和保护气体的吹动，熔池壁的柱状晶生长受到干扰，因此柱状晶呈倾斜层状，晶粒细化。由于冷却很快，凝固的焊缝金属中的化学成分来不及扩散，易造成合金元素分布不均匀，如硫、磷等有害元素易集中到焊缝中心区，从而影响焊缝的力学性能。因此，焊条芯（焊丝）必须采用优质钢材，且含硫量和含磷量都应很低。此外，受焊接材料的渗合金作用影响，焊缝金属中锰、硅等合金元素的含量可能比基体金属高，焊缝金属的力学性能可不低于基体金属。

② 熔合区。熔合区是焊接接头中焊缝与母材交接的过渡区，该区域的焊接加热温度在液相线和固相线之间，又称半熔化区。在焊接过程中，仅部分金属熔化，熔化的金属将凝固成铸态组织，未熔化的金属因加热温度过高而成为过热粗晶组织。因而熔合区的塑性、韧度极差，成为裂纹和局部脆性破坏的源点，在低碳钢焊接接头中，尽管熔合区很窄(0.1～1mm)，但仍在很大程度上决定着焊接接头的性能。

③ 热影响区。在电弧热的作用下，焊缝两侧固态母材发生组织变化或性能变化的区域，称为热影响区。焊缝附近各点的受热情况不同，组织变化也不同；不同类型的母材金属，热影响区各部位会产生不同的组织变化。在图 8.5 中，按组织变化特征，热影响区可分为过热区、正火区和部分相变区。

A. 过热区。过热区紧靠熔合区，低碳钢过热区的最高加热温度在 1100℃至固相线之间，将母材金属加热到该温度，结晶组织全部转变成奥氏体并急剧长大，冷却后得到过热粗晶组织，因而过热区的塑性和冲击韧性很低。焊接刚度大的结构或含碳量较高的易淬火钢材时，易在过热区产生裂纹。

B. 正火区。正火区紧靠过热区，在该区域钢相当于受到正火处理。低碳钢在正火区的加热温度为 A_{c3}～1100℃。由铁碳相图可知，此温度下的金属发生重结晶加热，形成细小的奥氏体组织。焊接过程中的金属热传导使正火区冷却比空冷快，相当于进行一次正火处理，使晶粒细小且均匀。一般情况下，金属在正火区的力学性能高于未经热处理的母材金属。

C. 部分相变区。部分相变区紧靠正火区，在该区域钢的温度为 A_{c1}～A_{c3}。加热和冷却时，在该区域的结晶组织中，只有珠光体发生重结晶转变，铁素体仍为原来的组织形态。已相变组织和未相变组织冷却后的晶粒尺寸不均匀，对焊接接头的性能稍有不利影响。

对易淬火的钢，上述三个区域中的奥氏体经焊接冷却后可能变为淬硬的马氏体，加剧了断裂倾向。

综上可知，熔合区和过热区是焊接接头中力学性能很差的区域，应尽量缩小这两个区域的范围，以减小甚至消除不利影响。热影响区是不可避免的，但希望范围越小越好。

焊接接头各区域的尺寸及组织性能的变化程度取决于焊接方法、焊接规范、接头形式、焊后冷却速度等。表 8-2 所示是用不同焊接方法焊接低碳钢时，焊接影响区的平均尺寸。用相同焊接方法在不同焊接规范下操作，也会使热影响区的尺寸不同。一般来说，在保证焊接接头品质的前提下，提高焊接速度、减小焊接电流都能使熔合区和过热区范围变小。

表 8-2 用不同焊接方法焊接低碳钢时，焊接影响区的平均尺寸

焊接方法	过热区宽度/mm	热影响区宽度/mm
手工电弧焊	2.2～3.5	6.0～8.5
埋弧自动焊	0.8～1.2	2.3～4.0
手工钨极氩弧焊	2.1～3.2	5.0～6.2
气焊	21	27
电渣焊	18～20	25～30
电子束焊	—	0.05～0.75

（3）改善焊接接头组织性能的方法。

焊接低碳钢时，因为其塑性很好，热影响区较小，危害较小，即使焊接后不进行处理也能保证使用。但对重要的钢结构或用电渣焊焊接的构件，必须充分注意热影响区带来的不利影响，要采用热处理方法消除热影响区。对碳钢与低合金钢构件，可用焊后正火处理来消除热影响区，改善焊接接头的组织性能。

对于焊后不能进行热处理的金属材料或构件，正确选择焊接方法和焊接过程可减小焊接接头不利区域的影响，以达到提高焊接接头性能的目的。

4. 焊接应力与变形

焊件在焊接过程中会产生应力，从而出现变形甚至裂纹。如果变形严重且无法矫正，就会导致焊件报废。因此，设计和制造焊接结构时，应尽量减小焊接应力，防止产生超过允许数值的变形。

（1）焊接（内）应力和变形产生的原因。

在焊接过程中，对焊件进行局部不均匀加热和冷却，使焊件各部分的热胀冷缩不一致，产生相互制约，形成焊接应力；当焊接应力超过一定值时，焊件产生变形。

图 8.6 所示为低碳钢平板对焊时产生的应力和变形示意。开始焊接时，焊缝及附近区域快速加热到很高温度（进入熔化态及达到低强度的塑性区），使焊件沿焊缝纵向热膨胀 Δl；但离焊接区较远的部位仍然属于高强度的低温区，高温焊接区的热胀受到附近低温高强度区金属的约束，最终高温区金属产生塑性变形，内应力消除。在随后的焊接冷却过程中，焊接区金属产生冷缩，受到附近冷金属的约束；特别是温度下降到再结晶温度以下金属的高强度区后，焊接区冷缩会压迫附近的冷金属区，导致对接板沿纵向缩短 $\Delta l'$，产生纵向应力及变形，即焊缝附近沿纵向存在拉应力，而两侧存在压应力。该过程类似于前述铸造应力的形成过程。焊件横向收缩由焊缝金属沿横向的凝固收缩引起。焊后这些应力残余在构件内部，称为焊接残余应力，简称焊接应力。

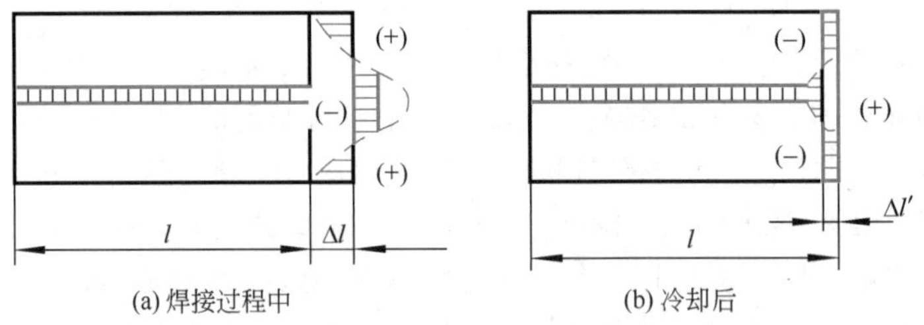

l—板长度；Δl—纵向热膨胀量；$\Delta l'$—纵向缩短量

图 8.6 低碳钢平板对焊时产生的应力和变形示意

若焊接构件刚性不足，无法承受焊接应力，则会产生变形，焊件变形可削弱焊接应力状态。如果焊接应力超过焊接材料的强度极限，则焊件不仅会发生变形，还会产生裂纹，尤其是低塑性材料容易开裂。

（2）焊接变形的基本形式。

焊接变形的形式因焊接结构形状不同、刚性和焊接过程不同而不同，主要有收缩变形、角变形、弯曲变形、波浪变形、扭曲变形五种形式，如图 8.7 所示。

① 收缩变形［图 8.7（a）］。收缩变形是指构件焊接后，纵向尺寸和横向尺寸缩短的变形。收缩变形是由焊缝纵向和横向收缩引起的。

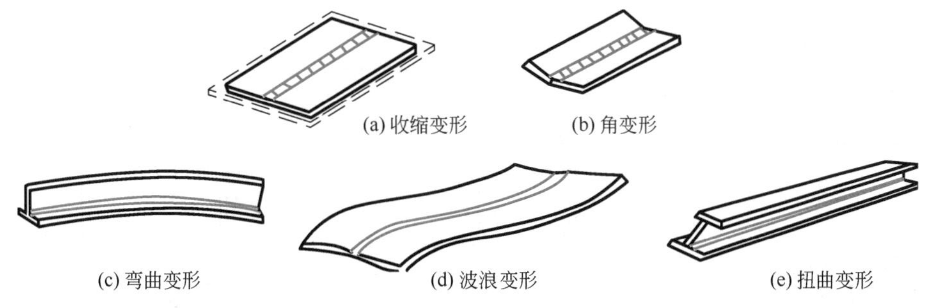

图 8.7 焊接变形的基本形式

② 角变形［图 8.7（b）］。角变形是指 V（U）形坡口对接焊时，由焊缝截面形状上下不对称，焊后凝固收缩不均引起的变形。

③ 弯曲变形［图 8.7（c）］。弯曲变形是指 T 形梁和单边焊缝焊接后，由焊缝布置不对称，纵向收缩引起的变形。

④ 波浪变形［图 8.7（d）］。焊接薄板结构时，薄板在焊接应力的作用下丧失稳定性，从而引起波浪变形。

⑤ 扭曲变形［图 8.7（e）］。焊缝在构件横截面上布置得不对称或焊接过程不合理会引起扭曲变形。

（3）减小焊接应力防止焊件变形的措施。

① 合理设计焊接构件。设计焊接构件的核心问题是焊缝布置，焊缝布置的合理性对焊接质量和生产率有很大影响。在保证结构有足够承载能力的情况下，尽量减小焊缝数量、焊缝长度及焊缝截面面积；尽量使结构中的所有焊缝处于对称位置；焊接厚大件时，应开两面坡口焊接，避免焊缝交叉或密集；尽量采用大尺寸板料及合适的型钢或冲压件代替板材拼焊，以减小焊缝数量和变形量；对具体焊接构件进行焊缝布置时，应便于焊接操作，有利于减小焊接应力和变形量，提高结构强度。表 8－3 列举了焊接结构、焊缝布置的一般原则。

表 8－3 焊接结构、焊缝布置的一般原则

选择原则		示例	
		不合理	较合理
焊缝位置应便于操作	手工电弧焊应考虑焊条操作空间		≥15 45°
	埋弧自动焊应考虑焊接接头处便于存放焊剂		
	点焊或缝焊应考虑引入电极方便		>75°

续表

选择原则		示例	
		不合理	较合理
焊缝位置布置应有利于减小焊接应力与变形	焊缝应避免过分集中或交叉	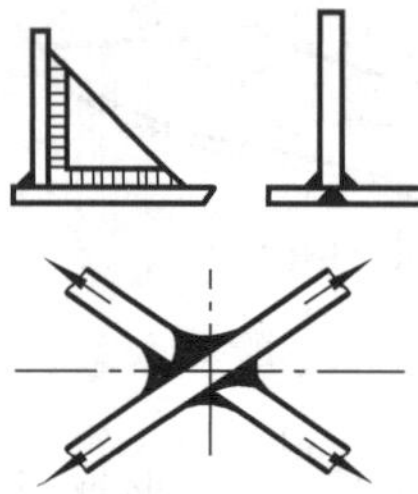	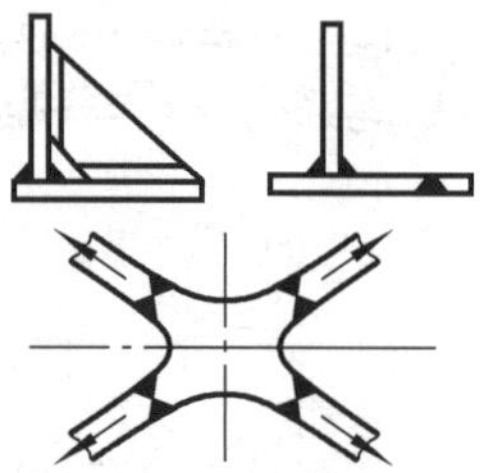
	尽量减小焊缝数量（适当采用型钢和冲压件）	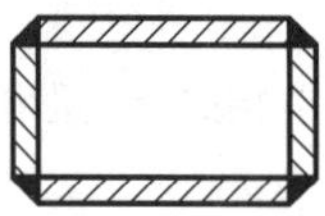	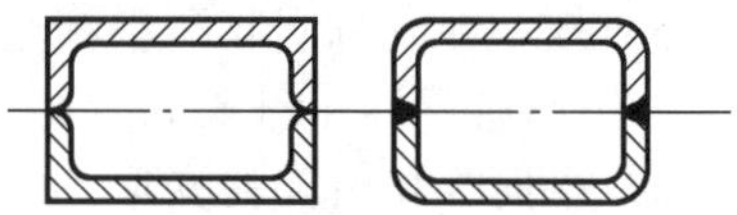
	应尽量对称布置焊缝	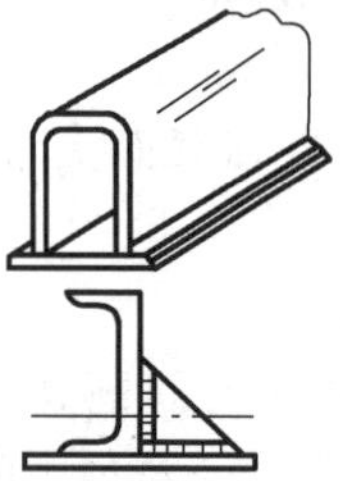	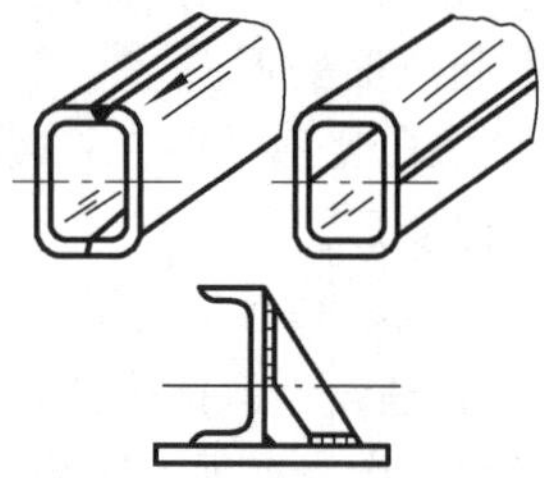
	应去掉焊缝端部的锐角处	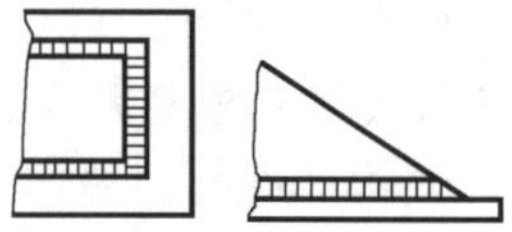	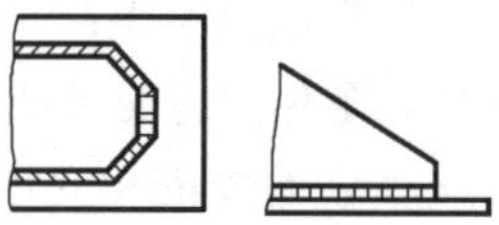
	焊缝应尽量避开最大应力或应力集中处	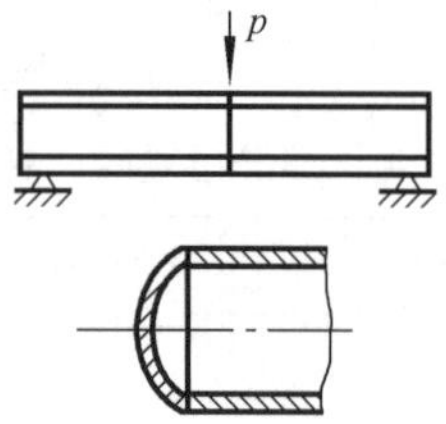	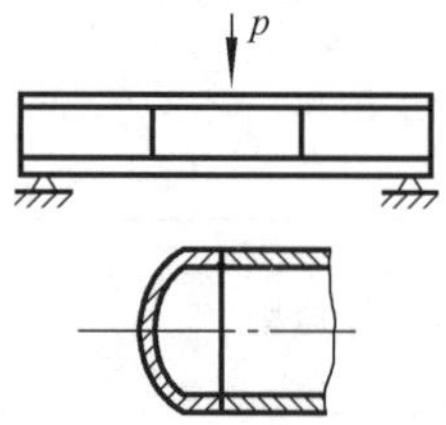
	不同厚度工件焊接时，焊接接头处应平滑过渡	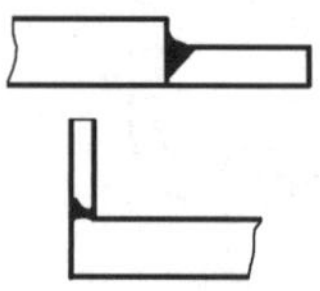	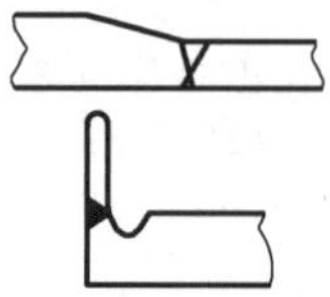
	焊缝应避开加工表面	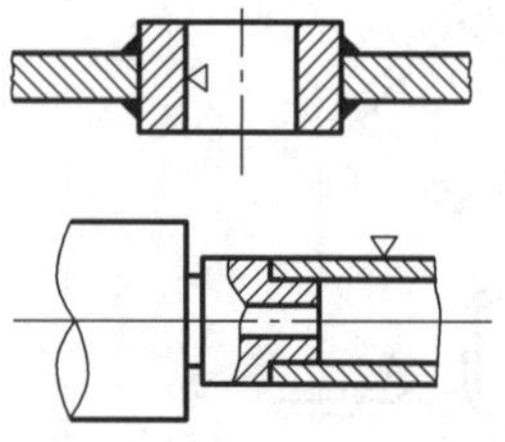	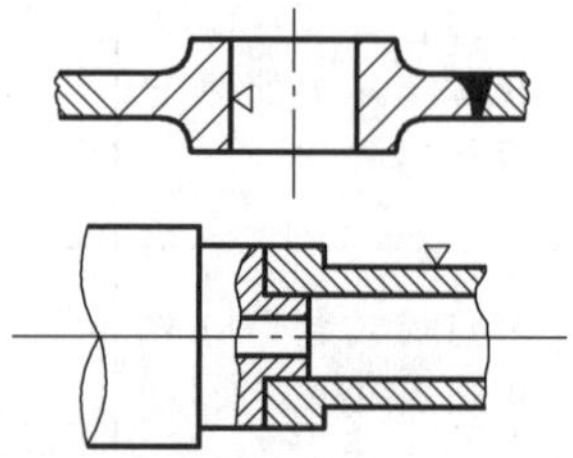

② 采取必要的技术措施。

A. 选择合理的焊接顺序。焊接顺序合理可以减少焊接应力的产生。选择焊接顺序的主要原则是尽量使焊缝自由收缩且不受较大的拘束。如先焊收缩量较大或工作时受力较大的焊缝，使其预承受压应力；拼焊时，先焊错开的短焊缝，再焊直通的长焊缝。

对于图 8.8 所示的结构，如果按图 8.8（a）所示的顺序①、②进行焊接，就可减小内应力；如果按图 8.8（b）所示的顺序进行焊接，就会增大内应力，特别是在焊缝交叉（A）处易产生多个裂缝。

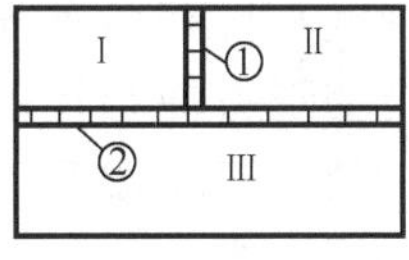

(a) 合理的焊接顺序

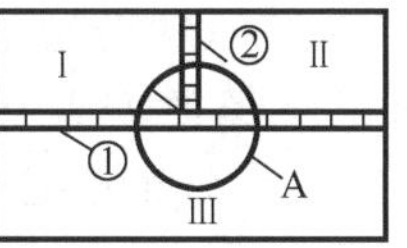

(b) 不合理的焊接顺序

图 8.8 焊接顺序对焊接应力的影响

如构件的对称两侧都有焊缝，则应该设法使两侧焊缝的收缩量相互抵消或减弱，以减小焊接变形量。X 形坡口焊缝的焊接顺序如图 8.9 所示，工字梁与矩形梁的焊接顺序如图 8.10 所示。

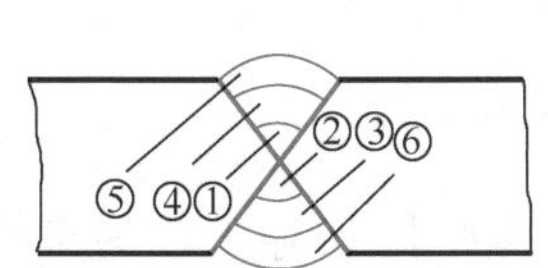

图 8.9 X 形坡口焊缝的焊接顺序

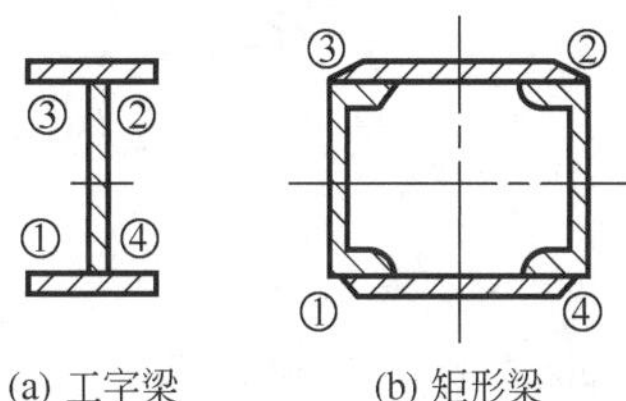

(a) 工字梁 (b) 矩形梁

图 8.10 工字梁与矩形梁的焊接顺序

焊接长焊缝时，为了减小变形量，常采用逆向分段焊法，即把整个长焊缝分为长度为 150～200mm 的小段焊接，每段都朝着与总方向相反的方向焊接，如图 8.11 所示。

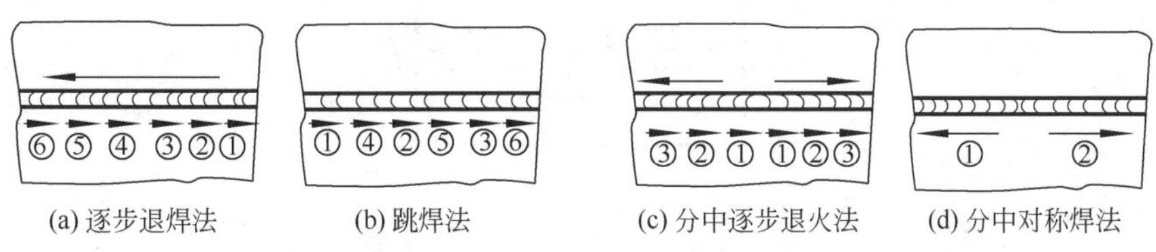

(a) 逐步退焊法 (b) 跳焊法 (c) 分中逐步退火法 (d) 分中对称焊法

图 8.11 长焊缝焊接

B. 焊接前预热。先将焊件预热到 350～400℃，再进行焊接。预热可使焊缝部分金属和周围金属的温差减小，焊后可比较均匀地同时冷却收缩，显著减小焊接应力和变形量。

C. 加热“减应区”。在焊接结构上选择合适的部位加热后焊接，可大大减小焊接应力。所选的加热部位称为减应区。图 8.12 所示为框架中部的杆件断裂焊接，焊前选框架左、右两杆件中部作为减应区并进行局部加热，使其伸长，带动焊接部位产生与焊缝收缩方向相反的变形。焊接冷却时，加热区和焊缝一起收缩，减小了焊缝自由收缩时的拘束，使焊接应力减小。

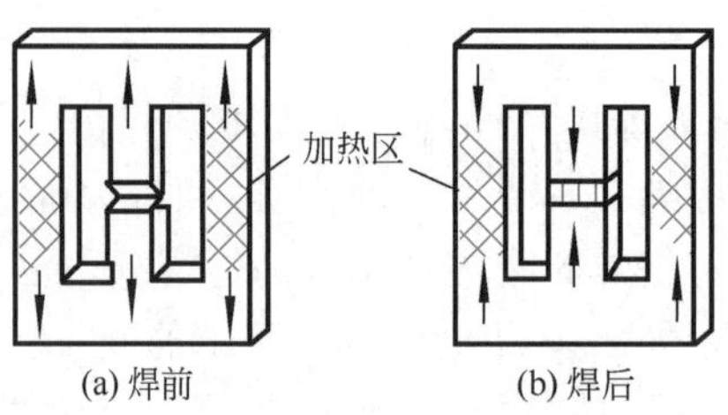

图 8.12　框架中部的杆件断裂焊接

D. 反变形法。反变形法的原理是经过计算或凭实际经验预先判断焊后的变形量和变形方向，焊前进行装配时，将焊件安置在与焊接变形方向相反的位置，如图 8.13 所示；或在焊前使焊件反方向变形，以抵消焊接后所发生的变形，如图 8.14 所示。

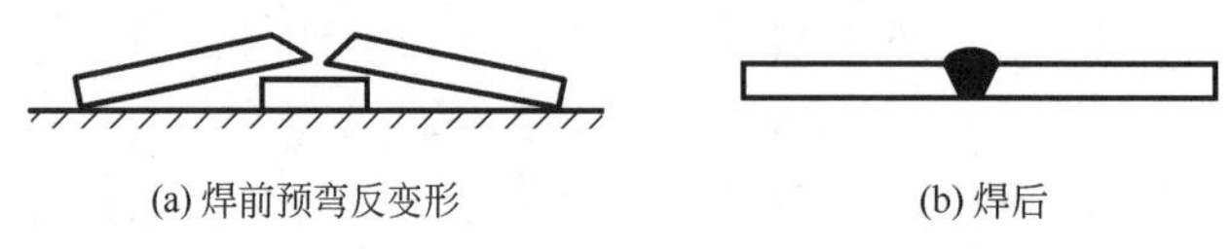

图 8.13　平板焊接的反变形

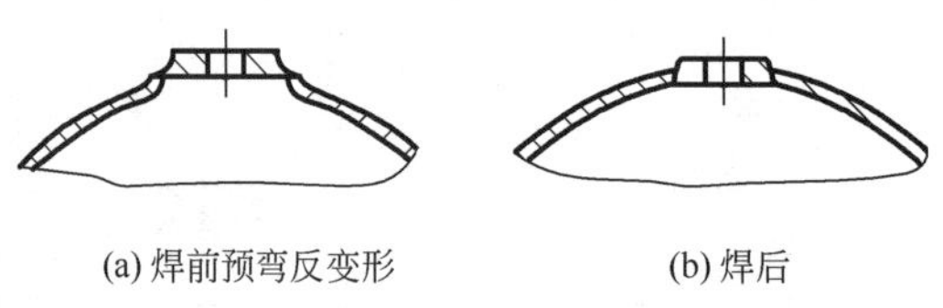

图 8.14　防止壳体局部塌陷的反变形

E. 刚性夹持法。刚性夹持法的原理是采用夹具或点焊固定等手段约束焊接变形，如图 8.15 所示，能有效防止角变形和薄板结构的波浪变形。刚性夹持法只适用于塑性较好的焊接材料，且焊后应迅速进行退火处理以消除内应力；不适用于塑性差的材料（如淬硬性较大的钢材及铸铁），否则焊后易产生裂纹。

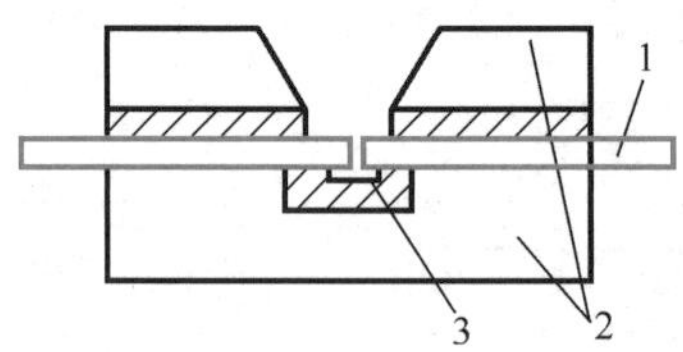

1—钢板；2—夹具；3—铜垫板

图 8.15　刚性夹持法

F. 焊后热处理。去应力退火可以消除焊接应力；整体高温回火消除焊接应力的效果最好，可消除 80%～90%的残余应力。

（4）焊接变形的矫正方法。

在焊接生产中，即使焊前采用预防变形的措施，有些刚性较差的焊件焊后也可能产生超过允许值的变形，需要矫正已产生的变形。焊接变形的矫正实际上就是使焊件结构产生新的变形，以抵消焊接产生的变形。焊接变形的矫正方法如下。

① 机械矫正法。机械矫正法是指用手工锤击、矫正机、辊床、压力机等机械外力，

使焊件产生与焊接变形方向相反的塑性变形，达到矫正的目的。

② 火焰加热矫正法。火焰加热矫正法的原理是利用燃气火焰在焊件适当部位加热，使工件冷却收缩时产生与焊接变形方向相反的变形，达到矫正的目的，如图 8.16 所示。火焰加热矫正法主要用于低碳钢焊件，加热温度为 600～800℃。

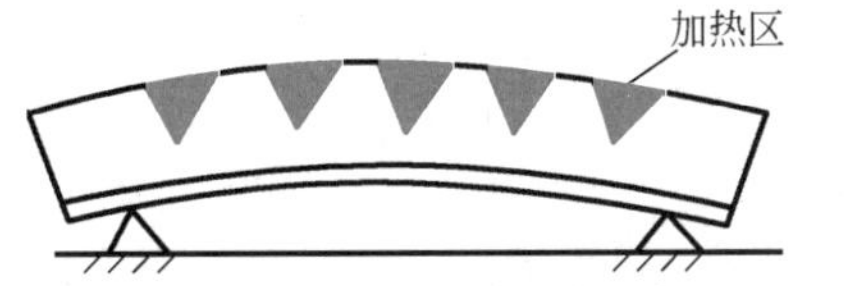

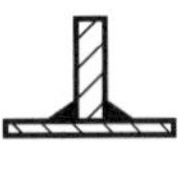

图 8.16 火焰加热矫正法

5. 焊接缺陷

在焊接生产中，结构设计不当、原材料不符合要求、接头准备不仔细、焊接过程不合理或焊后操作不当等常使焊接接头产生各种缺陷，其中以未焊透和裂缝的危害最大。表 8-4 所示是常见的焊接接头缺陷及产生原因。

表 8-4 常见的焊接接头缺陷及产生原因

缺陷名称	图 示	特 征	产生原因
焊瘤	焊瘤	焊缝边缘存在多余的未与焊件熔合的堆积金属	焊条熔化太快；电弧过长；电流过大；运条方法不正确；焊接速度太低
夹渣	夹渣	焊缝内部存在非金属夹杂物或氧化物	焊条未搅拌熔池；焊件不洁净；电流过小；焊缝冷却太快；多层焊时，未清除干净各层熔渣
咬边	咬边	在焊件与焊缝边缘的交界处有小沟槽	电流过大；焊条角度错误；运条方法不正确；电弧过长
裂纹	裂纹	在焊缝和焊件表面或内部存在裂纹	焊件含碳量、含硫量、含磷量高；焊接结构设计不合理；焊缝冷却太快；焊接顺序不正确；焊接应力过大；存在咬边、气泡、夹渣；未焊透

续表

缺陷名称	图　示	特　征	产生原因
气孔	气孔	焊缝的表面或内部存在气泡	焊件不洁净；焊条潮湿；电弧过长；焊接速度过高；焊件含碳量高
未焊透	未焊边	被焊金属和填充金属之间存在局部未熔合	装配间隙太小；坡口间隙太小；运条太快；电流过小；焊条未对准焊缝中心；电弧过长

6. 焊接接头及坡口选择

焊接接头是焊接结构的基本组成部分，其设计应根据结构形状及强度要求、工件厚度、可焊性、焊后变形量、焊条消耗、坡口加工难易程度等因素综合决定。

手工电弧焊采用对接接头、搭接接头、T 形接头和角接头四种接头。

(1) 对接接头及坡口选择。

对接接头应力分布均匀，接头质量容易保证；在静载荷和动载荷的作用下，对接接头都具有很高的强度，且外形平整、美观。因此，对接接头是应用较多的接头形式，常用于平板类焊件和空间类焊件；但对焊前准备和装配要求较高。

一般电弧焊的坡口形式可分为 I 形坡口（又称不开坡口）、V 形坡口、X 形坡口、U 形坡口，如图 8.17 所示，每种坡口的尺寸和适用的钢板厚度都有明确规定。当手工电弧焊板厚度小于 6mm 对接时，一般不开坡口，直接焊成；当板厚度较大时，为了保证焊透，接头处根据工件厚度预制各种坡口。厚度相等的工件可选择多种坡口形式，V 形坡口和 U 形坡口只需一面焊，可焊性较好；但焊后角变形量较大，焊条消耗量也大。X 形坡口两面施焊，受热均匀，变形量较小，焊条消耗量也较小；但有时受结构形状的限制。

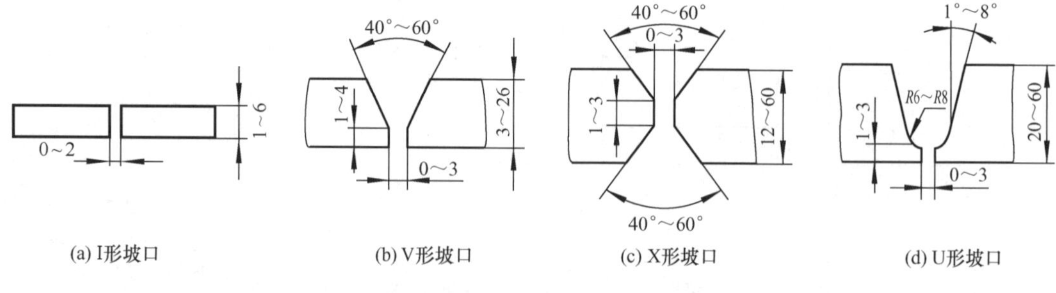

图 8.17　对接接头的坡口形式

当采用手工电弧焊和其他熔化焊焊接不同厚度的重要受力件时，若使用对接接头，则应在较厚的板上单面削薄或双面削薄，选择适合的坡口形式和尺寸，如图 8.18 所示。

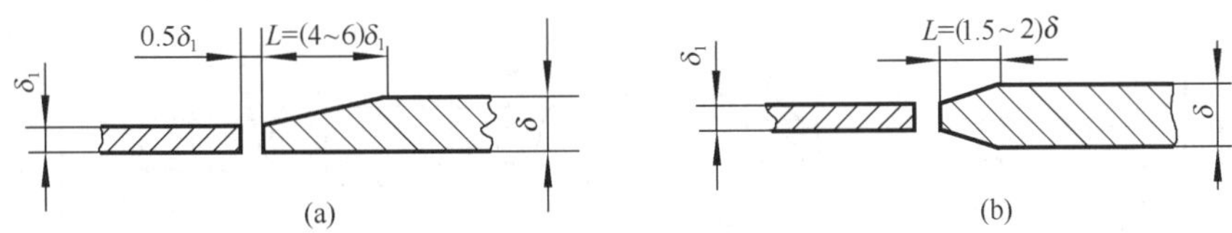

图 8.18 不同厚度钢板对接

埋弧自动焊多采用对接接头形式，为了存放焊接剂，通常以平焊为宜。采用埋弧自动焊焊接厚度大于 14mm 的焊件时应开坡口，其坡口形式与手工电弧焊基本相同；当焊件厚度为 14～20mm 时，多采用 V 形坡口；当焊件厚度为 20～50mm 时，多采用 X 形坡口；一些受力大的重要焊缝（如锅炉汽包、大型储油罐等）一般采用 U 形坡口，以保证焊缝的根部不出现未焊透或夹渣等缺陷。在 V 形坡口和 X 形坡口中，坡口角度为 50°～60°，既可保证焊缝根部焊透，又可减少填充金属。

（2）搭接接头及坡口选择。

搭接接头不需要开坡口，焊前准备和装配工作比对接接头简单得多。但是搭接接头应力分布复杂，往往产生弯曲附加应力，降低接头强度。搭接接头常用于焊前准备和装配要求简单的板类焊件结构，如桥梁、房架等。搭接接头的形式如图 8.19 所示。

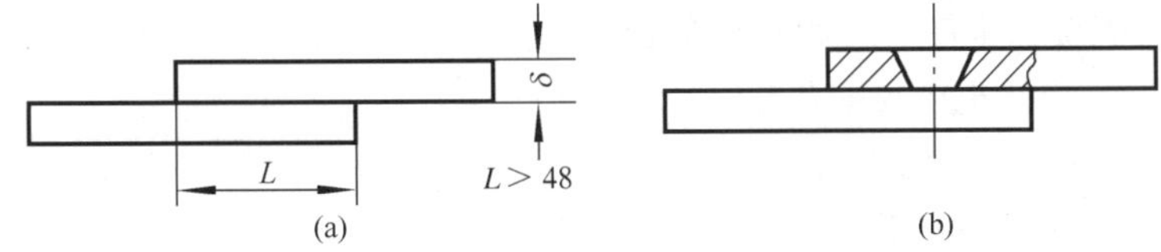

图 8.19 搭接接头的形式

（3）T 形接头及坡口选择。

T 形接头广泛应用于空间类焊件。T 形接头的坡口如图 8.20 所示。完全焊透的单面坡口和双面坡口的 T 形接头在任何一种载荷下都具有很高的强度。根据焊件的厚度，T 形接头可选 I 形坡口、单面 V 形坡口、K 形坡口、单面双 U 形坡口。

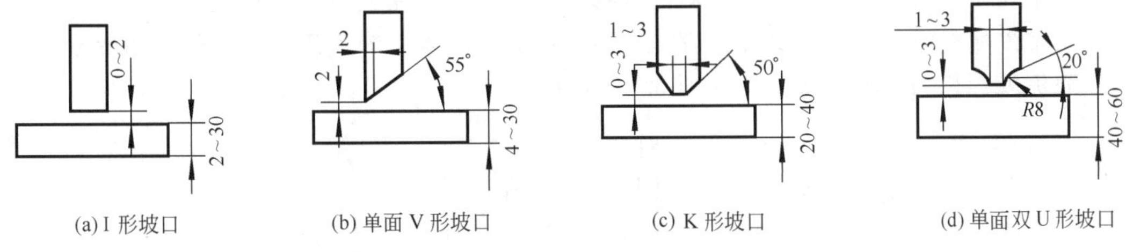

图 8.20 T 形接头的坡口

（4）角接头及坡口选择。

角接头通常只起连接作用，不能传递工作载荷，且应力分布复杂、承载能力低。根据焊件厚度的不同，角接头可选择 I 形坡口、K 形坡口、单面 V 形坡口、单面 U 形坡口、V 形坡口，如图 8.21 所示。

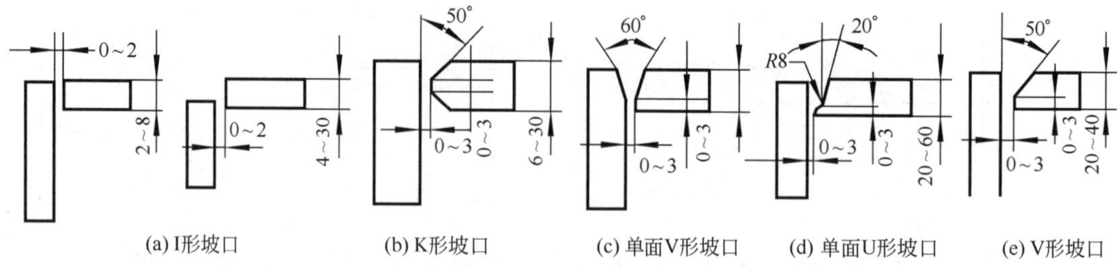

图 8.21　角接头的坡口

设计焊接结构时，一般在焊接件的装配图（焊接结构工艺图）上用规定的焊缝符号和标注方法标注焊缝位置、接头类型、尺寸及要求，具体可见 GB/T 324—2008《焊缝符号表示法》。

8.1.2　常用焊接成形技术

1. 熔化焊

利用热源局部加热的方法，将两焊件接合处加热到熔化状态，形成共同的熔池，冷却凝固后，使分离的焊件牢固结合的焊接称为熔化焊。熔化焊适用于各种金属材料任何厚度焊件的焊接，且焊接强度高，获得广泛应用。

手工电弧焊

（1）电弧焊。

① 手工电弧焊。

A. 焊接过程。

以电弧为焊接热源的熔焊方法称为电弧焊。手工操纵焊条进行焊接的电弧焊方法称为手工电弧焊。

焊接前，将电焊机的输出端分别与焊件和焊钳连接，在焊条和焊件之间引燃电弧，电弧热使焊件（母材、基本金属）和焊条同时熔化成熔池，焊条上的药皮熔化形成熔渣并覆盖在熔池上方。药皮燃烧时产生大量气流并围绕于电弧周围，熔渣和气流可起保护熔池的作用。随着焊条的移动，焊条前的金属不断熔化，焊条移动后的金属冷却凝固成焊缝，使分离的焊件连接成整体，完成整个焊接过程。

通常采用的弧焊电源有交流弧焊机、直流弧焊机（含弧焊整流器）和弧焊逆变器。

直流弧焊机的两种接线方法如图 8.22 所示。

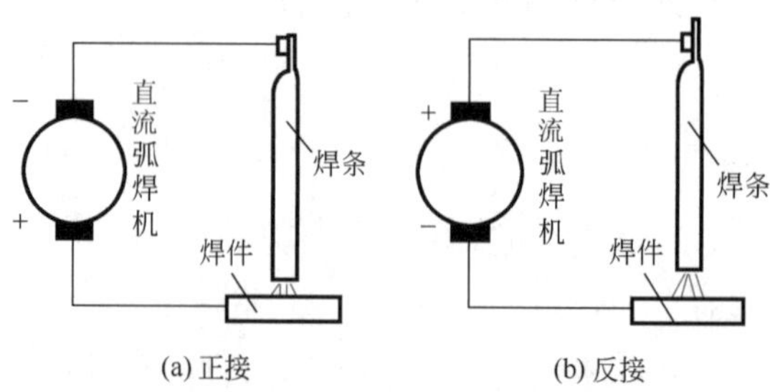

图 8.22　直流弧焊机的两种接线方法

B. 焊条。

a. 焊条的组成和作用。焊条由焊芯和药皮两部分组成。

焊芯在焊接时起两个作用：一是作为电源的一个电极；二是熔化后作为填充金属，与母材（基本金属）一起形成焊缝金属。焊芯都采用焊接专用的金属丝。结构钢焊条焊芯的常用牌号有 H08、H08A、H08MnA，其中“H”是“焊”字的汉语拼音首字母，表示焊接用钢丝；“08”表示碳的平均质量分数为 0.08%；“A”表示高级优质钢。

焊芯直径称为焊条直径，焊芯长度就是焊条长度。常用的焊条直径有 2.0mm、2.5mm、3.2mm、4.0mm 和 5.0mm 等，常用的焊条长度为 250～450mm。

焊芯表面的涂料称为药皮。在焊接过程中，药皮的主要作用是提高电弧燃烧的稳定性，防止空气对熔化金属产生有害作用，保证焊缝金属脱氧和加入合金元素，以提高焊缝金属的力学性能。药皮主要由稳弧剂、造渣剂、造气剂、脱氧剂、合金剂、胶黏剂等按一定比例混合并涂在焊芯上，经烘干后制成。药皮原料及作用见表 8-5。

表 8-5 药皮原料及作用

成分	原料	作用
稳弧剂	碳酸钾，碳酸钠，硝酸钾，重铬酸钾，大理石，长石，水玻璃	在电弧高温下易产生钾、钠等离子，帮助电子发射，有利于引弧和使电弧稳定燃烧
造渣剂	钛铁矿，赤铁矿，锰矿，金红石，花岗石，长石，大理石，萤石	焊接时形成熔渣，对液态金属起保护作用，碱性渣 CaO 还可起脱硫、脱磷作用
造气剂	淀粉，木屑，纤维素，大理石	产生一定量的气体，隔绝空气，保护焊接熔滴与熔池
脱氧剂	锰铁，硅铁，钛铁，铝铁，石墨	对熔池金属起脱氧作用，锰还具有脱硫作用
合金剂	硅铁，铬铁，钒铁，锰铁，钼铁	使焊缝金属获得必要的合金成分
胶黏剂	钾水玻璃，钠水玻璃	将药皮牢固地黏在钢芯上

根据药皮形成的熔渣中酸性氧化物和碱性氧化物的比例不同，焊条分为酸性焊条和碱性焊条两大类。熔渣以酸性氧化物为主的焊条，称为酸性焊条；熔渣以碱性氧化物为主的焊条，称为碱性焊条。酸性焊条的氧化性强，焊接时具有优良的焊接性能，如稳弧性好、脱渣力强、飞溅少、焊缝成形美观等，对铁锈、油污和水分等的敏感性较低。碱性焊条具有较强的脱氧、去氧、除硫和抗裂纹的能力，焊缝力学性能好，但焊接性能不如酸性焊条，如引弧较困难、电弧稳定性较差等，一般要求用直流电源，药皮熔点较高，应采用直流反接法。碱性焊条对铁锈、油污和水分较敏感，焊接时容易产生气孔，应仔细清理焊接接头，并烘干焊条。

b. 焊条的分类和型（牌）号。在旧标准中，焊条按用途分为结构钢焊条（J）、耐热钢焊条（R）、不锈钢焊条（G 或 A），堆焊焊条（D）、铸铁焊条（Z）、镍及镍合金焊条（N）、低温钢焊条（W）、铜及铜合金焊条（T），铝及铝合金焊条（L）和特殊用途焊条（TS）十类。其中，结构钢焊条应用最广泛。

根据 GB/T 5117—1995《碳钢焊条》和 GB/T 5118—1995《低合金钢焊条》，低碳钢和低合金钢焊条型号的标示如下。

在“E××××”中，“E”表示焊条；前两位数字表示熔敷金属抗拉强度的最小值；第三位数字表示焊条的焊接位置，其中“0”及“1”表示焊条适用于全位置焊接（平、立、仰、横），“2”表示适用于平焊及平面焊，“4”表示适用于向下立焊；第三位数字和第四位数字组合时表示焊接电流种类及药皮类型。部分碳钢焊条药皮类型和焊接电流种类见表 8-6。

表 8-6 部分碳钢焊条药皮类型和焊接电流种类

焊条型号	药皮类型	焊接电流种类	相应的焊条牌号
E××01	钛铁矿型	交流或直流正、反接	J××3
E××03	钛钙型	交流或直流正、反接	J××2
E××11	高纤维素钾型	交流或直流反接	J××5
E××13	高钛钾型	交流或直流正、反接	J××1
E××15	低氢钠型	直流反接	J××7
E××16	低氢钾型	交流或直流反接	J××6

如 E4315 表示的焊条，熔敷金属抗拉强度的最小值为 420MPa，适用于全位置焊接；药皮类型为低氢钠型；应采用直流反接焊接电流。

现行国家标准有类似上面结构钢焊条编号的 GB/T 5117—2012《非合金钢及细晶粒钢焊条》(代号 E，前四位数字意义同前，"—"后面为熔敷金属的化学成分分类代号及附加说明，也可无标记)、GB/T 5118—2012《热强钢焊条》(代号 E，前四位数字意义同前，"—"后面为熔敷金属的化学成分分类代号及附加说明)，以及以化学成分及用途编号的 GB/T 983—2012《不锈钢焊条》(代号 E，后三位数字为熔敷金属化学成分分类代号，最后两位数字表示焊接位置及药皮类型)、GB/T 984—2001《堆焊焊条》(代号 ED，后面为熔敷金属元素符号或代号)、GB/T 10044—2022《铸铁焊条及焊丝》(焊条代号 EZ，焊丝代号 RZ，后面字母为熔敷金属元素符号或金属类型代号)、GB/T 3669—2001《铝及铝合金焊条》(代号 E，后面四位数字为适用的铝合金牌号) 等，具体选择时可查阅相关资料。

c. 焊条的选用原则。焊条的种类很多，选择的正确性直接影响焊接结构的质量、生产率和生产成本。通常应根据焊接结构的化学成分、力学性能、抗裂性、耐蚀性及高温性能等要求选用相应的焊条种类，再根据焊接结构形状、受力情况、工作条件和焊接设备等选用具体的型号与牌号，一般选择原则如下。

● 根据母材的化学成分和力学性能。若焊件为结构钢，则选用的焊条应满足焊缝和母材"等强度"要求，且成分相近；若焊件为异种钢，则应按其中强度较低的钢材选用焊条；若焊件为不锈钢、耐热钢等，则一般根据母材的化学成分类型，按"等成分原则"选用与母材化学成分类型相同的焊条；若母材中碳、硫、磷的含量较高，则选用抗裂性能好的碱性焊条。

● 根据焊件的工作条件与结构特点。对于承受交变载荷、冲击载荷的焊接结构，或者形状复杂、厚度大、刚性大的焊件，应选用碱性低氢型焊条。

● 根据焊接设备、施工条件和焊接技术性能。当无法清理或在焊件坡口处有较多油污、铁锈、水等脏物时，应选用酸性焊条。在保证焊缝质量的前提下，应尽量选用成本低、劳动条件好的酸性焊条。

C. 手工电弧焊的特点。

手工电弧焊设备简单，操作灵活，能进行全位置焊接，能焊接不同的接头、不规则焊缝；但生产效率低，焊接质量不够稳定，对焊工操作技术要求较高，劳动条件差。手工电弧焊多用于单件小批生产和修复，一般用于焊接厚度大于 2mm 的常用金属。

② 埋弧自动焊。

埋弧自动焊是电弧在颗粒状焊剂层下燃烧的自动电弧焊接方法。

A. 焊接过程。埋弧自动焊的焊接过程如图 8.23 所示。焊接时，送丝机构送进焊丝，使之与焊件接触，焊剂通过软管均匀撒落在焊缝上，盖住焊丝与焊件接触处。通电后，向上抽回焊丝引燃电弧，电弧在焊剂层下燃烧，使焊丝、焊件接头和部分焊剂熔化，形成一个较大的熔池；电弧周围的颗粒状焊剂被熔化成熔渣，少量焊剂和金属蒸发形成蒸气，在蒸气压力作用下，气体将电弧周围的熔渣排开，形成一个封闭的熔渣泡，如图 8.24 所示。熔渣泡有一定的黏度，能承受一定的压力，电弧在渣泡中燃烧。因此，被熔渣泡包围的熔池金属与空气隔离，防止金属的飞溅和电弧热量的损失。随着焊接电弧向前移动及焊丝不断送进，熔池金属逐渐冷却凝固形成焊缝，熔化的熔渣形成渣壳。最后断电熄弧，完成整个焊接过程。未熔化的焊剂经回收处理后，可重新使用。

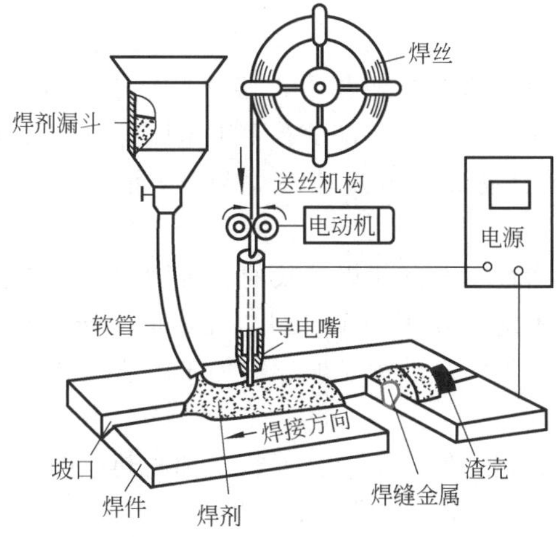

图 8.23　埋弧自动焊的焊接过程

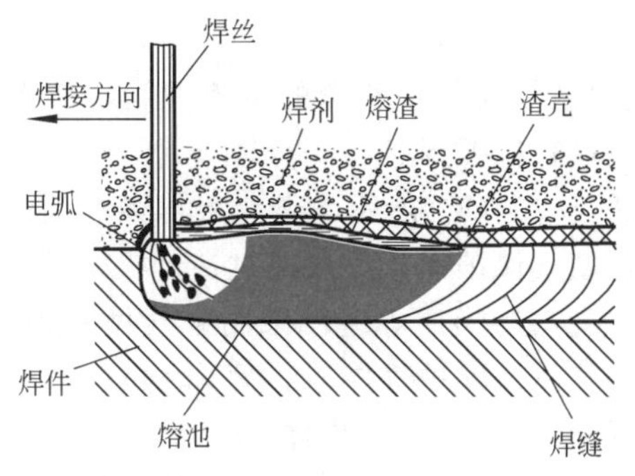

图 8.24　埋弧自动焊的焊缝形成纵截面

B. 焊丝与焊剂。埋弧自动焊焊丝与手工电弧焊焊芯的作用相同，成分标准也相同。常用焊丝牌号有 H08A、H08MnA 和 H10Mn2 等。

焊剂与焊条药皮的作用相同，在焊接过程中起稳弧、保护、脱氧、渗合金等作用。焊剂按制造方法分为熔炼焊剂、陶质焊剂和烧结焊剂。熔炼焊剂具有强度高、化学成分均匀、不易吸潮、适合大量生产等优点，获得了广泛应用。我国使用的焊剂多为熔炼焊剂。熔炼焊剂按 MnO 和 SiO_2 的含量分为无锰焊剂、低锰焊剂、中锰焊剂、高锰焊剂和低硅焊剂、中硅焊剂、高硅焊剂等。焊接低碳钢构件时，常用的焊剂有高锰高硅焊剂（HJ431）、低锰低硅焊剂（HJ230）等。

焊接不同材料时，应选配不同成分的焊丝和焊剂，以保证焊缝有足够的合金元素含量，从而保证焊缝品质。通常焊接低碳钢时，采用高锰高硅焊剂（HJ431）配合一般含量的焊丝（H08A），也可用无锰无硅焊剂（HJ130）配合含锰量高的焊丝（H10Mn2）。

C. 埋弧自动焊的特点。埋弧自动焊与手工电弧焊相比，具有以下特点。

a. 生产率高。埋弧自动焊的焊丝导电部分远比手工电弧焊短，且外面无药皮覆盖，送丝速度较高，焊接电流超过 1000A，熔深也大，所以金属熔化快，生产率比手工电弧焊高得多。

b. 焊接质量高且稳定。埋弧自动焊时，熔渣泡对金属熔池严密保护，热量损失小，熔池保持液态时间长，冶金过程较完善，焊缝金属的化学成分均匀；同时，焊接过程自动进行，焊接质量高。

c. 节省金属材料。埋弧自动焊热量集中，熔深大，厚度小于 25mm 的焊件都可以不开坡口焊接，降低了填充金属损耗；此外，没有手工电弧焊时的焊条头损失。

d. 劳动条件好。埋弧自动焊的电弧埋在焊剂下，看不到弧光，焊接过程自动进行，劳动条件好。

但是埋弧自动焊的灵活性差，只能焊接长的、规则的水平焊缝，不能焊接短的、不规则的焊缝和空间焊缝，也不能焊接薄的工件（电流小时会导致电弧不稳）；由于焊接时无法观察焊缝成形情况，因此埋弧自动焊对坡口的加工、清理和接头的装配要求较高；埋弧自动焊设备较复杂，价格高。

埋弧自动焊通常用于碳钢、低合金钢、不锈钢和耐热钢等中厚板（厚度为 6～60mm）结构的长直焊缝及直径大于 250mm 的环缝的平焊。

③ 气体保护焊。

气体保护焊是以外加气体为电弧介质，保护电弧和焊接区，在焊丝及工件间产生电弧的电弧焊方法。

A. 氩弧焊。氩弧焊是以氩气为保护气体的电弧焊。氩弧焊按所用电极不同，分为熔化极氩弧焊和不熔化极（钨极）氩弧焊。

a. 熔化极氩弧焊。如图 8.25（a）所示，熔化极氩弧焊用焊丝作为电极的一极并兼作焊缝填充金属，焊接时，在氩气保护下，焊丝通过送丝机构不断送进，在电弧的作用下不断熔化，并过渡到熔池中，冷却后形成焊缝。采用氩气做保护气体时简称 MIG 焊；采用氩气加少量氧气或二氧化碳气体做保护气体时，简称 MAG 焊。采用焊丝做电极可以采用较大的电流，适合焊接厚度为 3～25mm 的焊件。

b. 不熔化极（钨极）氩弧焊（简称 TIG 焊）。不熔化极氩弧焊用高熔点的钨（或钨合金）棒作为电极的一极，焊接时，钨棒不熔化，只起导电产生电弧的作用。焊丝从钨极前方熔池中添加，只起填充金属作用，如图 8.25（b）所示。不熔化极（钨极）氩弧焊既可手工操作，又可自动化操作。

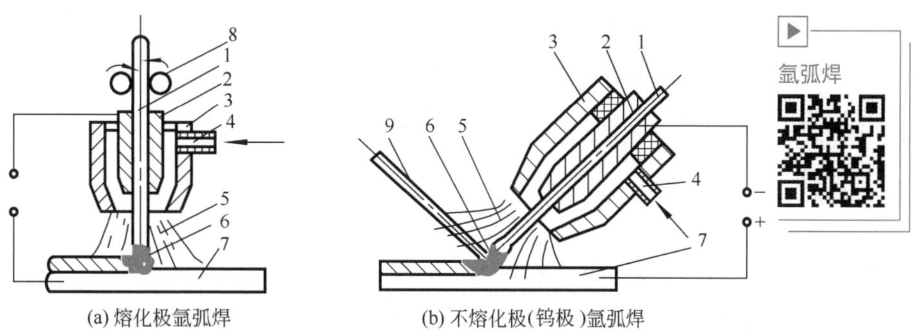

(a) 熔化极氩弧焊　　(b) 不熔化极(钨极)氩弧焊

1—焊丝或电极；2—导电嘴；3—喷嘴；4—进气管；5—氩气流；6—电弧；7—焊件；8—送丝轮；9—焊丝

图 8.25　氩弧焊

钨极氩弧焊时，由于氩气和钨棒均使电弧引燃困难，如果采用与手工电弧焊相同的接触引弧方法，则引弧产生的高温会严重损坏钨棒。因此，在两极之间加一个高频振荡器，用其产生的高频高压电流引燃电弧。

不熔化极（钨极）氩弧焊时，阴极区温度为 3000℃，阳极区温度为 4200℃，超过钨棒的熔点。为了减小钨极损耗，焊接电流不能太大，通常适用于焊接厚度为 0.5～6mm 的薄板。当采用不熔化极（钨极）氩弧焊焊接低合金钢、不锈钢、钛合金和纯铜等材料时，一般采用直流正接法，使钨棒为温度较低的阴极，以减少钨棒的熔化和烧损。当焊接易形成氧化膜的铝、镁及其合金时，一般采用直流反接法，可利用由钨极射向负极焊件的质量较大的正离子撞击焊件表面，使焊件表面形成的高熔点氧化物（Al_2O_3、MgO）膜破碎去除，即起“阴极破碎”作用，使电弧更加稳定，焊接质量提高；但会使钨棒消耗加快。因此，实际焊接这类合金时，多采用交流电源：当焊件处于正极的半周内时，钨极发射电子带走部分能量，有利于钨棒冷却，减少损耗；当焊件处于负极的半周内时，有利于引起“阴极破碎”作用，以保证焊接质量。

c. 氩弧焊的特点。

● 焊缝品质好，成形美观。由于氩气是惰性气体，密度大，排除空气的能力强，因此对金属熔池的保护作用非常好，焊缝不会出现气孔。此外，氩弧焊电弧稳定，飞溅少，焊缝致密，表面没有熔渣，焊缝质量好。

● 焊接热影响区时变形量较小。电弧在保护气流压缩下燃烧，热量集中，熔池较小，焊接速度高，热影响区较窄，焊件焊后变形量小。

● 操作性能好。氩弧焊时，明弧可见，便于观察、操作，可全位置焊接，并且有利于焊接过程自动化。

● 适合焊接易氧化金属。由于用惰性气体做保护气体，因此适合焊接合金钢、易氧化的有色金属及锆、钽、钼等稀有金属。

● 焊接成本高。因为氩气不具有脱氧和去氧作用，所以氩弧焊对焊前的除油、去锈等准备工作要求严格。而且氩弧焊设备较复杂，氩气来源少，焊接成本较高。

氩弧焊主要用于焊接易氧化的非铁金属（如铝、镁、铜、钛及其合金）、稀有金属，以及高强度合金钢、不锈钢、耐热钢等。

脉冲冷焊

B. 脉冲冷焊。

脉冲冷焊是利用机器内部计算机控制储能电容或采用脉冲宽度调制(Pulse Width Modulation，PWM）逆变技术，以 10^{-3}～10^{-1}s 的周期、10^{-6}～10^{-5}s 的超短时间在钨电极与焊件之间快速电弧放电，瞬间电流非常大，钨电极与焊件接触部位瞬间加热到 8000～10000℃，瞬间熔化焊件及填充材料而形成熔池，放电结束后，熔池快速冷凝成一个焊点的焊接方法（可看作钨极氩弧焊的一种焊接模式）。机器内部充电后，重新起弧放电焊接，焊缝由多个焊点叠加而成。焊接常在氩气同步保护下进行，焊接设备类似于脉冲钨极氩弧焊，但大电流和急速放电是冷焊机的特点。冷焊也可看作脉冲钨极氩弧焊的一种焊接模式。

因为焊接时间短，热输入量比较集中，因此薄板焊接不易变形、烧穿，焊道白亮、美观，表面成形效果类似于脉冲激光束焊接。一些计算机控制的多功能脉冲冷焊机具有多种焊接模式，如精密点焊、精密连续点焊（仿激光束焊）、脉冲钨极氩弧焊。焊机可以一机多用，操作简单；部分接头可不用填充焊丝或焊片，常用于模具及零件修补、较小或较薄金属焊件的焊接或局部熔敷。

C. 二氧化碳保护焊。

以二氧化碳气体为保护气体的电弧焊称为二氧化碳保护焊（简称 CO_2焊），如图 8.26 所示。它以连续送进的焊丝为电极的一极，利用焊丝端部与焊件间产生的电弧熔化焊丝和焊件。焊丝由送丝机构通过软管经导电嘴送进，二氧化碳气体以一定流量从环形喷嘴中喷出；引燃电弧后，焊丝末端、电极及熔池被二氧化碳气体包围，与空气隔绝，起到保护作用。其焊接原理及焊接设备类似于熔化极氩弧焊，部分厂家的焊接设备参数稍有调整即可用于氩弧焊。

二氧化碳保护焊

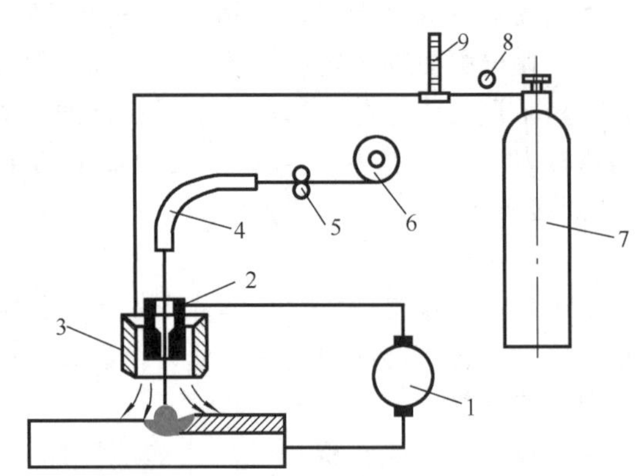

1—直流电焊机；2—导电嘴；3—喷嘴；4—送丝软管；5—送丝滚轮；
6—焊丝盘；7—CO_2气瓶；8—减压器；9—流量计

图 8.26 二氧化碳保护焊

虽然二氧化碳气体起隔绝空气的保护作用，但仍是一种氧化性气体。其在焊接高温下会分解成一氧化碳和氧气，氧气使 Fe、C、Mn、Si 和其他合金元素烧损，降低焊缝力学性能；一氧化碳在高温下膨胀，从液态金属中逸出时会造成金属飞溅，如果来不及逸出，则在焊缝中形成气孔。因此，需在焊丝中加入脱氧元素 Si、Mn 等，焊接低碳钢时使用合金钢焊丝（如 H08MnSiA），焊接普通低合金钢时使用 H08Mn2SiA 焊丝。

二氧化碳保护焊的特点如下：由于焊丝自动送进，焊接速度高，电流密度大，熔深大，焊后没有熔渣，节省了清渣时间，因此生产率较高；焊接时，有二氧化碳气体的保护，焊丝中含锰量高，脱硫作用良好；电弧在气流压缩下燃烧，热量集中，焊接热影响区较小，变形量也较小，焊接接头质量良好；由于二氧化碳气体价格低廉、来源广，因此二氧化碳保护焊的成本较低；二氧化碳保护焊是明弧焊，可以清楚地看到焊接过程，可以及时处理发现的问题，半自动的二氧化碳保护焊（焊丝自动送进，手移动焊枪）像手工电弧焊一样适合全位置焊接；由于二氧化碳气体具有氧化性，因此二氧化碳保护焊不适合焊接易氧化的非铁金属及其合金；采用大电流焊接时，飞溅多，焊缝成形不美观，容易产生气孔等缺陷。

二氧化碳保护焊广泛用于生产工程机械、货车车厢、起重机、集装箱等，主要用于焊接低碳钢和低合金钢构件，也可用于耐磨零件的堆焊、铸钢件的焊补等。

④ 电渣焊。

电渣焊是利用电流通过液态熔渣时产生的电阻热做热源的熔化焊接方法。根据使用电极的形状，电渣焊可分为丝极电渣焊、板极电渣焊和熔嘴电渣焊等。

A. 电渣焊的焊接过程。

丝极电渣焊如图 8.27 所示。焊接前，先将焊件垂直放置，在接触面之间预留 20～40mm 的间隙形成焊接接头，在焊接接头底部加装引入板和引弧板，在顶部加装引出板，以便引燃电弧和引出渣池，保证焊接质量；在焊接接头两侧安装冷却铜滑块，以利于熔池冷却凝固。焊接时，先将颗粒焊剂放入焊接接头的间隙，再送入焊丝，焊丝与引弧板接触后引燃电弧。电弧将不断加入的焊剂熔化成熔渣，当熔渣液面升高到一定高度时，形成渣池。渣池形成后，迅速将电极（焊丝）埋入渣池，并降低焊接电压，使电弧熄灭，进入电渣焊过程。电流通过具有较大电阻的液态熔渣，产生的电阻热使熔渣升高到 1600～2000℃，将连续送进的焊丝和焊接接头边缘的金属迅速熔化。熔化的金属在下沉过程中与熔渣发生一系列冶金反应并沉积于渣池底部，形成金属熔池。随着焊丝的不断送进，熔池液面逐渐上升，冷却铜滑块上移，熔池底部逐渐凝固形成焊缝。

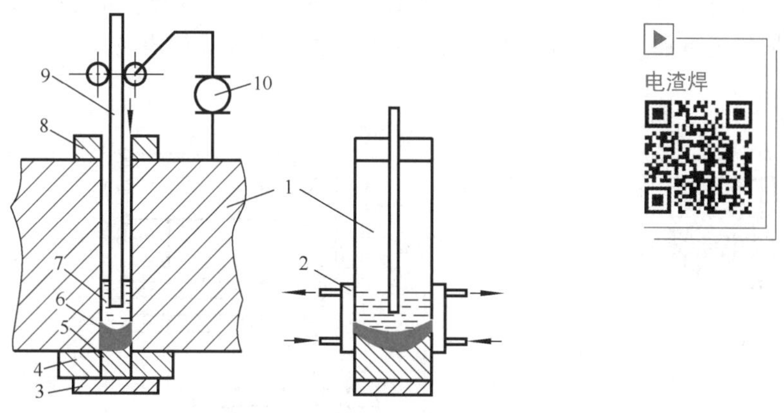

1—焊件；2—冷却铜滑块；3—引弧板；4—引入板；5—凝固层；6—熔池；
7—熔渣；8—引出板；9—焊丝；10—直流电源

图 8.27 丝极电渣焊

根据焊件厚度的不同，丝极电渣焊可采用一根或多根焊丝焊接，焊丝可以横向摆动，也可以不摆动。一般单丝不摆动的焊接厚度为 40～60mm，单丝摆动的焊接厚度为 60～150mm，三丝摆动的焊接厚度为450mm。

B. 电渣焊的特点。

a. 生产率高，成本低。电渣焊的焊件不需要开坡口，只需使焊接端面之间保持适当的间隙，即可一次焊接完成，既提高了生产率，又降低了成本。

b. 焊接品质好。由于渣池覆盖在熔池上，保护作用良好，而且熔池金属保护液态时间长，有利于焊缝化学成分均匀和气体杂质的上浮排除，因此出现气孔、夹渣等缺陷的可能性小，焊缝成分较均匀，焊接质量好。

c. 焊接应力小。由于焊接较慢，焊件冷却速度较低，因此焊接应力小。

d. 热影响区大。由于熔池在高温停留时间较长，热影响区比其他焊接方法都宽，造成焊接接头处晶粒粗大，力学性能较低。因此，一般电渣焊后都要进行热处理，或在焊丝、焊剂中加入钒、钛等元素，以细化焊缝组织。

电渣焊主要用于焊接厚度大于30mm的焊件。由于焊接应力小，因此电渣焊不仅适合低碳钢、普通低合金钢的焊接，还适合塑性较低的中碳钢和合金结构钢的焊接。电渣焊是制造大型铸-焊、锻-焊复合结构（如制造大吨位压力机、大型机座、水轮机转子和轴等）的重要技术。

⑤ 高能束焊。

高能束焊是利用能量密度高度集中的电子束、激光束、等离子弧（束），将接缝处的金属迅速熔化后冷却凝固成焊缝的熔化焊接方法。

A. 电子束焊。

电子束焊是用被加速和聚焦的电子束轰击置于真空或非真空中的焊件，从而产生热能进行焊接的方法。电子束轰击焊件时，99％以上的电子动能转换为热能，被电子束轰击的部位可加热至很高温度。

根据焊件所处的环境不同，电子束焊可分为真空电子束焊（包括高真空电子束焊和低真空电子束焊）及非真空电子束焊。图8.28所示为真空电子束焊。在真空中，电子枪的阳极通电加热至高温，发射大量电子，并且电子在强电场的阴极与阳极之间受高电压作用

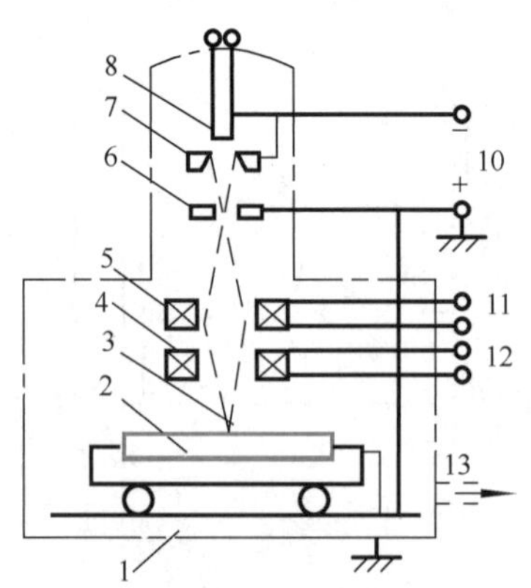

1—真空室；2—焊件；3—电子束；4—磁性偏转装置；5—聚焦透镜；6—阳极；7—阴极；8—灯丝；9—交流电源；10—直流高压电源；11，12—直流电源；13—排气装置

图8.28 真空电子束焊

而高速运动。高速运动的电子经过聚束装置、阳极和聚焦线圈形成高能量密度的电子束。电子束以极高速度射向焊件，电子的动能转换为热能，使被轰击部位迅速熔化，从而进行焊接（可利用磁性偏转装置调节电子束射向焊件不同的部位和方向），焊件移动即可形成连焊缝。真空电子束焊时，真空室的真空度为 $1.33\times10^{-7}\sim1.33\times10^{-6}$Pa。

由于真空电子束焊能量高度集中（一般能量密度为 $10^6\sim10^8$W/cm^2，束斑直径为 0.1～1mm）、温度高、冲击力大，因此焊接速度高、熔深大，焊缝深宽比为 50∶1，对厚度为 300mm 的工件可不开坡口、不加填充金属而一次焊透；焊接热影响区小，焊件变形小；在真空中焊接，金属不会被氧化、氮化，焊缝纯洁、无气孔；可在较大范围内调节电子束参数，控制灵活，精度高，适应性强，既能焊接薄壁（可焊接厚度为 0.1mm 的箔材）、微型结构，又能焊接厚度为 200～300mm 的厚板，且焊接过程易实现自动化。但真空电子束焊设备复杂，造价高，焊前对焊件的清理和装配品质要求高，焊件尺寸受真空室的制约，因而限制了其应用。

真空电子束焊可采用热传导焊（功率密度小于 10^5W/cm^2）及深熔焊（功率密度大于 10^5W/cm^2）焊接各种钢、有色金属，以及难熔金属（如钼、钨、钽），活泼金属（如钛、锆等），在原子能、电子器件、航空、空间技术等领域得到了广泛应用。

B. 激光束焊。

激光束焊是以聚集的激光束为热源的熔化焊接方法。

激光束焊如图 8.29 所示。焊接用激光器有固态（掺钕钇铝石榴石晶体，即 Nd^{3+}:YAG）激光器、气态（CO_2）激光器及光纤（以掺杂稀土元素的光纤为增益介质或放大器）激光器。激光器利用原子受激辐射的原理，使物质受激产生波长均匀、方向一致、强度非常高的光束，经聚集后，激光束的能量更集中，能量密度增大（一般能量密度为 $10^5\sim10^7$W/cm^2，最大为 10^{12}W/cm^2，束斑直径可小于 0.01mm），若将焦点调节到焊件结合处，则光能迅速转换成热能，使金属瞬间熔化冷凝成焊缝。

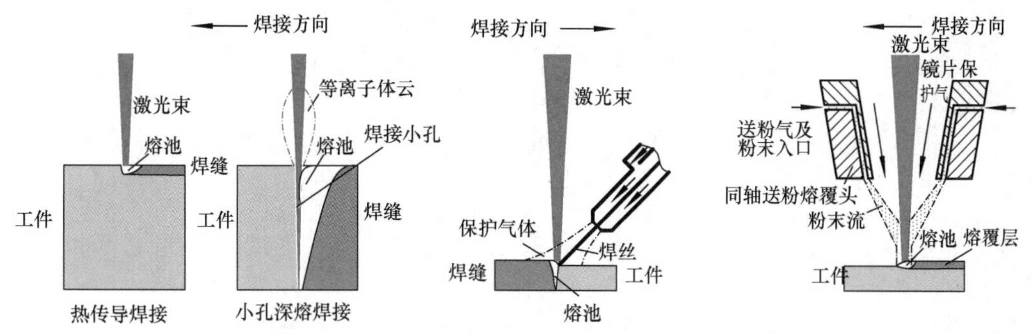

图 8.29 激光束焊

激光束焊的方式有脉冲激光点焊和连续激光焊两种，前者应用较广泛。激光束焊的特点如下。

a. 由于激光束焊热量集中，作用时间极短，因此能量密度大，热影响区小，焊缝深宽比为 12∶1，不开坡口单道焊接钢板的厚度为 50mm，焊接变形小，焊件尺寸精度高；可以在大气中焊接，不需要采取保护措施。

b. 激光束可以通过光学纤维、反射镜和聚集系统达到其他焊接方法很难焊接的部位进行焊接；还可以通过透明材料壁对结构内部进行焊接，例如对真空管的电极连接和显像管内部接线的连接。

c. 激光束焊可用于绝缘材料、异种金属、金属与非金属的焊接。

激光束焊可采用热传导焊（功率密度小于 10^5 W/cm^2）和深熔焊（功率密度大于 10^5 W/cm^2）焊接金属材料、部分塑料和陶瓷。与电子束焊相比，其不用真空室，但焊接设备的有效参数低，功率较小，只适合焊接薄板和细丝，对钨、钼等材料的焊接比较困难，且设备投资大。激光束焊广泛用于航空、汽车、电子工业和精密仪表等领域，也适合焊接微型、精密、密集、热敏感的焊件，如集成电路内外引线、微型继电器、仪表游丝等。

激光器还可进行切割、激光熔覆、激光表面淬火、激光打标、激光除锈等。手持式氩气保护自动送丝激光焊接各种金属薄板，质量好、效率高，操作简单，应用日益广泛。

C. 等离子弧焊接与切割。

a. 等离子弧。一般电弧焊的电弧不受外界约束，称为自由电弧，电弧区的气体尚未完全电离，能量也未高度集中。等离子弧可看成经过压缩的高能量密度及高度电离的电弧，具有高温（24000～50000K）、高速（是声速的数倍）、高能量密度（10^5～10^6 W/cm^2）的特点。等离子弧发生装置如图 8.30 所示，在钨极与焊件之间加高压振荡或高频振荡产生电弧，电弧受水冷喷嘴拘束而产生机械压缩效应，在具有一定压力和流量的冷气流（如氩气、氮气、空气）的均匀包围下产生热压缩效应，在同向带电粒子流自身磁场电磁力的作用下产生电磁收缩效应，导致弧柱被压缩、截面面积减小、电流密度增大，使弧柱气体完全处于电离状态。这种完全电离的气体称为等离子体，被压缩的能量高度集中、完全呈电离态的电弧称为等离子弧，分为电弧建立在电极与喷嘴之间的非转移型等离子弧和电弧建立电极与焊件之间的转移型等离子弧。

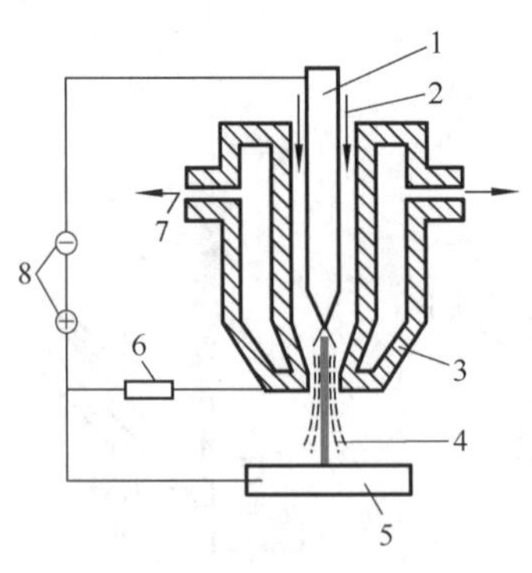

1—钨极；2—冷气流；3—水冷喷嘴；4—等离子弧；
5—焊件；6—电阻；7—冷却水；8—直流电源

图 8.30　等离子弧发生装置

b. 等离子弧焊接。以等离子弧为热源进行焊接的方法称为等离子弧焊接。以氩气为离子气，并通入氩气作为保护气，等离子弧焊接实际上是一种具有压缩效应的不熔化极（钨极）氩弧焊，但使用专门的电源。等离子弧焊接除了具有钨极氩弧焊的一些特点，还具有以下特点。

● 等离子弧能量密度大，弧柱温度高，电弧挺直度好，一次熔深大，生产率高。焊接厚度小于 12mm 的钢板时可不开坡口，装配不留间隙，焊接时不加填充金属；可单面焊、双面成形。

● 等离子弧稳定，热量集中，热影响区小，焊接变形小，焊接质量高。

● 即使电流为 0.1A，等离子弧也能稳定燃烧，并保持良好的挺直度和方向性，因而可以焊接很薄的金属箔材。

但等离子弧焊接存在设备复杂、气体消耗量大等问题，生产上主要用于焊接难熔、易氧化、热敏感性强的材料，如 Mo、W、Cr、Ti 及其合金，耐热钢，不锈钢等；也用于焊接质量要求较高的一般钢材和非铁合金。

c. 等离子弧切割。等离子弧切割是利用等离子弧的高温、高速弧流使切口的金属局部熔化至蒸发，并借助高速气流或水流将熔化的材料吹离基体而形成切口的切割方法。其具有切削快、生产率高、工件切口狭窄、边缘光滑平整、变形小等特点，主要用于不锈钢、非铁合金、铸铁等难以用氧-乙炔火焰切割的金属材料及非金属材料的中薄板切割。

2. 压力焊

(1) 电阻焊。

电阻焊又称接触焊，是利用电流通过焊接接头的接触面时产生的电阻热将焊件局部加热到熔化或塑性状态，在压力下形成焊接接头的压焊方法。

电阻焊在焊接过程中产生的热量可用焦耳-楞次定律计算：

$$Q=I_W^2RT_w$$

式中，Q 为电阻焊时产生的电阻热；I_w 为焊接电流；R 为焊件的总电阻，包括焊件内部电阻和焊件间接触电阻；T_w 为通电时间。

因为两个焊件的总电阻有限，所以为使焊件迅速（0.01～10s）加热以减少散热损失，需要采用电流大、电压低、功率大的焊机。

与其他焊接方法相比，电阻焊具有生产率高，焊件变形小，劳动条件好，焊接时不需要填充金属，易实现机械化、自动化等特点。但是由于影响电阻和引起电流波动的因素均会导致电阻热的改变，因此电阻焊接头质量不稳定，限制了其在某些受力构件上的应用。此外，电阻焊设备复杂，价格高，耗电量大。

电阻焊按接头形式及成形特点的不同，可分为点焊（含凸焊）、缝焊、对焊，如图 8.31 所示。

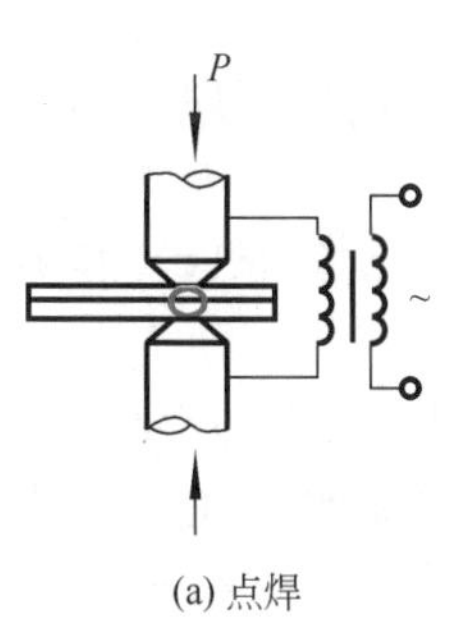

(a) 点焊

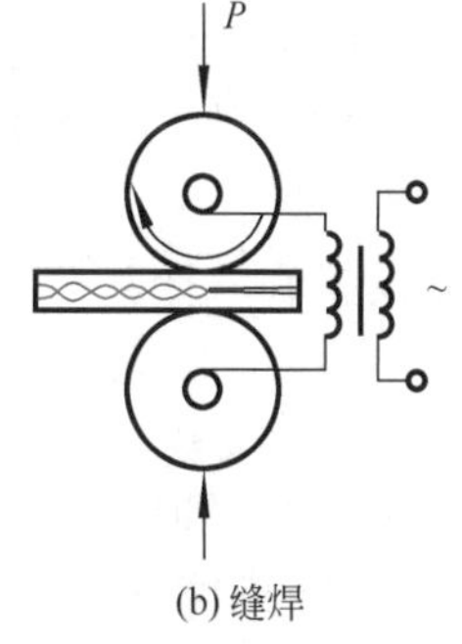

(b) 缝焊

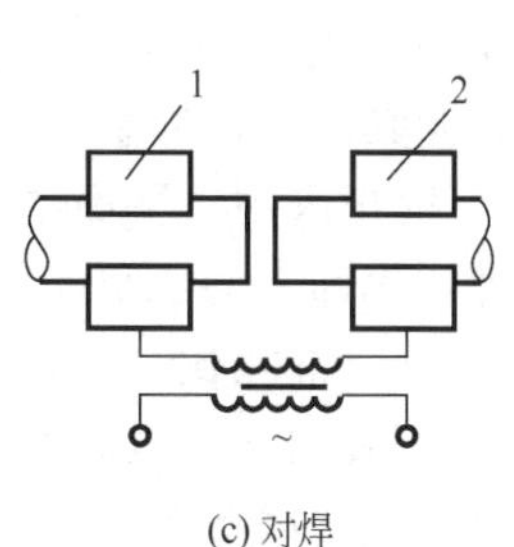

(c) 对焊

1—固定电极；2—移动电极

图 8.31 电阻焊

① 点焊。点焊是利用柱状铜合金电极，在两块搭接焊件接触面之间形成焊点，将工件连接在一起的焊接方法。

点焊前，首先将表面清理干净的工件叠合置于两极之间预压夹紧，使被焊工件受压处紧密接触，然后接通电流。因为两工件接触面的电阻比工件材料本身电阻大得多，该处发热量最大，所以将该处的金属熔化形成熔核，熔核周围的金属被加热到塑性状态；然后增大压力，形成一个紧密封闭的塑性金属环，使熔核金属不外溢；最后断电，使熔核金属在压力作用下冷却和结晶，从而获得所需的焊点。如此循环，移动工件焊接下一点。焊接第二点时，一部分电流可能流经焊完的焊点，称为分流现象。如图 8.32 所示。分流（$I_{分}$）将使第二点焊接处电流（$I_{焊}$）减小，影响焊点品质，因而两焊点间应有一定的距离（具体选择时可查相关资料）。焊件厚度越大，焊点直径越大，两焊点间最小间距越大。由于铜电极与工件接触处电阻小，产生的电阻热很快被导热性好的铜电极和冷却液带走，因此该接触处的温度升高有限，不会熔化。

点焊广泛用于制造汽车、车厢、飞机等薄壁结构及罩壳和日常生活用品的生产中，可焊接低碳钢、不锈钢、铜合金、钛合金、铝镁合金等，主要用于焊接厚度小于 6mm 的薄板冲压结构及钢筋。

② 凸焊。凸焊是在一个工件的贴合面上预先加工出一个或多个凸点，使其与另一个工件表面接触并通电加热到软化或熔化，然后压塌凸点，使这些接触点形成熔核焊点的电阻焊方法，如图 8.33 所示。凸焊是点焊的一种变形，具有以下特点。

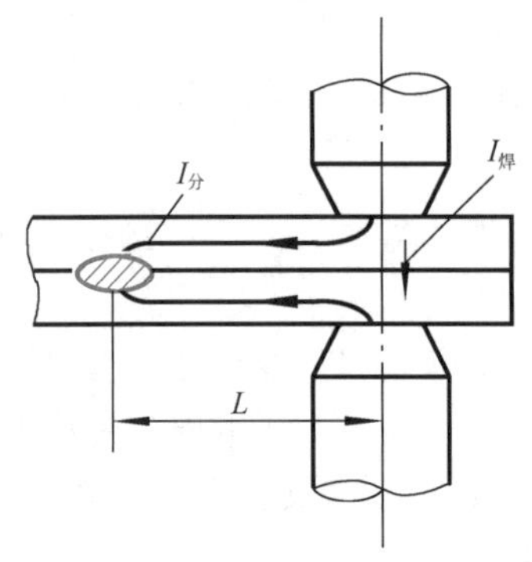

图 8.32　分流现象

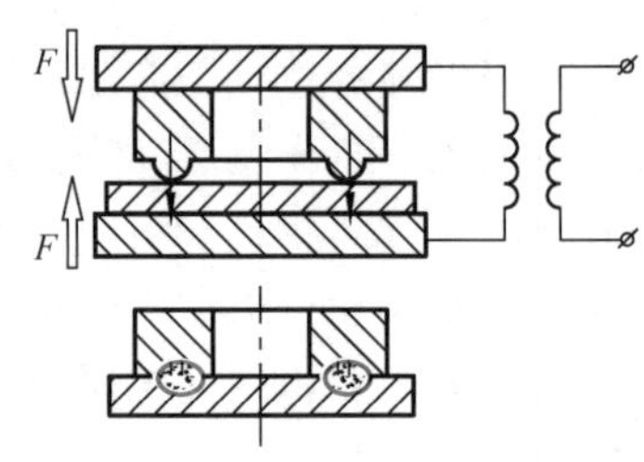

图 8.33　凸焊

A. 在一个焊接循环内可同时焊接多个焊点，不仅生产率高，还没有分流影响，可在窄小的部位布置焊点且不受点距的限制。

B. 由于电流密集于凸点，因此可用较小的电流焊接，并能可靠地形成熔核和较浅的压痕，尤其适合镀层板焊接的要求。

C. 由于采用大平面电极，且凸点设置在一个工件上，因此可最大限度地减轻另一个工件外露表面上的压痕，电极的磨损比点焊小得多。

D. 与点焊相比，工件表面的油、锈、氧化皮、镀层和其他涂层对凸焊的影响较小。

E. 需要制作凸点或凸环，增加了成本，有时还受到焊件结构的制约；由于一次要焊接多个焊点，因此需要使用高电极压力、高机械精度的大功率焊机。

凸焊主要用于焊接低碳钢和低合金钢的冲压件，还用于焊接螺母、螺栓与板材，线材交叉，管材等连接，在汽车零部件制造中也有大量应用。典型凸焊应用如图 8.34 所示。

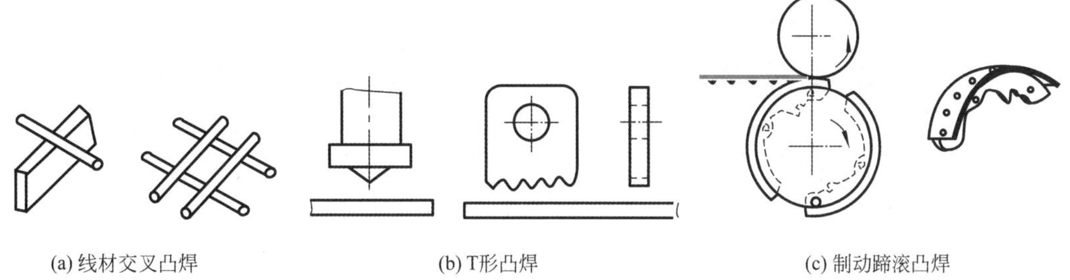

(a) 线材交叉凸焊　　(b) T形凸焊　　(c) 制动蹄滚凸焊

图 8.34　典型凸焊应用

③ 缝焊。缝焊（也称滚焊）的焊接过程与点焊相似，只是用转动的圆盘状电极取代了柱状电极。焊接时，圆盘状电极压紧焊件并转动，依靠摩擦力带动焊件向前移动，配合断续通电（一次通电形成一个焊点），形成的无数焊点彼此重叠（焊点相互重叠约 20%以上），形成连续焊缝。

缝焊在焊接过程中分流现象严重，一般只适用于焊接厚度小于 3mm 的薄板焊件。

缝焊件表面光滑、美观，气密性好，主要用于制造要求密封性的薄壁结构，如油箱、散热器、小型容器和管道等。

④ 对焊。对焊是把焊件装配成对接的接头，使端面紧密接触，利用电阻热加热至塑性状态，然后断电并迅速施加顶锻力的焊接方法。根据焊接过程的不同，对焊可分为电阻对焊和闪光对焊。

A. 电阻对焊（图 8.35）。电阻对焊时，两个工件装在对焊机的两个电极夹具上对正、夹紧，并施加预压力，使两个工件端面压紧，然后通电；电流通过工件和接触处时产生电阻热，将两个工件的接触处迅速加热至塑性状态；向工件施加较大的顶锻力并断电，使接触处产生一定的塑性变形而形成接头。

电阻对焊操作简便，接头外形较光滑，但焊前对焊件表面清理工作的要求较高，否则易在接触面造成加热不均匀；此外，高温断面易发生氧化夹渣，质量不易保证。电阻对焊主要用于焊接断面简单的圆形、方形等截面面积小的金属型材。

B. 闪光对焊（图 8.36）。将焊件夹持在电极夹具上对正夹紧，接通电源并逐渐使两工件靠近；由于接头端面比较粗糙，因此开始只有少数几个点接触，接触点的电流密度较大，接触点处的金属迅速“短路”熔化、蒸发及爆破，连同表面的氧化物一起向四周喷射出火花，产生闪光现象。随着不断推进焊件，闪光现象在新的接触点处连续产生，直到端部在一定深度范围内达到预定温度并形成一层液态金属层，迅速施加顶锻力并断电，使整个端面在顶锻力的作用下产生塑性变形并挤出飞边，完成焊接。焊接相同端面工件时，闪光对焊所需功率约为电阻对焊的 1/3。

闪光对焊的焊件端面加热均匀，工件端面的氧化物及杂质一部分随闪光火花带出，另一部分在最后顶锻力的作用下随液态金属挤出，即使焊前焊件端面品质不高，焊接接头中的夹渣也较少。因此，焊接接头质量好，强度高。但闪光对焊的金属损耗多，工件尺寸需留较大余量。

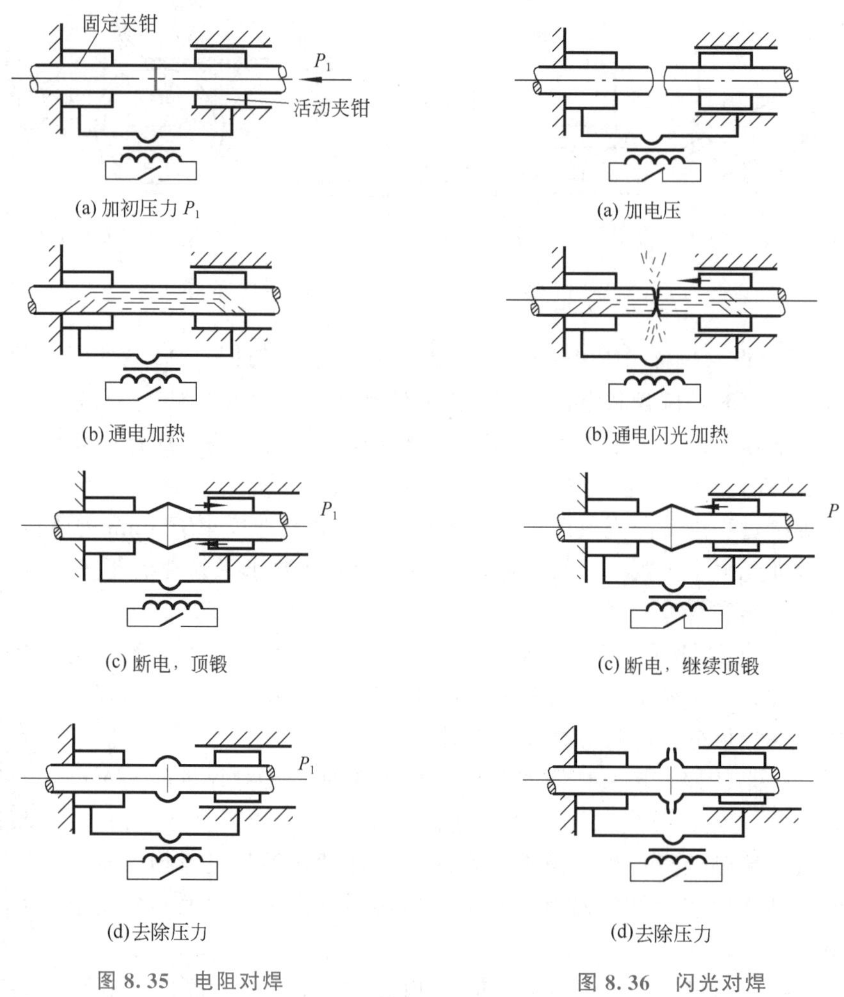

(a) 加初压力 P_1

(b) 通电加热

(c) 断电，顶锻

(d) 去除压力

图 8.35　电阻对焊

(a) 加电压

(b) 通电闪光加热

(c) 断电，继续顶锻

(d) 去除压力

图 8.36　闪光对焊

闪光对焊常用于焊接重要工件，既适用于相同金属的焊接，又适用于异种金属的焊接；被焊工件可以是直径为 0.01mm 的金属丝，也可以是断面面积为 20000mm^2 的金属棒或金属板。

（2）摩擦焊。

摩擦焊又称惯性焊，是以工件接触面相对旋转运动中相互摩擦产生的热量为热源，使工件断面加热到塑性状态，在压力作用下使金属连接在一起的焊接方法。

① 摩擦焊的焊接过程。

摩擦焊示意如图 8.37 所示，先把两个工件安装在焊机的夹头上，施加一定压力，使两个工件紧密接触，然后使工件 1 高速旋转，工件 2 向工件 1 方向移动，并施加一定的轴向压力；两个工件接触端相对运动摩擦产生热，在压力、相对摩擦的作用下，原来覆盖在焊件断面的异物迅速破碎并被挤出焊接区，露出纯净的金属表面；随着焊缝区金属塑性变形的增大，焊接表面很快被加热到焊接温度；立即停止，同时对接头施加较大的轴向压力进行顶锻，使两个工件产生塑性变形而焊接起来。

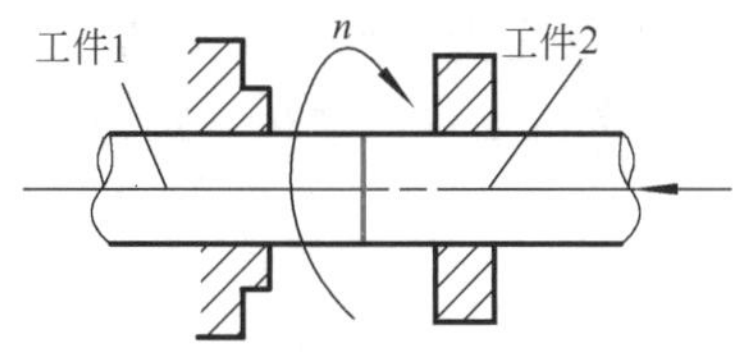

图 8.37　摩擦焊示意

② 摩擦焊的特点。

A. 在摩擦焊过程中，由于焊件表面的氧化膜及杂质被清除，表面不易氧化，因此接头质量好且稳定。

B. 由于摩擦焊操作简单，不需要添加焊接材料，因此容易实现自动控制，生产率高。

C. 可焊接的金属范围较广，可焊接同种金属及很多异种金属。

D. 焊接设备简单，功率小，电能消耗少，没有火花，劳动条件好。

摩擦焊接头一般是等断面的，也可以是不等断面的，广泛用于管-管、管-棒、管-板、棒-板的焊接。

摩擦焊还有其他类型，如搅拌摩擦焊，类似于立铣刀加工机床的运动，只是把立铣刀换成带有大轴肩的类似螺柱的指状搅拌头，产生热塑性变形来形成焊接接头，主要用于焊接铝、镁、铜等的平板类不开坡口对接（或部分搭接）接头。

（3）感应焊。

感应焊分为高频焊和工频焊，因为高频焊应用较多，所以下面只介绍高频焊。

① 高频焊的原理。

高频焊是利用高频电流，通过与工件机械接触或通过工件外部感应圈的耦合作用，在待焊V形焊接区内侧产生感应电流，因电阻热得以快速加热到近熔化或熔化，并施加压力（或不施加压力）而使工件形成连接的焊接方法。高频焊的原理如下：一是借助高频电流的集肤效应（高频电流倾向于在金属导体表面流动的一种现象，导体的电阻率越小，磁导率越大，电流的频率越高，集肤效应越显著）使高频电能量集中于焊件的表层；二是利用邻近效应（当高频电流在两个相邻的导体中彼此反向流动或在一个往复导体中流动时，电流集中于导体邻近侧流动的一种特殊的物理现象。根据电能导入方式，高频焊可分为高频接触焊（或高频电阻焊）和高频感应焊，如图 8.38 所示。其中，对接口的两端面呈V形，

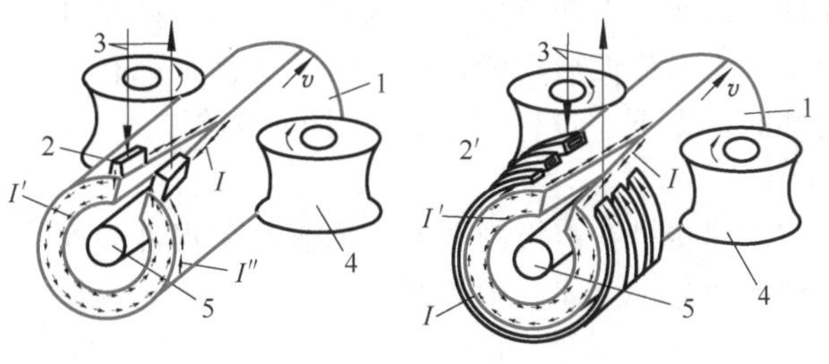

(a) 高频接触焊　　(b) 高频感应焊

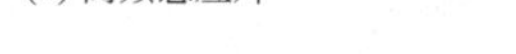

1—管坯；2—铜电极触头；2′—感应器；3—接高频电源；4—挤压辊轮；5—阻抗器；
I—焊接电流；I'，I''—分流；v—焊接速度

图 8.38　高频焊

构成V形焊接区；集肤效应和邻近效应会使电流主要集中于V形焊接区端面表面；阻抗器（材质常为铁氧体）可增大管内电流通道的感抗，加强集肤效应和临近效应，使更多的电流作用在V形焊接区。

② 高频焊的特点。

A. 由于电流高度集中于焊接区，加热速度极高，因此焊接速度为150～200m/min。

B. 由于焊接速度高、焊件自冷作用强，因此热影响区小、不易发生氧化、焊缝的组织和性能优良。

C. 焊前，可以不对焊件表面进行清理工作，提高了效率。

高频焊可焊接低碳钢、低合金高强度钢、不锈钢、铝合金、钛合金（需用惰性气体保护）、铜合金（黄铜件要使用焊剂）、镍、锆等金属材料。在结构方面，高频焊除了能制造各种材料的有缝管、异形管、螺旋翅片散热片管等，还能生产各种断面的结构型材（T形、I形、H形等），板（带）材等，如汽车轮毂，工具钢与碳钢组成的锯条、刀具等。图8.39所示为螺旋翅片管的高频焊。

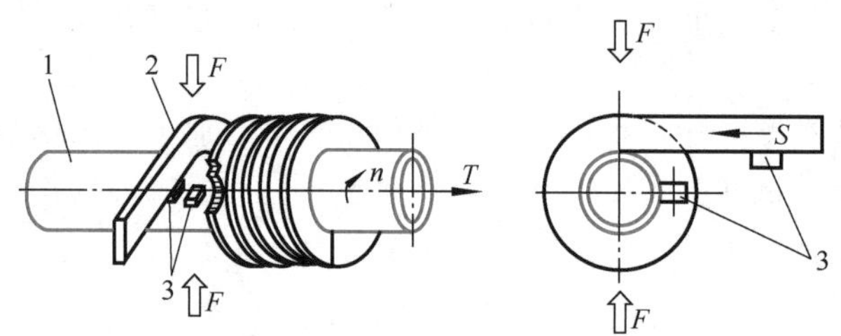

1—管；2—翅片；3—高频电源电极触头；F—压力；n，T，S—工件移动方向

图8.39　螺旋翅片管的高频焊

（4）超声波焊。

超声波焊是利用超声频率（大于16kHz）的机械振动能量和静压力，使焊件接触面产生强烈的摩擦、形变及有限的温度升高来焊接的方法。由于焊接接头间的结合是在母材不发生熔化的情况下实现的，因而超声波焊是一种固态焊接。

① 超声波焊的工作原理。

超声波焊的工作原理如图8.40所示。超声波发生器是一种变频装置，它将工频电流转变为超声波频率（15～60kHz）的振荡电流；换能器利用逆压电效应（又称磁致伸缩效应）将电能转换成弹性机械能；聚能器用来放大振幅，通过耦合杆、上声极把振动及静压力传递到工件，并向工件输出弹性振动能；焊接时，工件被夹在上、下声极之间，在弹性振动能量和静压力的共同作用下，焊件接触面产生强烈的摩擦、形变及有限的温度升高，以固态连接工件。

热塑性塑料的超声波焊接是在声极的振动方向垂直于焊件表面下，利用工件接触面间高频率的摩擦及能量转换使分子急速产生热量，熔化后停止超声波，再固化而完成焊接的方法，属于熔化焊。

② 超声波焊的特点。

A. 被焊金属不熔化，不形成铸态组织或脆性金属间化合物。

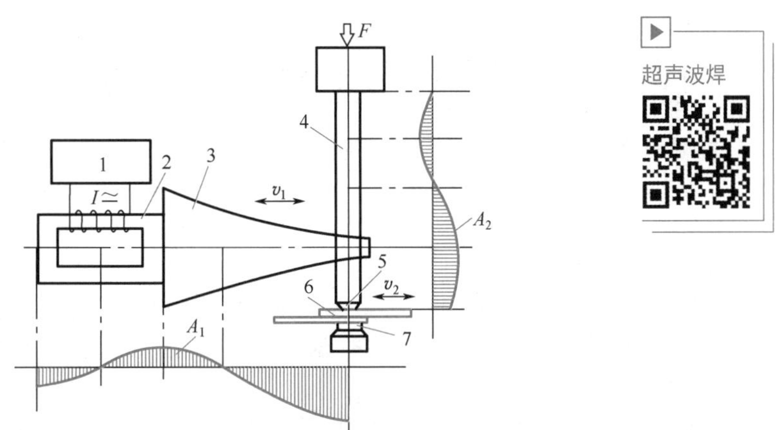

超声波焊

1—超声波发生器；2—换能器；3—聚能器；4—耦合杆；5—上声极；6—工件；7—下声极；
A_1，A_2—振幅分布；F—静压力；v_1—纵向振动方向；v_2—弯曲振动方向；I—超声波振荡电流

图 8.40 超声波焊的工作原理

B. 焊接区金属的物理性能和力学性能不发生宏观变化，焊接接头的静载荷强度和疲劳强度较高。

C. 可焊厚度大及多层箔片的特殊结构件。

D. 对工件表面焊前的准备要求不严格，焊后无须进行热处理。

E. 焊接所需电能少，工件变形小。

但由于受超声波设备功率的限制，超声波焊可焊的材料厚度有限；接头常用搭接。

③ 超声波焊接应用。

超声波焊可用于金属与金属，高导电、导热型材料，难熔性金属，性能及厚度相差悬殊的异种金属的焊接，塑料的焊接，金属与塑料的焊接；广泛用于微电子器件的焊接，如集成电路半导体硅片与金属丝精密焊接，电阻应变片引线焊接，电子管灯丝焊接，多层叠合铝，银箔片焊接，微电机导线焊接，热电偶线焊接，以及塑料小件及薄膜密封包装的焊接，飞机及导弹接地线焊接，其他薄小异种材料的焊接。

3. 钎焊

感应钎焊

钎焊是以熔点比焊件金属低的钎料为填充金属，加热仅使钎料熔化，利用液态钎料对母材接头间隙表面润湿、填充及相互扩散，再冷凝而黏接起来的焊接方法。

（1）钎焊的过程。

钎焊的工作原理是将表面清洗好的焊件以搭配形式装配在一起，把钎料放在接头间隙内或间隙附近加热，使钎料熔化（焊件不熔化）并填入接头间隙或借助毛细管作用吸入和充满焊接接头的间隙，被焊金属和液态钎料在间隙内相互溶解、扩散，凝固后形成钎焊接头。

在钎焊过程中，一般需要使用钎剂（熔剂），以清除被焊金属表面的氧化膜及其他杂质，改善钎料对母材的湿润性，使钎料及焊接接头免于氧化。

（2）钎焊的分类。

根据钎料熔点的不同，钎焊可分为软钎焊和硬钎焊两大类。

① 软钎焊。软钎焊是使用熔点低于 450℃的钎料（软钎料）进行焊接的方法。常用软

钎料有锡-铅合金、锌-铝合金、镉-银合金等；钎剂有松香、氧化锌溶液等。在电子工业中，常用松香酒精溶液做钎剂。软钎焊接头强度低（<70MPa），用于无强度要求的焊件（如仪表中的线路）的焊接等。

② **硬钎焊**。硬钎焊是使用熔点高于450℃的钎料（硬钎料）进行焊接的方法。常用硬钎料有铜基、银基、铝基、镍基合金；钎剂有硼砂、硼酸、氟化物、氯化物等。

硬钎焊接头强度较高（>200MPa），工作温度也较高，常用于焊接受力较大或工作温度较高的焊件，如自行车架、硬质合金刀片与刀杆的焊接等。

钎焊的加热方法有火焰加热、电阻加热、感应加热、炉内加热、浸渍加热（盐浴或金属浴加热）、烙铁加热，其中烙铁加热温度低，一般只适用于软钎焊。

（3）钎焊的特点。

由于钎焊只需填充金属熔化，因此焊件加热温度较低，焊件的应力和变形较小，对材料的组织和性能影响较小，接头平整、光滑；钎焊可以连接不同的金属或金属与非金属的焊件；钎焊设备简单；某些钎焊方法可一次焊接多条焊缝，效率高。但由于钎焊的接头强度较低，因此接头多采用搭接或套接接头以增大连接面积；钎焊接头工作温度不高，钎焊前对焊件的清洗和装配工作要求较高；由于钎料价格高，因此钎焊的成本较高。

钎焊可用于焊接夹层结构、蜂窝结构、散热器、导管、硬质合金及金刚石刀具，以及电子器件、印刷电路板、微波波导管、电真空器件等小且薄、精度要求高的产品。

4. 数字化焊接技术简介

计算机辅助焊接技术是以计算机软件为主的焊接技术的重要组成部分，主要应用在以下两个方面。

（1）计算机焊接模拟技术。

计算机焊接模拟技术包括模拟焊接热过程、熔池形态、焊接冶金过程、焊接应力和变形预测等。计算机模拟即计算机完成大量筛选工作，并通过少量验证实验，证明数值方法在处理某个问题上的适用性，节省了大量实验工作，在新的工程结构及新材料的焊接方面具有较大意义。计算机模拟技术的水平决定了自动化焊接的范围。此外，计算机模拟技术广泛用于分析焊接结构和接头的强度和性能等。焊接模拟的相关软件较多，各有特点及应用范围，专业性的有SYSWELD、DEFORM Welding等，通用性的有ANSYS、MARC等。

（2）焊接专家系统。

焊接专家系统主要具备工艺选择、工艺设计、焊接缺陷、设备诊断等功能，各种焊接专家系统的特点及应用场合不同，还在不断完善和发展中。

此外，焊接机器人及焊接自动化生产线也是计算机数字化应用的重要方面。

8.2 常用金属材料的焊接

8.2.1 金属材料的焊接性

1. 焊接性的概念

金属在一定的焊接技术条件下获得优质焊接接头的难易程度（金属材料对焊接加工的

适应性）称为金属材料的焊接性。衡量焊接性的主要指标有两个：一是在一定的焊接技术条件下接头产生缺陷尤其是裂纹的倾向或敏感性；二是焊接接头在使用过程中的可靠性。

金属材料的焊接性与母材的化学成分、厚度、焊接方法及其他技术条件密切相关。相同金属材料采用不同的焊接方法、焊接材料、技术参数及焊接结构形式，焊接性有较大差别。当铝合金采用手工电弧焊焊接时，难以获得优质焊接接头，但如采用氩弧焊焊接，则焊接接头质量和焊接性都较好。

由于金属材料的焊接性是生产设计、施工准备、拟定焊接过程技术参数的重要依据，因此，当采用金属材料尤其是新的金属材料制造焊接结构时，了解和评价金属材料的焊接性是非常重要的。

2. 焊接性的评定

一般通过估算或试验方法进行焊接性的评定，常用的有碳当量法和冷裂纹敏感系数法。

（1）**碳当量法。**

实际焊接钢结构所用钢材大多数是型材、板材和管材等，而影响钢材焊接性的主要因素是化学成分，因此碳当量是评估钢材焊接性最简便的方法。

碳当量是指把钢中的合金元素（包括碳）的含量按作用换算成碳的相对含量，计算公式为

$$w_{CE}=[w_C+w_{Mn}/6+(w_{Cr}+w_{Mo}+w_V)/5+(w_{Ni}+w_{Cu})/15]\times100\%$$

式中，各元素的含量都取成分范围的上限。

碳当量越大，钢材的焊接性越差。硫、磷对钢材的焊接性影响极大，但在各种合格钢材中，硫、磷一般都受到严格控制，计算碳当量时可以忽略不计。

（2）**冷裂纹敏感系数法。**

由于碳当量法仅考虑了钢材的化学成分，忽略了焊件板厚、焊缝含氢量等其他影响焊接性的因素，因此无法直接判断冷裂纹产生的可能性，于是提出了冷裂纹敏感系数法，计算式为

$$PC=(w_c+w_{Si}/30+w_{Mn}/20+w_{Cu}/20+w_{Cr}/20+w_{Ni}/60+w_{Mo}/15+w_V/10+h/600+H/60+5w_B)\times100\%$$

式中，h 为板厚；H 为焊缝金属扩散氢含量。

冷裂纹敏感系数越大，产生冷裂纹的可能性越大，焊接性越差。

8.2.2 常用金属材料的焊接

1. 碳钢的焊接

由于碳钢的碳当量等于含碳量，即 $w_{CE}=w_C$，因此可由碳钢的含碳量估计焊接性。

（1）低碳钢的焊接。

在低碳钢中，$w_C<0.25\%$，塑性好，一般没有淬硬倾向，对焊接热过程不敏感，焊接性良好。通常情况下，焊接不需要采取特殊技术措施，选用任何焊接方法都可以获得优质焊接接头。但是在低温下焊接刚性较大的低碳钢结构时，应考虑采取焊前预热，以防止产生裂纹。焊接厚度大于 50mm 的低碳钢结构或压力容器等重要构件后，要进行去应力退

火处理；焊接电渣焊的焊件后，要进行正火处理。

(2) 中、高碳钢的焊接。

在中碳钢中，w_C=0.25%～0.6%，随着 w_C 的增大，焊接性逐渐变差。焊接中碳钢时的主要问题如下：一是焊缝易形成气孔；二是缝焊及焊接热影响区易产生碎硬组织和裂纹。为了保证中碳钢焊件焊后不产生裂纹，并得到良好的力学性能，通常采取以下技术措施。

① 焊前预热、焊后缓冷，以减小焊件焊前、焊后的温差，降低冷却速度，减小焊接应力，从而防止焊接裂纹的产生。预热温度取决于焊件的含碳量、焊件的厚度、焊条类型和焊接规范。手工电弧焊时，预热温度为 150～250℃，含碳量高时，可适当提高预热温度，在焊缝两侧 150～200mm 加热为宜。

② 尽量选用抗裂性好的碱性低氢焊条，也可选用比母材强度等级低的焊条，以提高焊缝的塑性。当不能预热时，可采用塑性好、抗裂性好的不锈钢焊条。

③ 选择合适的焊接方法和规范，降低焊件冷却速度；为避免母材过多地熔入焊缝，采用细焊条、小电流、开坡口、多层焊，以免焊接时产生热裂纹。

在高碳钢中，w_C>0.6%，焊接性比中碳钢差，含碳量高的钢材塑性较差，碎硬倾向和冷裂倾向大，焊接性差。其焊接特点与中碳钢相似，工件必须预热到较高温度，要采取减小焊接应力和防止开裂的技术措施，焊后要进行适当的热处理。高碳钢的焊接一般只用于修补工作。

2. 普通低合金钢的焊接

屈服强度为 294～392MPa 的普通低合金钢，w_{CE}≤0.4%，焊接性接近低碳钢，焊缝及热影响区的碎硬倾向比低碳钢稍大。在常温下焊接时，不用复杂的技术措施便可获得优质的焊接接头。当施焊环境温度较低或焊件厚度、刚度较大时，应采取预热措施，预热温度取决于工件厚度和环境温度。

屈服强度大于 441MPa 的普通低合金钢，w_{CE}>0.4%，随着强度级别的提高，碳当量增大，焊接性逐渐变差，焊接时碎硬倾向和产生焊接裂纹的倾向增大。当结构刚性大、焊缝含氢量过高时，会产生冷裂纹。一般冷裂纹是焊缝及热影响区的含氢量、淬硬组织、焊接残余应力三个因素综合作用的结果，其中氢是重要因素。由于氢在金属中的扩散、聚集和诱发裂纹需要一定的时间，因此冷裂纹具有延迟现象，称为延迟裂纹。

由于我国低合金钢含碳量低，且大部分含有一定的锰，因此产生裂纹的倾向不大。焊接高强度等级的低合金钢应采取如下技术措施。

(1) 严格控制焊缝含氢量。根据强度等级选用焊条，并尽可能选用低氢型焊条或碱度高的焊剂配合适当的焊丝；烘干焊条，清理坡口污物，防止氢进入焊接区。

(2) 焊前预热，焊后缓冷，及时进行热处理以消除内应力。回火温度为 600～650℃。当生产中不能立即进行焊后热处理时，可先进行去氢处理，即将工件加热至 200～350℃，保温 2～6h，以加速氢的扩散逸出，防止产生冷裂纹。

3. 奥氏体不锈钢的焊接

奥氏体不锈钢的焊接性良好，焊接时，一般不需要采取特殊技术措施，主要应防止出现晶界腐蚀和热裂纹。

（1）晶界腐蚀。

晶界腐蚀是某些不锈钢焊接过程中，在450～800℃下长时间停留时，晶界处析出铬的碳化物，致使晶粒边界出现贫铬，当晶界附近的金属含铬量低于临界值12%时，会发生明显的晶界腐蚀，使焊接接头耐蚀性严重降低的现象。因此，焊接奥氏体不锈钢时，为防止焊接接头的晶界腐蚀，应该采取如下技术措施。

① 尽量使焊缝具有一定量的铁素体形成元素（如Ti、Ni、Mo、V、Si等），促使焊缝形成奥氏体＋铁素体双相组织，减少贫铬层；或使焊缝具有稳定碳化物元素Ti、Nb等，因为Ti、Nb与碳的亲和力比Cr强，能优先形成TiC或NbC，所以可减少铬碳化物的形成，避免出现晶界腐蚀。

② 选择超低碳焊条，减小焊缝金属的含碳量，减少和避免形成铬碳化物，从而降低晶界腐蚀倾向。

③ 焊接时，用小电流、快速焊、强制冷却等措施防止出现晶界腐蚀。

④ 焊后进行热处理。焊后可采用如下两种方式进行热处理：第一种是固溶处理，即将焊件加热到1050～1150℃，使碳重新溶入奥氏体，然后快速冷却，形成稳定的奥氏体组织；第二种是进行稳定化处理，即将焊件加热到850～950℃，保温2～4h后空冷，使奥氏体晶粒内部的铬逐步扩散到晶界。

（2）热裂纹。

由于奥氏体不锈钢热导率小、线膨胀系数大，焊接时会形成较大拉应力，同时晶界处可能形成低熔点共晶，容易出现热裂纹，因此，为了防止焊接接头热裂纹，一般应采取如下措施。

① 减少杂质来源，避免焊缝中杂质的偏析和聚集。

② 加入一定量的铁素体形成元素（如Mo、Nb等），使焊缝成为奥氏体＋铁素体双相组织，防止形成柱状晶。

③ 采用小电流、快速焊、不横向摆动，以减少母材向熔池的过渡。

奥氏体不锈钢的焊接方法有氩弧焊、手工电弧焊、埋弧自动焊及激光焊等。

4. 铸铁焊补

铸铁的焊接性很差，不应考虑铸铁的焊接构件。但当铸铁件生产中出现的铸造缺陷及零件在使用过程中发生的局部损坏和断裂能焊补时，铸铁焊接的经济效益也是显著的。铸铁焊补的主要困难如下。

（1）熔池金属因快速冷却而易产生白口组织，硬度很高，焊后很难进行机械加工。

（2）铸铁塑性差，焊接应力极易使接头产生裂纹。

（3）铸铁的含碳量高，在焊接过程中，熔池中的碳与氧发生反应，生成大量一氧化碳气体，焊缝易出现气孔；液态铁水流动性好，使熔池易流淌。

铸铁焊补一般采用手工电弧焊、气焊；对焊接接头强度要求不高时，也可采用钎焊。铸铁焊补根据焊前是否预热，可分为热焊和冷焊两类。

（1）热焊。

焊前把焊件整体或局部预热到600～700℃，焊接过程的温度不低于400℃，焊后使焊件缓慢冷却的方法称为热焊。采用热焊时，焊件受热均匀，焊接应力小，冷却速度低，可防止焊接接头产生白口组织和裂纹；但技术复杂，生产率低，成本高，劳动条件差，一般仅用于焊后要求机械加工或形状复杂的重要工件。

(2) 冷焊。

冷焊主要靠调整焊缝化学成分来防止焊件产生的组织和裂纹。冷焊采用手工电弧焊配专用焊条，具有生产率高、焊接变形小、劳动条件比热焊好等优点；但焊接质量不易保证。冷焊常采用小电流、分段焊、短弧焊等技术措施来提高焊接质量，有时采用较低温度预热。在生产中，冷焊多用于补焊要求不高的铸件或补焊高温预热易引起变形的工件。

5. 铝及铝合金的焊接

(1) 焊接特点。

① 易氧化。铝易氧化生成 Al_2O_3，Al_2O_3 氧化膜的熔点高（2050℃）、密度大，在焊接过程中会阻碍金属之间的熔合，易形成夹渣。

② 易形成气孔。液态铝合金能吸收大量氢气，但为固态时几乎不溶解氢，因此熔池结晶时，如溶入液态铝中的氢来不及析出，则焊缝将产生气孔。

③ 易变形、开裂。铝的热导率是钢的 4 倍，焊接时热量散失快，需要功率大或能量集中的热源；高温下铝的强度低，塑性差，线膨胀系数大，凝固时收缩率大，易产生焊接应力与变形，并可能产生裂纹。

④ 操作困难。铝及铝合金从固态转变为液态时，无塑性过程及颜色的变化，因此，焊接操作时易造成焊缝塌陷、烧穿。

(2) 焊接方法。

铝及铝合金的焊接常用氩弧焊、激光焊、气焊、电阻焊和钎焊等。其中氩弧焊应用最广，气焊仅用于焊接厚度不大的一般构件。

因为氩弧焊电弧集中，操作容易，氩气保护效果好，且具有阴极破碎作用，能自动除去氧化膜，所以焊接质量高，成形美观，焊件变形小。氩弧焊常用于焊接质量要求较高的构件。

铝及铝合金的焊接无论采用哪种焊接方法，焊前都必须清理氧化膜和油污。

6. 铜及铜合金的焊接

(1) 焊接特点。

① 难熔合。由于铜合金的导热性很强，焊件温度难以升高，金属难以熔化，因此填充金属与母材不能良好熔合。

② 易变形、开裂。铜合金的线膨胀系数及收缩率都较大，并且由于导热性好，因此焊接热影响区较宽，焊件易变形。另外，铜及铜合金在高温液态下极易氧化，生成的氧化铜与铜形成易熔共晶体沿晶界分布，使焊缝的塑性和韧度显著下降，易引起热裂纹。

③ 易形成气孔和产生氢脆现象。液态铜能溶解大量氢，凝固时溶解度急剧下降，如熔池中的氢气来不及析出，则在焊缝中将形成气孔。同时，以溶解状态残留在固态金属中的氢与氧化亚铜发生反应，析出水蒸气；水蒸气不溶于铜，但以很高的压力状态分布在显微空隙中，导致裂缝产生氢脆现象。

(2) 焊接方法及技术要点。

导热性强、易氧化、易吸氢是焊接铜及铜合金时应解决的主要问题。焊接铜及铜合金的较理想的方法是氩弧焊，也常采用气焊、激光焊、埋弧自动焊、手工电弧焊和钎焊等，不可采用电阻焊。

采用氩弧焊焊接纯铜和青铜，焊接质量很好。气焊是常用的黄铜焊接方法，因为气焊火焰温度较低，所以焊接过程中锌的蒸发量减小。由于锌蒸发将引起焊缝强度和耐蚀性的下降，且锌蒸气是有毒气体，将造成环境污染，因此，气焊黄铜时，一般采用轻微氧化焰；采用含硅、铝的焊丝，使焊接时，在熔池表面形成一层致密的氧化物薄膜，并覆盖在熔池表面以阻碍锌的蒸发和防止氢的侵入，从而减小焊缝产生气孔的可能性；溶剂可采用硼酸和硼砂配制。

焊接铜及铜合金前，要仔细清除焊丝、焊件坡口及附近表面的油污、氧化物等杂质。

8.3 塑料焊接

用局部加热或加压等手段，利用热熔（或软化）状态的塑料大分子将分离的塑料在焊接压力作用下相互扩散，产生分子间力，从而紧密连接的过程称为塑料的焊接。其可以使用塑料焊条为填充焊料，也可以直接加热焊件而不使用填充焊料。为了保证焊接品质，焊接表面必须清洁，不被污染。在绝大多数情况下，焊接表面还必须做平整、平行加工处理或加工坡口。

塑料的焊接方法有多种，下面介绍常用的几种焊接方法。

1. 热气焊

热气焊是利用焊枪喷出的热空气或氮气（类似于电吹风）将塑料焊件和塑料焊条加热到熔融状态，使焊条填充到连接部位，冷却固化形成接头的焊接方法，类似于金属的气焊。热气温度为200～400℃，热气流速为15～70L/min，焊枪的喷头通常与焊缝形状适应，以便向焊缝施加压力。热气焊主要用于焊接热塑性塑料，如聚氯乙烯、聚乙烯、聚丙烯、聚甲醛、聚酰胺、聚苯乙烯、ABS、聚碳酸酯等。

作为焊接热源载体的空气必须去油去水分，在$(1\sim5)\times10^4$ Pa的压力下通入焊枪并加热。热塑性硬塑料的焊接多使用直径为2mm、3mm或4mm的圆截面焊条或型材截面的焊条；热塑性软塑料多使用直径不小于3mm的绳状或条状焊条。表面贴层焊时，常使用厚度为1mm、宽度为15mm的条形焊条。

2. 挤塑焊

挤塑焊类似于热气焊，塑料焊丝自动送入、挤入微型手持（或机器操作）螺杆挤压机的料筒并熔融，从机头焊嘴（或焊靴，通常与焊缝形状适应，常用聚偏氟乙烯制成）挤出并压入接头坡口，同时喷嘴前段有热气流喷出（或用红外灯代替），以将被焊接的母材加热到熔融状态；在焊靴模嘴的压力作用下，挤出的焊料焊接在塑件接头上，经冷却变硬后完成焊接。挤塑焊主要用于厚壁工件焊接和大面积贴面焊接，能焊接多数热塑性塑料（如PP、PE、HDPE塑料板、管材），尤其是大口径管材、防腐筒体、防水地膜、环保地膜、塑料地板。要求挤塑焊的填充焊料与母材一致。

3. 超声波焊

塑料超声波焊的原理是使塑料的焊接面在超声波能量的作用下做高频振动摩擦而发热熔化，同时施加焊接应力，把塑料焊接在一起，如图 8.41 所示。

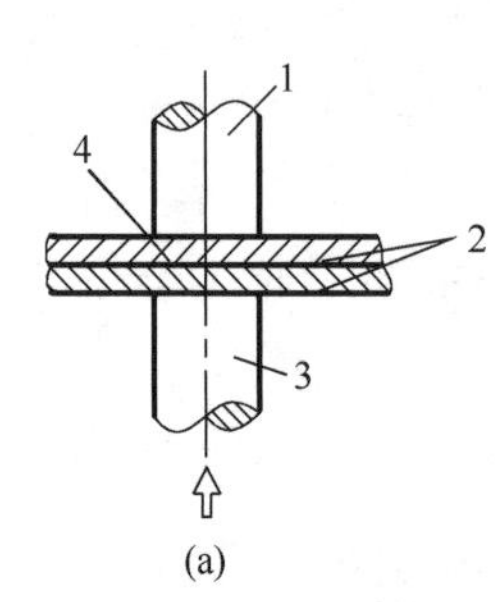

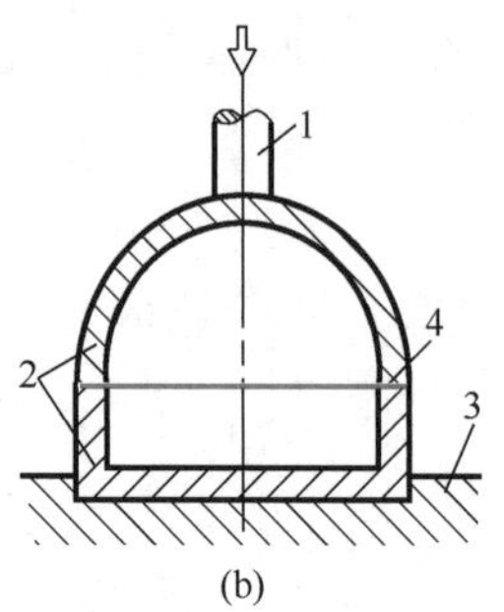

1—超声波振头；2—被焊工件；3—焊座；4—焊缝

图 8.41　塑料超声波焊

超声波焊原则上适合焊接大多数热塑性塑料，主要用于焊接模塑件、薄膜、板材和线材等，通常不需要填充焊料。对较厚塑料超声波焊接的焊接面预加工有一些特殊要求，常设计带尖边的超声波能量定向唇（又称导能筋），如图 8.42 所示。

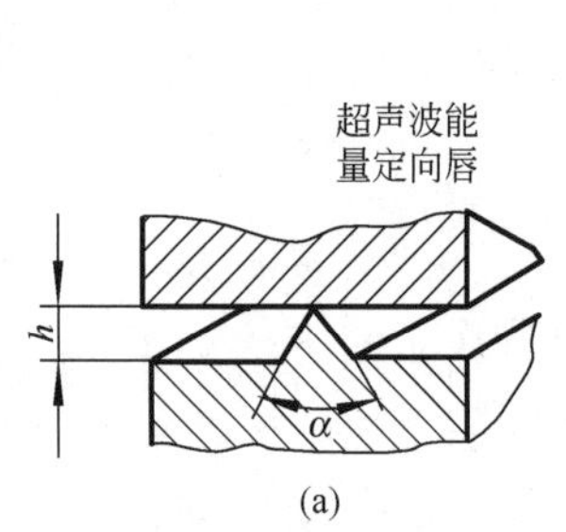

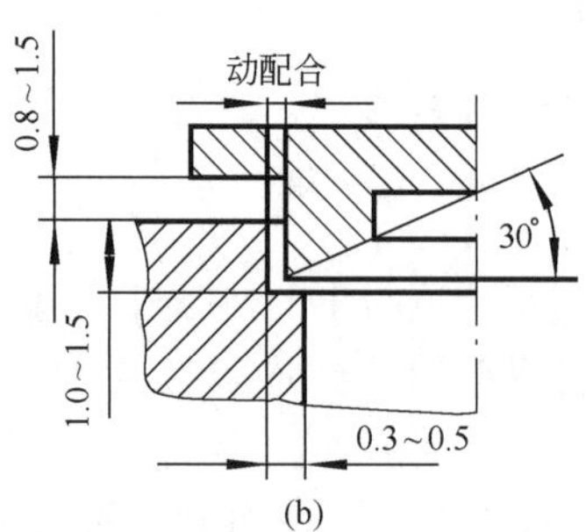

图 8.42　较厚塑料超声波焊焊接面上的超声波能量定向唇

4. 摩擦焊

塑料摩擦焊的原理与金属摩擦焊相同。塑料在焊接面上经摩擦发热而熔化，同时手工或机械操纵焊接压力而焊接在一起。摩擦焊的焊接表面可以是轴对称的圆柱体端面，也可以是圆锥体的锥表面。

一般情况下，摩擦焊不需要填充焊料，但有时使用与被焊塑料相同的中间摩擦件作为填充焊料。

5. 激光束焊

塑料激光束焊是借助激光束产生的热量使塑料接触面熔化，将热塑性片材、薄膜或模塑零部件焊接在一起的方法。当被焊接的塑料零部件是非常精密的材料（如电子元件）或要求无菌环境（如医疗器械和食品包装）时，激光束焊能派上很大用场。激光束焊速度高，特别适用于汽车塑料零部件的流水线加工。另外，对于很难使用其他焊接方法焊接的复杂的几何体，可以考虑使用激光束焊。

6. 热工具焊

利用加热工具（如热板、热带或烙铁）对被焊接的两个塑料表面直接加热，直到表面有足够的熔融层，移开加热工具，并立即将两个表面压紧，直至熔融部分冷却硬化，使两个塑件连接，这种加工方法称为加热工具焊接，简称热工具焊。它适用于焊接有机玻璃、硬聚氯乙烯、软聚氯乙烯、高密度聚乙烯、聚四氟乙烯，以及聚碳酸酯、聚丙烯、低密度聚乙烯等塑料制品。

8.4 固态黏接成形

黏接（也称胶接或粘接）是借助黏接剂的化学反应或物理凝固作用，在固体表面上产生黏接力，将一个物件与另一个物件牢固地连接在一起的方法。黏接机理是黏接剂与被黏物质表面之间发生了机械咬合、分子或原子之间的扩散交织、物理吸附或化学吸附等作用。由于钎焊也可看成以钎料金属作为黏接剂的黏接，因此黏接成形也具有钎焊的一些应用特点，还具有连接、密封、绝缘、防腐、防潮、隔热、减振及工艺性好，成本低的特点，但有机黏接剂的耐热性及耐老化性较差。黏接能部分代替焊接、铆接和螺栓连接，在工业及日常生活中应用广泛。

8.4.1 常用的黏接方法

根据黏接原理，常用的黏接方法如下。

① 热熔黏接法。黏接面通过加热熔融（有时还熔化填充焊料），然后叠合加压、冷却凝固，达到黏接目的。

② 溶剂黏接法。对部分热塑性塑料，接头加单纯溶剂或含塑料的溶液，使表面贴合、溶剂挥发固化，达到黏接目的。

③ 黏接剂黏接法。将两个物体的接头或零件的裂纹用黏接剂进行填充、固化，达到黏接目的。

8.4.2 黏接剂的选择

选择黏接剂应遵循如下原则。

① 黏接剂与被黏材料的种类和性质相容。常用黏接剂见表 8-7。

② 黏接剂的一般性能满足黏接接头使用性能（力学性能和物理性能）的要求。

③ 考虑黏接过程的可行性、经济性及性能与费用的平衡。

选用黏接剂时，应注意其弹性模量和力学性能随环境温度及加载速度的变化而变化，应视使用要求选择耐热性及强度、刚度合适的品种；因为合成黏接剂的胶层在使用过程中会吸附空气中的水分，使黏接强度降低，所以在湿热环境下选择黏接剂时应注意；不同类型黏接剂的用途及操作工艺不同，应参照说明书。

表 8－7　常用黏接剂

被黏材料	黏接剂种类								
	环氧胶	酚醛胶	聚氨酯胶	丙烯酸酯厌氧胶	双马来酰亚胺胶	聚酰亚胺胶	氰基丙烯酸酯胶	不饱和聚酯胶	有机硅胶
结构钢	√	√	√	√	√	√		√	
铬镍钢	√	√	√	√	√	√			√
铝和铝合金	√	√	√	√	√	√	√	√	
铜及铜合金	√		√	√	√	√			
钛及钛合金	√	√	√	√	√				√
玻璃钢	√	√	√		√	√		√	

8.4.3　典型工业用黏接剂简介

（1）环氧黏接剂。环氧黏接剂是使用量最大、使用面最广的一种结构黏接剂，它通过环氧树脂的环氧基与固化剂的活性基团发生反应，形成胶联体系，从而达到黏接目的。其黏接强度高，可黏材料的范围广，施工技术性能良好，配制和使用方便，固化后体积收缩率较小，尺寸稳定，使用温度范围广，且对人体无毒。由于各种牌号的环氧黏接剂既可从市场上买到，又可自行配制或根据需要对黏接剂进行改性，因此环氧黏接剂称得上是“万能胶”。其主要缺点是接头的脆性较大，耐热性不强。

环氧黏接剂可用于金属与金属、金属与非金属、非金属与非金属等材料的黏接，广泛用于航空、汽车制造、电子装配、机械制造、土木建筑等行业。

（2）聚氨酯黏接剂。聚氨酯黏接剂是以异氰酸化学反应为基础，以多异氰酸酯及含羟、胺等活性基团的化合物为主要原料制造的。聚氨酯黏接剂中含有许多强极性基团，对极性基材具有高的黏附性能。其具有良好的黏接力，可加热固化，某些也可室温固化。其起始黏力大，胶层柔韧，剥离强度、抗弯强度和抗冲击等性能优良，耐冷水、耐油、耐稀酸，耐磨性也较好，但耐热性不强，常用作非结构型黏接剂，广泛应用于非金属材料的黏接。

（3）橡胶黏接剂。橡胶黏接剂的主体材料是天然橡胶和合成橡胶。橡胶黏接剂的接头强韧、有回弹性，抗冲击，抗振动，特别适用于交通运输机械的黏接。如丁腈橡胶黏接剂具有良好的耐油性及耐老化性，与树脂混合对金属具有很高的黏接强度，可作为结构型黏接剂。

（4）丙烯酸酯黏接剂。丙烯酸酯黏接剂是以丙烯酸酯及其衍生物为主要单体，通过自由基聚合反应或者离子型聚合反应制备的。丙烯酸酯衍生物的种类很多，还有许多与丙烯酸酯共聚的不饱和化合物。因此，丙烯酸酯黏接剂的功能多种多样，既可制成压敏胶，又可制造结构型黏接剂。如一种丙烯酸酯黏接剂的厌氧胶的主体成分是（甲基）丙烯酸酯等，在室温下能保持液态（利用氧的阻聚作用），隔绝空气时能迅速聚合而固化，把两个表面黏接起来。厌氧胶主要用于轴对称构件的套接、加固及密封，如管道螺纹、法兰面、螺栓锁固、轴与轴套等，其胶层密封性好，耐高压和耐腐蚀。

(5) 杂环高分子黏接剂。杂环高分子黏接剂又称高温黏接剂，属航空航天用高温结构型黏接剂。杂环高分子黏接剂具有既耐高温又耐低温的黏接性能，是抗老化性能最好的黏接剂；但固化条件苛刻，成本高。

8.4.4 黏接成形技术

1. 黏接接头的设计

(1) 黏接接头的受力形式。

黏接接头的受力形式如图 8.43 所示。

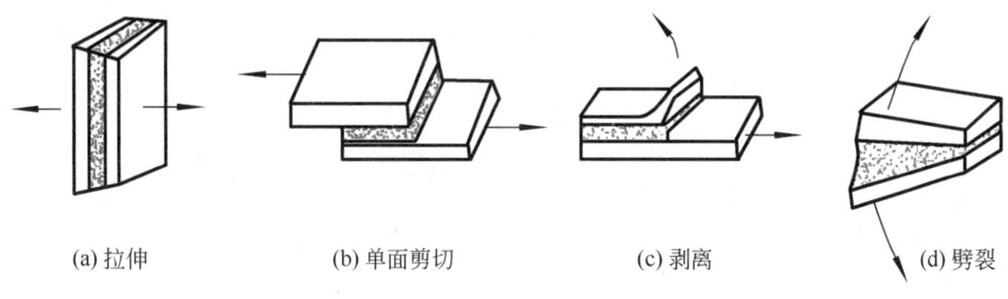

图 8.43 黏接接头的受力形式

① 拉伸（又称均匀扯离）。拉伸的作用垂直于黏接平面，使黏层和被黏材料沿着作用力的方向产生拉伸变形。

② 剪切。剪切的作用力平行于黏接平面，使黏层和被黏材料形成剪切变形。

③ 剥离。当外力作用在黏接接头上时，被黏材料中至少有一种材料发生了弯曲变形，使绝大部分作用力集中在材料产生弯曲变形一侧的边缘区，而另一侧承受很小的正应力，从而使被黏层受到剥离力的作用。

④ 劈裂。当黏接平面两侧的作用力不在黏层平面的中心线上，且被黏材料几乎不发生弯曲变形时，黏层所受的力称为劈裂。

(2) 接头设计的基本原则。

① 合理设计接头形式，尽量使接头承受剪切力或均匀拉伸力，避免受剥离、不均匀扯离和劈裂力。

② 设计黏接面积尽可能大的接头，以提高接头的承载能力，常用搭接或套接接头。

③ 受严重冲击和受力较大的零件，应设计复合连接形式的接头以增强可靠性，如黏-焊、黏-铆等形式。

④ 接头应便于加工制造，外形美观，表面平整。

(3) 黏接接头的形式。

黏接接头有角接头、T 形接头、对接接头和表面接头四种，采用搭接或套接形式可增大黏接面积。板材的接头形式如图 8.44 所示。

2. 接头表面处理

为了保证黏接质量，要求被黏材料的表面具有一定的粗糙度和清洁度，还要求材料表面具有一定的化学或物理的反应活性。因此，在进行黏接之前，必须对材料表面进行清洁（如脱脂除锈等清洁表面）及活性处理。常用方法有各种溶剂清洗法、机械处理法、化学

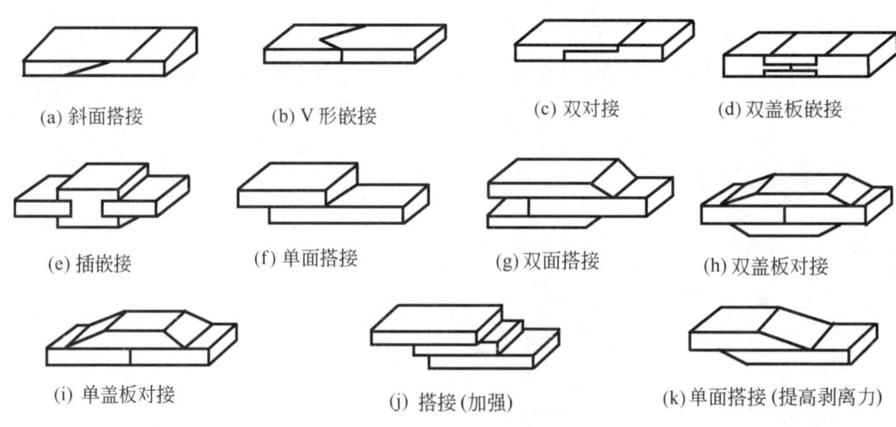

图 8.44　板材的接头形式

处理法、电化学酸洗除锈和表面化学转变处理，根据被黏材料的种类、表面状态、清洁程度及黏接位置等选择合适的表面处理方法。

3. 准备黏接剂

按技术条件或产品使用说明书配制黏接剂。调配室温固化黏接剂时应考虑固化时间，在适用期使用；使用多组分溶液型黏接剂前必须轻轻搅拌，以防掺入空气。

4. 涂胶

涂胶对黏接质量影响很大。涂胶时，必须保证胶层厚度均匀，胶层厚度为 0.08～0.15mm。涂胶方法因黏接剂的种类不同而不同。涂胶后，晾置时间应控制在黏接剂允许的反应开放时间范围内，同时应避免开放状态的胶膜吸附灰尘或被污染。

5. 固化

黏接剂在固化过程中要控制三个要素：压力、温度、时间。首先，固化加压要均匀，应有利于排出黏层中残留的挥发性溶剂。其次，黏接剂固化时，要严格控制固化温度，它对固化程度有决定性影响。如加热固化应阶梯升温，温度不能过高，持续时间不能太长，否则黏接强度下降。最后，固化时间与固化温度和压力密切相关，温度升高时，应缩短固化时间；温度降低时，应适当延长固化时间。

6. 黏接质量检验

黏接质量检验可用肉眼或用放大镜外观检查胶缝；用木制或金属小锤敲击黏接处，根据声音判断局部黏接情况；超声波探伤法（不适用于玻璃钢）、声阻法、激光全息照相、液晶法等可定量判断；在要求黏接质量极高的情况下，还要做部件破坏性抽验，或试样与产品在相同条件下进行处理和黏接，然后对试样做各种试验。

习　题

一、简答题

8-1　什么是焊接热影响区？为什么会产生焊接热影响区？焊接热影响区对焊接接头

有什么影响？如何减小或消除这些影响？

8-2 产生焊接应力和变形的原因是什么？防止焊接应力和变形的措施有哪些？

8-3 焊接过程中，焊接裂纹和气孔是如何形成的？如何防止？

8-4 什么是金属材料的焊接性？用碳当量法确定钢材的焊接性有哪些优点和缺点？

8-5 焊接低合金高强度结构钢时，应采取哪些措施防止产生冷裂纹？

8-6 铸铁焊接性差主要表现在哪些方面？试比较铸铁热焊补、冷焊补的特点及应用。

8-7 焊接铜、铝及其合金的特点和应注意的问题分别是什么？

8-8 试比较黏接与钎焊的异同点。

8-9 黏接前的表面处理有哪些？为什么要进行表面处理？

8-10 连接厚度为 2mm 的低碳钢板、不锈钢板及铝板，可选择哪些焊接或连接方法？大致说明各种连接方法的特点。

二、思考题

8-11 图 8.45 为储罐，筒体材料为 Q345（16Mn），板厚为 20mm，内径为 1500mm，长度为 8000mm，接管为 ϕ80mm×14mm，生产 100 台。试选择图中①～④焊缝的焊接方法，以及焊条或焊丝、焊剂的牌号。

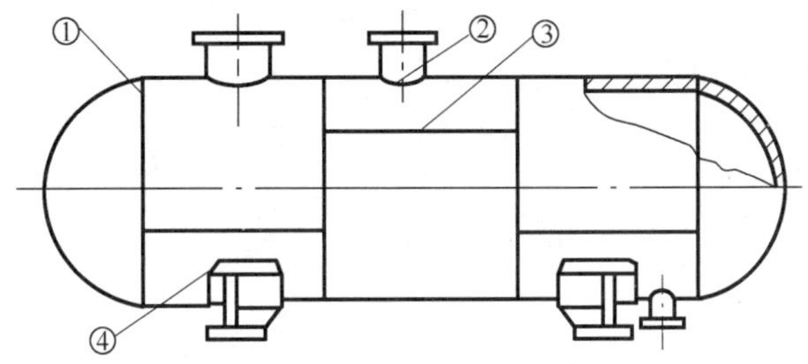

图 8.45 储罐

8-12 焊接梁（尺寸如图 8.46 所示），材料为 235 钢，成批生产，已知钢板最大长度为 2500mm。要求：①决定腹板、翼板接缝位置；②选择各条焊缝的焊接方法；③画出各条焊缝接头形式；④制定各条焊缝的焊接次序。

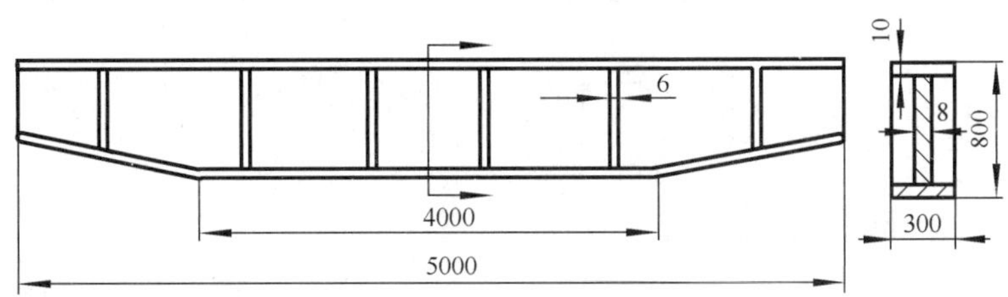

图 8.46 梁

第9章 有机高分子材料的成形技术

▲ 掌握塑料的成形特性。
▲ 熟悉塑料制品的成形方法。
▲ 熟悉橡胶制品的成形方法。

随着塑料、橡胶的发展及其制品的广泛应用，机械、电子、家电、日用品等工业产品日趋塑料化，要求机械设计人员掌握塑料制品、橡胶制品的成形技术。在材料科学技术发展的过程中，金属材料及成形工艺的研究与应用对其他材料有很大的启发和推动作用。

9.1 塑料制品的成形技术

塑料制品的成形方法取决于塑料制品的使用要求、结构形状、原材料种类和生产批量。

9.1.1 塑料的成形特性

1. 流动性

塑料熔体在一定的温度与压力下填充模腔的能力称为**流动性**，它与铸造合金流动性的概念相似。

通常可以由树脂分子量及其分布、熔体流动指数、表观黏度及阿基米德螺旋线长度等预测热塑性塑料的流动性。分子量小、分子量分布范围大、熔体流动指数高、表观黏度低、阿基米德螺旋线长，表明流动性好；反之，表明流动性差。热固性塑料的流动性通常以拉西格流动性（以毫米计）表示。

影响流动性的主要因素有温度、压力、模具及塑料类型。

（1）温度的影响。若塑料的温度高，则流动性强，但不同塑料类型的影响程度差异较大。

（2）压力的影响。压力增大，塑料熔体受剪作用增大，熔体的表观黏度下降，流动性增强。聚甲醛、聚乙烯、聚丙烯、ABS和有机玻璃等塑料有“剪切变稀”的现象，它们在成形加工时宜使用“低温高压”技术。

（3）模具的影响。浇注系统的形式、尺寸、布置，冷却系统的设计，流动阻力等都直接影响熔体在模腔内的实际流动性。

（4）塑料类型的影响。流动性强的塑料有聚酰胺、聚乙烯、聚苯乙烯、聚丙烯、环氧树脂、氨基塑料等；流动性中等的塑料有改性聚苯乙烯、ABS、聚甲基丙烯酸甲酯、聚甲醛、酚醛塑料等；流动性差的塑料有聚碳酸酯、硬聚氯乙烯、聚苯醚、聚砜、氟塑料等。对热固性塑料而言，粒度小且均匀、湿度大，含水分及挥发物多，预热及成形条件适当等均有利于改善流动性；反之，流动性差。

若塑料的流动性差，则填充不足，不易成形，成形压力大；若塑料的流动性强，则溢料过多，填充型腔不密实，塑料制品组织疏松，易粘模具且清理困难，过早硬化。因此，塑料的流动性需与塑料制品要求、成形过程及成形条件适应。设计模具时，应根据流动性考虑浇注系统、分型面及进料方向等。

2. 收缩性

从模腔中取出塑料制品并冷却至室温，其尺寸缩小的性能称为**收缩性**。塑料制品尺寸收缩不仅是树脂本身热胀冷缩的结果，而且与各种成形因素有关。塑料制品成形后的收缩称为成形收缩。

（1）成形收缩的形式。

① **线尺寸收缩**。热胀冷缩、塑料制品脱模时，弹性恢复、变形等因素会使塑料制品脱模冷却至室温后尺寸减小。

② **方向性收缩**。成形时，受分子取向作用的影响，塑料制品呈现各向异性，沿料流方向收缩率大，强度高；与料流垂直的方向收缩率小，强度低。此外，成形时，由于塑料制品各部位密度及填料分布不均匀，因此收缩率不均匀，塑料制品易翘曲、变形和产生裂纹，尤其在挤出成形和注射成形时，方向性表现得更明显。

③ **后收缩**。塑料制品在储存和使用条件下发生应力松弛而产生的再收缩称为后收缩。一般塑料制品要经过30～60h达到尺寸稳定。通常热塑性塑料制品的后收缩率比热固性塑料制品大，压注成形及注射成形塑料制品的后收缩率比压缩成形塑料制品大。

④ **后处理收缩**。某些结晶性塑料制品由自然时效完成后收缩，往往需要很长时间，通常采用热处理工艺以完善结晶过程，使尺寸尽快稳定。在该过程中，塑料制品发生的收缩称为后处理收缩。

（2）影响收缩性的因素。

① 塑料类型的影响。塑料都有一定的收缩率范围，同一种塑料因相对分子质量、填料及配比等不同而收缩率不同。热塑性塑料的收缩率比热固性塑料大，且收缩范围大，方向性更明显。结晶性热塑性塑料在结晶过程中体积减小，内应力增大，分子取向倾向增大，导致收缩方向性差别增大。

② 塑料制品特性的影响。塑料制品的形状、尺寸、壁厚、有无嵌件、嵌件数量及布局等对塑料制品的收缩率有较大影响。如塑料制品壁厚大，则收缩率大；如有嵌件，则收缩率小。

③ 模具的影响。模具结构、分型面选择，加压方向，浇注系统形式，浇口位置、数量及截面尺寸等对收缩率及收缩方向性有很大影响，尤以压注成形与注射成形更明显。

④ 成形条件的影响。模具温度高，则收缩率大；反之，收缩率小。若注射压力大、保压时间长，则塑料制品收缩率小；反之，收缩率大。

（3）收缩率的计算。

塑料制品成形收缩值可用收缩率 S_{CP} 表示：

$$S_{CP}=(L_M-L_S)/L_S\times100\%$$

式中，S_{CP} 为收缩率；L_M 为模腔在室温下的单向尺寸；L_S 为塑料制品在室温下的单向尺寸。

3. 结晶性

在塑料成形过程中，根据塑料冷却时是否具有结晶特性，塑料可分为结晶性塑料和非结晶性（又称无定形）塑料两种。结晶性塑料的成形特性如下。

（1）因为结晶性塑料结晶熔解需要热量，所以达到成形温度所需热量比非结晶性塑料多；冷凝时，结晶性塑料放出热量多，需要较长冷却时间。

（2）结晶性塑料硬化状态时的密度与熔融时的密度差别很大，成形收缩值大，易产生缩孔、气孔；具有方向性，结晶性塑料制品易变形、翘曲。

（3）缓冷可提高结晶度，急冷可降低结晶度。

结晶度大的塑料制品密度大，强度、刚度、硬度高，耐磨性和耐蚀性好；结晶度小的塑料制品的柔软性、透明性好，伸长率和冲击韧性较大。因此可以通过控制成形条件来控制塑料制品的结晶度，从而控制其特性，以满足使用需要。

4. 吸湿性与黏水性

因为塑料中有各种添加剂或极性基团，所以对水分有不同的亲疏程度。具有吸湿或黏附水分倾向的塑料有 ABS、聚酰胺、聚甲基丙烯酸甲酯等；不易黏附水分的塑料有聚乙烯、聚丙烯等。

具有吸湿或黏附水分倾向的塑料在成形过程中，由于水分在高温料筒中变为气体，因此产生起泡、银丝缺陷，流动性降低；有的塑料（如聚碳酸酯、聚酰胺）即使含有少量水分，在高温、高压下也会发生水解，这种性能称为水敏性。在该塑料成形前，应进行干燥处理。

5. 热敏性

热敏性塑料是指对热较敏感，当高温下受热时间较长或进料口截面面积过小且剪切作用大时，塑料温度升高而变色、降聚、分解的塑料，如硬聚氯乙烯、聚三氟氯乙烯等。热敏性塑料分解时产生气体、固体等，有的气体对人体、设备、模具有害，而且会降低塑料的性能。为了防止热敏性塑料在成形过程中出现分解现象，一方面在塑料中加入热稳定剂；另一方面可选择螺杆式注射机对模具镀铬，同时严格控制成形温度、模具温度、加热时间等。

6. 高聚物的物理、力学状态

图 9.1 所示为恒定载荷下线型无定形高聚物的温度-形变曲线。

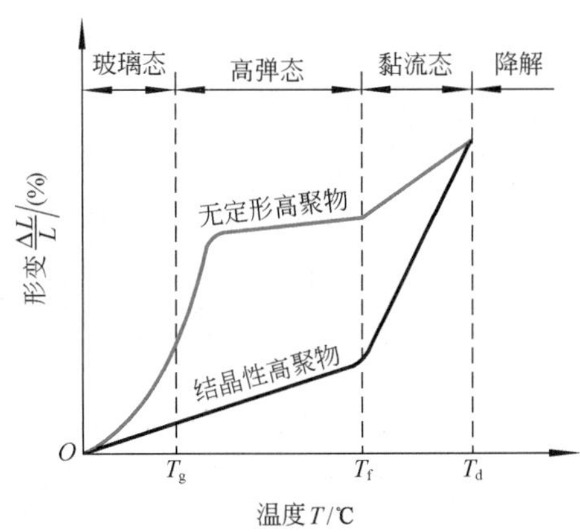

T_g—玻璃化温度；T_f—黏流化温度；T_d—高聚物的分解温度

图 9.1 恒定载荷下线型无定形高聚物的温度-形变曲线

可见温度不同，线型无定形高聚物可处于玻璃态、高弹态、黏流态。

(1) 玻璃态。当温度低于玻璃化温度 T_g时，线型无定形高聚物的大分子链热运动处于冻结状态，只产生链节的微小热振动及大分子链中的键长和键角的弹性变形，使线型无定形高聚物具有一定刚度，为非晶态固体，称为玻璃态。玻璃态是塑料的应用状态，作为塑料使用的线型无定形高聚物，T_g越高，其耐热性越好。

(2) 高弹态。当温度处于玻璃化温度 T_g与黏流化温度 T_f之间时，线型无定形高聚物的分子链动能增大，分子间隙增大，由几个或几十个链节组成的链段可进行内旋转及弹性运动，但整个分子链不移动；线型无定形高聚物受外力作用时，原来卷曲链沿受力方向伸展，可产生很大的弹性变形，线型无定形高聚物处于高弹态。高弹态是橡胶的应用状态，作为橡胶使用的线型无定形高聚物，T_g越低、T_f越高，越耐寒、耐热。

(3) 黏流态。当温度升高到 T_f时，大分子链可自由运动，线型无定形高聚物成流动的黏液，这种状态称为黏流态。黏流态是线型无定形高聚物的成形加工状态及胶黏剂的工作状态。

若高聚物中有部分结晶区，则当温度处于 T_g以上、结晶体的熔点以下时，非结晶区仍保持线型无定形高聚物的高弹态，结晶区因分子链紧密规整排列而使链段无法内旋转，表现出较高的硬度，以上两种效应复合形成一种韧且硬的皮革态。当温度升高到熔点时，全结晶性高聚物由晶态直接熔解。T_d为高聚物的分解温度。

塑料处于玻璃态时，可进行切削加工；处于高弹态时，可进行热冲压变形、吹塑、热锻及真空成形；处于黏流态时，可进行注射成形、模压成形、挤出成形。

9.1.2 塑料制品的成形方法

塑料制品的成形过程一般包括配制和准备原料、成形及制品后加工等工序，在大多数情况下，加热使塑料处于黏流态，经过流动、成形和冷却硬化（或交联固化）将塑料制成各种形状的制品。

1. 挤出成形

挤出成形（又称挤塑成形）是使加热塑化的塑料，通过挤出成形设备变成各种断面形状的制品的方法。

挤出成形设备主要有挤出机和挤出模具。挤出机主要有螺杆式挤出机和柱塞式挤出机两大类，螺杆式挤出机又分为单螺杆挤出机（图 9.2）、双螺杆挤出机和多螺杆挤出机。螺杆式挤出机的工作过程如下：将热塑性粒状或粉状塑料加入料斗，在旋转螺杆的作用下，塑料沿旋转螺杆的螺旋槽向前方输送；塑料受料筒加热器加热及旋转螺杆搅拌剪切的摩擦热共同作用，逐渐塑化、熔融而呈黏流态；在旋转螺杆的挤压作用下，塑料熔体通过具有一定形状的挤出模具（机头）口模及一系列辅助装置（定型、冷却、牵引、切割等装置），获得截面形状一定的塑料型材。

挤出成形

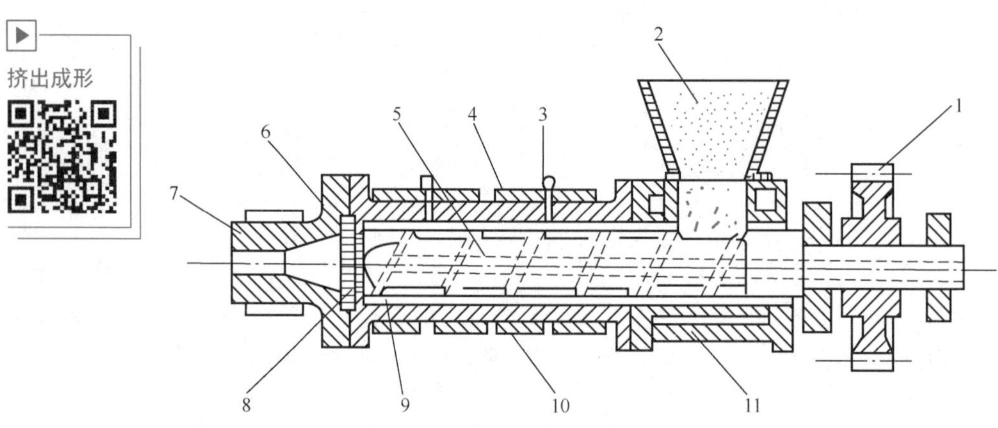

1—传动装置；2—料斗；3—热电偶；4—加热器；5—旋转螺杆；6—过滤板；
7—机头口模；8—过滤网；9—流道；10—料筒；11—冷却水夹套

图 9.2　单螺杆挤出机

直通式挤管机头和直角式挤管机头分别如图 9.3 和图 9.4 所示。如果挤出的中空管塑料不经过冷却，在机头中心通入压缩空气，则将管坯吹胀成管状薄膜并导入牵引辊，折叠

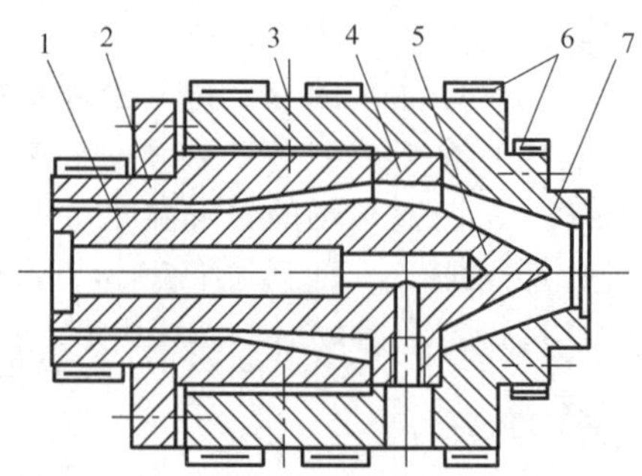

1—芯棒；2—口模；3—调节螺钉；4—分流器支架；5—分流器；6—加热器；7—机头体

图 9.3　直通式挤管机头

卷曲成一卷薄膜制品；在图 9.4 所示的机头芯部穿入导线，可生产塑料包覆电缆；调整旋转螺杆、口模等的参数，还可生产年糕、火腿肠、膨化食品等。

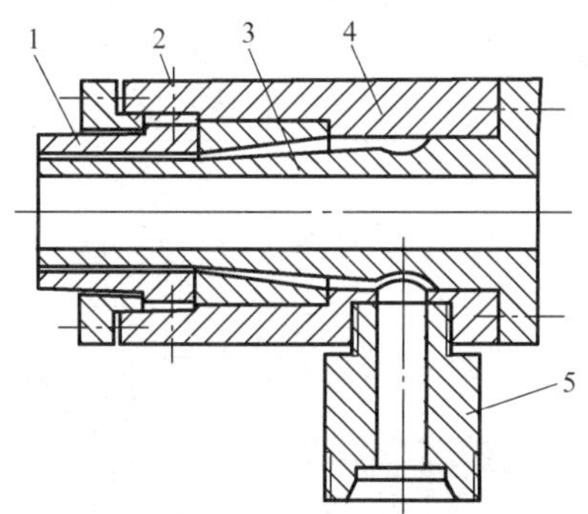

1—口模；2—调节螺钉；3—芯棒；4—机头；5—连接管

图 9.4 直角式挤管机头

柱塞式挤出机主要借助柱塞压力，将事先塑化好的物料挤出口模成形；挤完料筒内的物料，柱塞退回，待加入新的塑化好的物料后进行下一次操作，生产是不连续的，不能充分搅拌、混合物料，还需预先进行塑化。该设备仅用于黏度特别大、流动性极差的塑料。

挤出成形的主要技术参数有温度、压力和挤出速率等。挤出成形适用于所有热塑性塑料及部分橡胶和热固性塑料，可以成形塑料管材、棒材、板材、电线电缆及异形截面型材等，还可用于塑料的着色造料和共混等。

2. 注射成形

注射成形又称**注射模塑**或**注塑成形**，是在加压下将物料由加热料筒经过主流道、分流道、浇口注入闭合模腔的模塑方法。

(1) 注射成形的过程及工艺参数。

注射成形是根据金属的压铸技术发展起来的，其原理如图 9.5 所示。在注射机的料筒内将热塑性粒状原料加热熔融塑化，在柱塞或螺杆的压力作用下，熔融物料压缩并向前移动，通过料筒前端的喷嘴以很高的速度注入温度较低的闭合模具（注塑模），冷却定形后，开模可得制品。

注射成形过程包括加料、塑料熔融、注射、制品冷却和制品脱模五个主要阶段。

在注射成形过程中，一些主要因素［温度（料筒温度、喷嘴温度和模具温度）、压力、成形时间］将直接影响成形操作和制品品质。

① 料筒温度。料筒温度应保证塑料塑化良好，能顺利实现注射，且不引起塑料分解（要求热固性塑料的料筒温度不致发生固化反应）。

② 喷嘴温度。喷嘴温度一般比料筒最高温度略低，以避免产生流涎现象；但不能太低，以防堵塞喷嘴，或在模腔中流入冷凝料。

③ 模具温度。模具温度取决于塑料类型、塑料制品尺寸与结构、性能要求及其他技术条件等。例如成形聚烯烃、有机玻璃和尼龙制品时，模具都要通水冷却。对一些黏度大、流动性差、结晶速度高、内应力敏感的塑料（如聚碳酸酯等），注射成形时必须加热模具，否则制品容易开裂。模具加热温度以不超过塑料的热变形温度为宜，若温度太高，

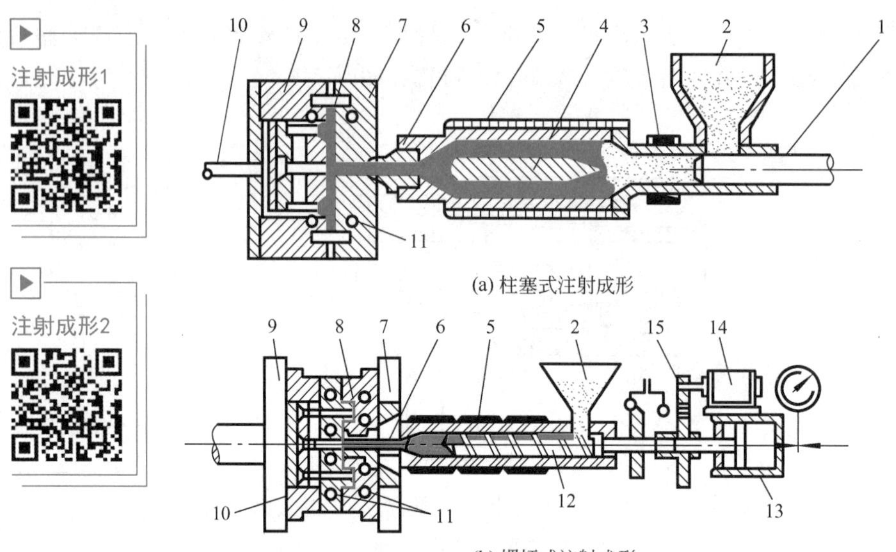

(a) 柱塞式注射成形

(b) 螺杆式注射成形

1—柱塞；2—料斗；3—冷却套；4—分流梭；5—加热器；6—喷嘴；7—固定模板；8—制品；
9—活动模板；10—顶出杆；11—冷却水；12—螺杆；13—油缸；14—电动机；15—齿轮

图 9.5　注射成形的原理

则制品脱模时会变形。对热固性塑料，要在模具型腔内发生固化反应，通常模具温度比料筒温度高。

④ 压力。压力包括**注射压力**、**塑化压力**和**保压压力**。**注射压力**是指注射时，柱塞或螺杆顶部对熔融塑料施加的压力，其作用是克服塑料流动充模过程中的流动阻力，使熔体具有一定的充模速率，并压实熔体。注射压力取决于塑料类型、注射机类型、模具结构、塑料制品厚度等。**塑化压力**又称背压，是螺杆顶部熔体在螺杆旋转后退时受到的压力，可增强塑化效果。**保压压力**用于补充注入型腔的塑料，防止制品冷却时收缩，一般等于或略低于注射压力。

⑤ 成形时间。**成形时间**是指完成一次注射成形所需的时间。若成形时间过长，则料筒中的原料因受热时间过长而分解，塑料制品因应力大而降低强度；若成形时间过短，则会因塑化不完全导致制品变形。

（2）注射成形设备。

注射成形设备有注射机和注射模具。注射机的类型很多，分类方法也很多，一般按塑料在料筒中熔融塑化的方式分为柱塞式注射机和螺杆式注射机。

注射机主要由料筒和螺杆或柱塞组成，前者的作用是加热塑料至熔化状态，后者的作用是对熔融塑料施加高压，使熔融塑料注入并充满型腔。注射模具主要由浇注系统和模腔组成。螺杆式注射机的塑化过程与前述螺杆式挤出机相同，但螺杆可做间隙往复移动，以将塑料注入注射模并保压；处于料筒最左端的螺杆旋转，把料斗落下的颗粒料输送到喷嘴前端聚集；达到一定压力后，螺杆边旋转边后退，料筒前端的熔体逐渐增加，达到一定量后，螺杆停止旋转和后退，螺杆在液压油缸的驱动下向左快速移动，完成注射。

（3）注射成形的应用。

注射成形是热塑性塑料制品的主要成形方法，也可用于生产某些热固性塑料、橡胶及粉末冶金制品。注射成形是变种最多的一种成形方法，如热塑性塑料注射成形、热固性塑料注射成形、夹层注射成形、液体注射成形、结构发泡注射成形、注射压制成形、反应注射成形等。注射成形具有生产周期短，能一次成形外形复杂、尺寸精确和带有金属嵌件的塑料制品，生产效率高，易实现自动化操作等优点；但注射成形设备较贵，主要用于大批量生产。注射成形的主要产品有家用电器外壳及生活用品，汽车保险杠、仪表板、蓄电池外壳等汽车用塑料件等。从塑料产品的形状看，除了很长的管、棒、板等塑材不宜采用注射成形，其他形状和尺寸的塑料制品都可以采用注射成形。

3. 模压成形

(1) 模压成形的过程。

模压成形又称压缩模塑、压塑成形、压制成形等，其原理是将粉状、粒状或纤维状的塑料放入加热（常用电热管加热）的具有敞开加料腔的模具型腔，合模加压、熔融充型，使热固性塑料交联反应固化或热塑性塑料冷凝固化，经脱模成为制品，其模具特点是加料腔（室）是型腔的一部分。热固性塑料和热塑性塑料都可采用模压成形。由于热塑性塑料不发生交联反应，因此其充满模腔后必须冷却至固态温度，以开模取出制品；由于热塑性塑料模压成形时需要交替加热、冷却，因此生产周期长、效率低，只限于一些流动性很差的热塑性塑料成形。

部分热固性塑料模压成形时需将压缩模具松动一段时间，以排除成形物料中的水分、低分子挥发物变成的气体及化学反应产生的气体，以免影响塑料制品质量。

模压成形的主要过程包括加料、合模、排气、交联固化、制品脱模、清理模具等；主要工艺参数包括成形温度、成形压力和成形时间，这些工艺参数主要取决于塑料类型、制品尺寸及形状、模具结构等。

模压成形的主要设备是液压机和压缩模。液压机的作用是通过模具对塑料施加压力、开闭模具和顶出制品。

压缩模按凸、凹部分的结构特征分为溢料式压缩模、不溢式压缩模和半溢式压缩模，分别如图 9.6 至图 9.8 所示。

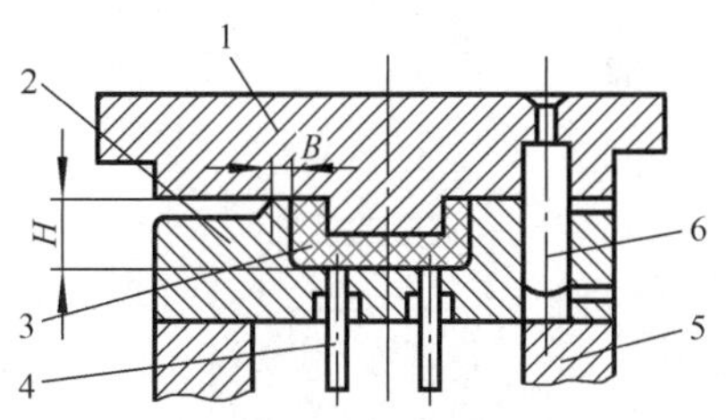

1—凸模；2—凹模；3—制品；4—顶出杆；5—垫板；6—导柱；
H—型腔高度；B—挤压环面宽度

图 9.6 溢料式压缩模

(2) 模压成形的优缺点及应用。

与注射成形相比，模压成形的主要优点是可制造较大平面的制品和利用多槽模进行大批量生产；可采用普通液压机，模具无浇注系统，结构简单；由于对塑料的流动性要求较低，因此适用于高黏性塑料；易成形大型制品，制品的收缩率较小、变形量小、各项性能比较均匀。模压成形的主要缺点是成形周期长、生产效率低、劳动强度大；溢边较厚，难以制造厚壁、带有深孔和形状复杂的制品；模具易变形、磨损，自动化程度较低，工人劳动强度大。

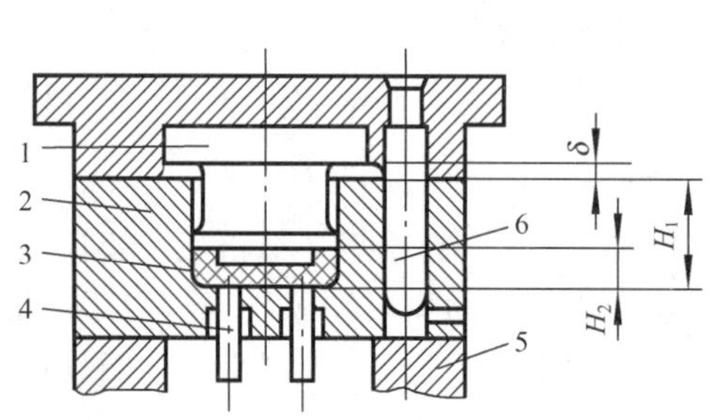

1—凸模；2—凹模；3—制品；4—顶出杆；5—垫板；6—导柱；H_1—加料室＋型腔高度；H_2—型腔高度；δ—间隙

图 9.7　不溢式压缩模

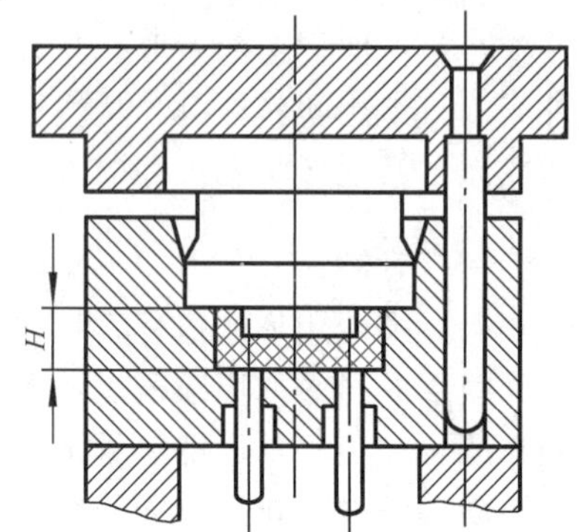

H—型腔高度

图 9.8　半溢式压缩模

模压成形主要用于生产热固性塑料制品，所用塑料主要有酚醛塑料、氨基塑料、环氧塑料、有机硅（主要是硅醚树脂的压塑粉）塑料。模压成形制品主要用作机械零部件、电器绝缘件和日用品等，如汽车配电盘、电器开关、餐具等。

4. 传递模压

传递模压又称传递模塑、压注成形、挤塑成形，是在模压成形的基础上发展起来的，类似于注射成形。不同的是，传递模压的塑料在模具的加料室内加热塑化，再经过浇注系统进入型腔充型，而注射成形的塑料在注射机料筒内塑化。传递模压有单独的加料腔，成形及加料前先闭模，再将塑料放入加料腔预热，使其处于熔融状态，并在柱塞压力的作用下经过浇注系统，进入闭合型腔；塑料在型腔内继续受热受压而固化成形，开模后取出塑件。传递模压的过程如图 9.9 所示。

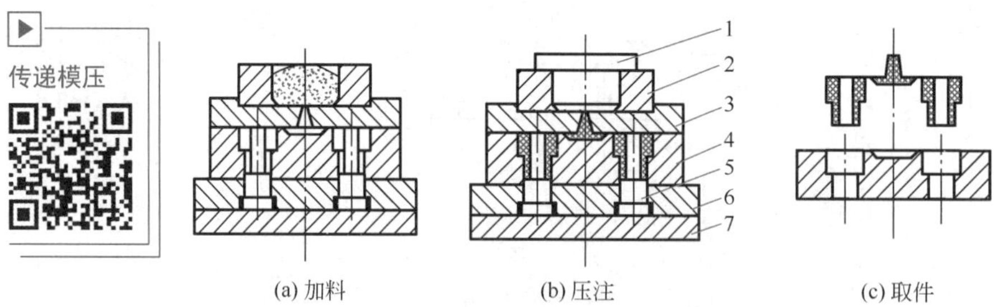

(a) 加料　(b) 压注　(c) 取件

1—柱塞；2—加料腔；3—上模座板；4—凹模；5—型芯；6—型芯固定板；7—下模座板

图 9.9　传递模压的过程

传递模压用于生产采用模压成形难以生产的外形复杂、薄壁或壁厚变化很大及尺寸精度高的制品，可制造带有精细结构或易损嵌件和穿孔的制品，生产周期比模压成形短，但成本比模压成形高且塑料损耗多。

传递模压用塑料以热固性塑料为主，一般适用于模压成形的塑料也适用于传递模压，如酚醛塑料、环氧塑料、三聚氰胺甲醛塑料等。传递模压的主要产品有集成电路芯片、带有金属镶嵌件的热固性塑料制品、电器开关等。

5. 吹塑成形

吹塑成形的原理是将挤出或注射的热塑性管坯或型坯，趁热在半熔融的类橡胶状态下放入各种形状的模具，并及时在管坯或型坯中通入压缩空气吹胀，使其紧贴于型腔壁成形，冷却脱模后得到中空塑料制品。

根据型坯制造方法的不同，吹塑成形分为注射吹塑成形和挤出吹塑成形。

(1) **注射吹塑成形**（图 9.10）。**注射吹塑成形**的原理是采用注射成形方法将塑料制成有底型坯，开模后型坯仍留在芯模上，将芯模整体移至吹塑模具中，趁热合模，并从芯模吹入 0.2～0.7MPa 的压缩空气进行吹塑成形，在压力的作用下冷却脱模得到制品。注射吹塑成形的优点是制品壁厚均匀、瓶颈尺寸稳定、瓶底强度高、废边少、制品光洁度好；缺点是需要注射和吹塑两副模具，设备投资高，不能生产有柄制品。

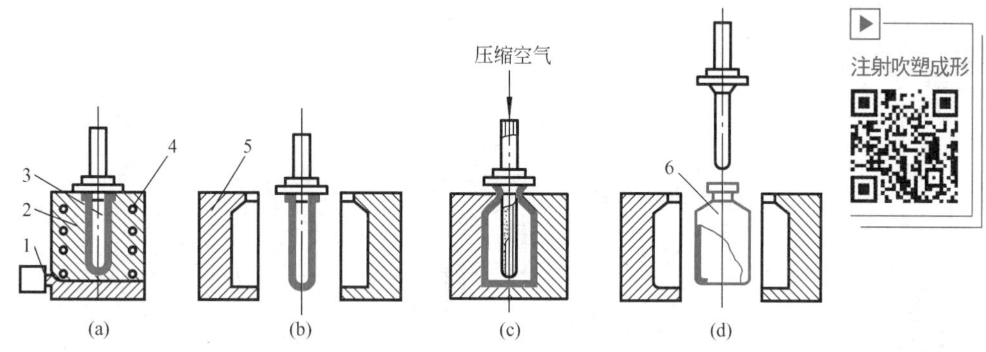

1—注射机嘴；2—注射型坯；3—空心凸模；4—加热器；5—吹塑模；6—制品

图 9.10 注射吹塑成形

(2) **挤出吹塑成形**（图 9.11）。**挤出吹塑成形**的原理是利用挤出机挤出的管坯不经过冷却而移至中空吹塑模具中，向管坯吹入压缩空气，使管坯膨胀并贴附于模壁，冷却脱模后得到中空件。

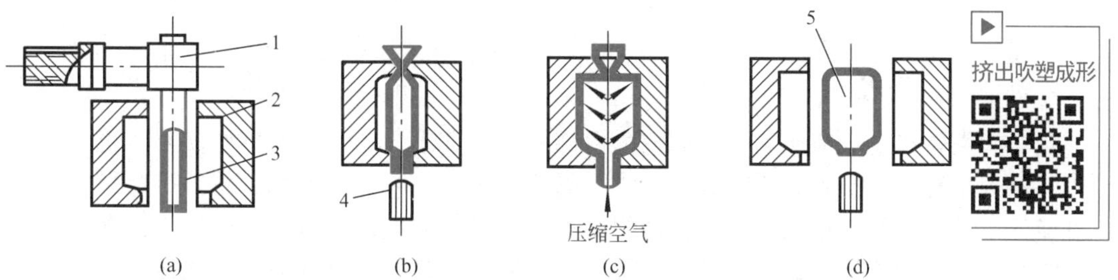

1—挤出机头；2—吹塑模；3—管状型坯；4—压缩空气吹管；5—制品

图 9.11 挤出吹塑成形

挤出吹塑成形的优点是设备与模具结构简单、效率高、投入成本低，可制造形状不规则和有手柄或嵌件的制品；缺点是容器精度不高、壁厚不均匀等。

可以采用吹塑成形方法生产塑料容器及包装瓶等。适合吹塑成形的塑料有聚乙烯、聚氯乙烯、聚丙烯、聚苯乙烯、热塑性聚酯、聚酰胺等。

6. 真空成形

凹模真空成形

真空成形（又称吸塑成形）的原理是将热塑性塑料片材固定在模具上，用辐射加热器将其加热软化至热弹性状态，用真空泵抽取板材与模具之间的空气，借助大气压使片材延伸吸附在模具表面，冷却后用压缩空气脱模，得到塑料制品。真空成形分为凹模真空成形和凸模真空成形，分别如图9.12和图9.13所示。

凸模真空成形

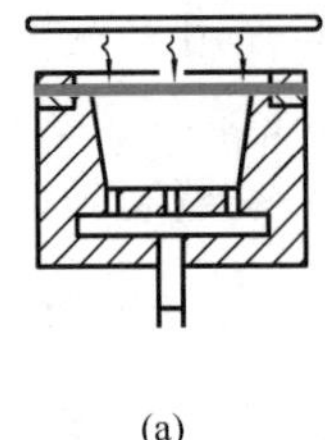
(a)

(b)

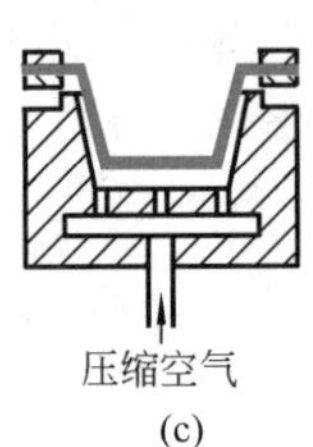

(c)

图 9.12　凹模真空成形

真空成形

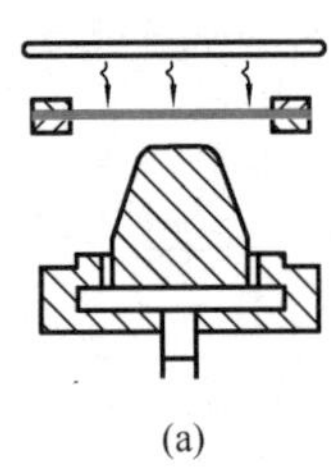
(a)

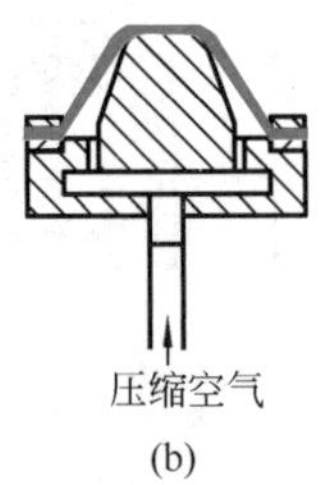

(b)

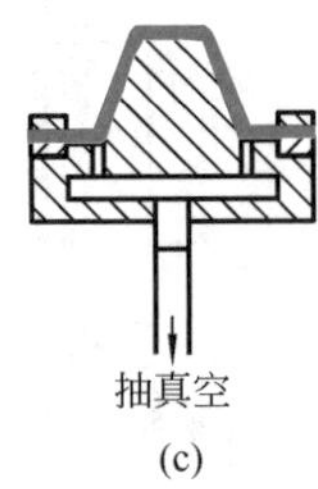

(c)

图 9.13　凸模真空成形

真空成形设备和模具较简单，以塑料片材为原料；其制品大多壁薄，且多呈内凹外凸的半壳形，如杯、碟等食品容器及包装盒，冰箱内衬，汽车内部镶板。适合真空成形的塑料有聚苯乙烯、聚氯乙烯、聚乙烯、ABS、聚甲基丙烯酸甲酯、聚碳酸酯、热塑性聚酯等。

7. 泡沫塑料成形

泡沫塑料是以合成树脂为基体制成的内部有无数微小气孔的一类特殊塑料，也可以看成以气体为填料的复合塑料，具有质量小、隔热、吸音、减振、耐潮、耐蚀等特性，且介电性能优于基体树脂，用途很广。泡沫塑料按软硬程度的不同，可分为软质泡沫塑料、半硬质泡沫塑料和硬质泡沫塑料；按泡孔壁之间连通与不连通，可分为开孔泡沫塑料和闭孔泡沫塑料；几乎不存在泡孔壁的泡沫塑料称为网状泡沫塑料，密度大于 0.4g/cm^3 的是低发泡泡沫塑料，密度为 0.1～0.4g/cm^3 的是中发泡泡沫塑料，密度小于 0.1g/cm^3 的是高发泡泡沫塑料。

泡沫塑料可用作漂浮材料、绝热隔音材料、减振材料和包装材料等。几乎所有热固性树脂和热塑性树脂都能制成泡沫塑料，常用的树脂有聚苯乙烯、聚氨酯、聚氯乙烯、聚乙烯、脲甲醛、酚醛等。泡沫塑料成形方法很多，主要有注射成形、挤出成形、压制成形等。

泡沫塑料的发泡方法通常有以下三种。

（1）物理发泡法。在压力作用下，将惰性气体溶于熔融或糊状聚合物中，经减压放出溶解气体而发泡；或将低沸点烃类或卤代烃液体溶于塑料，受热时塑料软化，同时溶入的液体汽化膨胀发泡。

如聚苯乙烯泡沫塑料可在苯乙烯中悬浮聚合，先把戊烷溶入单体，或在加热加压条件下，用戊烷处理聚合成珠状的聚苯乙烯树脂，制得可发泡性聚苯乙烯珠粒；将此珠粒在热水或蒸汽中预发泡，再置于模具中通入蒸汽，使预发泡颗粒二次膨胀并熔结，用水冷却后，得到与模具型腔形状相同的制品。还可采用挤出机，使用可发泡珠粒原料，一次发泡挤出泡沫片材（可采用类似原理生产膨化食品）；或使用普通聚苯乙烯粒料，在挤出机适当部位加入卤代烃，使之与塑料熔体混合均匀，当物料离开机头时，膨胀发泡成泡沫片材。泡沫片材经真空成形可制成食品包装盒和托盘等。聚乙烯也可用类似方法挤出发泡片材。

（2）化学发泡法。利用加热化学发泡剂分解放出气体发泡或利用原料组分之间相互反应放出的气体发泡。

常用的化学发泡剂有偶氮二甲酰胺、偶氮二异丁腈以及 N,N'-二亚硝基五亚甲基四胺、碳酸氢钠等。许多热塑性塑料均可加发泡剂制成泡沫塑料。例如，聚氯乙烯泡沫鞋就是把树脂、增塑剂、发泡剂和其他添加剂制成的配合料放入注射成形机，发泡剂在料筒中分解，物料在模具中发泡而成的；泡沫人造革是将发泡剂混入聚氯乙烯糊，并涂刮或压延在织物上，连续通过隧道式加热炉，物料塑化熔融，发泡剂分解发泡，经冷却和表面整饰得到的。硬质聚氯乙烯低发泡板材、异型材采用挤出法成形，发泡剂在料筒中分解，当物料离开机头时，压力降到常压，溶入气体可膨胀发泡，如果发泡过程与冷却定形过程配合得当，就可得到结构泡沫制品。

利用聚合反应过程中的副产气体发泡的典型示例是聚氨酯泡沫塑料，当异氰酸酯和聚酯或聚醚进行缩聚反应时，部分异氰酸酯会与水、羟基或羧基反应生成二氧化碳。只要气体放出速度和缩聚反应速度调节得当，就可制得泡孔均匀的高发泡制品。聚氨酯泡沫塑料有两种类型：软质开孔型（形似海绵，广泛用作各种座椅、沙发的坐垫及吸音、过滤材料等）和硬质闭孔型（是理想的保温、绝缘、减振和漂浮材料）。

（3）机械发泡法。机械发泡法是利用机械的搅拌作用，混入空气发泡的方法。其在工业上主要用于生产脲醛泡沫塑料，用作隔热保温材料。

8. 压延成形

压延成形是将加热塑化的热塑性塑料通过一组以上两个相向旋转的辊筒间隙，使其成为规定尺寸的连续片材的成形方法。

压延成形采用的原材料主要有聚氯乙烯、纤维素、改性聚苯乙烯等塑料。压延成形的主要产品有薄膜、片材、人造革等。

9. 回转成形

回转成形又称滚塑，其原理是先将相当于制品质量的塑料加入模具，再将模具沿两个垂直轴不断旋转并加热，模内塑料逐渐均匀地涂布、熔融黏附于模腔的整个表面并成形，经冷却后开模，得到塑料制品，如图 9.14 所示。回转成形主要用于生产中空密闭球体（如浮标）、玩具、大型中空件（如塑料溜滑梯）等。

回转成形

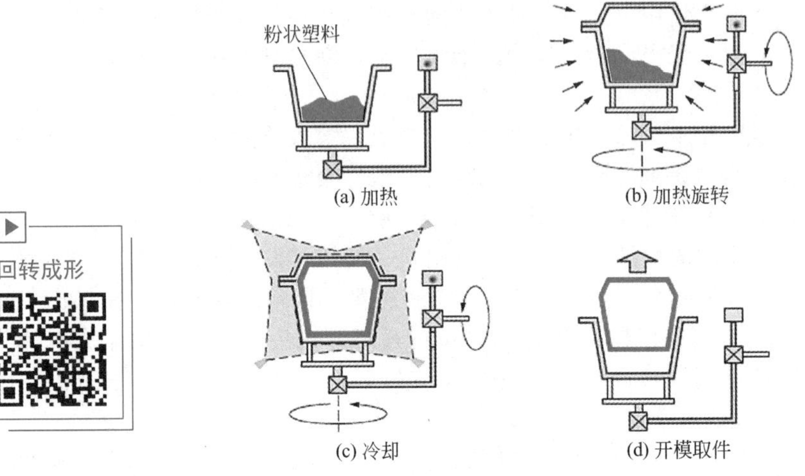

图 9.14　回转成形

10. 铸塑成形

铸塑成形又称**浇铸成形**，是将有固化剂和其他辅助剂的液态树脂混合物料倒入成形模具，在常温或加热条件下使其固化成具有一定形状制品的成形方法，类似于重力铸造。铸塑成形的优点是工艺简单、成本低、制品尺寸不受限制，可生产形状简单、尺寸精度不高的大型产品，适用于流动性强且具有收缩性的塑料；缺点是成形周期长，制品尺寸的精确性较差等。

11. 塑料成形 CAE/CAD

计算机辅助技术的兴起为塑料成形模具的设计和制造提供了便捷，利用各种软件，结合 CAE/CAD 技术对塑料成形过程进行仿真，可较便捷地实现模具结构的优化，大大降低生产成本，提高生产效率。例如使用 Moldflow 软件可以进行模具浇注系统和冷却系统分析，详细地从模具的浇口、热流道、壁厚、冷却系统等方面模拟模具设计和模具制造等过程，在验证和优化塑料制件及模具成形方面有较好的效果，可以帮助企业进行预测、优化及验证塑料零件、注射模具和成形工艺的设计，可以降低对成本高昂的物理样机的需求、减少潜在制造缺陷并加快创新型产品上市；Pro/ENGINEER 软件可用于辅助模型设计和可视化仿真，具有参数化设计、基于特征建模、单一数据库、直观装配管理和易使用等优点；其他设计分析软件还有 CATIA、UG、SolidWorks、ANSYS 等。

9.1.3　塑料制品结构的技术特征

塑料制品（塑件）结构设计应当在满足使用性能的基础上，一方面使模具结构简单，另一方面使几何形状适应成形工艺的要求，以保证塑料制品的质量和减小成形工艺的难度。

1. 塑料制品几何形状设计

塑料制品几何形状设计内容包括脱模斜度，壁厚，加强筋，支承面，圆角，孔，塑件的内外形状，网纹、文字、标志和图案。

(1) 脱模斜度。

为了使塑料制品易从模具内取出，防止塑料制品表面脱模时发生划伤、擦毛等，塑料制品内外表面沿脱模方向都应有倾斜角度，即脱模斜度，如图 9.15 所示。脱模斜度与塑料类型、收缩率、塑料制品的壁厚和几何形状有关，也与制品高度、型芯长度有关。一般最小脱模斜度为 15′，通常为 0.5°～2°。如果脱模斜度不妨碍制品的使用，则可将脱模斜度值取大一些。

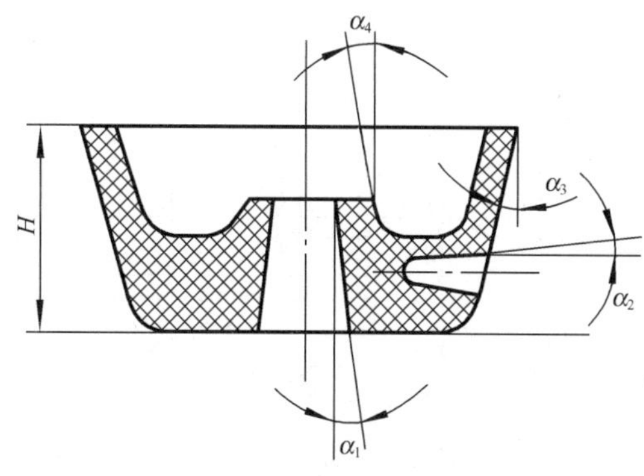

H—塑件高度；α_1，α_2，α_4—内表面斜度；α_3—外表面斜度

图 9.15 脱模斜度

厚壁制品会因壁厚而使收缩率增大，脱模斜度也增大；形状复杂或成形孔较多的塑料制品取较大的脱模斜度值；高度较大、孔较深的塑料制品取较小的脱模斜度值；内表面脱模斜度要比外表面脱模斜度大；较硬和较脆塑料制品的脱模斜度值取大些；精度高的塑料制品的脱模斜度值取小些；为了开模后使制品留在凸模上，可有意减小凸模斜度，而增大凹模斜度，反之亦然。

(2) 壁厚。

塑料制品壁厚受使用要求、塑料性能、塑料制品几何尺寸与形状及成形工艺等的制约。塑料制品的壁厚应力求均匀。如果壁太薄，则熔料充满型腔的流动阻力大，会出现缺料现象；如果壁太厚，则塑料制品内部易产生气泡，外部易产生凹陷等缺陷。壁厚不均匀将造成收缩率不一致，导致塑料制品变形或翘曲，切忌壁厚突变和截面厚薄悬殊的设计。一般塑料制品壁厚为 1～6mm，大型塑料制品的壁厚可达 8mm，厚壁与薄壁间过渡要平缓。改进塑件壁厚的典型实例如图 9.16 所示。热塑性塑料制品的最小壁厚及推荐壁厚见表 9-1，热固性塑料制品的壁厚见表 9-2。

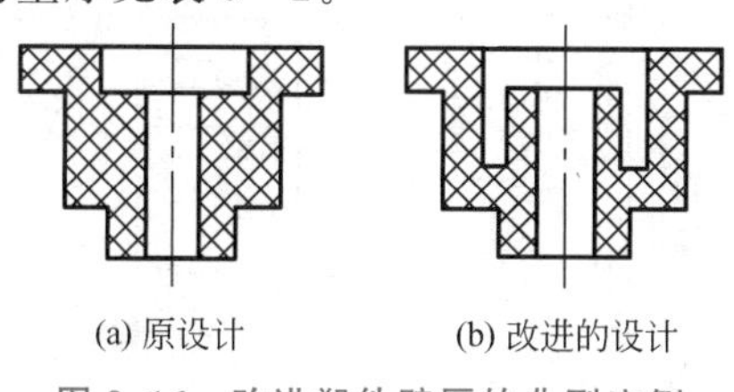

(a) 原设计　　(b) 改进的设计

图 9.16 改进塑件壁厚的典型实例

表 9－1　热塑性塑料制品的最小壁厚及推荐壁厚　　单位：mm

塑料名称	最小壁厚	小型塑件推荐壁厚	中型塑件推荐壁厚	大型塑件推荐壁厚
聚酰胺	0.45	0.75	1.6	2.4～3.2
聚乙烯	0.6	1.25	1.6	2.4～3.2
聚苯乙烯	0.75	1.25	1.6	3.2～5.4
改性聚苯乙烯	0.75	1.25	1.6	3.2～5.4
有机玻璃	0.8	1.5	2.2	4～6.5
硬聚氯乙烯	1.15	1.6	1.8	3.2～5.8
聚丙烯	0.85	1.45	1.75	2.4～3.2
氯化聚醚	0.85	1.35	1.8	2.5～3.4
聚碳酸酯	0.95	1.8	2.3	3～4.5
聚苯醚	1.2	1.75	2.5	3.5～6.4
醋酸纤维素	0.7	1.25	1.9	3.2～4.8
乙基纤维素	0.9	1.25	1.6	2.4～3.2
丙烯酸类	0.7	0.9	2.4	3.0～6.0
聚甲醛	0.8	1.4	1.6	3.2～5.4
聚砜	0.95	1.8	2.3	3～4.5

表 9－2　热固性塑料制品的壁厚　　单位：mm

塑料名称	塑料制品高度		
	＜50	50～100	＞100
粉状填料的酚醛塑料	0.7～2.0	2.0～3.0	5.0～6.5
纤维状填料的酚醛塑料	1.5～2.0	2.5～3.5	6.0～8.0
氨基塑料	1.0	1.3～2.0	3.0～4.0
聚酯玻纤填料的塑料	1.0～2.0	2.4～3.2	＞4.8
聚酯无机物填料的塑料	1.0～2.0	3.2～4.8	＞4.8

（3）加强筋。

加强筋的主要作用是在不增大壁厚的情况下，增大塑料制品的强度和刚度，避免塑料制品变形、翘曲，使塑料成形时易充满型腔。加强筋设计实例如图 9.17 所示。

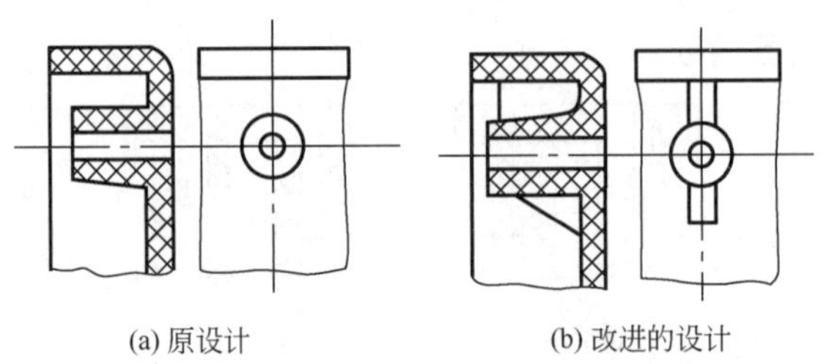

(a) 原设计　　(b) 改进的设计

图 9.17　加强筋设计实例

加强筋的形状如图 9.18 所示。加强筋的厚度应小于塑料制品的壁厚，并与壁之间用圆弧过渡；加强筋的高度不宜过大，否则会使筋部受力破坏，降低自身刚性；加强筋端部不应与塑料制品支承面平齐，而应缩进至少 0.5mm，如图 9.19 所示；加强筋的方向尽可能与料流方向一致，采用多条加强筋时分布要合理，以减少变形和开裂现象；尽量避免加强筋交叉而引起塑料局部聚集，否则易出现缩孔或气孔缺陷；两个加强筋之间的距离应大于加强筋宽度的 2 倍。

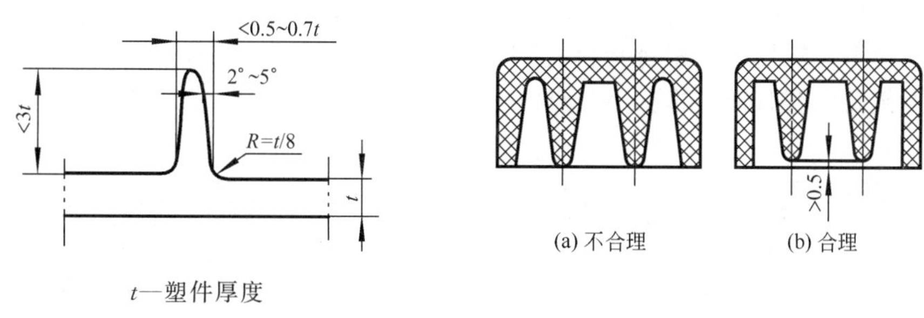

t—塑件厚度

图 9.18 加强筋的形状

图 9.19 加强筋与支承面

(4) 支承面。

以塑料制品整个底面做支承面，会因塑件收缩翘曲而不易做到均匀支撑。因此，通常采用凸缘或凸台做支承面。边框凸缘支承面设计如图 9.20 所示。

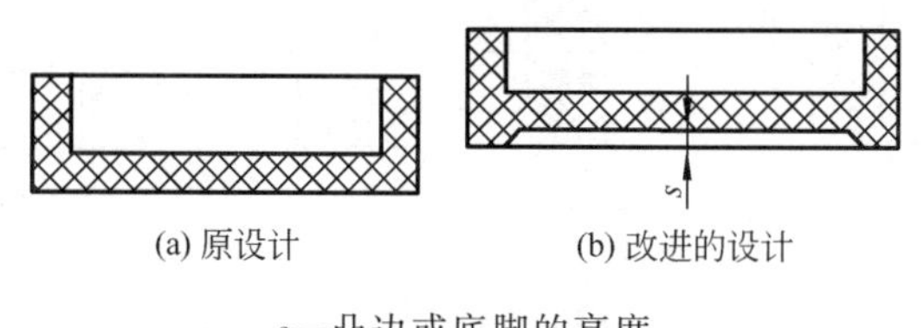

s—凸边或底脚的高度

图 9.20 边框凸缘支承面设计

(5) 圆角。

除了在使用方面要求塑料制品采用尖角，其余所有转角处均应尽可能采用圆角过渡。在塑料制品的拐角处设置圆角，可避免应力集中，改善成形时材料的流动性，也有利于制品脱模。塑料制品内外表面转角处采用图 9.21 所示的圆角过渡，可有效减小内应力，在允许的情况下，圆角应大些。理想的内圆角半径大于壁厚的 1/3，一般圆角半径不小于 0.5mm。

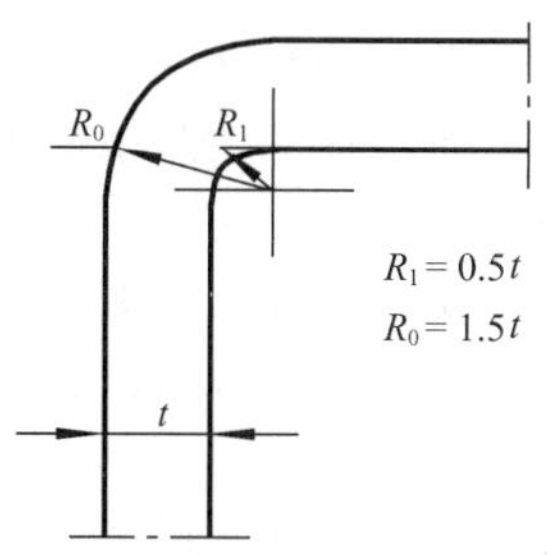

t—壁厚；R_1—内圆角半径；R_0—外圆角半径

图 9.21 圆角过渡

（6）孔。

塑料制品上的孔有通孔、盲孔和形状复杂的孔。当通孔的直径小于 1.5mm 时，由于型芯易弯曲折断，因此不适合模塑成形。盲孔的深度应小于 3 倍直径。孔应尽可能开设在不减小塑料制品强度的部位，一般孔间距大于 2 倍壁厚，以保证具有足够的强度。

（7）塑件的内外形状。

当塑件上出现侧孔或侧凹时，为便于脱模，需要设置滑块或侧抽芯机构，使模具结构复杂；当出现影响脱模的凹腔结构时，不宜采用注射成形或压塑成形。因此，在不影响使用要求的情况下，塑件应尽量避免侧孔结构、侧凹结构及不便脱模的凹腔结构。图 9.22 所示为带有侧孔或侧凹塑件的设计实例。

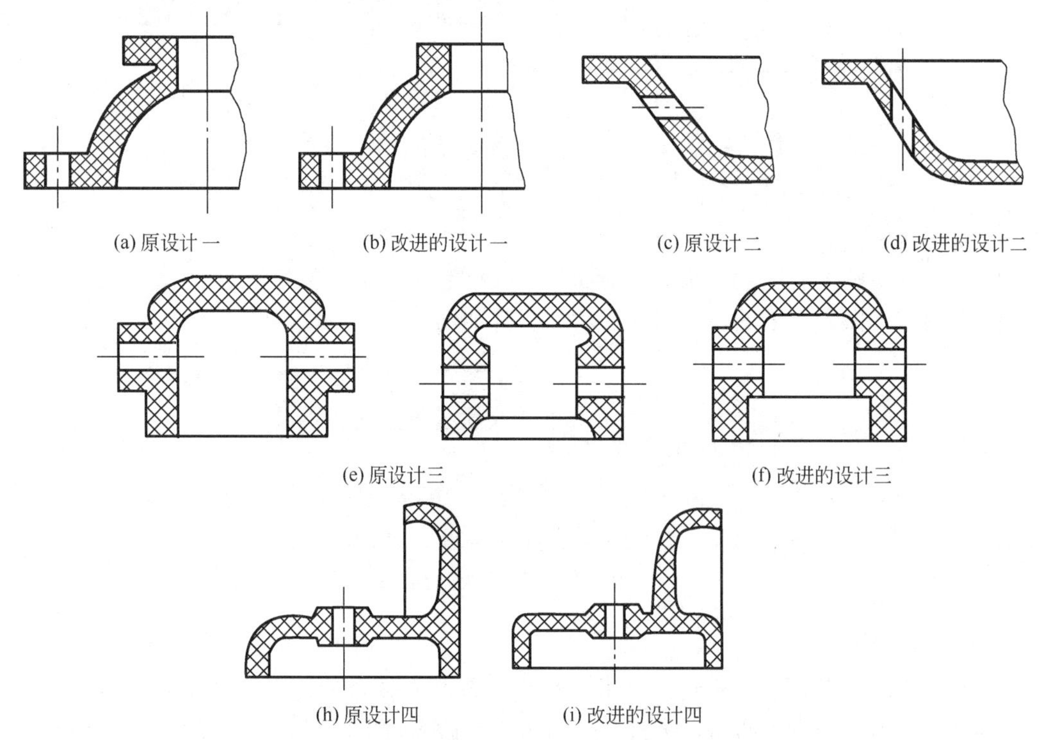

图 9.22　带有侧孔或侧凹塑件的设计实例

带有整圈内侧凹槽的塑料制品难以模塑成形，若做成组合凸模，则会使模具结构复杂、制造困难。此时，可把内侧凹槽改为内侧浅凹结构并允许带有圆角，采用整体凸模，用强制脱模方法从凸模上脱出制品，要求塑料在脱模温度下具有足够的弹性。但是，在多数情况下，塑料制品侧凹不能强制脱出，而需要采用侧抽芯的模具结构。

（8）网纹、文字、标志和图案。

因为在模具上加工凹形的网纹、文字、标志和图案比较方便，所以塑件上的网纹、文字和图案最好是凸出的。文字凸出高度大于 0.3mm 可获得清晰效果。

2. 金属嵌件设计

镶入嵌件的目的是增强塑料制品局部的强度、硬度、耐磨性、导电性、导磁性等，或者增大塑料制品尺寸及增强形状的稳定性，或者降低塑料的消耗。嵌件的材料有金属、玻璃、木材和成形的塑料等，其中金属嵌件应用最多。对带有嵌件的塑料制品，一般先设计嵌件，再设计塑料制品。设计嵌件时，应注意以下几点。

(1) 设计嵌件时，由于金属与塑料冷却时的收缩值相差较大，致使嵌件周围的塑料存在很大的内应力，如果设计不当，则会导致开裂。因此，应选用与塑料收缩率相近的金属做嵌件，或使嵌件周围的塑料层厚度大于许用值。

(2) 金属嵌件尽量为圆形对称形状，以利于均匀收缩；其边棱应倒圆角或倒直角，以减小应力集中。

(3) 为了防止金属嵌件受力时转动或拔出，应将嵌件部分表面制成交叉滚花、沟槽、开孔、弯曲或采用合适的标准件等，保证嵌件与塑料连接牢固。嵌件嵌入部分结构如图 9.23 所示。

(4) 金属嵌件在模具内应定位准确，以保证尺寸精度。嵌件定位结构如图 9.24 所示。

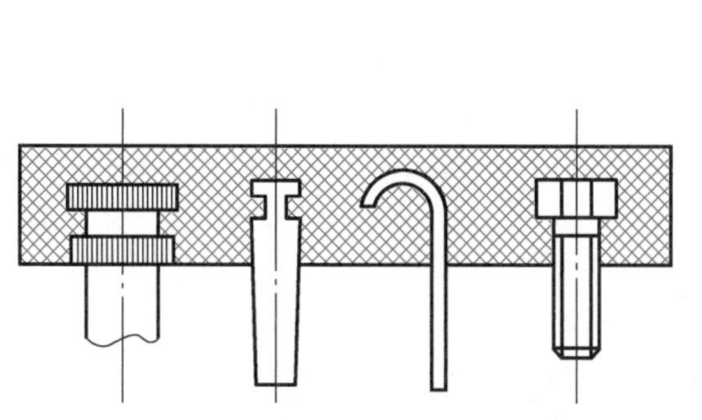

图 9.23 嵌件嵌入部分结构

(a) (b)

1—嵌件；2—模具上的定位件；
d—嵌件定位面直径

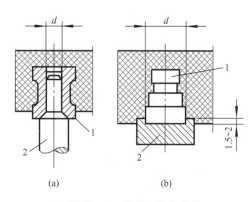

图 9.24 嵌件定位结构

由于设置嵌件会使模具结构复杂、成形周期长、制造成本增加，难以实现自动化生产，因此，尽量不为塑料制品设计嵌件。

9.2 橡胶制品的成形技术

工业生产中使用的橡胶制品种类很多，但生产工艺过程大致相同，主要包括塑炼、混炼、成形、硫化等阶段。橡胶制品的生产工艺过程主要是解决塑性与弹性性能矛盾的过程，即通过各种工艺手段使具有弹性的生胶变成具有塑性的塑炼胶，再加入各种配合剂制成半成品，通过硫化使具有塑性的半成品变成弹性强、力学性能良好的橡胶制品。

9.2.1 橡胶制品的基本生产工艺过程

1. 塑炼

按形态分为块状生胶、乳胶、液体橡胶及粉末橡胶，应用较多的是块状生胶，其常温下具有弹性，给成形加工带来极大困难。胶料的黏度随剪切速率的增大而减小的特性称为流变性，流变性与胶料品种和加工条件（温度、速率、压力等）有关。

为了提高可塑性，需要对生胶进行塑炼，使生胶由强韧的弹性状态变成柔软且具有可塑性的状态。塑炼的方法有机械塑炼和热塑炼，机械塑炼的原理是通过塑炼机的机械挤压和摩擦力的作用，使橡胶分子由高弹性状态转变为可塑状态；热塑炼的原理是向生胶通入灼热的压缩空气，在热和氧的作用下使橡胶获得可塑性。

2. 混炼

混炼是通过炼胶机将各种配合剂完全、均匀地分散于塑炼后的生胶，制成混炼胶的过程。加入配合剂的目的是使橡胶制品获得不同的性能、适应不同的使用条件和降低成本。混炼胶是制造各种橡胶制品的半成品材料，俗称胶料。

3. 成形

成形是利用压延机、挤压机、压铸机、注射机等把混炼胶制成形状不同、尺寸不同的橡胶半成品或成品的过程。

4. 硫化

硫化是在一定温度和压力下把热塑性橡胶转化为弹性热固性橡胶的过程，主要参数有硫化的温度、时间及压力。硫化温度过高会使大分子裂解，硫化温度过低则不发生硫化反应或反应过慢，影响生产率。硫化温度为140～200℃，少数橡胶可室温硫化。在橡胶硫化过程中，橡胶的性能达到或接近最佳点时的硫化程度称为正硫化或最佳硫化，在一定温度下达到正硫化所需的时间称为正硫化时间，硫化时间与硫化温度密切相关，在橡胶配方及温度恒定的情况下，硫化时间决定了硫化程度。一般制品厚度越大，硫化时间越长。硫化压力促使胶料流动充满型腔，其与胶料配方、制品结构等有关。硫化压力为3.5～14MPa，液态橡胶也可常压固化。

9.2.2 橡胶制品的成形方法

1. 注射成形

橡胶制品的注射成形是将胶料加热塑化成黏流态（又称熔融态），用高压注射进模具，在模具中热压硫化，从模具中取出成形制品的方法。其原理及结构类似于塑料注射成形，但结构参数有较大差别，一般要经过塑化、注射、热压硫化、脱模等过程。

（1）塑化。带状和粒状胶料进入机筒加料口，随着螺杆旋转推动向前输送、混合、剪切搅拌，受螺杆搅拌剪切生热和机筒外部电加热的综合作用，胶料逐渐升温并塑化成黏流态，料筒温度为80～100℃，温度及时间应控制在不发生交联反应之下。

（2）注射。胶料经过塑化堆积在机筒前端，具有一定的流动性，当螺杆向前推进时，胶料受力经喷嘴、流胶道、浇口注入闭合的热模。

（3）热压硫化。模腔中注满胶料后，经过一段时间的保压，注射机螺杆后退；在锁模力的作用下，模内胶料由于浇口封闭而继续保持所需的硫化压力进行硫化，这个过程称为热压硫化。注射成形天然橡胶的模具温度为170～190℃，但温度、压力及时间应控制在不发生过硫化的情况下。

（4）脱模。经预定时间的硫化，模型开启，橡胶制品由脱模装置顶出。脱模后，模具闭合，进行下一个制品的生产循环。

注射成形的塑化及温度均匀，产品质量好，生产效率高，主要用于模型橡胶制品（如密封圈、带金属骨架模制品、减振垫和鞋类），也可用于注射轮胎制品。

2. 压延成形

压延成形是利用压延机辊筒之间的挤压作用，使混炼胶发生塑性流动变形而制成具有一定断面尺寸规格和几何形状的片状聚合物的方法，如图 9.25 所示；或者将聚合物材料覆盖并附着于纺织物和纸张等基材的表面，制成具有一定断面厚度和断面几何形状的复合材料。压延成形可用于制造胶片（如胶料的压片、压型和胶片的贴合）、胶布的压延（如纺织物的贴胶、擦胶和压力贴胶）等。

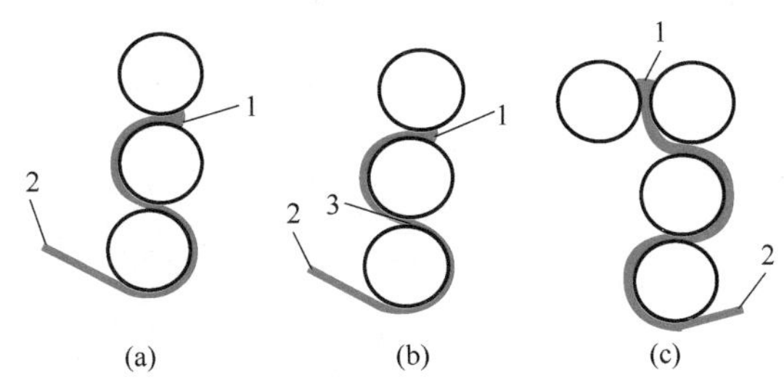

1—胶料；2—胶片；3—积存胶

图 9.25 压延成形

3. 挤出成形

挤出成形是使高弹性的橡胶在挤出机机筒电加热及螺杆的搅拌剪切摩擦热、混合和挤压作用下，熔融成塑化的黏流态，并在一定的压力和温度下连续、均匀地通过机头口模成形、冷却，得到各种断面形状和尺寸制品的方法。其原理与塑料挤出成形基本相同，但结构参数有较大差别。一般橡胶挤出机的口模处温度最高，机头温度次之，机筒温度最低。当挤出天然橡胶时，机筒温度为 40～60℃，机头温度为 75～85℃，口模温度为 80～100℃。

挤出成形可用于成形轮胎胎面胶条、内胎、胎筒、纯胶管、胶管内外层胶和电线电缆等半成品，也可用于胶料的过滤、造粒、生胶的塑炼等。

此外，以混炼胶为原料，还可进行橡胶的**模压成形**及**压铸成形**，其原理类似于热固性塑料的模压成形及压铸成形，可用于生产形状复杂、精度较高的橡胶制品，如皮碗、密封圈及一些细薄且复杂的橡胶件。

习 题

一、简答题

9-1 为什么塑料制品的成形都要先对原材料进行塑化？为什么塑化后还要施加压力？

9-2 从原料种类及状态、工艺过程、料筒及模具温度等方面比较热塑性塑料、热固性塑料及硫化橡胶的注射成形、挤出成形的主要异同点。

9-3 列举多种身边可见的塑料及橡胶制品可能的成形方法。

二、思考题

9-4 为什么橡胶要先塑炼？成形时硫化的目的是什么？热塑性弹性体原料及液体原料的橡胶（液体橡胶）有什么异同？

9-5 试述塑料制品的注射成形、挤出成形和模压成形的工艺过程，这些工艺有何异同？

第10章 粉末压制和常用复合材料成形

本章学习目标与要求

▲ 掌握粉末压制成形原理。

▲ 熟悉粉末压制成形工艺过程。

▲ 熟悉常见粉末压制产品及其应用。

▲ 了解粉末压制产品的结构技术特征。

▲ 了解陶瓷制品成形过程。

▲ 了解纤维增强树脂基复合材料成形方法。

10.1 粉末压制成形理论基础

粉末压制（主要指粉末冶金）是用金属粉末（或者金属粉末和非金属粉末的混合物）做原料，经压制成形后烧结制造各种材料、零件或产品的成形方法。

粉末压制成形的特点如下。

(1) 可生产出采用其他方法不能或很难制造的制品；可制取难熔、极硬和具有特殊性能的材料，如钨丝、硬质合金、磁性材料、高温耐热材料等；可用于生产净形和近似净形加工的优质机械零件，如多孔含油轴承、精密齿轮、摆线泵内外转子、活塞环等。

(2) 材料的利用率很高，接近100%。

(3) 虽然采用其他方法也可以制造，但采用粉末压制更经济。

(4) 一般说来，金属粉末的价格较高，粉末压制的设备和模具投资较大，零件几何形状受到一定限制，因此粉末压制适合大批量生产。

10.1.1 金属粉末的制备及特性

1. 金属粉末的制备方法

从金属粉末的制备过程来看，现有制备方法大体上可归纳为两大类：机械法（如机械破碎法、研磨法等）和物理化学法（如矿物还原法、电解法、雾化法、机械合金化法、喷雾干燥法等）。从工业规模上看，应用较广泛的是矿物还原法、电解法和雾化法，但随着科技的发展，越来越多的新技术在粉末制备过程中起着越来越重要的作用。

（1）矿物还原法。

矿物还原法的原理是金属矿石在一定冶金条件（如高温）下被还原，得到一定形状和尺寸的金属料，然后将金属料经粉碎等处理获取粉末。

矿物还原法主要用于生产铁粉，还能生产钴、钨、钼、钙、铜、镍、钛、锆、钽、铌等粉末。例如，难熔的金属化合物粉末（如碳化物粉末、硼化物粉末、硅化物粉末）是通过金属氧化物粉末与碳、硼或硅的粉末在高温下的化学置换反应获得的，通常在碳管炉中采用矿物还原法，在反应过程中通入氢气或在真空中进行。

（2）电解法。

电解法是采用金属盐的水溶液电解析出或熔盐电解析出金属颗粒或海绵状金属块，再采用机械破碎法粉碎的方法。采用电解法生产的金属较多（如银、铜、镍、铍、铌、铬、钛、钽等）、纯度高，粉末颗粒呈树枝状或针状，压制性和烧结性都较好。

（3）雾化法。

雾化法是将熔化的金属液通过喷射气流（空气或惰性气体）、水蒸气或水的机械力和急冷作用而雾化、凝固，得到金属粉末的方法，如图 10.1 所示。根据过程参数的不同，粉末颗粒的形状及尺寸可在较大范围内变化，如气体雾化将得到较大的球状颗粒，水雾化将得到没有内部微孔的、细小的不规则颗粒。

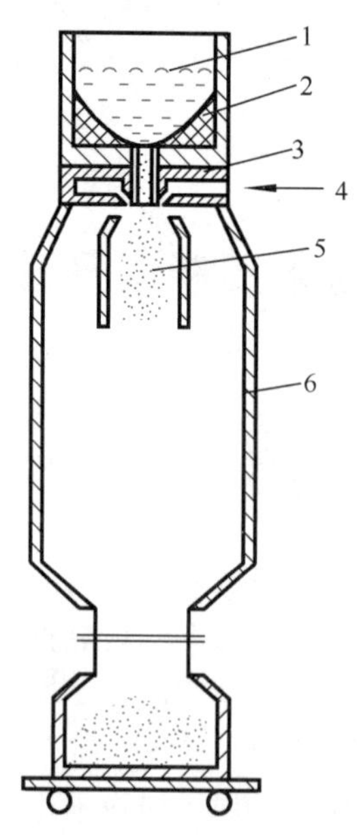

1—金属液；2—保温容器；3—雾化器；4—高压气体或水；5—金属粉末；6—雾化塔

图 10.1 雾化法

雾化法产量高、成本较低，常用来生产铁、铅、铝、锌、铜及其合金等的粉末。

(4) 机械粉碎法。

机械粉碎法的原理是钢球或硬质合金球对金属块或金属粒原料进行球磨。机械粉碎法适合制备一些脆性的金属粉末、硅等脆性粉末、经过脆性化处理的金属粉末（如经过氢化处理变脆的钛粉）。

软金属料可采用旋涡研磨法，即通过螺旋桨的作用产生旋涡高速气流，使金属颗粒自行撞击而磨碎。

(5) 机械合金化（Mechanical Alloying，MA）法。

机械合金化是一种制备合金粉末的高能球磨技术。其原理是在高能球磨条件下，利用金属粉末混合物的反复变形、断裂、焊合、原子间相互扩散或发生固态反应形成合金粉末。机械合金化法广泛用于研制和开发弥散强化材料（如制备氧化物弥散强化镍基合金）、高温材料、储氢材料、超导材料、过饱和固溶体、纳米晶、准晶、难熔金属化合物等，是一种制备纳米晶金属粉末的重要方法。

(6) 喷雾干燥（Spray Drying）法。

喷雾干燥法是指用雾化器将一定浓度的原料液喷射成雾状液滴，并以热空气（或其他气体）与雾滴直接接触的方式迅速干燥，获得粉粒状产品的方法。采用喷雾干燥法制备的粉末可以根据需要呈粉状、颗粒状、空心球状或团粒状等。原料液可以是溶液、悬浮液、乳浊液等可以用泵输送的液体。喷雾干燥法可以用于制备质量均匀、重复性良好的粉料，还可缩短粉料的制备过程，是自动化大规模制备优良超微粉的有效方法。

2. 金属粉末的特性

金属粉末的特性对粉末压制和烧结过程、烧结前强度及最终产品的性能有重大影响。

影响金属粉末的因素有成分、颗粒形状和尺寸、粒度分布、工艺性能等。

(1) 成分。粉末的成分通常是指主要金属或组分、杂质及气体的含量。在金属粉末中，主要金属的含量大多不低于98%，完全可以满足烧结机械零件等的要求。

(2) 颗粒形状和尺寸。颗粒形状是影响粉末工艺性能（如松装密度、流动性等）的因素之一，通常粉粒以球状或粒状为宜。

颗粒尺寸常用粒度表示。在工业制造上，通常把直径大于150μm的颗粒称为粗粉，直径为40～150μm的颗粒称为中等粉，直径为10～40μm的颗粒称为细粉，直径为0.5～10μm的颗粒称为极细粉，直径小于0.5μm的颗粒称为超细粉。颗粒尺寸通常用筛号表示范围，筛号表示每平方厘米筛网上的网孔数。筛子的筛号与网孔尺寸的对应关系见表10-1。

表10-1 筛子的筛号与网孔尺寸的对应关系

筛号/目	32	42	60	80	100	150	200	250	325	400
网孔尺寸/μm	495	351	246	175	147	104	74	61	44	37

例如，一批粉末通过了200目筛，而未通过250目筛，其颗粒尺寸为61～74μm，一般用－200＋250目表示。若要较精确地测量粉粒尺寸，则可用显微镜法、沉降分析法等。

颗粒尺寸直接影响粉末压制产品的性能，尤其是对硬质合金、陶瓷材料等，要求颗粒越细越好；但制取细粉比较困难，经济性差。

（3）粒度分布。粒度分布（也称粒度组成）是指尺寸不同的颗粒级别的相对含量。若粒度分布的范围广，则制品的密度高、性能好，尤其对制品边角的强度有利。

（4）工艺性能。粉末的工艺性能如下。

① 松装密度。松装密度（又称松装比）是指单位容积自由松装粉末的质量，其取决于粉末粒度、颗粒形状、粒度分布及粒间孔隙。松装密度影响粉末压制与烧结性能，同时是压模设计的一个重要参数。

② 流动性。流动性是指 50g 粉末在粉末流动仪中自由下降至流完所需的时间。时间越短，粉末流动性越好。流动性好的粉末有利于快速连续装粉及复杂零件均匀装粉。

③ 压制性。粉末的压制性包括压缩性与成形性。压缩性决定了压坯的强度与密度，通常用粉末压制前后粉末体的压缩比表示。压缩性主要受粉末硬度、塑性变形能力与加工硬化性的影响。退火后的粉末，其压缩性较好。

为保证压坯品质，使压坯具有一定的强度且便于生产过程中的运输，粉末需具有良好的成形性。成形性与粉末的物理性质、粒度、颗粒形状与粒度分布有关。为了改善成形性，常在粉末中加入少量润滑剂（如硬脂酸锌、石蜡、橡胶等）。通常用压坯的抗弯强度或抗压强度作为成形性试验的指标。

10.1.2 粉末压制成形原理及工艺过程

1. 粉末压制成形原理

粉末即颗粒状材料（原料），呈松散状，若采用一定的方法（如粉末与胶黏剂配混、加压加热等）使其连接成坚固的“整体”，则可得材料制品。

粉末兼具液体和固体的特性，即整体具有一定的流动性且每个颗粒都具有塑性。粉末压制成形的原理是利用这些特性，将混合粉料装入预先制作好的“容器”内腔，通过压制、烧结定形后取出，得到所需制品，即粉末压制固结成形。粉末压制成形的基本条件如下：①有合理的混合粉料；②准备好成形的“型腔”；③“型腔”中的混合粉料固结定形。

2. 粉末压制成形工艺过程

粉末压制成形工艺过程如下：粉末配混→压制成形→压坯烧结→其他处理或加工。

（1）粉末配混。

粉末配混是根据产品配料计算并按特定的粒度分布，通过混粉机充分混合各种金属粉末及添加物（如润滑剂等）的过程。添加物主要用于改善混合粉的成形技术特征，如加入润滑剂（如硬脂酸锌，质量分数为 0.25%～1%）可改善混合粉的流动性、增强可压制性。

混合粉的特性常用混匀度表示。混匀度越大，混合越均匀，越有利于实现制品的性能要求。在粉末配混过程中，太激烈的混合将会引起变形硬化、颗粒磨损、起层等。

（2）压制成形。

压制成形是基本工序，包括称粉、装粉、压制、保压及压坯脱模等。压制成形的方法有很多，如钢模压制、流体等静压制、三向压制等。

① 钢模压制。

钢模压制是指在常温下，用机械式压力机或液压机以一定的压力（150～160MPa）将钢模内的松装粉末成形为压坯的方法。图 10.2 所示为钢模压制示意。

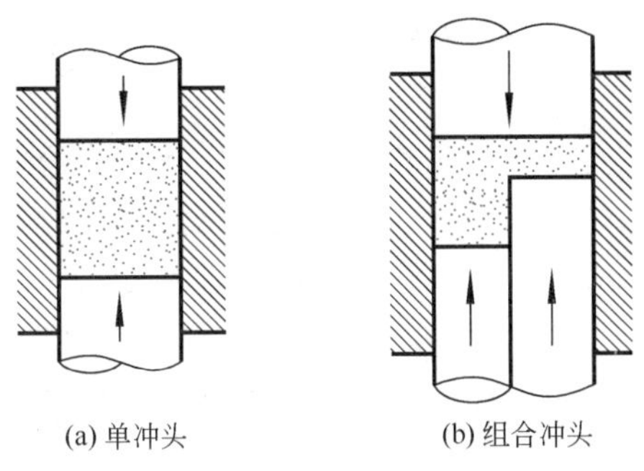

(a) 单冲头　　(b) 组合冲头

图 10.2　钢模压制示意

② 流体等静压制。

流体等静压制是利用高压流体（液体或气体），同时从各方向对粉末材料施加压力而成形的方法。流体等静压制示意如图 10.3 所示。

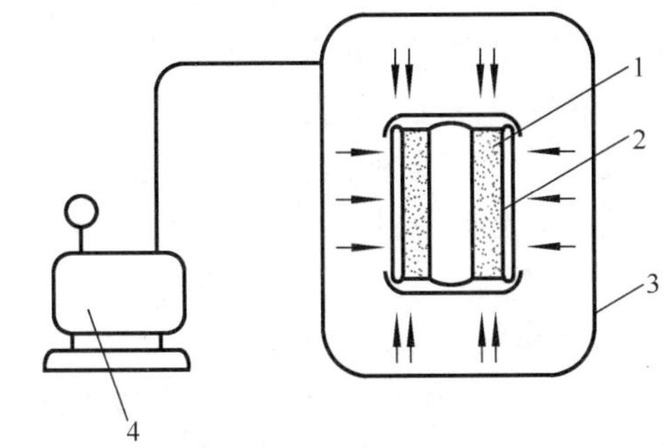

1—工件；2—橡胶或塑料模；3—高压容器；4—高压泵

图 10.3　流体等静压制示意

③ 三向压制。

三向压制综合了钢模压制与流体等静压制的特点，采用该方法得到的压坯密度和强度大于用其他成形方法得到的压坯密度和强度。三向压制适用于成形形状规则的零件，如圆柱形零件、正方形零件、长方形零件等。三向压制示意如图 10.4 所示。

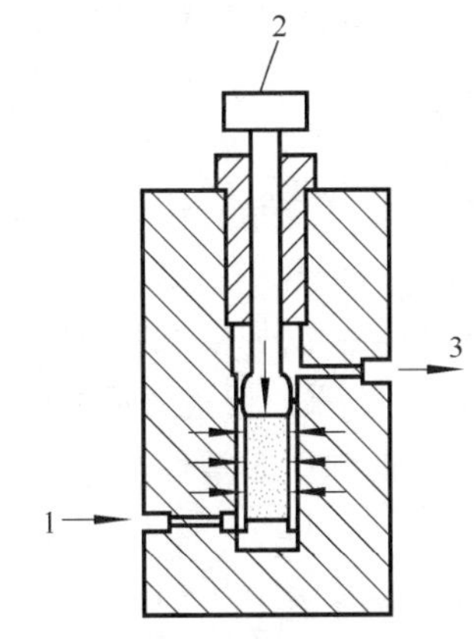

1—侧向压力；2—轴向冲头；3—放气

图 10.4　三向压制示意

除上述压制成形方法外，还有注射成形、粉末锻造、粉末轧制、温压技术、3D 打印等。

压制成形的主要问题是使成形的压坯密度均匀，不仅标志着压制对粉末密实的有效程度，而且可决定随后烧结时材料的形状。一般压坯密度随压制压力的增大而增大，也随粉末粒度或松装密度的增大而增大；粉末颗粒的硬度和强度减小有利于颗粒变形，从而促使压坯密度增大。但压力过大会缩短模具的使用寿命。

压坯强度是一个重要的品质指标。随着压力的增大，压坯强度增大，粉末接触表面的塑性变形导致原子间结合力增大。

若压坯密度大、强度大，则烧结体的质量好。对于某些塑性差的硬质材料的粉粒，在压制过程中即使增大压力也无法产生明显效果，故常加入润滑剂（又称成形剂）来增大粉末间的黏结力与压坯强度。

（3）压坯烧结。

压坯烧结是粉末压制技术的关键过程。在压坯烧结过程中，通过高温加热，粉粒之间发生原子扩散等，压坯中粉粒的接触面结合起来，成为坚实的整块。在专用的烧结炉中进行烧结过程，其主要技术参数有烧结温度、保温时间与炉内气氛。

由于粉末压制制品的组成成分与配方不同，因此压坯烧结可以是固相烧结或液相烧结。固相烧结是指粉粒在高温下仍然保持固态，采用的烧结温度

$$T_{烧结}=(2/3\sim3/4)T_{熔点}$$

式中，$T_{烧结}$ 为烧结温度；$T_{熔点}$ 为粉粒熔点。

液相烧结的烧结温度超过其中某种粉粒熔点，高温下出现固相与液相共存的状态，烧结体更致密、更坚实，进一步保证了烧结体质量。通常较高的烧结温度可使粉粒间原子易扩散，从而使烧结体的硬度和强度增大。

烧结保温时间也影响制品品质。一般小件保温时间短，大件保温时间长。当出现液相烧结时，若液相相对量较大，则往往采用下限烧结温度来延长保温时间，以防烧结时液相从表面渗出。

一般在真空或保护气氛中进行烧结，以防止粉粒氧化，用还原性气体做保护气氛更有利，如硬质合金和某些磁性材料采用真空或氢气，铁、铜制品采用发生炉煤气。

在烧结过程中，可能出现翘曲、过烧、分解反应及多晶转变、润滑剂杂质残留等问题。

（4）其他处理或加工。

对于一些要求较高的粉末压制制品，烧结后还需要进行其他处理与加工。

① 渗透（又称熔渗）。

把低熔点金属或合金渗入多孔烧结制品的孔隙的方法称为渗透。渗透也可用于烧结体的补充处理。当金属组元液态互不相溶时，采用渗透通过毛细管作用也可形成合金。渗透得到的制品密度大，组织均匀细致，制品的强度、塑性与抗冲击能力都较强。

② 复压。

将烧结后的粉末压制件再放到压形模中压一次，称为复压。复压可起一定的校形作用。

③ 粉末金属锻造。

粉末金属锻造是以金属粉末为原料，先用粉末冶金法制成具有一定形状和尺寸的预成形坯，再将预成形坯加热并置于锻模中得到所需零件的方法。粉末金属锻造可明显提高制品的密度、强度及塑性，广泛用于制造齿轮、凸轮、连杆等。

④ 精压。

对于某些制品，为了严格保证尺寸精度及进一步提高密度，常在烧结后进行锻造或冲压整形的工序，称为精压。

某些粉末压制制品有一些后续工序，如含油轴承的浸油处理、机械加工、喷砂处理、必要的热处理等。

3. 粉末压制成形工艺选择

根据产品的技术要求，可选择如下粉末压制成形工艺。

(1) 压制＋烧结：可达到普通切削的加工精度。

(2) 压制＋烧结＋复压：可达到普通磨削的加工精度。

(3) 压制＋预烧结＋精压＋烧结。

(4) 压制＋预烧结＋精压＋烧结＋复压。

在通常情况下，第(1)类工艺过程应用最多，其次是第(2)类工艺过程，较复杂的第(3)类工艺过程和第(4)类工艺过程仅用于某些特殊制品。近年来，可压实性粉末材料及高耐磨模具材料应用广泛，有时一次压制即可获得较大强度的制品。

10.2 粉末压制产品及其应用

采用粉末压制可以生产出用其他方法无法制得的材料和制品，许多难熔金属材料（如钨、钼、钽、铌等）都是以粉末压制为唯一加工方法；还可以生产多孔含油轴承、粉末高速钢、粉末超合金、金属陶瓷、弥散强化材料、纤维增强材料等及粉末压制机械结构零件，成为高效节能、节材、无切削或少切削的加工方法。

1. 粉末压制机械结构零件

粉末压制机械结构零件（图10.5）又称**烧结结构件**，在粉末压制工业中产量最大、应用面最广。粉末压制机械结构零件主要用于发动机、变速器、转向器、起动机、刮水器、减振器、车门锁等。

2. 硬质合金

硬质合金（图10.6）是将一些难熔的金属碳化物（如碳化钨、碳化钛等）和金属胶黏剂（如钴、镍等）的粉末混合后压制成形，经烧结而成的粉末压制制品。以高硬度的金属碳化物为基体，软且韧的钴或镍起黏结作用，使硬质合金既具有高的硬度和耐磨性，又具有一定的强度和冲击韧性。但是，由于硬质合金的硬度太大且较脆，因此很难进行机械加工，常将硬质合金制成一定规格的刀片，并镶焊或装夹在刀体上；硬质合金还广泛用于制作模具、量具和耐磨零件等。

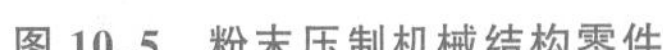

图 10.5　粉末压制机械结构零件

图 10.6　硬质合金

3. 粉末压制轴承材料

（1）多孔含油轴承材料。

多孔含油轴承材料是一种利用粉末压制材料制作的多孔浸渗润滑油的减摩材料，用于生产电机、纺织机械等的轴承和衬套。常用的多孔含油轴承材料有铁-石墨含油轴承材料和青铜-石墨含油轴承材料。

含油轴承工作时，由于摩擦发热，润滑油膨胀而从孔隙中压到工作表面，起到润滑作用。轴承停止运转后冷却，摩擦表面的润滑油受毛细管现象的作用，大部分被吸回孔隙，少部分留在摩擦表面，使轴承再运转时避免发生干摩擦，可保证轴承在相当长的时间内无须加油而有效地工作。

含油轴承材料的孔隙度为18%～25%。若孔隙度大，则含油多，润滑性好，但强度较小，适合在低负荷、中速条件下工作；若孔隙度小，则含油少，强度较大，适合在中、高负荷及低速条件下工作，有时还需补加润滑油。

（2）金属塑料减摩材料。

金属塑料减摩材料是一种具有良好综合性能的无油润滑减摩材料，由粉末压制多孔制品和聚四氟乙烯、二硫化钼或二硫化钨等固体润滑剂复合制成。这种材料的特点是不需要加润滑油，有较大的工作温度范围（－200～280℃），能适应高空、高温、低温、振动、冲击等工作条件，还能在真空、水和其他液体中工作，广泛用于制造仪器、仪表、轴承等。

使用粉末压制轴承材料可大大简化机器、仪器仪表等的结构，减小体积。

4. 多孔性材料及摩擦材料

（1）多孔性材料。

多孔性材料制品有过滤器、热交换器、触媒及一些灭火装置等。过滤器主要用来过滤燃料油、净化空气、在化学工业中过滤液体与气体等，使用的粉料主要有青铜、镍、不锈钢等。

多孔性材料的生产过程与多孔含油轴承材料类似，但生产技术有一定难度，一般要求采用球形雾化粉。多孔性材料还可采用纤维压制法制造，先制成金属纤维，再进行压制、烧结。多孔性材料的强度与耐热性都较好。

（2）摩擦材料。

摩擦材料用来制作制动片（刹车片）、离合器片等，用于制动与传递扭矩。对其性能要求是摩擦系数大，耐磨性、耐热性与热传导性好。摩擦材料一般由胶黏剂（酚醛树脂、橡胶、金属、陶瓷等）、增强纤维（无机纤维及有机纤维的短纤维）和摩擦性能调节剂（铜、铁、铅、石墨、二硫化钼、二氧化硅、石棉及矿石粉等）组成，经一系列生产加工过程可制成复合材料制品。典型的粉末压制摩擦材料（又称烧结摩擦材料）是将铁基、铜基粉状物料经混合、压型，在高温下烧结而成的，适用于较高温度下的制动与传动工况。通常，摩擦材料的强度较小，可采用钢制衬背或铁制衬背解决该问题。

5. 钢结硬质合金及粉末压制高速钢

（1）钢结硬质合金。

钢结硬质合金具有如下特点。

① 从结构上看，钢结硬质合金是通过碳化物（如碳化钛、碳化钨）做增强相加合金钢做胶黏剂，或者是大量一次碳化物分布在钢基体上的金属基复合材料。

② 由于钢的组成物在显微组织中占有一定的比重，因此钢结硬质合金具有一定的锻造、焊接、热处理及机械加工等技术性能，尤其是不同的热处理方法可使同一成分的合金在一定范围内表现出不同的力学性能。

③ 在力学性能方面，钢结硬质合金不仅保持了合金钢和硬质合金的基本特性，还有不同程度的提高。

钢结硬质合金广泛用于制造工具、模具与结构零件。例如，一种成分为 33%TiC、3%Cr、3%Mo、0.3%C、其余为 Fe 的钢结硬质合金可用于制造高硬度、高耐磨性的冷作模具。

（2）粉末压制高速钢。

高速钢的含碳量尤其是合金元素含量较高。高速钢属于莱氏体钢，在铸态的显微组织中出现大量骨骼状碳化物，且分布极不均匀。即使经过热轧或锻造，碳化物的偏析及不均匀度也较严重，为高速钢的使用性能与工艺性能带来不良影响，如热变形塑性差、热处理变形较大、淬火开裂的敏感性强、磨削性能差、切削刃抗弯强度低、易剥落崩裂等。

粉末压制高速钢粉粒的主要方法是雾化法，每颗高速钢粉粒都相当于微型铸锭，最终的烧结制品不存在偏析。与成分相同的普通高速钢相比，粉末压制高速钢的切削寿命更长。

粉末压制高速钢坯料可进行锻造，以改变外形尺寸，并适当地提高密度。其热处理技术参数与成分相同的普通高速钢基本相同，只是粉末压制高速钢组织中的碳化物分布比较均匀、细致，在加热过程中容易固溶于奥氏体，淬火加热温度稍低。

6. 耐热材料及其他材料

（1）难熔金属耐热材料。

难熔金属是指熔点超过 2000℃的金属，如钨（熔点为 3390～3430℃）、钼（熔点约为 2610℃）、钽（熔点约为 2996℃）、铌（熔点约为 2468℃）等。这些金属常用还原法或其他冶金方法得到金属粉末，如由钨矿石制取纯钨粉并成形为棒条，通过烧结、锤锻和拉丝制成白炽灯钨丝；这些金属与合金通过粉末压制制成的耐热材料广泛用于生产导弹和宇宙飞行器的结构件，以及燃烧室、喷嘴构件、加热元件、热电偶丝等。

（2）耐热合金材料。

以钴镍铁等为基体的耐热合金材料机加工比较困难，金属消耗量大，常采用粉末压制制造。粉末压制得到的耐热合金材料组织细致、均匀，尤其高温蠕变强度与抗拉强度比铸造材料高得多。

（3）其他材料。

采用粉末压制还能获得在特殊条件或核能工业中使用的材料，如弥散强化型材料（如金属陶瓷材料、弥散型合金材料等）、原子能工程材料等。

10.3 粉末压制产品的结构技术特征

结构技术特征（又称**结构工艺性**）是指制品的结构是否适应成形过程或制造方法，使制品在整个生产过程中达到优质、高产、低耗。

虽然有时原来设计的用常规机械制造加工的零件也可用粉末压制制造，但若针对粉末压制过程特点稍微修改零件的结构设计，则可能改善零件制造的结构技术特征，并降低零件的生产成本。因此，设计粉末压制成形零件结构时，应遵循如下基本原则。

1. 应能顺利地从压模中取出压制件

由于烧结零件一般是在压模中受上下方向压制成形的，因此压坯应能从压模中脱出。显然，在垂直压制方向的面（无论是内面还是外面）上的复杂形状或周边沟槽难以甚至无法脱出，需将它们修改成易脱模的形状，烧结后进行后续加工（如切削加工）。受脱模限制的形状示例如图 10.7 所示。

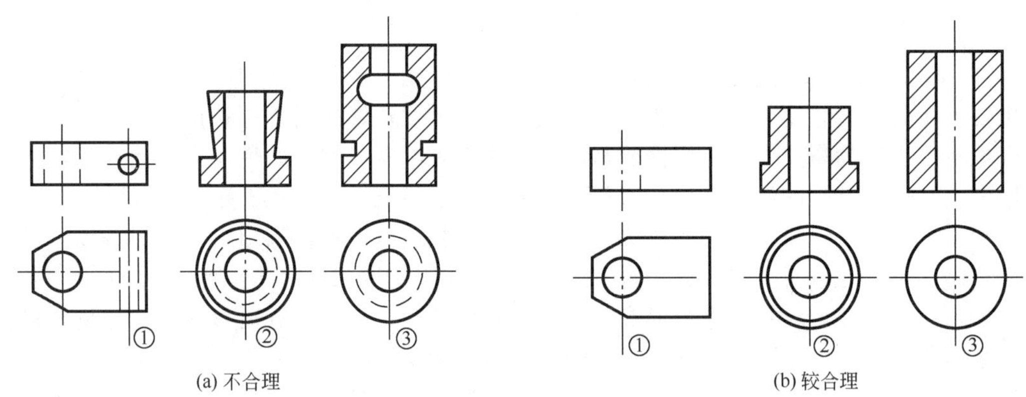

图 10.7　受脱模限制的形状示例

2. 应避免压制件出现窄尖部分

压制成形时，要在压模型腔中装填配混好的粉末，但有时型腔的窄尖部分会出现装粉不足现象，使压制成形困难。另外，这些窄尖部分还会影响压模的强度和使用寿命。受装粉和压模强度限制的形状示例如图 10.8 所示。

3. 零件壁厚

零件壁厚应尽量均匀，台肩尽量少，高（长）宽（直径）比不超过 2.5，厚壁零件的高宽比不超过 4。

大多粉末压制是双向压制成形的，零件高度大、压制方向上的台肩多、壁厚相差过大等都会造成压制件的密度分布不均匀，而在压制成形中，压坯密度的均匀性很大程度上会影响压坯烧结后的性能。受密度不均匀限制的形状示例如图 10.9 所示。

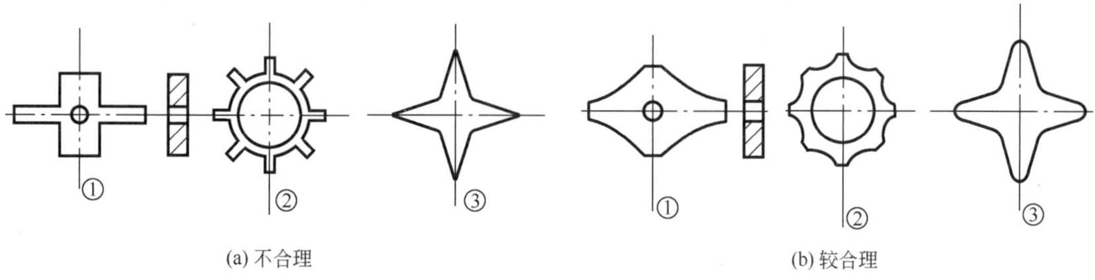

图 10.8 受装粉和压模强度限制的形状示例

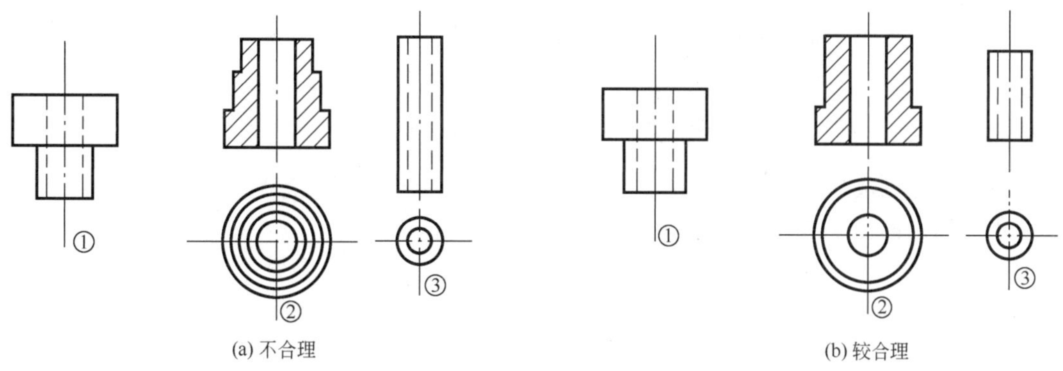

图 10.9 受密度不均匀限制的形状示例

4. 制品的尺寸精度及表面粗糙度

制品的尺寸精度在压制方向和与之垂直的方向上有显著差异。在垂直压制轴线的方向上，制品的尺寸精度主要取决于压模的尺寸精度，一般较高。在压制方向，除模压头与压模的尺寸精度外，压机的精度也影响压坯精度。因此，提高制品压制方向的尺寸精度较困难。另外，阴模、压头、芯棒等之间均有一定间隙，零件的同心度难以达到很高的精度。要想制造出尺寸精度高的制品，除要求压模精度高外，还必须严格控制粉末的特性、配比及烧结过程。因此，零件的尺寸精度应以满足技术要求为准，既不应盲目地追求过高的尺寸精度（不仅增加生产成本，而且可能无法达到），又不应不必要地降低尺寸精度，从而抹煞粉末压制的技术特点。

制品的表面粗糙度取决于压模的表面粗糙度，一般烧结后 $Ra=10\sim15\mu m$，若想进一步降低表面粗糙度，则需要进行复压或精压。

10.4 陶瓷制品成形过程

10.4.1 陶瓷制品的基本生产工艺过程

陶瓷是人工制备的无机非金属固体材料的统称，分为以天然矿物原料制备的传统陶瓷和以人工精制的合成原料制备的新型陶瓷两大类，它们的制备成形过程有相同或相似之处。

（1）配料。按瓷料的组成［黏土、石英、长石及人工制备化合物陶瓷原料，有时还加入一些辅助成形添加剂（如结合剂、润滑剂、分散剂）］，对所需原料进行称量匹配。

（2）坯料制备。将称量后的瓷料混制成不同形式的坯料，如用于注浆成形的水悬浮液，用于热压铸成形的热塑性料浆，用于挤压、注射、轧膜和流延成形的塑性料，用于干压或等静压成形的造粒粉料，等等。

（3）成形。采用可塑成形、注浆成形、压制成形等方法，将坯料制成具有一定形状和尺寸的坯体

（4）烧结。对坯体进行高温加热（低于熔点），使其粉体间的颗粒黏结，得到致密的高强度制件。传统陶瓷烧结温度为1250～1450℃，特种陶瓷烧结温度为熔点的2/3～4/5。

（5）后续加工。根据表面粗糙度、形状、尺寸精度等的要求，可对成形、烧结后的陶瓷进行后续加工。

10.4.2 陶瓷制品的成形方法

陶瓷制品的成形方法因制品种类、形状和尺寸、生产规模、原料的制备方法和性能、技术水平的不同而不同。

1. 浇注成形

浇注成形主要有注浆成形及凝胶注模成形。

注浆成形1

（1）注浆成形。

注浆成形的原理是将陶瓷悬浮料浆注入多孔质模型（石膏模或多孔塑料模），借助模型的吸水能力吸出料浆中的水，从而在模型内形成坯体。注浆成形后的坯体结构较均匀，但含水量大。根据不同的注浆方法，注浆成形分为实芯注浆、空心注浆（图10.10），以及为强化注浆过程形成的在模型外抽取真空或将紧固的模型放入负压的容器中的真空注浆；还有类似离心铸造的离心注浆、类似压力铸造的压力注浆等。空心注浆用石膏模没有型芯，泥浆注满模腔一段时间后，在模腔内壁黏附一定厚度的塑性坯体，将多余泥浆倒出，坯体形状便在模具内固定下来。

注浆成形2

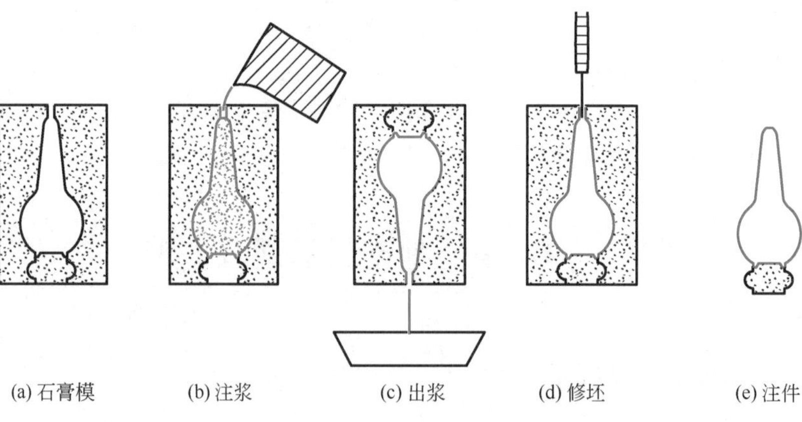
(a) 石膏模　(b) 注浆　(c) 出浆　(d) 修坯　(e) 注件

图10.10　空心注浆

注浆成形具有适应性强、不需要专用设备、易投产等优点，在陶瓷生产中应用广泛，适合制造形状复杂、厚度小、体积较大且尺寸要求不严格的制品，如形状复杂的茶壶壶身、花瓶、陶瓷坐便器等。

(2) 凝胶注模成形。

凝胶注模成形的原理如下：首先将陶瓷粉加入含有分散剂、有机高分子化学单体（如丙烯酰胺与 N，N-二甲基丙烯酰胺）的水溶液，搅拌成固相含量高、黏度低的悬浮料浆；其次将聚合引发剂（如过硫酸铵）加入料浆并混合均匀；最后浇入模型，料浆中的有机单体在聚合引发剂的作用下交联聚合成三维网状结构，使料浆在模型内原位固化成形。该方法可用于制造强度高、密度大、均匀性强的陶瓷坯体，提高了烧结体的质量，且尺寸不受限制。

2. 可塑成形

可塑成形是利用模具或刀具等运动产生的外力加工具有塑性的坯料，使坯料在外力作用下产生塑性变形而成形的方法。可塑成形分为不用模具的手工雕塑及转盘拉坯成形，以及用模具的旋压成形、滚压成形、塑压成形、注塑成形、挤压成形、轧膜（或轧制）成形等。下面仅介绍雕塑和拉坯、旋压成形、滚压成形。

(1) 雕塑和拉坯。雕塑是采用手捏或人工切削成形的方法，用于制作某些工艺品；拉坯是在人力或动力驱动的转盘上完全手工制出回转体生坯的成形方法，如传统圆形坛罐成形。

(2) 旋压成形（图 10.11）。将泥团放入石膏模（石膏模的含水量为 4%～14%），将石膏模放在辘轳机上并转动，慢慢放下样板刀（型刀）；泥料受到样板刀的压力，均匀分布在石膏模的内表面，多余泥料粘在样板刀上，需要将其清除，模壁和样板刀转动形成的空隙被泥料填满，得到坯件。

图 10.11 旋压成形

(3) 滚压成形（图 10.12）。滚压成形是在旋压成形的基础上发展起来的可塑成形方法，与旋压成形的不同之处是将扁平的样板刀改为回转型的滚压头。滚压成形时，盛放泥料的模型和滚压头分别绕自身轴线以一定转速同方向旋转。滚压头在旋转的同时逐渐靠近盛放泥料的模型，对坯泥施加滚压作用而成形。

3. 压制成形

压制成形是将含有一定水分或胶黏剂的粒状粉料填充到模具中并加压，得到具有一定形状和强度的陶瓷坯体的成形方法，可用于对坯料可塑性要求不高的生产过程，具有生产过程简单、坯体收缩量小、致密度高、产品尺寸精确等优点。压制成形按坯料的含水量分为干压成形、半干压成形、等静压成形等。

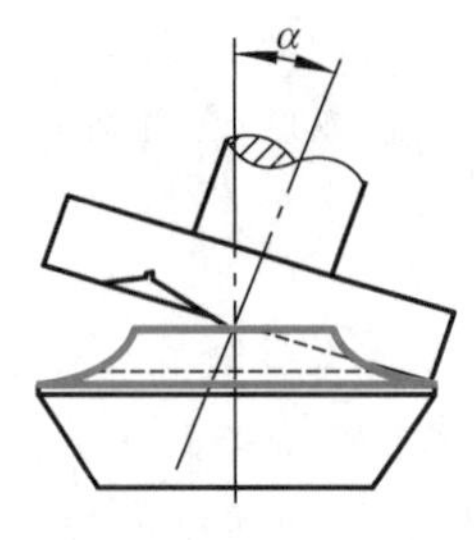

(a) 阳模滚压成形

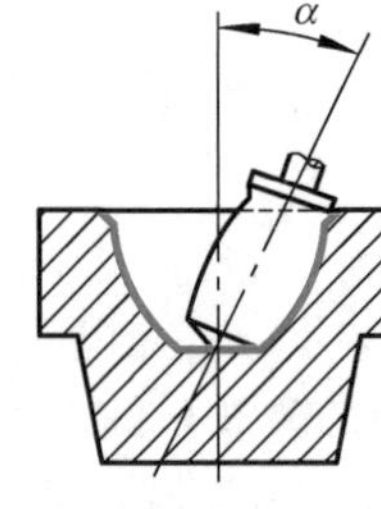

(b) 阴模滚压成形

图 10.12 滚压成形

陶瓷刀大多是用氧化锆粉末在 2000℃下用 300t 的重压搭配模具压制成刀坯，再用金刚石打磨后配上刀柄做成的。

现代陶瓷制品的成形方法属于粉末或颗粒状材料成形，很多成形过程与粉末压制相同或相似。在技术方面，现代陶瓷技术和粉末压制技术相互结合、相互渗透，发展出许多新技术，如粉末制备方法中的化学气相沉积、气相冷凝法、气相化合物热分解法、液相化学沉淀法；成形烧结过程中的热压法、热等静压法、爆炸法等。另外，现代陶瓷技术还吸收了其他成形技术，如高分子材料的注射成形、挤压成形等。

10.5 常用复合材料成形过程

10.5.1 复合材料成形工艺特点

复合材料是以金属、合成树脂、陶瓷等材料为基体，加入纤维状、颗粒状或片状增强材料组成的多相固体材料，主要有下列成形工艺特点。

(1) 复合材料的制备过程通常是其制品的成形过程，有利于简化生产工艺，可以实现形状复杂的大型制品的一次整体成形。

(2) 复合材料性能具有可设计性。可以根据使用要求，人为设计制品中材料的种类、成分和增强相的分布方式等，从而最大限度地发挥各组成材料的性能潜力。由于复合材料性能的可设计性必须通过相应的成形方法实现，因此，应当根据制品的结构形状、性能要求和材料组分选择合适的成形方法。

(3) 增强相与基体有合适的界面作用。增强相通过表面与基体形成界面层而结合并固定于基体中，界面层使增强相与基体组成一个整体，并传递应力。如果成形时增强相与基体之间结合得不好，就会损害复合材料的性能。影响界面形成的主要因素有增强相与基体的相容性和润湿性等。相容性是指基体与增强相之间热胀冷缩程度的差异和产生化学反应的倾向等。界面不润湿或在界面处形成有害的脆性相均会明显降低复合材料的性能。一般为金属基复合材料的增强相表面涂覆涂层（金属或陶瓷层），而对树脂基复合材料的增强相进行浸渍偶联剂处理。

复合材料成形的工艺特点主要取决于基体性能。一般情况下，基体材料的成形工艺方法适用于以该材料为基体的复合材料，特别是以颗粒、晶须和短纤维为增强相的复合材料根据产品特点可选各种铸造方法，如压力加工的挤压、轧制、模锻，粉末成形及陶瓷成形，高分子材料成形、焊接及黏接，表面覆层处理等。

纤维增强树脂基复合材料应用广泛，其基体的固化过程与高聚物相同，下面主要简介其成形方法。

10.5.2 纤维制取方法

纤维增强树脂基复合材料中的纤维主要使用玻璃纤维、碳纤维、高性能有机纤维（如芳纶）、硼纤维、陶瓷纤维和金属细丝，制取方法有如下几种。

(1) 熔体抽丝法。熔体抽丝法的原理是先将制取材料（如玻璃）熔化成液体，再从液体中以极高的速度抽出细丝，主要用于制取玻璃、氧化铝等纤维。

(2) 热分解法。热分解法的原理是先将人造纤维或天然纤维在200～300℃的空气中预氧化，再在1000～2000℃的氮气中碳化，可制得碳纤维。在2500～3000℃的氩气中将碳纤维石墨化，可得到石墨纤维。热分解法主要用于获得碳纤维或石墨纤维。

(3) 拔丝法。拔丝法的原理是将冶炼或粉末压制生产的金属坯料，在高温且有保护气氛的情况下反复拉拔成细丝，主要用于获得金属细丝。

(4) 气相沉积法。气相沉积法主要用于制取硼、碳化硼、碳化硅等纤维。例如，将三氯化硼气体与氢气按一定比例混合，并加热到2000℃以上，使硼沉积在极细的钨丝上，得到硼纤维。

(5) 熔融纺丝法。熔融纺丝法的原理是将熔融态的热塑性塑料经过螺杆挤出机喷丝板挤出后拉伸冷却，适用于能熔化、易流动、不易分解的高聚物，如涤纶、丙纶、锦纶等。

(6) 溶液纺丝法。溶液纺丝法的原理是将聚合物溶解到特定溶剂中，由喷丝板喷出并用特定方法排除溶剂而固化成丝，适用于不耐热、不易熔化但能溶于专门配制的溶剂中的高聚物，如腈纶、维纶等。

采用上述方法得到的纤维形态有短纤维、晶须（采用熔体抽丝法、气相沉积法）、连续纤维（采用热分解法、拔丝法）。

10.5.3 纤维增强树脂基复合材料成形方法

纤维增强树脂基复合材料的基体主要是热固性树脂及热塑性树脂，其中热固性树脂最常用。热固性树脂的原料有液态原料、膏状原料和粉状原料，大多还需单独配备固化剂组分，有些可室温反应固化，有些需加热反应固化。热塑性树脂的原料主要是粒状原料，也有丝状原料和片状原料。

1. 手糊成形

手糊成形（图10.13）是以手工操作在常温常压下成形复合材料的方法，多用于制造纤维（如玻璃纤维、芳纶、碳纤维）增强树脂基（如不饱和聚酯、环氧树脂、乙烯基酯树脂、氰酸酯树脂、双马来酰亚胺树脂、聚氨酯等）复合材料产品，如浴缸、船艇、房屋、大直径管道、设备壳体、小飞机蒙皮等。其工艺过程如下：在底模表面涂一层脱模剂或铺一层不黏薄膜，按制品要求铺一层裁剪好的纤维布或纤维毡，用刷子或胶辊等工具将树脂涂抹在纤维布或纤维毡上，使树脂均匀地渗透到纤维缝隙中并排出气泡；重复以上过程，直至达到产品要求的厚度，将铺层后的制品送入固化炉进行固化（部分树脂可在室温下自行固化）。

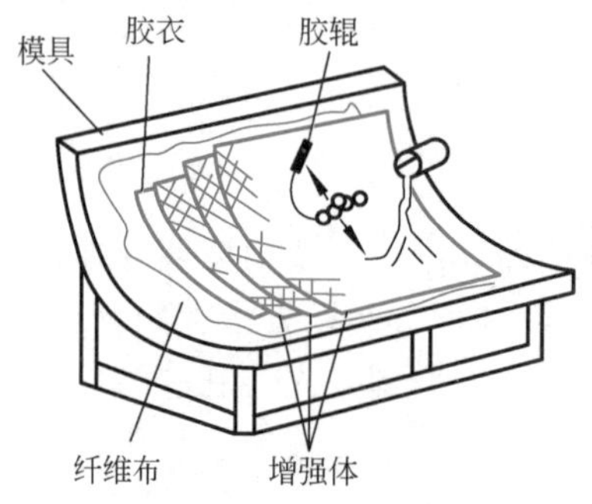

图 10.13　手糊成形

手糊成形的设备、工具等成本低，能使用长纤维布和短纤维布，能适应各种形状产品的成形；但是生产效率低，不易控制制品的质量、尺寸精度。

2. 喷射成形

喷射成形（图 10.14）的原理是把切成小段的短纤维（如短玻璃纤维等）和混有固化剂等的液态树脂（如不饱和树脂、环氧树脂）喷涂到模具表面，达到一定厚度后，用压辊压实并固化成形。喷射成形效率较高，制品整体性好；但污染较大。喷射成形可用于制造玻璃纤维艇外壳、浴缸等。

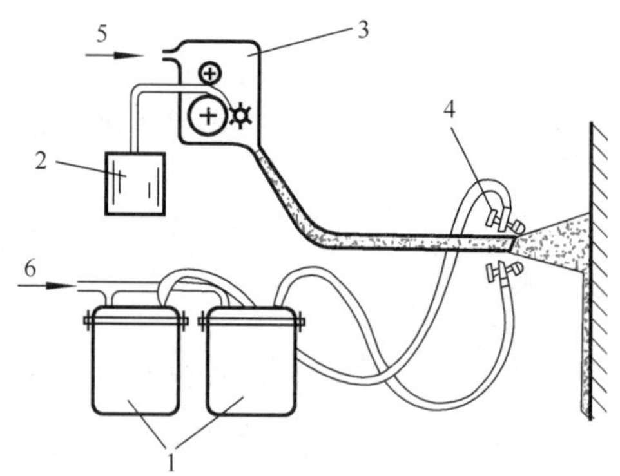

1—树脂混合物；2—纤维束；3—切断装置；4—喷枪；5，6—压缩空气

图 10.14　喷射成形

3. 铺层成形

铺层成形是用手工或机械手，将预浸材料按预定方向和顺序在模具内逐层铺贴至所需厚度或层数，获得铺层坯件并装袋，经加热加压固化、脱模修整得到制品的成形方法。其特点是从制品两面加压，其中一面由软膜（袋）完成加压，壁厚精度高，增强相含量大，可得到性能高的制品，广泛用于制造飞机机翼、舱门、尾翼、壁板及工字梁等。

铺层成形有真空袋法［图 10.15（a）］、压力袋法［图 10.15（b）］、热压罐法（图 10.16）等。其中，真空袋法的原理是在坯件上盖上薄膜，密封住与模具的接合部位，通过抽真空施加大气压；压力袋法的原理是在坯件上放置橡胶压力袋，并通入压缩空气对坯件加压；热压罐的原理是同时配有加热、加压、抽真空、冷却等辅助装置的设备系统，热压罐法兼具真空袋法及压力袋法的优点，且固化温度可控，主要用于飞机机翼及机身、直升机旋翼、方向舵等重要受力件成形。

铺层成形可与手糊成形、喷射成形或层压成形配套使用，用于坯件的加压固化成形，常作为复合材料坯件的后续成形加工方法。

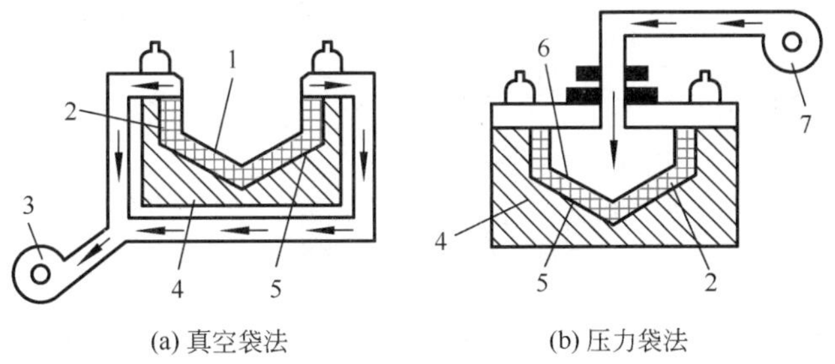

(a) 真空袋法　　(b) 压力袋法

1—柔性薄膜；2—坯件；3—真空泵；4—模具；5—胶衣；6—橡胶压力袋；7—空气压缩机

图 10.15　铺层成形

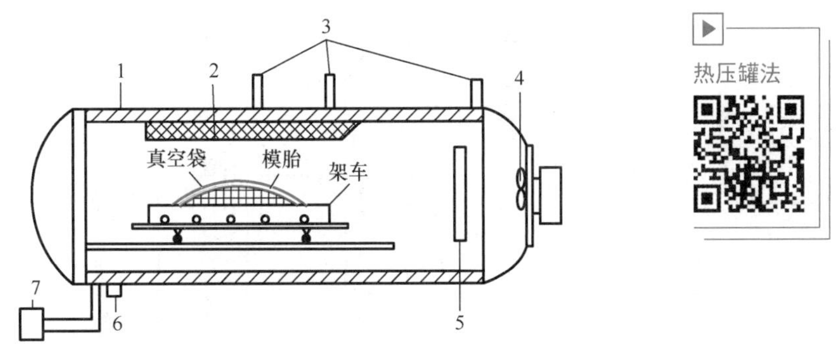

1—罐体系统；2—加热系统；3—加压系统；4—鼓风系统；5—冷却系统；6—真空系统；7—控制系统

图 10.16　热压罐法

4. 模压成形

模压成形是一种对热固性树脂和热塑性树脂都适用的复合材料成形方法。其原理是将定量的树脂与增强材料的混合料（粉状、团状、预制层片等）放入金属模具，模具闭合后，通过加热、加压使其熔化并充满模腔，成形固化（凝固或反应固化）后得到复合材料制品；或将经过热固性树脂浸渍且未固化的纤维/树脂预制片（片状模塑料）放入模具固化成形；或先在模具上铺好（玻璃）纤维制品，再浇上或注入室温固化热固性树脂，加压固化成形。模压成形可分为压制模压成形（图 10.17）、压注模压成形（图 10.18）与注射模压成形。

模压成形适用于异形制品成形，生产效率高，制品尺寸精确，表面光洁，主要适用于中、小型制品的大批量生产，如制造纤维布增强的片材、头盔、行李箱、机器壳体。

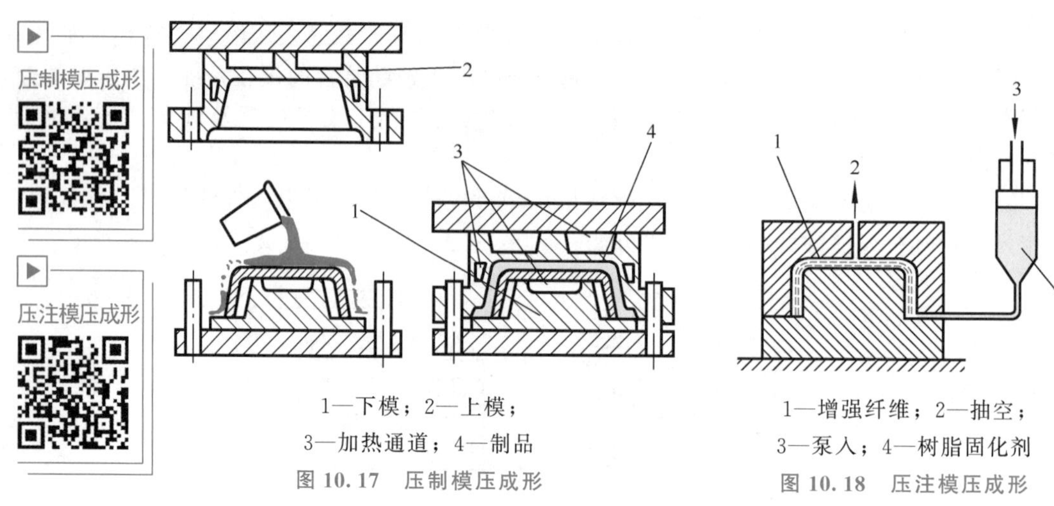

1—下模；2—上模；
3—加热通道；4—制品

图 10.17　压制模压成形

1—增强纤维；2—抽空；
3—泵入；4—树脂固化剂

图 10.18　压注模压成形

5. 缠绕成形

缠绕成形（图 10.19）的原理是把连续纤维带一边浸渍树脂（通过树脂浴槽），一边缠绕在芯轴上，根据树脂的不同，经加热或常温下固化成形。缠绕成形主要用于管子、压力容器、火箭外壳、直升机螺旋桨等回转体的成形。

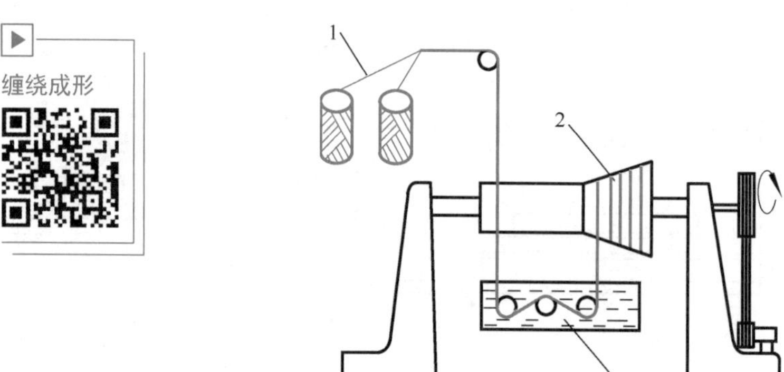

1—纤维；2—型模（芯轴）；3—树脂浴槽

图 10.19　缠绕成形

6. 拉挤成形

拉挤成形（图 10.20）又称连续成形，其原理是将浸渍过树脂（不饱和树脂、环氧树脂等）胶液的连续纤维束或连续纤维带，在牵引机构拉力的作用下通过成形模定形，再进行固化，连续引拔出长度不受限制的复合材料管、棒，以及方形、工字形、槽形、非对称形等异形截面型材。采用拉挤成形可制造飞机和船舶的结构件及矿井和地下工程构件等。

7. 层压成形

层压成形（图 10.21）的原理是把（板状或片状）纤维制品浸渍或涂敷树脂后制成预浸料，并叠堆在压机上，经加热加压固化成各种夹层结构。为使层压制品表面光洁、美观，叠堆时，可在最上面和最下面放置 2～4 张树脂含量较大的浸胶材料。层压成形可用于制造复合纤维板、棒、管等，在印制电路板绝缘件、家具等中应用广泛。

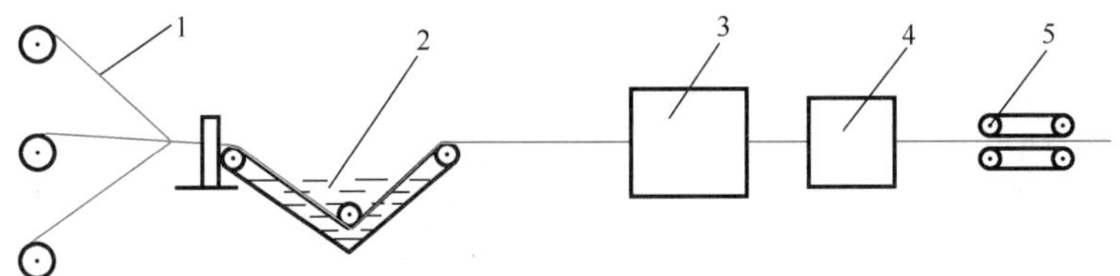

1—纤维；2—树脂浴槽；3—成形模；4—固化炉；5—牵引装置

图 10.20 拉挤成形

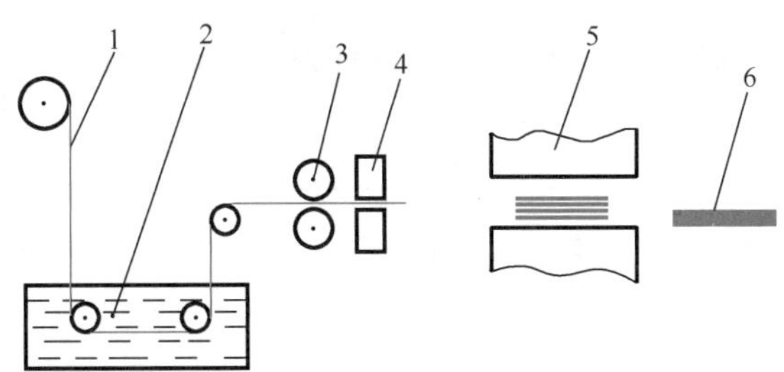

1—纤维；2—树脂浴槽；3—牵引装置；4—切割装置；5—层压固化装置；6—制品

图 10.21 层压成形

8. 树脂传递模成形

树脂传递模成形（图 10.22）是为了克服手工成形的缺点，由湿法铺层和注塑工艺演变而来的成形工艺。先将增强相铺设在模腔内，再将相应纤维按一定的取向排列成预成形体（或做成三维编织物），闭合模具后，在注入口通过压力混合流动性好的低黏度树脂（不饱和树脂、环氧树脂、乙烯基酯树脂、氰酸酯树脂、双马来酰亚胺树脂、聚氨酯等）和固化剂，充入模腔并浸透增强相后进行固化，脱模后得到制品。树脂传递模成形是闭模操作，成形过程中的挥发性有机物对环境的污染减少，制品尺寸较精确、质量好。树脂传递模成形适用于制造多品种、中批量、高质量的复合材料制品，如飞机叶片、飞机驾驶舱支架、飞机正弦波梁、飞机地板加强筋等。

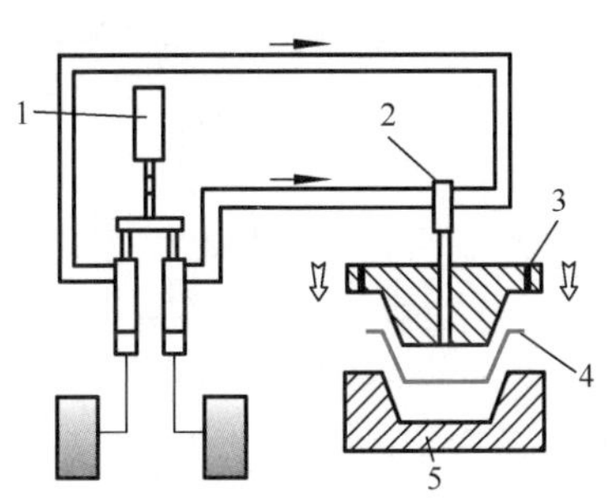

1—计量泵；2—树脂注入口；3—排气口；4—纤维预成形体；5—模具

图 10.22 树脂传递模成形

9. 真空辅助成形

真空辅助成形（图 10.23）又称真空灌注工艺、真空辅助树脂转移模塑成形，它是树脂传递模成形的技术延伸，对树脂传递模成形的双边闭合模进行了改进，只用单边硬模铺放纤维布或编织物，另一面采用真空袋覆盖，在真空下浸渍树脂，并在负压下加压、成形、固化。真空辅助成形的制品质量好，生产成本较低，应用越来越广，可用于制造飞机机翼梁及座舱等。

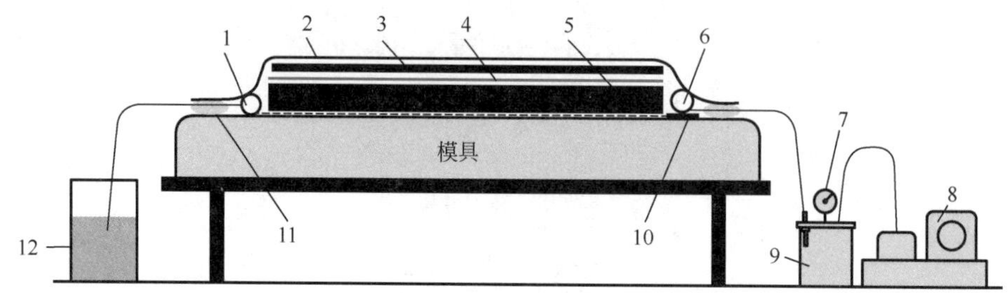

1—进胶管；2—真空袋；3—导流网；4—纤维布；5—纤维预成形体；
6—抽气管（真空）；7—真空表；8—真空泵；9—树脂收集器；10—透气毡；
11—密封胶条；12—树脂浴槽

图 10.23　真空辅助成形

除了采用上述传统的成形工艺，还可充分利用铸造、压力加工、塑料成形、焊接及黏接、表面改性工艺、3D 打印技术等，以满足不同材料、不同形状制品的成形要求。

习　题

一、简答题

10 - 1　颗粒态材料的成形原理是什么？这种成形原理有什么特点？

10 - 2　粉末压制机械零件、硬质合金、陶瓷都是用粉末经压制、烧结而成的，它们之间有什么区别？分别适用于制造哪些制品？

10 - 3　查阅相关资料，简要介绍陶瓷注浆成形的产品应用。

10 - 4　查阅相关资料，简要介绍真空辅助成形纤维树脂基复合材料的产品生产过程及应用。

二、思考题

10 - 5　为什么在粉末压后，只有经过烧（固）结才能使制品达到要求的强度和密度？

第11章 机械零件材料及成形工艺选择

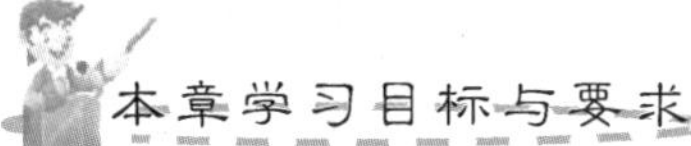

- ▲ 了解失效的概念、失效的形式与对策。
- ▲ 熟悉机械零件选材原则。
- ▲ 掌握毛坯成形方法的选择原则。
- ▲ 掌握零件材料及成形工艺的选择。
- ▲ 了解成形件的品质检验。

11.1 零件失效

11.1.1 失效的概念

失效就是机械零件丧失规定功能的现象。失效的含义包括如下三方面：一是零件破损，不能正常工作；二是虽然可以正常工作，但不能满足原有的功能要求；三是可以继续工作，但不安全。例如桥梁因焊接等质量问题而突然垮塌，属于第一种情况；轴承经长期使用后，因磨损而出现噪声，旋转精度下降，虽然能继续使用，但应视为失效，属于第二种情况；火车紧急制动失灵，虽然不影响火车运行，但当前进方向出现异常情况时，因不能实施紧急有效的制动而影响了行车安全性，属于第三种情况。

低于规定的期限或超出规定的范围发生的失效，称为**早期失效**。失效分析是针对早期失效进行的。失效分析的目的是找出失效原因，并提出相应的改进措施。

11.1.2 失效的形式与对策

机器零件及工程结构的失效形式主要有过量变形失效、断裂失效、表面损伤失效、物理性能降低，如图 11.1 所示。

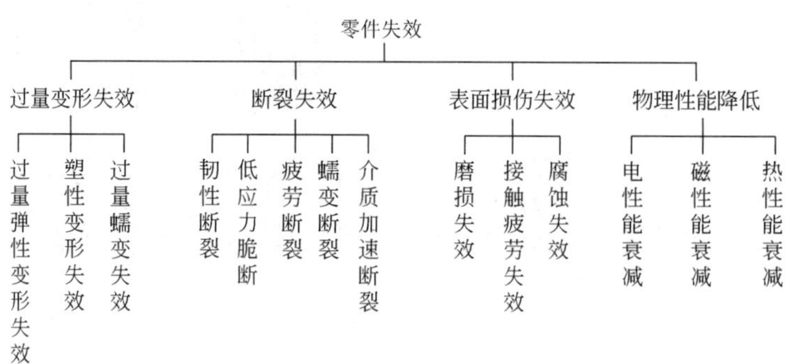

图 11.1 机器零件及工程结构的失效形式

1. 过量变形失效

(1) 过量弹性变形失效。金属零件在外力作用下总会发生弹性变形，在大多数情况下要限制变形量，这就是设计零件时要考虑的刚度问题。不同的零件对刚度的要求不相同，如镗床镗杆的刚度不足会产生过量的弹性变形，出现“让刀”现象，使被加工件出现较大误差。零件的刚度取决于材料的弹性模量和零件的截面尺寸与截面形状。按弹性模量（刚度）由高到低排序：金刚石＞陶瓷＞难熔金属＞钢铁＞非铁合金＞高分子材料，含增强相的树脂基复合材料的刚度比基体高得多。如果要求零件具有很高的刚度，则需要增大截面尺寸和改变截面形状。

(2) 塑性变形失效。塑性变形失效是由零件的实际工作应力超过材料的屈服强度引起的。冷镦冲头工作端部镦粗、紧固螺栓在预紧力和工作应力作用下的塑性伸长等都属于塑性变形失效。解决塑性变形失效的方法有选用高强度材料、采用强化工艺、增大零件的截面尺寸、降低应力水平等。

(3) 过量蠕变失效。过量蠕变失效是零件在高温、长时间的力的作用下产生的缓慢塑性变形失效。进行热处理、合金化及复合增强等都可提高零件的高温抗蠕变能力。

2. 断裂失效

断裂失效是零件最危险的失效形式，特别是在没有明显塑性变形情况下的脆性断裂可能会造成灾难性后果。

(1) 韧性断裂。零件所受应力大于断裂强度，断裂前有明显塑性变形的失效称为韧性断裂。其主要发生在韧性较好的材料中，此时断裂进行缓慢，需消耗较多变形能量。板料拉伸的断裂、拉伸试样出现颈缩的断裂等都属于韧性断裂。只要把零件所受应力控制在许用应力范围内，就可以有效防止韧性断裂。

(2) 低应力脆断。零件所受名义应力低于屈服极限，在无明显塑性变形的情况下产生的突然断裂称为低应力脆断。低应力脆断最危险，多发生在焊接结构或某些截面尺寸大的零件中。此时零件在低温环境下工作，受冲击载荷，存在冶金缺陷、焊接缺陷或有突出的应力集中源等。可通过提高材料的断裂韧性、保证零件的加工质量、减少应力集中源等预防低应力脆断。

（3）疲劳断裂。疲劳断裂是在零件承受交变负荷且负荷循环了一定周次后出现的断裂。一般疲劳断裂前没有塑性变形的征兆，此时出现的疲劳断裂具有很高的危险性。在齿轮、弹簧、轴、模具等零件中常出现疲劳断裂。疲劳断裂多起源于零件表面的缺口或应力集中部位，在交变应力作用下，经过裂纹萌生、扩展直至剩余截面面积不能承受外加载荷的作用而突然快速断裂。为了提高零件抵抗疲劳断裂的能力，应选择强度大、韧性较好的材料，在零件结构上避免或减小应力集中，降低表面粗糙度，采用表面强化工艺等。

（4）蠕变断裂。蠕变断裂是在高温下工作的零件或构件，当蠕变变形量超过一定范围时产生的韧性断裂。正确选择耐热材料是防止蠕变断裂的关键。

（5）介质加速断裂。介质加速断裂是受力零件或构件在特定介质中经过一定时间后出现的低应力脆断，主要有应力腐蚀断裂、氢脆断裂及腐蚀疲劳断裂等。选择合适的耐腐蚀材料及抗蚀措施是防止介质加速断裂的关键。

3. 表面损伤失效

（1）磨损失效。当相互接触的两个零件做相对运动时，受摩擦力的作用，零件表面材料逐渐脱落，表面状态和尺寸改变引起的失效称为磨损失效。磨损失效有黏合（或黏着）磨损、磨粒磨损、冲刷磨损、腐蚀磨损等。提高材料硬度、强化表面、降低表面粗糙度、采取适当的减摩及润滑措施、对黏着磨损采用互溶性低的摩擦副材质等均可减少磨损。

（2）接触疲劳失效。两个零件做相对滚动或周期性接触，由压应力或接触应力的反复作用引起的表面疲劳破坏现象称为接触疲劳失效。其特征是在零件表面形成深度不同的麻点剥落。在齿轮、滚动轴承、冷镦模、凿岩机活塞等中常出现接触疲劳失效。

提高材料的冶金质量、降低接触表面粗糙度、提高接触精度、确保硬度适中等都是提高接触疲劳抗力的有效途径。

（3）腐蚀失效。金属零件或构件的表面在介质中发生化学反应或电化学反应而逐渐损坏的现象称为腐蚀失效。选择耐蚀性强的材料（如不锈钢、有色金属、工程塑料）、对金属零件进行防护处理、采取电化学保护措施、改善环境介质等都是常用的防腐蚀方法。

此外，还有由高分子材料老化及材料电、磁、光等物理性能衰减引起的产品失效等。

4. 物理性能降低

物理性能降低分为电性能衰减、磁性能衰减、热性能衰减。

11.1.3 失效的原因

1. 设计

（1）应力计算错误。应力计算错误是由零件的工作条件或过载情况估计不足造成的，多见于形状复杂的零件、组合变形的零件、负荷对工作条件依赖性较强的零件。

（2）结构工艺性不合理。结构工艺性不合理表现为把零件受力大的部位设计成尖角或厚度悬殊，导致应力集中、应变集中和复杂应力等，容易受外力作用而断裂或淬火开裂。

2. 选材与热处理

（1）选材错误。材料牌号或种类选择不当，会使零件的热处理质量或力学性能得不到保证、使用寿命缩短。

（2）热处理工艺不当。虽然材料选择合理，但是在热处理工艺或热处理操作上出现问题，即使零件装配前没有报废，也容易早期失效。

（3）冶金缺陷。夹杂物、偏析、微裂纹、不良组织等超标均会导致产生废品和零件失效。

3. 加工缺陷

冷加工工艺和热加工工艺不合理会导致加工缺陷，缺陷部位可能成为失效的起源。

切削加工缺陷主要是指敏感部位的表面粗糙度太高，存在较深的刀痕；由热加工或磨削工艺不当造成的磨削回火软化或磨削裂纹；应力集中部位的圆角太小或圆角过渡不好；零件受力大的关键部位精度偏低，运转不良，甚至引起振动；等等。

4. 装配与使用

装配时，零件配合面调整不好、过松或过紧、对中不好、违规操作、使用某些零件时未实行或未坚持定期检查、润滑不良、过载使用等，均可能造成零件失效。

对零件进行失效分析时，一定要认真找出失效的具体原因，以方便零件设计、选材和制订制造工艺。

11.2 材料及成形工艺的选择

材料及成形工艺的选择直接影响制品的品质及成本，正确选择材料、毛坯和正确拟定成形技术方案不仅直接影响零件的力学性能、制造加工精度及表面品质，而且涉及生产过程、生产周期甚至整部机器的使用性能、制造成本及市场竞争能力。

11.2.1 材料的选择原则

现代制造业选择的材料应尽可能同时满足对功能、使用寿命、工艺、成本及环保等的要求，必须遵循使用性能足够原则、工艺性能良好原则、经济性合理原则和环保性（绿色）原则。

1. 使用性能足够原则

使用性能足够原则是指采用所选材料制造的零件必须满足使用过程中应该具有的性能，它是保证零件完成规定功能的必要条件。材料的使用性能体现为力学性能、物理性能和化学性能。零件（尤其是机械零件）总要承受一定的负荷，对其力学性能的要求是主要的或者唯一的。按力学性能选择材料的基本步骤如图 11.2 所示。

选择材料之前，要明确零件的外力和工作条件，即力学负荷、热负荷及环境介质作用的情况；进行强度计算和强度设计之前，要明确应力和应力状态，确定危险截面，对零件在工作条件下可能的失效形式作出判断、估计和预测。通常相同或相近的已知零件失效的结论可以作为所设计零件失效形式的借鉴。常见零件的工作条件、失效形式及力学性能指标见表 11－1。

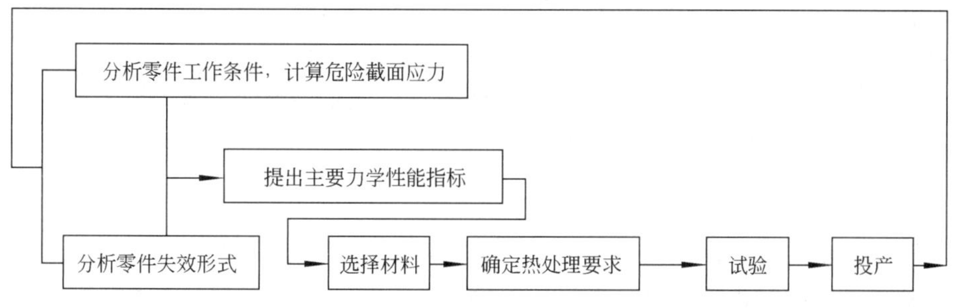

图 11.2　按力学性能选择材料的基本步骤

表 11-1　常见零件的工作条件、失效形式及力学性能指标

零　件	工作条件			失效形式	力学性能指标
	变形方式	载荷性质	其　他		
紧固螺栓	拉、剪	静载荷		过量变形、断裂	强度、塑性
传动轴	弯、扭	循环载荷、冲击载荷	轴颈处摩擦、振动	疲劳破坏、过量变形、轴颈处磨损	综合力学性能：R_{el}、R_m、KV_2、局部 HRC 等
齿轮	压、弯	循环载荷、冲击载荷	强烈摩擦、振动	磨损、疲劳麻点、齿折断	表面有高硬度及高疲劳极限，心部有较高强度及韧性
弹簧	扭	循环载荷、冲击载荷	振动	丧失弹性、疲劳破坏	弹性极限、屈强比、疲劳极限
油泵柱塞副	压	循环载荷、冲击载荷	摩擦、油腐蚀	磨损	硬度、抗压强度
冷作模具	复杂组合变形	循环载荷、冲击载荷	强烈摩擦	磨损、脆断	高硬度、高强度、足够的韧性
压铸模	复杂组合变形	循环载荷、冲击载荷	高温、摩擦、金属液腐蚀	热疲劳、脆断、磨损	高温强度、抗热疲劳性、足够韧性与热硬性

查阅有关手册，把对零件的力学性能要求转换为材料的力学性能指标（如 R_m、HBW、A、Z 等），凡是满足要求的材料都作为预选材料。按照力学性能选择材料时，要注意解决好材料的强度和塑性、韧性合理配合的问题。在大多数情况下，材料的强度提高了，其塑性和韧性就会降低；反之亦然。提高零件强度的目的是充分发挥材料的潜力，减小零件的尺寸和质量，但零件的安全性通常依靠适当的塑性、韧性保证，特别是存在应力集中的结构。一般预选材料不是唯一的，可能有多种，综合分析预选材料的使用性能、工艺性能和经济性，确定选择的材料。

在实际应用中，若不清楚零件所受的外力和应力，则选择材料的定量化受到限制，可参考相同或相近的、经过实践证明可行的零件和材料进行类比，多数模具零件、标准件、机床零件都是这样选材的。

此外，还要对成批、大量生产的零件或非常重要的零件进行台架试验、模拟试验或试生产，以验证所选零件的功能和可靠性。若试验后或投产后发现所选材料不能满足要求，则应重复上述过程，直到选出合适的材料。

2. 工艺性能良好原则

工艺性能是指材料经济地适应各种加工工艺而获得规定使用性能或形状的能力。材料的工艺性能直接影响零件或产品的质量、生产率及成本。生产一个合格的零件或产品要经过一系列加工过程，如铸造、锻压、焊接、热处理、切削加工及其他成形工艺。每种工艺都对材料性能及零件形状有不同要求，每种材料都有最适合的工艺方法，使材料的工艺性能具有相对多样性及复杂性。例如铸铁适合制造复杂箱体件，其切削工艺性好、铸造工艺性好，但焊接工艺性及锻造工艺性差；低碳钢、热塑性塑料几乎可用所有工艺方法成形，工艺费用低，应用广泛。

在大多数情况下，工艺性能良好原则是辅助性原则，但如果大批量生产使用性能要求不高或很容易满足性能要求的产品，并且工艺方法高度自动化，工艺性能就成为选择材料的决定性因素，如复杂箱体用铸铁铸造成形、用易切钢生产普通标准紧固件等。

3. 经济性合理原则

零件或产品的经济性涉及原材料成本、加工成本及市场销售利润等方面。选择材料时，应进行综合评价与比较，选择最合适的（不一定是最好的、单价最高的或单价最低的）材料，并匹配合适的成形工艺，以使零件或产品的总成本最低或市场效益最大，这就是**经济性合理原则**。除了材料价格，零件的功能要求、精度、可靠性、毛坯形式、切削加工工艺、热处理工艺、零件质量、维修费用等都影响零件总成本。如汽车曲轴可选用球墨铸铁铸造或调质钢模锻成形，但采用球墨铸铁铸造成本更低；选择成形方法时还要考虑产品的产量，如单件、小批生产某些轴或盘类锻件时选用自由锻或胎模锻比选用模锻成本低。虽然性能优良的材料价格高，但因为提高了零件的质量、延长了使用寿命，或成形成本下降、产品合格率提高，所以比选用价格低的材料经济。

4. 环保性（绿色）原则

选择材料时，应考虑材料的资源、节能、环境保护和可持续发展等情况；考虑材料的可循环利用，选用无公害材料，减少成形过程及废物对环境的污染；考虑针对所选材料选用更高效、更环保的成形工艺。如用 Sn－Ag 钎焊合金取代污染大的 Sn－Pb 合金；用低淬透性钢 55D 进行感应加热淬火代替耗能的 18CrMnTi 渗碳淬火；用工艺简单且能耗低的 20SiMn 低碳马氏体强化代替 40B 调质处理；用工艺简单且无须热处理的非调质钢 12Mn2VBS、30MnVS 和 35MnVN 取代 40Cr 等调质钢生产汽车前桥总成中的主要零件等，可达到简化工艺、节约材料及能源的效果。

零件选材原则的实质是在技术和经济合理的前提下，保证材料的使用性能与零件或产品的设计功能适应。在遵循上述选材原则的基础上，还应注意如下几点。

(1) 在多数情况下，优先考虑使用性能，然后考虑工艺性能、经济性等。

(2) 有些力学性能指标（如 R_m、R_{-1}、E、K_{IC}）可直接用于设计计算；A、Z、KV_2 等不能直接用于计算，而是用于提高零件的抗过载能力，以保证零件工作安全性。

(3) 主要力学性能指标是零件应该具备的性能，查阅手册转换为相应材料的性能指标时，要注意手册中给出的组织状态：如果零件的最终状态与手册中给出的相同，则可直接引用；否则，还要查阅其他手册、文献资料或进行针对性的材料力学性能试验。

(4) 手册或标准给出的力学性能数据是在实验室条件下对小尺寸试样的试验结果，引用这些数据时要注意尺寸效应（尺寸效应是指材料截面尺寸增大、力学性能下降的现象）。截面尺寸越大，材料缺陷越多，应力集中越明显，热处理组织越不均匀。

(5) 由于材料的成分是一个范围，试样毛坯的供应状态可以有多种，因此即使是同一牌号的材料，性能也不完全相同。国家标准或国际标准的数据可靠；技术资料、论文中的数据一般是平均值，使用时要注意。

(6) 同一种材料的不同加工状态（如铸造、锻造、冷变形等）对数据的影响较大。

(7) 同时考虑所选材料的成形加工方法和强化方法。例如选用灰铸铁、球墨铸铁等，只能铸造成形；选用角钢、钢板等型材组合，只能焊接；选用轧制圆钢，只能锻造成形或直接切削成形。同一种材料用不同的热处理方法及表面强化方法具有不同的应用特点；不同的成形方法会对零件的设计、加工路线、热处理方法、使用性能及零件成本等带来重要影响。

(8) 选用的零件（毛坯）材料应保证符合本国资源情况及市场供应情况。

11.2.2 毛坯成形方法的选择原则

绝大多数机械零件是由原材料通过铸造、锻造、冲压或焊接等成形方法先制成毛坯，再经过切削加工制成的。毛坯成形方法的选择对零件的制造质量、使用性能和生产成本等有很大影响。因此，正确选择毛坯的种类及成形方法是机械设计与制造中的重要任务。在多数情况下，零件的使用性能要求决定了毛坯材料，同时在很大程度决定了毛坯的成形方法。一般根据产品材料、结构特征、生产批量，结合现有生产条件选择毛坯成形方法。

1. 零件材料与成形加工过程的适应性原则

适应性原则是指满足零件的使用要求和对成形加工的工艺性要求。零件所选材料与成形加工过程是相互依赖、相互影响的。一般而言，零件材料决定了毛坯成形技术的类别：若选择脆性材料（如灰铸铁），则需采用液态成形技术（铸造）；若选择韧性材料（如钢或塑性非铁合金），则可采用塑性成形技术（锻造）、液态成形技术（铸造）、固态连接技术（焊接）等。

有时选择毛坯时还应考虑成形后能否获得一定的显微组织结构，以满足预期的性能要求。例如齿轮毛坯的锻造成形，可形成流线状纤维组织，有利于提高使用性能，而利用铸造成形或型钢切削成形是无法得到上述组织的；对于有些耐热零件，选择定向冷却的铸造方法生产毛坯有利于提高耐热性能。

2. 零件技术特征与成形方法的经济原则

零件的形状和尺寸、生产批量、精度、表面粗糙度要求等在很大程度上决定了毛坯成形方法及成本。例如，对于形状复杂的薄壁件，毛坯生产不能采用金属型铸造方式或自由锻造方式；尺寸大的毛坯不适合采用模锻加工或金属型铸造；精度要求较高、表面粗糙度要求低的毛坯可选用特种铸造、精密模锻、冷挤压等成形方法。

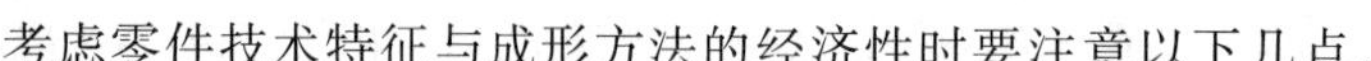

考虑零件技术特征与成形方法的经济性时要注意以下几点。

（1）尽量选用生产过程简单、生产率高、生产周期短、能耗与生产材料消耗少、投资少的毛坯加工方法。

（2）毛坯的生产批量决定了成形的机械化、自动化程度。如单件、小批量生产时铸件选用手工砂型铸造成形，锻件采用自由锻或胎模锻成形，焊接件以手工或半自动的焊接方法为主，薄板零件采用钣金、钳工等工艺，虽然生产率不高，但节约了生产准备时间和工装的设计制造费用，总成本降低；在大批量生产的条件下，分别采用机器造型、模锻、自动焊及板料冲压等成形方法。又如机床床身一般采用铸造成形，在单件生产的条件下采用型材焊接可大大降低生产成本、缩短生产周期，但焊接件的减振性和耐磨性不如铸铁件。

（3）选择毛坯时要全面考虑生产过程的总成本，分析设计试验费、生产材料费、毛坯制作费、切削加工费、使用维修费等的联系，全面权衡利弊，选择最佳方案。

金属材料毛坯成形方法的比较见表11－2。

表11－2　金属材料毛坯成形方法的比较

比较内容	铸　造	锻　造	冲　压	焊　接	型材切割	粉末冶金
成形特点	液态凝固成形	固态塑性变形	固态塑性变形	原子间的扩散和结合	固态切削成形	压制固结成形
对原材料的主要工艺性能要求	流动性好，收缩率低	塑性好，变形抗力小	塑性好，变形抗力小	可焊性较好	硬度适合	具有一定的流动性和压制性
常用材料	铸铁、铸钢、铸造铝合金、铸造锌合金等	中、低碳钢及合金钢，形变非铁合金	低碳钢，形变非铁合金	低碳钢及合金钢，不锈钢，非铁合金	碳钢及合金钢，非铁合金	金属及金属化合物或非金属粉末
毛坯组织特征和性能	晶粒较粗大，常有铸造缺陷，力学性能比同材质的锻件低，但某些性能（如铸铁件的减振性、减摩性）较好	晶粒较细小，组织致密，力学性能比同材质的铸件高	组织致密，冷冲压具有加工硬化，热冲压具有较好的综合力学性能	接头组织多样，性能接近或达到母材性能	与型材的原始组织和性能相同	组织较致密，但存在微小空隙，性能取决于主要原材料
零件结构特征	形状几乎不受限制	形状较简单	结构轻巧，形状较复杂	形状不受限制	形状简单，横向尺寸变化小	形状较简单
适合尺寸与质量	砂型铸造不受限制	自由锻不受限制，模锻一般小于150kg	几乎不受限制	不受限制	中、小型	小型，一般小于10kg

续表

比较内容	铸 造	锻 造	冲 压	焊 接	型材切割	粉末冶金
材料利用率	较低	自由锻低，模锻中等	较高	较高	较高	高
生产周期	长	自由锻短，模锻长	长	短	短	较长
生产成本	较低	较高	批量越大，成本越低	中	较低	中
主要适用范围	形状复杂尤其是内腔复杂的箱座类部件，如床身、机架、箱体、底座、阀体等	力学性能要求较高的重要部件，如主轴、传动轴、齿轮、连杆等	板料成形部件，如壳罩、车厢、框架、容器等	用其他方法不能或很难制造的构件，如塔架、桥梁、船舶、锅炉等	中小型简单件，如小轴、销钉等	一些要求特殊的部件，如硬质合金、滑动轴承、摩擦片、过滤件等

3. 零件技术特征与成形过程现实的可行性原则

毛坯生产应符合本单位的生产条件，包括车间面积、炉子容量、设备功能及先进性等，还应与实际技术水平和现有加工状况吻合，尽量应用先进设备、新型材料、先进的加工方法，尽可能向净形和近似净形加工方向发展。当本单位无法解决或生产不合算时，考虑外协加工或外购毛坯。

此外，选择成形方法时，还要考虑成形方法的环保性及安全性。

11.2.3 金属零件制造加工过程中的热处理选择和安排

1. 热处理在工艺路线中的位置安排

按照目的不同，热处理分为预备热处理与最终热处理。

预备热处理用于为消除前一道工序的某些缺陷并为后一道工序做好组织或性能准备，主要有退火、正火及调质，一般安排在毛坯生产（铸造、锻造、焊接）或切削粗加工之后、精加工之前。例如要求降低毛坯硬度以便于切削或变形加工，或者消除应力，可选相应的退火方式；要求消除过共析钢中的网状渗碳体，或适当增大低碳钢硬度以便不粘刀而切得光滑，可选正火。调质作为预备热处理时，主要用于保证调质钢零件的表面淬火或氮化零件心部的力学性能，以及为易变形零件的最终热处理做组织准备，常安排在切削粗加工之后、精加工之前。

最终热处理用于得到零件的最终使用性能，主要有淬火＋回火、表面淬火及化学热处理，有时也用正火或退火（如去应力退火），视具体要求选择。最终热处理与其他加工工序的关系如下。

（1）经过以淬火＋低温回火为代表的最终热处理后，零件硬度较大，除磨削外，不宜进行其他切削加工。所以，最终热处理一般安排在半精加工之后、磨削精加工之前。

（2）可以进行多次最终热处理，如氮化零件、精密零件热处理等。

(3) 整体淬火和表面淬火在工艺路线中的位置相同。为保证零件心部性能，在表面淬火前，可进行正火或调质预备热处理，调质的效果更好。

(4) 如果零件整个表面都要求渗碳（或碳氮共渗，以下同），则对于一般渗碳件，渗碳（指气体渗碳）后进行直接淬火或进行重新加热的一次淬火，即渗碳与淬火、回火在工艺路线上是紧邻的。

(5) 当需要对零件进行局部渗碳时，若采用预留加工余量法，则渗碳与淬火、回火之间应安排切削加工工序，以除去不需要渗碳的渗层，不能在渗碳后进行直接淬火；若采用镀铜法防渗，则应在渗碳前安排镀铜工序。

(6) 零件表面软氮化和表面渗硫的减摩处理，因渗层极薄（分别为 0.01～0.02mm 和不超过 0.01mm)，故渗后不能进行任何切削加工。

(7) 对某些精度要求高的零件，为防止热处理变形或尺寸不稳定，可考虑在工艺路线中增加一次或两次去应力退火。有时甚至需要对精密零件进行深冷处理。

(8) 调质一般在粗加工之后、半精加工之前，既利于淬透，又给后续加工留有校正余量。

2. 钢铁普通热处理方案的选择

在零件的设计图纸上要注明热处理的工艺类别及相关技术要求，对非常重要的零件还要注明 R_m、R_{eL}、A、Z、α_k 等力学性能指标。热处理的工艺类别及相关技术要求取决于实际零件的尺寸、形状、工作条件、材料等。钢铁普通热处理方案的选择见表 11-3。

表 11-3　钢铁普通热处理方案的选择

序号	目的	材料	热处理
1	改善切削加工性能	w_C<0.5%的碳钢及 40Cr、20CrMnTi、20Cr 等低碳合金钢	正火
		中、高碳（合金）钢	（球化）退火
2	提高冷变形加工性能	钢	软化退火（含再结晶退火及球化退火）
3	减小或消除内应力	弹簧钢	冷卷弹簧去应力回火
		钢	冷变形加工的再结晶退火
		灰铸铁、球铁	时效处理
		焊接件	去应力退火
		结构钢、工具钢	淬火后高温回火、中温回火、低温回火
		钢	正火、退火
		结构钢、量具钢	淬火、低温回火后的时效处理
4	提高弹性极限	弹簧钢	淬火、中温回火，硬度为 39～52HRC

续表

序号	目的	材料	热处理
5	提高耐磨性	过共析钢、中碳钢和中碳合金钢	淬火、低温回火，硬度为58～63HRC；高、中频感应加热表面淬火或火焰淬火，硬化层厚度为0.5～2.5mm（高频）或2～10mm（中频），硬度为45～63HRC
		渗碳钢	渗碳、淬火、低温回火，渗层厚度为0.2～2mm，硬度为56～62HRC；碳氮共渗、淬火、低温回火，渗层厚度约为渗碳层厚度的2/3，硬度为51～61HRC
		38CrMoAl	氮化，渗层厚度为0.3～0.5mm，硬度为1000～1200HV
		结构钢、工具钢、不锈钢、铸铁、粉末冶金材料	软氮化，渗层厚度为0.005～0.02mm，硬度为500～1200HV
6	提高疲劳强度	结构钢、工具钢	工艺类别同序号5，不同的是在淬火、回火工艺中，硬度为45～63HRC
7	提高抗冲击性	结构钢、工具钢	淬火、回火，硬度为30～63HRC
		渗碳钢	渗碳，渗层厚度为0.2～2mm，硬度为56～62HRC
		工具钢、球铁	等温淬火，硬度为50～60HRC
8	要求耐磨、屈服极限高	高碳钢及高碳合金钢	淬火、低温回火，硬度为58～63HRC
9	要求高温强度、韧性、抗热疲劳性	中碳合金钢	淬火、高温回火或中温回火，硬度为35～48HRC
10	提高耐蚀性	304不锈钢	固溶处理、稳定化处理等

3. 钢铁表面热处理方案的选择

常用钢铁表面热处理方案见表11-4。

表11-4 常用钢铁表面热处理方案

项目	表面淬火	渗碳	碳氮共渗	软氮化	氮化
预处理	正火或调质	正火或退火	正火或退火	淬火和略高于软氮化温度的回火	调质
加热温度/℃	比普通淬火高40～130	930	840～860	500～600	500～600
加热时间	几秒至几分	3～9h	1～6h	1～6h	30～50h

续表

项　目	表面淬火	渗　碳	碳氮共渗	软　氮　化	氮　化
硬化层厚度/mm	0.5～2.5	0.2～2.0	渗碳层厚度的2/3	0.005～0.02	0.3～0.5
硬度	45～63HRC	56～62HRC	52～61HRC	500～1200HV	1000～1200HV
心部硬度	正火或调质硬度	30～45HRC	30～35HRC	调质硬度	调质硬度
硬化层分布	零件截面复杂时较差	好	好	好	好
后续处理	低温回火	淬火、低温回火	淬火、低温回火	不处理	不处理
变形	小	大	小	很小	很小
耐磨性	比普通淬火好	很好	很好	很好	好
疲劳强度	较大	较大	大	大	很大
耐蚀性	一般	一般	较好	好	好
承载能力	较强	很强	强	一般	弱
承受冲击能力	较强	很强	强	强	弱

高频表面淬火用于要求硬度大、耐磨性好、疲劳强度较大、形状简单、变形量较小及局部硬化的零件，如轴、机床齿轮，零件材料多为中碳钢或中碳合金钢，大批量生产时成本低。

渗碳用于耐磨性要求高（高于高频表面淬火）、重载和冲击载荷很大的复杂零件，如汽车拖拉机齿轮、轴等，成本较高，零件材料多为低碳钢或低碳合金钢。

碳氮共渗用于耐磨性要求高（高于渗碳）、中等或较大载荷和承受冲击负荷的零件，生产周期比渗碳短，成本较高，材料与渗碳相同。

软氮化用于要求减摩、疲劳强度高、变形量小的中碳钢及中碳合金钢零件和高合金钢制造的模具、刀具等零件，成本较高。

氮化用于要求非常耐磨、疲劳强度高、变形小的精密零件，如轴、丝杠等，零件材料多为含 Cr、Mo、Al 等氮化物形成元素的钢（如 38CrMoAl），生产周期长，成本高。

4. 非铁合金热处理方案的选择

(1) 铝及铝合金。

对铸造铝合金进行退火是为了消除铸造时产生的偏析及内应力，使组织稳定，提高塑性。这种退火一般是均匀化退火，退火温度取决于铝合金类型。若是固溶时效强化的铸件，则无需专门退火，因为淬火加热可使铝合金成分均匀、消除内应力。

变形铝合金在用冷变形方法成形零件时会发生加工硬化，需要在一次或多次变形后进行再结晶退火。对热处理不能强化的变形铝合金（如防锈铝），为保持加工硬化后的效果，只进行去应力退火，退火温度低于再结晶退火。硬铝、超硬铝、锻铝三种变形铝合金及除 ZAlSi12、ZAlMg10 外的铸铝合金，都可进行固溶时效强化处理。

（2）铜及铜合金。

铜及铜合金的热处理与防锈铝类似，冷变形后进行再结晶退火或去应力退火。此外，由于普通黄铜（$w_{Zn}>7\%$）经冷加工后，在潮湿的大气、含有氨气的大气或海水中易产生应力腐蚀而开裂，因此需要在200～300℃下进行去应力退火。可对铍青铜进行时效强化处理，在氩气或氢气的保护环境下经800℃水淬，350℃、2h人工时效后，通常具有极高的强度、硬度和弹性极限。

11.2.4 毛坯的种类及成形方法的比较

前面阐述了铸造、锻压、焊接、粉末压制和非金属材料成形等成形方法，可获得相应的铸件、锻件、冲压件、焊接件、型材、粉末压制件和工程塑（料）件等。通过不同的成形方法得到的成形件或毛坯具有不同的特点和适用范围。

1. 铸件

形状复杂零件的毛坯选用铸造成形的铸件比较合适，一般铸件组织较疏松、强韧性较差，但铸造适应性和灵活性强、成本较低、铸件加工余量较小，主要用于强韧性要求不高的场合。常用铸件的基本特点、生产成本与生产条件见表11－5。

表11－5 常用铸件的基本特点、生产成本与生产条件

项目		砂型铸件	金属型铸件	离心铸件	熔模铸件	低压铸造件	压铸件
基本特点	材料	任意	铸铁及有色金属	以铸铁及铜合金为主	所有金属，以铸钢为主	以有色金属为主	锌合金及铝合金
	形状	任意	用金属芯时形状有一定限制	以自由表面为旋转面的为主	任意	用金属型与金属芯时，形状有一定限制	形状有一定限制
	质量/kg	0.01～300000	0.01～100	0.1～4000	0.01～10（100）	0.1～3000	<50
	最小壁厚/mm	3～6	2～4	2	1	2～4	0.5～1
	最小孔径/mm	4～6	4～6	10	0.5～1	3～6	3
	致密性	低～中	中～较好	高	较高～高	较好～高	中～较好
	表面质量	低～中	中～较好	中	高	较好	高
生产成本	设备成本	低（手工）～中（机器）	较高	较低～中	中	中～高	高
	模具成本	低（手工）～中（机器）	较高	低	中～较高	中～较高	高
	工时成本	高（手工）～中（机器）	较低	低	中～高	低	低

续表

项目		砂型铸件	金属型铸件	离心铸件	熔模铸件	低压铸造件	压铸件
生产条件	操作技术	高（手工）～中（机器）	低	低	中～高	低	低
	工艺准备时间	几天（手工）～几周（机器）	几周	几天	几小时～几周	几周	几周～几月
	生产率/（件/时）	1（手工）～100（机器）	5～50	2（大件）～36（小件）	1～1000	5～30	20～200
	最小批量	1（手工）～20（机器）	<1000	<10	10～10000	<100	<10000
产品举例		机床床身、缸体、带轮、箱体	铝合金、钢套	缸套、污水管	汽轮机叶片、成形刀具	大功率柴油机活塞、气缸头、曲轴箱	微型电机外壳

2. 锻件

锻件的强韧性比铸件高得多，但形状复杂程度受到限制，多用于强韧性要求高的不太复杂的轴杆类、盘套类受力件。零件材料主要是钢和形变非铁合金。

3. 冲压件和挤压件

(1) 冲压件。冲压件主要适用于厚度小于 6mm、塑性良好的金属板料、条料制品，也适用于一些非金属材料（如塑料、石棉、硬橡胶板材等）制品。冲压成形后的毛坯件一般不需要进行机械加工，精度高，表面质量好，适合大批量生产。

(2) 挤压件。挤压件尺寸精确、表面光洁，挤压生产的薄壁、深孔、异形截面等形状复杂的零件一般不需要进行切削加工，节省了金属材料与加工工时。受挤压设备吨位的限制，挤压件一般为质量小于 30kg 的零件。

常用塑性成形件的基本特点、生产成本与生产条件见表 11-6。

4. 焊接件

焊接主要用于生产大型金属结构件、异种材料零件、某些特殊形状零件，或代替铸造单件、小批生产机器箱体类零件，以降低工艺成本。其缺点是容易产生焊接变形、抗振性较差。焊接性能要求高的重要机械零部件（如床身、底座等）的毛坯时，机械加工前应进行退火处理或回火处理，以消除焊接应力，防止零件变形。

常用焊接方法的特点及应用范围见表 11-7。

5. 型材

机械零件采用的型材毛坯有圆钢、方钢、六角钢、钢管、钢板、槽钢、角钢等，切割下料后，可直接进行机械加工。型材按精度分为普通精度的热轧型材和高精度的冷轧（或冷拔）型材。普通机械零件或构件多采用热轧型材。冷轧型材尺寸较小、精度较高，多用于毛坯精度要求较高的中小型零件生产或进行自动送料的自动机加工。冷轧型材价格高，一般用于大批量生产。

表 11-6 常用塑性成形件的基本特点、生产成本与生产条件

项目		锻件			挤压件	冷镦件	冲压件			
		自由锻件	模锻件	平锻件			落料与冲孔件	弯曲件	拉深件	旋压件
基本特点	材料	形变合金	形变合金	形变合金	形变合金，特别适用于铜合金、铝合金及低碳钢	形变合金	形变合金板料	形变合金板料	形变合金板料	形变合金板料
	形状	有一定限制	有一定限制	有一定限制	有一定限制	有一定限制	有一定限制	有一定限制	一端封闭的筒体、箱体	一端封闭的旋转体
	质量/kg	0.1～200000	0.01～100	1～100	1～500	0.001～50（棒料）				
	最小壁厚或板厚/mm	5	3	3～230（棒料）	1	1	＜10	＜100	＜10	＜25
	最小孔径/mm	10	10		20	(1) 5	(1/2～1)板厚		＜3	
	表面质量	差	中	中	中～好	较好～好	好	好	好	好
生产成本	设备成本	较低～高	高	高	高	中～高	中	低～中	中～高	低～中
	模具成本	低	较高～高	较高～高	中	中～高	中	低～中	较高～高	低
	工时成本	高	中	中	中	中	低～中	低～中	中	中
生产条件	操作技术	高	中	中	中	中	低	低～中	中	中
	工艺准备时间	几小时	几周～几月	几周～几月	几天～几周	几周	几天～几周	几小时～几天	几周～几月	几小时～几天
	生产率/(件/时)	1～50	10～300	400～900	10～100	100～10000	10～10000	10～10000	10～1000	10～100
	最小批量	1	100～1000	100～10000	100～1000	1000～10000	100～10000	1～10000	100～10000	1～100

6. 粉末压制件

粉末压制的优点是生产率高，无需机械加工（或少量机加工），节约材料，适合生产各种材料或各种具有特殊性能的材料混合得不太复杂的小型零件。其缺点是模具成本较高，粉末压制件的强度比相应的固体材料低，材料成本也较高。

表 11-7　常用焊接方法的特点及应用范围

焊接方法	焊接热源	主要接头形式	焊接位置	适用板厚（钢板）/mm	被焊材料	生产效率	应用范围
手工电弧焊	电弧热	对接、搭接、T形接、卷边接	全位置	>1，常用3～20	碳素钢、低合金钢、铸铁、铜及铜合金、铝及铝合金	中等偏高	要求在静止、冲击或振动载荷下工作的机械和零件，补焊铸铁件缺陷和损坏的零件
埋弧自动焊	电弧热	对接、搭接、T形接	平焊	>3，常用6～60	碳素钢、低合金钢、铜及铜合金	高	在各种载荷下工作，成批生产、中厚板长直焊缝和较大直径的环缝
氩弧焊	电弧热	对接、搭接、T形接	全位置	0.5～25	铝、铜、镁、钛及钛合金、耐热钢、不锈钢	中等偏高	要求致密、耐蚀、耐热的零件
二氧化碳保护焊	电弧热	对接、搭接、T形接	全位置	0.8～30	碳素钢、低合金钢、不锈钢	很高	要求致密、耐蚀、耐热的零件
等离子弧焊	等离子电弧热	对接	全位置	>0.025，常用1～12	不锈钢、耐热钢、钛及钛合金	中等偏高	用一般焊接方法难以焊接的金属及合金
气焊	氧乙炔火焰热	对接、卷边接	全位置	0.5～3	碳素钢、低合金钢、铸铁、铜及铜合金、铝及铝合金	低	要求耐热、致密、受力不大的薄板结构，补焊铸铁件及损坏的零件
电渣焊	熔渣电阻热	对接	立焊	可焊25～1000，常用35～450	碳素钢、低合金钢、不锈钢、铸铁	很高	厚度大的铸件、锻件
点焊	电阻热	搭接	全位置	<10，常用0.5～3	碳素钢、低合金钢、不锈钢、铝及铝合金	很高	薄板壳体
对焊	电阻热	搭接	平焊	≤20	碳素钢、低合金钢、不锈钢、铝及铝合金	很高	杆状零件
缝焊	电阻热	搭接	平焊	<3	碳素钢、低合金钢、不锈钢、铝及铝合金	很高	薄壁容器和管道
摩擦焊	摩擦热	对接	平焊	最大截面面积 $<20000mm^2$	同种金属和异种金属	很高	圆形工件、棒料及管
钎焊	各种热源	搭接、套接	平焊		碳素钢、合金钢、铸铁、铜及铜合金、异种金属	高	用其他焊接方法难以焊接的零件，以及对强度要求不高的零件

粉末压制件的主要成形方法见表 11－8。

表 11－8 粉末压制件的主要成形方法

工 艺	优 点	缺 点
注浆成形	可用于形状复杂件、薄壁件，成本低	收缩率大，尺寸精度低，生产效率低
压制成形	可用于形状复杂件，密度和强度高，精度较高	设备较复杂，成本高
挤压成形	成本低，生产效率高	不可用于薄壁件，零件形状需对称
可塑成形	可用于形状复杂件，尺寸精度高	成本高

7. 工程塑（料）件

工程塑（料）件往往一次成形，几乎可制成任何形状的制品，生产效率高。但工程塑（料）件存在成形收缩率大、刚性和耐热性差、热导率低、尺寸不稳定、易老化、易发生蠕变等缺点，在机械工程中的应用受到一定限制。

工程塑（料）件的主要成形方法见表 11－9。

表 11－9 工程塑（料）件的主要成形方法

工 艺	适用材料	形 状	表面粗糙度	尺寸精度	模具费用	生产效率
压制成形	范围较广	复杂形状	很好	好	高	中等
注射成形	热塑性塑料	复杂形状	很好	非常好	很高	高
挤出成形	热塑性塑料	棒类	好	一般	低	高
真空成形	热塑性塑料	棒类	一般	一般	低	低

11.2.5 零件材料及成形工艺的选择

常用机器零件按结构形状分为轴杆类零件、齿轮类零件、箱体（或壳体）支承类零件。

1. 轴杆类零件材料及成形工艺选择

（1）轴杆类零件的工作条件与性能要求。

① 工作条件。轴杆类零件的长度大于横向尺寸，常见的有光滑轴、阶梯轴、凸轮轴、曲轴、连杆、螺栓等，其中轴较多。轴的功能是支承旋转零件、传递动力或运动，可能承受弯曲应力、扭转应力、交变应力，甚至一定的过载或冲击，部分轴颈还受较大的摩擦作用。轴类零件是机床、汽车及各类机器的重要零件。

根据工作特点的不同，轴类零件的主要失效形式有断裂（大多是疲劳断裂）、轴颈或花键处过度磨损、发生过量弯曲或扭转变形，有时还可能发生振动或腐蚀失效。

② 性能要求。根据轴类零件的工作条件及失效形式，对材料性能提出如下要求。

A. 良好的综合力学性能，即强度与塑性、韧性有良好的配合，以防止过载或冲击断裂。

B. 疲劳强度较高，防止疲劳断裂。

C. 有相对运动的摩擦部位（如轴颈、花键等处），应具有较高的硬度和耐磨性。

此外，部分轴还有耐热或耐蚀要求。因此，这类重要轴类零件多采用锻造（轧制）成形方法。

（2）轴类零件材料及成形工艺选择。

一般按强度、刚度计算和结构要求进行轴类零件设计与材料选择。通过强度、刚度计算保证轴的承载能力，防止过量变形和断裂失效；结构要求是保证轴上零件的可靠固定与拆装，并使轴具有合理的结构工艺性及运转的稳定性。

① 轻载、低速、不重要的轴（如心轴、联轴节、拉杆、螺栓等）可选用 Q235、Q255、Q275 等普通碳素结构钢，毛坯一般采用热轧圆钢和冷轧圆钢，根据轴阶梯的尺寸选择切削成形或锻造，通常不进行热处理。

② 受中等载荷且精度要求一般的轴类零件（如曲轴、连杆、机床主轴等）应选用优质中碳钢，如 35 钢、40 钢、45 钢、50 钢等，其中 45 钢应用最多，常经锻造（轧制）＋切削成形。为改善性能，一般要对其进行正火或调质处理。当要求轴颈等处耐磨时，还应进行局部表面淬火及低温回火。

③ 受较大载荷或要求精度高的轴，以及处于强烈摩擦或在高、低温等恶劣条件下工作的轴（如汽车、拖拉机的轴，压力机曲轴等）应选用合金钢，如 18Cr2Ni4V、20CrMnTi、12CrNi3、40MnB 等，常经锻造（轧制）＋切削成形。根据合金钢的种类及轴的性能要求，可采用调质、表面淬火、渗碳、氮化、淬火＋回火等处理，以充分发挥合金钢的性能潜力。

④ 球墨铸铁和高强度铸铁（如 HT350、KTZ450－06 等）可用于制造受较小冲击力及形状复杂的轴（如内燃机曲轴、普通机床主轴等），其具有成本较低、切削工艺性好、缺口敏感性低、减振及耐磨等特点，热处理方法主要有退火、正火、调质及表面淬火等。

大型复杂低速重载轴可用铸钢砂型铸造。在某些情况下，也采用铸-焊或锻-焊方式生产轴杆类毛坯。

⑤ 为特殊场合轴选择材料时，在要求高比强度的场合（如航空航天等）选用超高强度钢、钛合金、高性能铝合金锻压成形，甚至高性能复合材料（缠绕成形或拉挤成形）；在高温场合选用耐热钢及高温合金锻压成形；在腐蚀场合选用不锈钢或耐蚀树脂基复合材料等；在要求防磁的场合选用铜合金、奥氏体不锈钢、塑料及复合材料，并采用相应的成形方法。

制造机器轴类零件常采用锻造（轧制）、铸造、切削加工、热处理（预先热处理及最终热处理）等工艺，其中切削成形和热处理是必不可少的。台阶尺寸变化不大的轴，可选用与轴尺寸相当的圆棒料直接切削成形，并进行热处理，不必经过锻造（轧制）；阶梯轴毛坯根据产量和阶梯直径之差，可选用圆棒料或锻件，阶梯直径相差越大，采用锻件越有利；当要求阶梯轴毛坯具有较高的力学性能时，单件、小批生产采用自由锻或胎模锻，成批、大量生产中小件采用模锻或辊轧。

（3）典型轴类零件加工工艺路线。

曲轴是内燃机的重要零件，形状复杂，受到内燃机周期性变化的气体压力、曲柄连杆机构的惯性力、扭转和弯曲应力、冲击力等的作用。在高速内燃机中，曲轴还受扭转振动的影响，产生很大的应力。曲轴的主要失效形式是疲劳断裂，其次是轴颈磨损。

曲轴分为锻钢曲轴和球墨铸铁曲轴。一般内燃机曲轴采用球墨铸铁制造，可简化生产工艺、降低成本。

① 球墨铸铁曲轴。下面以某柴油机球墨铸铁曲轴为例，说明加工工艺路线。

材料：QT600－3球墨铸铁。

热处理技术条件：整体正火，$R_m \geqslant 650$MPa，$\alpha_k \geqslant 15$J/cm^2，硬度为240～300HBW；轴颈表面淬火＋低温回火，硬度≥55HRC；珠光体含量，试棒≥75%，曲轴≥70%。

加工工艺路线：铸造成形→正火＋高温回火→切削加工→轴颈表面淬火＋回火→磨削。

在保证铸造质量的前提下，球墨铸铁曲轴的过载特性、耐磨性和缺口敏感性都比45钢曲轴好。

正火的目的是增加并细化组织内珠光体，以提高抗拉强度、硬度和耐磨性。高温回火的目的是消除由正火风冷导致的内应力。轴颈表面淬火的目的是提高硬度和耐磨性。

一般使用感应炉进行球墨铸铁熔炼，采用铁型覆砂、壳型填铁丸铸造工艺，快速冷却，铸件组织性能和外观质量好，生产效率高。

② 锻造合金钢曲轴。下面以机车内燃机曲轴为例，说明加工工艺路线。

材料：50CrMoA。

热处理技术条件：整体调质，$R_m \geqslant 950$MPa，$R_{eL} \geqslant 750$MPa，$\alpha_k \geqslant 56$J/cm^2，$A \geqslant 12\%$，$Z \geqslant 45\%$，硬度为30～35HRC；轴颈表面淬火回火，硬度为60～65HRC，硬化层深度为3～8mm。

加工工艺路线：锻造→退火→粗加工→调质→半精加工→表面淬火＋回火→磨削。

锻造目的：一是成形；二是改善组织，提高韧性。退火的目的是改善锻造后的组织，并降低硬度以利于切削；调质的目的是得到强韧的心部组织；轴颈表面淬火的目的是提高硬度和耐磨性。曲轴颈采用圆角滚压强化，疲劳强度提高约60%。

以热模锻压力机、电液锤为主机的自动生产线是锻造曲轴生产的发展方向，其普遍采用精密剪切下料、辊锻（楔横轧）制坯、中频感应加热、精整液压机精压等先进工艺，同时配备机械手、输送带、带回转台的换模装置等，形成柔性制造系统。

2. 齿轮类零件材料及成形工艺选择

（1）齿轮的工作条件与性能要求。

① 工作条件。大多数齿轮属盘套类零件，其是机械、仪表中应用较多的零件，用于传递动力、改变运动速度和运动方向。只有少数齿轮受力不大（如仪表齿轮、分度齿轮）。

一般齿轮工作时的受力情况如下：齿根承受较大的交变弯曲应力；换挡、启动或啮合不均匀时，齿部承受一定的冲击载荷；齿面相互滚动或滑动接触，承受较大的接触应力，并产生强烈的摩擦。此外，有害介质的腐蚀及外部硬质磨粒的侵入等都会加剧齿轮工作条件的恶化。

按照工作条件的不同，齿轮的主要失效形式分为断齿、齿面剥落及过度磨损。

② 齿轮的性能要求。

A. 具有高的接触疲劳强度、表面硬度和耐磨性，防止齿面损伤。

B. 具有高的抗弯强度、适当的心部强度和韧性，防止疲劳、过载及冲击断裂。

C. 具有良好的切削加工性和热处理工艺性，以获得高的加工精度和低的表面粗糙度，提高齿轮耐磨能力。

此外，齿轮副中的两个齿轮齿面硬度应有一定差值，小齿轮的齿根薄，受载次数多，应比大齿轮的硬度高。

（2）齿轮材料及成形工艺选择。

确定齿轮材料的主要依据如下：齿轮的传动方式（开式或闭式）、载荷性质与载荷值（齿面接触应力和冲击负荷等）、传动速度、精度要求、淬透性及齿面硬化要求、齿轮副材料及硬度值的匹配情况等。

① 钢制齿轮。钢制齿轮的毛坯形式主要有锻件和圆钢型材两种。由于锻造齿轮毛坯的纤维组织与轴线垂直、分布合理，因此有重要用途的齿轮都采用锻造（自由锻、模锻、轧制）毛坯（单件生产要求不高的中小齿轮可选用圆钢直接切削成形）＋切削加工＋表面强化处理工艺。锻造毛坯齿轮和圆钢毛坯齿轮分别如图 11.3（a）和图 11.3（b）所示。

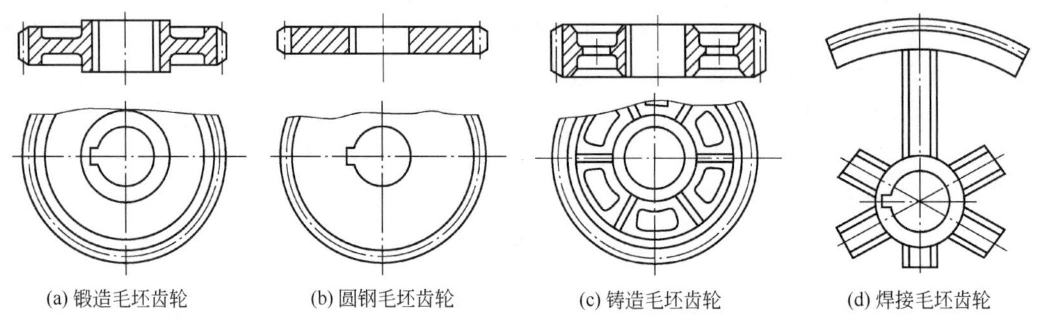

图 11.3　不同毛坯类型的齿轮

钢制齿轮齿面按硬度分为硬齿面和软齿面：硬度小于或等于 350HBW 的齿面为软齿面，硬度大于 350HBW 的齿面为硬齿面。

A. 轻载、低速与中速、冲击力小、精度较低的齿轮用中碳钢（如 Q275、40 钢、45 钢、50 钢、50Mn 等）制造，常用正火或调质等热处理制成软面齿轮，正火硬度为 160～200HBW，调质硬度为 200～280HBW（不超过 350HBW）。此类齿轮硬度适中，可在热处理后加工齿，工艺简单，成本低，主要用于标准系列减速箱齿轮及冶金机械、重型机械和机床中的一些次要齿轮。

B. 中载、中速、受一定冲击载荷、运动较平稳的齿轮用中碳钢或合金调质钢（如 45 钢、50Mn、40Cr、42SiMn 等）制造，也可用 55Tid、60Tid 等低淬透性钢。用低淬透性钢进行表面淬火，易控制硬化层厚度（不致厚度过大使小模数齿部完全淬透），并保证复杂轮廓淬硬的均匀性。其最终热处理采用高频/中频表面淬火及低温回火，制成硬面齿轮，硬度为 50～55HRC；而齿心部保持原正火或调质状态，具有较好的韧性。机床中的大多数齿轮都是此类齿轮。

C. 重载、中速与高速、受较大冲击载荷的齿轮用低碳合金渗碳钢或碳氮共渗钢（如 20Cr、20MnB、20CrMnTi、30CrMnTi、20SiMnVB 等）制造。其热处理为渗碳、淬火、低温回火，齿轮表面硬度为 58～63HRC；因淬透性强，故齿轮心部具有较高的强度和韧性。这种齿轮的表面耐磨性、抗接触疲劳强度、抗弯强度及心部的抗冲击能力都比表面淬火的齿轮高，但热处理变形较大，当精度要求较高时应增加磨削加工，主要用于汽车、拖拉机的变速箱和后桥。

坦克、飞机上变速齿轮的负荷和工作条件比汽车齿轮苛刻，应选用含合金元素较多的渗碳钢，以获得更高的强度和耐磨性。

D. 精密传动及高速齿轮或磨齿有困难的硬齿面齿轮（如内齿轮）要求精度高、热处理变形小，宜采用氮化钢（如 38CrMoAl 等）制造。其热处理采用调质及氮化，氮化后，齿面硬度为 850～1200HV（相当于 65～70HRC），热处理变形量极小，热稳定性好（在 500～550℃下仍能保持高硬度），并具有一定的耐磨性。其缺点是硬化层薄、不耐冲击，不适用于重载场合，多作为载荷平稳的精密传动齿轮或磨齿困难的内齿轮。

② 铸钢齿轮。难以用锻造加工某些尺寸较大、形状复杂且受一定冲击的齿轮的毛坯时，需要采用铸钢砂型铸造。锻造毛坯齿轮如图 11.3（c）所示。常用碳素铸钢有 ZG270－500、ZG310－570、ZG340－640 等；载荷较大时采用合金铸钢，如 ZG40Cr、ZG35CrMo、ZG42MnSi 等。

通常在切削加工铸钢齿轮前进行正火或退火，以消除铸造内应力，改善组织和性能的不均匀性，提高切削加工性。对于要求不高、转速较低的铸钢齿轮，可在退火或正火后使用；对耐磨性要求高的铸钢齿轮，可进行表面淬火。

③ 铸铁齿轮。一般开式传动齿轮多采用灰铸铁砂型（或消失模）铸造成形。灰铸铁组织中的石墨起润滑作用。铸铁齿轮的减摩性较好，不易咬合，切削加工性好，成本低；其缺点是抗弯强度差、不耐冲击。灰铸铁只适用于制造一些轻载、低速、不受冲击的齿轮。

铸铁齿轮在铸造后一般进行去应力退火或正火、回火处理，硬度为 170～270HBW，为提高耐磨性，还可进行表面淬火。

在单件生产的条件下，可采用焊接制造大型齿轮的毛坯。焊接毛坯齿轮如图 11.3（d）所示。

④ 有色金属齿轮。仪表齿轮或接触腐蚀介质的轻载齿轮常用耐蚀、耐磨及无磁性的有色金属制造（根据材料种类、产量及形状尺寸选择压铸、挤压、切削或片材冲压等）。硬铝和超硬铝（如 2A12、7A04）可制造要求质量轻的齿轮。另外，由于蜗轮蜗杆传动的传动比和承载力大，因此常用锡青铜制造蜗轮（配合钢制蜗杆），以减摩和减少咬合黏着现象。

⑤ 工程塑料齿轮。在轻载、无润滑条件下工作的小型齿轮可采用塑料注射成形或模压成形，常用塑料有尼龙、聚甲醛、氯化聚醚、聚碳酸酯、热固性树脂及复合材料等。塑料具有质量轻、摩擦系数小、减振、成形工艺性好、工作噪声小等特点，适合制造仪表、小型机械的无润滑、轻载齿轮；但强度和工作温度低，不宜制造承受较大载荷的齿轮。

⑥ 粉末压制齿轮。粉末压制齿轮可实现精密、少切削或无切削成形，特别是随着粉末热锻技术的应用，齿轮的力学性能及技术经济效益明显提高。

（3）典型齿轮材料选择及加工工序安排举例。

汽车、拖拉机齿轮主要安装在变速箱和差速器中。由于它们传递的功率和承受的冲击力、摩擦力都很大，工作条件比机床齿轮复杂得多，因此对耐磨性、疲劳强度、心部抗拉强度和冲击韧性等都有更高要求。要求齿轮表面有较高的耐磨性和疲劳强度，心部有较高的抗拉强度（$R_m \geqslant 1000$MPa）及冲击韧性（$\alpha_k > 60$J/cm^2）。选用合金渗碳钢（如 20CrMnTi、20CrMnMo、20MnVB 等），经渗碳（或碳氮共渗）、淬火及低温回火后使用较合理。

热处理技术条件：表层 w_C＝0.8%～1.05%，渗层厚度为 0.8～1.3mm，齿面硬度为 58～62HRC，心部硬度为 33～45HRC。

加工工艺路线：下料→锻造→正火→粗加工、半精加工→渗碳、淬火＋低温回火→喷丸→磨削（精加工）。

锻造目的：一是成形；二是改善组织，提高韧性。正火的目的是使组织均匀，调整硬度，改善切削加工性；渗碳、淬火＋低温回火的目的是使齿面获得高碳的耐磨及抗疲劳层，心部获得强韧的低碳马氏体、贝氏体或托氏体层；喷丸处理的目的是提高齿面硬度（提高 1～3HRC），增大表面残余压应力，从而提高接触疲劳强度。

齿轮需要大批量生产，考虑形状结构特点，毛坯采用模锻件，以提高生产率、节约材料，使纤维分布合理，提高力学性能。

热处理方法：正火 950～970℃，空冷，硬度为 179～217HBW；渗碳温度为 920～940℃，保温 4～6h，预冷至 830～850℃直接入油淬火，低温回火在（180±10)℃保温 2h。

钢齿轮的不同热处理工艺比较见表 11－10。

表 11－10　齿轮的不同热处理工艺比较

工艺方法	材　料	表层组织及硬度/HRC	心部组织及硬度/HRC	硬化层形状	硬化层深度	工艺周期及成本	热处理变形	应用范围
感应加热表面淬火	中碳钢或中碳低合金钢	马氏体，45～60	索氏体或回火索氏体，25～35	大多数分布不均匀	不易控制	短、低	较小	用于轻载齿轮，如机床的齿轮
渗碳及碳氮共渗	低碳钢或低碳合金钢	马氏体＋碳化物＋残余奥氏体，56～62	低碳马氏体或屈氏体，35～44	沿齿廓均匀分布	易控制	较长、较高	较大	用于重载齿轮，如汽车、拖拉机的齿轮
氮化	调质钢 38CrMoAl	氮化物，65～72	回火索氏体，小于 30	沿齿廓均匀分布	易控制	长、高	最小	用于高精度、高耐磨、高速齿轮

3. 箱体（或壳体）支承类零件材料及成形工艺选择

（1）箱体支承类零件的工作条件与性能要求。

① 工作条件。箱体及支承件是机器中的基础零件，通常具有不规则的外形和内腔，壁厚不均匀。箱座类零件包括各种机械的机身、底座、支架、横梁、工作台，以及齿轮箱、轴承座、阀体、泵体等，质量为几千克到几十吨，工作条件相差很大。箱体支承类零件主要承受压应力，部分承受一定的弯曲应力。此外，箱体还要承受各零件工作时的动载作用力及稳定在机架或基础上的紧固力。

② 性能要求。根据箱体支承类零件的工作条件及载荷情况，其所用材料的性能要求如下：具有足够的强度和刚度、良好的减振性及尺寸稳定性。箱体一般形状复杂，体积较大，且具有中空壁薄的特点。因此，机器箱体材料应具有良好的成形加工性，一般选用铸造毛坯。

（2）箱体支承类零件材料及成形工艺选择。

① 铸铁。由于铸铁的铸造性好，价格低廉，减振性好，因此形体复杂、工作平稳、中等载荷的箱体支承件一般选用灰铸铁或球墨铸铁，采用各类砂型铸造或消失模铸造成形，如金属切削机床中的各种箱体、支承件。

② 铸钢。载荷较大、承受较大冲击的箱体支承件常选用各种铸钢，采用各类砂型铸造或消失模铸造（要先吹氧气烧空泡沫，以防增碳）成形，小件可用熔模铸造或壳型铸造成形。铸钢的铸造性较差，受工艺性的限制，所制部件往往壁厚和体积较大。

③ 有色金属。要求质量轻、散热良好的箱体支撑件可用有色金属合金（铝、镁、锌及其合金）等铸造（普通砂型铸造、消失模铸造及特种铸造）成形。例如柴油机喷油泵壳体，以及飞机及摩托车发动机上的箱体多采用铸造铝合金压铸或低压铸造。要求一定强度及耐蚀性时也可选用铜合金铸造成形。部分小型复杂件可选用锌合金压铸，钛合金、高温合金（真空或保护气氛下砂型铸造及熔模铸造）在航空航天及化工领域也有应用。

④ 型材焊接及冲压。体积及载荷较大、结构形状简单、生产批量较小的箱体，为了减轻质量、降低成本或缩短生产周期的箱座类，也可采用各种低碳钢型材（或其他可焊材料）拼制成焊接件（用手工电弧焊、二氧化碳保护焊成形等）。但焊接结构存在较大内应力，若内应力消除不好易产生变形，其吸振性、切削加工性不如铸件。常用钢材为焊接性优良的Q235、20钢、Q345等。对要求耐蚀的还可选用不锈钢，如06Cr18Ni11Ti、10Cr17Ti等。一些受力不大的中小壳体（如电器壳体）批量生产时，可选用低碳钢、不锈钢、变形铝薄板冲压成形。

⑤ 工程塑料及玻璃钢。工程塑料及玻璃钢因具有特有的综合性能而越来越多地应用于产品中，特别是在要求耐蚀、成本低、质量小、绝缘、形状复杂、受力及受热不大的中小型箱体（或壳体）上应用广泛。此外，聚合物混凝土、人造花岗石（浇注成形）已有用于制造精密机床床身或基座，其优点是加工成本低，密度小（铸铁的1/3），尺寸稳定性好，对振动的衰减能力强（是铸铁的7～8倍），不生锈。塑料壳体根据产品特征可选用注射、模压、浇注及真空成形。

（3）箱体支承类零件的加工工艺路线。

箱体支承类零件的加工工艺路线：铸造→人工时效（或自然时效）→切削加工。

箱体支承类零件尺寸大、结构复杂，铸造（或焊接）后会形成较大的内应力，在使用过程中会发生缓慢变形。因此，加工箱体支承类零件毛坯（如一般机床床身）前必须长期放置（自然时效）或进行去应力退火（人工时效）。对精度要求很高或形状特别复杂的箱体（如精密机床床身），在粗加工以后、精加工以前增加一次人工时效，消除由粗加工造成的内应力影响。

铸铁箱体去应力退火一般在550℃下加热，保温数小时后，随炉缓冷至200℃以下出炉。

部分小型壳体支撑类零件单件生产时可采用轧材做坯料，用多轴加工中心切削成形，其质量和性能好，综合成本不高；或采用3D打印成形。

11.2.6 毛坯选择实例

图11.4所示为台式钻床，由底座、立柱和主轴支承座、主轴、带轮传动带罩、进给手柄和电动机等组成。

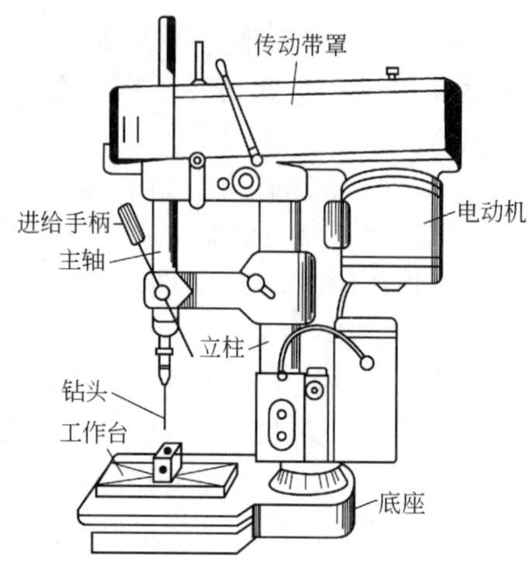

图 11.4　台式钻床

（1）底座。底座是台式钻床的基础零件，主要承受静载荷压应力。它结构形状较复杂，下底部有空腔，属于箱座类零件，宜选用灰铸铁（如 HT150）制造，采用常规铸造毛坯。

（2）立柱和主轴支承座。立柱和主轴支承座也是基础零件，主要承受弯曲应力，要求具有较好的刚度，结构形状不复杂，有内腔，属于箱座类零件，宜选用灰铸铁（如 HT200）制造，采用常规铸造毛坯。

（3）主轴。主轴是钻床的重要零件，工作时主要承受轴向压应力、弯曲应力等，受力情况较复杂，结构形状较简单，属于轴类零件，宜选用中碳钢（如 45 钢）调质处理，采用常规锻造毛坯。

（4）带轮。带轮形状结构简单，属于轮盘类零件。由于带轮的工作载荷较小，为减轻质量，通常采用铝合金制造，宜选用铸铝（如 ZL102）制造，采用常规铸造毛坯。

（5）传动带罩。传动带罩在钻床上主要起防护和防尘作用，不承受载荷，宜选用薄钢板（如 Q235）冲焊结构或工程塑料件。

（6）进给手柄。进给手柄工作时，承受弯曲应力，受力不大，结构形状较简单，属于轴类零件，用碳素结构钢（如 Q235A 钢）制造，采用型材毛坯，在圆钢棒料上截下可直接机加工。

此外，台式钻床还有标准件（如滚动轴承、螺纹连接件、键、销、弹簧等），密封件（如密封圈、密封垫等），电器（如电动机、控制器件及线路、开关等）等，它们都是由制造商按标准大批量生产的，通常根据要求直接选用。

特别地，上述材料及毛坯工艺选择不是唯一不变的。

11.3　成形件的品质检验

成形件的品质直接影响零件的品质，无论是铸、锻成形件还是焊接成形结构件，都要根据国家规定的检验项目和标准进行品质检查，以免由成形件的品质问题造成机械加工工序的工时浪费和设备、工模夹具、量具的不必要磨损。对成形件进行检验是提高产品设计品质、改进成形技术、降低生产成本的重要手段。下面介绍几种检验方法，它们的使用范围不同，要根据具体的技术要求和使用单位的实际情况选择。

11.3.1 成形件检验分类

1. 破坏性检验

破坏性检验是指在成形件上切取试样，或者用整个产品（或模拟件）做破坏试验，以检查力学性能指标的试验。拉伸、弯曲、冲击、断裂韧度等力学性能试验，金相试验及化学检验（如化学成分分析、耐磨蚀试验）等，均需要在被检验毛坯上切取试样或破坏被检验件，多用于新材料、新技术、新产品的试制阶段的检验。

2. 无损检验和无损评价

无损检验和无损评价是指在不损坏被检对象（材料或成品）的性能和完整性的情况下，检测被检对象的缺陷、性质和内部结构等，对失效程度作出评价。其与有损的（破坏）抽样检测相比，可有效保证产品品质。

11.3.2 常用成形件的检测方法

1. 外观检查

外观检查是指用肉眼或借助样板，或用低倍放大镜观察，可以发现成形件的一些表面缺陷。如焊接结构件的表面缺陷有熔合气孔、咬边、焊瘤、焊接裂纹、夹渣、未焊透等；铸件外观缺陷有铸件的冷隔、浇不足、气孔、砂眼、粘砂、裂纹、错箱等；锻件外观缺陷有外形折叠、重复、裂纹、错模等。

2. 内部品质检验

（1）硬度检验。**硬度检验**是指用硬度计对成形件进行测量。

（2）气密性检验。**气密性检验**是指将压缩空气（或氧、氟利昂、氦、卤素气体等）压入焊接成形件（容器），利用容器内外气体的压力差检查泄漏情况的试验。

（3）耐压检验。**耐压检验**是指将水、油、气等充入容器内缓缓加压，以检查泄漏、耐压、破坏情况等的试验，主要用于检验压力容器、管道、储罐等的穿透性缺陷，还可做结构的强度试验。

（4）探伤检验。

① **磁粉探伤检验**（图 11.5）。**磁粉探伤检验**是指利用在强磁场中，铁磁性材料表层缺陷产生的漏磁吸附磁粉的现象进行的无损检验的方法：在被检处加一个磁场，在无缺陷处磁力线均匀通过；如内部存在缺陷，则磁力线通过受阻，当在表面撒铁粉时，铁粉会吸附在缺陷处。

磁粉探伤检验的优点如下：对钢铁材料或工件表面裂纹等缺陷的检验非常有效；设备和操作均较简单；检验快，便于在现场对大型设备和工件进行探伤；检验费用较低。其缺点如下：仅适用于铁磁性材料显出缺陷的长度和形状，而难以确定深度；对剩磁有影响的

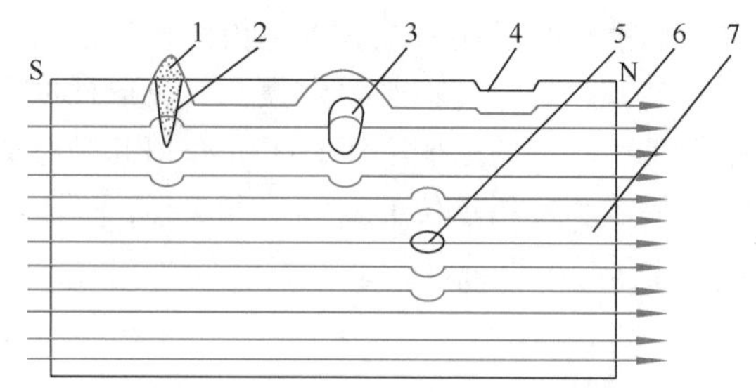

1—磁粉（漏磁场）；2—裂纹；3—近表面气孔；2-4—划伤；
5—内部气孔；6—磁感应线；7—工件

图 11.5　磁粉探伤检验

一些工件，经磁粉探伤后还需要进行退磁和清洗。

② **超声波探伤检验**（图 11.6）。**超声波探伤检验**是利用超声波探测成形件内部缺陷的方法，也是一种无损检验法。超声波的频率大于 2000Hz，超声探头发射的超声波在工件表面产生反射始波，在工件底面产生一个反射底波；如被检查工件板中间处有缺陷，则会产生缺陷的反射波；反射波被接收探头接收并在荧光屏上显示出相应的脉冲波形，根据脉冲波形可判断缺陷位置和尺寸。超声波可探测厚度大于 10mm 的工件内的缺陷，最小探测厚度为 2mm。

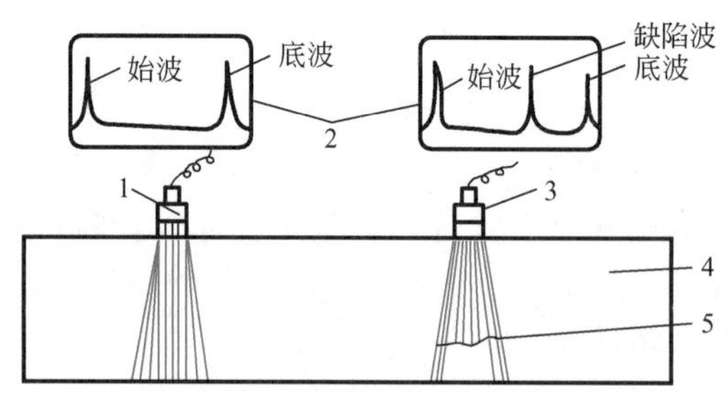

1，3—探头；2—荧光屏；4—工件；5—缺陷

图 11.6　超声波探伤检验

超声波探伤检验的优点是检测厚度大、灵敏度高、速度快、成本低、对人体无害，能对缺陷进行定位和定量。然而，超声波探伤检验对缺陷的显示不直观，探伤技术难度大，容易受到主观因素和客观因素的影响，难以检查粗糙、形状不规则、体积小或非均质材料，探伤结果不便保存，因此超声波探伤检验的使用有局限性。

③ **射线探伤检验**。**射线探伤检验**是采用 X 射线或 γ 射线照射成形件内部缺陷的一种无损检测。X 射线和 γ 射线可穿透一定厚度的金属材料，当遇到缺陷时，射线衰减程度减小，缺陷处在感光底片上感光较强，冲洗后可明显看到黑色条纹或斑点。图 11.7 所示为 X 射线探伤检验。射线探伤检验主要用于重要的铸造成形件、锻造成形件或焊接件的焊缝检测，以探明内部是否存在裂纹、气孔、夹渣、砂眼等缺陷。

X 射线可检测厚度为 0.1～60mm 的成形件，γ 射线可检测厚度为 60～150mm 的成形件。

由于射线探伤检验能较直观地显示工件内部缺陷的尺寸和形状，因此易判定缺陷的性

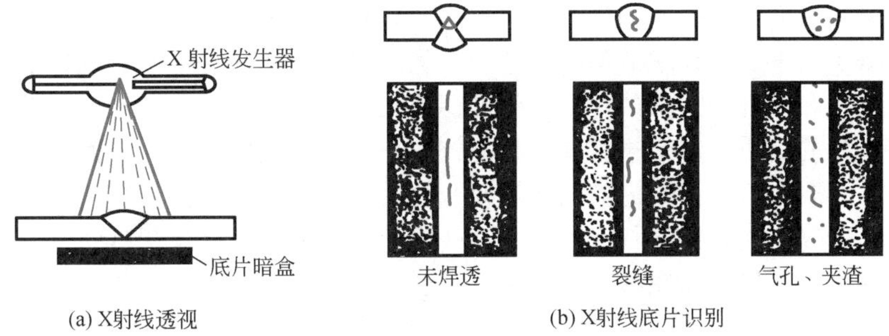

(a) X射线透视
(b) X射线底片识别

图 11.7 X射线探伤检验

质，射线底片可作为检验的原始记录供多方研究并长期保存。但这种方法耗用的X射线胶片等器材费用较高，检验较慢，只适合探查气孔、夹渣、缩孔、疏松等体积性缺陷，而不易发现间隙很小的裂纹和未熔合等缺陷，以及锻件和管、棒等型材的内部分层性缺陷。此外，射线对人体有害，需要采取适当的防护措施。

11.4 再制造技术

再制造是一种对废旧产品实施高技术修复和改造的产业。**再制造技术**是利用原有零件，采用再制造成形技术（包括高新表面工程技术和其他加工技术），使零部件恢复尺寸、形状和性能，形成再制造产品的技术。该技术主要包括在新产品上重新使用经过再制造的旧部件，以及在产品的长期使用过程中对部件的性能、可靠性和使用寿命等通过再制造恢复和提高，从而使产品或设备对环境污染最小、资源利用率最高、投入费用最少的情况下重新达到最佳性能要求。再制造是一种具有重大实用价值和优质、高效、成本低、污染少的绿色技术，是一项统筹考虑产品部件全寿命周期管理的系统工程。

磨损、腐蚀、疲劳等对机械设备及资产造成巨大损失。以往的产品报废后，一部分将可再生的材料进行回收，另一部分对不可回收的材料进行环保处理。维修主要针对在使用过程中因磨损或腐蚀等不能正常使用的个别零件的修复；而再制造是在整个产品报废后，通过先进技术手段对报废的产品进行再制造而形成新产品。再制造不但能提高产品的使用寿命，而且可影响产品的设计，最终达到产品的全寿命周期费用最少，保证产品创造最大效益。此外，再制造虽然与传统的回收利用有类似的环保目标，但回收利用只是重新利用材料，往往消耗大量能源，会不同程度地污染环境，而且产生的是低级材料。再制造是一种从部件中获得最高价值的方法，通常可以获得更高性能的再制造产品。由此可见，再制造是对产品的第二次投资，是使产品升值的重要举措。

再制造的最大优势是能够以多种表面工程技术和其他技术形成先进的再制造技术。

制备的再制造“毛坯”的性能优于本体材料性能，如采用金属材料的表面硬化处理、热喷涂、激光表面强化等修复和强化零件表面，赋予零件耐高温、耐腐蚀、耐磨损、抗疲劳、防辐射等性能。表面材料与制作部件的本体材料相比，厚度和面积小，却承担着工作部件的主要功能。不同表面工程技术获得的覆盖层厚度一般为几十微米到几毫米，仅占工件整体厚度的几百分之一到几十分之一，却使工件具有比本体材料高的耐磨性、抗蚀性和耐高温等。采用表面工程技术的平均效益高达5～20倍。表面工程技术是再制造技术的重要手段，具备了先进制造技术的基本特征，即优质、高效、低耗，其研究、推广和应用将为先进制造工程和再制造技术的发展提供必要的技术支持。

再制造产品的品质控制是再制造工程的核心，再制造成形技术和表面技术是再制造技术的关键技术。因为这些技术的应用离不开产品的失效分析、检测诊断、寿命评估、品质控制等学科，所以发展再制造技术还能牵动其他学科的发展，其他学科的发展反过来促进再制造技术的进步、发展和完善。

习　题

一、简答题

11-1　零件失效有哪些类型？试分析零件失效的主要原因。

11-2　零件选材的原则是什么？零件选材时应注意哪些问题？

11-3　影响零件弹性变形失效和塑性变形失效的主要力学性能指标是什么？

11-4　钢材的淬透性对选材、工艺路线、变形开裂有什么影响？

11-5　根据下列零件的性能要求及技术条件，试选择热处理工艺方法并说明理由。

① 用45钢制造的某机床主轴，其轴颈部分与轴承接触，要求耐磨，52～56HRC，硬化层深度为1mm。

② 用20CrMnTi制造的某汽车传动齿轮，要求表面高硬度、高耐磨性，58～63HRC，硬化层深度为0.8mm。

③ 用65Mn制造直径为5mm的弹簧，要求弹性强，38～40HRC，回火屈氏体组织。

④ 用HT200制造减速器壳，要求具有良好的刚度、强度、尺寸稳定性。

11-6　为什么汽车、拖拉机变速箱齿轮多用渗碳钢制造，机床变速箱齿轮多用调质钢制造？

11-7　制造直径为60mm的轴，要求心部硬度为30～40HRC、轴颈表面硬度为50～55HRC。现有20CrMnTi、40Cr，应选用哪种钢？如何安排工艺路线？说明热处理的主要目的及工艺方法。

11-8　材料成形技术与材料的选择有什么关系？

11-9　如何考虑材料成形技术的经济性与现实可行性？

11-10　如何检验成形件的品质？

11-11　为什么说确定毛坯材料后，毛坯的成形方法也就基本确定了？

11-12　为什么轴杆类零件一般采用锻造成形，而机架、箱体类零件多采用铸造成形？

11-13　指出下列工件应采用哪种材料，并选择毛坯成形方法和热处理方法。

工件：汽车缓冲弹簧、发动机排气阀门弹簧、自来水管弯头、机床床身、发动机连杆螺栓、机用大钻头、车床尾架顶尖、螺钉旋具（螺丝刀）、镗床镗杠、自行车车架、车床丝杠螺母、电风扇机壳、普通机床地脚螺栓、高速粗车铸铁的车刀。

材料：38CrMoAl，40Cr，45钢，Q235，T7，T10，50CrVA，Q335，W18Cr4V，KTH300-06，60Si2Mn，ZL102，ZCuSn10P1，YG15，HT200。

二、思考题

11-14 指出下列零件在选材和制定热处理技术条件中的错误，并说明理由及改进意见。

① 直径为 30mm、要求良好综合力学性能的传动轴，材料用 20 钢，热处理技术条件如下：调质 40～45HRC。

② 转速低、表面耐磨、心部强度要求不高的齿轮，材料用 45 钢，热处理技术条件如下：渗碳＋淬火，58～62HRC。

③ 弹簧（直径为 15mm），材料用 45 钢，热处理技术条件如下：淬火＋回火，55～60HRC。

④ 机床床身，材料用 QT400-15，采取正火热处理。

⑤ 表面要求耐磨的凸轮，选用 45 钢，热处理技术条件如下：淬火、回火，60～63HRC。

11-15 某镗杆采用 38CrMoAl 制造，其工艺路线如下：下料→锻造→退火→粗加工→调质→半精加工→去应力退火→粗磨→氮化→精磨→研磨，试从力学性能和成分的角度说明选择 38CrMoAl 的原因及各热处理工序的作用。

参 考 文 献

陈培里，2007. 工程材料及热加工［M］. 北京：高等教育出版社.

陈士朝，王仰东，2002. 橡胶技术与制造概论［M］. 北京：中国石化出版社.

樊新民，车剑飞，2017. 工程塑料及其应用［M］. 2版. 北京：机械工业出版社.

韩凤麟，2007. 中国模具工程大典：第6卷　粉末冶金零件模具设计［M］. 北京：电子工业出版社.

胡亚民，2008. 材料成形技术基础［M］. 2版. 重庆：重庆大学出版社.

黄乾尧，李汉康，等，2000. 高温合金［M］. 北京：冶金工业出版社.

李俊寿，2004. 新材料概论［M］. 北京：国防工业出版社.

刘新佳，2006. 工程材料［M］. 北京：化学工业出版社.

吕广庶，张远明，2001. 工程材料及成形技术基础［M］. 北京：高等教育出版社.

潘利剑，2015. 先进复合材料成型工艺图解［M］. 北京：化学工业出版社.

庞国星，2018. 工程材料与成形技术基础［M］. 3版. 北京：机械工业出版社.

申荣华，2013. 工程材料及其成形技术基础［M］. 2版. 北京：北京大学出版社.

沈莲，2018. 机械工程材料［M］. 4版. 北京：机械工业出版社.

施江澜，赵占西，2014. 材料成形技术基础［M］. 3版. 北京：机械工业出版社.

王章忠，2019. 机械工程材料［M］. 3版. 北京：机械工业出版社.

严绍华，2001. 材料成形工艺基础：金属工艺学热加工部分［M］. 北京：清华大学出版社.

杨瑞成，丁旭，胡勇，等，2016. 机械工程材料［M］. 5版. 重庆：重庆大学出版社.

杨慧智，2015. 工程材料及成形工艺基础［M］. 4版. 北京：机械工业出版社.

中国航空工业集团公司复合材料技术中心，2013. 航空复合材料技术［M］. 北京：航空工业出版社.